U0313029

河流氮素污染源解析及控制技术

李家科　袁林江　吴军虎
宁有丰　李怀恩　等　著

科学出版社
北　京

内 容 简 介

河流氮素污染源解析及控制技术是河流污染研究的重要基础和前沿问题。本书以渭河支流——陕西沣河为例，在对河流污染特征进行监测分析的基础上，采用模型模拟、氮同位素示踪等方法，对其成因和污染源进行解析；通过试验和数值模拟，研究农业氮素的运移规律；对几种典型的点源和面源污染控制技术进行试验研究，包括：SBR、复合流人工湿地等点源污染控制技术，城市面源源头治理多级串联人工湿地技术和生态滤沟技术，面源末端治理植被过滤带技术；最后，总结河流污染的控制模式和技术体系。全书内容层层递进，步步深入，自成体系。全书在理论方面丰富了河流污染来源的解析方法、控制技术等，可进一步促进我国河流污染研究和治理。本书部分研究成果已在陕西沣河流域得以应用，具有广阔的应用前景。

本书可供环境科学与工程、水文学与水资源、水土保持、农业水土工程等领域的科技工作者及研究生参考和借鉴。

图书在版编目(CIP)数据

河流氮素污染源解析及控制技术/李家科等著.—北京：科学出版社，2014.1

ISBN 978-7-03-038846-9

Ⅰ.①河… Ⅱ.①李… Ⅲ.①河流-含氮废水-水污染防治-研究-陕西省 Ⅳ.①X522

中国版本图书馆CIP数据核字（2013）第242541号

责任编辑：杨帅英 朱海燕 王淑云／责任校对：宣 慧
责任印制：赵德静／封面设计：耕者设计工作室

科学出版社 出版
北京东黄城根北街16号
邮政编码：100717
http://www.sciencep.com

中国科学院印刷厂 印刷

科学出版社发行 各地新华书店经销

*

2014年1月第 一 版 开本：787×1092 1/16
2014年1月第一次印刷 印张：26 1/2 插页：6
字数：658 000

定价：129.00元

（如有印装质量问题，我社负责调换）

前　言

水体污染、断流与生态破坏是我国河流面临的主要生态环境问题。一方面，一些河流，尤其是经济发达地区和流经城镇的河流，由于污染物的大量排放和不合理的土地利用方式，河流水体污染和生态破坏尤为严重，河流的生态功能丧失或者无法正常发挥。另一方面，我国经济的快速发展、城市的扩张和人民生活水平的不断提高，对水资源的需求量越来越大，对河流等水体的水质要求也越来越高，因此控制和治理河流污染迫在眉睫。近年来，随着水环境问题的突出以及点源污染控制水平的不断提高，面源污染已日益成为影响水体质量的主要因素。研究及历史经验表明，即使点源污染得到有效控制，河流等地表水体的水质也很难达标。因此，需要对河流污染问题及其源进行综合诊断和全面解析，进而在此基础上研究控制对策和措施。

本书以陕西沣河为例，研究河流氮素污染源解析方法及控制技术问题。沣河位于西安和咸阳交错地带，西安和咸阳是关中经济社会最为发达的地区，是陕西省委省政府提出的关中“一线两带”建设战略目标的核心地区，两市的经济社会发展和环境改善，对“一线两带”战略目标的实现具有举足轻重的作用。本书是作者及团队近5年来主要研究成果的总结。研究工作得到了国家水体污染控制与治理科技重大专项渭河课题“渭河水污染防治专项技术研究与示范”之专题“沣河 NH_3-N 源解析及控制技术集成（2009ZX07212-002-004-002）”、国家自然科学基金项目“低影响开发（LID）生态滤沟技术对旱区城市路面径流的净化机理研究（51279158）”和“植被过滤带对非点源污染物净化效果的试验研究与模拟（50979090）”、陕西省教育厅省级重点实验室项目“水平潜流人工湿地处理城市降雨径流的试验研究与数学模拟（11JS078）”和中国博士后面上项目“西北地区典型城市降雨径流污染过程试验研究与数学模拟”等课题的资助。

本书主要由西安理工大学李家科、吴军虎、李怀恩，西安建筑科技大学袁林江，西安交通大学宁有丰，西安工业大学刘增超等完成。全书由李家科负责统稿和定稿。第1章由李家科、袁林江、吴军虎、宁有丰、刘增超等执笔；第2章由李家科、袁林江执笔，袁林江负责撰写第2.3节，其余由李家科负责撰写；第3章由李家科、杨静媛执笔；第4章由宁有丰执笔；第5章由吴军虎执笔；第6章由袁林江执笔；第7章由李家科、黄池钧、高志新执笔；第8章由李家科、杜光斐、雷婷婷执笔；第9章由李怀恩、李家科、常明、杨寅群、史冬庆等执笔；第10章由李家科、刘增超执笔。此外，研究生常明、高志新、雷婷婷、李层、杜娟、董雯、陈虹、赵宇、林培娟、程杨、李亚、尚蕊玲等参与了书稿整理和文字校对等工作。感谢西安理工大学沈冰教授对本书出版的大力支持，感谢科学出版社杨帅英编辑在本书出版过程中付出的辛勤工作。

由于作者水平有限，时间仓促，书中不妥之处在所难免，敬请广大读者批评指正。如发现不当之处，盼函告西安市金花南路5号西安理工大学水电学院市政与环境工程系（邮编710048）或E-mail：xaut_ljk@163. com，以便本书作者及时更正。

作　者

2013年3月于西安

目　　录

第1章 绪　　论

1.1 研究背景和意义

自20世纪50年代以来，全球人口急剧增长，工业发展迅速。一方面，人口增长对水资源的需求以惊人的速度扩大；另一方面，各类工矿企业、农业生产导致的“三废”物质的产量急剧增加，其中相当大的一部分废弃物质会通过各种渠道最终进入水体之中，水污染日益严重，并不断蚕食着紧缺的可供利用的水资源。

2003年第三届世界水论坛提供的水资源评估报告显示，全世界每天约有数百万吨垃圾倒进河流、湖泊等水体；印度每天有200多万吨工业废水直接排入河流、湖泊及地下，造成大面积污染，所含各项化学物质指标严重超标，其北方的主要河流——恒河已被列入世界污染最严重的河流之列；欧洲55条河流中仅有5条水质勉强能用；在美国，每年有超过80亿kg的氮和20亿kg的磷排放到淡水水域之中，进而引起藻类过度增殖，导致水质恶化，水体功能失调现象严重。2012年第六届世界水论坛报告指出，全球目前有80%的废水仍不能得到收集与处理，8.84亿人口仍在使用未经净化改善的饮用水源，26亿人口未能使用得到改善的卫生设施，有30亿至40亿人家中没有安全可靠的自来水。每年约有350万人的死因与供水不足和卫生状况不佳有关。

据《2011年中国环境公报》显示，全年废水排放总量为652.1亿t，其中，化学需氧量（COD）排放总量为2499.9万t，氨氮（NH_3-N）排放总量为260.4万t。全国十大水系监测的469个国控断面中Ⅰ～Ⅲ类、Ⅳ～Ⅴ类和劣Ⅴ类水质断面比例分别为61.0%、25.3%和13.7%；监测的26个国控重点湖泊、水库中Ⅰ～Ⅲ类、Ⅳ～Ⅴ类和劣Ⅴ类水质的湖泊、水库比例分别为42.3%、50.0%和7.7%；中营养状态、轻度富营养状态和重度富营养状态的湖泊（水库）比例分别为46.2%、46.1%和7.7%。

富营养化是当前水体常规污染中的重要表现。富营养化即水体中氮、磷等营养物质大量积累，其本质问题是水体生物多样性的破坏，由此造成系统丧失自我维持、自我调节的能力与系统平衡失稳，并最终导致水生生态系统的破坏和环境问题的进一步加剧。随着人类对环境资源开发利用活动日益增加，特别是工农业生产大规模发展，大量含有氮、磷营养元素的生活污水排入附近的湖泊、河流和海洋，增加了水体的营养物质的负荷量，污染失衡现象时有发生，水环境污染危害逐年加剧。水中含氨、磷等有害物质已成为我国水环境灾害的主要污染物，且已成为制约社会和经济可持续发展的重要因素。

所有形态的氮素都可以造成河流、湖泊等水体的富营养化。人们对水体中关注的氮素形态有氨氮、硝氮（NO_3-N）、亚硝氮（NO_2-N）、有机氮（ORG-N）、总氮（TN）。通常氮是水生生态系统中植物生长的限制因素，所以氮的过剩对水生生态系统的正常功能影响显著。此外，过剩的氮还会造成其他水质问题，如非离子氨浓度超过 0.2 mg/L 时，则对鱼类具有毒害作用；在人体消化道内硝氮被转化为亚硝氮，后者会使血液失去输送氧的能力，亚硝氮还可与仲胺类反应生成致癌性的亚硝胺类物质。因此，我国现行生活饮用水卫生标准中氨氮和硝氮的限值分别为 0.5mg/L 和 20 mg/L。

造成水体富营养化的氮素污染源类型很多，大致可分为点源和非点源两大类型。点源主要指通过排放口或排放管道排放污染物的污染源。主要的点源包括食品原料加工、肥料、焦化、皮革、纤维和制药等行业工业废水和生活污水处理厂的出水，以及固体废弃物处置场所排水等，这些废水中的氮、磷含量都相当高，即使经过二级污水处理，仍有部分氮、磷会随处理后的废水排入水体。非点源是指除点源以外的所有污染源，非点源污染（non-point source pollution）主要指溶解的或固体污染物从非特定的地点，在降水和径流冲刷作用下，通过径流过程汇入河流、湖泊、水库、海洋等自然受纳水体而引起的水体污染，也常称为面源污染。其主要来源为土壤化肥及农药流失、农村畜禽养殖排污、农村生活污水排放、固体生活垃圾堆放污染、城市建筑工地产生的扬尘污染、城市地面及道路交通沉积物污染、大气污染、矿山等固体废弃物堆存区污染等。有资料表明，美国湖泊水体中的氮、磷负荷有 2/3 左右来自面源污染，且大多数情况下氮素主要通过面污染源进入水体；农业面源污染总氮、总磷分别占中国云南滇池总负荷的 46% 和 53%，成为湖泊富营养化的主要污染源（万晓红等，2000）；中国农业科学院土壤肥料研究所试验结果表明，太湖总氮、总磷污染中农业面源贡献了 83% 和 84%，工业和城市生活点源贡献了 16% 和 17%（张维理等，2004）。此外，水体内部底泥等沉积物的氮、磷释放也不可忽视，底泥及沉积物含有一定量的氮、磷物质，可以通过溶解进入水体，形成氮、磷的二次污染。

在水体富营养化如此严峻的形势下，对河流氮素污染进行全方位监测与分析，找出主要的氮污染源，掌握区域氮污染源排放特征及污染过程，进而定量地计算出各种污染源对环境氮素污染的贡献值（分担率），即进行氮污染源的解析，可以为区域内氮素污染源减排、限排途径及调控政策提供科学依据，也是河流环境质量评估、水源保护区划分等工作的重要依据；结合氮素污染特征与现状，研究并因地制宜地选取相关污染控制技术体系，是切实有效地控制流域点源、面源及河道内源污染、保障工农业及生活用水安全、恢复流域环境生态的重要手段。简言之，进行水体氮素污染源解析及控制技术相关研究具有重大的环境效益和社会效益。本书以陕西沣河为例进行氮素污染源解析方法及控制技术研究。

1.2 国内外研究现状及趋势

1.2.1 非点源污染负荷定量化研究进展

1. 模型研究进展

从国外的非点源污染模型的发展历程看，大致可以分为以下三个阶段。

第一阶段，在 20 世纪 80 年代以前，是研究的探索期。这一阶段在污染源调查、非点源特性分析、非点源污染对水质的影响等方面取得了大量的成果，模型研究在此基础上得以蓬勃发展（Yoram and Anthony，1978；Vladimir et al.，1978）。这一时期主要是以水文模型与土壤侵蚀模型为主，其代表有：Horton 入渗方程（Horton，1940）、Green-Ampt 入渗方程、SCS 曲线、Stanford 模型（Stanford watershed model，SWM）（Crawfood and Linsley，1966）、日本的水箱模型（Tank）。1940 年 A. W. Zing 提出了第一个土壤侵蚀模型。Wischmeier 和 D. Smith 在对美国东部地区 30 个州 10 000 多个小区近 30 年的径流观测资料的分析的基础上，提出了著名的通用土壤流失方程（universal soil loss equation，USLE）（Wischmeier and Smith，1965）。它们的出现为非点源污染定量计算奠定了基础。在 Stanford 模型的基础上开发出了农田径流管理模型（agricultural runoff management，ARM）、农药迁移和径流模型（pesticide transport and runoff model，PTR）等大型模型。城市暴雨管理模型（urban storm water management model，SWMM）（Metcalf et al.，1971）也是在这一时期出现。

第二阶段，20 世纪 80 年代初至 20 世纪 90 年代初，这一时期非点源污染问题进一步受到重视，以非点源污染为主题的国际会议和各种专著大量出现。这一阶段的模型研究主要集中在把已有的模型用于非点源污染管理，开发含有经济评价和优化内容的非点源管理模型。提出的有代表性的模型有流域非点源污染模拟模型 ANSWERS（areal non-point source watershed environment response simulation）、AGNPS（agricultural non-point source pollution）（Young et al.，1989），这一时期在注重机理研究的同时也注意到了非点源污染的控制与管理措施，同时注意经济效益的分析，开发出了著名的农业管理系统中的化学污染物污染模型 CREAMS（chemicals，runoff，and erosion for agricultural management systems）（Knisel，1980）。为了提高模型土壤侵蚀部分模拟的简便性和准确性，美国农业工程师协会（ASAE）提出并逐步改进了农田尺度的水侵蚀预测模型（water erosion prediction project，WEPP）；另外，传统的土壤流失方程（USLE）也经过改进形成 RUSLE（revised universal soil loss equation）（Renard et al.，1994）。同时，最佳管理措施 BMPs（best management practices）发展更加成熟，美国国家环境保护局、农业部水土保持局和各州政府都建立起了相应的实施细则和办法，模型分析技术被大量应用于评价 BMPs 的效果。这个时期，GIS 与一些简单经验统计模型如美国通用土壤流失方程（USLE）等集成，计算土壤的侵蚀量，二者的集成也仅限于松散模式。该阶段的特点是：大都以水文数学模型为基础，能描述污染物迁移转化的机理，能模拟污染物在连续时间内的负荷，开始注意非点源控制管理与经济效益分析，模型主要应用于中、小流域，可以称为机理研究阶段。

第三阶段，从 20 世纪 90 年代初至今，随着大型化、实用化机理模型的建立，对现有非点源模型的进一步完善，以及桌面式 GIS 的栅格数据分析功能与空间处理能力的增强，非点源污染模型与地理信息系统（GIS）的集成成为主流。90 年代初期，一些机理模型（如 AGNPS、WEPP）与支持栅格数据空间分析的 GIS 软件 GRASS、ArcInfo 进行紧密集成（Srinivasan and Engel，1994；Panuska et al.，1991）的研究表明，与 GIS 相结合的模型应用更有效，比较有代表性的是 1995 年 Savabi 等将 GIS 技术与 WEPP 模型结合来进行流域水土流失的评价。但这些集成是在工作站环境下进行的，其应用受到一定的限制。90 年代后期，一些功能强大的超大型流域模型被开发研制出来，这些模型是集空间信息处理、数据库技术、数学计算、可视化表达等功能于一身的大型专业软件，其中比较著名的有美国国家环境保护局（USEPA）开发的 BASINS（better assessment science integrating point and non-point sources）、Arnold 等开发的 SWAT（soil and water assessment tool）（Arnold et al.，1998）以及美国自然资源保护局和农业研究局联合开发的 AnnAGNPS（annualized agricultural non-point source）等。同时，随着网格数据分析和空间分析功能的扩展，一些桌面式 GIS 软件（如 ArcView）与分布式参数模型 AGNPS、AnnAGNPS、SWAT、BASINS 进行了集成（David and Darren，2000），集成后充分发挥了桌面系统强大的交互查询功能，广泛应用于模型研究区域降雨-径流、土壤侵蚀、溶质迁移的连续模拟，估算污染负荷，以明确主要的污染因子和关键源区，并与控制管理措施相结合。另外，这一阶段模型研究进一步由纯数学问题转向一种系统决策工具，以帮助预测非点源污染的程度，并对各种水域管理措施进行评价（Bhaduri，1998）。同时，把传统的非点源模型与专家系统或各种人工智能工具相结合，开发非点源模型系统平台，为非点源污染的研究和控制提供有利工具，也成为一个重要的研究方向。

我国非点源污染研究开始于 20 世纪 80 年代，80 年代开展的我国湖泊富营养化调查标志着我国非点源污染研究的开始（王晓燕，2003）。1980～1990 年，我国的非点源污染仅是农业非点源和城区径流污染的宏观特征与污染负荷定量计算模型的初步研究；基于受纳水体水质分析，计算汇水区农业非点源污染输出量的经验统计模型在这一时期发展较快并广泛应用（朱萱等，1985）；城区径流污染负荷模拟模型主要从径流量与污染负荷相关性（吴林祖，1987）、单位线（温灼如等，1986）、地表物质累积规律三个角度进行研究；通用土壤流失方程首次在我国用于非点源污染的危险区域识别研究（刘枫等，1988）。这一时期，开展的有代表性的工作主要有：①1983 年天津引滦入津工程环境影响评价中首次监测了 3 场暴雨洪水的水质水量同步过程资料，并建立了水质-水量关系；②国家“六五”攻关项目，在四川沱江设立小区进行监测，并进行了小区模拟，在苏州水网城市非点源污染监测，建立了单位线类模型；③“七五”攻关项目：云南滇池流域、巢湖、太湖的非点源污染研究，在监测的基础上，建立了统计类负荷模型，提出了初步控制措施与对策。进入 20 世纪 90 年代，我国的非点源污染研究更加活跃。农药、化肥污染的宏观特征、影响因素研究和黑箱经验统计模式在农业非点源污染研究中占重要席位。分雨强计算城区污染负荷（施为光，1993）为城市径流污染负荷定量计算提供了新方法。将农业、城市非点源污染负荷模型与 3S 技术结合（陈西平，1993）、与水质模型对接（陈鸣剑，1993）用于流域水质管理成为农业、城市非点源污染研究的新生长点。油田开发区石油污染（熊运实，1993）、生物污染、大气沉降（周国梅和云桂香，1996）等非点源污染研究也有一定进展。这一时期本书作者之一的李怀恩等建立的机理型流域暴雨径流污染响应模型具有代表性（杨爱玲和朱颜明，1999；李怀恩和沈晋，1996），它要求参数少，应用范围广，适合我国目前资料短缺的非点源污染研究现状，但该集总式模型不能解释非点源污染在流域内的空间分布。此期间，我国开展的非点源污染方面的研究工作较多，如在西安、天津、北京等大型城市地表饮用水源保护工作中，把非点源污染的模拟预测与控制管理作为重要内容，推动了我国非点源污染的研究和控制；在北京、南京、上海等城市也开展了一些城市非点源污染方面研究。近几年，李强坤和李怀恩（2010）结合农业非点源污染的产生和迁移特点，将农业非点源污染整体模型划分为“源”、“汇”模块并分别构建，组成了完整的农业非点源污染负荷模型；并将模型应用于青铜峡灌区，计算了该灌区2008年典型时段的农业非点源污染输出负荷。同时，根据农业非点源污染在“源”、“汇”环节的不同特点，通过模型定量分析，提出“源”、“汇”环节不同的农业非点源污染控制措施。

2. 现有主要模型

在长期的非点源污染防治过程中建立和积累了大量有效的模型，经过实践的检验和自身不断地发展，逐步形成了若干种较为完善的常用模拟工具。由于其模拟机理和适用范围不同，各模型间存在明显差别。常见的国内外非点源污染模型的参数形式、时空尺度、结构和主要研究对象见表1-1（徐力刚和张奇，2006）。

表1-1 常见非点源污染模型对比

模型名称	参数形式	时间尺度	空间尺度	模型结构	主要研究对象
HSPF	集中参数	长期连续	流域	斯坦福水文模型；侵蚀模型考虑雨滴溅蚀、径流冲刷侵蚀和沉积作用，考虑复杂的污染物平衡	氮、磷和农药等
SWMM	集中参数	长期连续	暴雨径流区	径流过程、储水及水处理过程、污染物输运过程水量	降雨、降雪径流过程、固体颗粒、细菌
ANSWERS	分散参数	开始为单次暴雨后来发展为长期连续	流域	水文模型考虑降雨初损、入渗、坡面流和蒸发；侵蚀模型考虑溅蚀、冲蚀和沉积；早期并不考虑污染物迁移，后期补充了氮、磷子模型和复杂污染平衡	营养盐、固体颗粒、重金属
ARM	集中参数	长期连续	流域	SWM Ⅳ水文模型；改进通用土壤流失方程；污染物迁移过程属概念性模型	杀虫剂、氮、磷
CREAMS	集中参数	长期连续	农田小区	SCS水文模型，Green Ampt入渗模型，蒸发；侵蚀模型考虑溅蚀、冲蚀、河道侵蚀和沉积；氮、磷负荷，简单污染物平衡	农田径流量、泥沙、氮、磷、农药
GLEAMS	集中参数	长期连续	农田小区	水文和侵蚀子模型与CREAMS相同；污染物更多考虑农药地下迁移过程	水量、泥沙、氮、磷、农药
SWRRR	集中参数	长期连续	流域	SCS水文模型，入渗，蒸发，融雪；改进通用土壤流失方程，氮、磷负荷，复杂污染物平衡	天气、水文、庄稼增长、沉积物、氮、磷和农药的迁移
ROTO	集中参数	长期连续	大流域	河流水文和泥沙演算，水库水文和泥沙演算	农田径流量、泥沙
EPIC	集中参数	长期连续	农田小区	SCS水文模型，入渗，蒸发，融雪；改进通用土壤流失方程氮、磷负荷，复杂污染物平衡	气候、水量、泥沙、氮、磷、农药
SWAT	集中参数	长期连续	流域	SCS水文模型，入渗，蒸发，融雪；改进通用土壤流失方程；氮、磷负荷，复杂污染物平衡	水量、泥沙、氮、磷、农药

续表

模型名称	参数形式	时间尺度	空间尺度	模型结构	主要研究对象
AGNPS	分散参数	开始为单次暴雨后来发展为长期连续	流域	SCS水文模型通用土壤流失方程；氮、磷和COD负荷，不考虑污染物平衡	固体颗粒、氮、磷和COD负荷
LOAD	分散参数	长期连续	流域	产流系数法计算径流量；无侵蚀模型；统计模型计算BOD、TN、TP负荷	生化需氧量（BOD）、总磷（TP）、TN负荷
李怀恩模型	集中参数	单次暴雨	流域	产流模型根据研究流域的水文特性选择，一般流域可优先选用综合产流模型；逆高斯分布瞬时单位线汇流模型；产污模型；污染物逆高斯分布迁移转化模型	水量、泥沙、氮、磷
LASCAM	集中参数	长期连续	流域	SCS水文子模型；土壤侵蚀和泥沙输运子模型（USLE）（径流冲刷侵蚀、河岸河道侵蚀、沉积）；污染物迁移转化子模型	径流量、盐分、泥沙、氮、磷

对于特定的情况，选择模型是一件十分关键的事情。一些模型基于简单的经验关系，计算简单方便，而另一些模型则基于过程，数学要求十分高。简单的模型往往得不到想要的详细和精确的结果，而复杂的模型则在计算大面积流域时效率不高，并且由于对数据和使用者要求过高而受到限制（Borah and Bera，2003）。在选择模型时要考虑期望得到什么样的结果，以及模型对数据和用户自身的具体要求。STORM对水量和水质的模拟比较简单，主要用于城市排水系统设计，尤其应用于评价合流控制方法储存、处理、溢流等之间关系，以选择最佳措施。SWMM（storm water management model）则是一个模拟城市径流非点源污染较好的模型，可以为正确评价排水系统和排水能力提供详细可靠的依据，是所有城市非点源污染模型中应用最广泛的模型。AGNPS、ANSWERS是单次降雨事件模型，可以用来分析单次降雨事件产生的影响和流域管理措施（主要指结构布局管理上）。AnnAGNPS，ANSWERS-Continuous、HSPF、SWAT是连续事件模型，可以用来分析因水文和流域管理措施（主要指农业措施上）变化而引起的长期变化。其中SWAT是一个模拟以农业流域占主导地位流域的比较有前途的连续模拟模型，HSPF则是一个在模拟农业和城市混合流域比较有前途的连续模拟模型。SWAT与HSPF都被整合到USEPA的BASINS下，所以在美国和全世界气候地形等不同的许多国家得到了广泛的应用，模型比较成熟。

3. 有限资料条件下非点源污染负荷估算研究

非点源污染的发生与大气、土壤、植被、水文、地质、地貌、地形等环境因素及人类活动密切相关，具有在不确定时间内，通过不确定途径排放不确定数量污染物的特性；另外，我国缺乏针对非点源污染的长系列数据资料，全面系统的监测分析少；基础调查只在个别城市、个别流域的个别监控点上展开过，代表性差；相关数据资料分别掌握在环保、农业、水文等多部门中，获取困难；国外开发的非点源模型软件输入数据的时间系列长，建模费用昂贵，常需多部门联合研究才能满足其建模要求，从我国国情出发，较难推广应用；现有的非点源模型软件涉及几十个参数，率定困难，且测试、统计和分析的误差相累积，影响使用。因此，在有限资料条件下，对非点源污染负荷进行估算（或预测），一直是环境治理工作的重点和难点。长期以来，国内学者作了积极探索，主要提出了三类方法，包括：①断面实测总负荷减去统计的点源负荷；②单位负荷法，根据单位人口或动物的废弃物排放量及人口或动物的总量来统计非点源负荷；③水文分割法等（陈友媛等，2003；陈吉宁等，2009）。近年来，西安理工大学较为系统地提出了一些方法，如平均浓度法（李怀恩，2000）、水质水量相关法（洪小康和李怀恩，2000）、非点源营养负荷-泥沙关系法（李怀恩和蔡明，2003）、土地利用关系法（张亚丽和李怀恩，2009）、改进的Johnes 输出系数法（蔡明等，2004）、综合平均浓度法和综合输出系数法（Li and Li，2010）、基于 USLE 的估算方法与专家评判法（胥彦玲等，2005，2006）、降水量差值法（蔡明等，2005）、径流量差值法（胥彦玲，2007）、多沙河流非点源负荷估算方法（李强坤等，2008a；2008b）、基于单元分析的灌区农业非点源污染估算方法（李强坤等，2007）、基于现代分析技术的非点源负荷预测方法（李家科等，2006；2007；2009；2011）等，这些方法都有各自所需的资料条件和一定的精确度。

1.2.2 氮素来源示踪研究进展

随着工农业的发展和城市化进程的加快，农田施用粪肥和人工化肥量逐年增加，污水排放量迅速增大，大量工农业污水、废弃物未经处理排向河流，导致河流中氮污染成为日益严峻的环境问题。近几年，我国黄河、长江和珠江营养元素氮、磷的含量均有升高的趋势。氮、磷的流失，不仅影响农业和生态系统的氮生物地球化学循环，同时对流域河水的水质、河口及近海环境造成很大的影响，一些地区甚至已到了较为严重的程度。这些问题已引起政府和学术界的高度重视，正积极研究和采取措施控制污染。

氮具有多来源的特点，包括大气、雨水中的尘埃、工业和生活污水、城市生活垃圾、土壤和含水层介质、含氮的化学物质、化肥农药、牲畜排泄物和植物腐殖体，以及工业生产过程中合成的含氮物质（Houghton et al.，1990；Matson and Vitousek，1990）。自然条件下水环境中 NO_3^-背景值通常不高，人为活动常常导致水环境中 NO_3^-浓度激增，达到污染程度（Widorya et al.，2004）。因此，人为活动常常是造成河水 NO_3^-污染的主要原因，如开垦土地导致土壤有机氮氧化作用增强、含氮化肥的直接入渗、动物粪便和污水的氧化等（Panno et al.，2008；Wilson et al.，1994）。

传统的方法在研究硝酸盐污染时，多是通过调查污染区的土地利用类型并结合水化学特征分析辨明污染源。研究结果表明：只有不到 50% 氮肥可被植物吸收，其余绝大部分或滞留于土壤中，或被农田排水和地表径流排入地下及地表水体，另有部分直接以挥发的形式返回大气（陈法锦等，2007；李彦茹和刘玉兰，1996）。城镇则以生活污水和部分工业废水为主。但这种方法的局限性在于，所得结论为间接性的。同时，硝酸盐来源具有的多样性，点源和非点源的混合出现以及氮循环中复杂的物理、化学作用、生物转化过程等特征，使得这一传统的方法得到的结果较为粗糙，不能提供硝酸盐的来源信息。

在自然界，氮元素有^{14}N和^{15}N两种稳定同位素，氮同位素在自然界复杂的物理化学过程中会产生氮的分馏，从而能够引起自然界含氮物质$\delta^{15}N$的显著差异。已有的研究结果表明，不同来源的硝酸盐具有不同的同位素组成，大多数陆地物质的$\delta^{15}N$组成为-20‰～30‰。例如，人工合成化肥$\delta^{15}N$大多为0‰～4‰，土壤有机氮的$\delta^{15}N$可以在4‰～9‰范围内变化。人畜排泄物的$\delta^{15}N$值为8‰～20‰。而城市排污中，主要来源于生活排泄物的氮同位素值较高，可高于10‰，如有工业来源或其他生活垃圾，可能会低于10‰（Heaton，1986）。这样硝酸盐的$\delta^{15}N$的值可以用来区分硝酸盐的来源。因此，通过河水氮同位素研究可以较好地示踪水中氮素的来源，以弥补传统方法的不足，从而提供一种直接识别污染源的手段（Mariotti et al.，1988；Wassenaar，1995；Aravena and Robertson，1998；Panno et al.，2001；Pardo et al.，2004）。

随着同位素分析测试技术的发展，国外较早地开展了利用水体中硝酸盐氮同位素的组成变化示踪硝酸盐污染物来源的研究。Chang等（2002）通过测定密西西比河流域5个不同土地利用类型水样中的NO_3^-的含量及$\delta^{15}N$变化，区分了来自不同土地利用区的NO_3^-。Silva等（2002）认为河水中NO_3^-浓度易受来自于化粪池、污水泄漏和农药应用等方面的影响而升高，利用NO_3^-氮同位素，同时将其与水力学数据、水化学特征联系起来能够很好地识别硝酸盐的来源。他们将其应用于美国Washington市的河流，发现城市污水是河流硝酸盐升高的一个明显影响因素。同时，他们还将氮、氧同位素联系起来，很好地识别了该地区水中硝酸盐的反硝化过程。Lee等（2008）利用$\delta^{15}N$区分了韩国南、北汉河不同的NO_3^-来源。北汉河的NO_3^-主要来自大气降水和土壤有机物，南汉河的NO_3^-则受化粪池和污水中的NO_3^-贡献较大，而降水和土壤有机氮对南汉河的NO_3^-仅有很小一部分贡献。Johannsen等（2008）测定德国境内5条排入北海河流的硝酸盐浓度和同位素组成的变化，判定了这些河流的硝酸盐主要来自于土壤硝化作用、化粪池和人畜粪便的影响，在其中的4条河流中出现夏季$\delta^{15}N$值升高，同时硝酸盐浓度出现下降的现象，暗示了硝酸盐的同化过程是河水中硝酸盐分馏的主要过程；而冬季$\delta^{15}N$值相对于夏季平均偏负，主要和冬季微生物的活性和吸附硝酸盐能力下降有关。Rivers等（1996）通过测定研究区7种潜在补给源的NO_3^-浓度及其$\delta^{15}N$值识别英国Nottingham市砂岩含水层氮污染源，确定出大部分深层水中NO_3^-来自土壤有机氮矿化。

近年来，国内学者也逐渐开展了水体中硝酸盐氮同位素的研究。肖化云和刘丛强（2004）利用氮同位素示踪技术对贵州红枫湖各输入、输出河流氮污染状况和季节性变化规律进行了研究，指出农业输入河流季节氮污染变化较小，以低NO_3^-、低NH_4^+含量为特征，其$\delta^{15}N$值较小，位于农业源范围之内（<10%）。工业污染河流氮污染呈干季和雨季变化：干季（冬春季）以高NO_3^-、高NH_4^+含量和高氮同位素组成（>10%）为特征，雨季（夏季）则相似于农业输入河流。张翠云和郭秀红（2005）研究了石家庄市地下水NO_3^-污染源，指出地下水中的无机氮化合物主要以NO_3^-形式存在，浓度变化为2.65～152.1mg/L，48%的样品浓度超过国际饮用水标准（NO_3^--N 10mg/L）。地下水样品的$\delta^{15}N$值域4.53‰～25.36‰，34个样品中，22个样品的$\delta^{15}N$值大于8‰，指示地下水NO_3^-的主要来源为动物粪便或污水；结合Cl^-分析，南部地下水NO_3^-还受到东明渠污水的影响。其余12

个样品的 $\delta^{15}N$ 变化为4‰～8‰，其中 $\delta^{15}N$ 值较大的（6‰～8‰）指示来自土壤有机氮，较小的（4‰～6‰）指示来自氨挥发较弱、快速入渗的化肥厂污水。周爱国等（2003）根据 NO_3^-中的 $\delta^{15}N$ 和 $\delta^{18}O$ 同位素资料分析了林州市和安阳县山区地下水中 NO_3^-主要来源，结果表明山区地下水中的 NO_3^-主要来源于农家肥和化肥。吴登定等（2006）则运用氮、氧同位素技术判别常州地区地下水氮污染源，发现常州地区潜水和微承压水中 NO_3^-含量高，$\delta^{15}N$ 为4.818‰～32.834‰，反映了多数潜水和微承压水受到了厩肥和污水的污染；中深层承压水中 NO_3^-含量低，未受到氮污染，$\delta^{15}N$ 为2.163‰～6.208‰，NO_3^-应主要来源于早期形成时的大气降水。

相比于水体硝酸盐的氮同位素研究，水体中铵氮同位素组成变化研究开展得相对要晚，目前大多还处于探索阶段。Fukuzaki 和 Hayasaka（2009）报道了日本弥彦-角田山区大气降水中铵态氮和硝氮同位素季节变化，研究了大气降水中铵态氮和硝氮的来源和变化规律。山顶采样铵态氮同位素值暖季和冷季分别为-3.4‰和-2.8‰，山脚采样铵态氮同位素暖季和冷季分别为-4.5‰和-3.7‰。暖季铵态氮同位素值比冷季铵态氮同位素值偏负，暖季和冷季山脚铵态氮同位素值都较山顶的值偏负。通过此铵态氮同位素值得出的结论为：铵态氮同位素季节变化可能是由农业活动释放的低氮同位素组成的氨气溶解于大气降水中所致。Böhlke 等（2006）研究了被污水处理厂污染的地下水铵态氮转化过程的机理。在上层过渡带，铵根离子的浓度较低并且有 O_2 存在，铵态氮同位素随着铵根离子浓度的增加同位素组成偏负，呈反相关关系；而在厌氧区，铵根离子的浓度高，但同位素值保持不变，为12.6‰±0.4‰，说明在这个富集铵根的过程中不存在氮同位素分馏的过程，可能是吸附作用导致的。Russell 等（1998）研究了富营养化河口区域 Chesapeake Bay Region 的大气降水的有机氮、硝氮和铵态氮的通量和同位素值，根据铵态氮同位素值和铵根离子通量得出以下结论：铵态氮的氮源主要来源于施肥、土壤和动物排泄物释放。Sebilo 等（2006）通过水化学和同位素手段研究了塞纳河流域的硝化和反硝化过程。

国内研究方面，邢光熹等（2001）研究了太湖流域中心地带苏州和无锡地区河水和湖水水体中铵氮 $\delta^{15}N$，对河水、湖水和井水中氮的来源进行了区分，比较了不同年份、不同季节和不同水体氮污染的变化趋势及浓度增幅。河水铵态氮 $\delta^{15}N$ 的值为6.52‰～21.86‰，与动物和人排泄物的 δ^{15}7.47‰～49.71‰相近，故得出河水中高 ^{15}N 主要由高 $\delta^{15}N$值的人畜粪便的大量排入所致。阳澄湖区的西部和中心 $\delta^{15}N$ 的值分别为19.312‰±0.614‰和28.279‰±0.430‰，指示生活污水和动物排泄物进入湖水，饵料的投入也是氮污染源之一。肖化云等（2003）通过对贵阳地区雨水中铵态氮同位素的测定，得出贵阳地区小雨铵盐中低 $\delta^{15}N$ 值的样品（-22.01‰～-1.73‰）与云水（-28.6‰）对 ^{15}N 较少的吸收有关。贵阳地区较高的铵盐含量和较低的 $\delta^{15}N$ 值（平均-12.18‰±6.68‰）表明，铵盐来源于农业肥料的大范围施用和土壤 NH_3的挥发。李思亮等（2005）检测了贵阳地下水的三氮浓度及城市和郊区地下水、地表水和污水的硝氮、铵态氮同位素值。$\delta^{15}N$ 取值范围为-1.7‰～6.2‰，平均值为1.2‰。污水中的 $\delta^{15}N$ 明显较高，认为是硝化过程中动力学分馏以及挥发作用提高了 NH_4^+的 $\delta^{15}N$。在23个已测水样中约60%的样品 $\delta^{15}N$ 的值都小于2‰，说明这部分水样中的氮素主要来自于农用化肥，而市区部分的水样中氮素可能主要来源于排污，也与污水中的铵态氮以及污水颗粒有机氮的同位素值相关。而其余的 $\delta^{15}N$

值主要为2‰~10‰，这部分地下水主要受土壤有机氮和城市排污影响。Zhang等（2008）报道了中国北部平原大气降水中的铵态氮同位素组成，不同季节$\delta^{15}N$的值为-12.7‰~12.9‰，结合硝氮同位素组成及氮沉降的数据，提出北京周边城市的氮污染源是多个污染源的综合影响，而北部平原的农村地区的氮主要来源于当地农业活动产生的活性氮。

1.2.3 农业氮素运移规律研究进展

农业土壤氮素可分为有机态和无机态两大部分，二者之和称为土壤全氮。土壤无机氮也称矿质氮，从化学形态分有氨氮、硝氮和亚硝氮，由于一般情况下亚硝氮的含量极微，通常将氨氮和硝氮的总和称为无机氮或矿质氮，又常称为有效氮或速效氮。

农业土壤氮素循环是一个复杂的物理-化学-生物作用过程。氮的循环实际上是既定的氮原子以一种完全无规则或随机的方式从一种形态向另一种形态的转化。土壤中的氮由于作物根系吸收、土壤中氮的挥发、淋溶等作用，其中氮素损失和消耗。土壤内部的氮素循环主要有矿化-固持、硝化-反硝化、吸附和解吸过程。

土壤中氮素不仅参与整个生态系统的循环，同时，内部也不断发生转化过程，而且总体循环变化影响到内部循环的改变，因此，氮的循环是一个十分复杂的过程。近年来，农田化肥施用量增加，影响了土壤氮素循环，氮肥的淋溶或挥发损失，以及流失必然影响到生态系统平衡，并污染环境。

早在1805年，Fick提出了分子扩散定律。1905年，Slichter报道了土壤中溶质并不是以相同的速度运移的现象。此后，逐步形成了溶质运移的基本理论——水动力弥散理论。多年来，人们一直致力于土壤中溶质运移（尤其是盐分运动）理论及模型的应用研究（Nielsen and Biggar，1986；魏新平等，1998；许秀元和陈同斌，1998；杨金忠等，2000）。近几十年来，世界各国为提高粮食产量大量施用氮肥，氮素的气态损失和淋溶损失严重影响生态环境，威胁着人类的生存和健康。因此，研究氮素在土壤中运移与转化、矿化和固持、硝化与反硝化、吸附和解吸以及作物根系吸收、挥发和淋溶、流失等规律，已成为近年来土壤溶质运移理论最为活跃的研究领域（Warren and Kihanda，2001；Rice et al.，2001；张瑜芳等，1997；崔剑波和庄季屏，1997）。

早在1913年，Lohis首先进行了土壤氮素运移规律的研究，此后，许多学者从不同角度对此进行了研究。Rose和Passioura在室内一维土柱上进行了溶质运移的试验研究，并测定了穿透曲线；Jury（1975）在砂土中拌盐通过灌水入渗淋溶试验，观测溶质在均质土壤中的迁移规律；Van Genuchten和Parker（1984）进行了一系列室内土柱试验后，系统地论述了室内土柱试验的初边值条件等问题；Bergstrom（1987）在瑞典中部进行的排水出流化肥流失试验表明，多数氮素以NO_3^--N形式出现，而NH_4^+-N和NO_2^--N所占比例较小，且不受耕作和作物种植制度的影响。Jaynes（1991）在野外进行了漫灌条件下溴元素的示踪试验；Lzadi等（1993）在野外沟灌条件下进行了溴元素的示踪试验；Ellsworth（1996）在露天试验场进行了2m×2m的微区试验，研究了Br^-、Cl^-、NO_3^-随水流在非饱和土壤中的运移规律等；Letey等（1977）系统地总结了California各地灌溉条件下农田排水中NO_3^--N的流失情况，通过对加利福尼亚州Imperial、Coachla、Ventura-Oxnard、San Joaquin、

Salinas 河谷等地共 55 个试点进行了试验和调查研究，对 NO_3^--N 流失量与土壤、作物、施肥量和灌水时间的关系进行了分析。另外，国外在利用滴灌系统对作物施肥方面进行了许多研究工作。Bresler（1977）等研究指出，水肥同步可以达到高产、优质和提高水肥利用率的功效；Bar-Yosef 和 Shelkholslami（1976）通过砂壤土室内试验得到滴灌条件下土壤水、NO_3^--N 和 P 的联合分布规律，并对番茄进行了滴灌试验，得到了作物根部营养物浓度和吸收率之间的关系；Papadopoulos（1986；1987）分别就温室黄瓜和番茄做了滴灌施肥试验，得到温室黄瓜和番茄高产的最优施氮浓度；Omary（1992）建立了滴灌中水和农药的三维运动模型，运用有限元方法求解该模型；Pier 和 Doerge（1995）在滴灌西瓜的试验中，研究了氮素与水分互作以使作物达到高产和氮素损失最少。White（1987）应用 TFM 针对所施的肥料（NH_4NO_3），将 NO_3^--N 在运移过程中视为保守溶质，模拟了氮素的淋失，但模拟时段较短。Heng 等（1994）、Heng 和 White（1996）模拟了氮在土壤中的运移，考虑了其与土壤固相之间存在较强烈的吸附作用，因此，模型中考虑了延迟因子，并根据不同的排水季节考虑了不同的源汇项。

我国开展施肥条件下土壤氮素运移方面的研究晚于国外，近年来主要针对盐碱地改良、农田排水、农田农药、杀虫剂和污水灌溉等方面开展了大量的试验研究，取得了初步的研究成果。朱兆良（1963）较详细介绍了氮素在土壤中循环转化过程；朱济成（1983）用盆栽法研究了我国北方氮肥地下流失率；江德爱和唐懿达（1984）对圆明园农业区地下水氮污染状况进行了调查和研究；周祖澄等（1982）用 ^{15}N 示踪盆栽法及微区法研究了固体氮肥施入旱田的去向；张明泉等（1990）对兰州市马滩水源地地下水污染状况进行了评价；冯绍元和郑耀泉（1996）较系统地综述了农田氮素的转化与损失及其对环境的影响；周军等（1994）研究了冬小麦水肥增产耦合效应的特征与规律；薛继澄等（1994）研究了土壤和植株中氮素的动态变化，为设施栽培条件下氮肥适宜用量提供依据；周凌云（1996）采用 ^{15}N 示踪方法，研究麦田土壤水分条件对肥料氨的吸收、淋溶、损失的影响；张瑜芳等（1996）通过室内和田间试验，对排水农田中氮素转化、运移和流失规律进行了系统的研究，并对排水农田中氮素转化、运移和流失进行了数值模拟；姜翠玲等（1997）进行了污水灌溉土壤及地下水三氮的变化动态分析；王超（1997）借助于土柱物理模型试验装置，试验研究了氮类污染物在土壤中迁移转化规律，并建立了考虑氮的迁移和转化的数学模型，运用最优化技术率定模型参数，参数验证结果与独立的实测值吻合良好；田军仓等（1997）研究了苜蓿水肥耦合模型及其优化组合方案，用于预报和指导生产；吴海卿等（1998）对以肥调水提高水分利用率问题进行了初步探讨；魏新平（1999）对传统畦灌和喷灌入渗条件作物根区硝酸钾运移特性进行了试验研究；冯绍元等（1999）进行了喷灌条件下冬小麦水肥调控技术田间试验研究；黄冠华等（1999）进行了滴灌玉米水肥耦合效应的田间试验研究；郭大应等（2000）对喷灌条件下土壤中氮素分布进行了研究；李久生和饶敏杰（2000）对喷灌施肥均匀性及对冬小麦产量的影响进行了田间试验；吴海卿等（2000）应用 ^{15}N 示踪技术研究土壤水分对氮素有效性的影响；罗阳等（2000）进行了土柱模拟试验，并应用 LEACHM 模型对唐山农业地区在不同的降雨灌溉及不同的化肥、农家肥施用条件下氮素迁移转化进行了模拟计算；李伏生和陆申年（2000）着重讨论了在设施栽培条件下灌溉施肥的方法，灌溉施肥频率及水分养分在土壤里的分布特点；陈效民

（2000）对土壤环境中硝氮运移的特点、模型进行了描述，并且对太湖地区乌栅土进行了应用研究；袁新民等（2000）研究了灌溉与降水对土壤 NO_3^--N 累积的影响，发现在粉砂黏壤土上，降水对休闲地和旱地土壤 NO_3^--N 累积的影响主要在 0 ~ 2m 的深度范围，以当地生产中习惯使用的灌水量进行灌溉，在小麦–玉米轮作 8 年之后，土壤中累积的 NO_3^--N 会逐渐被淋溶至 400cm 以下的层次，一次性过量灌水则可将土壤上层施入的 NO_3^--N 淋至 500 ~ 600cm 的深度范围，不合理的灌溉会引起 NO_3^--N 的大量淋失。易小平等（2001）用盆栽法模拟了木薯、柱花草、番薯、花生的氮淋失；熊又升等（2001）采用土柱淋洗试验的方法，对包膜尿素、尿素、硝酸铵在石渣土和黏壤质石灰性土壤中氮的行为进行了评价，认为包膜尿素较尿素和硝酸铵在土壤中释放持续的时间显著延长，尿素的氨挥发损失较高，硝酸铵淋失较快；李荣刚等（2001）在太湖地区进行了水稻节水灌溉与氮素淋失的田间试验，认为节水灌溉情况下渗漏水中总氮浓度、氮素渗漏量、氮素渗漏损失代价均随施氮量的增加而增加，渗漏水中三种形态的氮素以硝氮为主，铵态氮和有机氮占的比例较低，相同施氮处理时，节水灌溉较常规灌溉增产，能提高氮肥当季利用率和降低氮素渗漏量；沈荣开等（2001）开展了冬小麦、夏玉米的水肥耦合的田间试验，认为氮肥效益的发挥与农田水分状况密切相关，低供水水平时，肥料的增产效益十分显著，但氮肥贡献率随施肥量的增加而呈递减的趋势；甘露（2002）对污水灌溉与施肥条件下 NH_4^+-N 在土壤中迁移转化动态进行了初步研究；袁新民等（2001）研究了不同施肥量对土壤 NO_3^--N 累积的影响，发现对 0 ~ 2m 土层 NO_3^--N 累积影响尤为突出，指出作物吸氮量与化肥氮施用量呈非线性关系，超过正常施氮量，土壤 NO_3^--N 会大量累积；郭大应等（2001）研究了灌溉土壤硝氮运移与土壤湿度的关系；郑险峰等（2002）采用田间随机抽样法研究了麦田氮素的空间分布规律，发现硝氮在土壤 0~20 cm 表层大量累积，20 ~ 40 cm 层锐减，下层变化减慢，土层中氨氮含量低且表现出不同层次间的稳定性，小麦生长期间灌溉显著影响土壤中硝氮的分布，灌溉降低了表层土壤硝氮的累积量；曹红霞（2002）对不同灌溉制度条件下土壤 NO_3^--N 迁移规律进行了研究与数值模拟。近年来，国内在利用滴灌系统对作物施肥方面进行了许多研究工作，曾向辉（2000）对温室滴灌水氮运移进行了田间试验及数值模拟；侯红雨（2002）也对温室滴灌条件下氮素转化运移规律进行了研究；张建君（2002）进行了滴灌施肥灌溉土壤水氮分布规律的试验研究及数学模拟；吴军虎（2004），吴军虎等（2006）、吴军虎和费良军（2010）对波涌灌溉条件下土壤氮素运移规律进行了深入研究，分析了施肥方式、施肥量以及间歇技术要素对波涌灌溉农田土壤氮素运移转化规律的影响，认为灌溉施肥的肥液浓度、施肥方式、周期供水时间以及循环率等都对间歇入渗情况下的农田氮素产生显著的影响；董玉云（2007）对膜孔灌溉条件下的农田氮素运移特性也展开了研究，分析了不同开孔率、膜孔布置形式下的农田氮素运移规律。任理和马军花（2001）、任理等（2001）应用 TFM 研究了非稳定流场中土壤 NO_3^--N 和 Cl^- 的运移，然而，在模型中并未考虑 NO_3^--N 的转化作用，后来又考虑了净矿化作用和根系吸氮作用作为土壤中 NO_3^--N 运移体的输入嵌入 White 提出的传递函数模型中，应用 TFM 模型模拟土壤中 NO_3^--N 的淋失，模拟冬小麦自播种至返青期土壤中氮素的淋失，建立了硝氮这一不稳定溶质在土壤中淋失的传递函数模型，通过对比实验资料，表明考虑硝氮主要转化作用的传递函数模型较通常保守溶质的传递函数模型具有更好的仿真精度；并且对灌溉入渗–再分布条件下非饱和土壤中硝氮的淋失进行了数学模拟和预报，估算了硝氮的累积淋洗。王全九（2010）研究了黄土坡面土壤溶质随地表径流迁移特征，并建立了数学模型。

综上所述，国内外学者对土壤中氮素运移转化的各种物理、化学和生物作用机理开展了大量研究工作，并取得了许多研究成果。对农业灌溉施肥条件下土壤氮素循环、氮素的硝化、反硝化作用、土壤施肥后氨挥发及作物根系吸肥等方面开展大量研究工作，但对土壤中氮肥的施用量及施肥方法对作物产量影响和氮的损失造成氮的利用率低和对环境的影响尚待加强研究。

1.2.4 分散式点源除氮技术研究进展

分散式点源，除了排水量相对较小，排水具有一定程度的不连续性，水质水量波动相对较大外，其本质上主要还是生活污水。与氮同时存在的主要污染物还有耗氧污染物（有机物）、磷和悬浮固体颗粒（SS）以及病源微生物。因此分散式点源污水脱氮技术在本质上仍要遵循传统废水脱氮技术的要求，只是在具体实践中要考虑废水排放特征，对工艺做适当的改变。

1. 点源废水中氮脱除的基本方法

点源废水中氮的脱除主要有物理法、化学法和生物法三类。

物理方法主要有氨氮吹脱法。该方法主要用于废水中氨氮的去除。其原理是将空气或其他载气通入水中，使载气与废水充分接触，导致废水中的 NH_3 向气相转移，从而达到脱除水中氨氮的目的。另外，活性炭、天然矿物、陶粒、离子交换树脂等具有较大的比表面积和很强的吸附能力或离子交换能力，可将体系内的氨氮吸附在吸附剂表面，从而使废水得到净化。通过吸附剂的脱附及再生，将水中的含氮污染物去除或回收利用。

化学方法中研究最多的是向污水中投加可溶性的镁盐和磷酸盐，形成难溶性的磷酸铵镁，除去污水中的氨。也有实验研究的湿式催化氧化法，要求在一定的温度、压力下，在催化剂的作用下，以空气或氧气为氧化剂使污水中的凯氏氮氧化分解成二氧化碳、水及氮气等无害物质。再者就是利用消毒剂氯气或次氯酸盐，投加量为折点，此时发生折点氯化，水中的氨氮被氧化成氮气而被脱去。近些年来，随着膜技术的发展，物理的脱氮技术也因此更进一步，较为典型的是利用具有选择透过性的乙酸酯膜，通过反渗透和电渗析分离水中的氮。针对氨氮和有机氮的去除研究已经很多，然而对于硝氮的去除研究则较少，其中代表之一就是催化反硝化。以氢气作为还原剂，在金属催化剂的作用下，将硝酸盐氮还原成氮气。该方法被认为是最有发展前景的脱氮技术之一。

虽然化学和物理的方法在除氮效率方面满足要求，但在实际处理中面临各种各样的挑战，其中不可忽视的是处理成本过高。

与此同时，随着活性污泥法在废水处理中的广泛应用，人们也尝试从微生物的角度来解决氮超量的问题。生物脱氮工艺主要分为传统生物脱氮工艺和生物脱氮新工艺。

传统生物脱氮途径一般包括硝化和反硝化两个阶段，硝化和反硝化反应分别由硝化细菌和反硝化细菌作用完成。由于对环境条件的要求不同，这两个过程不能同时发生，而只能序列式进行，即硝化反应发生在好氧条件下，反硝化反应发生在缺氧或厌氧条件下。由此而发展起来的生物脱氮工艺大多将缺氧区与好氧区分开形成分级硝化反硝化工艺，以便硝化与反硝化能够独立地进行。

废水生物脱氮需要由硝化反应和反硝化过程参与实现，参与反应的两大类微生物群分别为硝化菌和反硝化菌。硝化和反硝化反应过程中所参与的微生物种类不同，转化的基质不同，所需要的反应条件也各不相同。

硝化反应是将氨氮转化为硝酸盐氮的过程，包括两个基本的反应步骤：首先，亚硝酸菌（ammonia oxidizing bacteria，AOB）将氨氮转化为亚硝氮（NO_2^-）；然后硝酸菌（nitrite oxidizing bacteria，NOB）将亚硝酸盐转化为硝酸盐（NO_3^-）。其中亚硝酸菌有亚硝酸单胞菌属、亚硝酸螺杆菌属等；硝酸菌有硝酸杆菌属、硝酸螺菌属和硝酸球菌属等。AOB 和 NOB 都是化能自养菌，其生理活动不需要有机物，主要从 CO_2、CO_3^{2-}和 HCO_3^-等获取碳源，从无机物（NH_3、NH_4^+或 NO_2^-）的氧化反应获得能量（王晓莲，2007；沈耀良和王宝贞，1999）。硝化细菌的主要特征是生长速率低，这主要是由氨氮和亚硝酸氮氧化过程产能速率低所致。硝化反应过程需要在好氧条件下进行，并以氧为电子受体。其反应方程式可以表示为

$$55NH_4^+ + 76O_2 + 109HCO_3^- \xrightarrow{\text{亚硝化细菌}} C_5H_7O_2N + 54NO_2^- + 57H_2O + 104H_2CO_3 \tag{1-1}$$

$$400NO_2^- + NH_4^+ + 4H_2CO_3 + HCO_3^- + 195O_2 \xrightarrow{\text{硝酸细菌}} C_5H_7O_2N + 400NO_3^- + 3H_2O \tag{1-2}$$

总反应式为

$$NH_4^+ + 1.86O_2 + 1.98HCO_3^- \xrightarrow{\text{硝化细菌}} 0.0206C_5H_7O_2N + 0.98NO_3^- + 1.04H_2O + 1.88H_2CO_3 \tag{1-3}$$

反硝化反应是微生物在无氧或缺氧条件下，将硝酸盐或者亚硝酸盐还原为氮氧化物或 N_2的过程。反硝化菌是一类化能异氧兼性厌氧微生物，其反应需要在缺氧或极低的 DO 条件下进行。反硝化过程中，反硝化菌（如变形杆菌、假单胞菌、小球菌、芽孢杆菌、无色杆菌、嗜气杆菌和产碱杆菌）需要有机碳源作为电子供体被氧化来提供能量，利用 NO_2^-或 NO_3^-中的氧作为电子受体进行缺氧呼吸，最终将 NO_2^-或 NO_3^-还原为 N_2（沈耀良和王宝贞，1999）。其反应方程式可表示为

$$NO_2^- + 3H^+\text{（电子供体——有机物）} \longrightarrow \frac{1}{2}N_2 + H_2O + OH^- \tag{1-4}$$

$$NO_3^- + 5H^+\text{（电子供体——有机物）} \longrightarrow \frac{1}{2}N_2 + H_2O + OH^- \tag{1-5}$$

1993 年，荷兰 Delft 科技大学的 Kuba 通过实验证实，在厌氧/缺氧交替运行的条件下，可以培养出兼有反硝化除磷作用的兼性厌氧微生物，此类微生物能利用氧气或者硝酸盐作为电子受体，由于它们对细胞内 PHB 和糖元等物质的代谢作用与传统的 A/O 法中的 PAO 相似，人们将此类微生物称为反硝化聚磷菌（DPB）（薛艳等，2006）。

Vlekke和Takeshita等（Mino，1997）分别利用厌氧/缺氧SBR（A2SBR）系统和固定生物膜反应器进行了可行性试验研究。研究证明：作为氧化剂，氧和硝酸盐在除磷系统中起着相同的作用；通过厌氧、缺氧交替的环境可以筛选出以硝酸盐作为电子受体的聚磷菌优势菌，即DPB。近几年无论是在试验研究还是在污水处理实践中都发现有反硝化聚磷（denitrifying phosphorus accumulation，DNPA）的现象。利用DNPA同步脱氮除磷可以同时将硝酸盐还原和微生物超量摄磷过程合二为一，只消耗相当于单独生物脱氮或除磷所需的有机物量，即可达到氮和磷的同步去除，为改善有机物不足造成的脱氮除磷效率低下提供了一条出路（张小玲，2004）。大量的实验研究和生产应用都证明：当微生物依次经过厌氧、缺氧和好氧三个阶段后，约占50%的聚磷菌既能利用氧气又能利用硝酸盐作为电子受体来聚磷，即DPB的除磷效果相当于总聚磷菌的50%左右，试验说明除氧可作为电子受体外，硝酸盐也可作为某些微生物氧化PHB的电子受体；同时也证实在污水的生物除磷系统中的确存在DPB属微生物，而且通过驯化可得到富集DPB的活性污泥（黄俊熙，2010）。

DPB反硝化除磷技术的革新之处在于：①系统大大节省了碳源，平均节省50%碳源，避免了反硝化菌和聚磷菌生物之间对有机物的竞争，适合处理低碳氮比废水；②可以减少30%曝气量，大大降低电能消耗；③能有效减少系统产生的污泥量（大约50%），从而可以降低污泥处理费用；④可以根据不同水质要求减小反应器体积。根据不同条件、不同工艺，选择合理的工艺流程，将DPB应用到脱氮除磷过程中，可以从根本上解决脱氮除磷系统中存在的矛盾和弊端，未来的发展和应用对反硝化除磷脱氮新工艺的开放及其运行效果的稳定优化展开了长期而系统的研究（王晓莲和彭永臻，2009）。

DPB的最明显的特点是可以节省碳源和曝气量，能有效减少剩余污泥量并节约能量，因此在生物脱氮除磷系统中富集培养DPB受到普遍关注。许多学者通过控制外界条件富集培养DPB。但已有的研究表明，DPB在SBR及传统生物除磷系统（UCT或A^2/O）中可以繁殖并富集，且除磷作用与专性好氧PAOs相当（Kuba et al.，1993. 郝晓地等；2008）。

生物细胞在特定条件下将有机碳转移，并以多羟基链烷脂（主要是聚β羟基丁酸，简称PHB）、糖原及脂类的形式储存在胞内，这些物质（这里主要指PHB）能在缺氧环境下作为反硝化的内碳源。在活性污泥系统中，糖原和PHB等胞内储存物在脱氮除磷系统中发挥着重要作用。大量实验研究表明，尤其在反硝化聚磷系统中，胞内碳源储量决定着反硝化聚磷的效果，厌氧段溶解性COD浓度越高，合成胞内聚合物碳源越多，好氧段脱氮除磷效果越明显。在一般情况下，碳的氧化速率远大于硝化速率，异养菌对有机物利用速率远大于自养菌，因此在硝化完全后，污水中外碳源基本完全被氧化分解。在SBR厌氧/好氧脱氮除磷系统中，好氧段如果缺乏大量的内碳源或外碳源，脱氮效率会降低。

Third等（2003）在SBR系统中，研究以PHB为电子供体的SND现象指出，微生物细胞内PHB含量较低时，利用内碳源的呼吸率为外碳源（乙酸盐）的氧化率的14%，即使PHB达到饱和时的最大呼吸率为乙酸盐的最大氧化率的31%，研究结果表明，即使细胞对PHB的降解达到最大速率，PHB的氧化率仍低于溶解性基质的氧化率，因此，PHB在无外加碳源的情况下能作为缓慢降解的碳源，而且在PHB作为电子供体的反硝化速率与氨氧化速率相当，获得很好的同步硝化反硝化脱氮效果。

20世纪80年代以来，生物科学家研究发现微生物如荧光假单胞菌（*Pseudomonas flurescen*）、粪产碱菌（*Alcaligenes faecalis*）、铜绿假单胞菌（*Pseudomonas aeruginosa*）、金色假单胞菌（*Pseudomonas aureofaciena*）等都可以对有机或无机氮化合物进行异养硝化（Castignettiand and Hollocher，1984；Robertson et al.，1988）。与自养型硝化菌相比较，异养型硝化菌的生长速率快，细胞产量高，要求的溶解氧浓度低，能忍受更酸性的生长环境。反硝化一般是反硝化细菌在缺氧或低溶解氧条件下利用有机物的氧作为能量来源，以NO_2^-和NO_3^-作为无氧呼吸时的电子受体而实现。国内外文献报道在实验室里进行硝化细菌纯培养和混合培养以及处理垃圾渗透液的研究中均发现了好氧反硝化现象的存在（Rittmarm and Langeland，1985；吕锡武等，2000；Spector，1998）。好氧反硝化细菌和异养硝化细菌的发现，打破了传统理论认为的硝化反应只能由自养型细菌完成和反硝化只能在缺氧条件下进行的观点（蒋胜韬等，2008）。并且Robertson等（1988）认为好氧反硝化菌也能进行异养硝化，这样反硝化菌就可以在有微量氧存在的条件下直接把氨氮转化为气态产物去除。*Thiosphaera pantotropha*以及其他好氧反硝化菌利用硝酸盐/亚硝酸盐的呼吸作用（好氧反硝化）、氨氧化（异氧硝化）以及最后一步中聚β羟丁酸（PHB）的形成作为还原能量的转换。同时，Robertson等（1988）指出好氧反硝化和异养硝化的反应速率随溶解氧浓度的增加而减小。Robenson及Kuenen（1984）发现，许多异养硝化菌能进行好氧反硝化反应，在产生NO_2^-和NO_3^-的过程中将这些产物还原，即直接将NH_4^+-N转化为最终气态产物而去除。异养硝化与好氧反硝化的存在可以较好地解释低氧条件下的SND现象，这打破了传统理论认为的硝化反应只能由自养菌完成和反硝化只能在厌氧条件下进行的观点（Van，1991；张立秋，2009）。

国内外研究和报道充分证明反硝化可发生在有氧条件下，即好氧反硝化（zhao et al. 1999. Yoo and Ahn，1993）。吴成强等（2007）采用SBR反应器处理垃圾渗滤液，探讨了短程硝化反硝化过程中好氧反硝化的效果，结果表明，氨氮被氧化为NO_2^--N达98%以上，系统中同时存在能还原NO_3^--N和NO_2^--N的好氧反硝化菌，溶解性有机物浓度越高则好氧反硝化速率越快，当有机物浓度达到某临界值时，好氧反硝化速率几乎保持不变；溶解氧浓度越低则好氧反硝化速率越快，好氧反硝化对于维持和促进SBR反应器的短程硝化反硝化具有重要的作用。

因此，从微生物学角度来看，同步硝化反硝化生物脱氮是可能的。蒋胜韬等（2008）、赵宗升等，（2001）、吕锡武等（2000）在氧化沟、SBR工艺、A^2/O工艺中大量存在好氧反硝化菌，经过厌氧-缺氧（微氧环境），这类微生物就会得到富集。

好氧反硝化的机理可以从生物学、生物化学以及物理学的角度进行解释（Sezgin et al.，1987）。从生物学角度来看，好氧反硝化菌能将氨转化成最终气态产物，兼有异养硝化菌特性；从生物化学角度来看，好氧阶段或好氧微环境条件下总氮以N_2的形式损失也能证明好氧异养菌的存在；从物理学角度看，好氧微环境、点源型曝气、曝气不均匀、反应器自身特性等方面，均能形成局部缺氧环境，耗氧速率大于氧传递速率时，发生反硝化现象。低氧条件下实现同步硝化反硝化要满足三个条件：

（1）溶解氧浓度要满足含碳有机物的氧化和硝化反应的需要，溶解氧过低，氧化氨的硝化细菌活性受到抑制，氨氮氧化为硝氮和亚硝氮的速度减慢，硝化不充分，也难以进行反硝化；溶解氧浓度又不宜太高，以便在微生物絮体内产生溶解氧梯度，形成缺氧-好氧微环境，SBR 在时间上有着良好的推流效果，能够形成很好的 DO 梯度（倪永炯，2009）。

（2）微生物絮体结构。活性污泥菌胶团大小、密实度等影响缺氧环境的形成。活性污泥浓度低于 2000mg/L 时，曝气搅动，使得污泥絮体表面更新速率较快，且难以相互形成较大污泥絮体，不能形成密实絮体，导致在污泥絮体内部形成的缺氧环境不佳，影响反硝化效率。在实验室条件下，由于碳源充分，一般将污泥浓度设定为 3000～5000mg/L 研究好氧反硝化，因为高浓度污泥能够形成良好的絮体结构，微生物絮体不易受到搅拌、曝气等剧烈干扰，保持较好的絮体结构。但如果污泥浓度过高，负荷过低会引发污泥丝状菌膨胀，因此在实际应用过程中，污泥浓度的确定要考虑有机负荷大小。

（3）为了提高脱氮效率，充分利用细胞内碳源，好氧过程中硝化反应与反硝化反应宜以相似的速率进行。通常自养硝化菌的硝化反应速率往往慢于异养菌的新陈代谢，为了避免碳源过快被异养菌消耗，需要提供给反硝化缓慢降解的碳源，在生活污水中往往存在能作为反硝化碳源的缓慢降解的有机物质，污水中溶解性基质转化为 PHB、糖类、脂类物质储存为反硝化提供了缓慢降解的碳源。因此，在好氧阶段，维持好氧硝化和反硝化相似速率，并且有缓慢降解的碳源，能够提高 SND 效率，从而提高脱氮效率。

近年来的许多研究表明，硝化反应不仅由自养型细菌完成，某些异养型细菌也可以进行硝化作用；反硝化不只在厌氧条件下进行，某些细菌也可在好氧条件下进行反硝化；而且，许多好氧反硝化细菌同时也是异养型硝化细菌，如 *Thiosphaera pantotropha*，可以把 NH_4^+氧化成 NO_2^-后直接进行反硝化反应。生物脱氮技术在概念和工艺上的新发展主要有：短程硝化－反硝化（shortcut nitrification-denitrification）、同时硝化－反硝化（simultaneous nitrification-denitrification，SND）和厌氧氨氧化（anaerobic ammonium oxidation，ANAMMOX）等。

短程硝化-反硝化：传统的生物脱氮工艺经过的一系列反应，是全程硝化反硝化，其中亚硝氮转化硝氮，硝氮又转化为亚硝氮的过程重复。1975 年，Voets 等（1975）进行经 NO_2^-途径处理高浓度氮氮废水研究时发现了硝化过程中 NO_2^-积累的现象，并首次提出了短程硝化-反硝化生物脱氮的概念。短程硝化-反硝化生物脱氮是将硝化过程控制在亚硝酸盐阶段，阻止 NO_2^-的进一步硝化，然后直接进行反硝化。利用硝酸菌和亚硝酸菌的不同生长速率，即在较高温度下（30～40℃），硝化菌的生长速率明显低于亚硝酸菌的生长速率。因此，通过控制温度和水力停留时间（HRT）可以自然淘汰掉硝酸菌，使反应器中的亚硝酸菌占绝对优势，使氨氧化控制在亚硝酸盐阶段。短程硝化-反硝化生物脱氮可减少对有机物和氧气的需要，每还原 1g NO_2^-和 NO_3^-分别需要甲醇 1.53g 和 2.47g。

同时硝化-反硝化，即硝化与反硝化反应在同一个反应器中同时完成。SND 生物脱氮的机理目前已初步形成三种解释，即宏观环境解释、微环境理论和生物学解释。宏观环境解释认为，由于生物反应器的混合形态不均，可在生物反应器内形成缺氧及（或）厌氧段，即宏观环境。例如，在生物膜反应器中，生物膜内可以存在缺氧区，硝化在有氧的膜上发生，反硝化同时在缺氧的膜上发生。事实上，在生产规模的生物反应器中，整个反应器均处于完全均匀混合状态的情况并不存在，故 SND 也就有可能发生。微环境理论则是从物理学角度加以解释。微环境理论认为，由于氧扩散的限制，在微生物絮体内产生 DO

梯度。微生物絮体的外表面DO高，以好氧硝化菌为主；深入絮体内部，氧传递受阻及外部氧的大量消耗，产生缺氧区，反硝化菌占优势。生物学的解释有别于传统理论，由于许多好氧反硝化菌同时也是异养硝化菌，能够直接把NH_4^+转化为最终气态产物而逸出，因此，同时硝化反硝化生物脱氮也就成为可能。

厌氧氨氧化，1994年，Mulder等（1995）发现荷兰Deflt大学一个污水脱氮流化床反应器存在NH_4^+和NO_3^-的消失，有N_2生成。因为氨氮是在厌氧条件下被氧化，因此被称作厌氧氨氧化。1995年，Jetten通过一系列抑制剂试验证明厌氧氨氧化是一个自养微生物参与的生物过程（Van Der Graaf et al.，1995）。随后通过试验证实发生了以NH_4^+作电子供体、NO_2^-为电子受体的氧化还原反应。厌氧氨氧化现象的发现，为生物脱氮新技术的开发提供了一个全新的思路。

2. 生物脱氮的主要工艺与反应器

1）A/O工艺

A/O工艺是将BOD氧化与反硝化合并在同一反应池中完成的缺氧/好氧（anoxic/oxic，A/O）生物脱氮系统。由于反硝化位于硝化之前，硝化混合液回流，故又称为前置反硝化生物脱氮系统或循环脱氮系统。A/O工艺流程如图1-1所示，在该流程中，原污水、硝化池混合液和回流污泥一起进入反硝化池，利用原污水中的BOD（电子供体）将硝化混合液中的NO_3^-（电子受体）还原为N_2，达到BOD的氧化和反硝化的双重目的。原污水中的氨氮和反硝化池中有机氮分解产生的氨氮与反硝化中生成的碱度（可作为硝化过程的中和剂）一起进入硝化池，进行硝化反应，将氨氮氧化为硝酸盐氮，同时剩余的BOD也在此被进一步氧化分解。

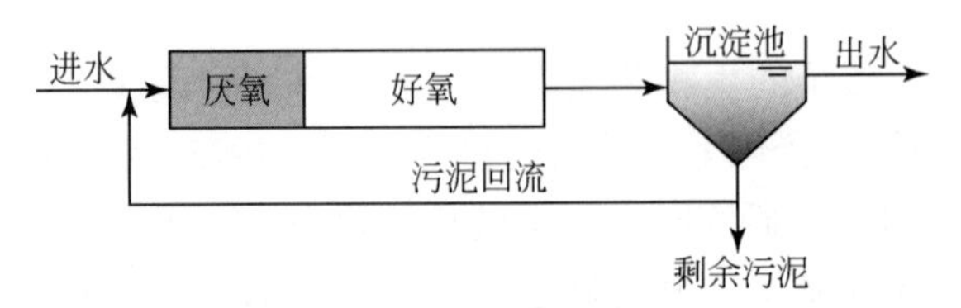

图1-1　A/O工艺流程示意图

A/O工艺的特点如下：①流程简单，构筑物少，占地面积小，建设费用低；②充分利用了原污水中的有机物，无需外加碳源，运行费用低；③好氧池在缺氧池之后，可进一步去除反硝化残留的有机物，确保出水水质达标排放；④缺氧池置于好氧池之前，既可减轻好氧池的有机负荷，又可改善活性污泥的沉降性能，以利于控制污泥膨胀。

2）A^2/O工艺

A^2/O工艺是将厌氧/好氧除磷系统和缺氧/好氧脱氮系统相结合而形成的，是生物脱氮除磷的基础工艺（其他工艺在该工艺的基础上演变而来），可同时去除废水中的BOD、氮和磷，工艺流程如图1-2所示。

原污水与从沉淀池回流的污泥首先进入厌氧池，在此污泥中的聚磷菌利用原污水中的溶解态有机物进行厌氧释磷，然后与好氧末端回流的混合液一起进入缺氧池，在此污泥中的反硝化菌利用剩余的有机物和回流的硝酸盐进行反硝化脱氮，脱氮反应完成后，进入好氧池，在此污泥中的硝化菌进行硝化反应，将废水中的氨氮氧化为硝酸盐，同时聚磷菌进行好氧吸磷，剩余的有机物也在此被好氧氧化，最后经沉淀池进行泥水分离，出水排放，沉淀的污泥部分返回厌氧池，部分以富磷剩余污泥排出。

A^2/O 系统的厌氧、缺氧和好氧池体积比控制在 1∶2∶4，污泥回流比一般为 0.3～1.0，混合液回流比为 1.0～5.0，污泥龄为 10～30 天。对于城市污水，当 $BOD_5/TN>3.5$，$BOD_5/TP>10$，有机物负荷在 0.15～0.70kg（BOD_5）/［kg（MLSS）·d］，氮负荷 0.02～0.1kg（TN）/［kg（MLSS）·d］时，BOD_5、总氮、总磷的去除率分别达 90%、70% 和 80% 以上，出水各项水质指标可达到《城镇污水处理厂污染物排放标准》（GB18918—2002）中的一级 B 标准。

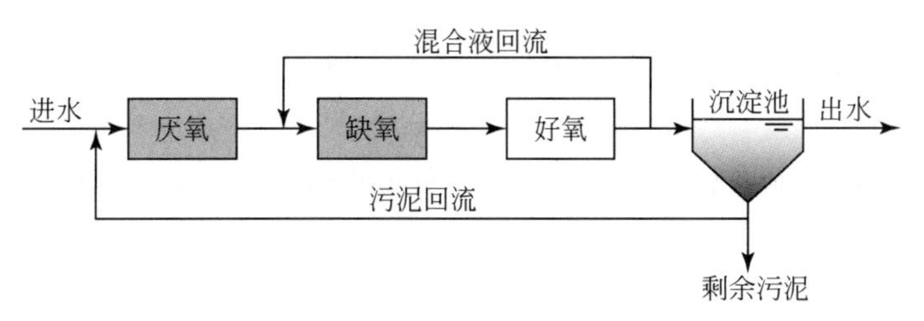

图 1-2　A^2/O 工艺流程示意图

A^2/O 工艺相对简单，如果控制得当，运行效果也相对稳定，在工程上得到了广泛的应用。A^2/O 工艺中的脱氮属于非完全脱氮，脱氮效果受原水水质和混合液回流限制，不能满足较高的要求；回流污泥中通常含有硝酸盐，影响厌氧池磷的释放，除磷效果难以完全保证。此外，硝化菌和聚磷菌存在于同一污泥中，而两者对污泥龄的要求则相反（硝化菌要求较长的污泥龄，而聚磷菌要求较短的污泥龄），污泥龄的控制通常受限，导致氮、磷去除很难同时保证。

3）UCT 工艺

UCT 工艺因南非开普敦大学开发而得名。与 A^2/O 工艺相比，UCT 工艺仅污泥回流的位置和方式不同。在 A^2/O 工艺中，来自沉淀池的污泥直接回流至厌氧池，而在 UCT 工艺中，污泥首先回流至缺氧池的首端，然后再由缺氧池的末端回流至厌氧池（图 1-3），由于此时回流污泥和混合液中的硝酸盐已经在缺氧池中被反硝化，因此，回流至厌氧池的污泥中几乎不含硝酸盐，从而可保证厌氧池的释磷效果，提高系统的除磷能力。

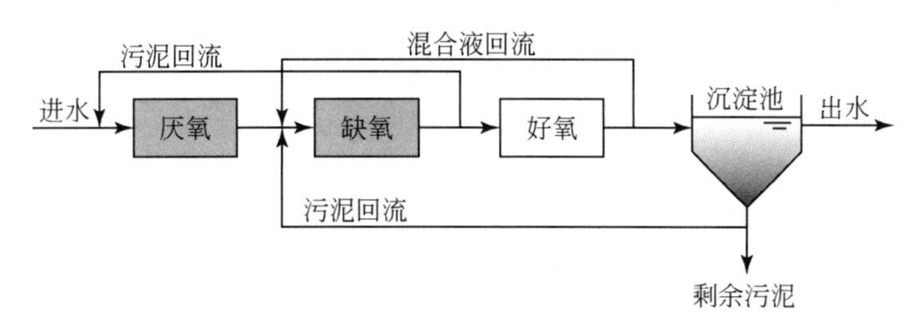

图 1-3　UCT 工艺流程示意图

4）SBR 工艺

SBR 是序列间歇式活性污泥法（sequencing batch reactor activated sludge process）的简称，是一种按间歇曝气方式来运行的活性污泥污水处理技术，又称序批式活性污泥法。

与传统污水处理工艺不同，SBR 技术采用时间分割的操作方式替代空间分割的操作方式，以非稳定生化反应替代稳态生化反应，以静置理想沉淀替代传统的动态沉淀。它的主要特征是在运行上的有序和间歇操作，SBR 技术的核心是 SBR 反应池，该池集均化、初沉、生物降解、二沉等功能于一池，SBR 工艺流程图如图 1-4 所示。正是 SBR 工艺这些特殊性使其具有以下优点：

（1）理想的推流过程使生化反应推动力增大，效率提高，池内厌氧、好氧处于交替状态，净化效果好。

（2）运行效果稳定，污水在理想的静止状态下沉淀，需要时间短，效率高，出水水质好。

（3）耐冲击负荷，池内有滞留的处理水，对污水有稀释、缓冲作用，有效抵抗水量和有机污染物的冲击。

（4）工艺过程中的各工序可根据水质、水量进行调整，运行灵活。

（5）处理设备少，构造简单，便于操作和维护管理。

（6）反应池内存在 DO、BOD_5 浓度梯度，有效控制活性污泥膨胀。

（7）SBR 法系统本身也适合于组合式构造方法，利于废水处理厂的扩建和改造。

（8）脱氮除磷，适当控制运行方式，实现好氧、缺氧、厌氧状态交替，具有良好的脱氮除磷效果。

（9）工艺流程简单、造价低。主体设备只有一个序批式间歇反应器，无二次沉淀池（简称二沉池）、污泥回流系统，调节池、初沉池也可省略，布置紧凑，占地面积省。

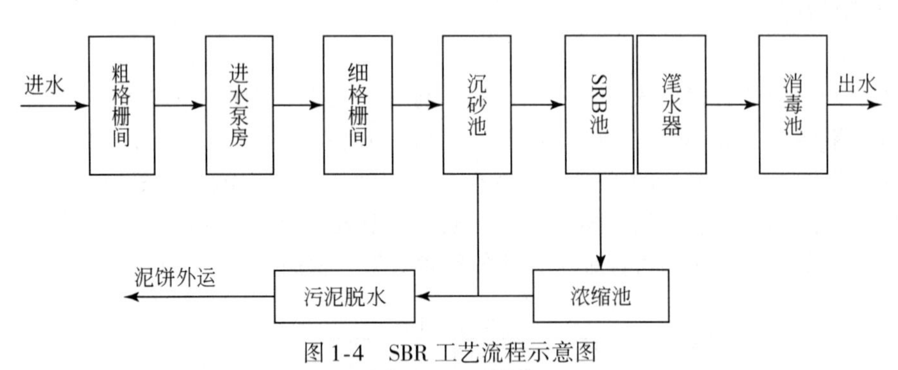

图 1-4　SBR 工艺流程示意图

5）氧化沟工艺

氧化沟是活性污泥法的一种变型，其曝气池呈封闭的沟渠型，所以它在水力流态上不同于传统的活性污泥法，是一种首尾相连的循环流曝气沟渠，污水渗入其中得到净化，最早的氧化沟渠不是由钢筋混凝土建成的，而是加以护坡处理的土沟渠，是间歇进水间歇曝气的，从这一点上来说，氧化沟最早是以序批方式处理污水的技术。

氧化沟（oxidation ditch）污水处理的整个过程（如进水、曝气、沉淀、污泥稳定和出水等）全部集中在氧化沟内完成，最早的氧化沟不需另设初次沉淀池、二次沉淀池和污泥回流设备。后来处理规模和范围逐渐扩大，通常采用延时曝气，连续进出水，所产生的微生物污泥在污水曝气净化的同时得到稳定，不需设置初沉池和污泥消化池，处理设施大大简化。图 1-5 为氧化沟工艺流程示意图。

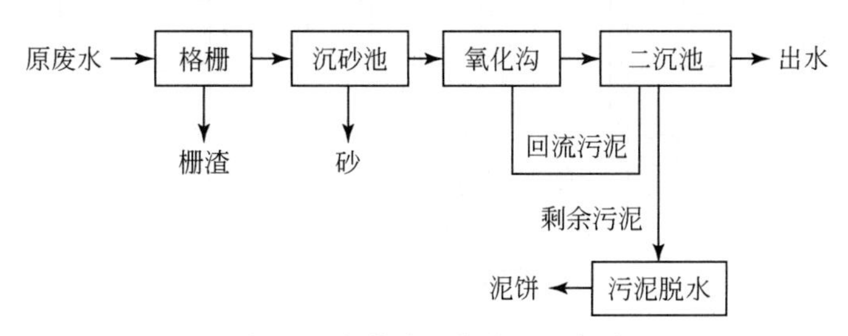

图 1-5　氧化沟工艺流程示意图

6）生物膜法

生物膜法是与活性污泥法并列的一类废水好氧生物处理技术，是一种固定膜法，主要用于去除废水中溶解性的和胶体状的有机污染物。生物膜法是利用附着生长于某些固体物表面的微生物（即生物膜）进行有机污水处理的方法。生物膜是由高度密集的好氧菌、厌氧菌、兼性菌、真菌、原生动物以及藻类等组成的生态系统，其附着的固体介质称为滤料或载体。生物膜自滤料向外可分为厌气层、好气层、附着水层、运动水层。生物膜法的原理是，生物膜首先吸附附着水层有机物，由好气层的好气菌将其分解，再进入厌气层进行厌气分解，流动水层则将老化的生物膜冲掉以生长新的生物膜，如此往复以达到净化污水的目的。生物膜工艺基本构造如图 1-6 所示。

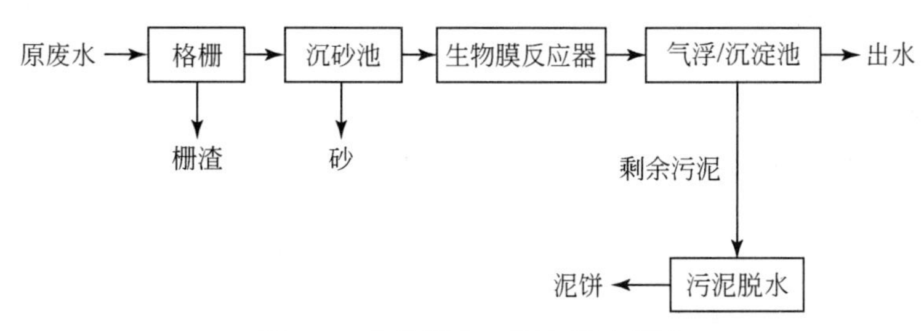

图 1-6　生物膜法工艺流程示意图

7）MBR 工艺

膜生物反应器（membrane bio-reactor，MBR）是一种由膜分离单元与生物处理单元相结合的新型水处理技术，以膜组件取代二次沉淀池，在生物反应器中保持高活性污泥浓度，减少污水处理设施占地，并通过保持低污泥负荷减少污泥量。该工艺主要利用沉浸于好氧生物池内的膜分离设备，截留槽内的活性污泥与大分子有机物。膜生物反应器系统内活性污泥浓度可达到 8000～10 000mg/L，污泥龄达到 30 天以上。膜生物反应器因其有效的截留作用，可保留世代周期较长的微生物，如硝化菌，系统内其硝化效果明显，对深度除磷脱氮提供可能。MBR 工艺基本构造如图 1-7 所示。

膜生物反应器充分体现了分散污水处理小型灵活和污水再生利用的特点，独立的 MBR 工艺对氮、磷的去除率较低，MBR 通常与其他工艺进行组合，如复合淹没式膜生物

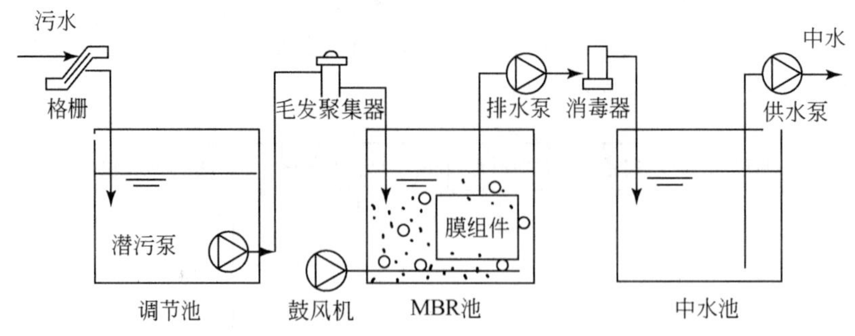

图 1-7　MBR 工艺基本流程示意图

反应器（hybrid submerged MBR，HSM-MBR）、生物移动床+MBR（Cao et al.，2005）、交替式循环活性污泥法（缺氧+二级好氧）+MBR（Fatone et al.，2006）、间歇循环式活性污泥法（intermittently cyclic activated sludge，ICAS）+MBR（Yu et al.，2005）、淹没式MBR（内填多孔悬浮性填料）（Yang et al.，2005）、厌氧-好氧-缺氧序批式反应器（anaerobic-aerobic-anoxic sequencing batch reactor，AOAS-BR）+MBR（Xiao et al.，2005）等，这些新工艺强化了处理效果，提高了对氮、磷的去除率，并减轻了膜污染。

膜生物反应器具有处理效果好、耐冲击负荷、出水水质稳定、剩余污泥量少、操作管理方便和占地空间省等优点，随着膜通量提高、膜费用降低及寿命延长，在再生水资源日益重视的情况下，膜生物反应器在污水处理领域，尤其是分散点源污水处理与回用方面将会得到极其广泛的应用。

膜生物反应器的生产及应用企业目前有很多，如北京碧水源科技股份有限公司、天津膜天膜科技股份有限公司等，建立了一批示范工程，取得了良好的环境效益和社会效益。

8）人工湿地

湿地是介于陆地体系与水体系之间的一种过渡性土地，覆盖有浅层地表水，或地下水位一般接近地面。在类别上（如划入湿地）则必须具有以下三种特性：①土壤是含水的涝渍土；②土地表现出经常洪涝的水文条件，即曾以一定的频率和历时被地表水淹没或被地下水饱和；③土地利于水生植物滋长，在每年生长季节中大部分植被是常见的湿地植物，因此也是多种野生动物的栖息地（张忠祥和钱易，2004）。

湿地是人类最重要的环境资源之一，它具有供应水源、蓄洪防旱、保持水质的功能，因此湿地又被称为陆地上的天然蓄水库。除作为居民用水、工业用水和农业用水的水源外，在洪水期，它吸收过量的水量，在干旱期，它则慢慢释放储存的水。湿地，特别是沼泽地和洪泛平原有助于减缓水流，有助于沉积物的下沉，水中的有些水生植物还能有效地吸收有毒物质，使水质澄清。湿地是一种多功能地独特地生态系统，除向人类提供大量的食物、原料和水资源外，在维持生态平衡、调节气候、降解污染、保持生物多样性和珍稀物种，以及在涵养水源、蓄洪防旱和提供旅游资源等方面起着不可替代的重要作用，湿地也因而被喻为“自然之肾”（赵魁义，2002）。

从生态学上说，湿地是由水、永久性或间歇性处于水饱和状态下的基质及水生植物和微生物等组成的，具有较高生产力和较大活性，是处于水陆交界相的复杂的生态系统。而人工湿地是为处理污水而人为设计建造的、工程化的湿地系统。这种湿地系统是在一定长、宽比及地面坡度的洼地中，由土壤和基质填料（如砾石等）混合组成填料床，污水在床体的填料缝隙或床体的表面流动，并在床的表面种植具有处理性能好、成活率高、抗水性强、成长周期长、美观及具有经济价值的水生植物（如芦苇、菖蒲等），形成一个具有污水处理功能的独特的生态系统，故人工湿地也称为构筑湿地，国外也有人称之为生态滤池（王世和，2007）。

人工湿地依靠物理、化学、生物的协同作用完成污水的净化过程，强化了自然湿地生态系统的去污能力（沈耀良和杨栓大，1996）。从自然调节作用看，人工湿地还具有强大的生态修复功能，不仅在提供水资源、调节气候、降解污染物等方面发挥着重要作用，还具有吸收二氧化碳、氮氧化物、二氧化硫等气体，增加氧气、净化空气，消除城市热岛效应、光污染和吸收噪声等功能。

人工湿地是由人工建造和控制运行的与沼泽地类似的地面，将污水、污泥有控制地投配到经人工建造的湿地上，污水与污泥在沿一定方向流动的过程中，主要利用土壤、植物、人工介质、微生物的物理、化学、生物三重协同作用，对污水、污泥进行处理的一种技术。根据污水流经的方式，可分为表面流湿地（SFW）、水平潜流湿地（SSFW）、垂直潜流湿地（VFW），小规模人工湿地设计参数见表1-2。人工湿地投资和运行费用低，仅为传统活性污泥法的10%～30%，运行成本主要为提升水泵所消耗的电费，为0.05～0.10元/m^3，运行中管理维护简便，同时具有景观功能。人工湿地污水处理技术在美国、德国、丹麦、英国等国家应用较多，适用于地势平坦、坡地、居住相对集中的中、小村庄，主要用于处理小城镇或社区的生活污水，通过管网将各户经沼气池、化粪池、格栅井收集处理后的生活污水，通过人工湿地系统进一步处理后，直接排放或回用灌溉农田。

表1-2　小规模人工湿地设计参数

湿地类型	进水 BOD_5 /（mg/L）	有机负荷 /[kgBOD_5/(hm^2·d)]	处理效率 /%	水力负荷 /[m^3/(hm^2·d)]	水力停留时间 /天
表面流人工湿地	<50	15～50	<40	<1 000	4～8
水平潜流人工湿地	<100	80～120	45～80	150～5 000	2～4
垂直潜流人工湿地	<100	80～120	40～80	300～10 000	2～4

我国人工湿地应用也越来越多，国内学者在传统人工湿地实践的基础上，适应工程需要，研发了一种快速装配式人工湿地填料单元，弹性填料利用硬聚氯乙烯管外框骨架固定，弹性填料间距为100～200mm，填料与传统砾石填料对比见表1-3，人工湿地污水处理系统自上而下包括土壤层、隔土层、承托层、人工填料单元层、卵石承托层、防渗层（图1-8）。快速装配式填料单元采用模块化设计，具有生物量大、水力停留时间短、处理效果好、系统不易堵塞、运行费用低等优点。

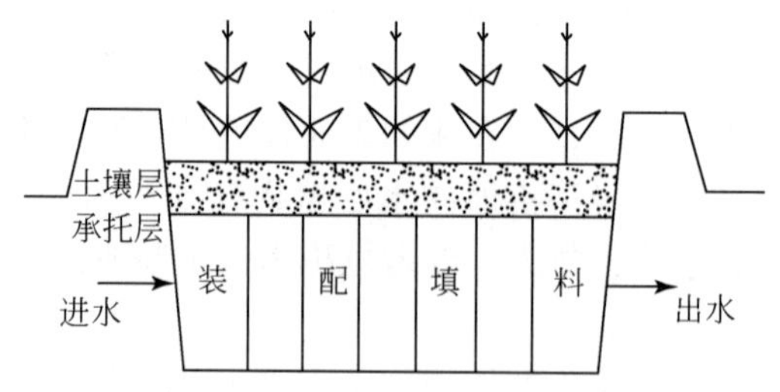

图 1-8　新型装配式人工湿地构造

表 1-3　装配式湿地填料与传统砾石填料物理参数对比

填料	水力传导系数/（mm/s）	比表面积/（m^2/m^3）	孔隙率
传统砾石填料	5～6（水平）/5～6（垂直）	50～100	30%
装配式填料	100～150（水平）/200～300（垂直）	300～500	92%以上

沈阳环境科学研究院、沈阳赛思环境工程设计研究中心开创了北方人工湿地技术，主持编制《人工湿地污水处理技术规范》，先后在新民市方巾牛村、世博园、丁香湖生态浮岛、辉山明渠河口等地建立了人工湿地示范工程；北京兰特斯福环境工程科技发展有限公司建设了北京朝阳区沈家坟人工湿地工程、清河南土家人工湿地工程。这些人工湿地工程运行出水效果良好，生态景观效果显著。

3. 分散式污水脱氮处理工艺技术要求

由于分散污水的特殊性（王永磊和李军，2012；王晓昌等，2004），其处理工艺技术应具有如下要求：①在工艺上，基于分散点源水量小、水量与水质的波动大等污染特征，分散式中小型污水处理技术应具有抗冲击负荷能力强、布置方式灵活、产泥量小、能快速启动等要求，以满足适用环境的特殊要求；②分散型污水处理单位一般缺乏、也难配备专业维护人员进行专门管理，普遍存在运行管理维护难的问题，应考虑到设施的运行管理，工艺应操作管理简单方便；③在经济方面，运行费用应低廉。

尽管上述工艺和反应器在分散式污水脱氮处理上都有工程实例，但目前运用较广泛的还是 SBR 工艺（包括 CASS 工艺等）和人工湿地（李海明，2009；苏东辉等，2005）。但如何能够兼顾上述要求，实现分散污水高效低耗处理，目前仍缺乏足够清晰的原则，国内外研究人员还在探索中。

1.2.5　面源污染控制技术研究进展

面源污染是相对点源污染而言的，和点源污染的集中定点排放相比，面源污染的发生具有随机性，污染物排放及污染途径往往不确定，污染负荷时空差异大，因而决定了对其进行监测、模拟、控制与管理都很困难（李怀恩和沈晋，1996）。根据污染物的来源和发生区域的不同，面源污染又可分为农业面源污染和城市面源污染。

1. 农业面源污染控制研究进展

随着对农业面源污染形成机理及危害认识研究的不断深入，各国相继提出了种种控制农业面源污染的管理措施，其中以美国的“最佳管理措施”（best management practices，BMPs）最具代表性。它起源于20世纪70年代后期，发展于80年代初期，成型于80年代中后期。美国国家环境保护局把BMPs定义为：任何能够减少或预防水资源污染的方法、措施或操作程序，包括工程、非工程措施的操作和维护程序（王兴钦和梁世军，2007）。其核心是通过工程性措施与非工程性措施结合，采用各种高效、经济、生态的措施防止和削减污染，维持并促进养分的最大利用，保护土壤资源和改善水质。它的提出和研究使农业面源污染防治工作走出了靠单一方法、单一技术难以应对的窘境，随着研究的深入，其已是一个日趋完善的预防、应对、治理面源污染的措施集，进而已经演变成一种思想、理念，而并非一种确定的方法或手段。目前在国内外，BMPs理念已被大量地应用于农业面源污染的控制中。

1）非工程技术措施

A. 政策措施

20世纪60年代，欧、美等发达国家和地区率先开展农业面源污染研究，其起步早，立法也较完善，有许多经验值得借鉴。美国、欧盟委员会（下称欧盟）、日本都是运用立法手段防治农业面源污染的有代表性的国家和地区。美国有六大方面立法涉及农业面源污染防治，包括清洁水立法、固体废弃物回收立法、沿海地区管理法、农药管理法、食品安全立法和肥料管理法。欧盟以指令和条例形式在欧盟委员会通过的环境立法和共同农业政策，确定了各成员国必须满足的农业环境目标和要求，与控制农业面源污染密切相关的法律、指令主要有：《水框架法规》、《硝酸盐指令》、《农业环境条例》和《共同农业政策》。日本农业面源污染防治立法的特色是法条细致、可操作性强，法规体系化、系统化。除《农业用地土壤污染防治法》、《农药管理法》、《食品卫生法》分别对农用地、农药和食品中的农药残留限量进行重点控制外，日本1999年制定了《食物、农业、农村基本法》和《可持续农业法》，2000年、2001年又分别配套制定了《食品废弃物循环利用法》、《堆肥品质法》，2006年出台了《有机农业促进法》，形成了系统的涉及农业源污染防治的法律法规体系。除了立法外尚有众多其他制度，如美国的排污权交易制度，欧盟的环保生产方式补偿制度，德国的生态农业补偿制度，奥地利、丹麦、芬兰、瑞典等国的氮、磷肥使用税制度，杀虫剂登记制度等。虽然欧、美等国家和地区在面源污染控制的政策法规研究方面成果较多，但鉴于环境的差异性和国情的不同，有些理论及研究成果还无法直接搬到国内来用，所以中国在吸收外国先进经验的基础上结合本国具体情况也相继制定了一些中国的环境保护法律法规、政策。例如，1988年开始试点排污许可制度；1989年正式颁布的《中华人民共和国环境保护法》，其中就有条文明确规定要合理使用化肥、农药及植物生产激素等；2002年颁布的《中华人民共和国清洁生产促进法》明确指出农业生产者应当科学地使用化肥、农药、农用薄膜和饲料添加剂，改进种植和养殖技术，实现农产品的优质、无害和农业生产废物的资源化，防止农业环境污染；2004年修订的《固体废物污染环境防治法》和2008年修订的《中华人民共和国水污染防治法》提出要防治农业面源污染，积极推进生态治理工程建设，控制化肥和农药的过量使用；2009年制定的《全国新增1000亿斤[①]粮食生产能力规划（2009—2020年）》中明确提出要加强农业面源污染监测和治理，在粮食生产核心区建设农田生态拦截工程，在河湖入口处建设人工湿地示范工程等。这些政策、法律法规的出台对我国的农业面源污染防治都有很好的积极促进作用（王晓燕等，2009；李强坤和李怀恩，2010；金婧靓，2010；邓小云，2011）。

B. 管理措施

BMPs的管理措施包括养分管理、耕作管理和景观管理3个层次，这3个层次在应用上可互相配合，以便最大限度地保证物质循环的效率，减少元素的输出损失，即在满足植物生长的需求同时降低对环境的影响。

养分管理的目的是减少肥料的施用量，其主要方式有测土施肥、变量施肥、肥料深施、平衡施肥、使用缓释肥料等（陈洪波和王业耀，2006）。测土施肥是针对土壤的养分供给能力和水平来推荐合理的养分补给措施。变量施肥是利用GPS（全球定位系统）和GIS（地理信息系统）技术，将土壤养分分布进行数字化，在此基础上，根据区域内土壤养分的变化自动调整肥料用量，其实质是自动高效的测土施肥技术。肥料深施、平衡施肥和使用缓释肥料等这些措施的共同目的是控制养分的释放速度，使之既满足植物的生长需要，又减少过剩养分的浪费。合理安排肥料施用时间也是一种管理措施，目的是减少养分因降水冲刷、淋洗的损失。韩国学者在研究汉江流域时，应用SWAT模型模拟降低30%化肥施用量对泥沙和污染物负荷的流失量的影响，模拟结果显示SS、TN和TP流失量分别减少16.1%、8.2%和8.6%，可有效改善水土流失状况（Lee et al.，2010）。

耕作管理的目的是降低污染物迁移能力，主要方式包括保护性耕作（免耕/少耕）、等高耕作、合理轮作等。免耕/少耕法要求新一轮种植作物时保持至少30%的作物旧茬，将土壤扰动降至最低限度，以保护土壤结构，提高土壤抗水蚀能力，控制水土流失。等高耕作与梯田工程类似，沿着等高线种植，并结合免耕覆盖等保护性措施使降水快速渗入土壤，减少水土流失。合理轮作是在农田上对不同的农作物实行合理轮作种植，从而提高农作物对土壤中营养元素的利用率，减少地表径流中氮、磷流失（仓恒瑾等，2005；Sunny et al.，2008；王晓燕等，2000，2009）。等高线种植同顺坡种植相比可减少约30%的土壤流失量，在一定程度上降低了农田土壤养分的流失（Poudel et al.，2000）。合理的轮作可使土壤侵蚀减少30%以上，土壤氮素流失降低20%以上（Lal，1976）。

景观管理就是合理调节区域内各种景观单元的比例和空间结构，以达到减少养分流失、提高养分循环效率的目的。常见的景观管理多为小尺度的管理，如生物篱和水边林带管理都是景观管理的有效措施。生物篱又称等高植物篱，主要形式是在坡地/农耕地沿等高线每隔一定距离种植速生、萌生力强的多年生灌木、灌化乔木或与草本植物混种成一行或多行的植物篱带，带间种植作物。水边林带实际上是受纳水体边上的植被缓冲区。生物篱常与植被缓冲区联合应用。研究证实在8°的坡地上利用黄花菜或紫苜蓿梯化护埂，可减少地表径流77.7%～82.8%，减少水土流失68.9%～86.2%，减少氮（N）、磷（P）、钾（K）养分流失90%左右，减少土壤有机质流失72.26%～80.67%（杨波和梁正蓉，

① 1斤=500g

2010）。

除了以上介绍的管理措施外，农药管理、灌溉排水管理等措施也常被应用于面源污染管理过程之中。

2）工程技术措施

点源污染通过末端控制技术的处理，污水能够达标排放，而农业面源污染因其诸多不确定因素的存在，对其控制相对较困难。故此，应该着重污染源头的管理与控制，做到从系统全局把握，遵循源头控制和过程控制的管治思路，在控源的基础上，采用适宜的生态工程措施进行过程和末端修复，则治理效果将更为显著。

BMPs 的工程技术性措施既包括农产品加工废弃物资源化技术、化肥减量及高效利用技术、有机种植技术、养殖–种植联动的生态农业技术等源头控制技术，也包括人工湿地、前置库、植被缓冲区、调蓄池、氧化塘、生态沟渠等过程和末端治理措施。这些工程技术措施一般是通过减少径流中污染物的产生、延长径流停留时间、减缓流速、向地下渗透、物理沉淀、过滤和生物净化等模式去除污染物。需要指出的是，这些工程技术措施并非相互孤立，在实际应用时往往需要因地制宜地选取若干种措施同时使用。例如，1997 年以后，北京官厅水库由于上游污水大量排放，水质恶化，曾一度被迫停止向北京供应生活饮用水，为此，北京市采取建设生态清洁小流域、设立稳定塘和人工湿地处理外来径流污染、建立滨湖生态防护带、建立河道过滤净化系统和底泥环保清淤等综合措施，控制水质污染取得了明显的效果（胡梅和张壬午，2010）。

2. 城市面源污染控制研究进展

城市面源污染主要是以降雨引起的雨水径流的形式产生，径流中的污染物主要来自于雨水对街区建筑物和道路表面的沉积物、无植被覆盖裸露的地面、垃圾等的冲刷，因此，对城市面源污染的控制也可以理解成对城市降雨径流污染的控制。

许多发达国家早在 20 世纪 70 年代就开始对城市雨洪管理展开研究与应用工作，并逐步形成了各自系统的雨洪管理体系，除了美国的最佳雨洪管理措施（BMPs）之外，典型的还有低影响开发技术（low impact development，LID）、澳大利亚的水敏感城市设计（WSUD）、英国的可持续排水系统（SUDS）等，这些系统的核心都涉及科学地管理城市雨水系统，达到资源保护与利用的目的，它们的许多技术措施与 BMPs 是相通的。其中应用最多的当属 LID 技术（车伍等，2008；李俊奇等，2010；孙艳伟等，2011）。

LID 技术首先于 20 世纪 90 年代初在美国马里兰州逐步展开实施，目前已在众多国家展开研究及应用。LID 是由 BMPs 发展而来的，与 BMPs 相比，它更侧重于微观尺度的控制。其初衷是想通过一系列分散、小型、多样、本地化的源头控制措施，达到对暴雨所产生的径流和污染进行控制，从而使区域开发后的水文循环尽可能接近于开发前的自然状态。但随着该理论应用的不断深化，应用领域也不断拓展，现已上升为融城市建设、经济发展及生态环境保护为一体的可持续发展的设计策略（温莉等，2010）。

由于 LID 要求在径流汇集过程中采用小型的、分散的、低成本的、具有景观功能的措施控制径流总量和径流污染水平，所以相比传统的 BMPs 措施，LID 技术可降低对传统大规模雨水传输管道和末端治理系统的依赖，减少对土地资源的占用，还可以显著降低开发区建设费用，如减少不透水路面面积以及路缘、排水沟的建设，减少排水管道、进水口设施的使用，消除或减小大型雨洪储水池的尺寸等，有效减缓洪峰，从而减轻合流制污水溢流和生活污水溢流等问题带来的损失，节省建设大型集中式的雨洪设施费用。同时，LID措施可以美化环境，为社区提供休闲娱乐场所，从而提高土地价值，优质的生态环境可以有效改善人们心理健康，提高生活质量。

类似于BMPs，LID综合管理措施也可分为非工程措施和工程措施。LID的非工程措施主要包括制定政策法规，对公众进行宣传教育，分流制区域水处理，增大绿化面积，街道清扫，垃圾按时运送，污水管道混接的清理，对施工现场、机修厂废弃物加强管理，对城市绿地肥料、农药、除冰剂、杀虫剂等的使用进行控制，生物废弃物的再利用等一些污染物预防措施。

LID的工程措施按其应用在城市面源污染控制环节的不同，可分为源头分散控制措施、过程和末端治理措施。源头分散控制措施主要包括下凹式绿地、绿色屋顶、雨水花园、透水铺装路面等促渗和控污技术；过程和末端治理措施主要有生态护岸、植被浅沟、植被过滤带、人工湿地系统、暴雨塘等径流净化及削减技术（许志兰等，2005；倪艳芳，2008；申丽勤等，2009）。

以上各项管理及技术措施在国内外都以展开较多的应用，并在面源污染预防、治理方面取得了一定成效，但截至目前，世界上还没有一个国家认为已经完全解决了面源污染这一问题。面源污染控制管理、政策、技术研究仍是今后环境污染研究领域的重点和难点，国内外众多的研究者们还正在为此而不懈努力。

1.2.6 河道污染控制技术研究进展

河道水体污染主要包括氮、磷等营养物和有机物污染两方面。污染河流治理是一项复杂的系统工程，纵观目前国内外已在使用的或已试验的河道污染控制与修复的技术，依据处理原理的不同可分为物理法、化学法和生态修复法三大类。

1. 物理法

河道水体污染治理常用的物理措施有底泥疏浚、人工曝气、综合调水与引水冲污等。

在控制了河道外源污染之后，影响河流水质的重要因素就是其内源——底泥对河流的二次污染。底泥疏浚是一种被认为整治河道最常用、快速、有效的方法，在西湖、滇池、巢湖、太湖、西安护城河等水域环境综合整治中，已被广泛应用（李纯洁和王丽芳，2009）。

人工曝气就是向河流中进行人工复氧，以增强河道的自净能力，改善水质，改善或恢复河道的生态环境。曝气可以是空气，也可以是纯氧，曝气形式包括移动式充氧、固定式充氧两种。固定式充氧是在河岸上安装固定的或不可移动的曝气设备，如鼓风机房，通过管道将氧气或空气引入河道污染水体中，达到增氧的目的；移动式充氧就是在河段上设置的可以自由移动的曝气设施，如移动式曝气船，其可以灵活地在污染河道上运行向水体中供氧，从而达到经济、高效的目的。人工曝气作为一种投资少、见效快的修复手段，在国内外的应用已较为成熟，如在德国的Emscher河、Teltow河、Fulda河，澳大利亚的Swan

河，英国的泰晤士河，美国的圣克鲁斯港和 Homewood 运河，韩国的釜山港湾，北京的青河和上海的上澳塘、张家滨、苏州河，温州横河等河流上得以应用，运行效果显著，基本消除了水体黑臭现象，有效地削减了污染负荷，并有助于河道生态系统的恢复（张捷鑫等，2005；黄伟来等，2006）。需指出的是，对河水的人工增氧虽可促进有机质矿化，降低水中 COD 的浓度，但无法迁移、转化、输出其分解后的产物，又促使浮游藻类生长繁殖，导致水体中有机质浓度反弹。

综合调水是一种河流污染治理的重要辅助措施，其主要是利用已建和新建的水利工程，实施水利调度，以增加河水流量，增大河道的输移容量，加快流速，调活水体，提高水体的置换速度，使河流水质有明显改善的目标。例如，太原市治理汾河美化市容工程，从黄河、沁水调入一定的水量，为汾河复流工程提供了水源保障；郑州市引用黄河水为贾鲁河干支流输送景观水，以改善贾鲁河干支流水质情况（李纯洁和王丽芳，2009；李国培等，2011）。

物理方法具有见效快、无二次污染问题的优点，但一般工程费用较大，而且往往治标不治本，污染物只是得到了转移，并没有消除。

2. 化学法

常见的化学法主要包括化学除藻、絮凝沉淀、重金属固定等措施。

河道水中大量繁殖的藻类不仅影响了水体的美观，而且挡住了阳光，致使许多水生植物无法进行光合作用及释放氧气，同时水中的污染物质发生各种化学变化，导致水质恶化，水体发黑、发臭。化学除藻是目前国内外使用最多、也是最为成熟的除藻技术，主要采用絮凝、抑制、杀藻等方法（黄伟来等，2006）。常用化学除藻剂主要有易溶性的铜化合物或者螯合铜类物质，但这些除藻剂会对鱼类、水草等生物产生毒害作用，甚至导致其死亡；此外，经常投加化学除藻剂，会使水中出现耐药的藻类，除藻剂的效能逐渐下降，投药的间隔会越来越短，而投加的量会越来越多，除藻剂的品种也要频繁地更换，化学除藻虽可使水质暂时得到改善，对环境的污染也在不断地增加，其危害也是显而易见的。

通过向河水中投加絮凝剂使水中的胶体、悬浮颗粒，以及一些溶解性污染物质等凝聚为体积较大的絮凝体，这样就可以实现固、液分离，有效改善河流水质。絮凝剂按其化学性质可分为有机高分子絮凝剂、无机盐类絮凝剂以及微生物絮凝剂。有机高分子絮凝剂又可分为合成和天然改性有机高分子絮凝剂两种；无机盐类絮凝剂主要包括铁盐、铝盐、水解聚合物等低分子盐类，其品种较少；而微生物絮凝剂可以克服无机高分子和合成有机高分子絮凝剂本身固有的缺陷，是一种良好的无二次污染处理剂，具有深远的研究前景（严展悦和葛建保，2010）。该技术在城市河流污水一级处理方面应用得非常广泛，并且取得了明显的效果（王曙光等，2001；许春华等，2006）。

河流治理中的化学絮凝处理技术主要有两种方式：第一，直接将絮凝剂投入污染河流水体中，其方法操作较简单，效果显著，并且迅速，但具有一定局限性；第二，先将河水注入到已建好的构筑物中，然后投放絮凝剂，待絮凝剂沉淀后，再把水排回河道中，这种方法不但可以净化已污染的水体，还可以有效地防止絮凝剂对河道的二次污染（严展悦和葛建保，2010）。

河流底泥中的重金属在一定条件下会以离子态或某种结合态进入水中，因此，可以通过投加一些化学试剂与重金属发生化学反应生成沉淀，从而抑止重金属的释放，降低其对河流生态系统的危害。调高 pH 是将重金属结合在底泥中的主要化学方法。在较高 pH 环境下，重金属会形成硅酸盐、碳酸盐、氢氧化物等难溶性沉淀物。加入碱性物质将底泥的 pH 控制在 7 ~ 8，可以抑制重金属以溶解态进入水体。常用的碱性物质有石灰、硅酸钙炉渣、钢渣等，施用量的多少，视底泥中重金属的种类、含量及 pH 的高低而定，但施用量不应太多，以免对水生生态系统产生不良影响（胡洪营等，2005）。通过投加石灰调节 pH 至 8 左右，水体中重金属去除率达到 85% ~ 98%，可使底泥重金属得到较好稳定（余光伟等，2007）。

化学修复技术具有操作简单、见效较快、一次性药剂用量少等优点，通常可作为对付突发性水体污染的应急措施。但其通常不具有可持续性，并没有从根本上解决问题，且易造成二次污染，因此，在某种程度上属于辅助治理手段。

3. 生态修复法

生态恢复是指通过人为的相关调控，使受损害的河流恢复到受干扰前的自然状态，恢复其周围生态环境、整个生态系统的结构和功能以及流域范围的生态和景观。具体来说，生态修复就是利用培育的植物或培养、接种的微生物的生命活动，对水中污染物进行吸收、转移及降解，从而使水体得到净化的技术。方法主要包括微生物强化（投菌技术）、植物强化、生物促进技术、生物膜、人工浮岛、湿地处理系统、稳定塘、构建多自然河道等技术措施（黄伟来等，2006；钟萍等，2007；徐海娟和冯本秀，2008；王霞静等，2009；严展悦和葛建保，2010；万玉媚和李萌，2010；杨芸，1999）。且这些技术措施在国内外河道污染修复中均已得到相应的检验与应用。

与物理、化学修复技术相比，生态修复技术处理效果好，工程造价相对较低，不需耗能或低耗能，运行成本低廉，还可以与绿化环境及景观改善相结合，创造人与自然相融合的优美环境（万玉媚和李萌，2010）。因此可以说生态修复技术是最具有发展前景的河流水体污染修复技术。

1.3 沣河流域概况

1.3.1 自然地理概况

1. 地理位置

沣河是长安八水之一，发源于秦岭北侧沣峪鸡窝子以南，流经喂子坪、滦镇、祥峪、东大、五星、沣惠、灵沼、细柳、义井、马王、斗门、高桥、纪阳等乡镇，于纪阳乡樊家村北入咸阳市秦都区境，至鱼王村东北入渭河。沣河流域地处东经 108°35′ ~ 109°09′，北纬 33°50′ ~ 34°20′，东西宽约 49.2km，南北长约 59.5km，流域总面积 1460km²。沣河流域南边为秦岭山脉，北邻渭河，东接浐灞河流域，西连涝河与新河，具体位置如图 1-9（见书后图版）所示。

2. 气候气象

沣河流域属温带大陆性季风型半干旱、半湿润气候区。四季冷暖干湿分明，冬季干燥寒冷，夏季炎热多雨。南北气候差异很大。流域内降雨的时空分布不均，由北向南呈递增趋势，秦岭山前年降水量800mm，深山海拔2100m的鸡窝子年降水量1042.9mm。沣峪口以上年平均降水量850～1000mm，峪口以下年平均降水量600～800mm。5～10月降水量一般占年降水量的54.9%～57.3%；强度主要集中在5月、7月、8月。降雪最早在11月中旬，终雪在翌年2月，最大积雪厚度20cm，最大冻土深度20cm。

年水面蒸发量889.9mm，每年4～8月较大，约占全年的2/3左右，6月最大，12月、1月最小，干燥指数1.31。多年平均气温13.3℃，1月最冷，平均为-1.3℃，7月最热，平均为26.7℃，年极端最高气温43.4℃，极端最低气温-17.5℃。年平均日照时数2156.9小时，无霜期217天，太阳辐射114.3kcal/cm^2。年最大风速15.7m/s，年平均风速1.9m/s，年平均相对湿度73%。

区内年平均降水量为824.4mm。在一年内冬季降水量最少，全季仅为24.8 mm，占全年降水量的4%，秋季降水量最多，全季为217.3mm，占全年降水量的34.6%。尤其是8月、9月、10月三个月雨量最集中，总雨量为252.3mm，占年水量的40.2%。最大年降水量为957.6mm，最小年降水量为391.8mm，实测最大24小时降水量为371mm。

3. 地形地貌

沣河流域地势总体上表现为东南高、西北低，南边是呈东西走向的秦岭山脉，北麓与广大平原呈断层接触，平原堆积了第四系疏松地层。山前地带是广大的洪积扇（裙），东部为塬谷相间的黄土台塬，西部为冲积平原。按其成因和形态特征，可分为五个地貌单元，即秦岭中高山区、山前洪积扇（裙）、冲洪积扇、黄土台塬及河谷阶地。

秦岭中高山区：山势陡峻，峰峦重叠，海拔1300～1400m，分水岭一带海拔在2000m以上，地势向北急倾，边缘地带800m左右，沟谷发育切割成“V”形，较大的沟谷自东向西有大峪、小峪、太峪、石砭峪、子午峪、沣峪、祥峪、高冠峪、太平峪等大小峪口56个。地层由古老的变质岩系及后期花岗岩组成。

山前洪积扇：主要分布在秦岭山前一带，地貌形态及结构受水系及新构造活动的切割，东段与黄土塬之间因上升活动强烈，形成二、三、四级洪积扇，自南到北，扇面由高降低，成嵌入串珠状或带状展布，部分被冲沟切割，地形起伏较大，滈河以西处于相对下降区，形成淹没上叠式洪积扇，地形较平缓，向北延伸较远，呈倾斜平原状。二至四级洪积扇被黄土覆盖，所夹古土壤层数分别为1、3、5层。故形成时期与2～4级河谷阶地、冲洪积扇相对应，下伏洪积物东段以砂卵石为主，西段为亚砂土与沙砾卵石互层。

冲洪积扇：介于山前洪积扇、神禾塬与渭河阶地之间，地势向北、北西倾斜，虽有梁岗、凹地、古河道等微地貌发育，但扇形景观和河流冲洪积物岩性特征等仍然可辨。土壤层形成时代与阶地完全相对应。

黄土台塬：分布在平原区的东部，塬面具有阶梯式台面，一般有两个陡坎、三个台面，故称黄土台塬。自东向西被河谷分隔为少陵塬和神禾塬。少陵塬介于浐河与潏河之间，神禾塬介于潏河与滈河之间，均呈东南西北向延伸。由于差异性新构造运动的影响，自东西向，台塬标高降低，比差减小，除塬边陡坎、冲沟、滑坡及台塬间陡坎等突变地形外，台塬面较宽阔完整，由第四系风积黄土堆积而成，台塬面常分为三级，以少陵塬最为典型。

河谷阶地：分布于河流两侧，由河漫滩、一级阶地、二级阶地、三级阶地、四级阶地组成，二级阶地以上属黄土覆盖阶地。河漫滩分布于沣河、滈河、潏河两侧，沿河呈不规则条带状分布，滩面宽 100 ~ 500m，前缘陡坎高出河床 0.5 ~ 1.0m。一级阶地沿河呈带状分布，前缘以 1 ~ 2m 小坎高于阶地漫滩，阶面宽 500 ~ 1000m。二级阶地沿河呈断续分布，阶面明显倾斜向河床及下游，比降 5‰ ~ 8‰，高出一级阶地 3 ~ 10m，上有黄土覆盖。三级阶地在潏河有分布，高出河床 40 余米，由砂卵石、亚黏土组成，上被含三层古土壤的黄土覆盖。四级阶地分布于潏河右岸，范围较小，宽约 0.55km，长 4 ~ 7km，前缘以陡崖状高于一级阶地 20 ~ 40m，组成物为冲积的砂卵石、亚黏土，上为 4 ~ 5 层古土壤的黄土覆盖。

4. 土壤植被

项目区内土壤多为残积、坡积母质。由于山区土壤母质比较单一，除小片较缓的沟坡有黄土沉积处，多半为岩石半风化体，土层浅薄。区内淋溶褐土分布于海拔 600 ~ 1200m，坡度在 15°左右的缓坡地带，土层较厚，大多开垦为农田。淋溶褐土的腐殖层较薄，其下由褐色黏化层、钙积层与母质层三个层段组成，这种土壤由于耕种、侵蚀作用，腐殖层受到不同程度的侵蚀，全剖面呈褐色，质地黏重，有明显的黏化现象；土性硬、口紧，不易耕种，易发生犁墒；适耕期短，肥力降低，不发小苗，产量较低。褐土性石渣土，土层很薄并夹有 30% 以上的岩石半风化碎块，土壤养分除有机质含量较高外，其他均很低，由于坡度大，不宜发展农业，可适当发展林、牧业。

沣河流域植物资源丰富。有野生植物 138 科、681 属、2224 种，其中经济价值较高的有 1200 余种，是我国种子植物的重要“基因库”之一。农作物主要有小麦、玉米、水稻、豆类和薯类，经济作物如棉花、油菜、蔬菜、瓜果为主，花生、甘薯、甜菜、烟草、麻类等均有种植。果类主要有苹果、桃、梨、石榴、葡萄、沙果、李子、山楂、枣和柿子等。山货特产主要有猕猴桃、板栗、核桃、花椒、山杏、漆树、杜仲、黑木耳、桂皮、松香等。药用植物品种 1000 余种，已被利用的约 800 种。

5. 河流水系

沣河全长 82km，平均比降 8.2‰，总流域面积 1460km^2（长安县境内面积 1162.6 km^2，其余在咸阳、户县境内），其中峪口山区面积 871 km^2，有一级支流 5 条，二级支流 9 条，三级支流 7 条。沣河多年平均流量 8.18m^3/s，最大流量 710m^3/s。多年平均径流量 2.58 亿 m^3。秦渡镇站多年平均年径流量 2.48 亿 m^3，7 ~ 10 月占全年的 54.7%，每年 12 月至翌年 3 月枯水期占全年水量的 7.1%。沣河含沙量较小，年均输沙 9.67 万 t。沣河水系较多，统计流域面积大于 10km^{2}的支流见表 1-4 与图 1-10（见书后图版）。

表1-4　沣河水系流域面积 $10km^2$ 以上河流特征值

岸别	支流级别			河流长度/km		平均比降/‰		流域面积/km^2
	一级	二级	三级	最大汇流	主河道	汇流河道	主河道	
右	大坝河			11.2	10.3	89.0	87.5	36.2
右	红草河			7.8	5.6	130.3	98.8	16.1
左	高冠峪河			36.1		35.3		167.2
右		鹿角河		7.4	7.0	163.2	162.5	18.3
右		中庙河		8.0	7.4	149.0	143.2	17.0
右		祥峪河		10.7	7.8	86.5	60.4	20.0
左	太平峪河			44.5		19.1		214.0
左		黄羊坝河		11.3	8.7	167.3	171.1	23.1
右		石公岔河		6.7	5.8	154.3	140.2	11.8
左		西市沟河		10.6	8.4	112.0	96.7	26.1
右		三桥沟河		8.1	7.1	137.6	125.4	12.6
右	潏河			64.2		9.7		687.0
左		大峪河			29.2			87.6
左			小峪河		19.5			83.4
左			太乙峪河		17.8			46
左		滈河		46.1		21.3		278.3
左			大板岔河	7.9	6.8	119.4	104.7	14.8
左			龙窝沟河	9.6	9.0	116.9	113.8	20.7
右			大瓢沟河	8.4	7.4	134.2	122.1	17.2
左			抱龙峪河	18.3	17.9	27.7	26.1	47.4
左			子午峪河	9.6	8.7	56.6	50.1	12.6

沣峪河是沣河的主源流，峪口以上右岸有石峡沟、红草河、南石槽、小坝沟、大坝沟、拐扒沟、东富尔沟等流入；左岸有太平沟、四岔沟、西湾沟、蒿沟、西富尔沟、左龙沟等沟水流入。峪内河陡流急，深山植被较好，尤以大坝沟等地森林茂密，为沣峪林场主要作业区。沣河源头至峪口长6km，流域面积165.8 km^2，河道比降5.3%，多年平均径流量为0.86亿 m^3。

沣峪河出峪口后流向西北，左岸有石老沟、牛犊沟、直肠沟、马家沟等小沟汇入。以下又有高冠河、太平河汇入，于户县秦渡镇南与潏河会合，距峪口11.8km。会合口下紧接沣惠渠大坝，以下称沣河干流。

沣河由沣惠渠大坝至入渭河，河长 32.7km，其中长安区境内 24km。河道处于冲积平原，河道较平直，主河道比降 0.84‰，沣河下游，在马王镇以北，高桥乡东南，于 1963 年修建有沣河分洪道（原有沣河叉河）平时无水，汛期分洪，分洪口在马王镇客省庄北沣河左岸，流向西北，分洪道全长 11.7km，其中长安境内 7km，至咸阳秦都区的马家寨入渭河。

潏河为沣河的一级支流，发源于秦岭北侧的甘花溪，流域面积 $687km^2$，主河道长 64.2km，大峪河、小峪河、太乙河为潏河的三大源流。三大源流于两河口汇流后始称潏河。大峪河发源于罗家坪以上的甘花溪，河长 17km，流域面积 $58.6km^2$。小峪河发源于秦岭北坡终南山北侧，流域面积 $59km^2$，多年平均径流量 0.238 亿 m^3。太乙河发源于秦岭北侧的甘秋池，流域面积 $46km^2$，多年平均径流量 0.2086 亿 m^3。

滈河是潏河的主要支流，发源于秦岭山区的要线杨，流域面积 $282km^2$（石砭峪），河道长 46.4km（图 1-10，见书后图版）。

本书研究的水域范围为沣河干流（58km）及其主要支流，具体如下：沣峪口—沣河口段，沣河口—秦渡镇段，秦渡镇—严家渠段，严家渠—三里桥段，沣河一级支流潏河，沣河一级支流沣峪河，沣河一级支流高冠峪河，沣河二级支流祥峪河。

1.3.2 社会经济

调查包括行政区划、城乡人口、土地开发利用状况、城市化水平、城市（城镇）分布情况及主要城市发展概况，以及域内产业结构、经济总量、交通运输条件等。

1. 人口及分布

沣河流域主要包括长安县、户县以及咸阳的一部分地区，共辖有乡镇 23 个（引镇、王莽、杜曲、大兆、太乙宫、王曲、韦曲、子午、黄良、滦镇、五星、兴隆、郭杜、细柳、斗门、王寺、高桥、灵沼、东大、秦渡镇、草堂镇、太平管委会和钓台镇），其中长安县 20 个、户县 3 个（秦渡镇、草堂镇和太平管委会）和咸阳 1 个（钓台镇）。

2005 年流域总人口 66.70 万，人口密度 456.8 人/km^2，其中城镇人口 9.78 万，城镇化率 14.66%，比 2005 年全国 43% 的城镇化率相比差距较大；农村人口 56.92 万，占总人口的 85.34%；对于流域水资源分区而言，峪口以上区域人口较少，为 9.26 万人，其中城镇人口 1.60 万、农村人口 7.66 万；峪口以下区域人口稠密，为 57.43 万，其中城镇人口 8.18 万、农村人口 49.25 万。

2. 土地利用

对沣河流域土地利用遥感影像解译结果表明，截至 2005 年，沣河流域内共有耕地面积 $544.609km^2$，建设用地面积 $101.352km^2$，林地面积 $805.486km^2$，草地面积为 $10.294km^2$，水域和未利用地面积分别为 $7.343km^2$ 和 $3.450km^2$。

3. 农业经济

沣河流域是西安农业、林业重要区域，流域内粮食作物主要有小麦、玉米，经济作物主要有蔬菜、苹果、石榴、樱桃、草莓和中药材等。随着农业经济结构的调整，近十多年农业生产水平有了很大发展，无公害蔬菜、有经济价值的果品大面积种植，农业产量逐年增加。

以2005年长安区为例，根据统计资料可以看出，全区全年完成农林牧渔业总产值18.36亿元（按新口径含农林牧渔业，但不含家庭兼营手工业），其中农业产值11.1亿元。粮食产量再创历史新高，粮食作物播种面积83161hm^2，增长2.4%；粮食产量38.7万t，增长6.3%。全年完成林业产值1361万元。造林面积1400 hm^2，其中退耕还林面积226 hm^2。全年实现畜牧业总产值59 968万元，占农牧渔业产值的32.7%。水产品产量1310 t，增长7.3%。农业生产情况：年末全区拥有农业机械总动力413 632万kW，比2004年增长7.3%。

4. 工业经济

根据2005年统计资料显示，流域工业产值77.72亿元、工业增加值25.59亿元，分别增长12.0%和13.8%，流域内乡镇企业蓬勃发展，完成工业产值54.39亿元、工业增加值12.61亿元，分别增长15.8%和11.7%。流域内有众多大、中、小型企业。中小企业的不断发展壮大，将推动流域工业经济的持续稳步发展，乡镇企业、城镇建设也随着国民经济的发展稳步进行。

1.4 研究内容及技术路线

1.4.1 研究内容

随着工业化、城市化进程的加快，大量含有氮、磷营养元素的生产、生活污水排入附近的水体，增加了这些水体营养物质的负荷量，水环境的污染危害逐年加剧。水中氮、磷等有害物质已成为我国水环境灾害的主要污染物，且已成为制约社会和经济可持续发展的重要因素。对于陕西沣河，氮素已是主要的污染物。本书以沣河为例，研究河流氮素污染的解析方法和控制技术，主要研究内容如下。

1. 沣河水环境特征及污染源构成解析

水质变化不仅反映了各种自然因素（如气象水文特征、流域特征、地质状况等）在河流中形态表征的变化，同时也体现了流域范围内社会经济、人类活动对河流水系作用的响应。本书通过资料收集、实地考察和野外监测，分析沣河水质变化特征，同时计算秦渡镇断面以上流域点源、非点源污染在总负荷中所占比例，最后，对该流域点源、非点源构成进行解析。

2. 沣河流域面源模拟模型建立和负荷关键区识别

非点源污染模拟和关键源区的识别是流域非点源污染控制的前提，本书通过探讨SWAT模型在沣河流域非点源污染模拟中的适应性和可靠性，模拟分析沣河流域氮素产出的时空分布特征，为重点区域氮素污染来源解析及控制技术示范提供依据。

3. 沣河氮污染来源同位素示踪

稳定同位素方法在污染示踪已经有了广泛的应用，研究人员尝试利用氮同位素方法来示踪河流氮污染的来源研究。大多数陆地物质的氮稳定同位素组成有一定的范围，而且不同来源的氮稳定同位素组成存在差异，因此氮稳定同位素能较好地用来示踪氮素的来源。随着分析测试技术的不断提高，利用稳定氮同位素方法来识别河流氮污染的研究已逐步开展。本书研究采用稳定性同位素方法，对沣河不同时间、不同河段氮素污染的主要来源进行识别。

4. 沣河流域农业氮素运移规律研究

在农业面源污染方面，由施肥所造成的土壤氮累积和水质污染等环境问题已很突出，这一方面是由于氮肥过量施用的结果，另一方面也说明灌溉方式、施肥方式等对氮肥利用率也具有重要影响。本书根据沣河流域的具体情况，研究沣河流域的灌溉和施肥方式等对氮素运移规律的影响。

5. 点源与面源典型控制技术研究

沣河中下游主要分散点源为新建大学校区排水和房地产开发的居民小区污水、乡镇生活污水以及旅游度假村污水，其中以校园区生活污水的排量最大。这些污水从性质上讲都是生活污水。针对这些分散型点源的除氮技术进行了试验研究；并探讨多级串联人工湿地、生态滤沟和植被过滤带等几种典型的面源控制技术对面源污染的控制效果。

6. 氮素污染控制模式和技术体系的研究

对河流氮素污染而言，其污染的来源一般有三个方面：点源、面源和沉积在底泥中并在适当的条件下二次进入水体并造成水体污染的内源（如营养盐等）。不同类型污染源的污染形成机制不同，需要有针对性地采取不同的控制模式和技术体系。本书对不同类型的污染源，针对氮素污染控制模式和技术体系进行研究。

1.4.2 技术路线

本书的技术路线如图1-11所示。

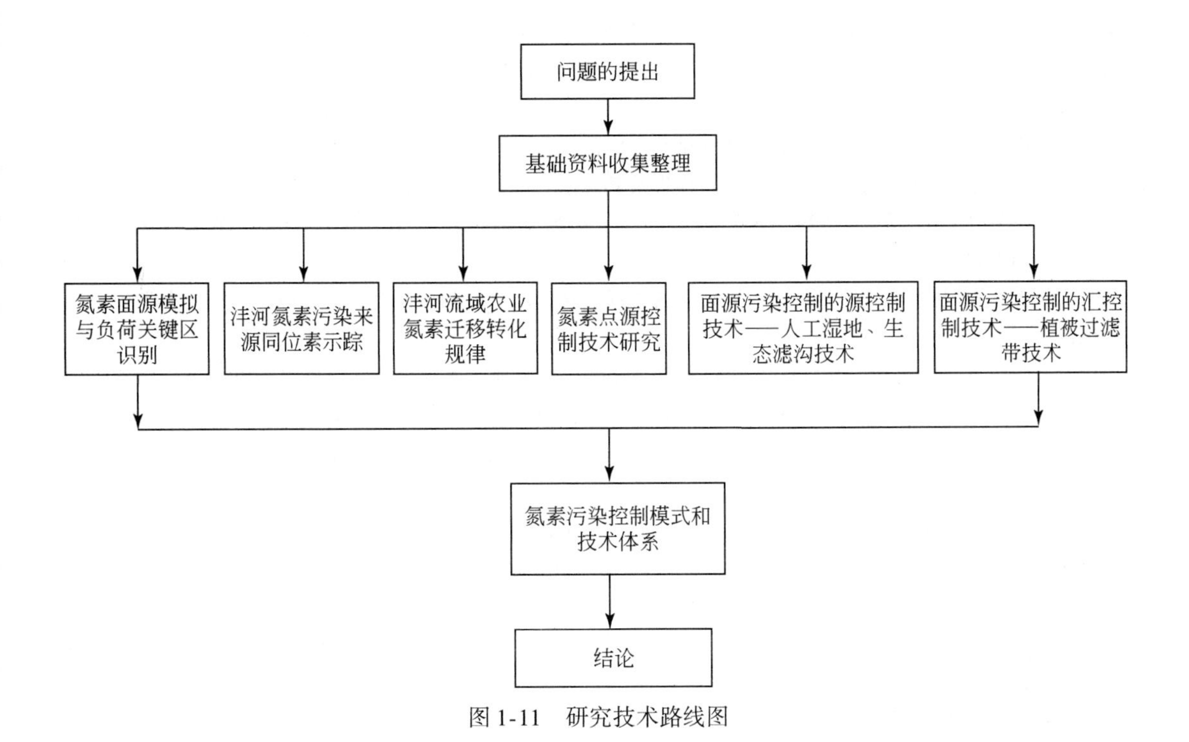

图 1-11　研究技术路线图

参考文献

蔡明，李怀恩，庄咏涛 . 2005. 估算流域非点源污染负荷的降雨量差值法 . 西北农林科技大学学报（自然科学版），23（4）：102-106

蔡明，李怀恩，庄咏涛，等 . 2004. 改进的输出系数法在流域非点源污染负荷估算中的应用 . 水利学报，（7）：40-45

仓恒瑾，许炼峰，李志安，等 . 2005. 农业非点源污染控制中的最佳管理措施及其发展趋势 . 生态科学，（2）：173-177

曹红霞 . 2002. 不同灌溉制度条件下土壤溶质迁移规律及其数值模拟 . 杨凌：西北农林科技大学博士学位论文

车伍，申丽勤，李俊奇 . 2008. 城市道路设计中的新型雨洪控制利用技术 . 公路，11：30-34

陈法锦，李学辉，贾国东 . 2007. 氮氧同位素在河流硝酸盐研究中的应用 . 地球科学进展，22（12）：1251-1257

陈洪波，王业耀 . 2006. 国外最佳管理措施在农业非点源污染防治中的应用 . 环境污染与防治，28（4）：279-282

陈吉宁，李广贺，王洪涛，等 . 2009. 流域面源污染控制技术——以滇池流域为例 . 北京：中国环境科学出版社

陈鸣剑 . 1993. 非点源水质模型研究 . 上海环境科学，12（1）：16-19

陈西平 . 1993. 城市径流对河流污染的 GIS 模型与计算 . 水利学报，2：57-63

陈效民 . 2000. 土壤环境中硝氮运移的特点、模型描述及其在太湖地区乌栅土上的应用研究 . 南京：南京农业大学博士学位论文

陈友媛，惠二青，金春姬，等 . 2003. 非点源污染负荷的水文估算方法 . 环境科学研究，16（1）：10-13

崔剑波，庄季屏 . 1997. 田间非饱和流条件下土壤硝氮运移的模拟 . 应用生态学报，8（1）：49-54
邓小云 . 2011. 源头控制：农业面源污染防治的立法原则与制度中心 . 河南师范大学学报，38（5）：80-83
董玉云 . 2007. 膜孔入渗土壤水氮运移特性试验与数值模拟 . 西安：西安理工大学博士学位论文
冯绍元，郑耀泉 . 1996. 农田氮素的转化与损失及其对水环境的影响 . 农业环境保护，15（6）：277-279
冯绍元，詹卫华，黄冠华 . 1999. 喷灌条件下冬小麦水肥调控技术田间试验研究 . 农业工程学报，15（4）:112-115
甘露 . 2002. 污水灌溉与施肥条件下氮素在土壤中迁移转化动态的初步研究 . 北京：中国农业大学硕士学位论文
郭大应，谢成春，熊清瑞，等 . 2000. 喷灌条件下土壤中的氮素分布研究 . 灌溉排水，19（2）：76-77
郭大应，熊清瑞，谢成春，等 . 2001. 灌溉土壤硝氮运移与土壤湿度的关系 . 灌溉排水，20（2）：66-68
郝晓地，张向平，曹亚莉，等 . 2008. 对强化生物除磷机理与工艺认识误区的剖析 . 中国给水排水，24（6）:1-5
洪小康，李怀恩 . 2000. 水质水量相关法在非点源污染负荷估算中的应用 . 西安理工大学学报，16（4）：384-386
侯红雨 . 2002. 温室滴灌条件下氮素转化运移规律研究 . 北京：中国农业科学院硕士学位论文
胡洪营，何苗，朱铭捷，等 . 2005. 污染河流水质净化与生态修复技术及其集成化策略 . 给水排水，31（4）:1-9
胡梅，张壬午 . 2010. 农业面源污染控制方法探讨 . 农业环境与发展，5：49-52
黄冠华，冯绍元，詹卫华 . 1999. 滴灌玉米水肥耦合效应的田间试验研究 . 中国农业大学学报，4（6）：48-52
黄俊熙 . 2010. 厌氧/缺氧同步反硝化除磷过程的研究 . 广州：中山大学硕士学位论文
黄伟来，李瑞霞，杨再福，等 . 2006. 城市河流水污染综合治理研究 . 环境科学与技术，29（10）：109-111
姜翠玲，夏自强，刘凌，等 . 1997. 污水灌溉土壤及地下水三氮的变化动态分析 . 水科学进展，8（2）：183-188
江德爱，唐懿达 . 1984. 对圆明园农业区地下水氮污染状况的调查与探讨 . 环境科学，5（4）：27-31
蒋胜韬，王三秀，万金保 . 2008. 同步硝化反硝化研究进展 . 江西科学 . 26（6）905-909
金婧靓 . 2010. 农业非点源污染的管理及控制对策研究 . 今日科苑，21：109-110
李纯洁，王丽芳 . 2009. 城市河流水污染防治技术综合应用 . 河南水利与南水北调，8：62-63
李伏生，陆申年 . 2000. 灌溉施肥的研究和应用 . 植物营养与肥料学报，6（2）：223-240
李国培，楚万强，张玉昶 . 2011. 城市河道综合治理措施分析 . 黄河水利职业技术学院学报，23（3）：28-30
李海明 . 2009. 农村生活污水分散式处理系统与实用技术研究 . 环境科学与技术，32（9）：177-181
李怀恩 . 2000. 估算非点源污染负荷的平均浓度法及其应用 . 环境科学学报，20（4）：397-400
李怀恩，蔡明 . 2003. 非点源营养负荷泥沙关系的建立及其应用 . 地理科学，23（4）：460-463
李怀恩，沈晋 . 1996. 非点源污染数学模型 . 西安：西北工业大学出版社
李家科，李怀恩，李亚娇 . 2007. 偏最小二乘回归模型在非点源负荷预测中的应用 . 西北农林科技大学学报（自然科学版），35（4）：218-222
李家科，李怀恩，沈冰，等 . 2009. 基于自记忆原理的非点源污染负荷预测模型研究 . 农业工程学报，25（3）:28-32
李家科，李怀恩，赵静 . 2006. 支持向量机在非点源污染负荷预测中的应用 . 西安建筑科技大学学报（自

然科学版)，38（6）：754-760
李家科，李亚娇，李怀恩，等 . 2011. 非点源污染负荷预测的多变量灰色神经网络模型．西北农林科技大学学报（自然科学版)，39（3）：229-234
李久生，饶敏杰 . 2000. 喷灌施肥均匀性对冬小麦产量影响的田间试验评估．农业工程学报，16（6）：38-42
李俊奇，王文亮，边静，等 . 2010. 城市道路雨水生态处置技术及其案例分析．中国给水排水，26（16）：60-64
李强坤，李怀恩 . 2010. 农业非点源污染数字模型及控制措施研究——以青铜峡灌区为例．北京：中国环境科学出版社
李强坤，李怀恩，胡亚伟，等 . 2007. 基于单元分析的青铜峡灌区农业非点源污染估算．生态与农村环境学报，23（4）：33-36
李强坤，李怀恩，胡亚伟，等 . 2008a. 黄河干流潼关断面非点源污染负荷估算．水科学进展，19（4）：460-466
李强坤，李怀恩，孙娟，等 . 2008b. 基于有限资料的水土流失区非点源污染负荷估算．水土保持学报，22（5）：181-185
李荣刚，夏源陵，吴安之，等 . 2001. 太湖地区水稻节水灌溉与氮素淋失．河海大学学报，29（2）：21-25
李思亮，刘丛强，肖化云，等 . 2005. δ^{15}N 在贵阳地下水氮污染来源和转化过程中的辨识应用．地球化学，34：257-262
李彦茹，刘玉兰 . 1996. 东陵区地下水中三氮污染及原因分析．环境保护科学，21（1）：17-22
刘枫，王华东，刘培桐 . 1988. 流域非点源污染的量化识别及其在于桥水库流域的应用．地理学报，43（4）:329-339
吕锡武，李峰，稻森悠平，等 . 2000. 氨氮废水处理过程中的好氧反硝化研究．给水排水，26（4）：141-201
罗阳，张增阁，霍家明，等 . 2000. 灌溉施肥条件下田间氮素在土壤中迁移情况的研究．水资源保护，（4）：7-11
倪艳芳 . 2008. 城市面源污染的特征及其控制的研究进展．环境科学与管理，33（2）：53-57
倪永炯 . 2009. 采用储碳方式提高系统的脱氮效果．杭州：浙江工业大学硕士学位论文
任理，马军花 . 2001. 考虑土壤中硝氮转化作用的传递函数模型．水利学报，(5)：38-44
任理，袁福生，张福锁 . 2001. 土壤中硝氮淋洗的传递函数模拟和预报．水利学报，(4)：21-27
申丽勤，车伍，李海燕，等 . 2009. 我国城市道路雨水径流污染状况及控制措施．中国给水排水，25（4）:23-28
沈荣开，王康，张瑜芳，等 . 2001，水肥耦合条件下作物产量、水分利用和根系吸氮的试验研究．农业工程学报，17（5）：35-38
沈耀良，王宝贞 . 1999. 处理新技术——理论与应用．北京：中国环境科学出版社
沈耀良，杨栓大 . 1996. 新型废水处理技术——人工湿地．污染防治技术，9（1-2）：1-8
施为光 . 1993. 城市降雨径流长期污染负荷模型的探讨．城市环境与城市生态，6（2）：6-10
苏东辉，郑正，王勇，等 . 2005. 农村生活污水处理技术探讨．环境科学与技术，28（1）：79-81
孙艳伟，魏晓妹，PomeRoy C A. 2011. 低影响发展的雨洪资源调控措施研究现状与展望．水科学进展，22（2）:287-293
田军仓，郭元裕，彭文栋 . 1997. 苜蓿水肥耦合模型及其优化组合方案研究．武汉水利电力大学学报，30（2）：18-22

万晓红，邱丹，赵小明. 2000. 太湖流域规模畜禽养殖场污染特性的解析. 农业环境与发展，64（2）：35-38
万玉媚，李萌. 2010. 河道污染及治理技术. 天津科技，2：22-24
王超. 1997. 氮类污染物在土壤中迁移转化规律试验研究. 水科学进展，8（2）：176-182
王全九. 2010. 黄土坡面土壤溶质随地表径流迁移特征与数学模型. 北京：科学出版社
王世和. 2007. 人工湿地污水处理理论与技术. 北京：科学出版社
王曙光，栾兆坤，宫小燕，等. 2001. CEPT 技术处理污染河水的研究. 中国给水排水，17（4）：16-18
王霞静，黎明，朱森琳. 2009. 城市河道污染水体生物修复技术研究进展. 环境研究与监测，3：5-7
王晓昌，彭党聪，黄廷林. 2004. 分散式污水处理和再利用——概念、系统和实施. 北京：化学工业出版社
王晓莲. 2007. A^2/O 工艺运行优化及其过程控制的基础研究. 北京：北京工业大学硕士学位论文
王晓莲，彭永臻. 2009. A^2/O 法污水生物脱氮除磷处理技术与应用. 北京：科学出版社
王晓燕. 2003. 非点源污染及其管理. 北京：海洋出版社
王晓燕，高焕文，李洪文，等. 2000. 保护性耕作对农田地表径流与土壤水蚀影响的试验研究. 农业工程学报，16（3）：66-69
王晓燕，张雅帆，欧洋，等. 2009. 最佳管理措施对非点源污染控制效果的预测——以北京密云县太师屯镇为例. 环境科学学报，29（11）：2440-2450
王兴钦，梁世军. 2007. 城市降雨径流及最佳治理方案探讨. 环境科学与管理，32（3）：50-53
王永磊，李军. 2012. 我国分散式中小型污水处理技术研究及应用. 水工业市场，3：34-39
魏新平. 1999. 漫灌和喷灌条件下土壤养分运移特征的初步研究. 农业工程学报，15（4）：83-87
魏新平，王文焰，王全九，等. 1998. 溶质运移理论研究现状和发展趋势. 灌溉排水，17（4）：58-63
温莉，彭灼，吴佩琪. 2010. 城市低冲击开发理念的应用与实践. 见：2010 城市发展与规划国际大会论文集：258-264
温灼如，苏逸深，刘小靖，等. 1986. 苏州水网城市暴雨径流污染的研究. 环境科学，7（6）：2-6
吴成强，杨清，杨敏. 2007. 好氧反硝化在短程硝化反硝化工艺中的作用. 给水排水，23（23）：97-100.
吴登定，姜月华，贾军远，等. 2006. 运用氮、氧同位素技术判别常州地区地下水氮污染. 水文地质工程地质，3：11-25
吴海卿，杨传福，孟兆江. 2000. 应用示踪技术研究土壤水分对氮素有效性的影响. 土壤肥料，（1）：16-18
吴海卿，杨传福，孟兆江，等. 1998. 以肥调水提高水分利用效率的生物学机制研究. 灌溉排水，17（4）:6-10
吴军虎. 2004. 波涌灌溉间歇入渗水氮运移特性试验及数值模拟. 西安：西安理工大学博士学位论文
吴军虎，费良军. 2010. 施肥方式对土壤间歇入渗特性影响试验研究. 干旱地区农业研究，28（1）：1-5
吴军虎，费良军，赵茜，等. 2006. 土壤间歇入渗水肥耦合特性实验研究. 农业工程学报，22（4）：28-31
吴林祖. 1987. 杭州城市径流污染特征的初步分析. 上海环境科学，6：33-36
肖化云，刘丛强. 2004. 氮同位素示踪贵州红枫湖河流季节性氮污染. 地球与环境，32（1）：71-75
肖化云，刘丛强，李思亮. 2003. 贵阳地区夏季雨水硫和氮同位素地球化学特征. 地球化学，32：248-254
邢光熹，曹亚澄，施书莲，等. 2001. 太湖地区水体氮的污染源和反硝化. 中国科学（B 辑），31：130-137
熊又升，陈明亮，喻永熹，等. 2001. 间歇淋洗干湿交替条件下氮肥的氮行为研究. 植物营养与肥料学报，7（2）：153-158

熊运实 . 1993. 油田开发区水体的非点源石油污染实验研究 . 地理研究，12（4）：23-31
胥彦玲 . 2007. 基于土地利用/覆被变化的陕西黑河流域非点源污染研究 . 西安：西安理工大学博士学位论文
胥彦玲，李怀恩，贾海娟，等 . 2005. 陕西省黑河流域水土流失型非点源污染估算 . 水土保持通报，25（5）:78-80
胥彦玲，李怀恩，倪永明，等 . 2006. 基于 USLE 的黑河流域非点源污染定量研究 . 西北农林科技大学学报（自然科学版），34（3）：138-142
徐海娟，冯本秀 . 2008. 河流污染治理与生态恢复技术研究进展 . 广东化工，35（7）：123-125，133
徐力刚，张奇 . 2006. 流域非点源污染物输移模型研究现状及展望 . 农业环境科学学报，25（增刊）：316-322
许春华，高宝玉，卢磊，等 . 2006. 城市纳污河道废水化学强化一级处理的研究 . 山东大学学报，41（2）:116-120
许秀元，陈同斌 . 1998. 土壤中溶质运移模拟的理论与应用 . 地理研究，17（1）：99-106
许志兰，廖日红，楼春华，等 . 2005. 城市河流面源污染控制技术 . 北京水利，5：26-28
薛继澄，吴志行，李家金，等 . 1994. 设施栽培土壤氮肥施用问题的研究 . 中国蔬菜，(5)：22-25
薛艳，黄勇，潘扬 . 2006. 废水生物脱氮除磷工艺的进展评述 . 工业用水与废水，37（3）：11-25
严展悦，葛建保 . 2010. 河流水污染控制技术探究——以城市河流为例 . 科协论坛，2：125-126
杨爱玲，朱颜明 . 1999. 地表水环境非点源污染研究 . 环境科学进展，7（5）：60-66
杨波，梁正蓉 . 2010. 坡地生物篱和缓坡地等高种植的水土保持效应 . 农技服务，8：997-998
杨金忠，蔡树英，黄冠华，等 . 2000. 多孔介质中水分及溶质运移的随机理论 . 北京：科学出版社
杨芸 . 1999. 论多自然型河流治理法对河流生态环境的影响 . 四川环境，18（1）：19-24
易小平，唐树梅，张振文 . 2001. 几种作物盆栽模拟氮淋失的研究 . 华南热带农业大学学报，7（3）：5-9
余光伟，雷恒毅，刘康胜，等 . 2007. 治理感潮河道黑臭的底泥原位修复技术研究 . 中国给水排水，9：5-10
袁新民，同延安，杨学云，等 . 2000. 灌溉与降水对土壤 NO_3^--N 累积的影响 . 水土保持学报，14（3）：71-74
袁新民，同延安，杨学云，等 . 2001. 不同施氮量对土壤 NO_3^--N 累积的影响 . 干旱地区农业研究，19（1）:8-38
曾向辉 . 2000. 温室滴灌水氮运移田间试验及数值模拟 . 北京：中国农业大学硕士学位论文
张翠云，郭秀红 . 2005. 氮同位素技术的应用：土壤有机氮作为地下水硝酸盐污染源的条件分析 . 地球化学，34（5）：534-540
张建君 . 2002. 滴灌施肥灌溉土壤水氮分布规律的试验研究及数学模拟 . 北京：中国农业科学院硕士学位论文
张捷鑫，吴纯德，陈维平，等 . 2005. 污染河道治理技术研究进展 . 生态科学，24（2）：178-181
张立秋 . 2009. 亚硝酸型同步硝化反硝化生物脱氮试验研究 . 广州：华南理工大学博士学位论文
张明泉，高洪宜，吴克俭 . 1990. 兰州马滩水源地 NO_3^- 污染环境条件分析 . 环境科学，11（5）：79-82
张维理，武淑霞，冀宏杰，等 . 2004. 中国农业面源污染形势估计及控制对策Ⅰ：21 世纪初期中国农业面源污染的形势估计 . 中国农业科学，37（7）：1008-1017
张小玲 . 2004. 短程硝化-反硝化生物脱氮与反硝化聚磷基础研究 . 西安：西安建筑科技大学博士学位论文
张亚丽，李怀恩 . 2009. 土地利用关系法在非点源污染负荷预测中的应用 . 中国农学通报，25（17）：270-273

张瑜芳，张蔚榛，沈荣开 . 1996. 排水农田氮素运移、转化及流失规律的研究 . 水动力学研究与进展（A辑），11（3）：251-260
张瑜芳，张蔚榛，沈荣开 . 1997. 排水条件下化肥流失的研究——现状与展望 . 水科学进展，8（2）：197-204
张忠祥，钱易 . 2004. 废水生物处理技术 . 北京 . 清华大学出版社
赵魁义 . 2002. 地球之肾 . 北京：化学工业出版社
赵宗升，刘鸿亮，李炳伟，等 . 2001. 高浓度氨氮废水的高效生物脱氮途径 . 中国给水排水，17（5）：24-28
郑险峰，李紫燕，李世清 . 2002. 农田浅层土壤氮素空间分布研究 . 土壤与环境，11（4）：370-372
钟萍，李丽，李静媚，等 . 2007. 河流污染底泥的生态修复 . 生态科学，26（2）：181-285
周爱国，陈银琢，蔡鹤生，等 . 2003. 水环境硝酸盐氮污染研究新方法——δ^{15}N 和 δ^{18}O 相关法 . 中国地质大学学报（地球科学版），28（2）：219-224
周国梅，云桂香 . 1996. 非点源污染对重庆市綦江河流域的影响研究 . 环境保护，15（6）：31-35
周军，杨荣泉，陈海军，等 . 1994. 冬小麦水肥增产耦合效应模型研究 . 水利学报，(6)：57-65
周凌云 . 1996. 土壤水分条件对氮肥利用率影响的研究 . 核农学报，10（1）：43-46
周祖澄，金振玉，王洪玉，等 . 1985. 固体氮肥施入旱田土壤中去向的研究 . 环境科学，6（6）：2-7
朱济成 . 1983. 关于氮肥地下流失率的初步研究 . 环境科学，4（5）：35-39
朱萱，鲁纪行，边金钟，等 . 1985. 农田非点源径流污染特征及负荷定量化方法探讨 . 环境科学，6（5）：6-11
朱兆良 . 1963. 土壤中氮素的转化 . 土壤学报，11：328-338
Aravena R, Robertson W D. 1998. Use of multiple isotope tracers to evaluate denitrification in ground water: study of nitrate from a large-flux septic system plume. Ground Water, 36 (6): 975-982
Arnold J G, Srinivasan R, Muttiah R S, et al. 1998. Large area hydrologic modeling and assessment part I: model development. Journal of the American Water Resources Association, 34 (1): 73-89
Bar-Yosef B, Shelkholslami M R. 1976. Distribution of water and ions in soils irrigated and fertilized from a trickle source. Sci Soc Am J, 40 (4): 575-582
Bergstrom L. 1987. Nitrate leaching and drainage from annual perennial crops in the drainage plots and lysimeters. Journal of Environ Quality, 16 (1): 11-18
Bhaduri B L. 1998. A geographic information system based model of the long-term impact of land use change on non-point source pollution at a watershed scale. Purdue University: 23-30
Borah D K, Bera M. 2003. Watershed-scale hydrologic and nonpoint-source pollution models: review of mathematical bases . Transaction of the ASAE, 46 (6): 1553-1566
Bresler E. 1977. Trickle-drip irrigation. Principles and application to Soil-water management. Advances in Agronomy, 29: 343-393
Böhlke J K, Smith R L, Miller D N. 2006. Ammonium transport and reaction in contaminated groundwater: application of isotope tracers and isotope fraction studies. Water Resources Research, 42 (5): 1-19
Cao B, Wang X C, Wang E R. 2005. A hybrid submerged membrane bioreactor process for municipal wastewater treatment and reuse. *In*: Future of Urban Wastewater System-Decentralization and Reuse . Xi'an: China Architecture & Building Press
Castignettiand D, Hollocher T C. 1984. Hetemtrophic nitrification among denitrifiers. Applied and Environmental Microbiology, 47 (4): 620-623
Chang C C Y, Kendall C, Silva S R, et al. 2002. Nitrate stable isotopes: tools for determining nitrate sources

among different land uses in the Mississippi River Basin. Canadian Journal of Fisheries and Aquatic Sciences, 59: 1874-1885

Crawfood N H, Linsley H K. 1966. Digital simulation in hydrology Starford Watershed Model IV. Dept Civil Engineering, Starford University, Starford, California, Technical Report, 39-210

David P, Darren S. 2000. Toward integrating GIS and Catchments Models. Environment Modeling & Software, 15: 451-459

Ellsworth T R, Shaouse P J, Jobes J A, et al. 1996. Solute Transport in unsaturated soil: experimental design, parameter estimation, and model discrimination. Soil Sci Soc Am J, 60 (2): 397-407

Fatone F, Battistoni P, Pavan P, et al. 2005. Application of amembrane bioreactor for the treatment of low loaded domestic wastewater for water reuse. *In*: Future of Urban Wastewater System -Decentralization and Reuse. Xi'an: China Architecture & Building Press

Fukuzaki N, Hayasaka H. 2009. Seasonal variations of nitrogen isotopic ratios of ammonium and nitrate in precipitations collected in the Yahiko - Kakuda Mountains Area in Niigata Prefecture, Japan. Water Air Soil Pollut, 203 (1-4): 391-397

Heaton T H. 1986. Isotopic studies of nitrogen pollution in the hydrosphere and atmosphere: a review. Chemical Geology, 59 (1): 87-102

Heng L K, White R E. 1996. A simple analytical transfer function to modeling the leaching of reactive solutes through field soil. European Journal of Soil Science, 47 (1): 33-42

Heng L K , White R E, Scotter D R, et al. 1994. A transfer function approach to modeling the leaching of solutes to subsurface drains. II. Reactive solutes. Aust J Soil Res, 32 (1): 85-94

Horton R E. 1940. An approach toward a physical interpretation of infiltration capacity. Soil Science Society of America Proc, 5 (c): 399-417

Houghton R A, Jenkins G J, Ephraums J J. 1990. Climate Change: The IPCC Scientific Assessment. Cambridge: Cambridge University Press

Jaynes D B. 1991. Field study of bromide transport under continuous-flood irrigation. Soil Sci Soc Am J, 55 (3): 658-664

Johannsen A, Dähnke K, Emeis K. 2008. Isotopic composition of nitrate in five German rivers discharging into the North Sea. Organic Geochemistry, 39 (12): 1678-1689

Jury W A. 1975. Solute travel-time estimates for tile-drained field: I. Theory. Soil Sci Soc Amer Proc, 39 (6): 1020-1024

Knisel W G. 1980. CREAMS: a field-scale mode for chemicals, runoff and erosionfrom agricultural management systems. USDA Conservation Report 26, Washington DC, 26: 23-27

Kuba T, Smolders G, Loosdrecht M C M, et al. 1993. Biological phosphorus removal from wastewater by anaerobic-anoxic sequencing batch reactor. Water Sci Technol, 27 (5-6) : 241-252

Lal R. 1976. Soil erosion problems on an Alison in western Nigeria and their control. New York: IITA Monograph

Lee K S, Bong Y S, Lee D, et al. 2008. Tracing the sources of nitrate in the Han River watershed in Korea, using $\delta^{15}N\text{-}NO_3^-$ and $\delta^{18}O\text{-}NO_3^-$ values. Science of the Total Environment, 395: 117-124

Lee M , Park G , Park M, et al. 2010. Evaluation of non-point source pollution reduction by applying best management practices using a SWAT model and QuickBird high resolution satellite imagery. Journal of Environmental Sciences, 22 (6): 826-833

Letey J, Blair J W, Devitt D, et al. 1977. Nitrate-nitrogen in effluent from agricultural tile drains in California. Hilgardia, 45 (9) : 289-319

Li Huaien, Li Jiake. 2010. Integrated mean concentration and integrated export coefficient and their application in Hong Kong. 2010 International Conference on Mechanic Automation and Control Engineering, 1655-1660

Lzadi B, King B, Westermann D, et al. 1993. Field scale transport of bromide under variable conditions observed in a furrow-irrigated field. Transactions of the ASAE, 36 (6): 1679-1685

Mariotti A, Landreau A, Simon B. 1988. δ^{15}N isotope biogeochemistry and natural denitrification process in groundwater: application to the Chalk Aquifer of Northern France. Geochim Cosmochim Acta, 52 (7): 1869-1878

Matson P A, Vitousek P M. 1990. Ecosystems approach to a global nitrous oxide budget. Bioscience, 40 (9): 667-672

Metcalf, Eddy Inc, University of Florida, Water Resources Engineers Inc. 1971. Storm water management Model, volume 1: Final Report. Washington D C: Environmental Protection Agency

Mino T, Van Loosdrecht M C M, Heijnen J J. 1997. Microbiology and biochemistry of the enhanced biological phosphate removal process. Wate Res, 32 (11): 3193-3207

Mulder A, vande Graaf A A, Robertson L A, et al. 1995. Anareobic ammonium oxidation discovered in a denitrifying fluidized bed reactor. FEMS Microbioll Ecoll, 16 (3): 177-183

Nielsen D R, Biggar J W. 1986. Water flow and solute transport processes in the unsaturated zone. Water Resources Research, 22 (9): 89S-108S

Omary M. 1992. Three- dimensional movement of water and pesticide from trickle irrigation: finite element model. ASAE Trans, 35 (3): 811-821

Panno S V, Hackley K C, Hwang H H, et al. 2001. Determination of the sources of nitrate contamination in karst springs using isotopic and chemical indicators. Chemical Geology, 179 (1-4): 113-128

Panno S V, Kelly W R, Hackley K C, et al. 2008. Sources and fate of nitrate in the Illinois River Basin, Illinois. Journal of Hydrology, 359 (1-2): 174-188

Panuska J C, Moore I D, Kramer L A. 1991. Terrain analysis: integration into the agricultural non-point source pollution (AGNPS) model . Journal of Soil and Water Conservation, 46 (1): 59-64

Papadopoulos I. 1986. Nitrogen fertigation of greenhouse-grown cucumber. Plant and Soil, 93 (1): 87-93

Papadopoulos I. 1987. Nitrogen fertigation of greenhouse- grown tomato. Communication in Soil Science and Plant Analysis, 18 (8): 897-907

Pardo L H, Kendall C, Pett-Ridge J, et al. 2004. Evaluating the source of streamwater nitrate using δ^{15}N and δ^{18}O in nitrate in two watersheds in New Hampshire, USA. Hydrological Process, 18 (14): 2699-2712

Pier J W, Doerge T A. 1995. Nitrogen and water interaction in trickle irrigation watermelon. Soil Sci Soc AM, 59 (1):145-150

Poudel D, Midmore D J, West L T. 2000. Farmer participatory research to minimize soil erosion on steep land vegetable systems in the Philippines. Agriculture, Ecosystems & Environment, 79 (3): 113-127

Renard, K G, Foster G R, Yoder D C, et al. 1994. RUSLE revisited: status, questions, answers, and the future. J, Soil Water Conserv, 49 (3): 213-220

Rice R C, Hunsaker D J, Adamsen F J, et al. 2001. Irrigation and nitrate movement evaluation in conventional and alternate-furrow irrigated cotton. Trans ASAE, 44 (3): 555-568

Rittmarm B E, Langeland W E. 1985. Simultaneous denitrification with nitrification in single- channel oxidation ditches. WPCF, 57 (4): 300-308

Rivers C N, BarrettM H, Hiscock K M, et al. 1996. Use of nitrogen isotopes to identify nitrogen contamination of the Sherwood sandstone aquifer beneath the city of Nottingham. UnitedKingdom. Hydrogeology Journal, 4 (1):

90-102

Robertson L A, Van Niel Ed W J, Torrcmans Rob A M, et al. 1988. Simultaneous nitrification and denitrification in aerobic chemostat cultures of thiosphaera pantotropha. Applied and Envimnmental Microbiology, 54 (11): 2812-2818

Robertson L A, Kuenen J G. 1984. Aerobic denitrification—old wine in new bottles. Antonie van Leeuwenhoek, International Journal of General and Molecular Microbiology, 50 (5-6): 525-544

Rose D A, Passioura J B. 1971. The analysis of experiments on hydrodynamic dispersion. Soil Science, 111 (4): 252-257

Russell K M, Galloway J N, Macko S A, et al. 1998. Sources of nitrogen in wet deposition to the Chesapeake Bay Region. Atmospheric Environment, 32 (14-15): 2453-2465

Sebilo M, Billen G, Mayer B, et al. 2006. Assessing nitrification and denitrification in the Seine River and Estuary using chemical and isotopic techniques. Ecosystems, 9 (4): 564-577

Sezgin M, Jenkins D, Parker D S. 1978. A unified theory of filamentous activated sludge bulking . Wat Poll Control, 50 (2): 362-381

Silva S R, Ging P B, Lee R W, et al. 2002. Forensic application of nitrogen and oxygen isotopes in tracing nitrate sources in urban environments. Envrionmental Forensics, 3: 125-130

Spector M. 1998. Production and decomposition of nitrous oxide gas during biological denitrification. Water Environmental Research, 70 (5): 1096-1098

Srinivasan R, Engel B A. 1994. A spatial decision support system for assessing agricultural non- point pollution. Water Resources Bulletin, 30 (3): 441-452

Sunny A, Joyce A, Lutagrde R, et al. 2008. Removal of Carbon and nutrients from domestic wastewater using a low investment, integrated treatment concept. Water Research, 38 (13): 3031-3042

Third K, Newland M, Coul- Ruwiseh R. 2003. The effect of dissolved oxygen on PHB accumulation in activated sludge cultures. Biotechnology and Bioengineering, 82 (2): 238-250

Tong S T Y, Chen W L. 2002. Modeling the relationship between land use and surface water quality. Journal of Environmental Management, 66 (4): 377-393

Van Der Graaf A A, Mulder A, Bruijn P, et al. 1995. Anaerobic oxidation of ammonium is a biologically mediated process. Applied and Environmental Microbiology, 64 (4): 1246-1251

Van Genuchten M Th, Parker J C. 1984. Boundary conditions for displacement experiments through short laboratory soil columns . Soil Sci Soc Am J, 48 (4): 703-708

Van N E W J. 1991. Nitrification by heterotrophic denitrifiers and its relationship to auto -trophic nitrification (PhD Thesis) . Delft: Delft University of Technology

Vladimir N, Hue T, Geronimo V S, et al. 1978. Mathematical modeling of land runoff contaminated by phosphorus. Journal WPCF, 50 (1): 101-112

Voets J P , Vanstaen H, W Verstraete. 1975. Removal of nitrogen from highly nitogenous wastewater. JWPCF, 47 (2):394-398

Warren G P, Kihanda F M. 2001. Nitrate leaching and adsorption in a Kenyan Nitisol . Soil Use and Management, 17 (4): 222-228

Wassenaar L I. 1995. Evaluation of the origin and fate of nitrate in the Abbotsford Aquifer using the isotopes of $\delta^{15}N$ and $\delta^{18}O$ in NO_3^-. Applied Geochemistry, 10 (14): 391-405

White R E. 1987. A transfer function model for the predication of nitrate leaching under field condition. Journal of Hydrology, 92 (3-4): 207-222

Widorya D, Kloppmanna W, Cherya L, et al. 2004. Nitrate in groundwater: an isotopic multi- tracer approach. Journal of Contaminant Hydrology, 72 (1-4): 165-188

Wilson G B, Andrews J N, Bath A H. 1994. The nitrogen isotope composition of groundwater nitrates from the East Midlands Triassic Sandstone aquifer, England. Journal of Hydrology, 157 (1-4): 35-46

Wischmeier W H, Smith D D. 1965. Predicting rainfall erosion losses from cropland east of the Rocky Mountains. USDA Agricultural Handbook, No: 282

Xiao J N, Zhang H M, Dai W C, et al. 2005. Biological nitrogen removal with enhanced anoxic phosphate uptake in a sequencing batch membrane bioreactor . Future of Urban Wastewater System- Decentralization and Reuse. Xi'an: China Architecture & Building Press

Yang Q Y, Chen J H, Xi D L. 2005. Effect of porous-flexible suspended carrier particles on cake removal in submerged membrane bioreactor . Future of Urban Wastewater System-Decentralization and Reuse . Xi'an: China Architecture & Building Press

Yoo H, Ahn K H. 1993. Nitrogen removal from synthetic wastewater by simultaneous nitrification and denitrification via nitrite in an intermittentlyaertes reator. Wat Res, 33 (1): 145-154

Yoram J L, Anthony S D. 1978. Continuous simulation of non- point pollution. Journal WPCF, 50 (10): 2348-2361

Young R A, Onstad C A, Bosch D D, et al. 1989. AGNPS: a nonpoint- source pollution model for evaluating agriculture watersheds . Soil Water Conserv, 44 (2): 168-173

Yu S L, Zhao F B, Liu Y N. 2005. Perform an valuation of ICAS-MBR for decentralized treatment reuse of domestic wastewater . Future of Urban Wastewater System- Decentralization and Reuse . Xi'an: China Architecture & Building Press

Zhang Y, Liu X J, Fangmeier A. et al. 2008. Nitrogen inputs and isotopes in precipation in the North China Plain. Atmospheric Environment, 42 (7): 1436-1448

Zhao H W, Mavinic D S, Oldham W K, et al. 1999. Controlling factors for simultaneous nitrification and denitrification in a two-stage intermittent aeration proeess tresting domestic sewage. Water Research, 33 (4): 961-970

第2章　沣河水环境特征及污染源构成解析

河流水质系统是自然与社会系统综合作用的复合系统。水质变化不仅反映了各种自然因素（如气象水文特征、流域特征、地质状况等）在河流中形态表征的变化，同时也体现了流域范围内社会经济、人类活动对河流水系作用的响应（彭文启和张祥伟，2005）。本章通过资料收集、实地考察和野外监测，分析沣河水质变化特征，同时计算秦渡镇断面以上流域点源、非点源污染在总负荷中所占比例，最后，对该流域点源、非点源构成进行解析。

2.1　沣河水质变化特征

本研究收集了沣河流域太平峪、祥峪、沣峪、高冠峪、沣河口、严家渠、三里桥7断面2001～2011年常规水质监测资料；同时，在沣河全流域设置了14个监测断面，从上游到下游分别为：太平峪、高冠峪、祥峪口、沣峪口、高冠河桥、高冠河口、高冠汇入沣河下游、北强村桥、太平河桥、秦渡镇水文站（沣河口）、潏河（入沣处）、秦渡镇大桥、严家渠、三里桥，监测断面位置如图2-1和表2-1所示，并对其进行了4次（2010-04-01、2010-06-27、2010-10-11、2011-03-29）常规水质监测，监测结果见表2-2、表2-3、表2-4、表2-5。水质监测指标为：pH、水温、SS、COD（本书中除特别指出外，COD均指COD_{Cr}）、可溶正磷酸盐、总磷（TP）、氨氮（NH_3-N）、亚硝氮、硝氮和总氮等。

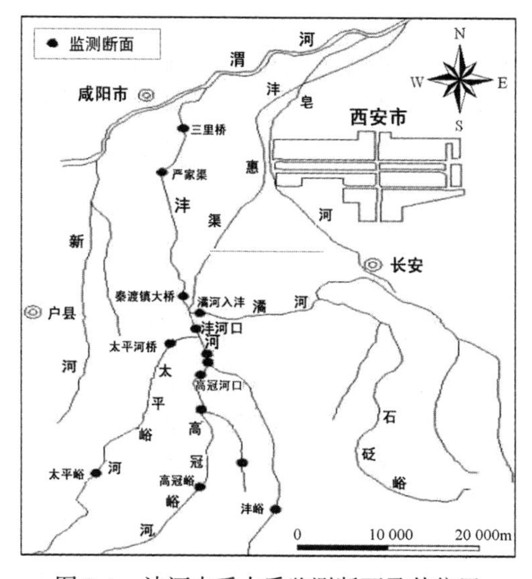

图2-1　沣河水系水质监测断面及其位置

表2-1　沣河水系水质监测断面及其位置

序号	监测断面	位置
1	太平峪	上游
2	高冠峪	上游
3	祥峪	上游
4	沣峪	上游
5	高冠河桥	上游
6	高冠河口	上游
7	高冠汇入沣河下游	中游
8	北强村桥	中游
9	太平河桥	中游
10	沣河口	中游
11	潏河入沣	中游
12	秦渡镇大桥	中游
13	严家渠	下游
14	三里桥	下游（入渭河前）

表 2-2　2010-04-01 沣河常规监测水质类型

干支流	断面名称	COD /(mg/L)	水质类型	TP /(mg/L)	水质类型	NH_3-N /(mg/L)	水质类型	TN /(mg/L)
支流	1 太平峪	8.33	Ⅰ	0.07	Ⅱ	0.26	Ⅱ	7.00
	2 高冠峪	2.08	Ⅰ	0.04	Ⅱ	0.22	Ⅱ	7.09
	3 祥峪口	14.58	Ⅱ	0.05	Ⅱ	0.30	Ⅱ	11.28
	5 高冠河桥	10.42	Ⅰ	0.04	Ⅱ	0.23	Ⅱ	8.46
	9 太平河桥	14.58	Ⅱ	0.13	Ⅲ	0.27	Ⅱ	7.15
	11 潏河（入沣处）	8.33	Ⅰ	0.28	Ⅳ	1.85	Ⅴ	3.99
	6 高冠河口（冠入沣）	18.75	Ⅲ	0.09	Ⅱ	0.34	Ⅱ	7.45
	均值	11.01	Ⅰ	0.1	Ⅱ	0.49	Ⅱ	7.49
干流	4 沣峪口	6.25	Ⅰ	0.07	Ⅱ	0.28	Ⅱ	7.29
	7 高冠汇入沣河下游	37.50	Ⅳ	0.05	Ⅱ	0.34	Ⅱ	8.36
	8 北强村桥	20.83	Ⅳ	0.06	Ⅱ	0.37	Ⅱ	8.11
	10 秦渡镇水文站	231.25	劣Ⅴ	0.23	Ⅳ	3.37	劣Ⅴ	6.91
	12 秦渡镇大桥	572.92	劣Ⅴ	0.15	Ⅲ	2.58	劣Ⅴ	5.54
	13 严家渠	6.25	Ⅰ	0.20	Ⅲ	0.78	Ⅲ	3.43
	14 三里桥	6.25	Ⅰ	0.11	Ⅲ	0.85	Ⅲ	4.34
	均值	15.42	Ⅲ	0.12	Ⅲ	1.22	Ⅳ	6.28

表 2-3　2010-06-27 沣河常规监测水质类型

干支流	断面名称	COD /(mg/L)	水质类型	TP /(mg/L)	水质类型	NH_3-N /(mg/L)	水质类型	TN /(mg/L)
支流	1 太平峪	22	Ⅳ	0.05	Ⅱ	0.80	Ⅲ	3.83
	2 高冠峪	18	Ⅲ	0.06	Ⅱ	0.51	Ⅲ	1.90
	3 祥峪口	22	Ⅳ	0.08	Ⅱ	0.69	Ⅲ	4.28
	5 高冠河桥	17	Ⅲ	0.04	Ⅱ	0.16	Ⅰ	1.38
	9 太平河桥	36	劣Ⅴ	0.05	Ⅱ	0.13	Ⅰ	3.35
	11 潏河（入沣处）	21	Ⅳ	0.10	Ⅱ	0.33	Ⅱ	4.20
	6 高冠河口（冠入沣）	33	Ⅴ	0.18	Ⅲ	0.70	Ⅲ	4.23
	均值	24.14	Ⅳ	0.08	Ⅱ	0.47	Ⅱ	3.31
干流	4 沣峪口	20	Ⅲ	0.06	Ⅱ	0.23	Ⅱ	1.55
	7 高冠汇入沣河下游	29	Ⅳ	0.18	Ⅲ	0.51	Ⅲ	3.90
	8 北强村桥	46	劣Ⅴ	0.32	Ⅴ	1.05	Ⅳ	3.35
	10 秦渡镇水文站	37	劣Ⅴ	0.11	Ⅲ	0.27	Ⅱ	2.93
	12 秦渡镇大桥	23	Ⅳ	0.11	Ⅲ	0.12	Ⅰ	4.43
	13 严家渠	21	Ⅳ	0.09	Ⅱ	0.37	Ⅱ	4.15
	14 三里桥	22	Ⅳ	0.07	Ⅱ	0.20	Ⅰ	3.90
	均值	28.29	Ⅳ	0.13	Ⅲ	0.39	Ⅱ	3.46

表 2-4　2010-10-11 沣河常规监测水质类型

干支流	断面名称	COD /(mg/L)	水质类型	TP /(mg/L)	水质类型	NH_3-N /(mg/L)	水质类型	TN /(mg/L)
支流	1 太平峪	27.91	Ⅳ	0.01	Ⅰ	0.32	Ⅱ	2.35
	2 高冠峪	41.86	劣Ⅴ	0.02	Ⅱ	0.31	Ⅱ	1.35
	3 祥峪口(流入高冠)	—	劣Ⅴ	0.04	Ⅱ	0.36	Ⅱ	4.55
	5 高冠河桥(祥峪汇入后)	27.91	Ⅳ	0.02	Ⅱ	0.37	Ⅱ	1.90
	11 潏河(入沣处)	13.95	Ⅲ	0.03	Ⅱ	0.32	Ⅱ	3.53
	15 高桥镇潏河桥	9.30	Ⅲ	0.11	Ⅲ	0.81	Ⅲ	3.05
	16 潏河杜曲街办	9.30	Ⅲ	0.10	Ⅲ	0.44	Ⅱ	4.78
	17 潏河与子午大道交汇处	9.30	Ⅲ	0.15	Ⅲ	1.36	Ⅳ	3.95
	6 高冠河口(冠入沣)	18.60	Ⅲ	0.05	Ⅱ	0.62	Ⅲ	3.45
	均值	19.77	劣Ⅴ	0.06	Ⅱ	0.55	Ⅲ	3.21
干流	4 丰峪口	32.56	Ⅴ	0.02	Ⅰ	0.30	Ⅱ	2.00
	7 高冠汇入沣河下游	23.26	Ⅳ	0.05	Ⅱ	0.58	Ⅲ	4.45
	8 北强村桥(高冠入沣河后干流)	32.56	Ⅴ	0.06	Ⅱ	0.52	Ⅲ	2.88
	9 太平河桥(上游为太平峪,流入沣河)	18.60	Ⅲ	0.04	Ⅱ	0.29	Ⅱ	2.83
	10 秦渡镇水文站(沣河口)	13.95	Ⅲ	0.10	Ⅱ	0.87	Ⅲ	3.15
	12 秦渡镇大桥(潏沣交汇)	13.95	Ⅲ	0.13	Ⅲ	1.13	Ⅳ	3.80
	13 严家渠	32.56	Ⅴ	0.08	Ⅱ	0.52	Ⅱ	3.35
	14 三里桥	13.95	Ⅲ	0.05	Ⅱ	0.50	Ⅱ	3.43
	均值	22.67	Ⅳ	0.06	Ⅱ	0.59	Ⅲ	3.23

表 2-5　2011-03-29 沣河常规监测水质类型

干支流	断面名称	TP /(mg/L)	水质类型	NH_3-N /(mg/L)	水质类型	TN /(mg/L)
支流	1 太平峪	0.052	Ⅰ	2.92	劣Ⅴ	9.07
	2 高冠峪	0.318	Ⅳ	37.78	劣Ⅴ	55.45
	3 祥峪口(流入高冠)	0.017	Ⅰ	0.48	Ⅱ	2.68
	5 高冠河桥(祥峪汇入后)	0.018	Ⅰ	0.57	Ⅲ	2.54
	11 潏河(入沣处)	0.021	Ⅱ	3.66	劣Ⅴ	6.14
	15 高桥镇潏河桥	0.230	Ⅳ	23.15	劣Ⅴ	34.22
	16 潏河杜曲街办	0.085	Ⅱ	4.31	劣Ⅴ	10.35
	17 潏河与子午大道交汇处	0.027	Ⅱ	1.39	Ⅳ	5.66
	6 高冠河口(冠入沣)	0.006	Ⅰ	0.50	Ⅱ	3.68
	均值	0.090	Ⅱ	8.30	劣Ⅴ	14.42

续表

干支流	断面名称	TP /(mg/L)	水质类型	NH_3-N /(mg/L)	水质类型	TN /(mg/L)
干流	4 丰峪口	0.015	Ⅰ	0.50	Ⅱ	5.70
	7 高冠汇入沣河下游	0.012	Ⅰ	10.09	劣Ⅴ	15.23
	8 北强村桥(高冠入沣河后干流)	0.042	Ⅱ	2.35	劣Ⅴ	3.67
	9 太平河桥(上游为太平峪,流入沣河)	0.052	Ⅱ	2.47	劣Ⅴ	5.42
	10 秦渡镇水文站(沣河口)	0.114	Ⅲ	3.28	劣Ⅴ	6.00
	12 秦渡镇大桥(潏沣交汇)	0.015	Ⅰ	0.80	Ⅲ	4.08
	13 严家渠	0.064	Ⅱ	2.44	劣Ⅴ	6.03
	14 三里桥	0.069	Ⅱ	3.51	劣Ⅴ	7.81
	均值	0.050	Ⅱ	3.18	劣Ⅴ	6.74

在沣河流域秦渡镇水文站断面和大峪水文站断面分别开展了洪水期和非洪水期水质水量同步监测。洪水期监测尽可能控制洪水涨落过程，至少取样 5 次以上，且分别位于洪水过程的起涨段、峰顶段和退水段，其中，起涨段采 2～3 次样，峰顶段采 1～2 次样，退水段采 2～3 次样。为与洪水期水质进行对照和分割每场洪水的非点源污染量，还在非洪水期（平时）进行了水质水量同步监测。非洪水期在连续几日水位基本无变化且水位较低（尽可能接近于基流）的情况下，原则上每次进行 24 小时连续采样，每隔 3～4 小时采样一次，因上述两站没有自动采样设备，人工 24 小时连续采样时间较长，难度较大，为尽可能全面掌握非洪水期水质特征，还采用了常规监测办法，即在河流水位较低时，采集河流断面水样一次。

秦渡镇水文站断面非洪水期开展监测 7 次（2009-09-05、2009-11-29、2010-01-26、2010-05-11、2010-06-25、2010-11-30、2011-04-19），平均流量分别为 10 m^3/s、2.81 m^3/s、9.1 m^3/s、7.35 m^3/s、3.14 m^3/s、4.15 m^3/s 和 3.38 m^3/s，其中 2010-01-26、2010-11-30 和 2011-04-19 为连续 24 小时的水质水量同步监测；洪水期监测洪水 7 次（2009-09-13、2009-09-19、2010-07-09、2010-07-17、2010-07-24、2010-08-21、2011-05-11），洪峰流量分别为 105.00 m^3/s、140 m^3/s、43.20 m^3/s、43.50m^3/s、56.80 m^3/s、73.00m^3/s 和 14.60m^3/s。大峪水文站断面非洪水期监测 7 次（2009-09-05、2009-11-30、2010-01-26、2010-05-11、2010-06-25、2011-11-30、2011-04-19），流量分别为 0.55 m^3/s、0.47 m^3/s、0.49 m^3/s、0.31 m^3/s、0.24 m^3/s、0.20 m^3/s 和 0.47m^3/s；洪水期监测洪水 6 次（2009-09-14、2010-07-09、2010-07-17、2010-07-23、2010-08-23、2011-05-11），洪峰流量分别为 21.0m^3/s、6.30 m^3/s、8.44 m^3/s、10.50 m^3/s、19.80 m^3/s 和 1.35m^3/s。监测水质指标为化学需氧量、可溶正磷酸盐、总磷、氨氮、亚硝氮、硝氮、总氮。

据收集的资料和监测的数据，对沣河流域水污染特征进行分析如下。

（1）选用综合污染指数法对沣河 2001～2011 年水质的污染程度进行分析评价（表 2-6）。

表 2-6　2001～2011 年沣河流域水质综合指数

年份	太平峪	祥峪	沣峪	高冠峪	沣河口	严家渠	三里桥	均值
2001	1.19	1.57	1.1	1.56	4.36	15.8	22.5	6.87
2002	-0.21	-0.16	0.14	-0.2	4.66	29.76	16.29	7.18
2003	0.75	0.67	1.09	0.8	4.8	17.62	18.55	6.33
2004	1.65	1.61	1.2	1.2	2.78	19.9	8.27	5.24
2005	1.39	1.21	0.91	1.22	2.87	3.6	5.93	2.45
2006	1.17	1.46	1.15	1.21	7.3	3.08	4.3	2.81
2007	1.22	1.29	0.48	0.93	2.95	2.22	2.92	1.72
2008	1.55	1.55	1.58	1.01	4.93	1.72	2.39	2.11
2009	1.55	1.24	2	1.11	3.17	2.48	3.02	2.08
2010	1.86	1.38	1.4	1.05	3.62	2.6	2.21	2.12
2011	2.93	2.13	0.95	1.33	3.23	2.75	3.17	2.49

污染综合指数计算公式为

$$A = (8.0 - L_{(DO)})/(8.0 - C_{(DO)}) + L_{(BOD)}/C_{(BOD)} + L_{(CODMn)}/C_{(CODMn)} + L_{(COD)}/C_{(COD)} + L_{(NH_3\text{-}N)}/C_{(NH_3\text{-}N)} + L_{(TP)}/C_{(TP)} \quad (2\text{-}1)$$

式中，A 为污染综合指数；L 为各类水质指标监测值（mg/L）；C 为各类水质评价标准，DO、BOD、COD_{Mn}、NH_3-N、CODcr、TP 选用 GB3838—2002（地表水环境质量标准）中Ⅲ类水质标准（mg/L）。

根据图 2-2 可以看出：2001～2006 年沣河综合污染指数为 2.45～7.18，污染较严重，2007～2011 年综合污染指数为 1.72～2.49，水质有所好转；2011 年，太平峪、高冠峪、祥峪和沣峪四条支流水质良好，综合污染指数平均为 1.84，干流沣河口、严家渠和三里桥水质相对较差，综合污染指数平均为 3.05。2001～2006 年，干流上游水质最好，综合污染指数仅为 0.98；中游沣河口水质较好，综合污染指数为 4.46；下游严家渠和三里桥水质最差，综合污染指数分别为 14.96 和 12.64，说明在此期间，沣河水质从上游到中游再到下游是沿流域逐渐恶化的。2007～2011 年干流上游综合污染指数为 1.43，中游沣河口综合污染指数为 3.58，下游严家渠和三里桥水质有所改善，综合污染指数为 2.35 和 2.74，在此期间沣河流域水质污染情况为：上游<下游<中游。这可能是因为近几年人们生活水准逐渐提高，沣河上游的休闲娱乐场所越来越多，产生大量的生活污水、垃圾等都直接排入沣河，中游秦渡镇部分生活污水、东大镇全部生活污水和长安区大学城生活污水均排入沣河，造成沣河口水质恶化。2007 年以后，沣河水环境污染状况有明显好转。

根据 2010 年常规监测的结果（表 2-2、表 2-3、表 2-4 和表 2-5）可以看出，2010 年沣河流域水质情况为支流水质基本好于干流水质；干流上、下游水质较好，中游水质较差；干流上、下游，支流 COD 基本在Ⅳ类水质以内、NH_3-N 基本在Ⅲ类水质以内。

（2）由图 2-3 可以看出，沣河流域 NH_3-N 平均浓度从 2001～2011 年总体是逐渐减小的，2001～2006 年，NH_3-N 平均浓度为 0.38～1.02 mg/L，处于Ⅲ类水质以内；2007～2011 年，沣河流域 NH_3-N 平均浓度为 0.15～0.42 mg/L，均处于Ⅱ类水质以内。2001～

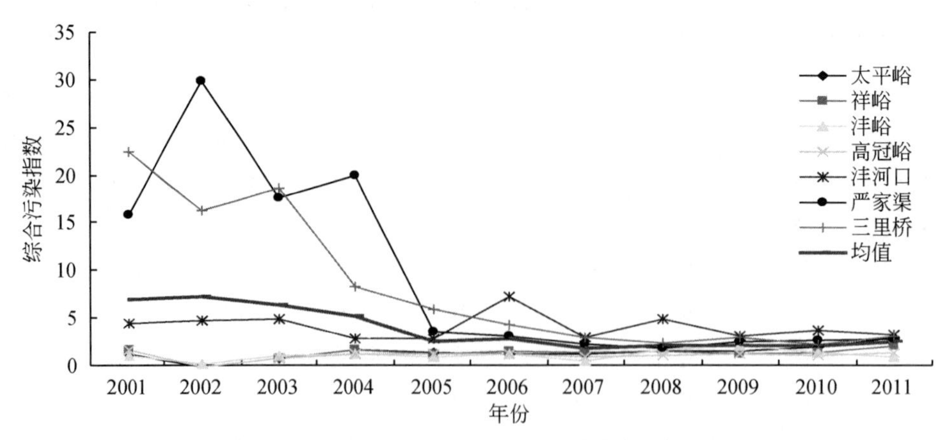

图 2-2　2001 ~ 2011 年沣河流域水质综合指数评价

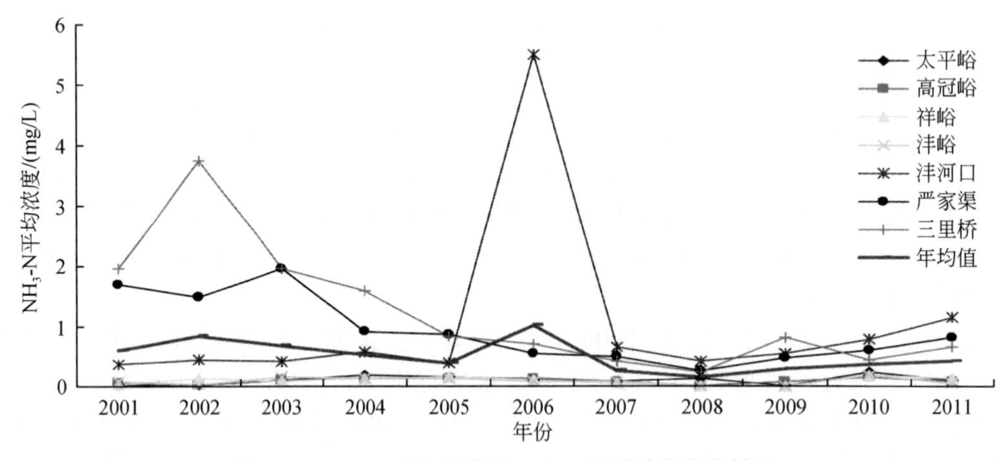

图 2-3　2001 ~ 2011 年沣河 NH_3-N 平均浓度变化情况

2006 年，上游 NH_3-N 平均浓度为 0.10 mg/L，中游为 1.23 mg/L，下游为 1.52 mg/L，在此期间 NH_3-N 平均浓度在整个沣河流域的变化为：上游<中游<下游；2007 ~ 2011 年，上游 NH_3-N 平均浓度为 0.083 mg/L，处于Ⅰ类水质以内，中游沣河口 NH_3-N 平均浓度为 0.71 mg/L，处于Ⅲ类水质以内，而下游严家渠和三里桥断面 NH_3-N 平均浓度分别为 0.53 mg/L和 0.51 mg/L，低于中游沣河口，处于Ⅲ类水质以内，说明在 2007 ~ 2011 年 NH_3-N 平均浓度变化为：上游<下游<中游，原因是与上述沣河流域综合污染指数变化原因相同。整个沣河流域 2001 ~ 2006 年 NH_3-N 平均浓度为 0.675 mg/L，处于Ⅲ类水质以内；2007 ~ 2011 年 NH_3-N 平均浓度为 0.30m/L，处于Ⅱ类水质以内。

（3）由图 2-4 可以看出，沣河流域 COD 平均浓度从 2001 ~ 2011 年呈逐渐减小趋势；2005 年和 2006 年，沣河流域 COD 平均浓度均处于 IV 类水质以内，2007 ~ 2011 年，沣河流域 COD 平均浓度均处于Ⅱ类水质以内。在整个沣河流域，2001 ~ 2006 年，COD 平均浓度的变化与 NH_3-N 平均浓度变化相同，为上游<中游<下游，2007 ~ 2011 年为上游<下游<中游，原因同上。

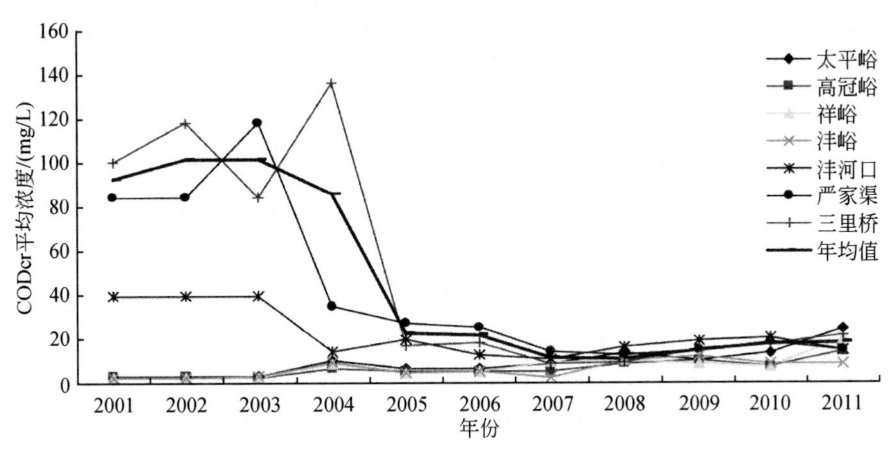

图 2-4　2001 ~ 2011 年沣河 COD 平均浓度变化情况

（4）由表 2-7、表 2-8 可以看出：2001 ~ 2008 年沣河秦渡镇水文站 NH_3-N 基本为Ⅱ类水质，非洪水期 NH_3-N 基本为Ⅲ类水质。表 2-9、表 2-10 可以看出，2009 ~ 2010 年沣河秦渡镇水文站、大峪水文站洪水期 NH_3-N 基本为Ⅲ类水质，非洪水期 NH_3-N 基本为Ⅳ类水质。总体来说，各站洪水期水质好于非洪水期水质。

表 2-7　秦渡镇文站 2001 ~ 2008 年洪水期非点源污染物浓度对比

时段	日期	洪峰流量 /(m^3/s)	采样流量 /(m^3/s)	COD /（mg/L）		NH_3-N /(mg/L)	TN /(mg/L)	TP /(mg/L)
洪水期	2002-09-21	19.9	3.6	浓度	—	0.5480	1.670	0.060
				水质类型	—	Ⅲ	—	Ⅱ
	2003-09-16	298	5.59	浓度	14.20	0.2630	4.990	0.120
				水质类型	Ⅱ	Ⅱ	—	Ⅲ
	2004-09-01	29	2.81	浓度	13	0.4250	1.940	0.130
				水质类型	Ⅱ	Ⅱ	—	Ⅲ
	2006-05-12	14.1	3.16	浓度	12	—	—	0.010
				水质类型	Ⅱ	—	—	Ⅰ
	2007-08-31	135	27.5	浓度	10	0.2680	1.770	0.110
				水质类型	Ⅰ	Ⅱ	—	Ⅲ
	2008-08-30	23.6	2.3	浓度	19	0.5960	4.370	0.220
				水质类型	Ⅲ	Ⅲ	—	（Ⅳ）
	6 场洪水平均			均值	13.64（Ⅱ）	0.42（Ⅱ）	2.948	0.108（Ⅲ）

表 2-8　秦渡镇水文站 2001～2009 年非洪水期非点源污染物浓度对比

时段	年份	日期	平均流量 /(m^3/s)	COD /(mg/L)	NH_3-N /(mg/L)	TN /(mg/L)	TP /(mg/L)
非洪水期	2001	2001-01-09	1. 28	—	0. 5320	—	—
		2001-05-21	1. 67	—	0. 2030	—	—
		2001-09-06	2. 19	—	0. 3690	—	—
	2002	2002-01-10	1. 73	—	0. 2470	—	—
		2002-05-15	6. 77	—	0. 5040	—	—
	2003	2003-01-08	3. 00	84. 20	0. 7110	2. 610	0. 140
		2003-05-12	3. 37	20. 10	0. 2490	3. 130	0. 470
	2004	2004-01-13	2. 59	17. 60	0. 9560	3. 950	0. 160
		2004-05-10	1. 99	10. 00	0. 3390	2. 870	0. 110
	2005	2005-01-10	3. 08	21. 00	0. 7690	3. 120	0. 120
		2005-05-11	1. 84	20. 00	0. 3090	3. 720	0. 190
		2005-09-07	3. 51	16. 00	0. 1030	2. 600	0. 060
	2006	2006-01-06	2. 29	12. 00	1. 5910	9. 600	0. 220
		2006-09-07	8. 16	12. 00	0. 2410	3. 960	0. 130
	2007	2007-01-10	1. 37	7. 00	1. 4220	2. 490	0. 090
		2007-05-10	0. 916	14. 00	0. 2740	3. 810	0. 110
	2008	2008-01-04	1. 2	15. 00	0. 6210	7. 950	0. 200
		2008-05-04	4. 76	13. 00	0. 0520	1. 800	1. 100
	2009	2009-01-04	3. 25	24. 00	0. 1560	3. 280	0. 230
		2009-05-04	2. 59	15. 00	0. 7460	3. 510	0. 220
		2009-09-04	5. 18	16. 00	0. 7350	9. 500	0. 050
	均值			19. 81 （Ⅲ）	0. 53 （Ⅲ）	4. 244	0. 225 （Ⅳ）

表 2-9　秦渡镇水文站 2009～2010 年洪水期与非洪水期非点源污染物浓度对比

时段	日期	洪峰流量 /(m^3/s)	COD /(mg/L)		TP /(mg/L)	NH_3-N /(mg/L)	NO_3-N /(mg/L)	NO_2-N /(mg/L)	TN /(mg/L)
洪水期	2009-09-13	105	范围	—	0. 06～0. 14	0. 22～0. 32	0. 05～0. 41	0. 01～0. 07	3. 37～4. 31
			均值	—	0. 08(Ⅱ)	0. 27(Ⅱ)	0. 21	0. 03	3. 79
	2009-09-19	140	范围	6～32	0. 04～2. 68	0. 02～1. 02	0. 01～0. 02	0. 01～0. 02	2. 82～3. 4
			均值	14. 83(Ⅰ)	0. 53(Ⅱ)	0. 255(Ⅱ)	0. 012	0. 012	3. 2
	2010-07-09	43. 2	范围	3. 98～35. 36	0. 07～0. 15	1. 74～1. 77	0. 3～0. 52	0. 02～0. 05	3. 3～3. 43
			均值	19. 92(Ⅲ)	0. 1(Ⅱ)	1. 76(Ⅴ)	0. 41	0. 03	3. 4
	2010-07-17	43. 5	范围	19. 61～66. 67	0. 03～0. 06	0. 82～1. 34	0. 44～0. 65	0. 06～0. 7	0. 7～1. 8
			均值	35. 29(Ⅴ)	0. 04(Ⅱ)	0. 98(Ⅲ)	0. 52	0. 5	1. 24

续表

时段	日期	洪峰流量/(m^3/s)		COD/(mg/L)	TP/(mg/L)	NH_3-N/(mg/L)	NO_3-N/(mg/L)	NO_2-N/(mg/L)	TN/(mg/L)
洪水期	2010-07-24	56.80	范围	28.11~56.22	0.07~0.13	0.6~1.11	0.39~0.91	0.03~0.15	1.08~2.03
			均值	46.59(劣Ⅴ)	0.12(Ⅱ)	0.79(Ⅲ)	0.52	0.07	1.48
	2010-08-21	73	范围	3.95~23.72	0.05~0.1	0.73~1.18	0.4~0.7	0.02~0.26	3.19~5.75
			均值	12.65(Ⅰ)	0.07(Ⅱ)	0.89(Ⅲ)	0.58	0.12	4.81
	6场洪水平均		均值	25.84(Ⅳ)	0.16(Ⅲ)	0.82(Ⅲ)	0.38	0.13	3
非洪水期	2009-09-05	10	范围	8	0.038~0.038	3.36~3.42	0.12~0.34	0.04~0.04	3.95
			均值	8(Ⅰ)	0.038(Ⅱ)	3.39(劣Ⅴ)	0.23	0.04	3.95
	2009-11-29	2.81	范围	59	0.085	0.2095	无	无	2.2
			均值	59(劣Ⅴ)	0.085(Ⅱ)	0.2095(Ⅱ)	无	无	2.2
	2010-01-26	9.1	范围	—	0.46~0.9	0.76~0.9	0.09~0.15	0.05~0.06	30~5.5
			均值	—	0.73(劣Ⅴ)	0.81(Ⅲ)	0.11	0.05	4.41
	2010-05-11	7.35	范围	16~20	0.078~0.085	0.27~1.1	0.14~0.19	0.95~1.26	2.25~3.13
			均值	18.13(Ⅲ)	0.08(Ⅱ)	0.69(Ⅲ)	0.16	1.10	2.75
	2010-06-25	3.14	范围	16.0	0.078	1.26	0.265	0.185	2.25
			均值	16(Ⅲ)	0.078(Ⅱ)	1.26(Ⅳ)	0.265	0.185	2.25
	5次平均		均值	25.28(Ⅳ)	0.2(Ⅲ)	1.72(Ⅳ)	0.19	0.34	3.11

表 2-10　大峪水文站 2009~2010 年洪水期与非洪水期非点源污染物浓度对比

时段	日期	洪峰流量/(m^3/s)		COD/(mg/L)	TP/(mg/L)	NH_3-N/(mg/L)	NO_2-N/(mg/L)	NO_3-N/(mg/L)	TN/(mg/L)
洪水期	2009-09-14	21.60	范围	28~52	0.03~0.05	0.16~0.24	0.01~0.01	0.05~0.23	3.31~3.85
			均值	40.4(劣Ⅴ)	0.0414(Ⅱ)	0.19(Ⅱ)	0.01	0.104	3.636
	2010-07-09	6.30	范围	7.97~75.7	0.04~009	1.51~2.42	0	0.45~0.58	2.91~3.63
			均值	27.89(Ⅳ)	0.0648(Ⅱ)	1.914(Ⅴ)	0	0.5214	3.2
	2010-07-17	8.44	范围	3.92~11.76	0.07~0.046	0.52~0.98	0.01~0.37	0.84~1.47	0.88~3.2
			均值	7.84(Ⅰ)	0.042(Ⅱ)	0.7325(Ⅲ)	1.0836	0.086	1.535
	2010-07-23	10.50	范围	4.02~12.05	0.053~0.072	0.37~0.48	0.016~0.023	0.79~1.05	2.7~3.45
			均值	8.03(Ⅰ)	0.0608(Ⅱ)	0.4356(Ⅱ)	0.9298	0.0179	3.095
	2010-08-23	19.80	范围	26.62~45.63	0.042~0.062	0.66~1.32	0.023~0.686	0.001~0.006	3.19~3.875
			均值	34.98(Ⅴ)	0.0484(Ⅱ)	0.99(Ⅲ)	0.46	0.004	3.61
	5场洪水平均		均值	23.83(Ⅳ)	0.051(Ⅱ)	0.85(Ⅲ)	0.62	0.150	3.02

续表

时段	日期	洪峰流量/(m^3/s)	COD/(mg/L)		TP/(mg/L)	NH_3-N/(mg/L)	NO_2-N/(mg/L)	NO_3-N/(mg/L)	TN/(mg/L)
非洪水期	2009-09-05	0.55	范围	—	0.021~0.021	0.08~1.71	0.01~0.01	0.05~0.08	4.76~4.76
			均值	—	0.021(Ⅱ)	0.895(Ⅲ)	0.01	0.065	4.76
	2009-11-30	0.47	范围	11~56	0.028~0.066	1.05~1.32	0.014~0.024	0.23~0.34	1.3~2
			均值	28.43(Ⅲ)	0.04(Ⅱ)	1.13(Ⅳ)	0.02	0.28	2.00
	2010-05-11	0.31	范围	2.0	0.033~0.056	0.97~1.49	0.005~0.008	0.02~0.47	2.53~2.75
			均值	2(Ⅰ)	0.047(Ⅱ)	1.31(Ⅳ)	0.006	0.286	2.64
	2010-06-25	0.24	范围	2.0	0.053	1.453	0.008	0.0175	2.65
			均值	2(Ⅰ)	0.053(Ⅱ)	1.453(Ⅳ)	0.008	0.0175	2.65
	4次平均		均值	10.81(Ⅰ)	0.04(Ⅱ)	1.2(Ⅳ)	0.01	0.16	3.013

2.2 秦渡镇水文站以上流域非点源负荷估算及其在总负荷中所占比例分析

从水文学可知，年径流过程可以划分为地表径流过程和地下（枯季）径流过程，而非点源污染主要是由地表径流引起的。因此，年总负荷量还可表示为（李怀恩，2000）

$$W_T = \int_{t_0}^{t_e} [C_S(t)Q_S(t) + C_B(t)Q_B(t)]dt \tag{2-2}$$

式中，t_0和t_e分别为年初和年末时刻；$Q_S(t)$、$Q_B(t)$ 分别为地表和地下径流过程（m^3/s）；$C_S(t)$、$C_B(t)$ 分别为地表和地下径流浓度（mg/L）。可以设想，如果能够得到地表径流和地下径流的平均浓度，可对式（2-2）进行简化，即

$$W_T = C_{SM}\int_{t_0}^{t_e} Q_S(t)dt + C_{BM}\int_{t_0}^{t_e} Q_B(t)dt = C_{SM}W_S + C_{BM}W_B \tag{2-3}$$

式中，C_{SM}、C_{BM}分别为地表径流和地下径流污染物平均浓度（mg/L）；W_S、W_B分别为地表径流和地下径流总量（m^3）；其他符号意义同前。

依据以上原理，在时间尺度上取均值，根据渭河中游地区的降雨径流特点，可将年内变化过程划分为汛期和非汛期两个阶段。其中，降水量的60%~75%和年径流量的50%~60%集中于汛期，河川径流以雨洪为主；而非汛期由于降水量较少，径流以河川基流为主，相对比较稳定。基于此种认识，河流污染负荷也可以分为汛期和非汛期两部分，即

$$W_T = W_X + W_F = C_X\overline{W}_X + C_F\overline{W}_F \tag{2-4}$$

式中，W_X和W_F分别为汛期和非汛期污染负荷量（t）；C_X和C_F分别为汛期和非汛期水体中的污染物浓度（mg/L）；$\overline{W}_X$、$\overline{W}_F$分别为汛期和非汛期径流总量（m^3）。

汛期降雨径流的冲刷和淋溶是非点源污染形成和迁移的直接动力，因而非点源污染一般多在降雨径流较大的汛期发生。而点源污染物，如工业、生活废污水的排放，则和降雨径流没有直接关系，且污染物排放量在一定时期内一般比较稳定。因此，可近似认为水体

中的非汛期污染是点源污染形成的，而汛期污染则是点源污染和非点源污染共同作用的结果。因此，汛期污染负荷减去相应时段内的非汛期（点源）污染负荷即为非点源污染负荷：

$$W_{NSP} = W_X - \alpha W_F = C_X W_X - \alpha C_F W_F \tag{2-5}$$

式中，W_{NSP}为年非点源污染负荷量（t）；α 为时间比例系数，即一年中汛期时间与非汛期时间的比值。以上方法本章称之为水文分割法。

另外，为与水文分割法结果进行对比，本章还同时采用平均浓度法（李怀恩，2000）进行非点源污染负荷估算。该方法在陕西省黑河流域、西安市黑河引水工程的田峪、沣峪和石砭峪流域，以及陕西省丹江和汉江流域的非点源污染负荷研究中得到了应用，结果令人满意，自 2000 年提出以来已被国内学者广泛引用。平均浓度法的基本思想是：先求出各次暴雨径流非点源污染加权平均浓度，再将该加权平均浓度近似作为河流控制断面年地表径流的平均浓度，则该断面非点源污染年负荷量为此加权平均浓度与年地表径流量之积，再加上枯季径流携带的负荷量，可得到年总负荷量。也可根据控制断面长系列年径流实测资料进行频率计算，把年径流量分割为地表径流和地下径流，求得不同频率代表年的非点源污染负荷量。具体方法见相关文献（李怀恩，2000）。在应用平均浓度法进行估算时，暴雨径流非点源污染加权平均浓度的计算方法为：根据各次降雨径流过程的水量、水质同步监测以及枯季流量和枯季浓度监测资料，先计算每场暴雨径流各种污染物非点源污染的平均浓度，即由该次暴雨自身携带的负荷量（监测断面洪水总负荷量割除基流负荷量）除以该次暴雨自身产生的径流量（监测断面总径流量割除基流量）得到。非洪水期监测的流量接近基流，基流量近似采用非洪水期监测流量平均值，基流浓度近似采用非洪水期浓度监测值的流量加权平均值。再以各次暴雨产生的径流量为权重，求出加权平均浓度。在对非点源污染负荷进行估算之前，需要对河流径流量进行地表径流和基流的分割。采用数字滤波法（Arnold and Allen，1999），从河流控制站日平均流量过程线分割出地表径流和基流两部分。点源污染年负荷量采用非洪水期监测日负荷量的平均值乘以年天数得到。

分别用水文分割法和平均浓度法计算 2001～2009 年沣河秦渡镇水文站（沣河口）以上流域非点源污染（NSP）负荷量及其所占总负荷量的比例，然后将两种方法的计算结果取算术平均，得到最终平均值，结果见表 2-11。同时，相应地绘出 2001～2009 年点源与非点源污染负荷量以及非点源所占比例图（图 2-5、图 2-6）。

表 2-11　2001～2009 年 NSP 负荷量及其占总负荷量的比例

年份	指标	水文分割法			平均浓度法			两法平均		
		合计①/t	NSP①/t	NSP 比例/%	合计②/t	NSP②/t	NSP 比例/%	NSP①② 平均/t	合计①② 平均/t	NSP 比例/%
2001	NH_3-N	28.55	7.11	24.90	52.26	12.84	24.58	9.98	40.40	24.69
	TN	—	—	—	—	—		—	—	—
2002	NH_3-N	95.83	37.73	39.37	61.91	39.82	64.32	38.77	78.87	49.16
	TN	—	—	—	—	—		—	—	—

续表

年份	指标	水文分割法			平均浓度法			两法平均		
		合计①/t	NSP①/t	NSP比例/%	合计②/t	NSP②/t	NSP比例/%	NSP①②平均/t	合计①②平均/t	NSP比例/%
2003	NH_3-N	91.49	55.02	60.14	170.95	45.93	26.87	50.47	131.22	38.47
	TN	1694.73	1116.33	65.87	1187.36	728.40	61.35	922.37	1441.04	64.01
2004	NH_3-N	49.71	19.04	38.31	95.68	15.60	16.31	17.32	72.70	23.83
	TN	264.03	70.94	26.87	429.12	98.24	22.89	84.59	346.57	24.41
2005	NH_3-N	116.42	72.53	62.30	123.85	26.21	21.16	49.37	120.14	41.10
	TN	700.43	421.93	60.24	798.26	402.11	50.37	412.02	749.34	54.98
2006	NH_3-N	764.47	192.59	25.19	516.15	361.53	70.04	277.06	640.31	43.27
	TN	977.29	—	—	1 557.97	624.99	40.12	624.99	1 267.63	49.30
2007	NH_3-N	56.63	41.90	74.00	203.30	22.14	10.89	32.02	129.96	24.64
	TN	402.78	251.23	62.37	545.19	227.98	41.82	239.60	473.99	50.55
2008	NH_3-N	97.89	37.49	38.30	69.38	14.04	20.24	25.77	83.63	30.81
	TN	1116.65	586.06	52.48	842.11	133.72	15.88	359.89	979.38	36.75
2009	NH_3-N	168.77	49.17	29.13	95.89	76.28	79.55	62.73	132.33	47.40
	TN	1889.65	839.02	44.40	1082.40	670.11	61.91	754.57	1486.02	50.78

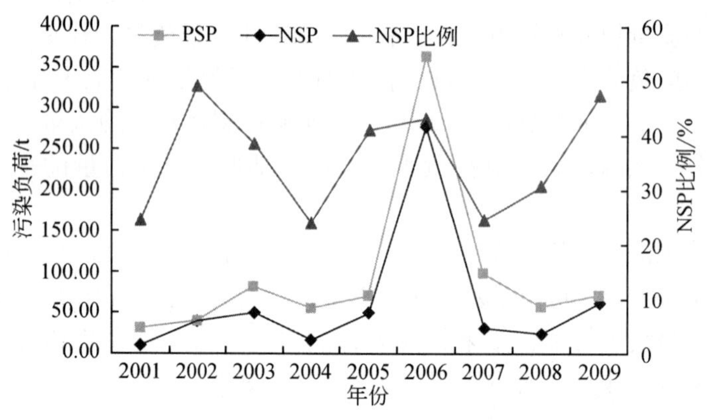

图 2-5　2001～2009 年氨氮非点源和点源负荷量与非点源比例图

从表 2-11 可见，2009 年沣河秦渡镇水文站以上流域各指标非点源污染所占比例分别为：NH_3-N 47.40%，TN 50.78%。2001～2009 年氨氮的非点源负荷与点源负荷的年际变化趋势相似，除 2006 年以外，基本比较平稳；非点源污染负荷所占比例呈波形变化，但从 2007 年开始，其比例明显增大。总氮的非点源负荷与点源负荷呈波形变化，且变化幅度较大；非点源负荷所占比例变化幅度越来越小，趋于稳定。近年来，沣河流域由于点源污染的大幅度治理（关闭了数十家造纸厂），加之农药、化肥的大量使用，使得非点源污染影响较为突出。

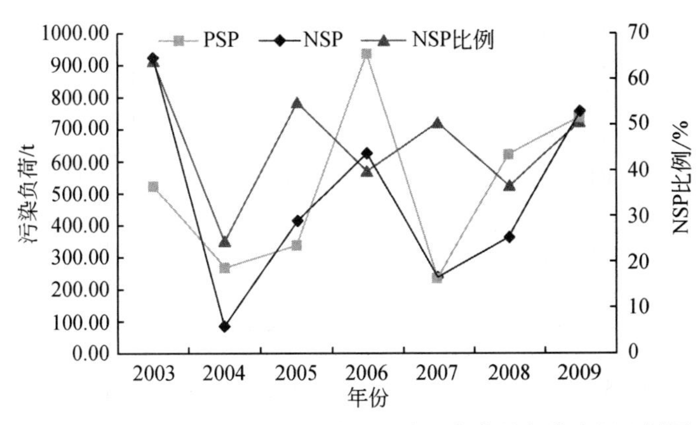

图 2-6　2003 ~ 2009 年总氮非点源和点源负荷量与非点源比例图

取 2009 年（1956 ~ 2009 年系列，45% 频率）中，6 ~ 9 月为丰水期、3 ~ 5 月和 10 月为平水期、11 月至翌年 2 月为枯水期。计算 2009 年的丰平枯水期的点源与非点源负荷，并得到非点源污染所占比例，结果见表 2-12。同时，相应地绘出 2009 年点源与非点源污染负荷量以及非点源所占比例图（图 2-7、图 2-8）。

表 2-12　2009 年丰平枯水期点源与非点源负荷量及其非点源比例

水期	点源与非点源负荷	氨氮	总氮
枯水期	点源负荷/t	3.74	78.54
	非点源负荷/t	0.37	7.74
	非点源所占比例/%	8.97	8.97
平水期	点源负荷/t	34.37	161.70
	非点源负荷/t	21.99	103.47
	非点源所占比例/%	39.02	39.02
丰水期	点源负荷/t	39.66	512.64
	非点源负荷/t	53.58	692.55
	非点源所占比例/%	57.46	57.46

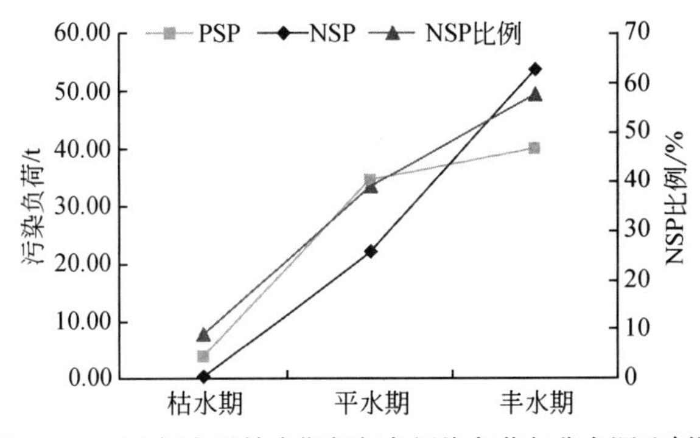

图 2-7　2009 年丰平枯水期氨氮各污染负荷与非点源比例图

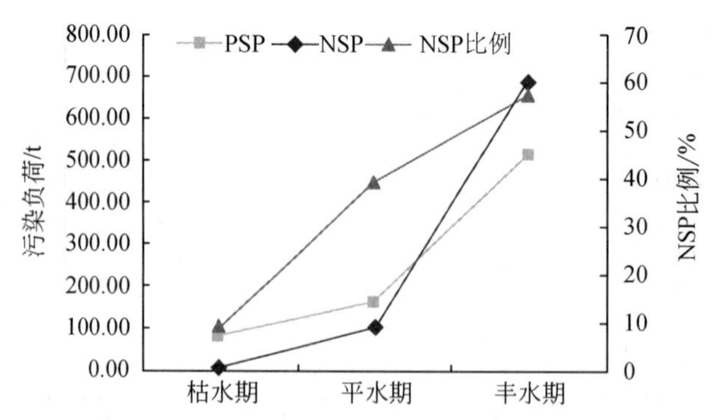

图 2-8　2009 年丰平枯水期总氮各污染负荷与非点源比例图

从图 2-7、图 2-8 中可以看出，氨氮和总氮的非点源污染负荷所占比例从枯水期到丰水期明显递增，说明非点源污染是伴随着降雨径流过程特别是暴雨过程产生的，所以非点源污染年内主要在丰水期产生，集中在降水量较大的月份。

2.3　沣河点源构成解析

长期以来，沣河流域缺乏系统全面的点源污染资料。根据点源污染来自人口聚集区生活污水以及可能的商业、工业企业这三方面。本节首先通过对沣河流域进行实地考察，调查取证记录点源，其次结合断面水质监测分析及污染物来源调查分析，来判定沣河点源污染。沣河流域的主要人口聚集点分布情况如图 2-9 所示。

2.3.1　实地踏勘沣河情况

1. 沿程河水外观及踏勘情况

1）源头→沣河口

沣河源头由两大支流——沣峪河和太平河汇流而成，两大支流都来自秦岭山脉，由许多较小的二级支流组成，流域面积较广。沣峪河（图 2-10，见书后图版）水量较太平河大，水质清澈，据水质分析，水质属于 I 类水质，流域范围内有风景区、度假村庄等。太平河水质较浑浊，流域内风景区较少，主要是小的村庄，无工业园区和其他企事业单位（图 2-11，见书后图版）。

沣峪河和太平河汇合处水流平稳，水量较大。从汇流处水质来看，沣河上游水体较为浑浊，据推测有两个方面原因：一方面可能为在汇合处的上游太平河水体已经受到污染，由于上游支流较多，流域面积较广；另一方面，据观察，沣河上游流域（从汇合处开始）河床断面为黄土，土质松散，水流侵蚀河床很严重，造成大量泥沙带入水体，也可能导致河水浊度较大。

2）沣河口→秦渡镇

此段水流较为平稳，但水体浊度较大，主要原因与当地自然气候条件和土壤类型有

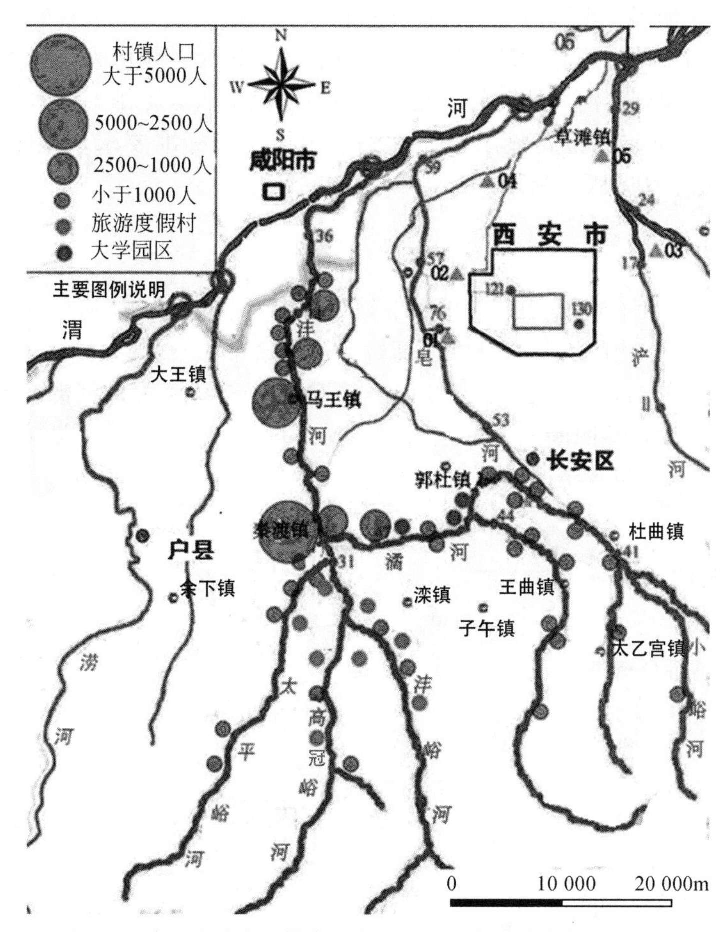

图2-9 沣河流域实际勘察的主要人口聚集点分布情况示意图

关。当地气候条件较为湿润，土壤松散，受水流侵蚀比较严重，水流冲刷河床携带大量泥沙，导致水体浊度较高。到秦渡镇时，由于大坝的作用，水质的浊度有所下降，但水体呈现浅绿色，一方面由于水体流速缓慢，丰水期流速一般为0.5m/s，因此充氧不足，导致水体有富营养化趋势；另一方面水体可能受到中段点源污染的影响，潏河在沣河口处汇入，带入污染物进入沣河，在下游阶段水流平稳时发生积累，造成河流污染（图2-12、图2-13，见书后图版）。

3）秦渡镇→高桥乡

此段为沣河中段，由于气候和土壤性质发生变化，水土侵蚀作用减小，水质浊度有所下降，但水体依然为浅绿色。在此段发现两个排污口，主要排放来自小城镇的生活污水，排放量较小。此段水体对上游和本段生活污水进行稀释和降解，水体水质有所改善。

4）高桥乡→沣河入渭河处

此段为沣河下游段，水体浊度较中段有所下降，据调查主要来自两个方面原因：一方面与当地气候和土壤性质有关，调查发现此段河床受水流侵蚀作用减小，土壤性质较前段和中段都发生变化，不易受到水流侵蚀；另一方面由于从西宝高速大桥到沣河汇入渭河处段，河堤采用水泥加固，水流对土壤侵蚀面积较小，土壤侵蚀得到了有效控制。在此段有一工业排污口，初步调查为某啤酒厂所排放污水，流量较大，颜色为浅红褐色，有难闻气味。但由于从马王镇到沣河入渭河处十几千米没有明显生活点源排入沣河，水体通过自净能力得到更新，水质监测报告显示水质达到了水域功能标准要求。具体水质特征如图2-14、图2-15（见书后图版）所示。

2. 水质监测

在踏勘过程中，对沣河监测断面作如下划分。①对照断面：沣河口（五星乡）；②控制断面：秦渡镇、马王镇（客省庄村）、高桥乡（严家渠）、潏河入沣前处；③削减断面：沣河世纪大道桥下游3km处（沣河入渭河处）；④为了充分掌握沣河源头水受污染情况，另外在沣河口以上设置参照断面，分别为惊驾村（高冠河）、沣园度假村（沣峪河）、郭南村（太平河）。采样位置情况如图2-16所示。

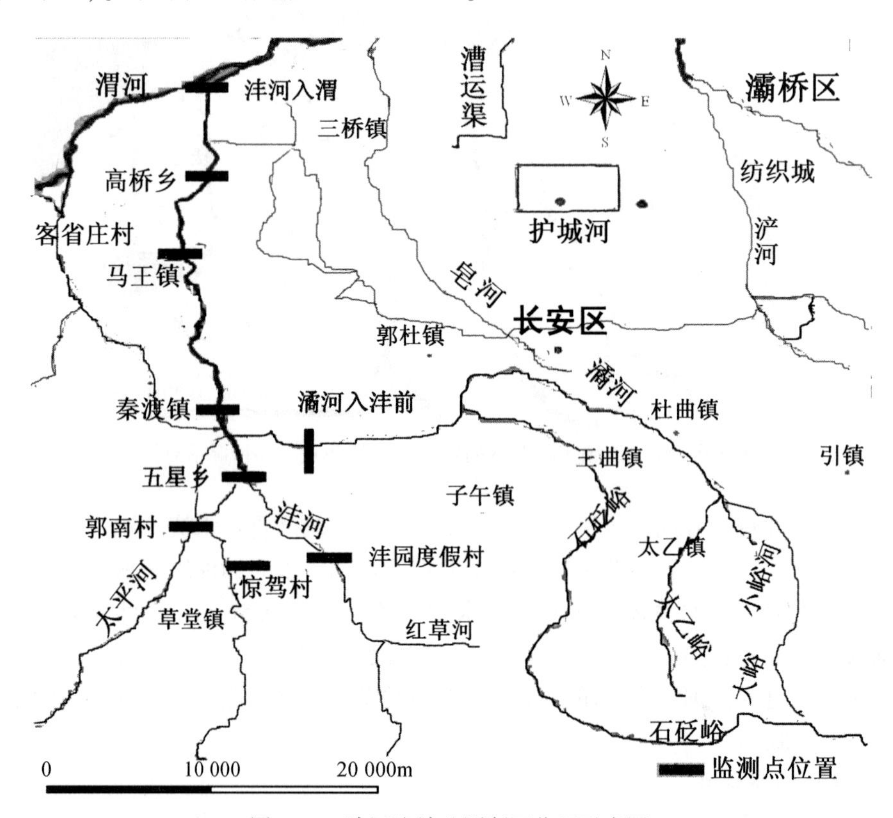

图2-16　沣河流域监测断面位置示意图

设置断面主要依据以下4方面：①沣河口为沣河上游各支流汇入沣河主干河流后的第一个断面，水质监测最具代表性；②秦渡镇、马王镇各有点源排放口（主要为生活污水），沣东镇处点源排放主要是某啤酒厂排放的工业废水，潏河是沣河下游最大的支流，潏河入沣河断面可以反映出潏河对沣河水质的影响；③沣河世纪大道桥下游3km处断面位于沣河下游入渭河前，可以较好地反映沣河下游水质污染状况及沣河对渭河水质的影响；④经详细调查沣峪口—沣河入渭河整个干流，发现有三个点源排放口，其中秦渡镇、马王镇各点源排放口均为生活污水排放源，沣东镇处点源排放主要是某啤酒厂排放的工业废水，除此之外，再无其他点源排入沣河。

在 2010 年 4 月对沣河及重要支流进行了 3 次水质监测，监测的平均结果见表 2-13。

表 2-13　沣河水质监测结果

河流划分	采样点位置	河流名称	氨氮 /（mg/L）	总氮 /（mg/L）	高锰酸钾指数 /（mg/L）	执行标准
一级支流（水源头）	惊驾村	高冠河	0. 0225	0. 6023	2. 1376	Ⅱ
	沣园度假村	沣峪河	0. 0281	0. 6138	1. 5832	
	郭南村	太平河	0. 0561	1. 1431	1. 9000	
	五星乡	沣河	0. 0842	0. 6828	3. 0880	
一级支流	滈入沣前	滈河	0. 2189	1. 8106	2. 5336	Ⅲ
干流	秦渡镇	沣河	0. 1235	1. 0357	2. 6920	
	客省庄	沣河	0. 1123	1. 2390	2. 0584	
	严家渠	沣河	0. 1066	0. 9091	1. 9792	
	沣河世纪大道桥下游 3km 处	沣河	0. 0958	0. 7857	1. 8745	
	地表水水质标准（Ⅲ）		≤1. 0	≤1. 0	≤6	
	地表水水质标准（Ⅱ）		≤0. 5	≤0. 5	≤4	

将水质监测结果与相关资料对比，表明沣河流域经过近 10 年的治理，水质已经得到很大改善，氨氮和高锰酸钾指数基本能满足水域功能要求，总氮在部分河段超标。

从水质监测和实地调查情况来看，沣河流域污染主要由两大河段构成，一段为秦渡镇以上沣河源头水质影响，另一段为滈河接纳污染物对沣河水质影响。

从沣河水质沿程变化（图 2-17）可以看出，五星乡以上为沣河上游，氨氮和高锰酸钾指数达到水域功能标准，中段至下游氨氮和高锰酸钾指数均达到了水域功能标准，总氮在整个河段都有超标，主要由于中段有滈河、金沙河以及小的支流汇入，带入生活污水，到了沣河入渭处，水体通过自净恢复到水域功能标准。

滈河是沣河的主要点源输入河流，从监测数据和实地调查分析，有以下主要原因：滈河流域面积较广，沣河流域有 80% 的支流属于滈河，且滈河水量占沣河水量一半，支流主要流经农村，成为农村生活点源排放的受纳水体，还有乡镇企业生产所排放的工业废水、企事业单位生活污水、农村养殖业产生的养殖废水所排放的高氨氮废水等；因此此类污染源主要集中在滈河流域。

上游太平河和沣峪河流域污染源主要来自上游餐饮废水、度假山庄和社会主义新农村。从调查结果来看，大部分餐饮废水都未经处理，大部分直接排入沣河，有的排入附近沟渠，使其在土壤中自然漫渗或储存，降雨时随地表径流汇入沣河；度假山庄和新农村现在已初具规模，产生的生活污水量较大，同时污水处理设施并未建成，排放规模也随着人

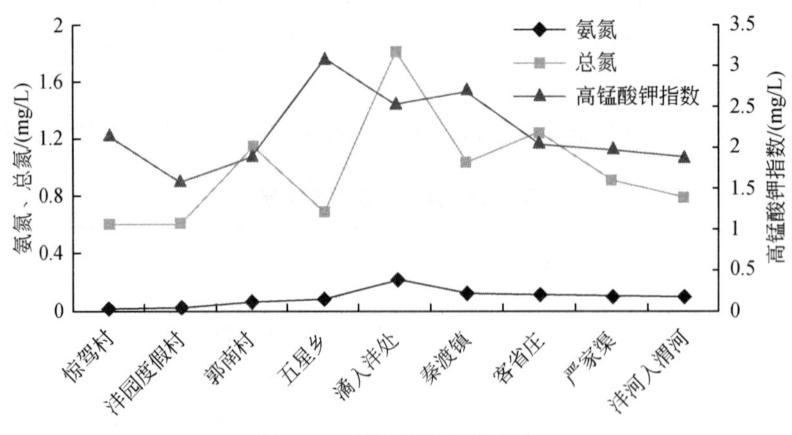

图 2-17　沣河水质沿程变化

口的不断增加而增大。

通过对沣河流域实地踏勘发现，沣河流域点源污染主要来自大学园区生活污水、城镇及农村生活污水和个别工业生产废水。

2. 3. 2　城镇生活污水点源排放

在沣河干流明显排入沣河的生活点源较少，仅在秦渡镇和客省庄村两处发现有生活污水排入沣河（图 2-18 和图 2-19，见书后图版）。但根据实际调查发现，沿岸较大的城镇靠近沣河或沣河支流产生一定的生活污水，一部分直接进入沣河，还有一部分排入村、镇的沟渠，虽然没有直接进入沣河，但随着降雨径流汇入沣河，因此根据调查及各种资料等确定以下明显生活点源，具体见表 2-14。

表 2-14　沣河流域主要乡镇和村聚居点以及污水排放量

主要乡镇	人口/人	污水量/（t/d）	排污河流	所属行政区域
太乙宫街办	7611	609	潏河	太乙宫
王莽乡村	1701	136	潏河	王莽乡
杜曲街办	5897	472	潏河	杜曲镇
高桥村	6000	480	潏河	五星乡
王曲镇村	1699	136	潏河—滈河	王曲镇
子午街办	1212	97	潏河—滈河	子午镇
黄良街办	1572	126	潏河—滈河	黄良镇
秦渡镇	1609	129	沣河	秦渡镇
滦镇街办	5026	402	潏河—金沙河	滦镇
东大街办	1628	130	沣河—太平河	东大镇
合计	33955	2716	沣河	长安区

从表 2-14 可以看出，目前能够通过各种形式进入沣河的生活污水为 2716t/d，农村生活污水 COD 浓度约为 100mg/L，氨氮约为 3mg/L（浓度较低主要是因为农村厕所为旱厕，屎尿污水一般不外排），则进入沣河的 COD 和氨氮分别为 0.27t/d 和 0.008t/d。但随着城镇化加速，以上镇中心将会形成更大规模行政村，产生的污水量也会增大，并且周围农村城市化进程也在加快，将会出现新的较大生活点源，因此，城镇生活污水将是未来分散型污水治理的主要任务，工作任重而道远。

2.3.3 校园生活污水分析

近几年，流域内大学城不断增多，相应校园学生数量也不断增多，因此产生大量的校园生活污水，而校园生活污水水质不同于城市生活污水，也不同于城镇生活污水，水质有其自身特征，具体水质见表 2-15。

表 2-15 校园污水水质及处理后出水水质 （单位：mg/L）

项目	原水水质	化粪池处理	生物二级处理	一级 B 标准
COD	200 ~ 700	100 ~ 150	30 ~ 60	60
NH_3-N	15 ~ 35	10 ~ 30	1 ~ 10	8
NO_3-N	2 ~ 5	1 ~ 3	5 ~ 20	—
TN	15 ~ 60	20 ~ 55	10 ~ 25	20
TP	0.8 ~ 7.8	0.8 ~ 7.8	0.1 ~ 1	—

由于沣河现未完全达到地表水Ⅲ类水质，从表 2-15 可以看出，仅经化粪池处理排入水体后，便会严重污染河流水质，NH_3-N、NO_3^--N 和 COD 为主要污染因子。由于现行城镇污水处理厂排放标准对 NO_3^--N 未要求，经过生物二级处理的出水会产生大量的 NO_3^--N，而 NO_3^--N 是引起河流水体富营养化的主要原因。从而可知，校园生活污水中氮污染是沣河点源污染的主要因素。

通过实地调查及其他方面对沣河点源排放量进行了估算，通过估算得出校园生活污水排放清单（表 2-16）。

表 2-16 沣河流域校园污水排放清单

学校名称	学校所在位置	学校人数/人	排放去向	污水处理站
西北工业大学	东大东大村	28 000	高冠河	有
景民中学	滦镇街办	3 000	金沙河	无
泉子头中学	滦镇泉子头	2 700	潏河	无
西北大学	郭杜镇	21 300	潏河	有
外国语大学	郭杜镇	15 000	潏河	有
陕西通信技术学院	郭杜镇香积寺	2 130	潏河	无
西安电子科技大学	兴隆街办	41 800	潏河	有
西京学院	郭杜镇幸驾坡	20 000	潏河	有

续表

学校名称	学校所在位置	学校人数/人	排放去向	污水处理站
教育学院	郭杜镇何家营	7 000	潏河	无
培华学院	郭杜镇何家营	32 000	潏河	无
长安一中	郭杜镇局连村	4 000	潏河	无
陕西职业技术学院	郭杜镇西杨万村	6 000	潏河	无
西安理工技术学院	黄良街办葛村	5 000	滈河	无
长安八中	王曲镇	2 400	滈河	无
西安通信学院	王曲镇	4 000	滈河	无
西安翻译学院	太乙宫太乙村	40 000	太乙峪	有
西安电子科大长安学院	郭杜镇街办	4 200	潏河	无
西安机电信息学院	郭杜镇街办	20 000	潏河	无
合计	—	258 530	—	—

随着沣河流域经济不断发展，许多新建大学校园沿沣河流域分布，校园生活污水建有统一的污水管网，从表2-16可知，主要有18家大中校园，学生总数为258 530人，有6家校园已建成污水处理厂，其他12家校园学生总数为92 430人，每天排放生活污水9243t，校园生活污水COD和氨氮平均浓度分别为331mg/L和26.2mg/L，每天进入沣河的COD和氨氮量分别为3.06t/d和0.242t/d。西北工业大学、西安翻译学院、培华学院等6家学校建有污水处理站，主要以CASS工艺运行为主，虽然污水经过处理COD、氨氮、TP可以达标，但总氮未能达标排放，经监测出水总氮为15～30mg/L。而其他12家校园生活污水只是简单地经过化粪池处理后直接排入沣河或沣河支流。

2.3.4 旅游餐饮废水分析

餐饮废水也称泔水，主要包括泔水油、潲水。据调查餐饮废水SS为300～400 mg/L，油脂在150 mg/L以上，餐饮废水水质见表2-17。

表2-17 小型餐饮业废水中主要污染因子的排放系数 （单位：mg/L）

类型	COD	动植物油	SS	氨氮
餐饮（小饭店）（餐馆）	1500±132	113±23	800±97	30±15
旅店、招待所	1000±148	62±18	500±119	26±14
茶馆	585±217	50±10	135±40	22±18

调查期间餐饮废水很难确定其排放量和排放规模，本书按照当地年平均旅游人次计算其人均用水量，据此次调查，沣河上游及各支流分布的旅游度假村有20多家，90%以上分布在沣河源头水系，主要分布在高冠河、祥峪河及沣河干流上游部分，庄园规模较大，只有极少数几家度假村有污水处理设施，其余都将餐饮废水和生活污水直接排入河道，形成上游排污，下游取水再排污、再取水的恶性循环局面。根据调查，统计了8家较大度假

村，其污水排放规模较大，具体见表2-18。这些度假村发展迅速，一般平均常住人口在1000人左右，而在旅游高峰期旅游人数剧增，旅游人数会增加到1万人次/d。

表2-18　旅游度假村一览表

大型度假村	排污河流	所属行政区域
沣园度假村	沣河—沣峪河	东大镇
新大地度假村	沣河—沣峪河	
机场疗养院	沣河—沣峪河	
高山流水新农村	沣河—沣峪河	
鹿鸣园新农村	沣河—沣峪河	
鸿禧山庄新农村	沣河—沣峪河	
雅荷山庄新农村	沣河—金沙河	滦　镇
上王村新农村	沣河—金沙河	

根据上王村新农村调查可知，上王村目前常住人口1500人，多从事旅游事业。在旅游淡季（按6个月计算），该村产生餐饮和生活污水按150t/d计；在旅游旺季，该村人口大概有5000人次/d，在最高峰时有1万人次，旅游旺季（按6个月计算）每天产生废水按500t/d计。据调查，旅游度假村发展非常迅速，虽然表中有几家规模尚未达到上王村规模，但未来会迅速壮大，因此可将其余7家度假村统一按上王村规模类比计算。另根据测得上王村餐饮和生活污水混合水样COD和氨氮平均浓度分别为700mg/L和30mg/L，可计算度假村产生的废水为93.6万t/a，其中COD和氨氮分别为655.2t/a和28.08t/a。

2.3.5　工业废水源

沣河沿岸造纸厂大部分被关停，即使有污水产生，基本达到“零”排放或达标排放，调查过程中未发现有造纸废水排入沣河，具体有以下3个企业生产废水（表2-19）。

表2-19　工业废水点源　（单位：mg/L）

企业名称	COD	总氮	氨氮	硝氮
兵器20×所	100	30	25	1.25
小新村小工厂	24.44	5.50	1.45	1.91
某啤酒厂	100	30	25	5

调查发现主要有兵器20×所和某啤酒厂生产废水排放量较大，水质比较复杂，初步确定兵器20×所日产废水量为200t/d，某啤酒厂为300t/d，由于20×所属于军工企业，某啤酒厂排放河段水域功能区为Ⅲ类水体（某啤酒厂排污口如书后图版图2-20所示），因此按照《污水综合排放标准》（GB8978—2002）二级排放标准，两个企业水质按此二级标准排放水质要求计算，每天产生废水量共计500t，产生的COD和氨氮为0.05t/d和0.0125t/d。

2.3.6 沣河流域点源排放清单

根据以上调查结果可以初步估算出沣河流域较大点源排放生活污水总量，点源编制清单见表2-20。不同类型点源的排水量和氨氮污染物排放量所占份额如图2-21与图2-22所示。

从表2-20和图2-21与图2-22可以看出，校园生活污水无论是污水排放量还是氮污染物排放量都占沣河流域点源的第一位，城镇生活污水和餐饮废水排放量其次，但氮污染物排放量，餐饮废水要远大于城镇污水源，已成为次要污染源。

表2-20 沣河流域主要点源排放清单

污水排放类型	污水排放量/（t/a）	COD/（t/a）	氨氮/(t/a)
城镇生活污水	977 760	97.2	2.88
校园生活污水	2 772 900	918	72.6
餐饮废水	936 000	655.2	28.08
工业废水	165 000	16.5	4.1
合计	4 851 660	1 686.9	107.66

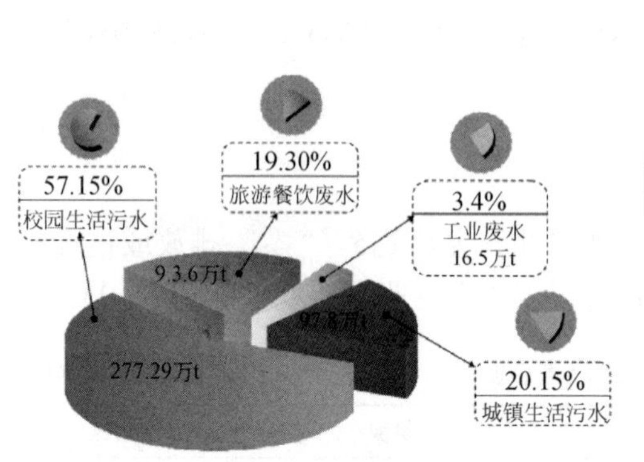

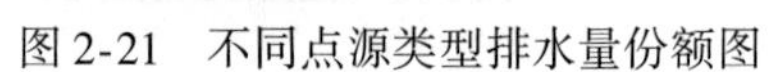
图2-21 不同点源类型排水量份额图

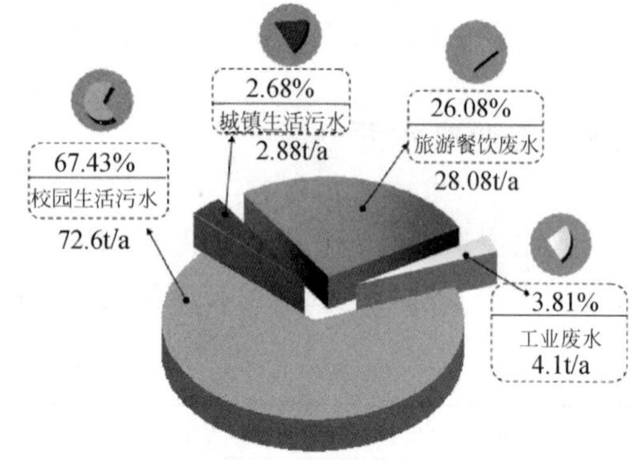

图2-22 不同点源类型氨氮排放总量份额图

2.4 沣河非点源构成解析

2.4.1 非点源污染负荷计算方法

20世纪70年代初期，美国、加拿大在研究土地利用-营养负荷-湖泊富营养化关系的过程中，提出并应用输出系数法。这种方法为人们研究非点源污染提供了一种新的途径。一般表达式为

$$L = \sum_{i=1}^{m} E_i A_i \tag{2-6}$$

式中，L 为各类土地某种污染物的总输出量（kg/a）；E_i 为第 i 种土地利用类型的该种污染物输出系数［kg/（hm^2 · a）］；A_i 为第 i 类土地利用类型面积或第 i 种牲畜数量、人口数量。

2.4.2 输出系数的确定方法

影响流域非点源污染物输出系数的因素众多，主要包括流域内的地形地貌、水文、气候、土壤特征、土地利用结构、植被、管理措施以及人类活动等。从土地利用的角度出发，一般可以将流域输出系数分为种植用地输出系数、城镇用地输出系数和自然地输出系数三类，根据实际情况还可以进一步细分。从牲畜类型的角度出发，可分为大牲畜、猪、羊等的输出系数，具体而言是根据各类牲畜每年排泄物中的氮、磷含量及其损失折合计算确定。输出系数模型的关键是确定合理的输出系数，常用的方法包括三类：查阅文献法、野外监测法和数学统计分析法。

查阅文献法是国内普遍采用的一种方法。根据研究区的自然社会条件，利用前人在相似或邻近区域的研究成果，直接获取或经过简单的换算确定输出系数。该方法简单，易于操作，节省了大量的人力、财力，对于缺乏长期水文水质监测资料，且实验条件不充分的地区，可以考虑优先使用该方法。野外监测是对研究区域内不同土地利用类型构成的流域水质水量进行一段时间的连续监测，通过计算负荷量，得到相应的输出系数值。根据研究区域空间尺度的不同，有两种监测形式：田间人工暴雨模拟监测和流域长期定点监测。例如，梁涛等（2002；2005）采用人工降雨模拟实验对浙江省西苕溪流域及官厅水库周边地区不同土地利用类型的土壤氮、磷元素随暴雨径流及径流沉积物的迁移过程进行模拟，并估算氮素在流域内不同土地利用/土地覆被条件下的损失率。李恒鹏等（2004；2006）、李兆富等（2007）采用小流域出口水质监测数据，利用 GIS 工具获取各子流域的降水、径流深度、土地利用结构信息等建立小流域不同土地利用类型面积比例与营养物浓度的定量关系，从而计算获得太湖各流域每种土地利用类型的污染物输出系数。野外监测法实验条件易于控制，便于研究不同地形特征和降雨条件对污染物迁移的影响，获取的输出系数精度较高，更好地反映了非点源污染的区域特性，但该方法需进行现场监测，耗时长、费用高，只能用于小尺度流域的研究。数学统计分析法是在已有水文水质监测数据的基础上，依据非点源污染发生的水文机理建立污染负荷与泥沙或径流量等之间的定量关系模型，从而计算出污染负荷系数。该方法在这些局部区域取得了较好的应用效果，而且包含了一定的水文机理，参数要求低，精度较高，因此在局部区域具有广泛的适用性。综上所述，本章采用查阅文献法来确定沣河流域各种土地利用类型、牲畜以及农业人口的 TN 输出系数。

2.4.3 TN 输出系数的分类及确定

从沣河流域的实际出发，把流域的营养源分为土地利用、牲畜及农业人口 3 大类。为了提高分析精度，将土地利用进一步分为耕地、草地、林地、城镇用地和自然地5种类型，牲畜又分为大牲畜、猪、羊3种类型。

1. 耕地输出系数

化学氮肥、磷肥或有机肥施入农田后，其氮素去向有：被作物吸收、残留于土壤及通过各种途径损失。河南封丘潮土-夏玉米系统中氮素损失途径研究中，穴施6cm深的施肥方式下，氨挥发、硝化与反硝化分别占施肥量的12%和18%。秦岭山区尚没有明显的氮素淋洗损失，因此，地表径流引起的氮素损失约占施肥量的15%。耕地输出系数在数值上应与氮素的地表径流损失量相当。由于资料条件限制，参考李怀恩等（2010）的研究结果，本研究采取流域耕地TN的平均输出系数为32.88kg/（hm^2·a）。

2. 草地输出系数

丁晓雯等（2006）采用水文水质资料确定长江上游草地输出系数为0.6kg/（hm^2·a）。刘瑞民等（2008）采用查阅文献法确定长江上游草地输出系数为10 kg/（hm^2·a），丁晓雯等（2007）通用土壤流失方程计算出的污染物流失量和监测到的不同土地利用类型污染物流失浓度，并按照各地块的面积进行加权平均，计算出单位面积不同土地利用类型污染物的平均流失量系数，确定草地的输出系数为1.578 kg/（hm^2·a）。流域内草地以天然草地为主，天然草地占牧草地总面积的93%以上，基本不施用化肥，所以其输出系数取1.578 kg/（hm^2·a）。

3. 林地输出系数

刘瑞民等（2008）采用参考文献法确定长江上游林地输出系数为2.38 kg/（hm^2·a）。丁晓雯等（2006）采用水文水质资料确定输出系数方法，确定长江上游林地的输出系数为0.4kg/（hm^2·a）。王晓峰（2001）在密云水库流域林地输出系数采用0.24 kg/（hm^2·a），王德连（2004）在秦岭火地塘林区（位于陕西省宁陕县境内，属汉江中上游支流子午河水系），以火地沟流域和板桥沟流域为试验场，进行集水区径流及水质特征研究，火地沟集水面积为831 hm^2，根据8年水质监测数据分析得林地TN径流输出系数为3.27 kg/（hm^2·a）。本章认为王德连（2004）所分析的林地输出系数近似可以代表沣河流域的整个区域林地TN的输移状况，故林地输出系数采用3.27 kg/（hm^2·a）。

4. 城镇用地输出系数

鉴于城镇用地的复杂性、易变性，对其输出系数取值的研究还很不完善。参考Johnes（1996）、Frink（1991）、卞有生（2000）的研究结果，并结合研究流域的具体情况，对沣河流域的取值为11 kg/（hm^2·a）。

5. 自然地输出系数

自然地输出系数可以通过研究流域的土壤含氮量和土壤侵蚀模数计算而得

$$E_N = 10^{-2}SC \quad (2\text{-}7)$$

式中，E_N为自然地输出系数［kg/（hm^2·a）］；S为土壤侵蚀模数（t/km^2）；C为土壤中总氮含量（g/kg）。由沈善敏（1998）的《中国土壤肥力》可知，陕西省的耕地和非耕地平均含氮量为0.89g/（kg·a）。关中地区多年平均侵蚀模数为962t/km^2。故本章沣河流域的自然地平均输出系数取为8.56kg/（hm^2·a）。

6. 牲畜排泄物输出系数

Johnes和Heathwaite（1997）的研究结果表明：大牲畜、猪、羊等排泄物中氮的含量分别为61.10 kg/（头·a）、4.51kg/（头·a）、2.28 kg/（头·a）。根据Slapton流域的研究结果表明，上述牲畜排泄物中氮的输出比例分别为16.71%、16.43%和17.68%。故上述牲畜排泄物输出系数分别为10.21 kg/（头·a）、0.74 kg/（头·a）、0.40 kg/（头·a）。

7. 人的排泄物输出系数

根据蔡明等（2004）的研究，人的排泄物氮的输出系数为2.14 kg/（头·a）。

综上所述，水源区不同土地利用类型、牲畜、农业人口的TN输出系数取值见表2-21。

表2-21　TN的输出系数分类及取值

流域	土地利用类型/［kg/（hm^2·a）］					牲畜/［kg/（头·a）］			农业人口/［kg/(头·a)］
	耕地	草地	林地	城镇用地	自然地	大牲畜	猪	羊	
输出系数	32.88	1.57	3.27	11.00	8.56	10.21	0.74	0.40	2.14

2.4.4　沣河流域非点源TN负荷估算

沣河流域内土地利用类型及面积、牲畜及人口状况见表2-22，其中牲畜和人口状况的数据查自2001~2010年的西安年鉴、陕西年鉴、西安统计年鉴。土地利用数据大多来源于西安市统计年鉴，部分由沣河土地利用图通过GIS的空间统计功能得到。

表2-22　沣河流域土地利用类型及面积、牲畜及人口状况

年份	土地利用类型面积/hm^2					牲畜量/头			农业人口/人
	耕地	草地	林地	城镇用地	自然地	大牲畜	猪	羊	
2000	53 144	23 611	58 386	6 476	795	46 828	244 763	50 864	791 461
2001	51 731	23 603	58 380	7 930	768	46 768	290 000	55 000	791 465
2002	52 144	23 598	58 286	7 633	751	47 585	295 652	57 222	794 681
2003	50 457	23 583	58 213	9 416	743	49 000	299 000	58 600	798 005
2004	47 634	23 546	58 202	12 298	732	49 067	309 000	59 000	800 066
2005	47 083	23 521	58 194	12 889	725	49 500	315 000	59 600	807 041
2006	46 874	23 513	58 182	13 129	714	50 310	310 000	61 567	817 105

续表

年份	土地利用类型面积/hm^2					牲畜量/头			农业人口/人
	耕地	草地	林地	城镇用地	自然地	大牲畜	猪	羊	
2007	46 780	23 497	58 173	13 253	709	6 503	78 463	12 270	818 557
2008	46 640	23 489	58 026	13 559	698	—	—	—	827 138
2009	46 502	23 476	58 006	13 749	679	—	—	—	836 692

注：由于年鉴中2009年、2010年中牲畜的数据不详，故计算时以2007年的牲畜数量近似代替

由表2-21的流域输出系数值和表2-22沣河流域土地利用、牲畜和农业人口数据，应用式（2-6）计算得出流域非点源TN负荷量（表2-23）。

表2-23　沣河流域非点源TN负荷量　（单位：t/a）

年份	土地利用类型					牲畜			农业人口	总量
	耕地	草地	林地	城镇用地	自然地	大牲畜	猪	羊		
2000	1 747.37	37.07	190.92	71.24	6.81	478.11	181.12	20.35	1 693.73	4 426.72
2001	1 700.92	37.06	190.90	87.23	6.57	477.50	214.60	22.00	1 693.74	4 430.52
2002	1 714.49	37.05	190.60	83.96	6.43	485.84	218.78	22.89	1 700.62	4 460.66
2003	1 659.03	37.03	190.36	103.58	6.36	500.29	221.26	23.44	1 707.73	4 449.06
2004	1 566.21	36.97	190.32	135.28	6.27	500.97	228.66	23.60	1 712.14	4 400.41
2005	1 548.09	36.93	190.29	141.78	6.21	505.40	233.10	23.84	1 727.07	4 412.70
2006	1 541.22	36.92	190.26	144.42	6.11	513.67	229.40	24.63	1 748.60	4 435.22
2007	1 538.13	36.89	190.23	145.78	6.07	66.40	58.06	4.91	1 751.71	3 798.17
2008	1 533.52	36.88	189.75	149.15	5.97	66.40	58.06	4.91	1 770.08	3 814.71
2009	1 528.99	36.86	189.68	151.24	5.81	66.40	58.06	4.91	1 790.52	3 832.46

各种来源TN负荷柱状图如图2-23所示。

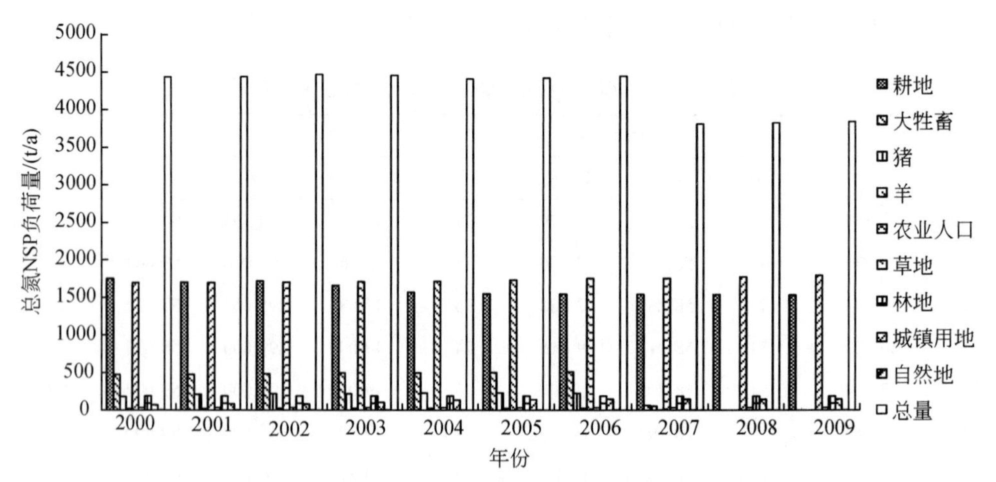

图2-23　总氮负荷量柱状比例图

2.4.5 沣河流域非点源 NH_3-N 负荷估算

1. NH_3-N 输出系数的分类及确定

由于查阅文献法是根据研究区的自然社会条件，利用前人在相似或邻近区域的研究成果，直接获取或经过简单的换算确定输出系数。而文献法中所确定的系数只有 TN 和 TP 的输出系数，因此本章研究 NH_3–N 的输出系数，采用比例法：利用已有的实际监测试验数据——TN 和 NH_3-N 的监测浓度，求平均得出二者之间的比例为 0.194 161，将此比例应用于 TN 的输出系数中（表 2-21），进而确定出 NH_3-N 的输出系数（表 2-24）。

表 2-24　NH_3-N 的输出系数分类及取值

流域	土地利用类型/[kg/(hm^2·a)]					牲畜/[kg/(头·a)]			农业人口/[kg/(人·a)]
	耕地	草地	林地	城镇用地	自然地	大牲畜	猪	羊	
输出系数	6.38	0.30	0.63	2.14	1.66	1.98	0.14	0.08	0.42

2. 沣河流域非点源 NH_3-N 负荷估算

由表 2-24 的流域 NH_3-N 输出系数值和表 2-22 中沣河流域土地利用，牲畜和农业人口数据，应用式（2-6）计算得出流域非点源 NH_3-N 负荷量（表 2-25），各类土地利用、牲畜、农业人口的 NH_3-N 负荷量所占全年比例见表 2-26。

表 2-25　沣河流域非点源 NH_3-N 负荷量　　（单位：t/a）

年份	土地利用类型					牲畜			农业人口	总量
	耕地	草地	林地	城镇用地	自然地	大牲畜	猪	羊		
2000	339.06	7.08	36.78	13.86	1.32	92.72	34.27	4.07	332.41	861.57
2001	330.04	7.08	36.78	16.97	1.27	92.60	40.60	4.40	332.42	862.17
2002	332.68	7.08	36.72	16.33	1.25	94.22	41.39	4.58	333.77	868.01
2003	321.92	7.07	36.67	20.15	1.23	97.02	41.86	4.69	335.16	865.78
2004	303.90	7.06	36.67	26.32	1.22	97.15	43.26	4.72	336.03	856.33
2005	300.39	7.06	36.66	27.58	1.20	98.01	44.10	4.77	338.96	858.73
2006	299.06	7.05	36.65	28.10	1.19	99.61	43.40	4.93	343.18	863.17
2007	298.46	7.05	36.65	28.36	1.18	12.88	10.98	0.98	343.79	740.33
2008	297.56	7.05	36.56	29.02	1.16	12.88	10.98	0.98	347.40	743.58
2009	296.68	7.04	36.54	29.42	1.13	12.88	10.98	0.98	351.41	747.07
年平均	311.97	7.06	36.67	23.61	1.21	71.00	32.18	3.51	339.45	826.67

表 2-26　各种土地利用、牲畜、农业人口 NH_3-N 负荷量所占全年比例　（单位：t/a）

年份	耕地	草地	林地	城镇用地	自然地	大牲畜	猪	羊	农村人口
2000	0.39	0.01	0.04	0.02	0.0015	0.11	0.04	0.00	0.39
2001	0.38	0.01	0.04	0.02	0.0015	0.11	0.05	0.01	0.39
2002	0.38	0.01	0.04	0.02	0.0014	0.11	0.05	0.01	0.38
2003	0.37	0.01	0.04	0.02	0.0014	0.11	0.05	0.01	0.39
2004	0.35	0.01	0.04	0.03	0.0014	0.11	0.05	0.01	0.39
2005	0.35	0.01	0.04	0.03	0.0014	0.11	0.05	0.01	0.39
2006	0.35	0.01	0.04	0.03	0.0014	0.12	0.05	0.01	0.40
2007	0.40	0.01	0.05	0.04	0.0016	0.02	0.01	0.001	0.46
2008	0.41	0.01	0.05	0.04	0.0016	0.02	0.01	0.001	0.48
2009	0.41	0.01	0.05	0.04	0.0016	0.02	0.01	0.001	0.49
年平均	0.377	0.009	0.044	0.029	0.001	0.086	0.039	0.004	0.411

各种来源 NH_3-N 负荷的柱状图如图 2-24 所示。

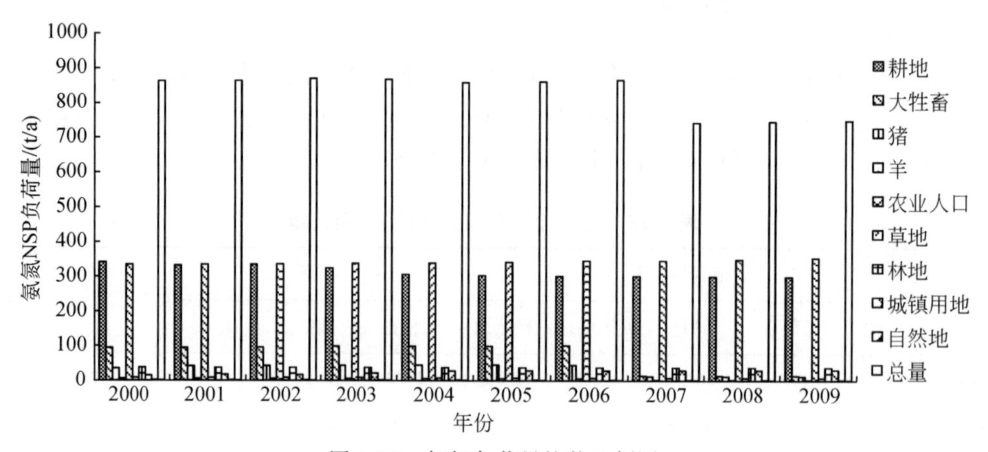

图 2-24　氨氮负荷量柱状比例图

根据表 2-26 中年均各类土地利用，牲畜以及农业人口对负荷量的贡献率作饼图(图 2-25)。

由表 2-25 可知，按照输出系数法理论上计算得出的 2009 年氨氮负荷量为 747.07 t。由水质监测数据估算得 2009 年秦渡镇以上流域的实际入河氨氮量为 62.73 t，秦渡镇以上流域的面积为 566 km^2，沣河流域总面积是 1460 km^2。按照比例可得出三里桥断面实际入河的氨氮负荷量为 161.81t。输移损失率为（1－161.81/747.07）×100% =78.3% ，由计算可知沣河流域非点源污染负荷量从原位产出到入河口的输移损失达到 78.3%，实际入河负荷量仅为 161.81t。

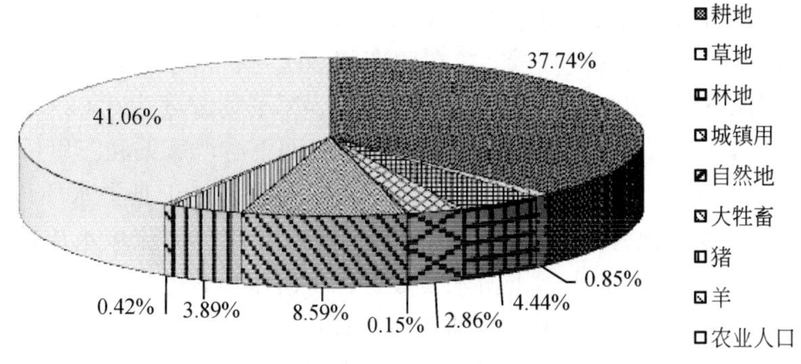

图 2-25　2000 ~ 2009 年均氨氮各类负荷量饼状比例图

2.4.6　结果分析

（1）由表 2-23 和图 2-23 可以看出，2000 ~ 2009 年，沣河流域非点源 TN 污染负荷量总体上呈现下降趋势。耕地、农业人口生活污染和牲畜养殖污染对非点源 TN 的贡献率较大，其中，农业人口和耕地所占比例最大［蔡明（2004）对渭河流域的研究也得出农业人口和耕地所贡献的负荷量占的比例最大，李怀恩（2010）对汉江和丹江流域的研究中也得出农业人口和耕地所贡献的负荷量占的比例最大］，应该作为非点源污染控制的关键要素。而且农业人口所产生的 TN 污染负荷呈逐年上升趋势，所以同时应该加大对农业人口生活污染的控制力度。

（2）由表 2-25 和图 2-24、图 2-25 可以看出，2000 ~ 2009 年，沣河流域非点源 NH_3-N 污染负荷量总体上呈现下降趋势。耕地、农业人口生活污染和牲畜养殖污染对非点源 NH_3-N 的贡献率较大，其中，农业人口和耕地所占比例最大，应作为非点源污染控制的关键要素。并且农业人口所产生的 NH_3-N 污染负荷呈逐年上升趋势，故应该同时加大对农业人口生活污染的控制力度。

2.5　本 章 小 结

（1）从沣河流域水环境特点和水污染现状来看，具有以下特点：①从全流域来看，2001 ~ 2006 年沣河综合污染指数为 2.45 ~ 7.18，污染较严重；2007 ~ 2011 年综合污染指数为 1.72 ~ 2.49，水质逐年好转。②2001 ~ 2006 年，干流上游水质最好，综合污染指数仅为 0.98；中游沣河口水质水质较好，综合污染指数为 4.46；下游严家渠和三里桥水质最差，综合污染指数分别为 14.96 和 12.64，说明在此期间沣河水质从上游到下游是沿程逐渐恶化的。2007 ~ 2011 年干流上游综合污染指数是 1.43，中游沣河口综合污染指数为 3.58，下游严家渠和三里桥水质有所改善，综合污染指数为 2.35 和 2.74，在此期间沣河流域水质污染情况为：上游<下游<中游。③沣河流域 NH_3-N 平均浓度在 2001 ~ 2011 年总体是减小的，2001 ~ 2006 年，NH_3-N 各年浓度为 0.38 ~ 1.02 mg/L，基本处于Ⅲ类水质以

内；2007～2011年，沣河流域NH_3-N各年浓度为0.15～0.42 mg/L，基本处于Ⅱ类水质以内。④2001～2006年，上游NH_3-N平均浓度为0.10 mg/L（Ⅰ类），中游为1.23 mg/L（Ⅳ类），下游为1.52 mg/L（Ⅴ类），在此期间NH_3-N平均浓度在整个沣河流域的变化为：上游<中游<下游；2007～2011年，上游NH_3-N平均浓度为0.083 mg/L（Ⅰ类），中游沣河口NH_3-N平均浓度为0.71 mg/L（Ⅲ类），而下游严家渠和三里桥断面NH_3-N平均浓度分别为0.53 mg/L和0.51 mg/L，低于中游沣河口，处于Ⅲ类水质以内，2007～2011年NH_3-N平均浓度变化为：上游<下游<中游。⑤2010年沣河流域水质情况仍然是支流水质基本好于干流水质；干流上、下游水质较好，中游水质较差；干流上、下游，支流COD基本在Ⅳ类水质以内、NH_3-N基本在Ⅲ类水质以内。

（2）分别利用水文分割法和平均浓度法计算2001～2009年沣河秦渡镇水文站（沣河口）以上流域非点源污染负荷量及其所占总负荷量的比例，然后将两种方法的计算结果取算术平均，得到最终平均值可知：2009年沣河秦渡镇水文站以上流域各指标非点源污染负荷在总负荷中所占比例分别为：NH_3-N 47.40%，TN 50.78%。氨氮和总氮的非点源污染负荷所占比例从枯水期到丰水期明显递增，说明非点源污染是伴随着降雨径流过程特别是暴雨过程产生的，所以非点源污染年内主要在丰水期产生，集中在降水量较大的月份。

（3）从沣河流域的点源构成来分析可知：①从沣河水质监测结果分析，沣河口以上达到地表水Ⅱ类水质要求，沣河口至入渭口已接近地表水Ⅲ类水质要求，基本满足相关水功能区划的要求。②通过对沣河流域实地踏勘发现沣河流域污染点源主要来自大学园区生活污水、城镇及农村生活污水和个别工业生产废水。③从近年来的实际调查结果分析，沣河点源污染已经从乡镇企业污染转向大学校园生活污水、分散的农村生活污水和旅游餐饮废水，大学校园污水是点源的主要来源。④2009年沣河流域主要点源的氨氮入河量合计为107.66 t。

（4）通过分析沣河流域非点源来源的构成得出结论：①2000～2009年，沣河流域非点源TN负荷和NH_3-N负荷总体上呈现下降趋势。其中耕地、农业人口生活污染以及牲畜养殖所带来的污染贡献较大，是因为农业人口和耕地所占比例最大，所以产生的污染负荷较高，故应作为非点源污染控制的关键要素。且农业人口所产生的污染负荷呈逐年上升趋势，所以同时应该加大对农业人口生活污染的控制力度。②按照输出系数法理论上计算得出的2009年氨氮负荷量为747.07 t，考虑输移损失的入河氨氮非点源负荷量为161.81t。2009年沣河流域氨氮入河量为269.47t，其中点源占39.95%，非点源占60.05%。

参考文献

卞有生.2000. 生态农业中废弃物的处理与再生利用. 北京：化学工业出版社

蔡明，李怀恩，庄咏涛，等.2004. 改进的输出系数法在流域非点源污染负荷估算中的应用. 水利学报，7：40-45

丁晓雯，刘瑞民，沈珍瑶.2006. 基于水文水质资料的非点源输出系数模型参数确定方法及其应用. 北京师范大学学报（自然科学版），42（5）：534-538

丁晓雯，沈珍瑶，刘瑞民.2007. 长江上游非点源氮素负荷时空变化特征研究. 农业环境科学学报，26（3）:836-841

李恒鹏，黄文钰，杨桂山，等.2006. 太湖地区蠡河流域不同用地类型面源污染特征. 中国环境科学，

26（2）:243-247
李恒鹏，刘晓玫，黄文钰.2004. 太湖流域浙西区不同土地类型的面源污染产出. 地理学报，59（3）：401-408
李怀恩.2000. 估算非点源污染负荷的平均浓度法及其应用. 环境科学学报，20（4）：397-400
李怀恩，王莉，史淑娟.2010. 南水北调中线陕西水源区非点源总氮负荷估算. 西北大学学报（自然科学版），40（3）：540-544
李兆富，杨桂山，李恒鹏.2007. 西笤溪流域不同土地利用类型营养盐输出系数估算. 水土保持学报，21（1）:1-34
梁涛，王红萍，张秀梅，等.2005. 官厅水库周边不同土地利用方式下氮、磷非点源污染模拟研究. 环境科学学报，25（4）：483-489
梁涛，张秀梅，章申，等.2002. 西苕溪流域不同土地类型下氮元素输移过程. 地理学报，7（4）：14-21
刘瑞民，沈珍瑶，丁晓雯，等.2008. 应用输出系数模型估算长江上游非点源污染负荷. 农业环境科学学报，27（2）：677-682
彭文启，张祥伟.2005. 现代水环境质量评价理论与方法. 北京：化学工业出版社
沈善敏.1998. 中国土壤肥力. 北京：中国农业出版社
王德连.2004. 秦岭火地塘森林集水区径流及水质特征研究. 杨凌：西北农林科技大学硕士学位论文
王晓峰.2001. 北京市密云水库上游石匣小流域非点源污染特征研究. 北京：首都师范大学硕士学位论文
Arnold，J G，Allen P M. 1999. Automated methods for estimating base-flow and groundwater recharge from streamflow. Journal of the American Water Resources Association，35（2）：411-424
Cai M，Li H E，Yoji Kawakami. 2004. Rainfall deduction method for estimating non-point source pollution load for watershed. Mem Fac Eng Fukui Univ，52（1）：23-28
Frink C R. 1991. Estimating nutrient exports to estuaryies. Journal of Environment Quality，20（4）：717-724
Johnes P J. 1996. Evaluation and management of the impact of land use change on the nitrogen and phosphorus load delivered to surface waters：the export coefficient modeling approach. Journal of Hydrology，183（3-4）：323-349
Johnes P J，Heathwaite A L. 1997. Modelling the impact of land use change on water quality in agriculture catchments. Hydrological Processes，11（3）：269-286

第3章　沣河流域面源模拟模型建立及负荷关键区识别

非点源污染模拟和关键源区的识别是流域非点源污染控制的前提。国外从20世纪70年代开始系统地研究非点源污染问题，针对非点源污染模拟和估算开发了大量数学模型，历经集总参数模型（CREAMS、GLEAMS等）、分布参数模型（ANSWERS、SWRRB等）阶段，近期已呈现出和“3S”等先进科学技术相结合（AnnAGNPS、SWAT、BASINS等）的发展趋势（张玉斌等，2007；Pease et al.，2010；Lam et al.，2010；Shen et al.，2012）。其中，SWAT模型是由美国农业部开发的具有很强的物理机制的流域分布式水文模型，它能够利用GIS和RS提供的空间数据信息，模拟流域中多种不同的水文物理过程，包括水、沙、化学物质和杀虫剂的输移、转化过程，其主要应用的领域有径流模拟、土地利用/覆被变化的水文效应、气候变化的水文效应、非点源污染研究以及水土保持研究等（薛丽娟，2006）。SWAT模型适用于具有不同的土壤类型、不同的土地利用方式和管理条件下的复杂流域，并能在资料缺乏的地区建模。本章探讨SWAT模型在沣河流域非点源污染模拟中的适应性和可靠性（李家科等，2012），在此基础上，模拟与研究非点源污染产出的时空分布特征，同时对非点源污染管理措施进行效果模拟研究，以期为流域水环境的科学治理提供决策依据。

3.1　SWAT模型基本原理及应用研究进展

3.1.1　SWAT模型基本原理

1. SWAT模型的产生

SWAT模型的最直接前身是SWRRB模型。而SWRRB模型则起始于20世纪70年代美国农业部农业研究中心开发的CREAMS（chemicals，runoff and erosion from agricultural management systems）模型，该模型用来模拟土地利用措施对田间水分、泥沙、农业化学物质流失的影响。随后开发了主要模拟侵蚀对作物产量影响的EPIC（environmental impact policy climate）模型、用于模拟地下水携带杀虫剂和营养物质的GLEAMS（groundwater loading effects on agricultural management systems）模型（Leonard et al.，1987）。在这些研究基础上，1985年修改CREAMS模型的日降雨水文模块，合并GLEAMS模型的杀虫剂模块和EPIC模型的作物生长模块，开发出时间步长为日的SWRRB（simulator for water resources in rural basins）模型（Arnold and Williams，1987）。模型可以把流域分为10个子流域，增加了气象发生器模块，对径流过程考虑得更加详细。至此，SWRRB模型已可模拟评价复杂农业管理措施下的小流域尺度非点源污染，但对较大尺度流域的模拟尚不可靠，最大仅能用于 500km^2 的流域范围内。20 世纪 80 年代末，美国印第安事务局（The Bureau of Indian Affairs）急需一个适于数千平方千米的模型来评价亚利桑那州和新墨西哥州的印第安保留土地区的水资源管理措施对下游流域的影响。

为在几千平方千米大流域内应用 SWRRB 模型，必须将该流域划分成若干个面积约为几百平方千米的子流域。然而 SWRRB 模型仅能将子流域划分为 10 个，且各子流域排出的径流量和泥沙量直接通过流域出口。由于 SWRRB 模型在模拟较大尺度的流域时存在的这些不足，又开发了 ROTO（routing output to outlet），该模型接受 SWRRB 模型的输出结果，通过河道和水库的汇流计算汇集到整个流域的出口，有效克服了 SWRRB 模型子流域数量的限制，但还存在输入输出文件量大烦琐、所需计算存储空间大等缺点。

20 世纪 90 年代，为解决上述问题，提高计算效率，在 Jeff Arnold 主持下，在 SWRRB 模型中加入了估计洪峰流速的 SCS 曲线方程和产沙公式，同时将 SWRRB 与 ROTO 整合在一起成为 SWAT 模型，实现了模型的统一。

SWAT 模型自 1994 年出现以后，多年来历经了 SWAT94. 2、SWAT96. 2、SWAT98. 1、SWAT99. 2、SWAT2000 和 SWAT2005 多个版本，在模型原理算法、结构和功能多方面都有很大改进，尤其 SWAT2005 更是增加了参数敏感性分析和模型自动校准模块，功能更为强大。

2. SWAT 模型原理和结构

SWAT 模型可以模拟流域内多种不同的水循环物理过程。为了减小流域下垫面和气候因素时空变异对该模型的影响，SWAT 模型通常将研究流域细分成若干个单元流域（子流域或亚流域），单独计算每个子流域上的产水产沙量及营养盐的输出。然后由河网将这些子流域连接起来，通过河道演算得到在流域出口处的产水产沙量及营养物质含量。无论利用 SWAT 来研究什么问题，水文循环总是流域内其他现象背后的驱动力。只有模型描述清楚流域内的水文循环后，才能准确地预测出杀虫剂、泥沙或者养分的运移。

SWAT 模型将水文循环分成了两个阶段。第一个阶段是陆面水文循环（即产流和坡面汇流部分）（图 3-1），在这个阶段中，陆面水文循环控制进入主河道的水量、泥沙量、养分和杀虫剂的量。模型地表产流利用 SCS 曲线数法计算；利用改进的通用土壤流失方程（modified universal soil loss equation，MUSLE）计算土壤侵蚀；模拟土壤中各种形态的氮、磷的循环。模型允许用户自定义编辑不同类型的管理措施，如定义作物生育期、施肥量和施肥日期、灌溉量和灌溉日期、草地的载畜能力等。

第二个阶段是水在河道中的演进计算，如图 3-2 所示，包括泥沙输移过程、养分在河道中的转化及输移过程。河道中水流演进可以选用马斯京根法或河段变蓄量法；模型根据水流最大挟沙能力的计算来决定河道中的泥沙是沉积还是冲刷；同时还对河道中各种形态的氮、磷的动态转化及输移进行计算。

SWAT 模型由 701 个方程、1013 个中间变量组成，可以模拟流域内多种不同的水循环物理过程。模拟过程可以分成两个部分：亚流域部分（负责产流和坡面汇流）和汇流演算部分（负责河道汇流）。前者控制着每个亚流域主河道的水、沙、营养物质和化学物质等

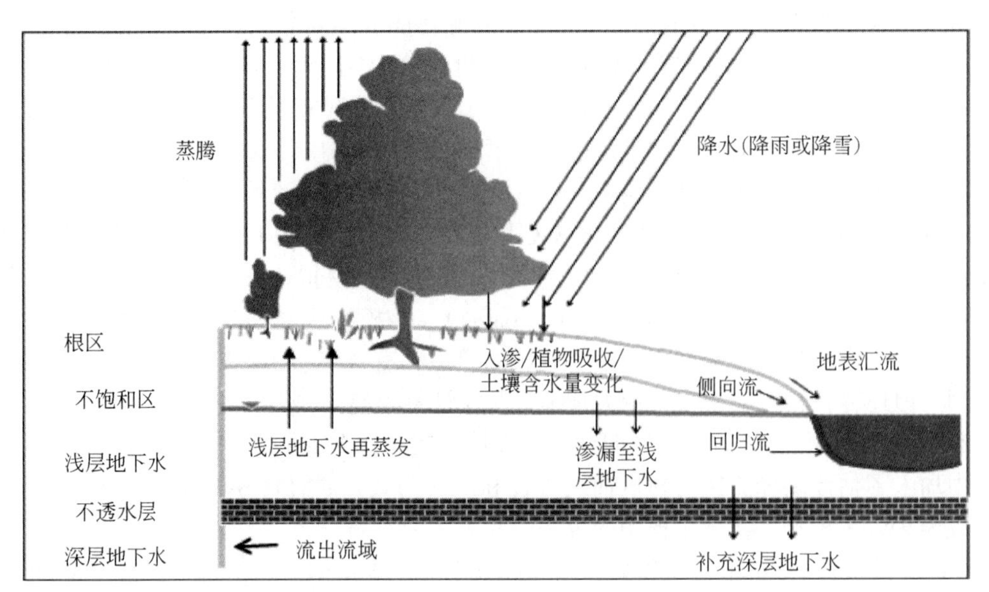

图 3-1　简化的陆面水文循环过程

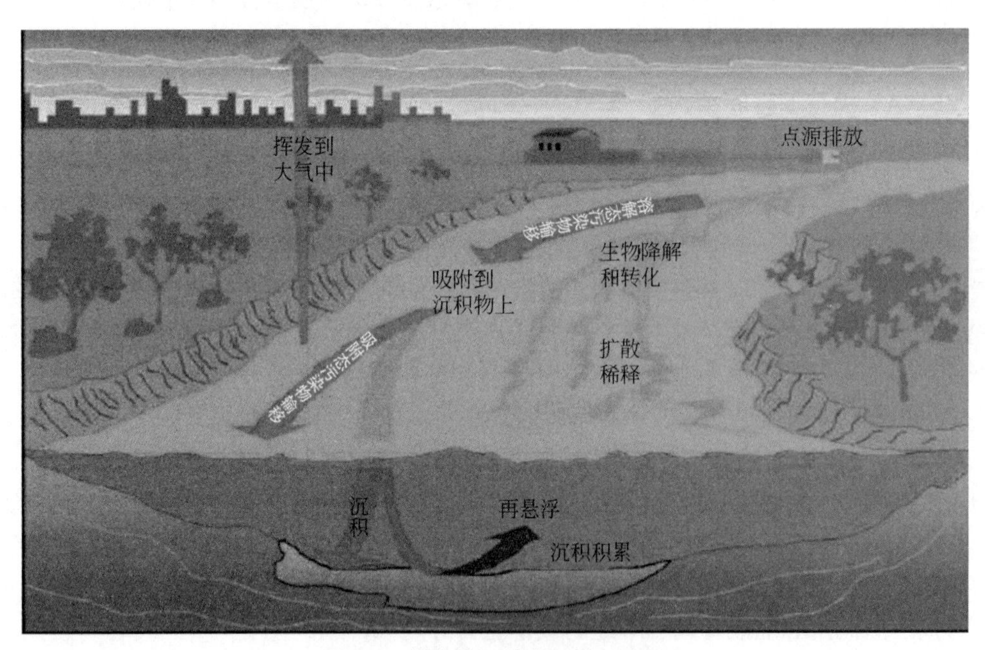

图 3-2　简化的河道水文循环过程

的输入量；后者决定水、沙等物质从河网向流域出口的输移运动（王中根等，2003）。

1）亚流域部分

模型应用一开始流域勾绘时，按河道阈值面积（生成河网时河道上游最小的汇流面积）分成若干不同的亚流域，以便比较各小流域水量和污染物流失的时空变化规律。在此基础上，再在每个亚流域内进一步划分水文响应单元（hydrological response unit，HRU），水文响应单元是指子流域内具有特定土地利用和土壤类型的组合地块。模型在各个 HRU 上独立运行，结果在亚流域出口汇总。为方便输入参数，亚流域模块可分成 8 个组件：水文、气象、泥沙、土壤温度、作物生长、营养物、农药/杀虫剂和农业管理（李峰等，2008）。

A. 水文组件

该组件用于模拟计算各个 HRU 上地表径流、下渗、蒸散发等过程。还考虑到冻土上地表径流的计算。在 SWAT 模型中，对水文循环的模拟计算是基于如下的水量平衡方程，即

$$SW_t = SW_0 + \sum_{i=1}^{i}(R_{day} - Q_{sruf} - E_a - W_{seep} - Q_{lat} - Q_{gw}) \tag{3-1}$$

式中，SW_t为土壤最终含水量（mm）；SW_0为土壤初始含水量（mm）；t 为时间（天）；R_{day}为第 i 天的降水量（mm）；Q_{surf}为第 i 天的地表径流量（mm）；E_a为第 i 天的腾发量（mm）；W_{seep}为第 i 天从土壤下渗到深层地下水水量（mm）；Q_{lat}为第 i 天壤中流量（mm）；Q_{gw}为第 i 天的地下水出流量（mm）。

对任一水文响应单元，SWAT 考虑的各种陆面水分运动包括冠层截留、地表径流、入渗、蒸发蒸腾、土壤水分再分配、表层土壤壤中流、基流和池塘、湿地等，如图 3-3 所示。

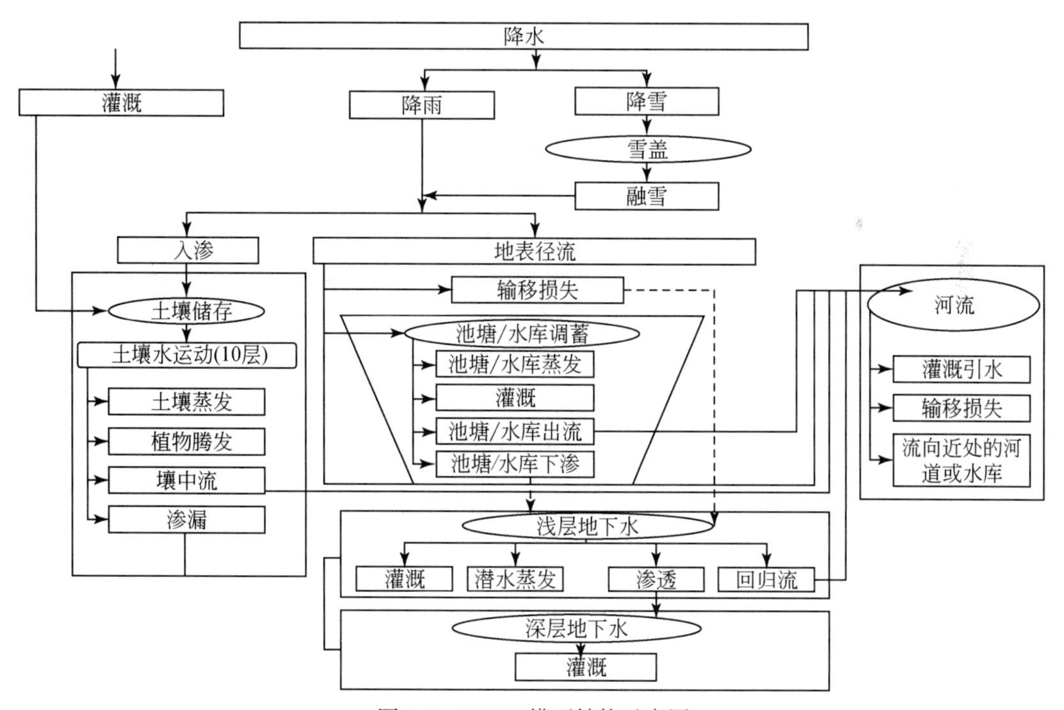

图 3-3　SWAT 模型结构示意图

SWAT 模型可模拟每个 HRU 的地表径流量和洪峰流量。通常，用 SCS 曲线（CN number）方法或 Green&Ampt 方法计算地表径流量，用修正的 Rations Formula 方法和 SCS TR-55 方法来模拟径流峰值（Soil Conservation Service，1975）。同时，模型还考虑到冻土

上地表径流量的计算。模型中关于下渗的部分，采用土壤蓄水演算技术（storage routing technology）来计算植物根部带每层土壤之间的水的流动。蒸腾蒸发分为水面蒸发、裸地蒸发和植被蒸腾，潜在蒸发量计算有 Hargreaves-Samani（Hargreaves and Samani，1985）、Priestley-Taylor（Priestley and Taylor，1972）、Penman-Monteith（Monteith，1965）三种计算方法。

B. 气象组件

流域气候控制着水量平衡，该组件用于向模型输入需要的气象因素变量：降水量、气温、太阳辐射、相对湿度和风速。这些变量的数值可实测，若缺失可利用模型中的气象生成器 WXGEN（Sharpley and Williams，1990）来自动生成。该生成器会先独立生成日降雨，并以此为基础，判断某日是否降雨，来生成最高最低气温、太阳辐射和相对湿度，而风速则会被最后单独生成。

C. 泥沙组件

该组件通过修正的土壤流失方程（MUSLE）来计算泥沙负荷量。在 SWAT 模型中，土壤侵蚀情况由 MUSLE（modified universal soil loss equation）方程来推算。MUSLE 方程用径流因子代替原有的降雨能量因子，这不仅能提高产沙预报精度，而且可以减低泥沙传输速度。此外，该方程还能模拟单个暴雨事件。涉及参数有：地表径流量、洪峰流量、土壤侵蚀因子、植被管理因子（C）、地形参数等。

$$\mathrm{sed} = 11.8(Q \times q_{\mathrm{peq}} \times \mathrm{area}_{\mathrm{hru}}{}^{0.56} \cdot K \cdot C \cdot P \cdot \mathrm{LS} \cdot \mathrm{CFRG}) \tag{3-2}$$

式中，sed 为泥沙日产量（t）；Q 为日地表径流量（mm/hm^2）；q_{peq} 为地表径流峰值流量（m^3/s）；$area_{hru}$ 为水文响应单元面积（hm^2）；K 为土壤侵蚀因子；C 为作物经营管理因子；P 为水土保持因子；LS 为地形因子；CFRG 为土壤的糙度因子。

D. 土壤温度组件

SWAT 模型将土壤温度表达为地表温度、日平均气温和土壤温度衰减深度的函数。在每个土层中间部分，利用水文气象和生物腐殖质数据（监测点的日最高气温、日最低气温、积雪、植被、地表残留物以及过去 4 天的地表温度）来计算日均土壤温度。需要土壤容重和土壤水分等参数作为输入数据。

E. 作物生长组件

SWAT 模型应用简化的 EPIC 模型来模拟作物生长以及土壤中各种形态的氮、磷的迁移转化过程。利用温度作为控制条件，按照能量理论划分植被生长周期，作物生长基于日累积热量，日平均气温超过植被的最低生长温度时开始计算，超过 1℃计为一个热量单位。该模块通常会把多年生和一年生植被区分开，被用来判定根系区的水和营养物的移动、蒸腾量和作物产量。参数有植被名称，辐射利用率，收获指数，最大叶面积指数，冠层高，根系深度，适宜生长温度，各生长季碳、氮摄取量，气孔导度等。

F. 营养物组件

SWAT 模型采用 EPIC（Williams et al.，1995）在每个 HRU 中对 N、P 两种营养元素独立模拟。氮分为矿物氮和有机氮两大类，包含在径流、侧流和入渗中的硝酸盐通过水量和平均聚集度来计算。在土壤中的入渗和侧流考虑了过滤因素的影响，降雨事件中的有机氮的流失采用 McElroy 等开发经由 Williams 和 Harm（1978）修改的模型来模拟。磷分成溶解态和沉淀态两类进行模拟，用Leonard等（1987年）的研究方法来进行计算。溶解态的磷素在地表径流中流失，对磷素的流失计算考虑了表层土壤聚集、径流量和状态划分因子等因素的影响，同时考虑作物生长的吸收。

G. 农药/杀虫剂组件

通过引入GLEAMS（Leonard et al.，1987），SWAT模型可以模拟杀虫剂在地表径流、挥发、渗漏、过滤、泥沙携带等中的运移损耗情况。对于不同类型的农药/杀虫剂，SWAT模型设置有多种参数，农药/杀虫剂在植物表面和土壤中的降解随半衰期以指数函数形式变化模拟，在径流和泥沙中的传输则通过每一次降雨事件单独计算，在入渗发生时考虑土壤过滤的影响。主要参数有杀虫剂的可溶性、半衰期、富集率、渗透系数和土壤的容重、有机碳吸收系数。

H. 农业管理组件

SWAT模型可以模拟作物轮作中的各种管理措施，要求用户输入灌溉、施肥、使用杀虫剂的日期和量，以及耕作和收割等措施，同时考虑放牧、自动化施肥等因素。应获得的信息还有作物成熟累计的能量单元总数目、特定的土地覆盖等。

2）汇流演算部分

该部分属于水循环的水面部分，主要考虑水、沙、营养物（N、P等）和杀虫剂在河网中的输移，包括河道汇流演算和蓄水体（水库、池塘/湿地）汇流演算两大部分。

A. 河道汇流演算

河流的流速和流量计算采用曼宁公式，径流演进采用马斯京根法，通过最大挟沙能力的计算来判定泥沙沉积还是冲刷河道，泥沙运移演算由沉积和降解两过程同时组成，降解部分可通过修正后的Bagnold水流动力方程计算（Williams，1980）。并利用QUAL2E模型计算河道中的污染物迁移转化过程。

B. 蓄水体汇流演算

蓄水体水量平衡方程主要涉及入流量、出流量、降水量、蒸发量和渗漏量。其中，计算出流量的方法有4种以供选择：①实测日出流数据；②观测每月总出流数据取平均值；③对不加控制的小型蓄水体，在平均年释放率基础上分情况讨论；④对于有专门管理的大型蓄水体，需要制订一个月调控目标值。

3. SWAT模型的特点

（1）具有物理机制。SWAT模型不是简单的输入与输出变量之间的回归模型，模型中利用具有物理意义的方程完成对水分运动、泥沙输移、植被生长和营养物质循环等过程的模拟，模型计算需要流域内的天气、地形、土壤性质、植被覆盖以及土地利用等数据。模型的物理基础使得模型可以应用于缺资料流域水文预测（prediction of ungauged basin，PUB），而且可以方便地评价由于输入数据（包括下垫面、管理措施以及气候气象条件等）的变化对于水量、泥沙和水质变化的影响（刘铭环，2005）。

（2）分布式的模型。模型通过地形分析将流域划分为子流域，再根据土地利用类型和土壤类型进一步将子流域划分为水文响应单元（hydrological response unit，HRU），它是指子流域内具有特定土地利用类型和土壤类型的组合的地块，模型通过对水文响应单元计算，再将水文响应单元计算结果叠加得到子流域上的产流、产沙和化学物质的产出结果，最后通过河网的方式将子流域串联起来，通过河道演算得到流域出口处的相关结果。

（3）计算效率高。由于模型采用水文响应单元为计算单元，即使对于非常大的流域，或者一系列管理方案的组合，模型计算也不需要额外的时间和投资。

（4）模型输入数据易于获取。模型使用常规的气象、土地利用和土壤相关属性数据。

4. 模型的基础数据库

SWAT 模型参数繁多，主要输入数据为 DEM、水文和气象测站的空间分布信息、土壤类型与土地利用/覆盖的空间分布数据、降水系列数据、蒸发系列数据等，具体见表 3-1。

表 3-1　模型输入数据

数据类型		格式	参数	数据来源
图数据	DEM	Grid	高程、坡面和河道的坡度、坡长、坡向	数字化地形图
	土地覆盖/利用图	Grid/Shape	叶面积指数、植被根深、径流曲线数、冠层高度、曼宁系数	遥感影像解译
	土壤类型图	Grid/Shape	密度、饱和水传导率、持水率、颗粒含量、根系深度	数字化土壤图
表数据	气象数据	Dbase 表	最高最低气温、日降水量、相对湿度、太阳辐射、风速	气象站点观测
	水文数据	Dbase 表	日流量、月流量等	水文站点资料
	土地管理信息		耕作方式、植被类型、灌溉方式、施肥时间和数量等	现场调查或有关部门统计资料

3.1.2　SWAT 研究应用进展

SWAT 系统开发完成以后，在美国已经应用到多个区域性或全国性的农业生产过程模拟和环境影响评价项目。在径流模拟方面，以 Arnold 为首的研究组（Srinivasan et al.，1988），先后选取不同水文条件、不同地形特征的区域或流域进行了 SWAT 模型的应用研究，分别从国家尺度、流域尺度和小流域尺度验证了 SWAT 模型在径流模拟方面的适用性；Manguerra 等（1998）探索了应用 SWAT 模型提高径流模拟精度的方法，尤其是对于缺乏观测数据用于校准的地区。在土地利用的水文效应方面，美国已应用 SWAT 模型进行了全国水土流失的模拟与评价（Hernandez et al.，2000），取得了良好效果；Celine 等（2003）应用 SWAT 模型成功模拟了由人类活动而导致湿地干涸所产生的水文效应。在气候变化的水文效应方面，Cruise 和 Limaye（1999）利用 SWAT 模型探讨了美国东南部在不同气候变化条件下，现状与未来水资源变化情况，指出在未来 30～50 年，径流会持续减少，进而加剧水质恶化；Stonefelt 等（2001）应用密苏里河流或的历史数据，模拟了 CO_2 浓度提高两倍情况下的水文响应；Chaplot 等（2005）利用 SWAT 模型研究了空间降水变化对流域水量、沉积物、NO_3 浓度的影响。在非点源污染研究方面，Saleh 等（2000）将

SWAT 模型应用在得克萨斯州的 Bosque 流域，证实了模型能很好地模拟畜牧业生产所产生的面源污染；Eileen 和 Mackay（2004）研究了 SWAT 模型应用于非点源污染研究时分布式参数的整合效应，认为应根据模型的假设条件来进行数据的输入。目前世界上其他国家应用 SWAT 模型都是基于美国的经验而推广的，在欧盟、澳大利亚、加拿大、印度等国家和地区都有较多应用。例如，Chanasyk 等（2003）在加拿大的 Alberta 南部应用 SWAT 模型模拟了 1998 ~ 2000 年无放牧、放牧和过度放牧 3 种情况对水文及土壤湿度的影响，并评价了模型在降水量少、包含融雪过程流域的适用性；Hernandezd 等（2000）在西班牙利用 SWAT 模型研究了地中海地区土地覆盖条件变化以及人类活动导致湿地干涸所产生的水文效应；Tripathi 等（2003）应用 SWAT 模型识别出印度 Nagwan 流域处于重度侵蚀危险，为水土流失防治提供了决策依据；Romanowicz 等（2005）在比利时的 Thyle 流域研究了 SWAT 模型对土壤和土地利用参数的敏感性。

近年来，SWAT 模型在国内得到了广泛应用，主要包括径流模拟和变化环境下的水文效应模拟等方面的研究。在径流模拟方面，黄清华和张万昌（2004）利用 SWAT 模型对 1999~2000 年黑河干流区流域出山径流进行模拟，按不同的地形、土壤类型、土地利用将整个流域划分成 157 个具有相似水文特征的水文响应单元，最终模拟结果显示模型效率系数达到 0.88，相关系数达到 0.91，具有很高的模拟精度。杨桂莲和郝群芳（2003）通过 SWAT 模型对洛河基流进行估算，并与基于滤波技术分割的基流值进行比较，其相关系数为 0.76，模型效率系数为 0.75，模拟精度较高。王中根等（2003）利用 SWAT 模型对黑河落峡以上流域进行了日径流模拟，表明 SWAT 模型在结构上考虑融雪和冻土对水文循环的影响，能够适用于我国的寒区，且 SWAT 模型不适用于单一事件的洪水过程模拟，计算时段以日或月为好，比较适用于面向水资源管理的长时段的分布式水文过程模拟。朱新军等（2006）利用 SWAT 模型构建了漳卫河流域分布式水文模型，对模型的几个重要参数进行分析，总结其取值变化对模拟结果的影响规律，模拟结果显示相对误差在 10% 以内，能够为水资源管理提供重要参考。盛春淑和罗定贵（2006）运用 SWAT 模型对丰乐河流域降雨、径流进行了预测。通过率定后的模型与气象预测模型的集成预测了流域水文风险，推求得到流域典型年及常规年月径流分布过程，为流域水资源管理提供了依据。变化环境下的水文效应是 SWAT 模型的重要应用领域。郝芳华等（2004）利用 SWAT 模拟了洛河上游卢氏水文站以上流域土地利用/土地覆被变化对产流、产沙的影响，模拟表明森林的存在增加了径流量，减少了产沙量，农业用地的增加将会增加产沙量，降水量的增大能弱化下垫面对产流量的影响。刘昌明等（2003）利用 SWAT 模型研究了黄河源区土地利用/土地覆被以及气候变化的水文响应，采用水文站逐年、月实测径流资料进行参数，确定模型的基本参数，得到了较好的模拟效果，模拟结果表明与土地利用变化相比，气候变化是引起黄河源区径流变化的主要原因。张运生（2003）借助 SWAT 模型分析了土地利用方式与径流中化学物质的关系，研究表明可以通过调整土地利用结构来改善养分的流失。贺国平（2006）等运用 SWAT 模型研究了北京地区过去 10 年间径流量剧减的主要原因，模拟结果表明由于土地覆被变化导致北运河年均径流量增加了 10% ~20%，气候变化导致年均径流量减少了约 2/3。

SWAT 模型在国内的非点源污染和营养物质迁移方面也得到了一定的应用，郝芳华等

(2002，2006）以官厅水库为例，对典型水文年的非点源污染负荷进行了模拟，结果表明流域非点源污染负荷与降水量呈正相关。万超和张思聪（2003）利用SWAT模型研究了海河流域潘家口水库上游地区面源污染负荷和产出特征。胡远安等（2003）运用实验和SWAT模型模拟相结合的方法对江西赣江上游袁水小流域的非点源污染进行了研究。庞靖鹏（2007）借助于SWAT模型和GIS技术探讨水源地保护的途径。桂峰和于革（2006）以长江中游的洪湖流域为研究对象，应用SWAT模型探讨了传统农业条件下流域营养盐输移的规律。胡连伍等（2006）基于SWAT模型研究了杭埠-丰乐河流域的氮营养素环境的自净效率。李家科等（2008），李家科（2009）检验了SWAT模型在旱区渭河流域的适应性，并对该流域的径流、泥沙和氮污染负荷的时空产出特征进行了分析。秦耀民等（2009）运用GIS与SWAT2000相结合的技术手段和景观生态学的研究方法，探讨了陕西黑河流域土地利用与非点源污染的关系。唐莉华等（2010）应用SWAT模型对温榆河流域（北关闸以上）不同水平年的径流、泥沙和非点源污染负荷进行了模拟计算，分析了流域内点源和非点源污染的贡献率，并重点对非点源污染的时空产输出特性进行了分析。汤洁等（2012）应用SWAT模型对辽宁省大伙房水库汇水区的农业非点源污染负荷空间分布与变化规律进行模拟与分析。刘博和徐宗学（2011）应用SWAT模型，以北京昌平沙河水库流域为典型区开展研究，通过对流域非点源污染的调查、监测和模拟，定量计算和分析了非点源污染时空分布规律。宋林旭等（2013）构建了三峡库区香溪河流域的SWAT模型，分析了香溪河流域非点源营养盐时空分布特征。此外，针对SWAT模型，一些研究（张雪松等，2004；任希岩等，2004）探讨了输入参数对模拟结果的影响。总体来说，国内对SWAT模型的应用主要在水文模拟方面，对非点源污染及营养物质的迁移等研究不够深入。

3.2 沣河流域SWAT模型输入数据库的构建

3.2.1 SWAT模型输入数据

SWAT模型模拟计算需要资料包括：①数字地形图、流域水系图、土地利用图和土壤图等GIS图件；②研究区内雨量站点和气象站点分布；实测的气象数据如日最高最低气温、日降水、日风速、日相对湿度和日太阳辐射量等；③研究区内土壤属性数据、各种农作物管理措施的有关参数，以及用于模型参数率定的水文数据，如实测径流、泥沙和水质资料等。

AVSWAT是ArcView软件的一个扩展模块，可以用来处理GIS数据，生成SWAT模型的输入文件。其中GIS数据在ArcView软件中以图层的形式进行组织，包括流域DEM（digital elevation model）、流域水系图、土地利用类型图和土壤类型图，这些数据都必须是栅格数据。其他数据文件，如土地类型转换表、土壤类型转换表、流域出口位置表、雨量站点和气象站点位置表、日降雨数据表、日最高最低气温数据表、日平均风速、日相对湿度、日太阳辐射量等也通过AVSWAT界面进行处理，转化成适用于SWAT模型的表格数据，以ASCII文件（.txt）或dBase表格（.dbf）形式存在。

AVSWAT 界面需要的 GIS 数据通过 ArcView 和 ArcGIS 等 GIS 软件处理现有的数据得到。所有的 GIS 数据转换到同一坐标系下，坐标系相关参数如下：

投影：Custom Albers Equal-Area Conic

椭球体：Krasovsky

中央经线：东经 171.25 度

参考纬度：北纬 41.5 度

标准纬线 1：北纬 41 度纬线

标准纬线 2：北纬 42 度纬线

北偏移：0 度

东偏移：0 度

3.2.2 流域 DEM

SWAT 模型应用 TOPAZ（topographic parameterization）自动数字地形分析的软件包，基于 D8 方法（Fairfield and Leymarie，1991）、最陡坡度原则和最小集水面积阈值的概念，对输入 DEM 图和水系图进行处理，定义流域范围，确定河网结构，划分子流域，计算河道和子流域参数。

沣河流域的 DEM 数据通过拼接等高线图的 Coverage 文件，然后将拼接后的文件转化为 TIN 文件，再将 TIN 文件转化为 ArcInfo 的 GRID 形式的 DEM 数据文件（图 3-4，见书后图版）。TIN 转化为 GRID 格式，使用网格点内差法，网格大小 90m×90m。

3.2.3 流域土地利用

为了确定非点源污染负荷，确定土地利用类型是非常重要的，进行非点源模拟计算的依据就是进行土地利用类型的编码。本研究将沣河流域分区土地利用类型图用 ArcInfo 软件进行合并，并用流域边界进行切割，得到沣河流域研究区土地利用类型图，再以 ID 字段为值（Value）转化为 Grid 格式，建立 landuse 查找表文件，在 SWAT 模型中加载土地利用图后对其进行重分类，最后得到模型模拟所用的土地利用图（图 3-5，见书后图版）。按照土地资源分类方法划分沣河流域土地利用类型，土地利用类型和其在模型中编码的对应关系见表 3-2。

表 3-2 研究区域内的土地利用类型

编码	土地类型	模型中的代码
1	耕地	AGRC
2	林地	FRST
3	草地	PAST
4	水域	WATR
5	居民用地	URML

3.2.4 流域土壤类型

SWAT 模型中需要的土壤数据可以分为两类：一类是土壤的化学性质数据，土壤中初始状态下各种化学成分的含量都由其决定；另一类是土壤的物理性质数据，该数据会对陆地上的水文循环产生影响，决定了水分及空气在土壤中的运动状况。本书将各种类型土壤的物理特性数据按照格式输入到数据库文件 Soil. dat 中。图 3-6（见书后图版）为沣河流域土壤类型图，表 3-3 为沣河流域内的土壤类型和其在数据库文件中名称。

表 3-3　沣河流域土壤类型特征

分类编号	模型中的代码	土壤类型（亚类）
23110151	s23110151	暗棕壤
23110141	s23110141	棕壤
23116123	s23116123	山地灌丛草甸土
23115191	s23115191	粗骨土
23110156	s23110156	暗棕壤性土
23115181	s23115181	石质土
23111112	s23111112	褐土
23115193	s23115193	中性粗骨土
23116141	s23116141	潮土
23111116	s23111116	土娄土
23119102	s23119102	潴育水稻土
23115123	s23115123	冲积土
23110144	s23110144	棕壤性土
23115101	s23115101	黄绵土

3.2.5 流域气象等输入数据

SWAT 模型认为，一切其他现象背后的驱动力就是水文现象，所以气象数据是最重要的输入数据之一。SWAT 模型计算需要的气象数据包括：流域内降水量站的日降水量，流域气象站的日最高最低气温、日风速、日相对湿度、日太阳辐射量等。本书中使用到的降水等气象数据如下。

1. 降水数据

查阅资料，统计沣河流域内斗门、秦渡镇、高桥、王曲、砭子沟、太平峪、仙人岔、石砭峪、新贯寺、青岗树、鸡窝子、邢家岭、煤厂、大峪共 14 个降水量站 2001 ~ 2006 年逐日降水量资料。

2. 气象数据

因为沣河流域内没有具体气象站日，所以近似采用沣河流域临近的西安气象站逐日气象资料，统计西安气象站 2001 ~ 2006 年的日最高最低气温资料、西安气象站 2001 ~ 2006 年的日平均风速、西安气象站 2001 ~ 2006 年的日平均相对湿度资料。

上述各降水量站、气象站基础资料见表 3-4，各降水量站、气象站分布如图 3-7 所示。必须对其中的降水量、风速、温度、湿度等文本数据进行格式化处理，转化成 SWAT 模型计算所要求的 dbf 格式。

表 3-4　沣河流域雨量站、气象站资料

站点	经度/（°）	纬度/（°）	高程/m
秦渡镇	108.68	34.10	1670
大峪	109.12	34.00	1670
斗门	108.75	34.23	411
高桥	108.82	34.10	411
太平峪	108.72	34.00	1670
煤厂	108.65	33.93	1670
王曲	108.97	34.08	1670
砭子沟	108.90	34.07	1670
石砭峪	108.95	33.98	1670
仙仁岔	108.93	33.93	1670
青岗树	108.85	33.92	1670
邢家岭	108.73	33.88	1670
鸡窝子	108.83	33.88	1670
新贯寺	109.12	33.98	1670
西安	108.97	34.29	397.5

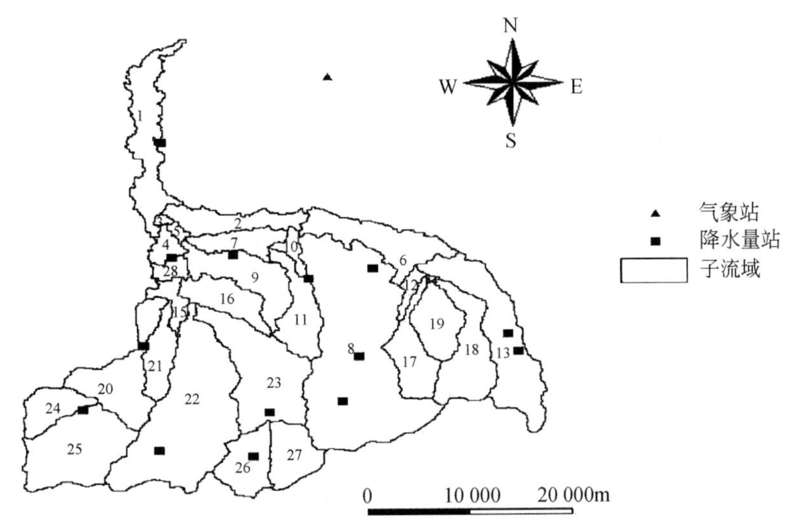

图 3-7　沣河流域降水量站、气象站分布图

3.2.6 子流域划分

子流域划分和河道阈值有关，生成河网时河道上游最小的汇流面积就是河道阈值面积。所以河道阈值面积越小，河网越密，划分的子流域数目越多。根据沣河流域实际情况划分该流域，取河道阈值面积 $2600hm^2$，通过 SWAT 模型自动划分得到子流域的个数为 28 个，如图 3-8 所示。

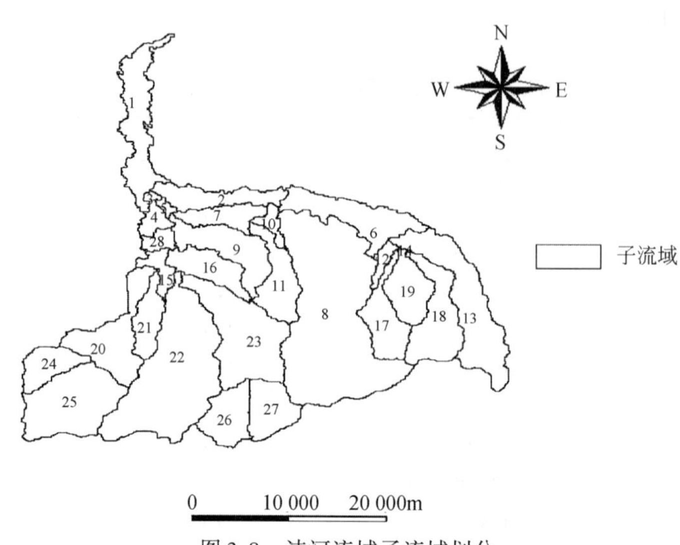

图 3-8　沣河流域子流域划分

3.2.7 HRU 分配

利用 SWAT 模型进行模拟之前，根据流域 DEM 和河道阈值面积，流域被划分为一定数目的子流域，然后模型再在每一个子流域内进行水文响应单元（hydrologic response unit，HRU）的划分。HRU 是指同一个子流域内有具有相同土壤类型和土地利用类型的区域，但是每个子流域内的土地利用或土壤类型可能有很多种，从计算效率上考虑，如果某一土地利用或土壤类型在子流域中所占面积特别小，那么其所占的区域是可以忽略的。所以在 SWAT 模型中一般有两种方式在子流域内进行 HRU 划分：第一种方式是选择一个面积最大的土壤类型和土地利用的组合，将其作为该子流域的代表，即一个子流域就是一个 HRU；第二种方式是优势土地利用覆被/优势土壤方法，即把子流域划分为若干个不同土壤类型和土地利用的组合，即多个水文响应单元。

本书采用第二种 HRU 划分方式，即多水文响应单元划分方法，划分时要设置两个阈值，分别是土地利用阈值和土壤面积阈值，这两个阈值分别用来确定子流域内需要保留的最小土地利用面积和最小土壤类型面积。如果子流域中某种土壤类型和土地利用的面积比小于该阈值，则我们在模型模拟中可以对其不予考虑，重新按比例计算剩下的土地利用和土壤类型的面积，从而保证 100% 的模拟整个子流域的面积。根据上述内容，本书将土地利用和土壤面积的最小阈值均定为10%，沣河流域划分为28个水文响应单元。

3.3 SWAT模型的校准与验证

SWAT模型是一个具有物理基础的分布式非点源污染模型，它更多地使用了物理化学方程来描述流域内的各种物理化学现象，大量参数取值的准确性决定了模型的可靠性。由于模型中参数众多，在校准和验证模型的准确性时，如果对每个参数都进行率定调节是很费时费力的，对模型的发展也是很不利的，所以只能对部分重要参数进行率定。研究发现，在众多参数中，一些参数对模型模拟结果的贡献较小，而一些敏感参数对结果具有举足轻重的作用，所以在清楚了解模型的敏感参数之后，让这些重要参数值尽可能准确，然后对模型进行校准验证才会事半功倍。

3.3.1 模型参数敏感性分析

1. 敏感性分析原理

在SWAT2005版本里增加了参数敏感性分析模块，采用的是LH-OAT敏感性分析方法。该方法由Morris（1991）提出，是一种结合LH（Latin Hypercube）抽样法和OAT（one-dactor-at-a-time）的敏感性分析的新方法，同时兼备这两种方法的优点。其优点是确保所有参数在其取值范围内均被采样，并且明确地确定哪一个参数改变了模型的输出，减少了需要调整的参数数目，提高了计算效率。

LH抽样法是Mckay和Beckman（1979）提出来的，它不同于蒙特卡罗（Monte Carlo）抽样法，事实上可以把它看作为某种意义上的分层抽样。抽样方法如下：首先，将每个参数分布空间等分成N个，且每个值域范围出现的可能性都为$1/N$。其次，生成参数的随机值，并确保任一值域范围仅抽样一次。最后，参数随机组合，模型运行N次，其结果进行多元线性回归分析。

OAT敏感性分析方法：模型每运行一次，只有一个参数值存在变化。因此，可以清楚地将输出结果的变化明确归因于某一特定输入参数的变化。考虑到存在N个参数，模型将会运行$N+1$次，以获得每个参数的局部影响。鉴于某一特定输入参数的灵敏度大小可能会依赖于模型其他参数值的选取，模型需要以若干组输入参数重复运行。最终灵敏度值以一组局部灵敏度值的平均值计算出来。

LH-OAT敏感性分析方法是指对每一抽样点（LH抽样法）进行OAT敏感性分析，灵敏度最终值是各局部灵敏度之和的平均值。该方法有机融合了LH抽样法和OAT敏感度分析法各自的优点。通过该方法可以有效获取影响模型结果的主要参数因子，极大地提高了模型的可用性。

LH-OAT敏感性分析方法先执行LH采样，然后执行OAT采样。首先，每个参数被划分为N个区间，在每个区间内取一个采样点（LH采样）。然后，一次改变一个采样点（OAT）。该方法通过循环的方式来执行，每一个循环起始于一个LH采样点。在每一个

LH 采样点的附近，每个参数 e_i 的局部影响 $S_{i,j}$（百分比）表示为

$$S_{i,j}=\left|\frac{200\times\left[\frac{M(e_{1j},\ \cdots,\ e_{ij}\times(1+f_{ij}),\ \cdots,\ e_{pj})-M(e_{1j},\ \cdots,\ e_{pj})}{M(e_{1j},\ \cdots,\ e_{ij}\times(1+f_{ij}),\ \cdots,\ e_{pj})+M(e_{1j},\ \cdots,\ e_{pj})}\right]}{f_i}\right| \tag{3-3}$$

式中，i 为参数编号；p 为参数个数；j 为 LH 采样点；M（）为模型函数；f_i 为参数 e_i 改变的比例。

参数随着 f_i 改变，根据定义可能增加也可能减小，因此一个循环需要运行 P+1 次，最终的输出为所有 LH 采样点每次循环（N 次循环）的局部影响的平均值，即为参数 e_i 的相对敏感度 RS_i。该方法效率高，在 LH 方法中定义的 N 个区间需要运行 N×（P+1）次。

SWAT2005 中可以用于敏感性分析的参数共有 41 个（表 3-5）。

表 3-5　可用于模型敏感性分析的参数

变量	定义	文件
ALPHA_ BF	基流 α 系数	gw
GW_ DELAY	地下水滞后系数	gw
GW_ REVAP	地下水再蒸发系数	gw
RCHRG_ DP	深蓄水层渗透系数	gw
REVAPMN	浅层地下水再蒸发系数	gw
GWQMN	浅层地下水径流系数	gw
CANMX	最大冠层蓄水量	hru
GWNO3	地下水的硝酸盐浓度	gw
CN2	SCS 径流曲线系数	mgt
SOL_ K	饱和水力传导系数	sol
SOL_ Z	土壤深度	sol
SOL_ AWC	土壤可利用水量	sol
SOL_ LABP	土壤易分解磷的起始浓度	chm
SOL_ ORGN	土壤有机氮的起始浓度	chm
SOL_ ORGP	土壤有机磷的起始浓度	chm
SOL_ NO3	土壤 NO_3 的起始浓度	chm
SOL_ ALB	潮湿土壤反映率	sol
SLOPE	平均坡度	hru
SLSUBBSN	平均坡长	hru
USLE_ P	USLE 水土保持措施因子	mgt
ESCO	土壤蒸发补偿系数	hru
EPCO	植物蒸腾补偿系数	hru
SPCON	泥沙输移线性系数	bsn
SPEXP	泥沙输移指数系数	bsn
SURLAG	地表径流滞后时间	bsn
SMFMX	6 月 21 日雪融系数	bsn

续表

变量	定义	文件
SMFMN	12 月 21 日雪融系数	bsn
SFTMP	降雪气温	bsn
SMTMP	雪融最低气温	bsn
TIMP	结冰气温滞后系数	bsn
NPERCO	氮渗透系数	bsn
PPERCO	磷渗透系数	bsn
PHOSKD	土壤磷分配系数	bsn
CH_ EROD	河道冲刷系数	rte
CH_ N	主河道曼宁系数值	rte
TLAPS	气温递减率	sub
CH_ COV	河道覆盖系数	rte
CH_ K2	河道有效水力传导系数	rte
USLE_ C	植物覆盖因子最小值	crop
BLAI	最大潜在叶面积指数	crop

2. 敏感性分析结果

运用模型自带模块，选择秦渡镇水文站资料对 SWAT 模型径流、泥沙、污染物进行参数敏感性分析。模型进行 438 次循环运算，得到模型参数敏感性结果（表 3-6），表 3-6 中只列出了径流、泥沙和污染物率定中最为敏感的 10 个参数。

表 3-6　沣河流域参数敏感性排序表

参数敏感性排序	径流	泥沙	污染物
1	CN2	CN2	CH_ K2
2	ALPHA_ BF	SPCON	ALPHA_ BF
3	SOL_ Z	SLOPE	SURLAG
4	SOL_ AWC	ALPHA_ BF	SMFMX
5	CANMX	SOL_ AWC	SOL_ Z
6	ESCO	ESCO	CN2
7	SMTMP	USLE_ P	SMTMP
8	SMFMX	SOL_ Z	SOL_ AWC
9	CH_ K2	SURLAG	ESCO
10	SOL_ NO3	CH_ K2	CANMX

考虑模型的率定应基于实际的物理过程，所以通过敏感性分析所确定的最为敏感的参数仅作为参考，在实际率定中并非都进行调整。

从表 3-6 可以看出，对径流敏感度高的参数有 CN2、ALPHA_ BF、SOL_ Z、SOL_

AWC；对泥沙敏感度高的参数有 CN2、SPCON、SLOPE；对污染物敏感度高的参数有 CH_ K2、ALPHA_ BF。

3. 模型校准与验证

分布式模型为保证应用的科学合理性，一般需要校准和验证。校准是调整模型参数、初始和边界条件以及限制条件的过程，以使模型模拟结果与实测数据相接近的过程；验证的过程就是评价模型校准的可靠性。在气象文件写入模型后，SWAT 模型的结果和输入参数初步确定；经过模型参数灵敏性分析，得出较灵敏的参数，通过调节这些参数来对模型进行校准和验证。模型的校准和验证可以提高模型的精确度，使得模型更适合研究区的实际情况，模拟结果更加合理。

通常我们在这个过程中所使用的资料系列可以分为两部分，一部分用来进行模型的校准，另一部分用来进行模型的验证（Nash and Suttcliffe，1970）。SWAT 模型的校准和验证分为三个部分：水量部分的校准与验证、泥沙部分的校准与验证、水质部分的校准与验证。

本研究中模型使用的降水量数据见表 3-4 中的 14 个雨量站的资料，气象数据如日最高最低气温、日风速、日相对湿度均采用西安气象站的气象资料。模型校准与验证采用的是秦渡镇水文站的实测径流、泥沙和污染物数据。

模型效率的高低反映了模型在研究区域的适应性。本研究选用 3 个指标用于评价 SWAT 模型在沣河流域的适应性，分别是相对误差（RE）、决定系数（R^2）以及 Nash-suttcliffe 效率系数（Ens）。

相对误差计算公式为

$$\mathrm{RE} = \frac{P_t - Q_t}{Q_t} \times 100\% \tag{3-4}$$

式中，RE 为模型模拟相对误差；P_t 为模拟值；Q_t 为实测值。若 RE<0，模型预测或模拟值偏小；若 RE>0，说明模型预测或模拟值偏大；若 RE=0，则说明模型模拟结果与实测值正好吻合。

决定系数（R^2）在 Microsoft Excel 中应用线性回归法求得，R^2 也可以进一步用于实测值与模拟值之间的数据吻合程度评价，$R^2=1$，表示非常吻合；当 $R^2<1$ 时，其值越小，则反映出数据吻合程度越低。

Nash-suttcliffe 效率系数（Ens）的计算公式为

$$\mathrm{Ens} = 1 - \frac{\sum_{i=1}^{n}(Q_{\mathrm{o}} - Q_{\mathrm{p}})^2}{\sum_{i=1}^{n}(Q_{\mathrm{o}} - Q_{\mathrm{avg}})^2} \tag{3-5}$$

式中，Q_{p} 为模拟值；Q_{o} 为实测值；Q_{avg} 为实测平均值；n 为实测数据个数。当 $Q_{\mathrm{o}}=Q_{\mathrm{p}}$ 时，Ens=1；若 Ens 为负值，说明模型模拟平均值比直接使用实测平均值的可信度更低。

本书对 SWAT 模型参数进行校准的步骤如图 3-9 所示。首先进行径流参数校准，其模拟值与实测值月均误差应小于实测值的 20%，月决定系数 $R^2>0.6$，且 Ens>0.5。其次，对泥沙负荷进行参数校准，并使模拟值与实测值月均误差应小于实测值的30%，月决定系数 R^2>0.6，且Ens>0.5。最后进行污染物负荷参数校准，并使模拟值与实测值月均误差应小于实测值的30%，月决定系数 R^2>0.6，且Ens>0.5。至此，完成沣河流域SWAT模型校准的全部过程。在此基础上采用另外一组数据对模型进行验证，最终确定模型参数值。

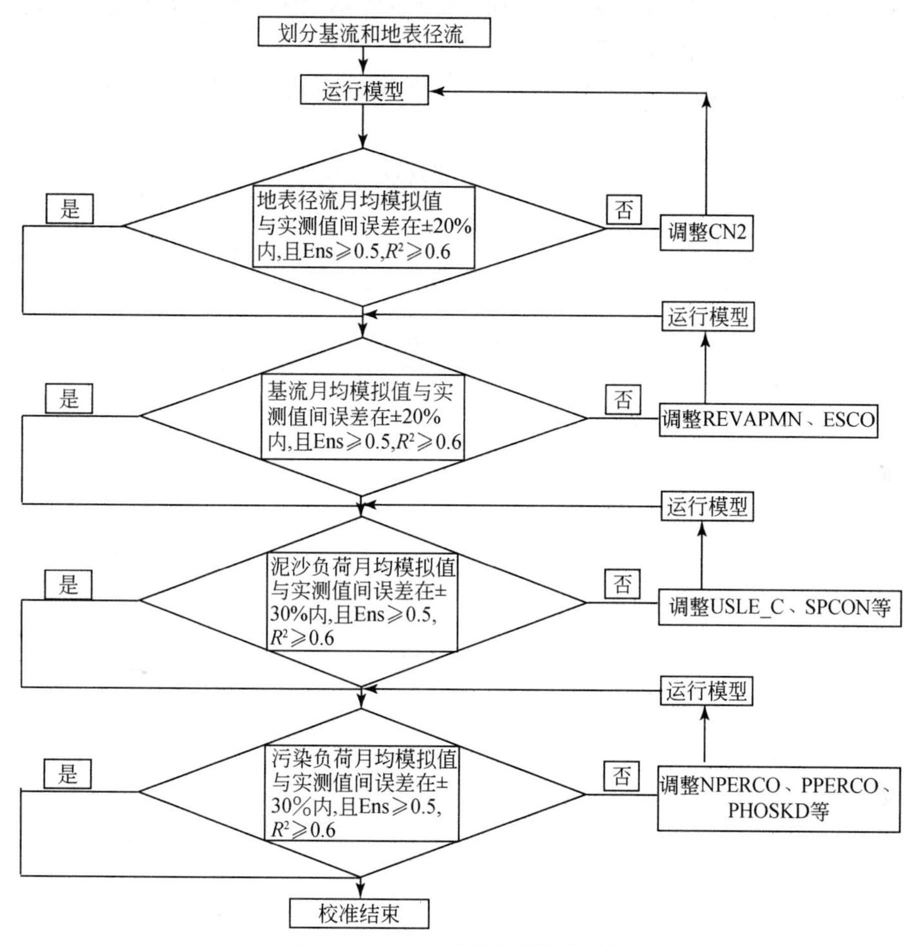

图3-9　SWAT模型参数校准步骤

CN2为SCS径流曲线系数；REVAPMN为浅层地下水再蒸发系数；ESCO为土壤蒸发补偿系数；USLE_ C为植物覆盖因子最小值；SPCON为泥沙输移线性系数；NPERCO为氮渗透系数；PPERCO为磷渗透系数；PHOSKD为土壤磷分配系数

3.3.2　径流校准与验证

河道中的水量主要来源于两部分，一是来源于地下水的补给，二是来源于地表径流。地下水的补给部分在水文过程线中表现为基流部分。本书采用数字滤波法，根据秦渡镇水文站日平均流量，采用径流分割程序分割出地表径流和基流，然后对该站的地表径流和基流分别进行参数校准。

1. 径流分割

1）径流分割方法

进行参数校准的时候，实测流量资料包括了基流和地表径流，但并没有分别给出各自流量大小，而是给出了秦渡镇水文站断面的总流量资料，所以要对实测资料进行径流分割，然后分别对地表径流和基流进行参数校准。

数字滤波法是基于 Lyne-Hollick 滤波方程，在 Matlab 软件下编写滤波程序而实现的，其滤波方程为

$$q_t = \beta q_{t-1} + \frac{(1+\beta)(Q_t - Q_{t-1})}{2} \tag{3-6}$$

式中，q_t 为 t 时刻过滤出的快速响应（直接径流信号，以日为时间步长）；Q 为实测总径流，β 为滤波参数。从总径流中过滤出快速响应，即可得出基流 b_t：

$$b_t = Q_t - q_t \tag{3-7}$$

Nathan 和 McMahon 及 Arnold 等采用三通道滤波器，将模拟结果与手工分割的结果进行对比研究，率定出 β 值，分别定为 0.90～0.95、0.925。

基流系数 α 为

$$\alpha = \frac{b_t}{Q} \tag{3-8}$$

2）径流分割结果

根据数字滤波法原理，用 Microsoft Excel 编写基流分割程序，将秦渡镇水文站 2001～2006 年的逐日径流数据进行分割，划分为逐日基流和逐日地表径流，月径流结果如图3-10所示。

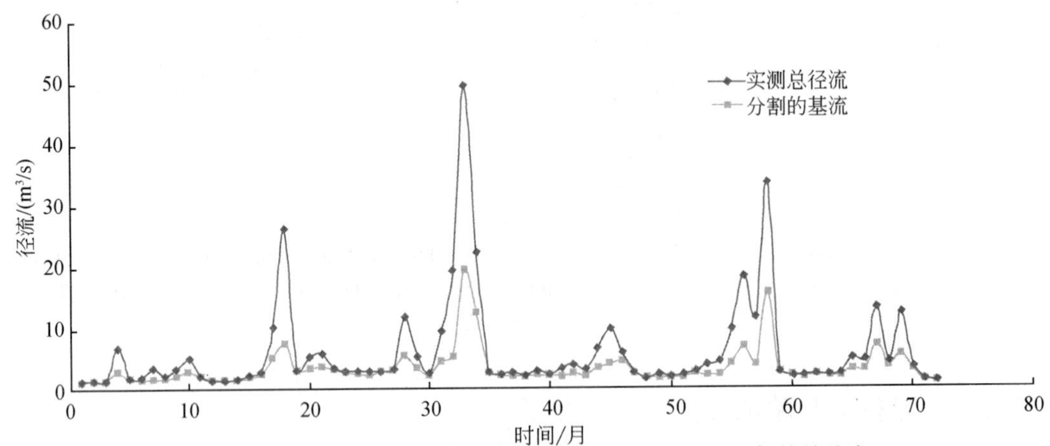

图 3-10　基于滤波技术分割的秦渡镇水文站 2001～2006 年的月基流

对秦渡镇水文站资料进行校准，该站对应的河道总流量可以从河道输出结果文件 . rch 的 FLOW_ OUT 中得到，基流和地表径流值从子流域输出文件 . bsb 得到。地表径流（SURQ）和基流（GWQ）必须转化为对总水量（WYLD）的百分比，各自百分比分别乘以河道输出文件 . rch 中的总流量即为地表径流和基流。之所以不能直接使用 SURQ 和

GWQ 的值，是因为河道内的降水、蒸发、输移损失等会改变子流域输出文件的 WYLD 预测的净水量。

2. 径流校准方法

模型校准首先考虑的就是水量平衡和河流流量，其次是泥沙校准，最后是污染物校准。

根据敏感性分析结果，同时结合大量研究，在 SWAT 模型径流校准中选择 5 个参数作为模型敏感参数，即 SCS 径流曲线系数 CN2（.mgt）、土壤可利用水量 SOL_ AWC（.sol）、浅层地下水再蒸发系数 REVAPMN（.gw）、土壤蒸发补偿系数 ESCO（.hru）、浅层地下水径流系数 GWQMN（.gw）。径流参数校准分为地表径流和基流的校准，本书利用秦渡镇水文站 2001～2004 年月径流实测数据进行月径流校准，通过调整这些参数值使径流模拟值与实测值吻合，其模拟值与实测值月均误差应≤20%，且 Ens≥0.5，相关系数 R^2≥0.6。

根据每日流量数据，可以使用基流分割程序，把观测河道径流划分为基流和地表径流，然后分别校准。

进行河道径流校准时，先校准地表径流，首先，调整 CN2（.mgt），直到地表径流符合要求。调整 CN2 值之后，若地表径流仍然不符合要求，则调整 SOL_ AWC（.sol）或 ESCO（.hru）。

一旦校准好地表径流，就开始校准基流，比较基流模拟值和实测值。如果基流模拟值太高：①可以增加 GW_ REVAP（.gw），其最大值为 0.2；②减小 REVAPMN（.gw），其最小值为 0；③增加 GWQMN（.gw），其最大值为 5000。

如果基流模拟值太低，参数调整恰好相反：①可以减小 GW_ REVAP（.gw），其最小值为 0.02；②增加 REVAPMN（.gw），其最大值为 500；③减小 GWQMN（.gw），其最小值为 0。

反复校准基流和地表径流，直到满足模型校准要求。

流量校准过程中可能出现的问题及其原因如下。

（1）模型没有模拟出一些峰值过程

可能的原因：①选取的降水量站点代表性不好；②局部的暴雨过程在模型中没有得到响应；③可能有部分降水量站点数据有误。

解决方案：①选择代表性较好的降水量站点可靠的降雨数据；②仔细检查这段时间的降雨和流量数据，排除误差。

（2）径流量偏大

可能的原因：第一种为地表径流偏大；第二种为基流偏大或蒸腾量偏小。

第一种原因的解决方案：①调小不同土地利用类型的 CN2（.mgt）；②增加土壤可利用水量 SOL_ AWC（.sol）；③减小土壤蒸发补偿系数 ESCO（.hru）。

第二种原因的解决方案：①增加深蓄水层渗透系数 RCHRG_ DP（.gw）；②增加浅层地下水径流系数 GWQMN（.gw）；③增加地下水再蒸发系数 GW_ REVAP（.gw）；④减小浅层地下水再蒸发系数 REVAPMN（.gw）。

（3）模拟过程滞后于实测过程

可能的原因：①汇流时间偏大；②子流域坡度偏小；③坡面汇流的糙率偏大；④融雪参数的影响；⑤河道水流演进参数的影响。

解决方案：①增加子流域坡度 SLOPE（. hru）；②减小坡面的曼宁糙率系数，依据糙率系数 OVN（. hru）；③增加子流域的坡长 SLSUBBSN（. hru）。

（4）峰值偏大，但其他过程偏小

可能的原因：①基流偏小；②地表径流偏大。

解决方案：①按照减小地表径流方案进行，如调小不同土地利用类型的 CN2 值（. mgt）；减小土壤可利用水量 SOL_ AWC（. sol）；增加土壤蒸发补偿系数 ESCO（. hru）；②按照增加基流方案进行，如增加深蓄水层渗透系数 RCHRG_ DP（. gw），增加浅层地下水径流系数 GWQMN（. gw），增加地下水再蒸发系数 GW_ REVAP（. gw）等；③反复进行上述两个过程，直到结果趋于合理。

3. 径流校准与验证

以秦渡镇水文站 2001 ~ 2004 年实测的月平均流量资料为标准，通过径流分割分为基流和地表径流。调整参数使地表径流模拟值与实测值吻合，如图 3-11 和表 3-7 所示，月均地表径流模拟值与实测值相对误差小于 20%，Ens ≥0. 5 且 R^2 ≥0. 6，精度可满足模拟要求。

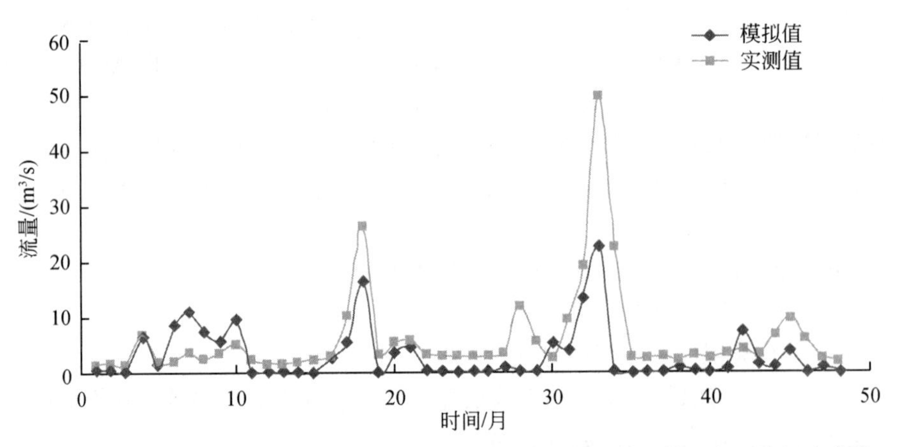

图 3-11　秦渡镇水文站 2001 ~ 2004 年（校准期）地表径流模拟值和实测值拟合曲线

校准完成后，使用秦渡镇水文站 2005 ~ 2006 年实测月径流数据进行验证。图 3-12 为秦渡镇水文站 2005 ~ 2006 年月地表径流模拟值和实测值拟合曲线，表 3-7 给出验证期的评价系数值，月均地表径流模拟值与实测值相对误差小于 30%，Ens≥0. 5 且 R^2 ≥0. 6。

表 3-7　月地表径流校准期和验证期模拟结果评价

模拟期	月均值/(m^3/s)		Re/%	Ens	R^2
	实测值	模拟值			
校准期 2001 ~ 2004 年	2. 57	3. 05	19	0. 68	0. 62
验证期 2005 ~ 2006 年	2. 78	3. 54	27	0. 61	0. 60

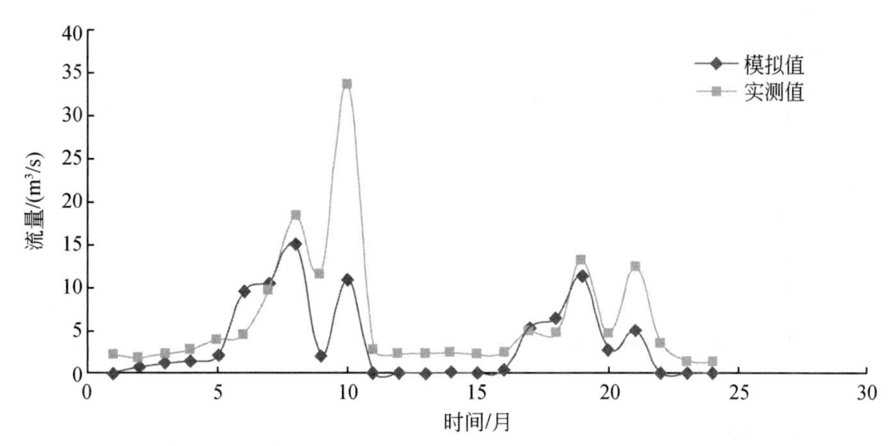

图 3-12　秦渡镇水文站 2005 ~ 2006 年（验证期）地表径流模拟值和实测值拟合曲线

地表径流校准完后，调整参数使基流模拟值与实测值吻合，使月均基流模拟值与实测值相对误差小于 20%，Ens≥0.5 且 R^2≥0.6，满足模拟评价要求。校准完成后，使用秦渡镇水文站 2005 ~ 2006 年实测月基流数据进行验证。

再对总径流进行校准，调整参数使月径流模拟值与实测值吻合，如图 3-13 和表 3-8 所示，月径流模拟值与实测值相对误差小于 20%，Ens≥0.5 且 R^2≥0.6，精度可满足模拟要求。

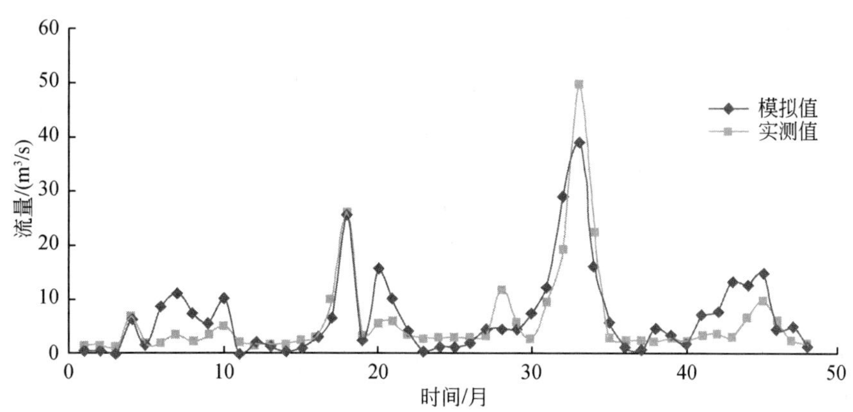

图 3-13　秦渡镇水文站 2001 ~ 2004 年（校准期）径流模拟值和实测值拟合曲线

校准完成后，使用秦渡镇水文站 2005 ~ 2006 年实测月径流数据进行验证。图 3-14 为秦渡镇水文站 2005 ~ 2006 年月径流模拟值和实测值拟合曲线，表 3-8 给出验证期的评价系数值，月径流模拟值与实测值相对误差小于 20%，Ens≥0.5 且 R^2≥0.6。

表 3-8　月径流校准期和验证期模拟结果评价

模拟期	月均值/（m^3/s）		Re/%	Ens	R^2
	实测值	模拟值			
校准期 2001 ~ 2004 年	5.92	6.93	17	0.82	0.75
验证期 2005 ~ 2006 年	6.30	6.94	10	0.82	0.70

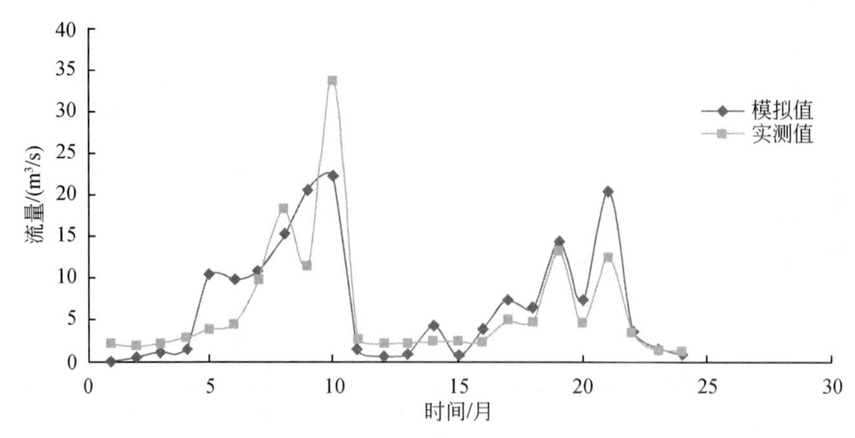

图 3-14　秦渡镇水文站 2005～2006 年（验证期）径流模拟值和实测值拟合曲线

根据上述过程，应用秦渡镇水文站 2001～2006 年径流资料进行模型校准与验证，采用 Re、Ens、R^2进行评价，月均模拟值与实测值 Re 基本小于 20%，相关系数 R^2 均大于 0.6，Ens 均大于 0.5。因为流域内无气象站资料，所以采用离流域最近的西安气象站资料进行模拟，基础资料的影响和模型自身的不足都对模型有一定影响。综合各方面因素，模拟值与实测值之间的拟合良好，符合模型精度要求，可以认为 SWAT 模型对沣河流域流量部分具有较好适用性。

最后确定的模型径流参数值见表 3-9。

表 3-9　模型径流校准参数值

参数	典型值范围	模型参数最终值
CN2	35～98	36～90
SOL_ AWC	0～1	0.15
ESCO	0～1	0
GWQMN	0～5000	50
REVAPMN	0～500	0.8
EPCO	0～1	0
CANMX	0～100	0
ALPHA_ BF	0～1	0.048

3.3.3　泥沙校准与验证

泥沙是污染物中氮和磷输出的重要载体，很大一部分污染物是因为土壤侵蚀随泥沙一起被带出流域的，所以泥沙部分校准的准确性对后面污染物中氮和磷的校准有重要的影响。SWAT 模型中泥沙的来源主要有两个部分：一部分来源于水文响应单元或子流域，另一部分来源于河道的冲刷侵蚀产生的泥沙。

1. 泥沙参数校准方法

河道泥沙输出量可以从 .rch 文件中的 SED_ OUT 字段得到，多数情况下，水文站监测的正是河道泥沙输出量，所以本书应用秦渡镇水文站泥沙资料，只需要对.rch 文件中的 SED_OUT 字段进行校准，以此来假设水文响应单元或子流域的泥沙负荷，使其接近实际情况。

根据敏感性分析结果，结合实际情况，选择下面一些参数进行泥沙校准，通过调整这些参数值使泥沙模拟值与实测值吻合，其模拟值与实测值月均误差≤30%，Ens>0.5 且相关系数 R^2>0.6。

泥沙的参数校准分两个方面：一是调整水文响应单元或子流域的参数，针对不同土地利用方式，调整 MUSLE 方程中植物覆盖因子最小值 USLE_ C（.crop），适当调整 USLE 水土保持措施因子 USLE_ P（.mgt）；二是调整河道参数，调整泥沙输移线性系数 SPCON（.bsn），调整河道峰值流量系数 PRF（.bsn）。

2. 泥沙校准与验证

调整参数使泥沙模拟值与实测值吻合，如图 3-15 和表 3-10 所示，月泥沙模拟值与实测值相对误差小于 30%，Ens≥0.5 且 R^2≥0.6，精度可满足模拟要求。

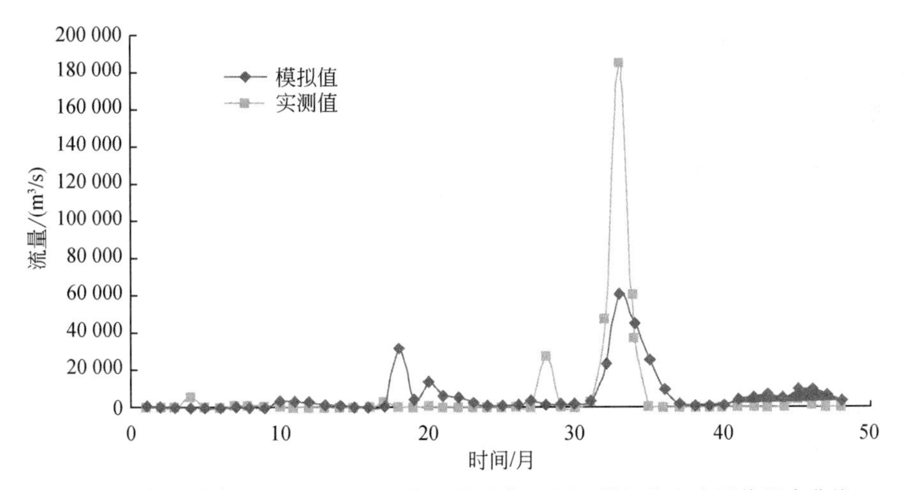

图 3-15 秦渡镇水文站 2001～2004 年（校准期）泥沙模拟值和实测值拟合曲线

校准完成后，使用秦渡镇水文站 2005～2006 年实测月泥沙数据进行验证。图 3-16 为秦渡镇水文站 2005～2006 年月泥沙模拟值和实测值拟合曲线，表 3-11 给出验证期的评价系数值，月径流模拟值与实测值相对误差基本在 30% 左右，Ens≥0.5 且 R^2≥0.6。

表 3-10 月泥沙校准期和验证期模拟结果评价

模拟期	月均值/t		Re/%	R^2	Ens
	实测值	模拟值			
校准期 2001～2004 年	6638.05	6491.89	-2	0.60	0.51
验证期 2005～2006 年	4403.78	5862.45	33	0.71	0.73

根据上述过程，应用秦渡镇水文站 2001～2006 年泥沙资料进行模型校准与验证，采用 Re、Ens、R^2进行评价，可以认为泥沙部分的模拟基本满足模型评价要求，SWAT 模型

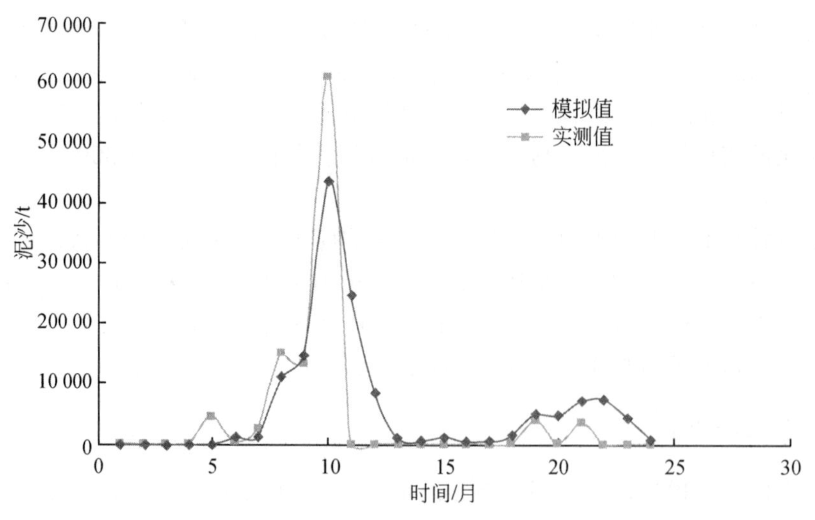

图 3-16 秦渡镇水文站 2005 ~ 2006 年（验证期）泥沙模拟值和实测值拟合曲线

适用于泥沙部分的模拟。

最后确定的模型泥沙参数值见表 3-11。

表 3-11 模型泥沙校准参数值

参数	典型值范围	模型参数最终值
USLE_ C	0.001 ~ 0.5	0.5
USLE_ P	0.1 ~ 1.0	1
SPCON	0.001 ~ 0.01	0.01
PRF	0 ~ 2	2
SPEXP	1 ~ 1.5	1.05
AMP	0.5 ~ 2	0.5
CH_ EROD	-0.05 ~ 0.6	0.08
CH_ COV	-0.01 ~ 1	0.08
CH_ K2	-0.01 ~ 150	0

3.3.4 污染物校准与验证

在 SWAT 模型中，主要模拟的非点源污染物有硝酸盐、可溶性磷、有机氮及有机磷。SWAT 模型能考虑各种污染物之间的相互转化，所以在污染物校准过程中，一种污染物参数的改变可能会影响所有污染物计算结果。在本次研究中，因为资料不全，故只根据获得的观测资料，以 NH_3-N 和 TP 作为指标进行污染物校准。营养物校准分为两部分：一是地表产流过程中非点源污染物质负荷的校准，二是河道中水质过程的校准。

模型率定过程需要实测的非点源污染负荷数据，但是通常的水质监测数据既包含点源负荷也包括非点源污染负荷，所以要对实测资料进行点源和非点源负荷分割。根据径流分割原理，径流能够分为地表径流和基流，非点源是由降雨冲刷所产生的，所以降雨径流的冲刷是造成非点源污染的根本原因，它是非点源污染物的载体。地表径流的产生将非点源污染物带入受纳水体，所以非点源污染物与地表径流之间关系极其密切。由于资料有限，所以根据秦渡镇断面 2001 ~ 2006 年 NH_3-N 浓度月监测资料和 2003 ~ 2006 年 TP 浓度月监测资料，从月径流中分割出月地表径流，将 NH_3-N 和 TP 月浓度乘以月地表径流近似估算 NH_3-N 和 TP 月非点源污染负荷。

1. 污染物参数率定方法

污染物参数率定考虑两个方面：子流域上污染物的产出量和河道中污染物的迁移转化。

根据敏感性分析结果，结合实际情况，调整下面一些参数进行污染物校准，通过调整这些参数值使污染物模拟值与实测值吻合，其模拟值与实测值月均误差≤30%，Ens>0.5 且相关系数 R^2>0.6。

2. 污染物校准与验证

调整参数使污染物模拟值与实测值吻合，如图 3-17 和表 3-12 所示，NH_3-N 月污染负荷模拟值与实测值相对误差小于 30%，Ens≥0.5 且 R^2≥0.6，精度满足模拟要求。

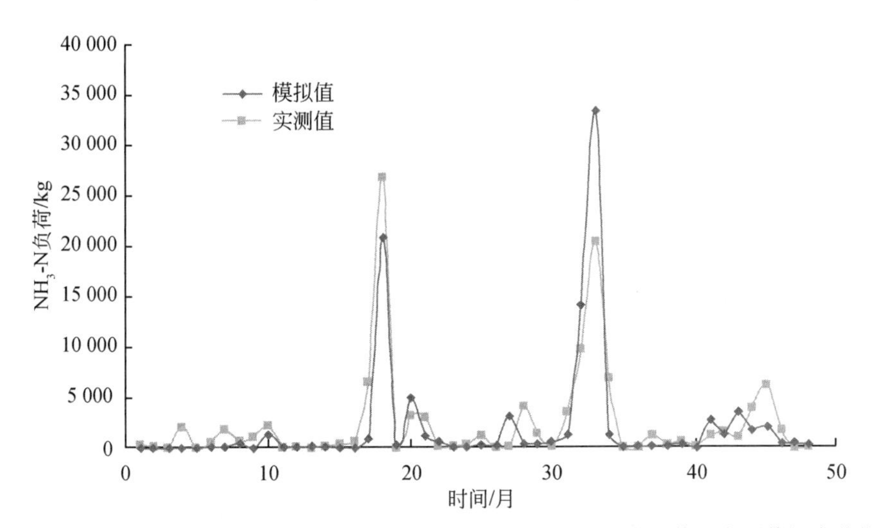

图 3-17　秦渡镇水文站 2001 ~ 2004 年（校准期）NH_3-N 负荷模拟值和实测值拟合曲线

校准完成后，使用秦渡镇水文站 2005 ~ 2006 年月 NH_3–N 负荷数据进行验证。图 3-18 为秦渡镇水文站 2005 ~ 2006 年月 NH_3–N 负荷模拟值和实测值拟合曲线，表 3-12 给出验证期的评价系数值，月径流模拟值与实测值相对误差基本在 30% 左右，Ens≥0.5 且 R^2≥0.6。

表 3-12　月 NH_3-N 负荷校准期和验证期模拟结果评价

模拟期	月均值/kg		Re/%	R^2	Ens
	实测值	模拟值			
校准期 2001 ~ 2004 年	2389.87	2072.67	−13	0.78	0.75
验证期 2005 ~ 2006 年	5250.34	3575.68	−31	0.75	0.57

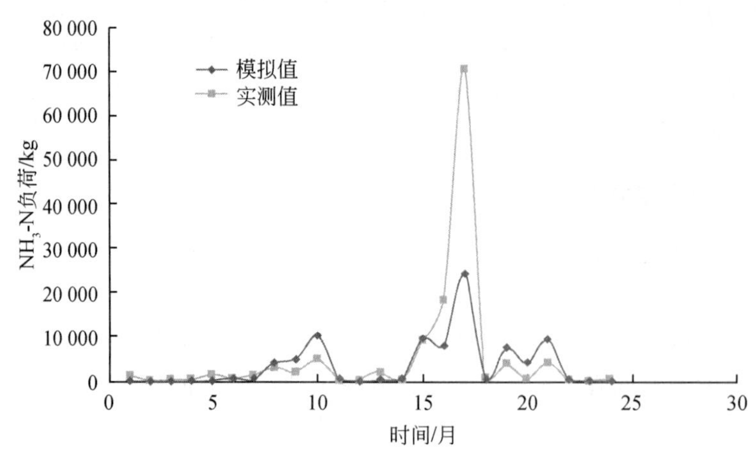

图 3-18　秦渡镇水文站 2005～2006 年（验证期）NH_3-N 负荷模拟值和实测值拟合曲线

如图 3-19 和表 3-13 所示，TP 月污染负荷模拟值与实测值相对误差小于 30%，Ens≥0.5 且 R^2≥0.6，精度满足模拟要求。

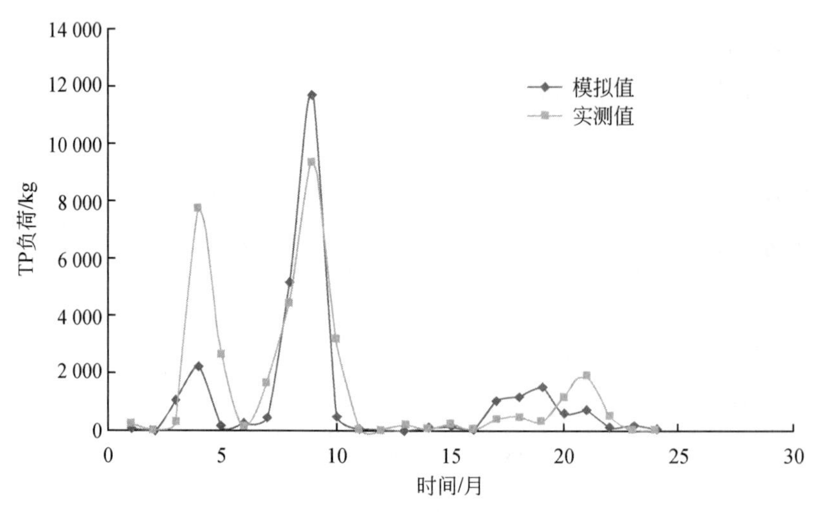

图 3-19　秦渡镇水文站 2003～2004 年（校准期）TP 负荷模拟值和实测值拟合曲线

校准完成后，使用秦渡镇水文站 2005～2006 年月 TP 负荷数据进行验证。图 3-20 为秦渡镇水文站 2005～2006 年月 TP 负荷模拟值和实测值拟合曲线，表 3-13 给出了验证期的评价系数值，月径流模拟值与实测值相对误差小于 30%，Ens≥0.5 且 R^2≥0.6。

表 3-13　月 TP 负荷校准期和验证期模拟结果评价

模拟期	月均值/kg		Re/%	R^2	Ens
	实测值	模拟值			
校准期 2003～2004 年	1446.02	1127.61	−22	0.66	0.71
验证期 2005～2006 年	598.54	731.40	−22	0.82	0.57

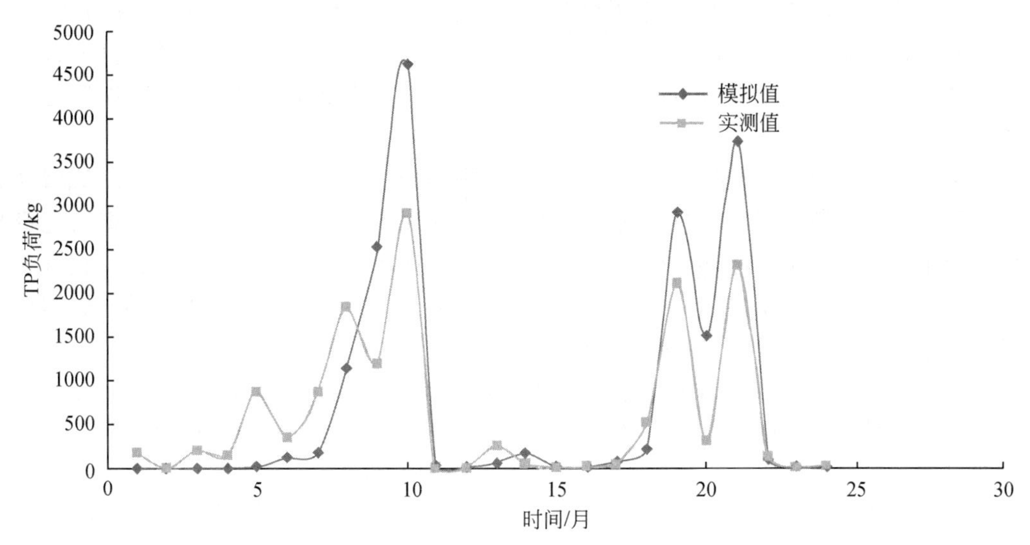

图 3-20　秦渡镇水文站 2005 ~ 2006 年（验证期）TP 负荷模拟值和实测值拟合曲线

污染物基本满足模型模拟要求，但是模拟效果不够精确。由于非点源污染负荷是通过实测浓度乘以地表径流估算得来，所以本身就存在很大误差。前面径流校准和泥沙校准部分也存在一定误差，会对污染物部分产生影响。综合考虑认为模型可以用来模拟污染物负荷。

最后确定的模型污染物参数值见表 3-14。

表 3-14　模型污染物校准参数值

参数	典型值范围	模型参数最终值
NPERCO	0 ~ 1	1
SOL_ NO3	0 ~ 100	80
CMN	0. 001 ~ 0. 003	0. 002
PPERCO	10 ~ 17. 5	10
PHOSKD	100 ~ 200	175
SOL_ ORGP	0 ~ 40000	0
BC1	0. 1 ~ 1	0. 4
BC3	0. 2 ~ 0. 4	0. 4
AI1	0. 07 ~ 0. 09	0. 09
BC2	0. 2 ~ 2	1. 1
BC4	0. 01 ~ 0. 7	0. 35
PSP	0. 01 ~ 0. 7	0. 4

3. 3. 5　小结

本章 SWAT 模型主要应用于大尺度流域的长时段模拟，但也可以用于中尺度和小尺度流域。这由非点源污染的产出特点所决定，模型首先需要校准流量部分，其次是泥沙部分，最后才是污染物部分。每一部分的校准和验证都需要大量数据资料，流量部分校准是最为重要的，会直接影响其他部分，所以本研究的模型校准和验证是一项非常复杂的工作。

很多因素都会影响模型结果，尤其是空间数据的分辨率，它决定了模型反映流域真实特征的程度。一般情况下，我们要在模拟结果的准确性以及准备和处理空间数据所花费的时间和资金上作出权衡，这都是根据研究所考虑的。在我国，未来研究流域，要获得高分辨率的空间数据是不太现实的，虽然与很多因素有关，但中国土壤属性等基础数据的缺乏和“3S”技术的发展水平是主要的限制因素。

DEM图精度的影响：Chaplot 等（2005）以 Lower Walnut Creek（21.8 km^2，central Iowa）为研究对象，分别采用20～500m分辨率的DEM作为输入，研究结果表明，径流模拟结果基本不受网格大小影响。泥沙和污染物采用MUSLE方程进行演算，这涉及坡度和坡长。景观形态在粗分辨率的DEM情况下会得到掩盖，导致观测误差出现，所以建议采用50m以下的网格大小。本研究采用的是1∶250 000DEM图，90m×90m的网格大小，所以在泥沙和污染物负荷模拟中，DEM分辨率会对结果有一定的影响。

土地利用图的影响：本研究采用的是1∶100 000土地利用图，具体的作物类型从该图中不能精确分辨出来，其中林地、草地都归为大类，没有进行细分；农田中的作物种类也无法详细划分。

土壤图精度的影响：SWAT模型的一个重要影响因素是土壤图的比例尺。土壤图精度越高，越能够更好地描绘出土壤特性的空间差异，受土壤影响的各种过程会得到更好的评估。本书采用的土壤图的比例尺为1∶100 000，其分辨率较细，具有较完整的土壤物理属性和化学属性数据，满足模型需求。

子流域划分阈值的影响：Romanowicz 等（2005）认为流域阈值（Catchment Size Thredhold Value，CSTV）是控制模型内集结（Aggregation）过程的一个重要参数，对子流域的划分、HRU定义和参数化过程都有重要的影响。用户可以控制CSTV的选取，其可能取值有4种类型：①最小值，暗含着模型在进行参数化过程中输入信息具有较低集结水平；②建议值，它是模型根据DEM分辨率计算出来的，意味着模拟时将综合考虑计算时间和流域面积；③中间值，暗含着模型的中等集结水平；④最大值，暗含着模型的高度集结水平。子流域数增加到一定数目后，继续增加反而不能很好地表达流域，导致模型有效性降低。采取大的CSTV值和多重的HRU分类法比采取小的CSTV值和主导性的HRU分类法更加明智。Jha 等（2004）认为，子流域的大小尺度和数目影响模拟的过程和产生的结果。这表明子流域数目对径流的影响很小，对泥沙、硝氮和无机磷等污染物的影响却很大。最优的子流域大小的阈值与每个流域总的排泄面积有关，对于这三个指标来说，最优的CSTV分别为流域面积的3%、2%和5%左右。

以上SWAT模型的运用中，首先进行模型参数敏感性分析，确定校准中比较敏感的参数。然后利用秦渡镇水文站2001～2004年的实测数据对径流、泥沙和污染物参数进行校准，再利用2005～2006年实测数据对径流、泥沙和污染物进行验证，通过模型评价表明满足模型精度要求，认为将SWAT模型应用于沣河流域的非点源污染模拟计算基本上是合理可行的。

虽然我们找到很多方法提高模型的精度，但是在进行流域非点源污染模拟时，任何模型都不可能完全符合流域的真实情况，所以有必要在一定程度上进行简化、概化，还需要更多的实测资料对模型的校准和验证进行完善和改进。

3.4 模型计算结果与情景模拟分析

用 SWAT 模型对不同代表年的非点源污染进行模拟计算，预测不同来水情况下非点源污染程度，从而更好地进行流域非点源污染控制。

3.4.1 不同代表年选择

本研究以秦渡镇水文站 1956～2009 年的 54 年实测多年年径流量作为基础数据，采用 *P*-Ⅲ型水文频率分析软件对径流量进行频率分析，选取不同代表年，结果如图 3-21 所示。

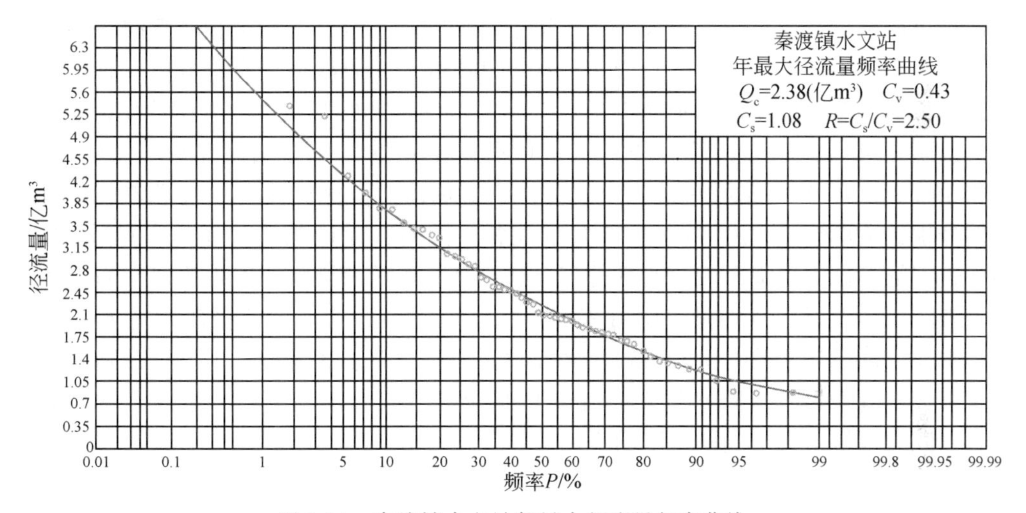

图 3-21　秦渡镇水文站年最大径流量频率曲线

由频率曲线可以得到不同频率的径流量，其中 $P=20\%$（丰水年）时径流量为 3.30 亿 m^3，$P=50\%$（平水年）时径流量为 2.11 亿 m^3，$P=75\%$（枯水年）时径流量为 1.71 亿 m^3。最终确定沣河流域在 2003 年为丰水年，2005 年为平水年，2004 年为枯水年，然后进行不同代表年非点源污染负荷量计算。

3.4.2 沣河全流域不同代表年计算结果

运用 SWAT 模型对沣河全流域 2003 年（丰水年）、2005 年（平水年）、2004 年（枯水年）三个不同代表年的非点源污染负荷量进行计算，得到的非点源污染物模拟结果见表 3-15。

表 3-15　不同代表年非点源污染负荷量计算结果

水平年	降水量 /mm	泥沙量 /t	氨氮 /kg	硝氮 /kg	有机氮 /kg	可溶磷 /kg	有机磷 /kg
丰水年（2003 年）	1 083	171 446	70 870	247 700	13 070	44 650	3 408
平水年（2005 年）	960	86 378	42 820	172 700	9 297	23 700	2 375
枯水年（2004 年）	752	58 894	22 820	98 360	4 572	15 770	1 155

由表 3-15 可以看出在不同代表年，随降水量和径流量变化、泥沙量和非点源污染物负荷也是变化的。丰水年、平水年、枯水年的降水量、泥沙量和非点源污染物负荷依次减小；泥沙量和非点源污染负荷量的变化趋势和降水量有密切关系。

3.4.3　非点源污染负荷的时间分布

运用模型对沣河流域 2003 年、2004 年、2005 年三个代表年不同月份降水量、泥沙量和污染物负荷量进行模拟。结果表明，三年中每年的降水量、泥沙量和非点源污染物负荷都集中在汛期（6～10 月），其中，2003 年汛期降水量、泥沙量、硝氮负荷、有机氮负荷和有机磷负荷占全年的比例分别为 79%、95%、25%、96% 和 96%；2005 年汛期降水量、泥沙量、硝氮负荷、有机氮负荷和有机磷负荷占全年的比例分别为 82%、92%、65%、92% 和 86%；2004 年汛期降水量、泥沙量、硝氮负荷、有机氮负荷和有机磷负荷占全年的比例分别为 69%、78%、54%、77% 和 88%。同时，无论是泥沙还是污染物的产出，在降雨较多的月份都比降雨较少的月份多。这符合非点源污染物的产生规律，非点源污染是伴随着降雨径流过程特别是暴雨过程产生的，所以各种非点源污染年内主要在汛期产生，集中在降水量较大的月份。一般在这段时间内，会有多场大型暴雨发生，随暴雨过程会产生很大的输沙过程。降水量、径流量和泥沙量是明显正相关的，随着大量水流和泥沙，必然同时也携带大量的非点源污染物。

3.4.4　非点源污染产出的空间分布

非点源污染的产生具有很强的空间性，和研究区内降水量、土壤特性、土地利用以及地形的有着极其密切的关系。SWAT 模型作为一个分布式模型，结合 GIS 可以研究流域内非点源污染空间分布。

本研究选择的模拟年份为 2003 年（丰水年）、2004 年（枯水年）和 2005 年（平水年），这三年期间沣河流域的土地利用、植被覆盖情况不会有明显大的变化，所以非点源污染负荷的空间变化将由流域内降水量大小及其在空间上的分布情况决定。以下对照沣河流域（图 1-10，见书后图版）三个代表年的流域内降雨、径流、泥沙和非点源污染的空间变化规律进行分析。

1. 流域内降水量的空间分布

图 3-22 至图 3-25（见书后图版）分别是 2003 年（丰水年）、2004 年（枯水年）、

2005年（平水年）各年降水量和三年平均降水量分布图。由图可以看出，降水量较大的地区集中在靠近秦岭周边植被覆盖良好的山地地区，中下游居住和耕地地区降水量较小。从整个流域来看，这三个代表年降水量分布情况大致相同，各年降水量最少的地区主要集中在流域东北部的杜曲、韦曲、王曲，北部的钓台、高桥、斗门、马王、灵沼；降水量最大的区域集中在上游秦岭周边的山地地区以及长安区的五星、滦镇、子午地区（流域中部）。

2. 流域内径流的空间分布

图3-26至图3-29（见书后图版）分别是2003年（丰水年）、2004年（枯水年）、2005年（平水年）各年径流深和三年平均径流深分布图。径流分布与降水量呈正相关关系；径流最大的区域集中在上游秦岭周边的山地地区以及流域中部的五星、滦镇、子午，流域东部太乙宫和王莽地区，因为这部分地区的降水量很大，且地形坡度大，所以相应的径流很大，是主要的集水区域。

3. 流域内泥沙负荷的空间分布

图3-30至图3-33（见书后图版）分别是2003年（丰水年）、2004年（枯水年）、2005年（平水年）各年泥沙负荷和三年平均泥沙负荷分布图。沣河流域的产沙区主要分布在流域中部长安区的五星、滦镇地区。这些地区靠近秦岭的周边山地，土壤类型主要为棕壤性土、棕壤和褐土，地形坡度大于下游地区，土壤侵蚀量大，所以该区域泥沙产出是最大的。下游耕地和区民区地形平坦，土壤侵蚀量小，所以泥沙产量很小。

4. 流域内硝氮负荷的空间分布

图3-34至图3-37（见书后图版）分别是2003年（丰水年）、2004年（枯水年）、2005年（平水年）各年硝氮负荷和三年平均硝氮负荷分布图。硝氮负荷比较大的地区集中在流域中部长安区的东大、五星、滦镇、子午、黄良，流域西部户县的草堂镇和秦渡镇，以及流域东部太乙宫和王莽地区，这些地区是主要的耕种区，且降水量也很大，所以硝氮负荷比较大。

5. 流域内有机氮负荷的空间分布

图3-38至图3-41（见书后图版）分别是2003年（丰水年）、2004年（枯水年）、2005年（平水年）各年有机氮负荷和三年平均有机氮负荷分布图。有机氮负荷分布和泥沙分布情况基本相同。有机氮负荷较大的区域分布在流域中部长安区的五星、滦镇、子午地区，以及流域西部户县的草堂镇和秦渡镇，这些地区是耕地区，对应的土壤类型为棕壤性土、棕壤和褐土。因为氨氮由有机氮直接转化而来，所以氨氮空间分布与有机氮分布相同。

6. 流域内有机磷负荷的空间分布

图3-42至图3-45（见书后图版）分别是2003年（丰水年）、2004年（枯水年）、2005年（平水年）各年有机磷负荷和三年平均有机磷负荷分布图。流域有机磷负荷与泥沙分布大致相同。有机磷负荷较大的区域分布在流域中部长安区的五星、滦镇、子午地区，以及流域西部户县的草堂镇和秦渡镇地区，这些地区是耕地区，对应的土壤类型为棕壤性土、棕壤和

褐土。

7. 流域内可溶磷负荷的空间分布

图3-46至图3-49（见书后图版）分别是2003年（丰水年）、2004年（枯水年）、2005年（平水年）各年可溶磷负荷和三年可溶磷负荷分布图。流域可溶磷负荷主要分布在流域西部户县的秦渡镇、中部长安区的五星、滦镇、子午、东大、细柳地区以及西部户县的草堂镇。可溶磷主要由降雨产生的地表径流带出，其产出和径流有关系，这些地区的径流量比较大，所以随之产生的可溶磷负荷也比较大。

从上面的分析可以看出，氮、磷非点源负荷与降雨密切相关，土壤侵蚀、土地利用、农业活动以及土壤等因素都对氮、磷非点源负荷有影响，并不是单一由降雨决定。此外，泥沙负荷分布和氮、磷非点源负荷分布有很好的相关性，这说明控制沣河流域水土流失，减少土壤侵蚀可以减小沣河流域非点源负荷。另外，沣河上游各种娱乐场所排放的生活污水等和中下游居民养殖、耕地的化肥施用都是沣河流域氮、磷非点源污染控制的重点。

3.4.5 沣河流域情景模拟

1. 情景分析方案设定

沣河流域的非点源污染主要来自土壤侵蚀、农田化肥流失，在流域建立以下三种情景进行不同管理措施的效果模拟（表3-16）。

表3-16 流域内情景模拟方案

情景	情景设定	说明
情景1	流域内采取水土保持措施，减小USLE_ P	水土保持措施可以减少非点源污染
情景2	改进化肥施用方式	减小表层土壤施肥量占总施肥量的比例
情景3	改变化肥施用量	减少农田化肥施用量，合理施肥

情景1：采取水土保持措施，改变USLE方程中的水土保持因子USLE_ P，该因子是指特定保持措施下的土壤流失量与相应未实施保持措施的顺坡耕作地块的土壤流失量之比，USLE_ P取值为0~1，其值越大说明水土流失越严重，反之则说明水土流失越少。对农田采取水土保持措施可以减少径流量，减轻土壤侵蚀，从而减少流域非点源污染。本研究设定开始未采取水土保持措施，USLE_ P取值为1，情景1情况下设定USLE_ P取值为0.8。

情景2：减小表层土壤（0~10mm）施肥量占总施肥量的比例，基准情况下表层土壤施肥量占总施肥量的20%，在情景2中减小为10%。

情景3：基于合理施肥的考虑，将农田施肥量减少。根据陕西省统计年鉴资料，沣河流域2003~2005年化肥施用量分别为730kg/hm^2、760kg/hm^2、794kg/hm^2，基于合理施肥的考虑，将流域各年农田施肥量减半。

2. 不同情景模拟结果分析

根据表3-16所设定的三种情景对沣河流域2003~2005年进行不同管理措施的效果模

拟，模拟结果见表3-17至表3-19。

表3-17　不同情景下TN非点源污染负荷模拟结果

情景	年份	初始值/kg	情景值/kg	变化量/kg	变化率/%
情景1	2003	366 710	325 210	-41 500	-11.32
	2004	134 994	121 356	-13 638	-10.10
	2005	243 707	223 528	-20 179	-8.28
情景2	2003	366 710	365 711	-999	-0.27
	2004	134 994	134 066	-928	-0.69
	2005	243 707	242 501	-1 206	-0.49
情景3	2003	366 710	363 251	-3 459	-0.94
	2004	134 994	131 503	-3 491	-2.59
	2005	243 707	239 141	-4 566	-1.87

表3-18　不同情景下TP非点源污染负荷模拟结果

情景	年份	初始值/kg	情景值/kg	变化量/kg	变化率/%
情景1	2003	48 058	39 491	-8 567	-17.83
	2004	16 925	14 090	-2 835	-16.75
	2005	26 075	21 839	-4 236	-16.25
情景2	2003	48 058	47 872	-186	-0.39
	2004	16 925	16 725	-200	-1.18
	2005	26 075	25 823	-252	-0.97
情景3	2003	48 058	47 356	-702	-1.46
	2004	16 925	16 209	-716	-4.23
	2005	26 075	25 111	-964	-3.70

表3-19　不同情景下NH_3-N非点源污染负荷模拟结果

情景	年份	初始值/kg	情景值/kg	变化量/kg	变化率/%
情景1	2003	70 870	58 360	-12 510	-17.65
	2004	22 820	19 680	-3 140	-13.76
	2005	42 820	36 300	-6 520	-15.23
情景2	2003	70 870	70 501	-369	-0.52
	2004	22 820	22 580	-240	-1.05
	2005	42 820	42 406	-414	-0.97
情景3	2003	70 870	69 465	-1 405	-1.98
	2004	22 820	21 929	-891	-3.90
	2005	42 820	41 254	-1 566	-3.66

(1) 情景 1 中 2003 ~2005 年各年的 TN、TP 和 NH_3-N 负荷输出量都得到较大幅度的削减，通过在沣河流域采取水土保持措施，可以减少径流量，降低流域土壤侵蚀程度，从而减小溶解态和吸附态氮、磷污染物输出，达到非点源污染控制的效果。

(2) 情景 2 的结果表明，改变施肥方式、减少施用于土壤表层的各种化肥量的比例对减少流域氮、磷非点源污染负荷有一定的作用。土壤侵蚀是氮、磷非点源污染进入河流水体的一个重要途径，越接近地表，非点源污染物越容易随土壤侵蚀而流失。研究发现，施肥深度对浓度峰值的深度影响显著，施肥深度越大，养分浓度的峰值出现的位置越深，化肥（如 K 和 P 肥）深施在作物根系生长区可以更有效地发挥肥效，同时养分不容易随水土流失，但对于可溶性的 NO_3-N 等，施肥位置不能太深，否则将导致养分流失及污染地下水。因此在实际施肥实践中，需要根据施肥特点及作物的不同，合理选择施肥方式。

(3) 情景 3 中 2003 ~2005 年各年的 TN、TP 和 NH_3-N 负荷都得到一定量的减小，这说明合理施肥，减少农田化肥施用量有利于减少水体非点源污染，可以保护河流水质。施肥作为世界粮食生产的基本投入和主要增产因子，已为越来越多的人所理解和承认，但只有当作物遗传潜力、综合的最佳土、肥、水管理及其他保护措施合理利用时，产量才能提高，过量施用化肥反而会影响农产品品质。同时，在化肥施用过量的情况下，如果采用大水漫灌的方法，会将氮淋洗到地下深层土壤中，甚至地下水中，造成地下水源污染和河、湖水系的氮富集。所以为了减少流域非点源污染，应该进行科学合理的施肥。

3.4.6 沣河流域非点源污染防治措施建议

由前面非点源污染负荷计算结果和情景模拟分析，沣河流域氮、磷非点源污染产生主要是由水土流失、农田化肥施用、农村居民生活污水、畜禽养殖等造成的，因此提出以下非点源污染防治措施实现非点源污染控制。

(1) 土壤侵蚀造成的氮、磷非点源污染对流域内的水体污染较严重，因此减小土壤侵蚀，对沣河流域水质改善有很好效果。应该积极植树造林、种草，退耕还林，加强水土流失治理，减小土壤侵蚀，就会有效减小氮、磷非点源污染负荷。

(2) 农村耕地和居民生活也会造成氮、磷非点源污染增加，养殖业排污、化肥施用增多、化肥施用方式不合理、生活污水不经收集和处理随意排放影响了流域水质。只要减少耕地、合理施肥、减少化肥施用、改进化肥施用方式，也会有效减小氮、磷非点源污染负荷。

3.5 本章小结

利用秦渡镇水文站 2001 ~2004 年的实测数据对径流、泥沙和污染物参数进行了校准，再利用 2005 ~2006 年实测数据对径流、泥沙和污染物进行了验证，通过模型评价表明满足模型精度要求，认为将 SWAT 模型应用于沣河流域的非点源污染模拟计算基本上是合理可行的。

对 SWAT 模型进行校准和验证之后，根据沣河流域秦渡镇水文站 1956 ~2009 年共 54

年的实测多年年径流量作为基础数据，采用 *P*- Ⅲ型水文频率分析软件对径流量进行频率分析，确定 2003 年为丰水年，2005 年为平水年，2004 年为枯水年，然后进行不同代表年非点源污染负荷量计算。根据模拟计算，对三个代表年结果进行分析，得出以下结论。

（1）沣河流域非点源污染的时间特征。非点源污染是伴随着降雨径流过程特别是暴雨过程产生的，所以各种非点源污染年内主要在汛期产生，集中在降水量较大的月份。一般在这段时间内，会有多场大型暴雨发生，随暴雨过程会产生很大的输沙过程。降水量、径流量和泥沙量是明显正相关的，降水量越大，地表径流越大，泥沙量也越大，随着大量水流和泥沙，必然同时也携带大量的非点源污染物。以上不同代表年分析可以看出，无论是泥沙还是污染物的产出，在降雨较多的月份都比降雨较少的月份多，这符合非点源污染物的产生规律，是伴随降雨径流过程产生的。

（2）非点源氮、磷污染负荷的空间特征。氮、磷非点源负荷与降雨密切相关，但土壤侵蚀、土地利用、农业活动以及土壤等因素都对氮、磷非点源负荷有影响，并不是单一由降雨决定。此外，泥沙负荷分布和氮、磷非点源负荷分布有很好的相关性，这说明控制沣河流域水土流失，减少土壤侵蚀可以减小沣河流域非点源负荷。另外，沣河上游各种娱乐场所排放的生活污水等和中下游耕地的化肥施用都是沣河流域氮、磷非点源污染控制的重点。

（3）情景模拟分析。通过对流域进行情景模拟，发现采取水土保持措施，改进化肥施用方式，合理减少施肥量都可以减少流域非点源污染负荷。针对分析结果，提出来沣河流域非点源污染防治措施。

参 考 文 献

桂峰，于革 . 2006. 洪湖流域传统农业条件下营养盐输移模拟研究 . 第四纪研究，26（5）：849-856

郝芳华，陈利群，刘昌明 . 2004. 土地利用变化对产流和产沙的影响分析 . 水土保持学报，18（3）：5-8

郝芳华，程红光，杨胜天 . 2006. 非点源污染模型——理论方法与应用 . 北京：中国环境科学出版社

郝芳华，孙峰，张建永 . 2002. 官厅水库流域非点源污染研究进展 . 地学前缘，9（2）：385-386

贺国平，张彤，周东 . 2006. 土地覆被和气候变化的水文响应研究 . 北京水务，3：27-31

胡连伍，王学军，周定贵，等 . 2006. 基于 SWAT2000 模型的流域氮营养素环境自净效率模拟以杭埠-丰乐河流域为例 . 地理与地理信息科学，22（2）：35-38

胡远安，程声通，贾海峰，等 . 2003. 袁水上游小流域非点源污染研究——实验设计与数据初步分析 . 农业环境科学学报，22（3）：442-445

黄清华，张万昌 . 2004. SWAT 分布式水文模型在黑河干流山区流域的改进及应用 . 南京大业大学学报（自然科学版），28（2）：22-26

李峰，胡铁松，黄华金 . 2008. SWAT 模型的原理、结构及其应用研究 . 中国农村水利水电，3：24-28

李家科 . 2009. 流域非点源污染负荷定量化研究——以渭河流域为例 . 西安：西安理工大学博士学位论文

李家科，刘健，秦耀民，等 . 2008. 基于 SWAT 模型的渭河流域非点源氮污染分布式模拟 . 西安理工大学学报，24（3）：278-285

李家科，杨婧媛，李怀恩，等 . 2012. 基于 SWAT 模型的陕西沣河流域非点源污染模拟 . 水资源与水工程学报，23（4）：11-17

刘博，徐宗学 . 2011. 基于 SWAT 模型的北京沙河水库流域非点源污染模拟 . 农业工程学报，27（5）：52-61

刘昌明，李道峰，田英，等．2003. 基于 DEM 的分布式水文模型在大尺度流域应用研究．地理科学进展，22（3）：437-447
刘铭环．2005. 竹竿河流域非点源污染研究．北京：清华大学硕士学位论文
庞靖鹏．2007. 非点源污染分布式模拟——以密云水库水源地保护为例．北京：北京师范大学博士学位论文
秦耀民，胥彦玲，李怀恩，2009. 基于 SWAT 模型的黑河流域不同土地利用情景的非点源污染研究．环境科学学报，29（2）：440-448
任希岩，张雪松，郝芳华，等．2004. DEM 分辨率对产流产沙模拟影响研究．水土保持研究，11（1）：1-5
盛春淑，罗定贵．2006. 基于 AVSWAT 丰乐河流域水文预测．中国农学通报，22（9）：493-497
宋林旭，刘德富，肖尚斌，等．2013. 基于 SWAT 模型的三峡库区香溪河非点源氮磷负荷模拟．环境科学学报，33（1）：267-275
汤洁，刘畅，杨巍，等．2012. 基于 SWAT 模型的大伙房水库汇水区农业非点源污染空间特性研究．地理科学，32（10）：1247-1253
唐莉华，林文婧，张思聪，等．2010. 基于 SWAT 模型的温榆河流域非点源污染模拟与分析．水力发电学报，29（4）：6-12
万超，张思聪．2003. 基于 GIS 的潘家口水库面源污染负荷计算．水力发电学报，（2）：62-68
王中根，刘昌明，黄友波．2003. SWAT 模型的原理、结构及应用研究．地理科学进展，22（1）：79-87
薛丽娟．2006. 太湖西苕溪流域径流过程模拟．大连：大连理工大学硕士学位论文
杨桂莲，郝群芳．2003. 基于 SWAT 模型的基流估算及评价——以洛河流域为例．地理科学进展，22：463-471
张雪松，郝芳华，程红光，等．2004. 亚流域划分对分布式水文模型模拟结果的影响．水利学报，11（1）:119-123
张玉斌，郑粉莉，武敏．2007. 土壤侵蚀引起的农业非点源污染研究进展．水科学进展，18（1）：123-132
张运生．2003. GIS 和遥感辅助下的江西潋水河流域化学径流计算机模拟探讨．南京：南京师范大学硕士学位论文
朱新军，王中根，李建新，等．2006. SWAT 模型在漳卫河流域应用研究．地理科学进展，25（5）：105-111
Arnold J G，Williams J R. 1987. Validation of SWRRB-simulator for water resources in rural basins. Water Resour Plann Manage ASCE，113（2）：243-256
Celine C，Ghislain M，Faycal B. 2003. A long-term hydrological modeling of the Upper Guadiana river basin. Physics and Chemistry of the Earth，28（4-5）：193-200
Chanasyk D S，Mapfumo E，Willms W. 2003. Quantification and simulation of surface runoff from fescue grassland watersheds. Agricultural Water Management，59（2）：137-153
Chaplot V，Salet A，Jaynes D B. 2005. Effect of the accuracy of spatial rainfall information on the modeling of water sediment and NO_3^--N loads at watershed level. Journal of Hydrology，312：223-234
Cruise J F，Limaye A S. 1999. Assessment of impacts of climate change on water quality in the southeastern United States. Journal of the American Water Resources Association，35（6）：1539-1550
Eileen C D，Mackay T. 2004. Effects of distribution-based parameter aggregation on a spatially distributed agricultural nonpoint source pollution model. Journal of Hydrology，295（1-4）：211-224
Fairfield J，Leymarie P. 1991. Drainage networks from grid digital elevation models. Water Resources Research，

27 (5): 709-717

Hargreaves G H, Samani Z A. 1985. Reference crop evapotranspitation from temperture. Applied Engr Agric, (1): 96-99

Hernandez M, Miller S N, Goodrich D C, et al. 2000. Modeling runoff response to land cover and rainfall spatial variability in semi-arid watersheds. Environmental Monitoring and Assessment, 64 (1): 285-298

Jha M, Gassman P W, Secchi S, et al. 2004. Effect of watershed subdivision on swat flow, sediment, and nutrient predictions. Journal of the American Water Resources Association, 40 (3): 811-825

Lam Q D, Schmalz B, Fohrer N. 2010. Modelling point and diffuse source pollution of nitrate in a rural lowland catchment using the SWAT model. Agricultural Water Management, 97 (2): 317-325

Leonard R A, Knisel W G, Still D A. 1987. GLEAMS: groundwater loading efects of agricultural management systems. Transaction of the American Society of Agricultural Engineers, 30 (5): 1403-1418

Manguerra H B, Engel B A. 1998. Hydrologic parameterization of watersheds for runoff prediction using SWAT. Journal of the American Water Resources Association, 34 (5): 1149-1162

Mckay M D, Beckman R J. 1979. A comparison of three methods for selecting values in the analysis of output from a computer code. Technometics, 2: 239-245

Monteith J L. 1965. Evaporation and the environment, in the state and movement of water in living organisms. *In*: 19th Symposia of the Society for experimental Biology. London: Canbridge Univ Press, 205-234

Morris M D. 1991. Factorial sampling plans for preliminary computational experiments. Tecnometrics, 33 (2): 45-48.

Nash J E, Sutcliffe J V. 1970. River flow forecasting through conceptual models, Part 1: a discussion of principles. Journal of Hydrology, 10: 282-290

Pease L M, Oduor P, Padmanabhan G. 2010. Estimating sediment, nitrogen and phosphorous loads from the Pipestem Creek watershed, North Dakota, using AnnAGNPS. Computers & Geosciences, 36 (3): 282-291

Priestley C H B, Taylor R J. 1972. On the assessment of surface heat flux and evaporation using large- scale parameters. Mon Weather Rev, 100 (2): 81-92

Romanowicz A A, Vanclooster M, Rounsevell M, et al. 2005. Sensitivity of the SWAT model to the soil and land use data parametrisation: a case study in the Thyle catchment, Belgium. Ecological Modelling, 187 (1): 27-39

Saleh A, Arnold J G, Gassman P W. 2000. Application of swat for the upper North Bosque River watershed. Transactions of the American Society of Agricultural Engineers, 43 (5): 1077-1087

Sharpley A N, Williams J R. 1990. EPIC-Erosion Productivity Impact Calculator, 1. model documentation. Washington: US Dept of Agriculture, Agricultural Research Service

Shen Zh Y, Liao Q, Hong Q, et al. 2012. An overview of research on agricultural non- point source pollution modelling in China. Separ Technology for Sustainable Water Environment , 84: 104-111

Soil Conservation service. 1975. Urban Hydrology for small watershed. USDA, Washington DC Technical Release, 55: 215-250

Srinivasan R, Arnold J G, Jones C A. 1988. Hydrologic modeling of the United States with the soil and water assessment tool. Water Resources Development, 4 (3): 315-325

Stonefelt M C, Fontame T A, Hotchkiss R H. 2001. Impacts of climate change on Missouri River basin water yield. Journal of the American Water Resources Association, 37 (5): 1119-1129

Tripathi M P, Panda R K, Raghuwanshi N S. 2003. Identification and prioritisation of critical sub-watersheds for soil conservation management using the SWAT model. Biosystems Engineering, 85 (3): 365-379

Williams J R. 1980. SPNM. a model for predicting sediment, phosphorus and nitrogen yields from agricultural basins. Water Resources, 16 (5): 843-848

Williams J R, Hann R W. 1978. Optimal operation of large agricultural watersheds with water quality constraints. Texas Water Resources Institute, TexasA&M Univ: 341-355

Williams J R, Jones C A, Dyke P T. 1995. A modeling approach to determining the relationship between erosion and soil productivity. Trans ASAE, 27: 129-144

第 4 章　沣河氮素污染来源同位素示踪

随着社会经济的发展和人口的不断增加，工业废水、城镇生活污水和城市、农村非点源污染导致地表水体污染严重。淡水系统由于氮营养盐的过量输入而受到污染，从而严重威胁到饮用水供应的安全，导致世界范围内发生地表水和地下水水体富营养化和季节性缺氧等环境问题（Widory et al.，2005；Li et al.，2010）；过量氮营养盐的输入同样严重危害水生生态系统（Wu et al.，1999）。硝酸盐和铵氮是氮污染物在淡水水体中主要存在形式，氮污染已经成为地表水体污染的主要因素，许多河流氮含量常年超标，水体呈富营养状态，对居民的健康和社会的可持续发展构成了较大威胁。政府和学术界已高度重视河流氮污染问题，正积极研究和采取措施控制污染。

传统的方法在研究河流氮污染来源时，多是由水体中氮污染物的浓度以及潜在的氮污染来源含量来进行的，通过河流水质指标特征结合流域的径流特征来进行分析研究。但由于氮污染来源具有的多样性和复杂性，点源和非点源混合出现，以及氮循环中复杂的物理、化学作用、生物转化过程等特征，这一传统的方法不能直接提供河流氮污染的来源信息。

鉴于稳定同位素方法在污染示踪已经有了广泛的应用，研究人员尝试利用氮同位素方法来示踪河流氮污染的来源研究。大多数陆地物质的氮稳定同位素组成有一定的范围，而且不同来源的氮稳定同位素组成存在差异，因此氮稳定同位素能较好地用来示踪氮素的来源。随着分析测试技术的不断提高，利用稳定氮同位素方法来识别河流氮污染的研究已逐步开展（Silva et al.，2002；Liu et al.，2006；Seiler，2005）。

4.1　氮同位素示踪概述

氮在自然界以多种形式存在，自然界有许多不同种类的氮化合物，如从正五价的硝酸根离子到负三价的铵根离子，这也导致了其同位素组成在自然界中变化幅度很大。不同氮的存在形式和不同的含氮物质中氮的同位素含量比值不同，同一种物质不同时间氮的这两种同位素含量比值也不相同。这是利用氮同位素方法来示踪不同氮来源的基础。

4.1.1　氮同位素简介

质子数相同而中子数不同的原子称为同位素（isotope），同位素具有相似的化学性质。同位素可分为放射性同位素（radioactive isotope）和稳定同位素（stable isotope）两大类。能自发地放出粒子并衰变为另一种同位素者为放射性同位素，稳定同位素则是指无可测放射性的同位素，其中一部分是放射性同位素衰变的最终产物，另一部分是天然的稳定同位素，即自核形成以来就保持稳定的同位素。已知1700余种同位素中，稳定同位素约占260余种（Faure，1977；郑永飞和陈江峰，2000）。

一般定义同位素比值 R 为某一元素的重同位素原子丰度与轻同位素原子丰度之比，如 D/H、$^{15}C/^{14}C$ 等，但在实际工作中 R 值极难测准。这一方面是因为在测定同位素比值所用的仪器——质谱仪（mass spectrometer）中存在同位素的分馏；另一方面是因为同位素地球化学研究中处理的同位素比值变化微小，增加了测定的难度。实际工作中是采用相对测量法，即将待测样品（Sa）的同位素比值 R_{Sa} 与标准物质（St）的同位素比值 R_{St} 作比较，比较结果称为样品的 δ 值，其定义为

$$\delta(‰) = \left(\frac{R_{Sa}}{R_{St}} - 1\right) \times 1000 \tag{4-1}$$

即样品的同位素比值相对于某一标准的同位素比值千分差。

自然界中氮元素存在 ^{14}N 和 ^{15}N 两种形式的稳定同位素，^{14}N 约占99.64%，^{15}N 约占0.36%。$\delta^{15}N$ 变化的总范围约100‰，从约-50‰到50‰，但绝大部分落在-10‰到20‰范围内。氮同位素标准为空气，其“绝对”同位素比值为 $^{15}N/^{14}N=(3676.5\pm8.1)\times10^{-6}$，定义其 $\delta^{15}N=0‰$（郑永飞和陈江峰，2000；Hayes，1982）。

长期以来氮同位素地球化学一直没有受到重视，也许是因为它很少形成固体矿物之故，它更不是主要造岩矿物的主要组分。事实上氮是自然界很重要的元素，它是生物圈和气圈的重要组分，在研究与生物、农业、土壤、环境等有关的问题时离不开它。地球上最大的氮储库是大气，近地表环境中约99%的氮以 N_2 形式存在于大气或溶解在海水中。生物圈中的氮很少，但却是生命过程不可或缺的元素之一。近年来，氮同位素地球化学有了较快的发展。

岩石的氮同位素数据很少，就目前研究资料而言，火成岩 $\delta^{15}N$ 值约为-16‰~31‰；远洋沉积物 $\delta^{15}N$ 值为3‰~10‰；高级变质岩和花岗岩相对富集 ^{15}N，其 $\delta^{15}N$ 值为8‰~10‰，随变质程度的降低，$\delta^{15}N$ 值可低至2‰左右。水圈中以大洋水的氮为代表，其 $\delta^{15}N$ 值为 -8‰~10‰。植物中氮的 $\delta^{15}N$ 值变化为-10‰~22‰。可燃有机矿产中，石油和煤的 $\delta^{15}N$ 值落在现代生物范围内，为0~15‰；天然气的 $\delta^{15}N$ 值变化极大，为-45‰~45‰（郑永飞和陈江峰，2000）。

4.1.2　氮的生物地球化学循环

地球上最大的氮储库是大气，近地表环境中约99%的氮以 N_2 形式存在于大气和溶解于海水中。生物圈中氮含量虽然很少，但是重要的生命元素之一，是生物圈的重要组成部分。氮可以以气态、液态和固态存在，其价态可由+5变化到-3，存在的无机形式一般包括 NO_3^-、NO_2^-、N_2、NH_4^+、NH_3、NO_2、NO 和 N_2O，有机形式主要有氨基酸、蛋白质、核酸、脂肪酸等，价态的变化有利于同位素分馏（郑永飞和陈江峰，2000）。

绝大多数生物都不能利用分子态的氮，只有像豆科植物的根瘤菌一类的细菌和某些蓝绿藻能够将大气中的氮气转变为硝氮加以利用。总的来说，大气中参与氮循环的氮是很少的。岩石和矿物中的氮被风化后进入土壤，一部分被生物体吸收，一部分被地表径流带入

海洋。海洋接纳了来自土壤和大气的氮，其中的一部分被生物体吸收。生物体死后，生物体内的氮一部分以挥发性氮化合物的形式进入大气，一部分又返回土壤，还有一部分以沉积物的形式沉积在大洋深处。

植物只能从土壤中吸收无机态的铵态氮和硝氮，用来合成氨基酸，再进一步合成各种蛋白质。动物则只能直接或间接利用植物合成的有机氮，经分解为氨基酸后再合成自身的蛋白质。在动物的代谢过程中，一部分蛋白质被分解为氨、尿酸和尿素等排出体外，最终进入土壤。动植物的残体中的有机氮则被微生物转化为无机氮，从而完成生态系统的氮循环。

氮循环过程中许多氮的化合物都与一系列重大环境问题有关，如臭氧层的破坏、水体富营养化、地下水污染等（Butcher et al.，1992）。一般情况下，水体中的氮循环过程主要包括固氮作用、同化作用、矿化作用、硝化作用、反硝化作用、挥发作用、吸附解吸作用等，分述如下。

1. 固氮作用

固氮作用指空气中非活性氮转化为其他形式氮的过程，包括微生物固氮、闪电作用、人类活动，是所有生物所需氮的最初来源。自然状态下，氮气中的氮分子都是以两个三键相连的氮原子组成，键能为 940.5kJ/mol，化学行为极为稳定，动植物都不能直接利用，然而很多原核生物能把分子氮还原为氨。

固氮作用是在生物固氮酶催化下完成的，在水环境中固氮微生物以蓝藻为主。研究表明固氮作用引起的氮同位素分馏比较微弱，范围为-3‰～+1‰。

2. 同化作用

同化作用一般指转化氮化合物为有机氮的过程，主要指吸收利用氨、硝酸盐、亚硝酸水体铵盐的过程。氮的吸收同化使氮成为重要的生命元素之一，是蛋白质和核酸组成中不可缺少的成分。微生物对无机氮化物的吸收过程中，由于 NO_3^-转化为 NH_4^+还需经历一系列生化反应耗能，所以一般来讲优先吸收同化 NH_4^+，而不是 NO_3^-（Eviner，1997）。

同化作用过程中由于更倾向于优先利用^{14}N，从而导致氮同位素的分馏。实验研究表明水体中藻类的同化作用能引起大范围的氮同位素分馏（-27‰～0‰）。氮的微生物吸收同化对水体自净具有重要的意义。

3. 矿化作用

矿化作用也叫氨化作用，主要指有机氮转化为氨氮的过程。有机质矿化的过程与反硝化作用密切相关，能为微生物反硝化提供能量。矿化作用导致的分馏作用系数不大，一般为-1‰～1‰。但如果把有机氮转化为硝酸盐的过程也叫做矿化，由于铵根转化为硝酸根的分馏系数非常大，所以综合起来其可能达到-35‰～0‰。

4. 硝化作用

硝化作用是在氧化条件下，在硝化细菌的参与下 NH_4^+被氧化成 NO_3^-的过程。硝化作用中^{14}N优先被转化，故转化成的硝酸盐氮同位素比剩余的铵的氮同位素轻。硝化作用导致的分馏反应系数一般为-29‰～-12‰。

5. 反硝化作用

反硝化作用与固氮作用相反，是由于化学或生物作用NO_3^-或NO_2^-作为兼性厌氧菌的电子受体，在厌氧条件下被还原为N_2O或N_2。反硝化过程产生了大量N_2O（Dore et al.，1998；Hall and Matson，1999），对温室气体N_2O浓度变化有明显的影响。在反硝化条件下，一部分NO_3^-异化还原为NH_4^+（Axler and Peuter，1996），其生态学意义在于防止环境中的氮素过分损失，使氮素能够被储藏，保证氮循环不断地进行。

反硝化作用过程中^{14}N优先被还原，伴随系统中硝酸盐含量的降低，残留的NO_3^-则相对富集^{15}N。分馏反应系数一般为-40‰～-5‰。

6. 挥发作用

水体表层NH_3的损失称为挥发作用。总体上，挥发作用会使得挥发后的底物富集^{15}N，该过程导致的分馏作用系数一般约为-2‰。

7. 吸附解吸作用

吸附解吸作用会由于颗粒物或其他物质表面存在的同位素的交换而导致发生很小的同位素分馏作用。NO_3^-很少被吸附，被吸附的往往是NH_4^+，并且富集^{15}N的NH_4^+更容易被吸附。

水体中不论是正在被迁移中的氮（水体中的氮）还是相对静态的氮（沉积物中的氮），都在进行着生物地球化学变化。水体中的氮以多种形式存在，这些不同存在形式之间的转化过程就构成了复杂的氮循环过程。在氮生物地球化学变化过程中，由于氮的两种同位素^{14}N和^{15}N的反应所需能量不同，其反应速率会存在差异，因此会导致氮分馏作用的发生。氮的一些非化学过程，如挥发、吸附、解吸等，也存在着^{14}N和^{15}N的反应速率的差别导致的氮分馏作用。

生物体总是倾向于利用较轻的同位素^{14}N，所以几乎所有生物作用生成的物质同位素都比本源的同位素轻（陈法锦等，2007）。不同的生物、化学、物理条件也会不同程度地影响氮分馏效果，所以不同条件下氮的生物地球化学过程导致的氮分馏程度不同。生物的营养状态不同，氮的分馏作用也会不同（Waser et al.，1999；James et al.，1997），不同的氮的营养盐在氮的同化作用中发生的分馏作用不同（俞志明，2004；Cohen and Fong，2004），光照、溶解氧等因素也会通过影响发生的生物地球化学反应来影响氮的分馏作用。

正是由于不同来源的氮具有不同的同位素组成，研究者才能利用稳定氮同位素的方法示踪氮素的最初来源，并探讨氮元素在地球化学过程中的硝化、反硝化的转化机理及其分馏过程。

4.2 水体样品采集

由于水体中氮有多种赋存形态且不稳定，各种形态之间可以互相转化，最主要的是氮为主要的营养元素，易被微生物所吸收利用，从而导致同位素的分馏，因此基于氮稳定同位素分析的样品采集过程就显得非常关键。对氮同位素样品来说，通用的方法是向水样中加入毒化试剂（如氯仿或氯化汞），然后低温保存，目的主要是降低微生物活性，避免水样中的氮在微生物的作用下变化。由于所要分析的对象中氮的含量通常非常低，为了保证质谱分析的准确度和精确度，常常需要采集几升甚至十几升的样品，增加了取样和保存样品的难度。

本研究采样地点为沣河流域，研究期间分别采集了河道水体样品、农田土壤样品和典型污染源样品。2011 年 1 月采集的是沣河沿岸主要排污口的污水样品及农田土壤样品；其余 4 次是沿沣河主河道自上而下采集沣河水体样品，雨后的河道丰水期 2 次（2010 年 6 月和 2011 年 6 月），枯水期 2 次（2010 年 10 月，和 2011 年 3 月）。采样点选取原则为各峪口处、各主要支流汇入干流前和汇入干流后以及沣河入渭前。采样简图如图 4-1 所示。

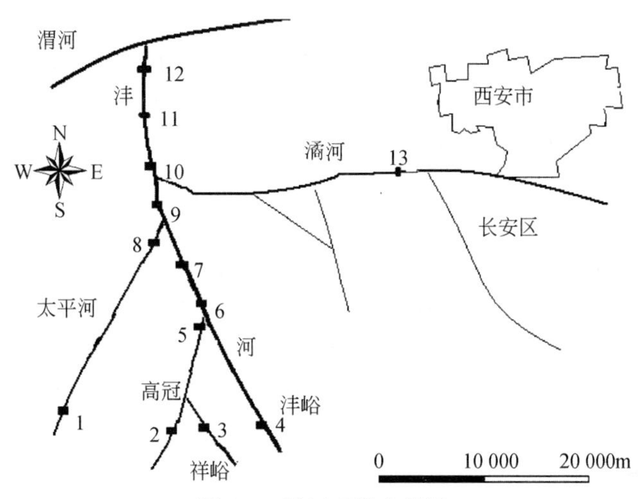

图 4-1　沣河采样点简图

1. 太平峪口；2. 高冠峪口；3. 祥峪口；4. 沣峪口；5. 高冠入沣前；6. 高冠入沣河下游；7. 北强村桥；8. 太平河桥；9. 秦渡镇水文站；10. 秦渡镇大桥；11. 严家渠；12. 三里桥；13. 潏河子午大道桥下

4.3　氮同位素样品前处理

近年来，人们不断改进了氮同位素样品的预处理方法，使得氮同位素方法在水体污染示踪研究中得到广泛的应用。目前，水体中的氮同位素的测定都是先通过预处理将水中的氮转化为 N_2，利用质谱仪进行分析测定。分析流程大致分为以下三个步骤：氮的分离富集、向 N_2 形式的转化、N_2 的质谱分析。

目前运用较多的氮同位素前处理方法主要有以下几种。

1. 蒸馏法

蒸馏法是最传统的方法，较早用于土壤消化液或萃取液 ^{15}N 的测定，以后则广泛用于各种形态样品。蒸馏法的基本原理为：由于硝酸盐是有氧环境中最稳定的含氮化合物，通过蒸馏反应将硝酸盐转化为铵盐（Bremmer，1965；Bremmer and Edwards，1965）。在密闭的系统中，通过将水样的 pH 调为碱性，使水中的铵态氮转化为 NH_3，在加热的条件下，NH_3挥发出来，被酸化的分子筛吸附，吸附了铵态氮的分子筛经过分离、干燥后，转化为 N_2进行质谱分析。

但是，上述方法也存在着很多缺点：①需要大量的工作时间，且不能适合野外工作，需要有熟练的操作人员；②样品需求量大；③蒸馏设备主要由硼硅酸盐等普通玻璃制成，这些玻璃对 NH_4^+-N 有较好的亲和性，蒸馏时容易吸附 NH_4^+，因而在样品蒸馏过程中容易引起交叉污染；④不完全蒸馏和不完全吸收，蒸馏法很可能导致同位素分馏，使同位素测定结果偏差较大。

2. 扩散法

扩散法较早用于 NO_3^-、NH_4^+含量的测定，20 世纪 70 年代中晚期才用作^{15}N 分析的预处理。其基本机理是：在密封的瓶子中，通过调扩散溶液的 pH 为碱性使水体中的铵态氮转化为 NH_3，在常温或者 40℃下放置 6～14 天使 NH_3扩散，并被与水样隔离的吸附阱吸附，吸附阱内吸附了铵态氮的物质再经过分离、干燥后，转化为 N_2，供质谱检测氮同位素组成。

扩散法可以同时测定硝氮和铵态氮同位素，操作简单，需要的劳动量强度较小，并且避免了蒸馏法存在的难以克服的交叉污染。可用扩散法测定无机氮同位素组成的样品范围广泛，适用于海水、淡水以及土壤浸提液中铵态氮和硝氮同位素的测定。虽然需要的实验流程长，但是可以大量样品同时进行，这样也并不会延长实验时间。

但扩散法也存在下列问题：样品扩散不完全引起的同位素分馏；对于含氮量低的水样，可能存在较大的误差；扩散过程由于溅起的碱性化样品会接触并中和酸化收集器而使扩散失败，因此不便于野外水样预处理。

3. 离子交换树脂法

离子交换树脂法可以使用阳离子交换树脂柱和阴离子交换树脂柱串联的方法分别从水样中分离 NH_4^+和 NO_3^-，也可以单独使用阳离子交换树脂柱从水样中分离富集 NH_4^+，或单独使用阴离子交换树脂柱从水样中分离富集 NO_3^-。交换树脂法的基本原理是：水样通过离子交换树脂后，水样中的 NH_4^+（阳离子交换树脂）和 NO_3^-（阴离子交换树脂）被分离、吸附在离子交换树脂上，然后将离子交换树脂烘干后直接采用在线法测定树脂的氮同位素值，或者将 NH_4^+（阳离子交换树脂）洗脱下来后再通过扩散法处理，测定氮同位素。

近年，Silva 发展出一种 NO_3^-中氮氧同位素的新预处理方法及焊封管燃烧法测定氮氧同位素技术，该预处理方法采用阴离子交换树脂取样，将样品中的硝酸盐转化成硝酸银，冷冻干燥之后，将硝酸银样品直接用质谱仪测定同位素；或将硝酸银与石墨加入到焊封管燃烧制备出 N_2，这样制备出的 N_2不需纯化，直接在质谱计上进行同位素的测定（Silva et al.，2000；Chang et al.，1999）。

此方法适用于含氮量低的水样中无机氮同位素的测定，弥补了天然水体中含氮量低的样品中氮同位素采用蒸馏法或者扩散法测定时误差较大的缺陷。但是如果水样中其他离子浓度过高，在水样过柱时，其他离子会产生干扰，降低吸附效率，从而可能导致氮同位素分馏。所以该方法仅适合于淡水中氮同位素的测定，不适合于土壤浸提液或者海水等离子浓度较大的水体中无机氮同位素的预处理。离子交换树脂法可在野外实现现场对采样进行预富集，可避免运输水样的不便，以及在水样运输过程中可能存在的氮的变化。

4. 细菌反硝化法

目前，测定硝酸盐氮、氧同位素的最新方法是由 Sigman 等（2001）发展的细菌反硝化法。该方法将缺乏 N_2O 活性酶的反硝化细菌加入天然浓度硝酸盐的水样中，反硝化细菌将水中硝酸盐全部转化成 N_2O 气体，然后将分离纯化出来的 N_2O 气体直接送入气体质谱仪测试氮同位素组成。

该方法优点有：①所需水样量小；②减小了低浓度硝酸盐水样因富集产生的相应的本底增大；③水样中硝酸盐的浓度可以很低（1μmol/L）。

但该方法也存在明显的局限性：①剥离、纯化后的气体不允许含有 CO_2，因为 N_2O 与 CO_2 分子量相同，质谱测定时不能分辨出两种分子，往往导致 N_2O 的氮同位素测定值偏低；②实验所需的反硝化细菌需专门培养，培养条件要求较高，整个反硝化过程及 N_2O 收集、储存对实验仪器和实验技能的要求较高，因此国内目前还没有人用该方法开展水体中硝氮同位素研究。

本研究的硝氮同位素和氨氮同位素的前处理均在中国科学院地球环境研究所稳定同位素实验室完成。

硝氮同位素样品所采用的预处理方法采用邢萌（2009）建立的离子交换法。该实验方法对 Silva 建立的阴离子树脂交换法进行了改进。根据 NO_3^- 浓度，取一定体积的水样，通过阴离子交换树脂柱（Bio-Rad AG1-X8 型树脂）进行离子交换。取 3mol/L 的盐酸 8mL 洗脱吸附在树脂柱上的 NO_3^-，向洗脱液中逐滴加入 Ag_2O，最后用 pH 试纸检验，pH 要为 5.5～6.0。用过滤方法除去 AgCl 沉淀，将含有 $AgNO_3$ 的滤液收集在容积为 50mL 的烧杯中进行冷冻干燥，将冷冻干燥后得到的 $AgNO_3$ 样品用去离子水溶解后转移入尖底离心管中，再次进行冷冻干燥，使样品均匀地浓缩至较小体积，最后将 $AgNO_3$ 样品用适量的去离子水重新溶解，把溶解后的溶液转移到 5mm×9mm 的银杯中，将银杯放入特制的铝制模具中。将模具部分浸入到液氮中，直到 $AgNO_3$ 溶液冷冻，将银杯上部合上，同时用胶模封住模具，进行冷冻干燥，供质谱仪测定。具体实验步骤如图 4-2 所示。

铵氮同位素样品采用扩散法进行前处理，要求样品的铵氮浓度高于 0.5mg/L，浓度过低会产生同位素分馏，实验数据不可靠（胡婧，2010）。

使用扩散包吸附氨气，具体制作过程如下所述：首先将一片 Teflon 滤膜平铺于直径略大于该滤膜的表面光滑的金属槽中，再取一片玻璃纤维滤纸 Whatman GF/D 放置于滤膜上，移取 25μL 浓度为 2 mol/L 硫酸溶液滴在玻璃纤维滤纸上，并另取一片 Teflon 滤膜盖在酸化了的滤纸表面，然后使用表面平滑的宽为 1 mm 的金属圈压封这两片 Teflon 滤膜，将其密封，即完成了扩散包的制作。制作扩散吸附包所使用的 Teflon 滤膜可通过加压密封，并且此滤膜细小的孔径仅允许气体通过，可阻止液体渗入。所以此滤膜可以保证扩散过程中生成的氨气通过滤膜被酸化的滤纸吸附，并且扩散溶液可被隔离在吸附包外。滤膜

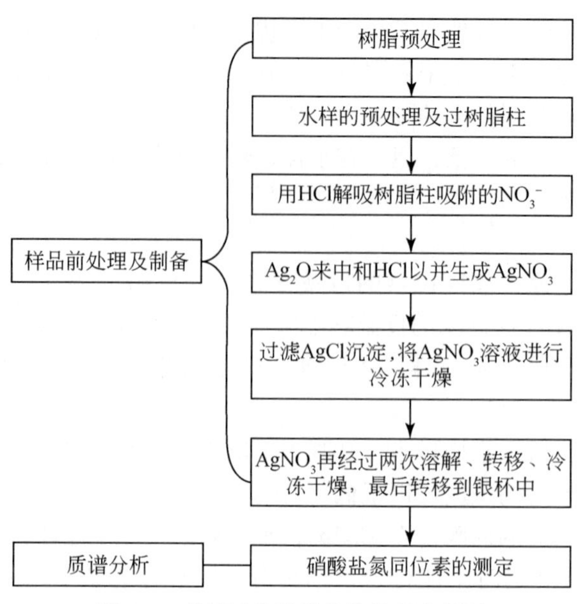

图 4-2　硝氮同位素样品前处理流程图

中包的玻璃纤维滤纸不含氮，故不会污染样品，但必须经过酸化，才可吸收扩散的氨气。具体过程如图 4-3 所示。

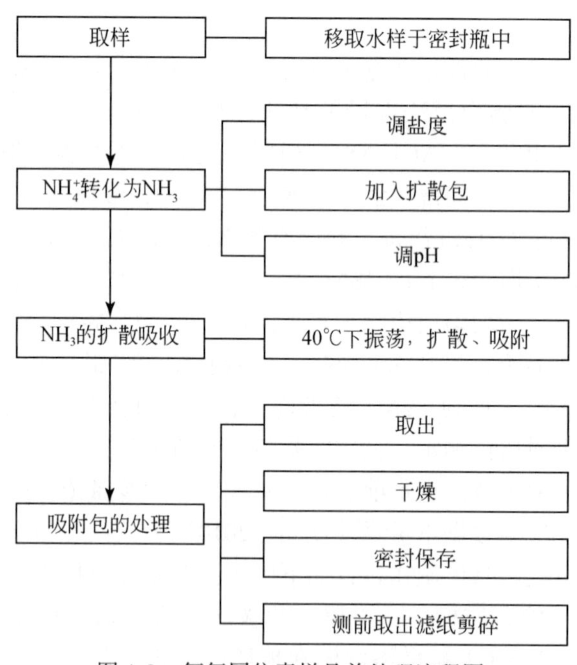

图 4-3　氨氮同位素样品前处理流程图

4.4 氮同位素样品测定

近些年随着元素分析仪（EA）的广泛应用，在线法被广泛地应用于氮同位素测定。在线法是元素分析仪通过连续流装置串联在质谱仪上。将制备好的固体样品包在银杯或者锡杯中，加入元素分析仪的自动进样器。在元素分析仪中，样品在氧化炉的纯氧气氛中瞬间高温分解，生成含氮气体混合物，在高纯氦气的运载下经氧化铬和镀银氧化钴的高温催化氧化，然后通过高温还原炉被纯铜还原为氮气。经氧化、还原后的气体混合物分别通过化学阱吸收二氧化碳和填充高氯酸镁的水阱吸收水汽后进入色谱柱，色谱柱将氮气与其他气体分离，然后纯氮气在高纯 He 载气的带动下通过连续流装置（Conflo）并送入质谱仪器中。在线法大大减小了劳动强度，并且可以自动进行，提高了工作效率，所需样品量小，适用于天然样品中氮同位素测定。

本研究的氮同位素样品测定在西安理工大学稳定同位素实验室完成。质谱分析采用 Flash EA 元素分析仪和 MAT253 型稳定同位素质谱仪联用系统，利用连续流装置 Conflo 在线测定，实验标准偏差为±0.2‰。

4.5 实验结果与讨论

4.5.1 不同污染源氮同位素组成

沣河流域内目前工业企业较少，主要的水体污染来源是农村和城镇生活污水，以及学校等集中生活区的生活污水等。根据对沣河流域污染源的调查结果，2011 年 1 月采集了流域内主要污染源样品，并测定了各类型污染源的硝氮和铵氮同位素组成（表 4-1）。

表 4-1　不同污染源浓度和氮同位素组成

采样地点	类型	硝氮浓度 /（mg/L）	铵氮浓度 /（mg/L）	δ^{15}N-硝 /‰	δ^{15}N-铵 /‰
西京学院	集中处理的生活污水	0.62	7.0	8.7	3.9
王曲镇	乡镇生活污水	0.54	15.2	3.3	13.1
203 所	工厂生产和生活污水	0.35	3.5	−7.0	2.9
上王村	“农家乐”集中区污水	0.38	52.5	4.8	14.3
滦镇工厂	工厂废水	0.13	1.9	−7.5	3.1
西工大	集中处理的生活污水	0.84	7.4	7.5	3.8
奥辉纸厂	造纸厂排水	0.82	1.0	5.9	1.2
三资学院	未集中处理的生活污水	0.42	23.7	6.3	13.6
秦渡镇	农村生活污水	0.31	39.5	3.8	16.8
东大	稻田排水	0.66	1.7	3.5	6.1
严家渠	农田土壤		3.9*		
高冠	农田土壤		4.8*		

* 严家渠和高冠的农田土壤 δ^{15}N 值为土壤总氮的 δ^{15}N 值

由硝氮和铵氮的浓度和氮同位素测定结果可以看出，各类型污染源中硝氮浓度均较低（<1mg/L），而铵氮浓度相对要高很多，尤其是几个未经处理的农村和乡镇生活污水的铵氮浓度明显偏高。农家乐集中的上王村铵氮浓度高达 52.5mg/L，另外几处未经处理的生活污水的铵氮浓度均大于 10mg/L，显示高铵氮污染来源。

铵氮 δ^{15}N 值的变化范围为 1.2‰～16.8‰，其中，王曲镇、上王村、三资学院和秦渡镇四处采样点为农村和乡镇排放的未经处理的生活污水，是河流铵氮的主要污染来源之一。从表中可以看出，四处铵氮 δ^{15}N 值分别为王曲镇 13.1‰、上王村 14.3‰、三资学院 13.6‰和秦渡镇 16.8‰，平均值约为 14.5‰。此类未经处理的农村和乡镇生活污水的铵氮 δ^{15}N 值要明显偏正。剩余污染源平均氨氮 δ^{15}N 值为 3.7‰，其中集中处理过的学校和造纸厂的污水以及工厂废水的铵氮 δ^{15}N 平均值约为 3.0‰，略偏负于稻田排水铵氮和农田土壤总氮的 δ^{15}N 平均值（4.9‰）。调查结果表明，不同类型污水铵氮的氮同位素组成存在较大差异：未经处理的农村和乡镇排放的生活污水的铵氮 δ^{15}N 值要远高于其他类型污水；集中处理过的学校和造纸厂的污水以及工厂废水的铵氮 δ^{15}N 值差异不大，并略偏负于农业来源的 δ^{15}N 值。

上述污染源中，从硝氮的同位素结果可以看出，两个工厂排出废水的硝氮 δ^{15}N 值明显偏负（分别为-7.0‰和-7.5‰，平均值为-7.3‰），其他生活污水和农业污染源的 δ^{15}N 值变化范围为 3.3‰～8.7‰（平均值为 5.3‰），较工厂排水的硝氮 δ^{15}N 值明显偏正。而乡镇、学校和农村排放污水的硝氮 δ^{15}N 值以及农业来源的 δ^{15}N 值没有明显差异，西京学院和西北工业大学两处经过集中处理的生活用水的硝氮 δ^{15}N 值略微偏正（分别为 8.7‰和 7.5‰）。结果表明，不同类型污水硝氮的氮同位素组成也存在较大差异：生活污水（包括处理过和未经处理的）和农业来源的硝氮 δ^{15}N 值明显偏正于工厂排出废水的硝氮 δ^{15}N 值。

4.5.2 枯水季节沣河河道水体氮同位素组成

2010 年 10 月和 2011 年 3 月，沣河河道处于枯水季节，采集了主河道的水体样品，分别测定水体样品硝氮和铵氮的同位素组成。取两次样品分析结果的平均值，结果见表 4-2。

表 4-2　沣河水体的氮同位素组成

序号	采样点	δ^{15}N-硝/‰	δ^{15}N-铵/‰
1	太平峪口	0.5	
2	高冠峪口	-0.4	
3	祥峪口	0.0	
4	沣峪口	0.4	
5	高冠入沣前	1.0	5.7
6	高冠入沣河下游	1.0	5.6
7	北强村桥	1.8	5.6
8	太平河桥	4.7	6.3

续表

序号	采样点	$\delta^{15}N$-硝/‰	$\delta^{15}N$-铵/‰
9	秦渡镇水文站	6.8	
10	秦渡镇大桥	4.9	7.6
11	严家渠	5.9	15.9
12	三里桥	5.6	
13	潏河子午大道桥下	6.3	5.5

在枯水季节的两次采样中，采集到的水体样品的铵氮浓度均较低。本研究所采用的铵氮同位素分析方法是扩散法，铵氮浓度太低，在样品处理过程中存在同位素分馏现象，相关的条件实验表明扩散法只能对铵氮浓度大于0.5mg/L的水体样品进行铵氮同位素的分析测定，浓度太小，质谱仪无法检测出足够的离子流强度，无法分析。同时，水体中铵氮浓度低于0.5mg/L本身也表明水体中铵氮的污染较小。上述14个采样点中，有6处由于铵氮浓度过低而未能获得铵氮$\delta^{15}N$值，尤其是上游的4个峪口地区均未获得相关的铵氮同位素数据。

沣河中下游河段中，除严家渠采样点的铵氮$\delta^{15}N$值为15.9‰外，其余采样点铵氮$\delta^{15}N$值变化范围为5.5‰~7.6‰，平均值为6.0‰，相对比较集中，变化较小。

根据对不同污染源铵氮$\delta^{15}N$值的调查结果，除严家渠采样点外，沣河干流其他7个采样点水体的铵氮$\delta^{15}N$值（均值为6.0‰）略高于农业污染源的$\delta^{15}N$值（平均值为4.9‰）和集中处理的污水以及工厂废水的铵氮$\delta^{15}N$值（均值约为3‰），远低于未经处理的生活污水的铵氮$\delta^{15}N$值（均值为14.9‰）。若取14.5‰和3.7‰分别作为两个端元，6.0‰作为河流水体铵氮的平均$\delta^{15}N$值，可简单估算出在枯水季节，沣河中下游干流水体中铵氮污染来源中未经处理的生活污水（村镇污水、“农家乐”、部分学校等）的贡献只约占20%左右，不是该时段沣河水体铵氮污染的主要来源；考虑到沣河流域内工厂和造纸厂等工业企业极少，并且在枯水季节，该流域内的农业面源污染可能较少，因此，在枯水季节，沣河水体铵氮污染可能主要来源于流域内经过处理并集中排放的大量生活污水（学校、部队等），村镇生活污水和“农家乐”等对河道水体铵氮污染的贡献比例较小。对于严家渠采样点，该处水体的铵氮$\delta^{15}N$值为15.9‰，表明采样点附近存在高$\delta^{15}N$值的铵氮污染源。在该采样点附近，没有学校等污水集中排放处，周边未经处理的村镇生活污水是该段河流铵氮污染的主要贡献源，这与水体的高铵氮$\delta^{15}N$值是相符合的。

枯水季节，沣河流域干流水体硝氮$\delta^{15}N$值的变化范围为-0.4‰~6.8‰，平均值为2.6‰，呈现从上游到下游逐渐偏正的趋势。在枯水期，上游几个峪口的硝氮$\delta^{15}N$值基本在0左右变化，代表了上游来水的硝氮背景值状况。下游地区硝氮$\delta^{15}N$值逐渐偏正，显示出各种生活污水或农业污染源对河流水体的硝氮污染贡献逐渐增加。根据污染源的调查结果（表4-1），生活污水和农业污染源的硝氮$\delta^{15}N$值变化范围为3.3‰~8.7‰，平均值为5.3‰，结合枯水季节沣河干流水体硝氮$\delta^{15}N$值变化，可以看出，在枯水季节，自太平河桥以下，沣河水体硝氮污染基本来源于沿岸的生活污水或农业污染源，峪口以上来水中所含的硝氮污染贡献所占比例非常小。

4.5.3 丰水季节沣河河道水体硝氮同位素组成

2010 年 6 月末，课题组沿沣河主河道采集了水体样品，当时只测定了水体硝酸盐的氮同位素组成，没有获得铵氮同位素样品。表 4-3 为沣河水体在丰水季和枯水季的硝氮同位素组成变化。

表 4-3　沣河水体的硝氮同位素组成

序号	采样点	δ^{15}N-枯水/‰	δ^{15}N-丰水/‰
1	太平峪口	0.5	3.2
2	高冠峪口	−0.4	1.2
3	祥峪口	0.0	8.0
4	沣峪口	0.4	6.1
5	高冠入沣前	1.0	9.9
6	高冠入沣河下游	1.0	10.4
7	北强村桥	1.8	10.7
8	太平河桥	4.7	6.7
9	秦渡镇水文站	6.8	8.7
10	秦渡镇大桥	4.9	4.9
11	严家渠	5.9	6.5
12	三里桥	5.6	5.2

在丰水季节，沣河秦渡镇以上水体的硝酸盐氮同位素值要明显偏正于枯水季节。丰水季节，沣河流域干流水体 $\delta^{15}N\text{-}NO_3^-$ 值的变化范围为 1.2‰～10.7‰，平均值为 6.7‰。

几个峪口水体的 $\delta^{15}N\text{-}NO_3^-$ 值相对于枯水季节要明显偏正，这可能与峪口上游较多的春夏季旅游活动有关，偏正的硝氮污染物可能来源于峪口以上的旅游活动和“农家乐”污水排放。干流水体 $\delta^{15}N\text{-}NO_3^-$ 高值出现在峪口以下至秦渡镇以上的中上游河段，北强村处样品的 $\delta^{15}N\text{-}NO_3^-$ 值达到 10.7‰，显示出该河段的主要硝氮污染物来源于高 $\delta^{15}N\text{-}NO_3^-$ 值的生活污水排放（如学校集中排放的污水等）。秦渡镇大桥以下河段，河流水体 $\delta^{15}N\text{-}NO_3^-$ 值降至 5‰左右，显示出低 $\delta^{15}N\text{-}NO_3^-$ 值的生活污水（如村镇生活污水）或农业面源污染的贡献增加。单就高冠河支流进行分析，在高冠峪口采样点的 $\delta^{15}N\text{-}NO_3^-$ 值为 1.2‰，但在经过西北工业大学校区和西安三资学院后汇入沣河前 $\delta^{15}N\text{-}NO_3^-$ 值达到了 9.9‰，并导致汇入后沣河干流水体的 $\delta^{15}N\text{-}NO_3^-$ 值明显偏正，考虑可能是西工大和三资学院生活污水排入后对河道水体带来较大的硝氮污染。

4.5.4 丰水季节沣河河道水体铵氮同位素组成

2011 年 6 月末，课题组沿沣河主河道采集了丰水期水体的铵氮同位素样品，并补充采集了部分污染源样品。表 4-4 为沣河水体在丰水季和枯水季的铵氮同位素组成变化。

表 4-4　沣河水体的铵氮同位素组成

序号	采样点	δ^{15}N-枯水/‰	δ^{15}N-丰水/‰
1	太平峪口	5.7	4.3
2	高冠峪口	5.6	9.2
3	祥峪口	5.6	6.6
4	沣峪口	6.3	6.1
5	高冠入沣前		7.1
6	高冠入沣河下游	7.6	5.3
7	北强村桥	15.9	7.0
8	太平河桥		11.6
9	秦渡镇水文站		19.2
10	秦渡镇大桥		16.3
11	严家渠		15.0
12	三里桥		

在丰水季节，沣河水体的铵盐浓度相对较高，各采样点均获得了铵氮同位素结果。沣河流域干流水体 $\delta^{15}N\text{-}NH_4^+$ 值的变化范围为 4.3‰～19.2‰，平均值为 9.8‰，并且呈现出由上至下逐渐偏正的趋势。

上游峪口地区，由于春夏季节旅游活动的影响，水体中铵氮同位素值比较偏正，其中祥峪口水体的 $\delta^{15}N\text{-}NH_4^+$ 值为 9.2‰，表现出明显的生活污水铵氮同位素特征。结合前述不同污染源氮同位素组成状况（表 4-1），参照前面的估算方法，取 14.5‰和 3.7‰分别作为两个端元，太平河桥以上水体的铵氮平均值为 6.5‰，可以粗略估算出：太平河桥以上水体中，沣河铵氮污染约 70% 左右来源于经过处理并集中排放的生活污水以及农业面源污染，未经处理的农村和乡镇排放的生活污水对水体铵氮污染的贡献较小。而自秦渡镇水文站以下，水体 $\delta^{15}N\text{-}NH_4^+$ 值逐渐升高，显示出高 $\delta^{15}N\text{-}NH_4^+$ 值污染物贡献逐渐增加，结合该流域不同污染源铵氮同位素组成的调查结果（表 4-1），表明丰水期沣河下游水体中未经处理的村镇生活污水所占河流铵氮污染的比例逐渐增大。

农业面源污染贡献的判断还是一个难题。在本书中，无论硝氮还是铵氮的同位素组成，农业面源都很难与生活污水区分开来，因此无法单独考虑农业面源的污染贡献程度。本研究中采集了一个农田水样和两个农田土壤样品，土壤样品只能测定其总氮的 δ^{15}N 值，与溶解态的硝氮和铵氮的 δ^{15}N 值可能还存在差异。沣河流域以旱作农业为主，下一步研究要尽可能补充农业氨氮和硝氮 δ^{15}N 背景值的调查，在雨天采集沿河两岸旱作农田的降雨径流水样，测定其氨氮和硝氮 δ^{15}N 值，探讨农业面源对水体污染的贡献。

4.6　本 章 小 结

（1）不同类型污水铵氮的氮同位素组成特点：未经处理的农村和乡镇排放的生活污水

的铵氮 $\delta^{15}N$ 值（平均值约为14.5‰）要远高于其他类型污水；集中处理过的学校和造纸厂的污水以及工厂废水的铵氮 $\delta^{15}N$ 值差异不大（均值约为3.0‰），并略偏负于农业来源的 $\delta^{15}N$ 值。

（2）不同类型污水硝氮的氮同位素组成也存在较大差异：生活污水（包括处理过和未经处理的）和农业来源的硝氮 $\delta^{15}N$ 值明显偏正于工厂排出的废水的硝氮 $\delta^{15}N$ 值。

（3）经简单估算，枯水季节，沣河中下游干流水体中铵氮污染来源中未经处理的生活污水（村镇污水、"农家乐"、部分学校等）的贡献只占20%左右，不是该时段沣河水体铵氮污染的主要来源；考虑到沣河流域内工厂和造纸厂等工业企业极少，并且在枯水季节，该流域内的农业面源污染可能较少，因此，在枯水季节，沣河水体铵氮污染可能主要来源于流域内经过处理并集中排放的大量生活污水（学校、部队等）。

（4）丰水季节，上游峪口地区，由于春夏季节旅游活动的影响，水体中铵氮同位素值表现出明显的生活污水铵氮同位素特征。太平河桥以上水体中，沣河铵氮污染约70%左右来源于经过处理并集中排放的生活污水以及农业面源污染。而自秦渡镇水文站以下，水体 $\delta^{15}N\text{-}NH_4^+$ 值逐渐升高，显示出高 $\delta^{15}N\text{-}NH_4^+$ 值污染物贡献逐渐增加，表明丰水期沣河下游水体中未经处理的村镇生活污水所占河流铵氮污染的比例逐渐增大。

（5）枯水季节，峪口硝氮污染小，向下逐渐增加。自太平河桥以下，沣河水体硝氮污染基本来源于沿岸的生活污水或农业污染源，峪口以上来水中所含的硝氮污染贡献所占比例非常小。丰水季节，上游峪口水体的 $\delta^{15}N\text{-}NO_3^-$ 值明显偏正，指示出峪口以上的旅游活动和"农家乐"污水排放；峪口以下至秦渡镇以上的中上游河段的主要硝氮污染物来源于高 $\delta^{15}N\text{-}NO_3^-$ 值的生活污水排放（如学校集中排放的污水等）；秦渡镇大桥以下河段低 $\delta^{15}N\text{-}NO_3^-$ 值的生活污水（如村镇生活污水）或农业面源污染的贡献增加。

参考文献

陈法锦，李学辉，贾国东.2007. 氮氧同位素在河流硝酸盐研究中的应用. 地球科学进展，22（12）：1251-1257

胡婧.2010. 水体铵态氮同位素测定方法及在西安周边河流氮污染示踪中的应用初探. 北京：中国科学院硕士学位论文

刑萌.2009. 西安周边河流硝酸盐污染的同位素示踪初步研究. 西安：西安交通大学硕士学位论文

俞志明.2004. 不同氮源对海洋微藻氮同位素分馏作用的影响. 海洋与湖沼，35（6）：524-529

郑永飞，陈江峰.2000. 稳定同位素地球化学. 北京：科学出版社

Axler R P, Reuter J E. 1996. Nitrate uptake by phytoplankton and periphyton: whole- lake enrichments and mesocosm-^{15}N experiments in an oligotrophic lake. Limnology and Oceanography, 41 (4): 659-671

Bremmer J M. 1965. Isotope-ratio analysis of nitrogen in nitrogen-15 tracer investigations. *In*: Black C A. Methods of Soil Analysis. Agronomy, 9, Part 2: 1256-1286. Madison, wisconsin: Americ Soc of Agron

Bremmer J M, Edwards A P. 1965. Determination and isotope-ratio analysis of different forlns of nitrogen in soils: I. apparatus and procedure for distillation and determinati on of ammonium. Soil Science Society of America Journal, 29 (5): 504-507

Butcher S S, Charlson R J, Orians G H et al. 1992. Global Biogeochemical Cycles. San Diego: Academic Press Inc: 263-284

Chang C C, Langston J, Riggs M, et al. 1999. A method for nitrate collection for $\delta^{15}N$ and $\delta^{18}O$ analysis from waters with low nitrate concentrations. Canadian Journal of Fisheries and Aquatic Sciences, 56 (10): 1856-1864

Cohen R A, Fong P. 2004. Nitrogen uptake and assimilation in *Enteromorpha intestinalis* (L.) Link (*Chlorophyta*): using ^{15}N to determine preference during simultaneous pulses of nitrate and ammonium. Journal of Exental Marine Biology and Ecology, 309 (1): 67-77

Dore J E, Popp B N, Karl D M, et al. 1998. A large source of atmospheric nitrous oxide fromsubtropical North Pacific surface waters. Nature, 396: 63-66

Eviner V T, 1997. Chapin S. Plant-microbial interactions. Nature, 385: 26-27

Faure G. 1977. Principles of Isotope Geology. New York: John Wiley and Sons

Hall S J, Matson P A. 1999. Nitrogen oxide emissions after nitrogen additions in tropical forests. Nature, 400: 152-155

Hayes J M. 1982. An introduction to isotopic measurements and terminology. Spectra, 8: 3-8

James W, Clelland M, Ivan V. 1997. Nitrogens-stable signature in estuarine food webs: a record of increasing urbanization in coastal watersheds. Limnology and Oceanography, 42 (5): 930-937

Li S L, Liu C Q, Li J, et al. 2010. Assessment of the sources of nitrate in the Changjiang River, China using a nitrogen and oxygen isotopic approch. Environmental Science and Technology, 44 (5): 1573-1578

Liu C Q, Li S L, Lang Y C, et al. 2006. Using delta N-15 and delta O-18 values to identify nitrate sources in karst ground water, Guiyang, Southwest China. Environmental Science and Technology, 40 (22): 6928-6933

Seiler R L. 2005. Combined use of ^{15}N and ^{18}O of nitrate and ^{11}B to evaluate nitrate contamination in groundwater. Applied Geochemistry, 20: 1626-1636

Sigman D M, Casciotti K L, AndreaniM, et al. 2001. A bacterial method for the nitrogen isotopic analysis of nitrate in seawater and freshwater. Analytical Chemistry, 73 (17): 4145-4153

Silva S R, Ging P B, Lee R W, et al. 2002. Forensic applications of nitrogen and oxygen isotopes of nitrate in an urban environment. Environmental Forensics, 3 (2): 125-130

Silva S R, Kendall C, Wilkison D H, et al. 2000. A new method for collecti on of nitrate from fresh water and analyis of the nitrogen and oxygen isotope ratios. Hydrology, 228 (1-2): 22-36

Waser N A, Yu Zhiming, Yin Kedong, et al. 1999. Nitrogen isotopic fractionation during a simulated diatom spring bloom: importance of N- starvation in controlling fractionation. Marine Ecology Progress Series, 179: 291-296

Widory D, Petelet-Giraud E, Negrel P, et al. 2005. Tracking the source of nitrate in groundwater using coupled nitrogen and boron isotopes: A synthesis. Environmental Science and Technology, 39 (2): 539-548

Wu C, Maurer C, Wang Y, et al. 1999. Water pollution and human health in China. Environmental Health Perspectives, 107 (4): 251-256

第5章 沣河流域农业氮素运移规律研究

几十年来，世界各国为提高粮食产量大量施用氮肥，我国氮肥用量近年也急剧增加，20世纪90年代中期跃居世界首位，占全世界总用量的30%左右（中国农业年鉴编辑部，2001）。但是耕作农业中施用的氮肥很少在土壤中积累起来（Jenkinson，1990；Sepaskhah and Tafteh，2012；巨晓棠和张福锁，2003），施入到土壤中的肥料氮，除作物吸收20%～75%及部分矿质氮残留在土壤中外，一部分以气态形式逸向大气，一部分经淋失进入水体（朱兆良，1985；张瑜芳和张蔚榛，1996）。氮素的气态损失和淋失严重影响生态环境，如人们食用了富含NO_3^-的食物后，在体内NO_3^-还原成的NO_2^-迅速进入血液，将血红蛋白质中的Fe^{2+}氧化为Fe^{3+}，从而形成无法转用氧的高铁血红蛋白，导致高铁血红蛋白症；同时，NO_2^-可与各种胺类物质反应，生成亚硝基胺和次生胺，二者又是致癌物质；反硝化作用产生的N_2O，不仅是一种很重要的温室效应气体，而且还会破坏臭氧层，增加到达地表的紫外线，威胁着人类的生存和健康（刘小兰和李世清，1998；吕殿青等，1998）。由施肥所造成的土壤氮累积和水质污染等环境问题已引起广泛的关注（袁新民等，2001；汪建飞和邢素芝，1998；党廷辉等，2003），这一方面是由于氮肥过量施用的结果，另一方面也说明灌溉方式、施肥方式等对氮肥利用率也具有重要影响（Lewis et al，2003；Pier and Doerge，1995；吴军虎和费良军，2010）。

5.1 材料与方法

试验土样取自沣河流域坡耕地，其土壤颗粒级配组成与基本参数见表5-1和表5-2。灌水方式采用传统的沟畦灌，并进行了节水灌溉（包括波涌灌溉等）条件下的水氮运移转化试验，研究了不同肥料和不同施肥方式的条件下的土壤氮素运移转化规律。施肥作4个处理分别为施化肥（N处理）、施复合肥（F处理）、施有机肥（M1处理）、施高量有机肥（M2处理）以及空白试验（CK处理）。CK处理：对照系列，不施肥处理。N处理：施尿素（折合成纯氮180kg/hm^2）。F处理：施复合肥（折合成纯氮180kg/hm^2）。M1处理：施有机肥（60t/hm^2）。M2处理：施高量有机肥（90t/hm^2），作为与M1处理的对比。农田施肥方式分为表施、深施和灌施。同时，以PAM作为土壤结构改良剂，研究了在上方来水条件下PAM对坡耕地水分及氮素迁移的影响规律，农田坡耕地冲刷试验采用定水头控制流量，PAM用量分别为0、1g/1.25m^2、2g/1.25m^2、3g/1.25m^2、4g/1.25m^2，分别记为对照CK、PAM1、PAM2、PAM3、PAM4。

表5-1 土壤颗粒级配组成（我国土壤质地分类，吸管法）

土壤质地	不同粒径含量/%										
	<2mm	<1mm	<0.5mm	<0.25mm	<0.1mm	<0.05mm	<0.025mm	<0.01mm	<0.005mm	<0.002mm	<0.001mm
粉土	99.72	99.6	99.2	98.87	98.6	89.15	56.58	28.02	11.34	2.88	0.9

表 5-2　土壤基本参数表

饱和导水率 /（cm/min）	初始硝氮含量 /（mg/kg）	初始铵态氮含量 /（mg/kg）	pH	饱和含水量 /%	田间持水量 /%
0.014	12.5	17.0	7.7	52.42	35.83

5.2　土壤参数测定

应用数学物理方法对土壤水分运动和氮素运移进行数值模拟时，需要土壤水分和溶质运移参数，包括土壤水分特征曲线 h-θ 、土壤饱和导水率 K_s 、水动力弥散系数 D_{sh} 和土壤水扩散率 $D(\theta)$ 等。

5.2.1　土壤水分特征曲线的测定

土壤水分特征曲线是土壤水基质势或土壤水吸力随土壤含水量变化的关系曲线，又称土壤持水曲线。土壤水分特征曲线表示土壤水能量和数量之间的关系。土壤水的基质势与含水量的关系，目前尚不能根据土壤的基本性质从理论上分析得出，通常土壤水分特征曲线通过试验测定得到，为了分析应用方便，常用实测结果拟合出经验关系。

试验采用负压计法测定的土壤水分特征曲线，如图 5-1 所示。土壤水分特征曲线采用 Gardner 模型描述，其表达式为

$$h = a\theta^b \tag{5-1}$$

式中，h 为土壤吸力（cm）；θ 为土壤体积含水量；a、b 为参数，根据试验资料拟合确定。

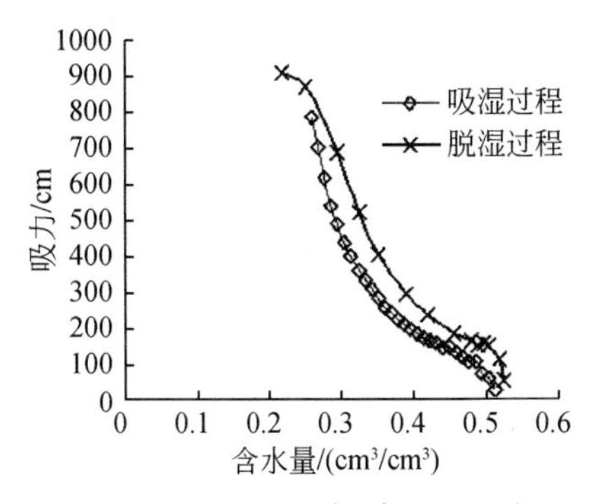

图 5-1　吸湿过程与脱湿过程图

根据式（5-1）对实测资料进行拟合得到的土壤水分特征曲线为

吸湿过程：$h = 7.4591\theta^{-3.4890}$　　　$R^2 = 0.9372$

脱湿过程：$h = 20.8840\theta^{-2.7165}$　　　$R^2 = 0.9132$

5.2.2　饱和导水率的测定

将土样装入南-55 渗透仪，按常水头法测定饱和导水率。

试验结果为

$$K_S = 0.014\text{cm/min}$$

5.2.3 非饱和土壤水扩散率的测定

采用水平土柱吸渗法测定非饱和土壤水扩散率 $D(\theta)$。

在水平土柱进水端维持一个接近饱和的稳定边界含水量，并使水分在土柱中作水平渗吸运动，忽略重力势的作用，一维水平入渗方程和定解条件为

$$\frac{\partial\theta}{\partial t} = \frac{\partial}{\partial x}\left[D(\theta)\frac{\partial\theta}{\partial x}\right] \tag{5-2}$$

$$\theta = \theta_0 \quad x > 0 \quad t = 0$$

$$\theta = \theta_s \quad x = 0 \quad 0 < t$$

$$\theta = \theta_0 \quad x \to \infty \quad t > 0$$

式中，θ 为土壤含水量；$D(\theta)$ 为非饱和土壤水扩散率；θ_0 为土壤初始含水量；θ_s 为土柱始端边界含水量。该方程为非线性偏微分方程，采用 Boltzmann 变换，可将其转化成常微分方程求解，得 $D(\theta)$ 值的计算公式为

$$D(\theta) = -\frac{1}{2}\frac{d\lambda}{d\theta}\int_{\theta_0}^{\theta}\lambda d\theta \tag{5-3}$$

式中，λ 为 Boltzmann 变换的参数，$\lambda = xt^{-1/2}$。将式（5-3）改写成差分形式，即

$$D(\theta) = -\frac{\Delta\lambda}{2\Delta\theta}\sum_{\theta_0}^{\theta}\lambda\Delta\theta \tag{5-4}$$

进行水平土柱吸渗试验时，在 t 时刻测出土柱的含水量分布，并计算出各 x 点的 λ 值，即可绘出 θ-λ 关系曲线，根据式（5-4）计算出非饱和土壤水扩散率 $D(\theta)$。非饱和土壤水扩散率 $D(\theta)$ 与土壤含水量之间符合指数函数关系，即

$$D(\theta) = ae^{b\theta} \tag{5-5}$$

试验利用 γ 透射法测定土壤含水量，由实测资料得

$$D(\theta) = 0.0036e^{14.091\theta} \qquad R^2 = 0.9357 \tag{5-6}$$

式中，符号意义同前。

5.2.4 水动力弥散系数的测定

采用水平土柱法测定非饱和土壤水动力弥散系数 $D_{sh}(\theta)$。试验装置与水平土柱法测定水分扩散率的装置一样，只是供水装置马氏瓶中供应的是浓度为 c_R 的溶液。定解问题可表示为

$$\frac{\partial(\theta c)}{\partial t} = \frac{\partial}{\partial x}\left[D_{sh}(\theta,v)\frac{\partial c}{\partial x}\right] - \frac{\partial qc}{\partial x} \tag{5-7}$$

$$c = c_0 \quad t = 0$$

$$c = c_R \quad x = 0 \quad t > 0$$

$$c = c_0 \quad x \to \infty \quad t > 0$$

式中，q 为达西流速；c_0 为土壤溶液初始浓度；c_R 为入渗溶液浓度。由质量守恒定律得

$$\frac{\partial \theta}{\partial t} = -\frac{\partial q}{\partial x} \tag{5-8}$$

改写为

$$\theta \frac{\partial c}{\partial t} = \frac{\partial}{\partial x}\left[D_{sh}\frac{\partial c}{\partial x}\right] - q\frac{\partial c}{\partial x} = \frac{\partial}{\partial x}\left[D_{sh}\frac{\partial c}{\partial x}\right] + D(\theta)\frac{\partial \theta}{\partial x}\frac{\partial c}{\partial x} \tag{5-9}$$

令 $\lambda = xt^{-1/2}$，对式（5-9）进行 Boltzmann 变换，得

$$\frac{\mathrm{d}}{\mathrm{d}\lambda}\left(D_{sh}\frac{\mathrm{d}c}{\mathrm{d}\lambda}\right) = -\left[\frac{1}{2}\lambda\theta + D(\theta)\frac{\mathrm{d}\theta}{\mathrm{d}\lambda}\right]\frac{\mathrm{d}c}{\mathrm{d}\lambda} \tag{5-10}$$

代入得

$$\frac{\mathrm{d}}{\mathrm{d}\lambda}\left(D_{sh}\frac{\mathrm{d}c}{\mathrm{d}\lambda}\right) = -\frac{1}{2}\left(\lambda\theta - \frac{1}{2}\int_{\theta_0}^{\theta}\lambda \mathrm{d}\theta\right)\frac{\mathrm{d}c}{\mathrm{d}\lambda} \tag{5-11}$$

两边对 λ 自 $\infty \to \lambda$ 积分得

$$D_{sh}(\theta) = -\frac{1}{2}\frac{\mathrm{d}\lambda}{\mathrm{d}c}\int_{c_0}^{c}\left(\lambda\theta - \frac{1}{2}\int_{\theta_0}^{\theta}\lambda \mathrm{d}\theta\right)\mathrm{d}c \tag{5-12}$$

在半无限土柱进行溶液入渗试验，在试验中测出土柱含水量分布及土柱的溶液浓度分布，绘出 c-λ 关系曲线，即可计算出非饱和土壤水动力弥散系数 $D_{sh}(\theta)$。对非饱和土壤水弥散系数 $D_{sh}(\theta)$ 与含水量 θ 采用指数关系，即

$$D_{sh}(\theta) = a\mathrm{e}^{b\theta} \tag{5-13}$$

试验所用水平土柱由有机玻璃材料制成，内径9.2cm，长90cm，将试验土样按设计容重和含水量装入水平土柱，将含50mg/L的硝氮的 KNO_3 溶液作为示踪剂，利用改进的马氏瓶控制水头和进行自动供水。当湿润锋到达约40cm时，停止加入示踪剂，立即取样，每段4个样品，2个样品测定土壤含水量，2个样品测定硝氮的浓度。由实测资料拟合得

$$D_{sh}(\theta) = 6.3114E - 12\mathrm{e}^{47.6339\theta} \qquad R^2 = 0.9151 \tag{5-14}$$

5.3 灌溉施肥氮素运移转化特性

5.3.1 灌溉施肥土壤 NO_3^--N 分布特性

图5-2和图5-3分别表示实测的在入渗过程中以及停水后土壤水分再分布过程中 NO_3^--N 的分布情况。可以看出：在连续入渗过程中，随着入渗时间的增加，NO_3^--N 不断向下运移，湿润土体 NO_3^--N 浓度不断增大，而上层土壤 NO_3^--N 含量相对稳定，下层土壤 NO_3^--N 含量随入渗时间延长和湿润锋的下移而增大。由于 NO_3^--N 带负电荷，不易被土壤颗粒吸附，在湿润土体内，均可以检测到入渗 NO_3^--N 的含量，说明 NO_3^--N 的运移主要依靠土壤水分运动作为载体，可以认为连续入渗 NO_3^--N 的运移锋面与土壤水分运动的湿润锋是一致的。

当供水停止后，进入再分布过程，随着时间的延续，土壤中 NO_3^--N 继续向下运移，

上层土壤 NO_3^--N 相应减少，湿润距离进一步增大，但运移速度迅速减缓，下层新湿润段土壤的 NO_3^--N 含量不断增加，整个湿润土体内 NO_3^--N 含量的分布相对更加均匀。而经过较长时间的再分布过程，如在停水后 72 小时与 120 小时时观测发现，整个湿润段土壤 NO_3^--N 含量整体都有所增加，这主要是由于经过较长时间的再分布过程，土壤含水量明显减小，土壤通气性变好，有利于硝化反应，NH_4^+-N 部分转化成了 NO_3^--N（和 NO_2^--N），从而增加了土壤 NO_3^--N 含量所致。

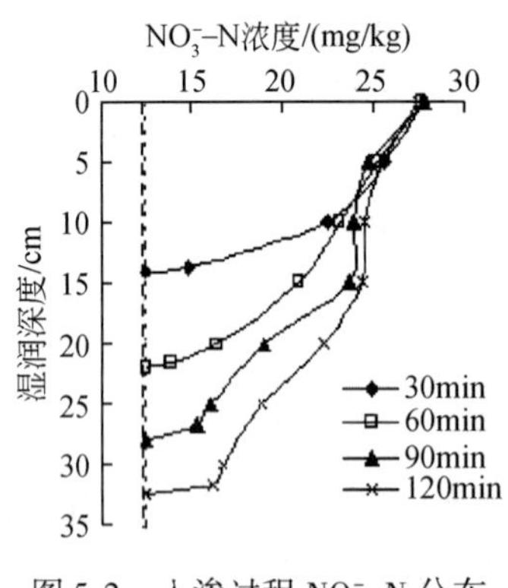

图 5-2　入渗过程 NO_3^--N 分布

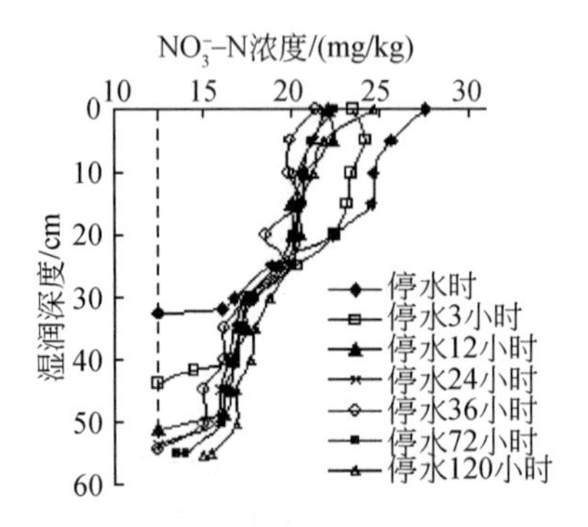

图 5-3　再分布过程 NO_3^--N 分布

5.3.2　灌溉施肥土壤 NO_3^--N 浓度与土壤含水量的关系

土壤 NO_3^--N 含量分布与土壤含水量分布密切相关。图 5-4 为入渗停水时、停水 3 小时、12 小时、24 小时和 120 小时的土壤 NO_3^--N 浓度与土壤含水量的关系。可以看出，任一时间，土壤 NO_3^--N 浓度与土壤含水量关系近似于“S”形曲线。该“S”形曲线按含水量大小可以划分为三段，即高含水量段、低含水量段以及两者之间的过渡段。在高含水量段和低含水量段，土壤 NO_3^--N 浓度随土壤含水量变化相对缓慢；而在过渡段，土壤 NO_3^--N 浓度随土壤含水量增大而急剧增大，过渡段范围很小，其所对应的土壤含水量变化范围为 1% ~5%。如图 5-4 中，停水 3 小时时，高含水量段对应土壤含水量为 36.3% ~42.8%，其所对应的土壤 NO_3^--N 浓度约稳定在 23.2mg/kg 左右；低含水量段对应土壤含水量为 18.2% ~34.0%，该段土壤 NO_3^--N 浓度随土壤含水量增加缓慢，由 12.5mg/kg 增加到 17.7mg/kg 左右；而中间的过渡段对应土壤含水量变化仅为 1.3%，平均土壤含水量约为 35%，在这很小的变化范围内，土壤 NO_3^--N 浓度由 17.7mg/kg 增加到 23.2mg/kg 左右。

经分析认为，出现这种情况的主要原因是，灌施前土壤含有一定水分，当灌入肥液时，是与原有的土壤溶液进行混合和置换的过程。这种混合置换现象实际是溶质运移各种过程的综合表现形式，是对流、弥散的物理过程和吸附、交换等的物理化学过程综合作用的结果。因为 NO_3^--N 带负电荷，不易被土壤颗粒吸附，并且本试验时间相对较短，忽略吸附、交换等其他物理或化学作用，认为土壤 NO_3^--N 主要是在对流与弥散作用下发生混合置换的物理过程，并且以对流作用为主。由于为非饱和土壤，其混合置换速度相对减

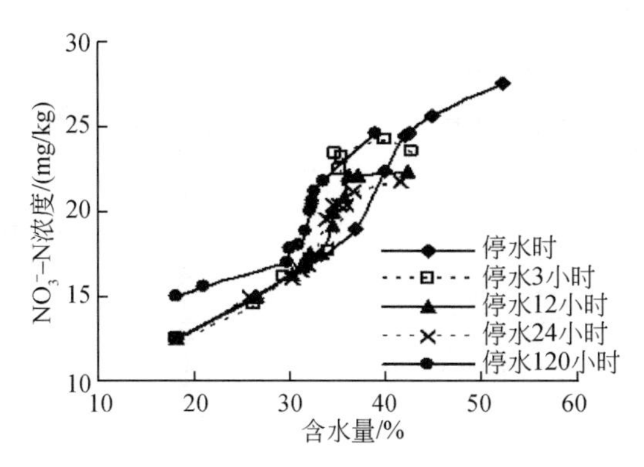

图 5-4　NO_3^--N 浓度与土壤含水量关系

弱，其中扩散作用则相对增大。

土壤 NO_3^--N 浓度与土壤含水量的“S”形关系曲线并非固定不变，其高含水量段、低含水量段和过渡段所对应的土壤含水量变化范围与土壤 NO_3^--N 浓度均随着时间不断变化。随时间的延长，土壤水分再分布，上层土壤含水量不断减小，湿润锋向下迁移，“S”形曲线逐渐由大变小，高含水量段平均含水量不断降低，其所对应的土壤 NO_3^--N 浓度也随时间减小，但土壤 NO_3^--N 浓度仍然不随含水量发生明显变化，基本保持稳定；同时，低含水量段对应的土壤含水量变化范围不断减小；而且过渡段平均含水量也随时间逐渐减小。如图 5-4 所示，当连续入渗停水 24 小时时，高含水量段对应土壤含水量降低为 34.5% ~ 41.6%，其所对应的土壤 NO_3^--N 浓度降至并稳定在 21.0mg/kg 左右；低含水量段对应土壤含水量为 18.2% ~31.8%，该段土壤 NO_3^--N 浓度随土壤含水量增加缓慢，由 12.5mg/kg 增加到 16.9mg/kg 左右；而中间的过渡段对应土壤含水量变化仅为 2.7%，平均土壤含水量降低为 33% 左右，在这很小的变化范围内，土壤 NO_3^--N 浓度由 16.9mg/kg 增加到 21.0mg/kg。

此外，经过较长时间的土壤水分和 NO_3^--N 再分布过程观测发现，土壤 NO_3^--N 浓度与土壤含水量的“S”形关系曲线尤其是在两端均出现了土壤 NO_3^--N 浓度有所升高的情况。这主要是由于经历了较长时间的再分布，土壤含水量减小，土壤通气性变好，有利于硝化反应，土壤中部分 NH_4^+-N 发生硝化反应转化成 NO_3^--N（和 NO_2^--N），从而增加了土壤 NO_3^--N 含量。因为入渗的 NH_4^+-N 主要在土壤表层集中分布，虽然其含水量较下层土壤高，但土壤表层参与硝化反应的 NH_4^+-N 的量较大，所以表层土壤 NO_3^--N 浓度升高较多。另外，湿润锋附近的 NH_4^+-N 的含量虽然与中间土壤的相差不大，但是其土壤含水量却较小，土壤的通气性相对更好，更有利于硝化反应的进行，因此，湿润锋附近土壤 NO_3^--N 浓度也升高较多。

5.3.3　灌溉施肥土壤 NH_4^+-N 分布特性

图 5-5 与图 5-6 分别表示实测的入渗过程与再分布过程土壤 NH_4^+-N 的分布。

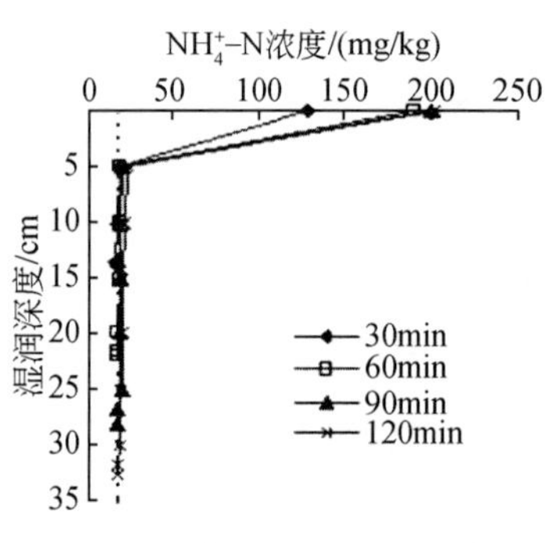

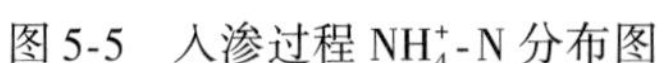
图 5-5　入渗过程 NH_4^+-N 分布图

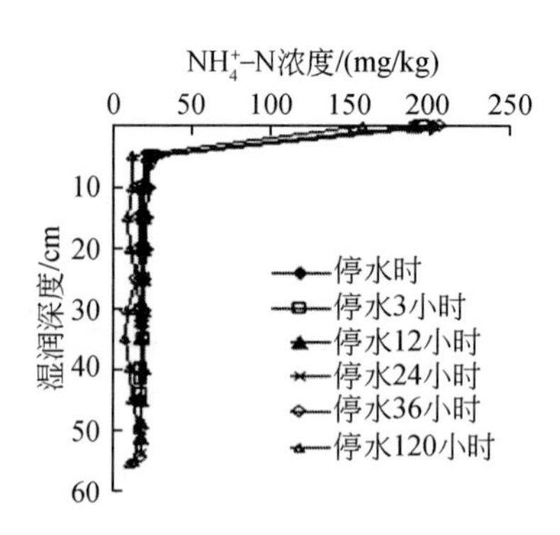

图 5-6　再分布过程 NH_4^+-N 分布图

从图 5-5、图 5-6 可以看出：随着入渗时间的增加，表层土壤 NH_4^+-N 含量不断增大，达到一定值后，基本稳定，随着灌施的进行，表层土壤 NH_4^+-N 含量只是略有增长，土壤中 NH_4^+-N 含量分布不像 NO_3^--N 那样不断向下运移，其下移速度极为缓慢，并且远不及 NO_3^--N 增加得明显，主要集中在土壤表层 5cm 以内，而下层土壤中，所观测到土壤剖面 NH_4^+-N 含量较本底值并没有明显变化，灌入的 NH_4^+-N 绝大部分都集中在土壤表层。这是由于土壤胶粒主要带负电荷，土壤溶液中 $NH_4{}^+$因带正电荷，与土壤胶体颗粒接触后被大量吸收，导致土壤溶液中 NH_4^+-N 含量迅速减少，因此阻碍了 NH_4^+-N 向下层土壤中运移。这也说明 NH_4^+-N 并不符合“盐随水来，盐随水去”的溶质运移的一般性规律。进入再分布过程后，土壤中 NH_4^+-N 含量分布并没有非常明显的变化，只是略有下降，而经过较长时间的再分布，观测发现土壤中 NH_4^+-N 含量下降增快，这主要是由于挥发损失以及经过较长时间的再分布过程，土壤含水量减小，土壤通气性变好，有利于硝化反应，NH_4^+-N 部分转化成了 NO_3^--N（和 NO_2^--N），是降低土壤 NH_4^+-N 含量的原因。

5.4　施肥方式对农田土壤氮素运移特性的影响

农田施肥方式主要分为表施、深施和灌施。表施是直接将肥料施于土壤表面，使其通过降水或者灌溉水渗入土壤根层，这种方式的优点是操作简单，投入小，但肥料损失较大，肥料利用率低。深施是根据作物根系分布特点，将肥料施在根系分布层内的施肥方式，这种方式便于作物根系吸收，发挥肥料最大效用，但操作较麻烦。近年来，结合灌溉进行施肥（灌施）应用十分广泛，即将肥料先溶于灌溉水中，随水施肥，这种方式具有水肥同步、减少肥力的无效挥发、提高肥料利用率和省工等优点，但投资较高，需肥料注入器等设备，并只适宜于液体肥料和可溶性肥料。

5.4.1　施肥方式对土壤 NO_3^--N 运移特性的影响

图 5-7 为不施肥与施肥方式分别为灌施、表施和深施的土壤 NO_3^--N 的分布。

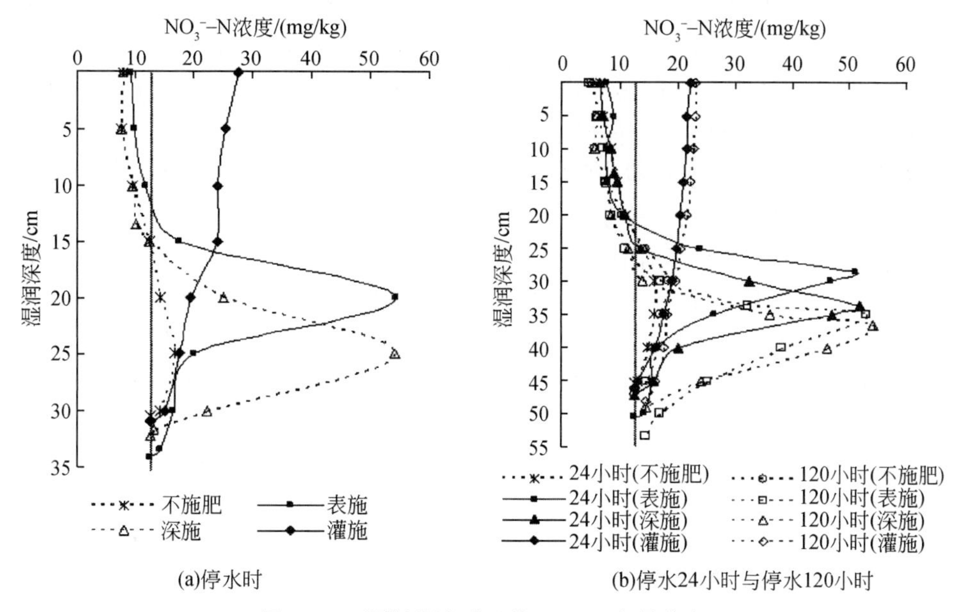

图 5-7　不同施肥方式土壤 NO_3^--N 含量分布

不同施肥方式湿润锋附近相同位置处 NO_3^--N 含量均高于不施肥入渗土壤 NO_3^--N 浓度。因此，认为不同施肥方式的 NO_3^--N 浓度锋运移距离与土壤水分运动的湿润锋是一致的。

灌施供水阶段土壤处于吸湿状态，上层土壤 NO_3^--N 增大很快，进入再分布过程后，表层土壤脱湿，NO_3^--N 进行再分布，上层 NO_3^--N 向下运移，表层土壤 NO_3^--N 含量减小，NO_3^--N 运移速度迅速减缓。NO_3^--N 运移速度随土壤水分运动速度而迅速减小，并且扩散作用所占比例逐渐增加，NO_3^--N 浓度锋运移距离随时间而继续增大，但趋势迅速减缓，NO_3^--N 浓度峰值的位置随时间向下迁移。随着时间的延长，灌施 NO_3^--N 浓度分布变得相对均匀。

表施与深施 NO_3^--N 在灌溉水的淋洗下，均出现了 NO_3^--N 含量在一定深度处分布比较集中的情况。随着时间的延长，表施浅层土壤 NO_3^--N 含量明显降低，并逐渐小于土壤的初始 NO_3^--N 含量，最终趋于比较稳定的含量 5~7mg/kg。无论在灌水阶段还是再分布阶段，随着时间的延长，达到这个稳定 NO_3^--N 含量的土层不断下移，意味着上层土壤NO_3^--N 不断向下淋洗，而且在 NO_3^--N 含量峰值的上方 NO_3^--N 分布曲线比较陡，而在峰值的下方 NO_3^--N 含量分布曲线相对平缓。深施 NO_3^--N 含量分布与表施的情况类似，二者 NO_3^--N 浓度峰值也较接近，且稳定在 52~54mg/kg，远高于土壤初始 NO_3^--N 含量。不同之处一是深施的表层土壤 NO_3^--N 含量从入渗开始就在灌水的淋洗下由初始值不断减小，很快达到一个比较稳定的含量 5~7mg/kg，而表施情况下浅层土壤 NO_3^--N 含量先是由初始值逐渐增大到峰值，而后逐渐减小，最终稳定在 5~7mg/kg，由于表施情况下土壤水分运移速度相对较快，这一过程持续的时间比较短。另一不同之处是，由于深施情况下肥料施于深层土壤，经过灌水淋洗后，相同时间其 NO_3^--N 含量的峰值位置较表施得深，但是由于表施较深施土壤水分和溶质迁移速度快，二者峰值位置的差距不断减小。例如，灌水结束时，表施的 NO_3^--N 浓度峰值位置距土壤表面 20.0cm，深施的运移到距土壤表面 25.0cm 深度处，二者峰值的位置相差 5.0cm；灌水停止后 24 小时，表施和深施的 NO_3^--N 浓度峰值分别距土壤表面 30.0cm 和 33.5cm，二者相差 3.5cm；而灌水停止后 120 小时，表施和深施的 NO_3^--N 浓度峰值分别距土壤表面 36.0cm 和 36.7cm，二者相差仅 0.7cm，随着时间的延续，表施的 NO_3^--N 浓度峰值位置将会较深施的深。

综上所述，施肥方式对于对 NO_3^--N 运移和分布影响很大。相对而言，灌施 NO_3^--N 在土壤湿润范围内分布比较均匀，而表施与深施在某一深度土层比较集中的分布，而且随时间不断向深层土壤迁移。因此，灌施入渗 NO_3^--N 有利于保持在浅层土壤中，被作物吸收利用得更为充分。在施肥量一定的情况下，相对表施与深施而言，灌施能够有效地降低深层渗漏损失的水分和 NO_3^--N。

以 5cm 为分层计算不同施肥方式的土壤 NO_3^--N（含土壤初始 NO_3^--N 量）在湿润土体内的分布（表 5-3 至表 5-5）。

表 5-3　不同施肥方式停水时 NO_3^--N 含量分布

表施				深施				灌施			
深度/cm	分层含量/mg	分层比例/%	累积比例/%	深度/cm	分层含量/mg	分层比例/%	累积比例/%	深度/cm	分层含量/mg	分层比例/%	累积比例/%
5	18.43	6.83	6.83	5	15.02	5.90	5.90	5	51.58	19.62	19.62
10	20.87	7.74	14.57	10	16.48	6.48	12.38	10	48.17	18.32	37.94
15	28.37	10.52	25.09	15	19.79	7.78	20.16	15	46.90	17.84	55.78
20	70.10	26.00	51.09	20	36.47	14.34	34.50	20	42.51	16.17	71.95
25	72.64	26.94	78.03	25	77.22	30.36	64.86	25	36.27	13.80	85.74
30	35.59	13.20	91.22	30	74.49	29.29	94.15	30	32.08	12.20	97.95
34.2	23.67	8.78	100	32.2	14.89	5.85	100	31	5.40	2.05	100
合计	269.66			合计	254.35			合计	262.90		

表 5-4　不同施肥方式停水后 24 小时 NO_3^--N 含量分布

表施				深施				灌施			
深度/cm	分层含量/mg	分层比例/%	累积比例/%	深度/cm	分层含量/mg	分层比例/%	累积比例/%	深度/cm	分层含量/mg	分层比例/%	累积比例/%
5	15.99	4.52	4.52	5	13.16	3.95	3.95	5	42.51	12.27	12.27
10	15.99	4.52	9.05	10	15.11	4.54	8.49	10	41.93	12.10	24.38
15	15.02	4.25	13.30	15	17.36	5.21	13.70	15	41.34	11.94	36.31
20	18.04	5.10	18.40	20	19.79	5.94	19.64	20	40.46	11.68	48.00
25	33.64	9.52	27.91	25	23.89	7.17	26.81	25	39.29	11.34	59.34
30	79.63	22.53	50.44	30	45.05	13.52	40.34	30	37.73	10.89	70.23

续表

表施				深施				灌施			
深度/cm	分层含量/mg	分层比例/%	累积比例/%	深度/cm	分层含量/mg	分层比例/%	累积比例/%	深度/cm	分层含量/mg	分层比例/%	累积比例/%
35	71.18	20.14	70.58	35	86.63	26.01	66.35	35	35.59	10.27	80.51
40	41.44	11.72	82.30	40	65.33	19.61	85.96	40	32.96	9.51	90.02
45	31.01	8.77	91.07	45	35.10	10.54	96.50	45	28.57	8.25	98.27
50	28.96	8.19	99.27	47.1	11.67	3.50	100	46.2	5.99	1.73	100
50.5	2.59	0.73	100								
合计	353.47			合计	333.08			合计	346.36		

表 5-5　不同施肥方式停水 120 小时 NO_3^--N 含量分布

表施				深施				灌施			
深度/cm	分层含量/mg	分层比例/%	累积比例/%	深度/cm	分层含量/mg	分层比例/%	累积比例/%	深度/cm	分层含量/mg	分层比例/%	累积比例/%
5	10.63	2.88	2.88	5	10.73	3.19	3.19	5	44.85	11.85	11.85
10	12.87	3.49	6.37	10	11.31	3.36	6.56	10	44.36	11.72	23.57
15	14.24	3.86	10.23	15	12.77	3.80	10.35	15	43.39	11.46	35.03
20	15.60	4.23	14.46	20	15.31	4.55	14.91	20	42.41	11.20	46.23
25	18.82	5.10	19.56	25	19.21	5.71	20.62	25	40.95	10.82	57.05
30	27.11	7.35	26.90	30	24.77	7.37	27.99	30	39.00	10.30	67.35
35	58.31	15.80	42.71	35	48.75	14.50	42.49	35	36.76	9.71	77.06
40	88.73	24.05	66.76	40	94.28	28.05	70.54	40	34.81	9.20	86.26
45	61.43	16.65	83.41	45	68.25	20.30	90.84	45	32.86	8.68	94.94
50	40.95	11.10	94.51	49.1	30.78	9.16	100	48.2	19.16	5.06	100
53.3	20.27	5.49	100								
合计	368.93			合计	336.15			合计	378.54		

图 5-8 为相应表 5-3 至表 5-5 的不同施肥方式在不同时间各土层中 NO_3^--N 占总 NO_3^--N 含量的比例之间的比较。可以发现，在时间相同时，不同施肥方式相同深度土层中 NO_3^--N 含量差异很大，灌施入渗各土层 NO_3^--N 占总 NO_3^--N 含量的比例随湿润深度增加而减小，分布相对比较均匀，而表施与深施的 NO_3^--N 在一定深度土层集中分布，浅层土壤各土层 NO_3^--N 含量甚至低于其初始含量，说明表施与深施的入渗情况下，浅层土壤的 NO_3^--N 以及入渗的 NO_3^--N 被灌溉水大量的淋洗到深层土壤，若灌水量较大，容易将 NO_3^--N 淋洗出土壤计划湿润层，不能被作物吸收利用，甚至进入地下水造成污染。

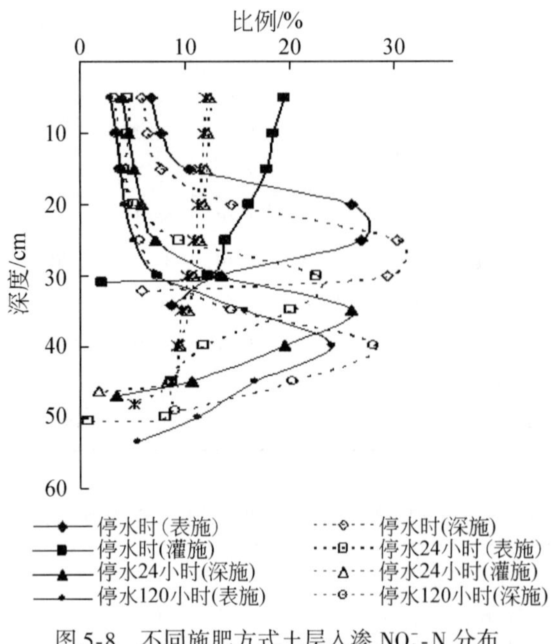

图 5-8　不同施肥方式土层入渗 NO_3^--N 分布

随时间的延长，各土层 NO_3^--N 继续向下迁移，浅层土壤 NO_3^--N 含量不断减小，灌施各层土壤 NO_3^--N 含量分布相对均匀，而表施与深施的 NO_3^--N 浓度峰值进一步向下迁移，但表施情况下 NO_3^--N 浓度峰值运移速度较深施略快，经过较长的时间，表施的 NO_3^--N 浓度峰深度已经超过深施，说明 NO_3^--N 在表施情况下较深施更容易发生淋洗，这主要是由于在初期明显改变了表层土壤团粒结构，引起入渗量增加，其土壤水分运动速度相对较快所导致的。例如，停水 120 小时后，深施湿润土体 30cm 范围内 NO_3^--N 含量占总入渗 NO_3^--N含量的 67.35%，而表施与深施的比例分别为 26.90% 与 27.99%，差异显著，说明灌施较表施与深施更容易将 NO_3^--N 保存在浅层土壤中，为作物更多地吸收与利用，从而提高氮肥利用率。由此可见，在施肥量一定的情况下，采用不同的施肥方式对于土壤 NO_3^--N 运移与分布影响显著。

5.4.2　施肥方式对土壤 NH_4^+-N 运移特性的影响

图 5-9 表示不施肥与不同施肥方式的停水时及再分布 24 小时与 120 小时的土壤 NH_4^+-N 的分布。可以看出，不施肥的湿润土体内土壤 NH_4^+-N 含量较本底值并没有明显变化，说明清水入渗对土壤 NH_4^+-N 含量分布基本没有影响。

不同施肥方式随着入渗时间的增加，虽然湿润锋不断向下运移，但是土壤中的 NH_4^+-N 迁移速度极为缓慢。表施与灌施入渗 NH_4^+-N 主要集中在土壤表层，但二者峰值和运移深度都不同，表施与灌施停水时表层土壤 NH_4^+-N 含量分别为 92 mg/kg 与 202 mg/kg，迁移深度分别为 3.5cm 与 1.7cm 左右，而下层土壤所观测到土壤剖面 NH_4^+-N 含量较本底值没

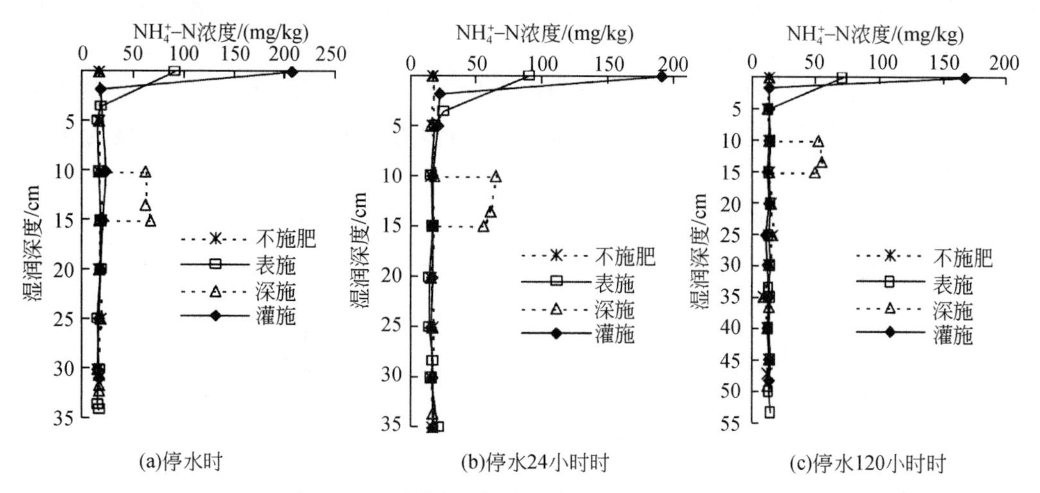

图 5-9　不同施肥方式土壤 NH_4^+-N 含量分布

有明显变化，并且随时间基本保持稳定，这主要是由于土壤胶粒主要带负电荷，土壤肥液中 NH_4^+带正电荷，与土壤胶体颗粒接触后被大量吸收，导致土壤肥液中 NH_4^+-N 含量迅速减少，从而影响了 NH_4^+-N 向下层土壤中运移，灌施肥料与表层土壤接触时间长，NH_4^+-N 被表层土壤充分吸附。因此，灌施入渗较表施 NH_4^+-N 迁移深度浅，并且浓度峰值较大。

深施土壤 NH_4^+-N 集中分布在深施肥料的土层中，NH_4^+-N 含量稳定在 65mg/kg 左右，其他土层中 NH_4^+-N 含量较本底值无明显变化，说明土壤对于 NH_4^+-N 具有强烈的吸附性，NH_4^+-N 并不符合"盐随水来，盐随水去"的溶质运移一般规律。

经过较长时间的再分布，不同施肥方式的土壤 NH_4^+-N 含量均有所下降，这主要是由于挥发损失以及经过较长时间的再分布过程，土壤含水量减小，通气性变好，有利于硝化反应，NH_4^+-N 部分转化成 NO_3^--N，从而降低了土壤 NH_4^+-N 含量的原因。深施由于 NH_4^+-N 主要分布在土壤深层 10～15cm，其土壤通气性较表层土壤差。因此，其挥发损失相对较小，并且硝化反应也没有表层土壤充分，所以深施的 NH_4^+-N 变化较灌施和表施慢，如停水 120 小时后，表施与灌施表层土壤的 NH_4^+-N 含量分别下降到 71 mg/kg 与 166 mg/kg，而深施土壤 NH_4^+-N 峰值下降至 54. 5mg/kg，说明深施肥较灌施与表施的保肥效果好。

综上所述，不同施肥方式会影响土壤 NH_4^+-N 分布，而对于其运移特性无明显影响。灌施与表施 NH_4^+-N 主要集中分布在表层土壤；深施由于肥料施于深层土壤，NH_4^+-N 主要分布在施肥土层中，由于 NH_4^+-N 被牢固吸附在土粒表面，因而 NH_4^+-N 并不像 NO_3^--N 那样对土壤水分的变化非常敏感，但由于表层土壤的 NH_4^+-N 与大气接触，容易挥发损失，所以深施较灌施与表施保肥效果好。

5.5　不同肥料处理土壤 NO_3^--N 迁移转化特性

图 5-10 为肥料处理分别为 CK 处理（空白对照）、N 处理（施化肥）、F 处理（施复

合肥）、M1 处理（施有机肥）在水分入渗结束时以及灌水后 1 天、5 天、10 天、20 天、30 天的 NO_3^--N 分布情况。各处理土壤的初始 NO_3^--N 含量值均为 16.24mg/kg。由图可知，CK 处理条件下在入渗结束时，土壤中的 NO_3^--N 向下迁移并累积，0～20cm 土壤的 NO_3^--N 含量在淋洗作用下明显减少，其最低处 NO_3^--N 含量值为 4.9mg/kg。在土壤深度为 22.4cm

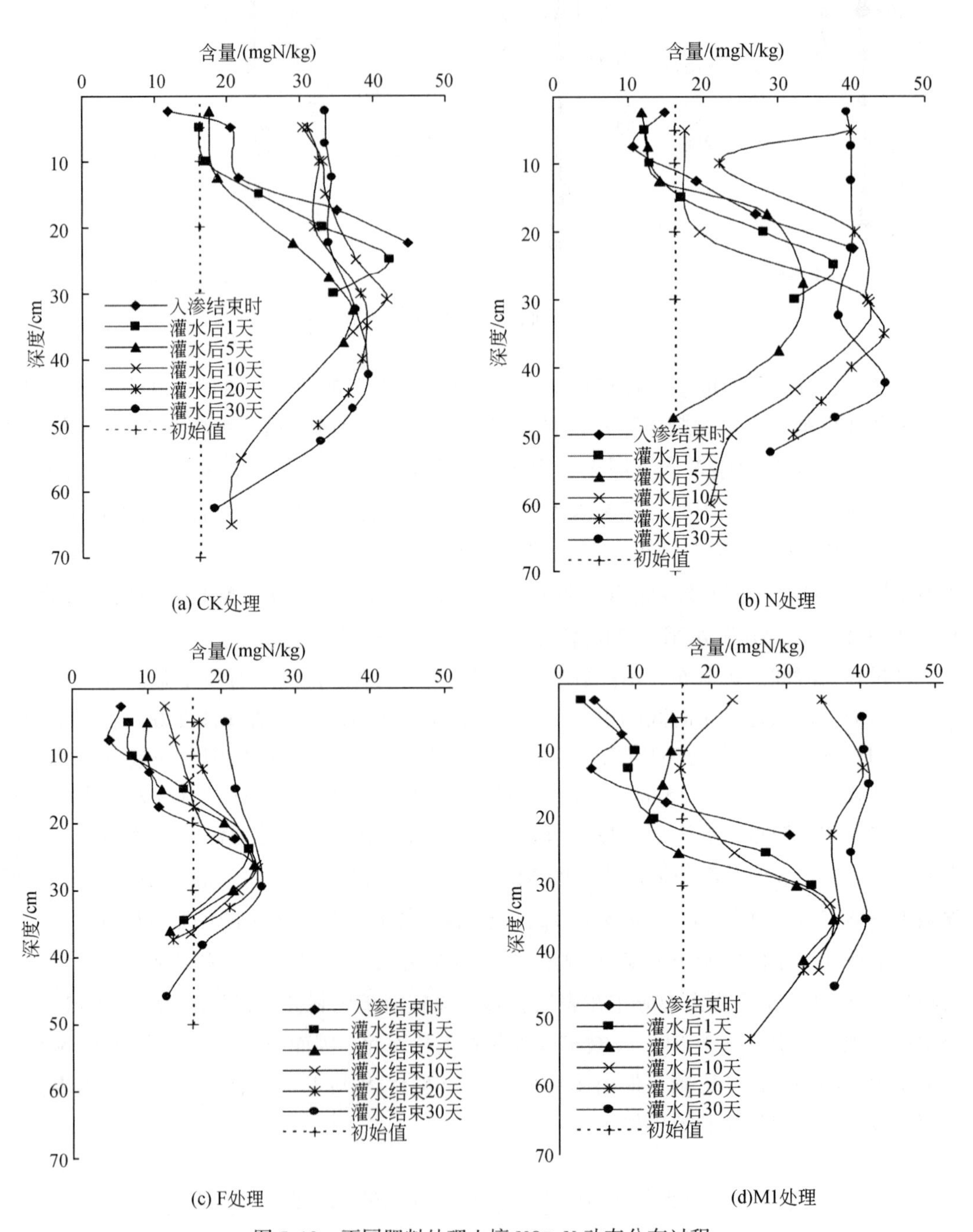

图 5-10　不同肥料处理土壤 NO_3^--N 动态分布过程

处形成一个 NO_3^--N 浓度锋，其 NO_3^--N 浓度峰值为24.9mg/kg。说明在入渗过程中，NO_3^--N 以水分为载体随水一起向下迁移，在迁移的过程中，土壤由于带负电而对阴离子 NO_3^--N 的吸附作用甚微，NO_3^--N 被水分淋洗到下层土壤，在下层土壤发生了累积现象。

N 处理条件下，即施化肥条件下，施肥量折合成纯氮的水平为 180kg/hm^2，施肥方式采用表施尿素。在入渗开始时，施于土壤表层的尿素溶解在水中，土壤中的 NO_3^--N 以及尿素水解的 NO_3^--N 在水分的驱动下向下层土壤迁移。入渗结束时，0 ~ 12.5cm 土壤剖面 NO_3^--N 含量由初始 NO_3^--N 含量 16.24mg/kg 减少并维持在 5mg/kg 左右。12.5 ~ 22.5cm 土壤中 NO_3^--N 含量明显增加，从初始 NO_3^--N 含量 16.24mg/kg 增加到 30.00mg/kg。总之，在整个 0 ~ 22.5cm 的湿润土体上，N 处理条件下 NO_3^--N 含量呈现先不变后逐渐增大的趋势并于 22.5cm 达到 NO_3^--N 含量的最高值 30.00mg/kg，说明施化肥处理在水分进入土壤后，NO_3^--N 形成一个浓度锋剖面随水分迁移而向下迁移。NO_3^--N 含量越高，形成的浓度剖面可能越大。若施肥过量且有大量水分输入土壤，则会造成地下水污染潜在的污染源。F 处理条件下，即施用复合肥条件下，入渗开始时，水分进入土壤后携带复合肥中不断溶出的 NO_3^--N 向下迁移。在 0 ~ 5cm 的土肥混合剖面上，NO_3^--N 含量从 11.8mg/kg 逐渐增大到 20.5mg/kg，说明在 5cm 的土肥混合层中，土肥混合层的上层溶解并迁移的 NO_3^--N 量大于下层。这是因为，在入渗进行的过程中，上层土肥混合介质比下层土肥混合介质接触水分的时间长，所以复合肥中溶解出的 NO_3^--N 量更多。在土壤剖面 5 ~ 12.5cm，NO_3^--N 含量基本保持不变，NO_3^--N 含量稳定在 20mg/kg，说明复合肥能低量持续稳定地溶出NO_3^--N。在土壤深度为 12.5 ~ 22.5cm，NO_3^--N 含量逐渐增大，从 20.0mg/kg 增大到 44.7mg/kg，并于 22.5cm 处达到 NO_3^--N 含量的最大值 44.7mg/kg。M1 处理，即施用有机肥条件下，水分进入土壤后携带有机肥中不断溶出的 NO_3^--N 向下迁移。土壤剖面 0 ~ 12.5cm NO_3^--N 含量在 8mg/kg 左右。说明有机肥处理情况下，NO_3^--N 的溶出量较少，这是因为有机肥中的 NO_3^--N随水分迁移需要先溶解后随水分向下迁移。12.5 ~ 22.5cm NO_3^--N 含量逐渐增大，由 8.9mg/kg 增加到 34.5mg/kg，并于 22.5cm 处达到最大值 34.5mg/kg。

图 5-11（a）显示不同肥料处理在水分入渗前后 NO_3^--N 的变化过程。由于在施肥灌水前每个土柱都采用均质土，所以每个处理土壤剖面在入渗前土壤剖面上 NO_3^--N 含量均相同，在水分入渗结束时四个处理土壤剖面 NO_3^--N 含量分布均为从表层土壤到下层土壤逐渐增大的趋势，不同肥料处理之间的差异为：同一深度 NO_3^--N 含量大小顺序为 F>M1>N>CK。出现这一现象的原因是：在试验设计时，为了减少肥料本身对入渗过程的影响以及结合农业生产实际采用不同施肥方式，N 处理将尿素埋于土壤表层下 2cm 后灌水，尽量减少氮素挥发；F 处理将复合肥与表层 5cm 土壤混合后重新装入土柱；M1 处理将有机肥与表层 10cm 土壤混合重新装入土柱。通过分析表明，图中显示 N 处理条件下硝氮含量较小，这是因为 N 处理中肥料为尿素，尿素水解后产生铵态氮，在合适的条件下铵态氮转化为硝氮。其转化的过程受到土壤温度、土壤含水量、有机质含量等因素影响。由于刚灌水结束，所以 N 处理中 NO_3^--N 含量与 CK 处理相似，只有少量表层土壤的 NO_3^--N 含量发生淋洗，由表层土壤运移到下层土壤，发生累积现象。M1 处理条件下 NO_3^--N 含量比 CK 处理和 N 处理有所提高，NO_3^--N 含量增加的部分主要为 15cm 以下，在表层 0 ~ 15cm，CK 处

理、N 处理、M1 处理 NO_3^--N 含量基本相同，这是因为 M1 处理中，将有机肥与土壤表层 10cm 土壤混合后重新装入土柱，在土柱表层 10cm 形成一个土肥混合层，当水分经过这 10cm 的土肥混合层时，携带 NO_3^--N 向下运移，所以在 M1 处理 10cm 下，NO_3^--N 含量才开始增加，且越下层土壤，NO_3^--N 含量越高，NO_3^--N 含量最高处与水分入渗形成的湿润锋位置相同。F 处理 NO_3^--N 含量在整个土壤剖面相同深度是四个处理中最大的，这是因为复合肥中 NO_3^--N 溶解于水后即随水发生迁移，且表层 5cm 的土肥混合层能不断输出 NO_3^--N，使下层土壤硝氮累积到水分入渗结束时湿润锋的位置。

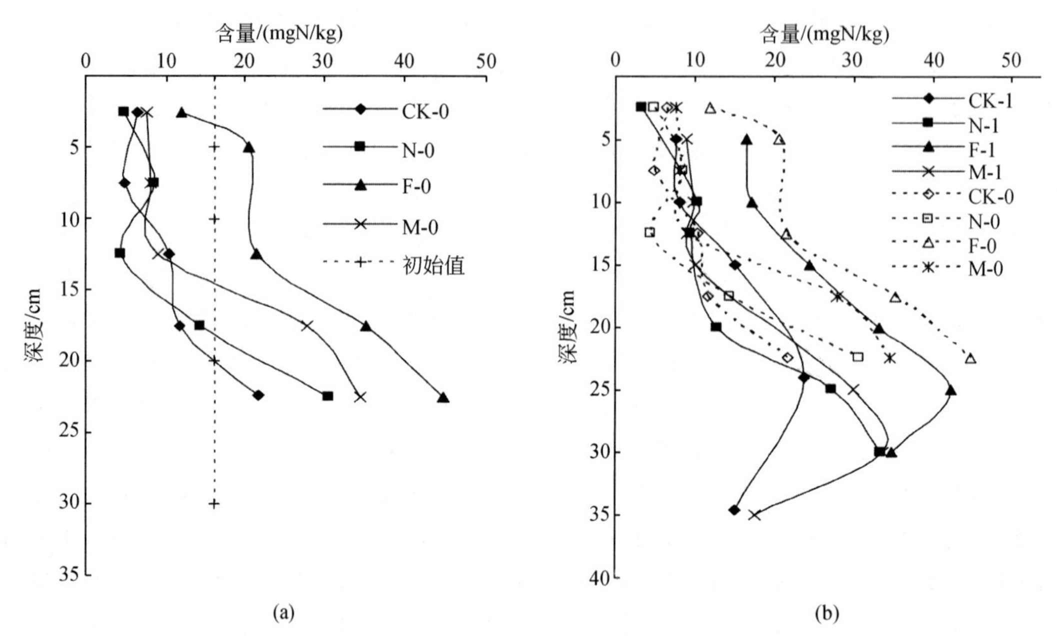

图 5-11　不同肥料处理入渗前后（a）及入渗结束和灌水后 1 天（b）的 NO_3^--N 变化

图 5-11（b）所示为各处理在水分入渗结束时到灌水结束后一天 NO_3^--N 迁移转化的过程，即水分再分布一天时 NO_3^--N 含量的分布情况。图中实线为灌水后一天各处理土壤中 NO_3^--N 含量分布的情况，虚线为入渗结束时各处理 NO_3^--N 含量的分布情况（下文中以此类推，虚线表示当前时刻硝氮含量分布状态，虚线表示上一次观测时间的 NO_3^--N 含量分布状态）。可以看出，在整个土壤剖面上，各处理 NO_3^--N 含量较入渗结束时稍有增加，由入渗结束时 NO_3^--N 含量为 5 ~ 11mg/kg 增加到 8 ~ 16mg/kg。各处理 NO_3^--N 的浓度锋均向下发生迁移。N 处理和 M1 处理迁移距离最大，为 7cm 左右。而 CK 处理和 F 处理 NO_3^--N 浓度锋剖面向下移动距离较小，仅为 2. 5cm。各处理情况下 NO_3^--N 浓度峰值略有减少或基本不变。

图 5-12（a）为各肥料处理在灌水后 1 天到 5 天的 NO_3^--N 含量分布情况。NO_3^--N 浓度锋继续向下移动，但移动速度比入渗结束时明显减缓。整个土壤剖面上 NO_3^--N 含量又恢复到灌水前初始硝氮含量值的趋势。在土壤表面下 0 ~ 15cm，CK 处理条件下，NO_3^--N 含量增加到 10mg/kg，增幅为 1 ~ 2mg/kg 左右；N 处理条件下，NO_3^--N 含量增加幅度较大，

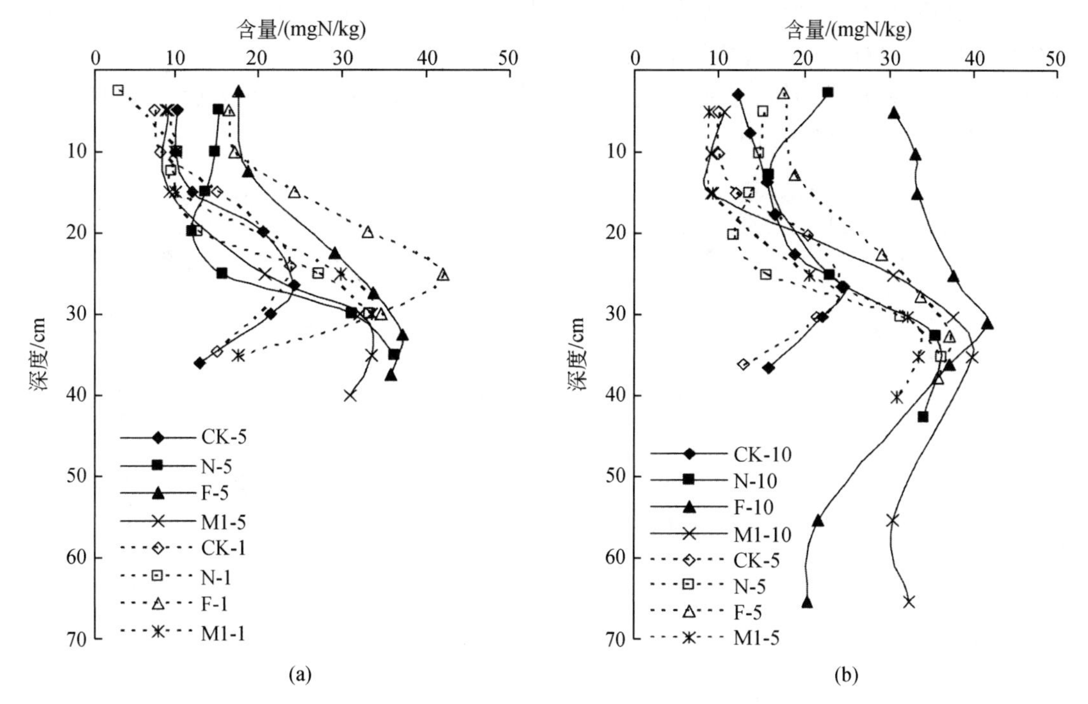

图 5-12　灌水后 1 天到灌水后 5 天（a）以及灌水后 5 天到灌水后 10 天（b）的 NO_3^--N 变化

NO_3^--N 含量为 15mg/kg 左右。这是因为尿素中部分铵态氮转化为硝氮，使这一区间的 NO_3^--N 含量增幅较大。F 处理条件下，0～10cmNO_3^--N 含量增加 1mg/kg 左右，而 10～15cmNO_3^--N 含量减少，减少的原因可能是 NO_3^--N 向下迁移或反硝化作用的影响；M1 处理条件下，0～15cm 的 NO_3^--N 含量基本保持不变。在土壤表层 15～40cm，四种处理情况下，硝氮浓度锋继续向下移动，但由于上层土壤淋失的 NO_3^--N 含量很少，NO_3^--N 浓度锋峰值在不断减小。

图 5-12（b）所示为各处理在灌水后 5 天到 10 天 NO_3^--N 含量的变化过程。各处理 NO_3^--N 的浓度锋较灌水后 5 天时只向下移动了 1～2cm，说明各处理 NO_3^--N 在水分运动微小的情况下迁移速率也很微小，但土壤中氮素的转化作用并没有停止，整个土壤剖面上 NO_3^--N 含量继续增加，上层 0～20cm 土壤 NO_3^--N 含量由 12mg/kg 变化到 30mg/kg，其中变化幅度最大的 F 处理和 N 处理。F 处理 NO_3^--N 含量由 18mg/kg 增加到 30mg/kg；N 处理在土壤剖面上形成一个“S”形的分布状态，说明这两种施肥处理条件下氮素转化为 NO_3^--N形式比其他两种处理更加剧烈。在下层 20～40cm 土壤中，NO_3^--N 浓度锋值的大小顺序为：F 处理>M1 处理>N 处理>CK 处理。NO_3^--N 迁移的深度基本一致，NO_3^--N 浓度锋值为 32mg/kg 左右。

图 5-13（a）所示为各处理灌水后 10 天到 20 天 NO_3^--N 含量的变化过程。从图中可以看出，各处理条件下 NO_3^--N 含量继续增加。与 5～10 天分布 NO_3^--N 状态不同的是，CK 处理 NO_3^--N 含量接近灌水前 NO_3^--N 初始值含量，N 处理和 M 处理 NO_3^--N 含量均大幅增加，说明在这段时间硝化作用在适宜的水分及温度等环境下剧烈进行。而对于 F 处理，其

NO_3^--N 含量略有减少，说明反硝化作用较强烈。各处理条件下形成的 NO_3^--N 浓度锋剖面基本维持不变，NO_3^--N 含量均没有发生变化，达到一个相对平衡的状态。这与 Jackson（2000）研究结果较为相似，Jackson 在蔬菜地的实验表明，施氮肥 15 天后，肥料中氮素主要以 NO_3^--N 形式分布在 10～30cm 土层。

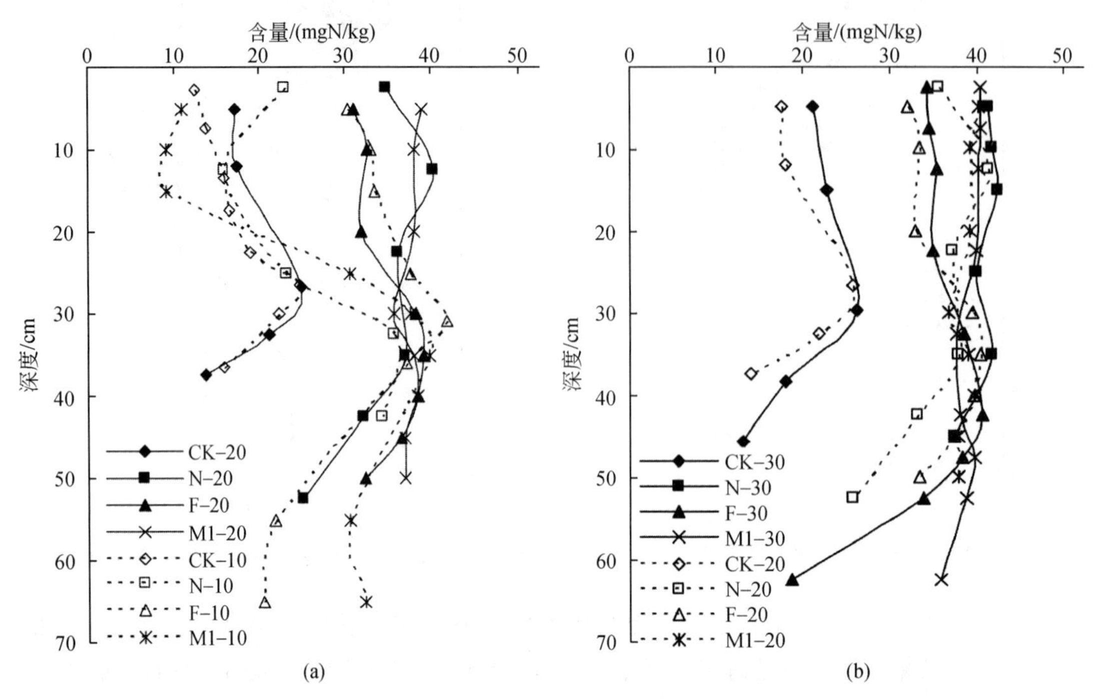

图 5-13　灌水后 10 天到 20 天（a）以及入渗结束时和灌水后 20 天后 30 天（b）的 NO_3^--N 变化

图 5-13（b）表示各处理灌水后 20 天到灌水后 30 天的 NO_3^--N 含量变化过程。从图中可以看出，在土壤中氮素的矿化作用下，CK 处理 NO_3^--N 在土壤表层下 0～30cm NO_3^--N 含量恢复到灌水前，其 NO_3^--N 浓度锋没有向下移动，NO_3^--N 浓度峰值也没有增加。而对于 N 处理和 M1 处理，NO_3^--N 含量分布在整个土壤剖面上已近似一条直线，对应的 NO_3^--N 含量值为 40mg/kg 左右。在土壤下层 35～50cm 间存在着较小的 NO_3^--N 浓度锋，峰值为 40～42mg/kg。F 处理条件下，整个土壤剖面上 NO_3^--N 含量略有增加，增幅为 1～2mg/kg。NO_3^--N 含量总体上呈现一个被上下拉伸的 S 形状。

综上所述，施用不同肥料情况下氮素在入渗后呈现出不同的迁移和转化状态。N 处理中尿素 5 天时已经开始转化为 NO_3^--N，具体表现为 NO_3^--N 含量增幅较大，灌水后 20 天土壤中 NO_3^--N 含量已经达到 40mg/kg，并在灌水后 30 天时仍保持在 40mg/kg 左右。土壤中 NO_3^--N 迁移量和距离与肥料中输出 NO_3^--N 量多少以及水分作用密切相关，不同的肥料输出的硝氮速率不一样，导致不同肥料入渗结束时在土壤剖面 NO_3^--N 呈现出不同的分布状态。在灌水后 5 天这段时间内，NO_3^--N 主要在水分的作用下向下迁移，灌水后 5 天到灌水后 20 天，这段时间不同肥料中氮素转化的快慢不一致，复合肥转化为 NO_3^--N 的速率大于其他处理，进入灌水后 20 天时，N 处理和 M1 处理 NO_3^--N 含量共同之处是无论施用何种肥料或不施肥，NO_3^--N 都会在水分的作用下或多或少发生淋洗而向下迁移。总之，NO_3^--N 累积的深度与肥料的种类和水分作用强烈程度有关。建议使用尿素或有机肥时应采取少量多施的方法并考虑作物需要氮肥的时间。

5.6 肥液浓度对间歇入渗土壤氮素运移特性的影响

5.6.1 肥液浓度对间歇入渗土壤 NO_3^--N 运移特性的影响

图 5-14 表示清水与浓度分别为 100mg/L、500mg/L 和 1000 mg/L 的肥液间歇入渗各周期及土壤水分再分布过程 NO_3^--N 的分布。可以看出，清水间歇入渗土壤处于交替吸湿和脱湿状态，NO_3^--N 浓度锋运移距离随时间而增大，上层土壤 NO_3^--N 浓度低于土壤 NO_3^--N 的本底值，并随时间不断减小，而下层土壤 NO_3^--N 浓度高于土壤 NO_3^--N 的本底值，这是因为 NO_3^--N 带负电荷，不易被土壤颗粒吸附，主要通过对流作用随土壤水分运动。因此，清水间歇入渗将上层土壤中的 NO_3^--N 淋洗到了下层土壤中。并且时间越长，被淋洗的 NO_3^--N 越多。

不同浓度肥液间歇入渗土壤处于交替吸湿和脱湿状态，无论是在供水阶段，还是间歇阶段，均可以在湿润土体内检测到入渗 NO_3^--N 的含量，并且相同位置处均高于清水间歇入渗土壤 NO_3^--N 浓度。因此可以认为不同肥液浓度间歇入渗 NO_3^--N 的浓度锋运移距离与土壤水分运动的湿润锋是一致的。

随着入渗时间的增加，湿润锋不断向下推移，在间歇入渗的供水阶段土壤处于吸湿状态，湿润段土壤 NO_3^--N 含量不断增大，不同肥液浓度间歇入渗 NO_3^--N 浓度锋运移距离随时间而增大，土壤剖面 NO_3^--N 浓度峰值随时间增大并趋于稳定，NO_3^--N 浓度峰值的位置随时间向下迁移，相同深度处土壤 NO_3^--N 浓度也随时间而增加。间歇阶段表层土壤脱湿，NO_3^--N 进行再分布，上层 NO_3^--N 向下转移，表层土壤 NO_3^--N 含量减小，但运移速度减缓。进入再分布过程后，NO_3^--N 运移速度随土壤水分运动速度而迅速减小，并且扩散作用所占比例逐渐增加。不同肥液浓度间歇入渗 NO_3^--N 浓度锋运移距离随时间而继续增大，但趋势迅速减缓。土壤剖面 NO_3^--N 浓度峰值逐渐减小并趋于稳定，NO_3^--N 浓度峰值的位置随时间向下迁移。

时间相同时，不同肥液浓度间歇入渗的 NO_3^--N 含量分布并不相同。例如，第四周期供水停止时，实测 100mg/L、500mg/L 和 1000 mg/L 的不同肥液浓度间歇入渗 NO_3^--N 浓度锋分别为 31cm、32.5cm 与 36.5cm，表层土壤 NO_3^--N 含量分别为 27.5mg/kg、115.2 mg/kg 和 230.2 mg/kg，NO_3^--N 浓度峰值均出现在湿润深度 10～15cm。不同肥液浓度间歇入渗 NO_3^--N 浓度峰值位置相差不大，说明入渗过程中的土壤水分运动速度较快，NO_3^--N 运移是以随土壤水分运动的对流作用为主。肥液浓度越大，相同时间的间歇入渗 NO_3^--N 浓度锋运移距离越大，土壤剖面 NO_3^--N 浓度峰值越大，相同深度处土壤 NO_3^--N 浓度也越大。这主要是由于肥液浓度越大，土壤肥液中 NO_3^--N 浓度越高，相应该点的土壤 NO_3^--N 含量越高。进入再分布过程后，由于土壤水分运动速度迅速减小，NO_3^--N 运移的扩散作用所占比例逐

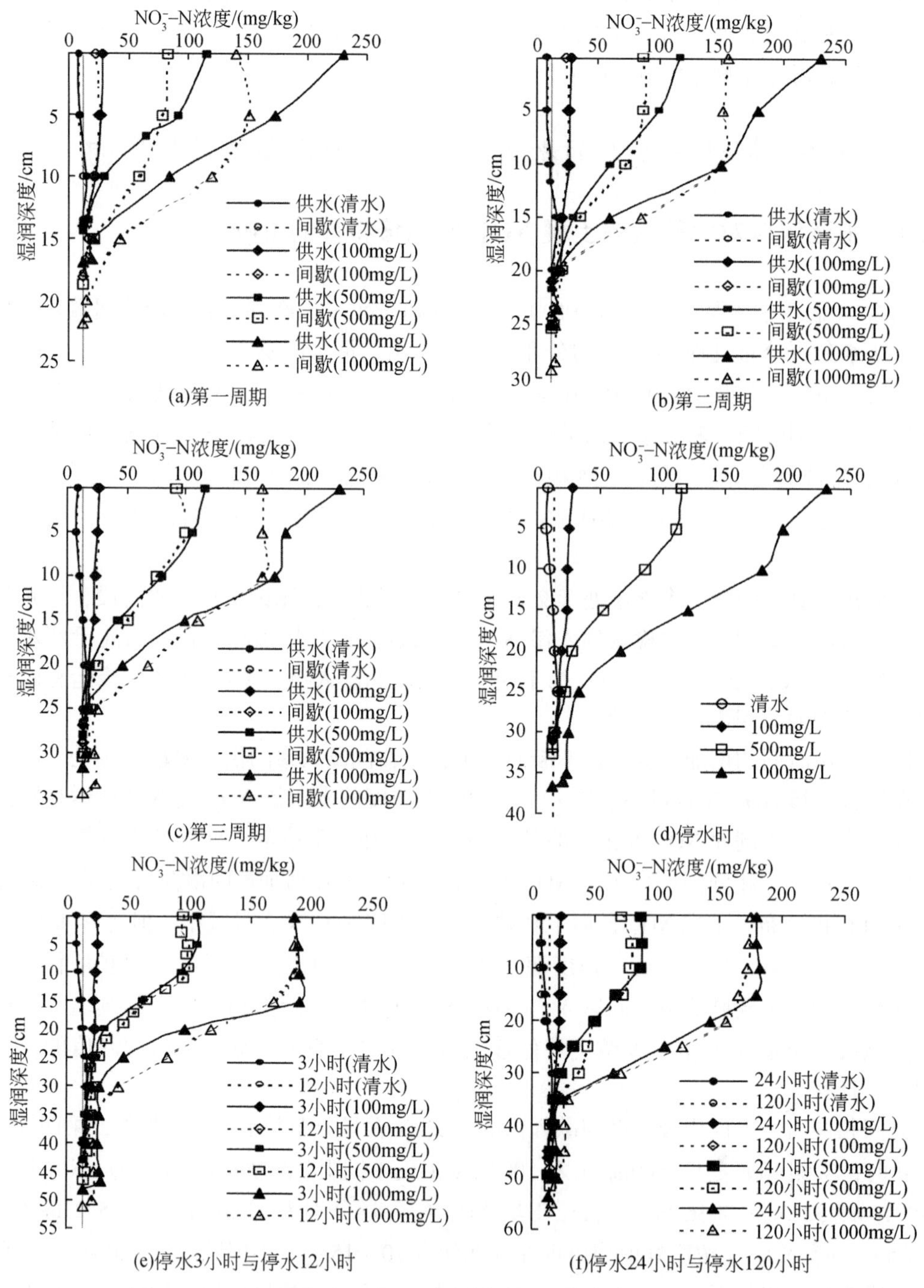

图 5-14　不同肥液浓度间歇入渗各周期及再分布过程土壤 NO_3^--N 分布

渐增加。相同时间 NO_3^--N 浓度峰值的位置随肥液浓度增大而增大。这是由于入渗肥液浓度越大，土壤肥液浓度梯度越大，扩散作用越明显。

以 5cm 分层计算不同肥液浓度间歇入渗在不同时间入渗 NO_3^--N（不含土壤初始 NO_3^--N

含量）在湿润土体内的分布（表5-6至表5-8）。

表5-6　不同肥液浓度间歇入渗停水时入渗 NO_3^--N 分布

100mg/L				500 mg/L				1000 mg/L			
深度/cm	分层含量/mg	分层比例/%	累积比例/%	深度/cm	分层含量/mg	分层比例/%	累积比例/%	深度/cm	分层含量/mg	分层比例/%	累积比例/%
5	27. 20	24. 34	24. 34	5	195. 20	34. 78	34. 78	5	391. 48	30. 35	30. 35
10	23. 79	21. 28	45. 62	10	165. 75	29. 53	64. 30	10	342. 49	26. 55	56. 89
15	22. 52	20. 15	65. 77	15	110. 18	19. 63	83. 93	15	268. 13	20. 78	77. 68
20	18. 14	16. 22	82. 00	20	54. 60	9. 73	93. 66	20	157. 56	12. 21	89. 89
25	11. 90	10. 64	92. 64	25	23. 89	4. 26	97. 92	25	73. 52	5. 70	95. 59
30	7. 70	6. 89	99. 53	30	10. 73	1. 91	99. 83	30	32. 18	2. 49	98. 08
31	0. 53	0. 47	100	32. 5	0. 98	0. 17	100	35	21. 65	1. 68	99. 76
								36. 5	3. 07	0. 24	100
合计	111. 77			合计	561. 31			合计	1290. 06		

表5-7　不同肥液浓度间歇入渗停水后24小时入渗 NO_3^--N 分布

100mg/L				500 mg/L				1000 mg/L			
深度/cm	分层含量/mg	分层比例/%	累积比例/%	深度/cm	分层含量/mg	分层比例/%	累积比例/%	深度/cm	分层含量/mg	分层比例/%	累积比例/%
5	18. 14	14. 97	14. 97	5	145. 28	23. 30	23. 30	5	339. 25	21. 93	21. 93
10	17. 55	14. 49	29. 46	10	145. 28	23. 30	46. 59	10	344. 18	22. 25	44. 18
15	16. 97	14. 00	43. 46	15	123. 83	19. 86	66. 45	15	346. 13	22. 38	66. 56
20	16. 09	13. 28	56. 74	20	88. 73	14. 23	80. 68	20	254. 28	16. 44	83. 00
25	14. 92	12. 31	69. 06	25	55. 58	8. 91	89. 59	25	113. 30	7. 32	90. 33
30	13. 36	11. 03	80. 08	30	29. 25	4. 69	94. 28	30	44. 85	2. 90	93. 22
35	11. 21	9. 26	89. 34	35	15. 60	2. 50	96. 78	35	24. 77	1. 60	94. 83
40	8. 58	7. 08	96. 42	40	9. 75	1. 56	98. 35	40	22. 43	1. 45	96. 28
45	4. 19	3. 46	99. 88	45	7. 51	1. 20	99. 55	45	22. 23	1. 44	97. 71
46. 2	0. 14	0. 12	100	49. 5	2. 81	0. 45	100	50	25. 35	1. 64	99. 35
								53. 7	10. 03	0. 65	100
合计	121. 14			合计	623. 59			合计	1546. 77		

表 5-8　不同肥液浓度间歇入渗停水 120 小时后入渗 NO_3^--N 分布

100mg/L				500 mg/L				1000 mg/L			
深度/cm	分层含量/mg	分层比例/%	累积比例/%	深度/cm	分层含量/mg	分层比例/%	累积比例/%	深度/cm	分层含量/mg	分层比例/%	累积比例/%
5	20. 48	14. 26	14. 26	5	122. 19	19. 59	19. 59	5	315. 53	17. 73	17. 73
10	19. 99	13. 92	28. 18	10	128. 31	20. 57	40. 17	10	312. 60	17. 57	35. 30
15	19. 01	13. 24	41. 43	15	121. 10	19. 42	59. 58	15	304. 20	17. 09	52. 39
20	18. 04	12. 56	53. 99	20	94. 19	15. 10	74. 69	20	287. 63	16. 16	68. 56
25	16. 58	11. 55	65. 54	25	66. 11	10. 60	85. 29	25	243. 75	13. 70	82. 26
30	14. 63	10. 19	75. 72	30	53. 43	8. 57	93. 85	30	160. 88	9. 04	91. 30
35	12. 38	8. 62	84. 35	35	27. 01	4. 33	98. 18	35	71. 18	4. 00	95. 30
40	10. 43	7. 27	91. 61	40	4. 78	0. 77	98. 95	40	28. 28	1. 59	96. 88
45	8. 48	5. 91	97. 52	45	2. 63	0. 42	99. 37	45	25. 35	1. 42	98. 31
48. 2	3. 56	2. 48	100	50	3. 32	0. 53	99. 90	50	19. 31	1. 08	99. 39
				51. 7	0. 60	0. 10	100	55	9. 56	0. 54	99. 93
								56. 4	1. 23	0. 07	100
合计	143. 57			合计	623. 64			合计	1779. 47		

可以看出，不同肥液浓度间歇入渗经历了较长时间的再分布后，湿润土体内的累积 NO_3^--N 含量都有所增加，主要是由于土壤含水量减小，通气性变好，土壤中部分 NH_4^+-N 发生硝化反应转化成 NO_3^--N（和 NO_2^--N），从而增加了土壤 NO_3^--N 含量。

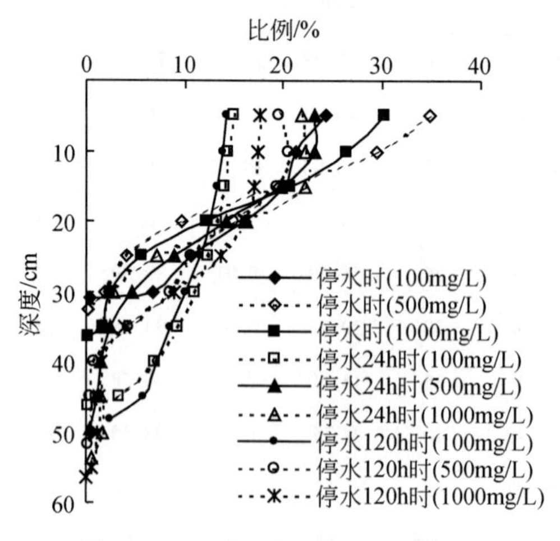

图 5-15　土层入渗 NO_3^--N 分布对比

图 5-15 为不同肥液浓度间歇入渗在不同时间各土层中入渗 NO_3^--N 量（不含土壤初始 NO_3^--N 量）占总入渗 NO_3^--N 量的比例的比较。可以看出，在时间相同时，不同肥液浓度

间歇入渗相同深度土层中入渗 NO_3^--N 量随着肥液浓度的增加而增大，各土层入渗 NO_3^--N 量占总入渗 NO_3^--N 量的比例随湿润深度的增加而减小，并且对于不同肥液浓度，湿润土体 30cm 范围内入渗 NO_3^--N 含量均占入渗总量的 70% 以上，说明不同肥液浓度的间歇入渗 NO_3^--N 均易于保存在浅层土壤中，并且上层土壤中入渗 NO_3^--N 的比例随时间增加逐渐减小，下层比例略有增加，这是由于 NO_3^--N 仍然随土壤水分的再分布以及扩散作用而发生运移，但在停水 24 小时后，各土层中入渗 NO_3^--N 量占总入渗 NO_3^--N 量的比例已基本稳定，这与土壤含水量分布在停水 24 小时后已处于基本稳定的情况一致。

不同肥液浓度在间歇入渗时间相同时，相同深度土层中入渗 NO_3^--N 量占总入渗 NO_3^--N 量的比例有所不同，低浓度肥液间歇入渗 NO_3^--N 沿湿润土壤深度分布相对均匀，而高浓度肥液的分布差异很大，如停水 24 小时时，浓度为 100mg/L 的肥液间歇入渗 5 ~ 10cm 与 35 ~ 40cm 的入渗 NO_3^--N 含量占总入渗 NO_3^--N 量的比例分别为 14.49% 与 7.08%，而浓度为 1000mg/L 的肥液间歇入渗其比例分别为 22.25% 与 1.45%，这主要是由于灌施条件下，NO_3^--N 主要累积在浅层土壤，入渗肥液浓度越高，其在浅层积累得越多，相对下层的 NO_3^--N 浓度差异就越明显。如果随后发生大量降水或者灌水入渗，这部分肥料将极易被淋洗出土壤计划湿润层，甚至进入地下水造成污染。因此，应避免高浓度过量施肥，减少硝氮的淋失，提高氮肥利用率，预防潜在的环境污染。

5.6.2 不同浓度的肥液间歇入渗土壤 NO_3^--N 含量与含水量的关系

图 5-16 分别表示不同肥液浓度间歇入渗在停水时、停水后 24 小时和 120 小时时土壤 NO_3^--N 浓度与土壤含水量的关系。可以看出，不同肥液浓度间歇入渗土壤 NO_3^--N 浓度与土壤含水量关系在不同时间均近似于“S”形曲线，而清水间歇入渗则近似于倒“S”形曲线。它们按含水量划分仍然都可以分为三段，即高含水量段、低含水量段以及两者之间的过渡段。

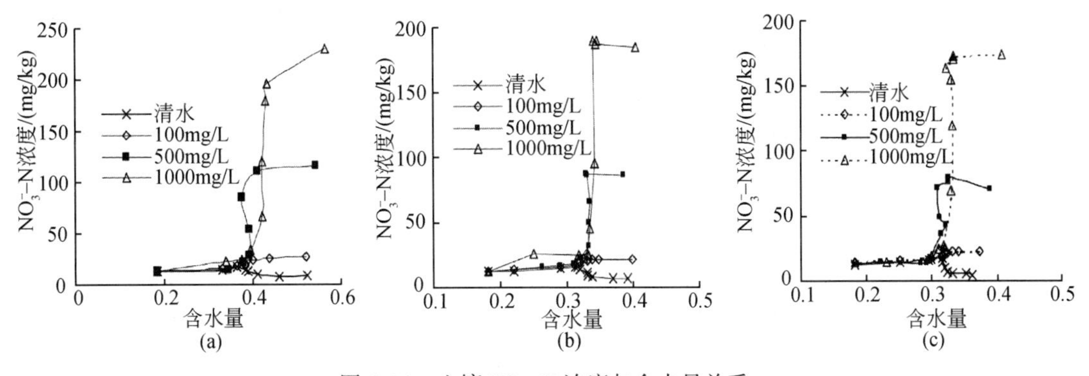

图 5-16　土壤 NO_3^--N 浓度与含水量关系

不同肥液浓度间歇入渗在高含水量段和低含水量段，土壤 NO_3^--N 浓度随土壤含水量变化相对比较缓慢；而在过渡段，土壤 NO_3^--N 浓度随土壤含水量略增而急剧增大，过渡段范围很小，其所对应的土壤含水量变化范围均为 1% ~5%。

清水间歇入渗高含水量段和低含水量段土壤 NO_3^--N 浓度随土壤含水量变化相对比较缓慢，高含水量段土壤 NO_3^--N 浓度低于土壤 NO_3^--N 的本底值，而低含水量段土壤 NO_3^--N 浓度高于土壤 NO_3^--N 的本底值，过渡段土壤 NO_3^--N 浓度随土壤含水量增加而减小。这是因为 NO_3^--N 带负电荷，不易被土壤颗粒吸附，主要通过对流作用随土壤水分运动，因此，清水间歇入渗将上层土壤中的 NO_3^--N 淋洗到了下层土壤中。

不同肥液浓度间歇入渗“S”形曲线均随时间的延长而由大变小，高含水量段平均含水量不断降低，其所对应的土壤 NO_3^--N 浓度也随时间减小，但土壤 NO_3^--N 浓度仍然不随含水量发生明显变化，基本保持稳定；同时，低含水量段对应的土壤含水量变化范围不断减小；而且过渡段平均含水量也随时间逐渐减小。

清水间歇入渗的倒“S”形曲线也随时间的延长而变化，高含水量段平均含水量不断降低，平均土壤 NO_3^--N 浓度也随时间而减小；低含水量段的平均土壤 NO_3^--N 浓度也随时间而增大，表明时间越长，被淋洗的 NO_3^--N 越多。

在时间相同时，入渗肥液浓度越大，高含水量段所对应的土壤 NO_3^--N 浓度越大；低含水量段土壤 NO_3^--N 浓度随土壤含水量增加而增大的趋势越明显；过渡段所对应的土壤含水量变化范围相差不大，但土壤 NO_3^--N 浓度变幅更大。因此，在时间相同时，不同肥液浓度间歇入渗土壤 NO_3^--N 浓度与土壤含水量“S”形关系曲线呈不同陡度。入渗肥液浓度越大，其对应的土壤 NO_3^--N 浓度与土壤含水量的“S”形关系曲线越陡。

5.6.3 肥液浓度对间歇入渗土壤 NH_4^+-N 运移特性的影响

图 5-17 表示清水与浓度分别为 100mg/L、500mg/L 和 1000 mg/L 的肥液间歇入渗各周期及再分布过程的土壤 NH_4^+-N 分布。

可以看出，清水间歇入渗湿润土体内土壤 NH_4^+-N 含量较本底值并没有明显变化，说明清水间歇入渗对土壤 NH_4^+-N 含量分布基本没有影响。

肥液间歇入渗土壤处于交替吸湿和脱湿状态，随着入渗时间的增加，虽然湿润锋不断向下运移，但是渗入土壤中的 NH_4^+-N 下移速度极为缓慢，主要集中分布在土壤表层 5cm 以内，而下层土壤所观测到土壤剖面 NH_4^+-N 含量较本底值并没有明显变化。灌入的 NH_4^+-N主要分布在表层土壤，并且在各周期没有明显变化，并基本保持稳定，这主要是由于土壤胶粒主要带负电荷，土壤肥液中 $NH_4{}^+$因带正电荷，与土壤胶体颗粒接触后被大量吸收，导致土壤肥液中 NH_4^+-N 含量迅速减少，因此阻碍了 NH_4^+-N 向下层土壤中运移。不同肥液浓度间歇入渗表层土壤的 NH_4^+-N 浓度随入渗肥液浓度的增大而增大，肥液浓度为 100mg/L、500mg/L 和 1000 mg/L 的间歇入渗土壤表层 NH_4^+-N 含量基本稳定在 200 mg/kg、350 mg/kg 和 680 mg/kg 左右，这说明土壤对于 NH_4^+-N 具有强烈的吸附性，而且肥液浓度越大，表层土壤吸附越充分，表层土壤的 NH_4^+-N 含量就越大。

经过较长时间的再分布，观测发现不同肥液浓度间歇入渗土壤中 NH_4^+-N 含量均有所下降，这主要是由于挥发损失以及经过较长时间的再分布过程，土壤含水量减小，通气性变好，有利于硝化反应，NH_4^+-N 部分转化成了 NO_3^--N，从而降低了土壤 NH_4^+-N 的含量。

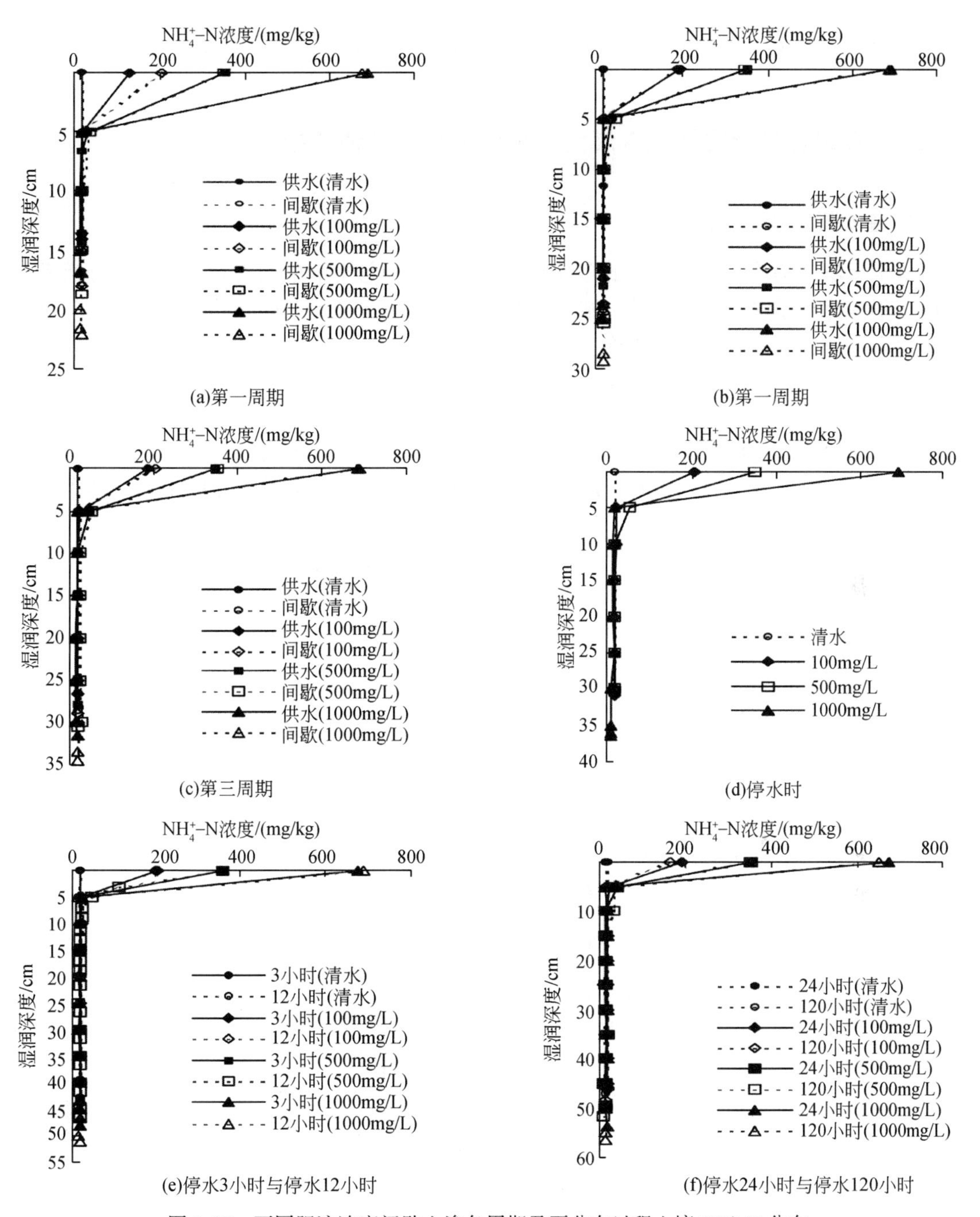

图 5-17　不同肥液浓度间歇入渗各周期及再分布过程土壤 NH$_4^+$-N 分布

5.7　农田灌溉施肥间歇入渗水氮运移数值模拟

5.7.1　农田灌溉施肥间歇入渗土壤水分运动的数值模拟

1. 基本假定及数学模型

假定土壤为均质、各向同性的多孔介质，忽略温度与土壤中的气相对土壤水分运动的影响，不考虑根系吸水与源汇项。根据达西定律和土壤水分运动的连续方程，土壤间歇入渗也符合一维的 Richards 垂直入渗方程，即

$$\frac{\partial\theta}{\partial t}=\frac{\partial}{\partial z}\left[D(\theta)\frac{\partial\theta}{\partial z}\right]-\frac{\partial K(\theta)}{\partial z} \tag{5-15}$$

式中，$\theta(z,\ t)$ 为土壤体积含水量（简称 θ），（cm^3/cm^3）；t 为时间（min）；z 为垂直距离坐标（cm），取向下为正；$D(\theta)$、$K(\theta)$ 分别为非饱和土壤水扩散率和导水率，是土壤含水量的函数（分别简称 D、K）。

该模型为非饱和土壤水分运动的基本方程，结合特定的初始条件及边界条件，即可构成土壤间歇入渗的定解问题。

2. 定解条件

第 1 周期供水阶段：

$$\begin{cases}\theta=\theta_0 & t=0\\ \theta=\theta_S \quad z=0 & 0<t\leqslant t_{on}\\ \theta=\theta_0 \quad z\to\infty & t>0\end{cases} \tag{5-16}$$

第 1 周期间歇阶段（$t_{on}<t\leqslant t_c$）：

$$\begin{cases}\theta=\theta_{g1}(z) & t=t_{on}\\ D(\theta)\dfrac{\partial\theta}{\partial z}-K(\theta)=0 \quad z=0 & t_{on}<t\leqslant t_c\\ \theta=\theta_0 \quad z\to\infty & t>0\end{cases} \tag{5-17}$$

第 i 周期（第 2 及以后各周期，i=2，3，…，N）供水阶段：

$$\begin{cases}\theta=\theta_{j(i-1)}(z) & t=0\\ \theta=\theta_S \quad z=0 & 0<t\leqslant t_{on}\\ \theta=\theta_0 \quad z\to\infty & t>0\end{cases} \tag{5-18}$$

第 i 周期（第 2 周期及以后各周期，i=2，3，…，N）间歇阶段：

$$\begin{cases}\theta=\theta_{gi}(z) & t=t_{on}\\ D(\theta)\dfrac{\partial\theta}{\partial z}-K(\theta)=0 \quad z=0 & t_{on}<t\leqslant t_c\\ \theta=\theta_0 \quad z\to\infty & t>0\end{cases} \tag{5-19}$$

式中，θ_0 为土壤初始含水量（cm^3/cm^3）；θ_S 为土壤饱和含水量（cm^3/cm^3）；$\theta_{gi}(z)$ 为第 i 周期供水阶段结束时的含水量分布；$\theta_{ji}(z)$ 为第 i 周期间歇阶段结束时的含水量分布；t_{on} 为周

期供水时间（min）；t_c 为周期时间（min）；其他符号意义同前。

3. 数值求解

由于该控制方程是非线性偏微分方程，所以目前还得不到严格的解析解，通常采用数值计算方法，包括差分方法和有限元方法。本章采用有限差分法求解波涌灌溉土壤间歇入渗的土壤水分运动模型，采用隐式差分格式建立差分方程。

1）基本方程的离散

建立相互正交的空间 z、时间 t 的坐标系，如图 5-18 所示。沿 z 方向将 L 分为等间距的 n 个单元，空间节点编号为 i，$i=0$，1，…，n，以 Δz 为步长。以 Δt 为时间步长将时间坐标进行离散，时间结点编号为 k，$k=0$，1，2，…。

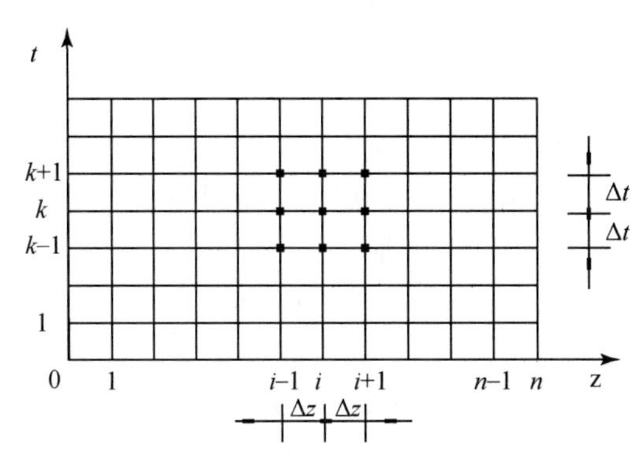

图 5-18　差分网格

则对于任一内节点，按隐式差分格式写出原方程的差分方程为

$$\frac{\theta_i^{k+1}-\theta_i^k}{\Delta t}=\frac{D_{i+1/2}^{k+1}(\theta_{i+1}^{k+1}-\theta_i^{k+1})-D_{i-1/2}^{k+1}(\theta_i^{k+1}-\theta_{i-1}^{k+1})}{\Delta z^2}-\frac{K_{i+1}^{k+1}-K_{i-1}^{k+1}}{2\Delta z} \tag{5-20}$$

令 $r_1=\dfrac{\Delta t}{\Delta z^2}$，$r_3=\dfrac{\Delta t}{2\Delta z}$，整理得

$$-r_1D_{i-1/2}^{k+1}\theta_{i-1}^{k+1}+[1+r_1(D_{i+1/2}^{k+1}+D_{i-1/2}^{k+1})]\theta_i^{k+1}-r_1D_{i+1/2}^{k+1}\theta_{i+1}^{k+1}=\theta_i^k-r_3(K_{i+1}^{k+1}-K_{i-1}^{k+1})$$
$$(i=1,\ 2,\ \cdots,\ n-1) \tag{5-21}$$

可写为

$$a_i\theta_{i-1}^{k+1}+b_i\theta_i^{k+1}+c_i\theta_{i+1}^{k+1}=h_i \qquad (i=2,\ 3,\ \cdots,\ n-2) \tag{5-22}$$

其中

$$\begin{aligned}
a_i &= -r_1D_{i-1/2}^{k+1} \qquad (i=1,\ 2,\ \cdots,\ n-1)\\
b_i &= 1+r_1(D_{i+1/2}^{k+1}+D_{i-1/2}^{k+1}) \qquad (i=1,\ 2,\ \cdots,\ n-1)\\
c_i &= -r_1D_{i+1/2}^{k+1} \qquad (i=1,\ 2,\ \cdots,\ n-1)\\
h_i &= \theta_i^k-r_3(K_{i+1}^{k+1}-K_{i-1}^{k+1}) \qquad (i=2,\ 3,\ \cdots,\ n-2)
\end{aligned} \tag{5-23}$$

2）边界条件的离散

A. 供水阶段

当 $i=0$ 时，$\theta_0^{k+1}=\theta_S$

当 $i=1$ 时，差分方程（5-21）可写为

$$b_1\theta_1^{k+1}+c_1\theta_2^{k+1}=h_1 \tag{5-24}$$

其中

$$h_1=[\theta_1^k-r_3(K_2^{k+1}-K_0^{k+1})]-a_1\theta_S$$
$$K_0^{k+1}=K(\theta_S)=K_S$$

B. 间歇阶段

当 $i=0$ 时，

$$D(\theta)\frac{\partial\theta}{\partial z}-K(\theta)=0$$

$$D_{1/2}^{k+1}\frac{\theta_1^{k+1}-\theta_0^{k+1}}{\Delta z}-K_0^{k+1}=0 \tag{5-25}$$

$$\theta_0^{k+1}=\theta_1^{k+1}-\frac{\Delta z}{D_{1/2}^{k+1}}K_0^{k+1} \tag{5-26}$$

当 $i=1$ 时，差分方程（5-21）可写为

$$a_1\theta_0^{k+1}+b_1\theta_1^{k+1}+c_1\theta_2^{k+1}=h_1 \tag{5-27}$$

将式（5-26）代入式（5-27）整理得

$$b_1'\theta_1^{k+1}+c_1'\theta_2^{k+1}=h_1' \tag{5-28}$$

其中

$$b_1'=1+r_1D_{1+1/2}^{k+1}$$
$$c'_1=-r_1D_{1+1/2}^{k+1}$$
$$h'_1=\theta_1^k-r_3(K_2^{k+1}+K_0^{k+1})$$

当 $i=n-1$ 时，差分方程（5-21）可写为

$$a_{n-1}\theta_{n-2}^{k+1}+b_{n-1}\theta_{n-1}^{k+1}=h_{n-1} \tag{5-29}$$

其中

$$h_{n-1}=[\theta_{n-1}^k-r_3(K_n^{k+1}-K_{n-2}^{k+1})]-c_{n-1}\theta_0$$
$$K_n^{k+1}=K(\theta_0)$$

式（5-22）、式（5-24）或式（5-28）与式（5-29）联立，形成三对角型代数方程组，即

$$[A][\theta]=[H] \tag{5-30}$$

其中

$$[A]=\begin{bmatrix} b_1 & c_1 & & & 0 \\ a_2 & b_2 & c_2 & & \\ & \ddots & \ddots & \ddots & \\ & & a_{n-2} & b_{n-2} & c_{n-2} \\ 0 & & & a_{n-1} & b_{n-1} \end{bmatrix}\quad [\theta]=\begin{bmatrix}\theta_1^{k+1}\\ \theta_2^{k+1}\\ \vdots \\ \theta_{n-2}^{k+1}\\ \theta_{n-1}^{k+1}\end{bmatrix}\quad [H]=\begin{bmatrix}h_1\\ h_2\\ \vdots\\ h_{n-2}\\ h_{n-1}\end{bmatrix}$$

采用追赶法进行求解，计算中空间步长采用 Δz 为 0.5cm，为加速计算，计算过程采用变时间步长，若某时间步长和某时段的迭代次数小于所选迭代次数 3 次，则增加时间步长；若迭代次数大于所选迭代次数 3 次，则减小时间步长，即可获得不同时刻各个节点含

水量的值。通过对该问题的求解可得到土壤间歇入渗条件下土壤含水量在时间和空间上的分布、湿润锋的运移以及累积入渗量（或入渗率）随入渗历时的变化规律等。

5.7.2 农田灌溉施肥间歇入渗硝氮运移的数值模拟

1. 基本假定及数学模型

根据试验的具体条件，由于试验时间较短，故忽略土壤有机氮矿化、硝化作用和土壤颗粒对 NO_3^--N 的吸附，则描述 NO_3^--N 在土壤中运移的基本方程为

$$\frac{\partial(\theta c)}{\partial t} = \frac{\partial}{\partial z}\left[D_{sh}(\theta,v)\frac{\partial c}{\partial z}\right] - \frac{\partial qc}{\partial z} \tag{5-31}$$

式中，$\theta(z,\ t)$ 为土壤体积含水量（简称 θ）（cm^3/cm^3）；$c(z,\ t)$ 为溶液的浓度（简称 c（mg/L））；t 为时间（min）；z 为垂直距离坐标（cm），取向下为正；$D_{sh}(\theta,\ v)$ 为非饱和土壤水动力弥散系数（简称 D_{sh}）；$q(z,\ t)$、$v(z,\ t)$ 分别为土壤水分运动通量和孔隙平均流速，并且 $v(z,\ t)=q(z,\ t)/\theta(z,\ t)$，均由土壤水分运动的求解得出；$D(\theta)$、$K(\theta)$ 分别为非饱和土壤水扩散率和导水率。

2. 定解条件

第 1 周期供水阶段：

$$\begin{aligned} &c = c_0 \quad t = 0 \\ &c = c_R \quad z = 0 \quad 0 < t \leqslant t_{on} \\ &c = c_0 \quad t > 0 \quad z \to \infty \end{aligned} \tag{5-32}$$

第 1 周期间歇阶段（$t_{on} < t \leqslant t_c$）：

$$\begin{aligned} &c = c_{g1}(z) \quad t = t_{on} \\ &\frac{\partial c}{\partial z} = 0 \quad z = 0 \quad t_{on} < t \leqslant t_c \\ &c = c_0 \quad t > 0 \quad z \to \infty \end{aligned} \tag{5-33}$$

第 i 周期（第 2 及以后各周期，$i = 2,3,\cdots,N$）供水阶段：

$$\begin{aligned} &c = c_{j(i-1)}(z) \quad t = 0 \\ &c = c_R \quad z = 0 \quad 0 < t \leqslant t_{on} \\ &c = c_0 \quad t > 0 \quad z \to \infty \end{aligned} \tag{5-34}$$

第 i 周期（第 2 及以后各周期，$i = 2,3,\cdots,N$）间歇阶段：

$$\begin{aligned} &c = c_{gi}(z) \quad t = t_{on} \\ &\frac{\partial c}{\partial z} = 0 \quad z = 0 \quad t_{on} < t \leqslant t_c \\ &c = c_0 \quad t > 0 \quad z \to \infty \end{aligned} \tag{5-35}$$

式中，c 为土壤溶液中 NO_3^--N 的浓度（mg/L）；t 为时间（min）；z 为垂直距离坐标（cm），取向下为正；D_{sh} 为非饱和土壤水动力弥散系数；c_0 为土壤初始 NO_3^--N 浓度（mg/L）；c_R 为

灌溉水中 NO_3^--N 的浓度（mg/L）；$c_{gi}(z)$ 为第 i 周期供水阶段结束时土壤 NO_3^--N 浓度分布，并且作为第 i 周期间歇阶段初始土壤 NO_3^--N 浓度；$c_{ji}(z)$ 为第 i 周期间歇阶段结束时土壤 NO_3^--N 浓度分布，并且作为第 $i+1$ 周期供水阶段初始土壤 NO_3^--N 浓度；t_{on} 为周期供水时间（min）；t_c 为周期时间（min）。

3. 数值求解

由式（5-31）可知，利用数值方法计算土壤剖面 NO_3^--N 浓度时，必须首先知道土壤含水量 θ 和水流通量 q 的值，即首先要求解土壤水分运动方程（5-15），其具体数值求解过程见前节。

由于式（5-31）是非线性偏微分方程，所以目前还得不到严格的解析解，通常采用数值计算方法，包括差分方法和有限元方法。本章采用有限差分法求解土壤间歇入渗条件下土壤 NO_3^--N 运移模型。

溶质运移方程的差分格式可采用显式、隐式差分格式，但研究表明，当对流项占优势（即 ν 很大，而 D_{sh} 很小）时，计算结果会发生很大偏差。例如，在极端的情况下 $D_{sh}\approx 0$，锋面应当接近垂直，但用差分离散算出的锋面将有一个过渡带，似乎有明显的弥散存在，这种现象被称为“数值弥散”。这个现象的存在会影响计算精度，甚至会出现不合理的结果和出现振动现象。一些学者认为“数值弥散”是截断误差太大引起的，应该采用高阶的有限差分格式近似消除“数值弥散”的影响。因此，本章用 Crank–Nichoson（柯朗科–尼可逊）六点对称差分格式求解波涌灌溉土壤间歇入渗土壤 NO_3^--N 运移模型。

1）基本方程的离散

对于任一内节点，按 Crank- Nichoson（柯朗科–尼可逊）六点对称差分格式展开式（5-31）有

$$\frac{\theta_i^{j+1}c_i^{j+1}-\theta_i^j c_i^j}{\Delta t}=\frac{D_{i-1/2}^{j+1/2}-N_{i-1/2}^{j+1/2}}{2\Delta z^2}(c_{i-1}^{j+1}+c_{i-1}^{j}-c_i^{j+1}-c_i^j)-\frac{D_{i+1/2}^{j+1/2}-N_{i+1/2}^{j+1/2}}{2\Delta z^2}(c_i^{j+1}+c_i^j-c_{i+1}^{j+1}-c_{i+1}^j)-\frac{q_{i+1/2}^{j+1/2}(c_i^{j+1}+c_i^j)-q_{i-1/2}^{j+1/2}(c_{i-1}^{j+1}+c_{i-1}^j)}{2\Delta z} \tag{5-36}$$

其中

$$N_{i+1/2}^{j+1/2}=\frac{\Delta z}{2}q_{i+1/2}^{j+1/2}-\frac{v_i^{j+1/2}v_{i+1/2}^{j+1/2}\Delta t}{8}(\theta_i^{j+1}-\theta_i^j)$$

$$q_{i+1/2}^{j+1/2}=D_{i+1/2}^{j+1/2}\frac{(\theta_i^{j+1}+\theta_i^j-\theta_{i+1}^{j+1}-\theta_{i+1}^j)}{2\Delta Z}+K_{i+1/2}^{j+1/2}$$

$$\theta_{i+1/2}^{j+1/2}=\frac{1}{4}(\theta_i^{j+1}+\theta_i^j+\theta_{i+1}^{j+1}+\theta_{i+1}^j)$$

$$v_i^j=v(q_i^j,\ \theta_i^j)=\frac{q_i^j}{\theta_i^j} \tag{5-37}$$

式中，i 为距离结点的序号；j 为时间增量的序号；Δt 时间步长；Δz 距离步长；D 为非饱和土壤水动力弥散系数；θ_i^j，q_i^j，v_i^j，c_i^j 分别表示剖面上第 i 个节点在第 j 个时段末的 θ，q，v，c 值。

将各节点按式（5-36）写出差分方程，令 $r=\dfrac{\Delta t}{2\Delta z^2}$，整理得

$$E_i c_{i-1}^{j+1}+F_i c_i^{j+1}+G_i c_{i+1}^{j+1}=H_i \tag{5-38}$$

其中

$$E_i=N_{i-1/2}^{j+1/2}-D_{i-1/2}^{j+1/2}-\Delta z q_{i-1/2}^{j+1/2}$$
$$F_i=(\theta_i^{j+1}/r)+D_{i-1/2}^{j+1/2}-N_{i-1/2}^{j+1/2}+D_{i+1/2}^{j+1/2}-N_{i+1/2}^{j+1/2}+\Delta z q_{i+1/2}^{j+1/2}$$
$$G_i=N_{i+1/2}^{j+1/2}-D_{i+1/2}^{j+1/2}$$
$$H_i=-E_i c_{i-1}^j-G_i c_{i+1}^j-[\Delta z q_{i+1/2}^{j+1/2}+D_{i-1/2}^{j+1/2}-N_{i-1/2}^{j+1/2}+D_{i+1/2}^{j+1/2}-N_{i+1/2}^{j+1/2}-(\theta_i^j/r)]c_i^j \tag{5-39}$$

式中，$r=\dfrac{\Delta t}{2\Delta z^2}$。

2）边界条件的离散

A. 供水阶段

当 $i=0$ 时，$c_0^{j+1}=c_{\mathrm{R}}$

当 $i=1$ 时，差分方程（5-38）可写为

$$F_1 c_1^{j+1}+G_1 c_1^{j+1}=H_1 \tag{5-40}$$

其中

$$H_1=-E_1(c_0^j+c_0^{j+1})-G_1 c_2^j-[\Delta z q_{i+1/2}^{j+1/2}+D_{i-1/2}^{j+1/2}-N_{i-1/2}^{j+1/2}+D_{i+1/2}^{j+1/2}-N_{i+1/2}^{j+1/2}-(\theta_i^j/r)]c_1^j$$

B. 间歇阶段

当 $i=0$ 时，$\dfrac{\partial c}{\partial z}=0$

$$\frac{c_1^{k+1}-c_0^{k+1}}{\Delta z}=0 \tag{5-41}$$

$$c_0^{k+1}=c_1^{k+1} \tag{5-42}$$

当 $i=1$ 时，差分方程（5-36）可写为

$$E_1 c_0^{j+1}+F_1 c_1^{j+1}+G_1 c_2^{j+1}=H_1 \tag{5-43}$$

将式（5-42）代入（5-43）整理得

$$F_1\theta_1^{k+1}+G_1\theta_2^{k+1}=H_1 \tag{5-44}$$

其中

$$F_1=(\theta_i^{j+1}/r)+D_{i-1/2}^{j+1/2}-N_{i-1/2}^{j+1/2}+D_{i+1/2}^{j+1/2}-N_{i+1/2}^{j+1/2}+\Delta z q_{i+1/2}^{j+1/2}+(N_{i-1/2}^{j+1/2}-D_{i-1/2}^{j+1/2}-\Delta z q_{i-1/2}^{j+1/2})$$
$$G_1=N_{i+1/2}^{j+1/2}-D_{i+1/2}^{j+1/2}$$
$$H_1=-E_i c_{i-1}^j-G_i c_{i+1}^j-[\Delta z q_{i+1/2}^{j+1/2}+D_{i-1/2}^{j+1/2}-N_{i-1/2}^{j+1/2}+D_{i+1/2}^{j+1/2}-N_{i+1/2}^{j+1/2}-(\theta_i^j/r)]c_i^j$$

当 $i=n-1$ 时，差分方程（5-38）可写为

$$E_{n-2}c_{n-2}^{j+1}+F_{n-1}c_{n-1}^{j+1}=H_{n-1} \tag{5-45}$$

其中

$$H_{n-1}=-E_{n-1}c_{n-2}^j-G_{n-1}c_n^j-[\Delta z q_{i+1/2}^{j+1/2}+D_{i-1/2}^{j+1/2}-N_{i-1/2}^{j+1/2}+D_{i+1/2}^{j+1/2}-N_{i+1/2}^{j+1/2}-(\theta_i^j/r)]c_{n-1}^j-G_{n-1}c_n^{j+1}$$

按照式（5-38）可以写出各内节点的方程，并与式（5-40）或式（5-44）及式（5-45）联立组成三对角形矩阵方程组。

$$[B][c]=[H] \tag{5-46}$$

其中

$$[B]=\begin{bmatrix} F_1 & G_1 & & & 0 \\ E_2 & F_2 & G_2 & & \\ & \ddots & \ddots & \ddots & \\ & & E_{n-2} & F_{n-2} & G_{n-2} \\ 0 & & & E_{n-1} & F_{n-1} \end{bmatrix} \quad [c]=\begin{bmatrix} c_1^{k+1} \\ c_2^{k+1} \\ \vdots \\ c_{n-2}^{k+1} \\ c_{n-1}^{k+1} \end{bmatrix} \quad [H]=\begin{bmatrix} H_1 \\ H_2 \\ \vdots \\ H_{n-2} \\ H_{n-1} \end{bmatrix}$$

利用数值方法计算土壤剖面土壤含水量和 NO_3^--N 浓度时，首先根据时段初含水量和边界条件，利用水分运动方程推求时段末剖面上的土壤含水量并根据式（5-47）求得相应的 q、v 值，然后代入 NO_3^--N 运移有限差分方程，通过线性代数方程组求解时段剖面上各点的 NO_3^--N 浓度，以时段末土壤含水量和 NO_3^--N 浓度作为下一时段初始值，用同样的方法就可以求得下一时段末的数值。依此类推，逐个时段进行计算，即可求得全部要求时段的土壤含水量和 NO_3^--N 浓度的变化过程。

$$\begin{cases} q=-D(\theta)\dfrac{\partial\theta}{\partial z}+K(\theta) \\ v=\dfrac{q}{\theta} \end{cases} \tag{5-47}$$

5.7.3 模型验证与分析

1. 输入参数

农田灌溉施肥间歇入渗水分运动与 NO_3^--N 运移模型输入参数分别见表 5-9 和表 5-10。

表 5-9 水分运动模型输入参数

θ_S /（cm^3/cm^3）	θ_0 /（cm^3/cm^3）	$K(\theta)$ /（cm/min）	$D(\theta)$ /（cm^2/min）	Δz /cm	Δt /min
0.5242	0.1300	$1.4647\theta^{7.2}$	$0.0036e^{14.091\theta}$	0.5	0.5

表 5-10 NO_3^--N 运移模型输入参数

c_0 /（mg/kg）	$K(\theta)$ /（cm/min）	$D(\theta)$ /（cm^2/min）	$D_{sh}(\theta)$ /（cm^2/min）	Δz /cm	Δt /min
11.7	$1.4647\theta^{7.2}$	$0.0036e^{14.091\theta}$	$6.3114\times10^{-12}e^{47.6339\theta}$	0.5	0.5

2. 模型验证

采用室内试验数据对模型进行验证。图 5-19 与图 5-20 分别为数值模拟在 KNO_3溶液浓度为 50mg/L、周期供水时间为 30min、循环率为 1/2、周期数为 4 的间歇入渗各周期供水阶段末、间歇阶段末和停水 30 小时再分布过程的土壤含水量和 NO_3^--N 含量计算结果与相应的试验数据的比较。

可以看出，计算值与实测值基本吻合，说明本章利用土壤水分运动和溶质运移方程所

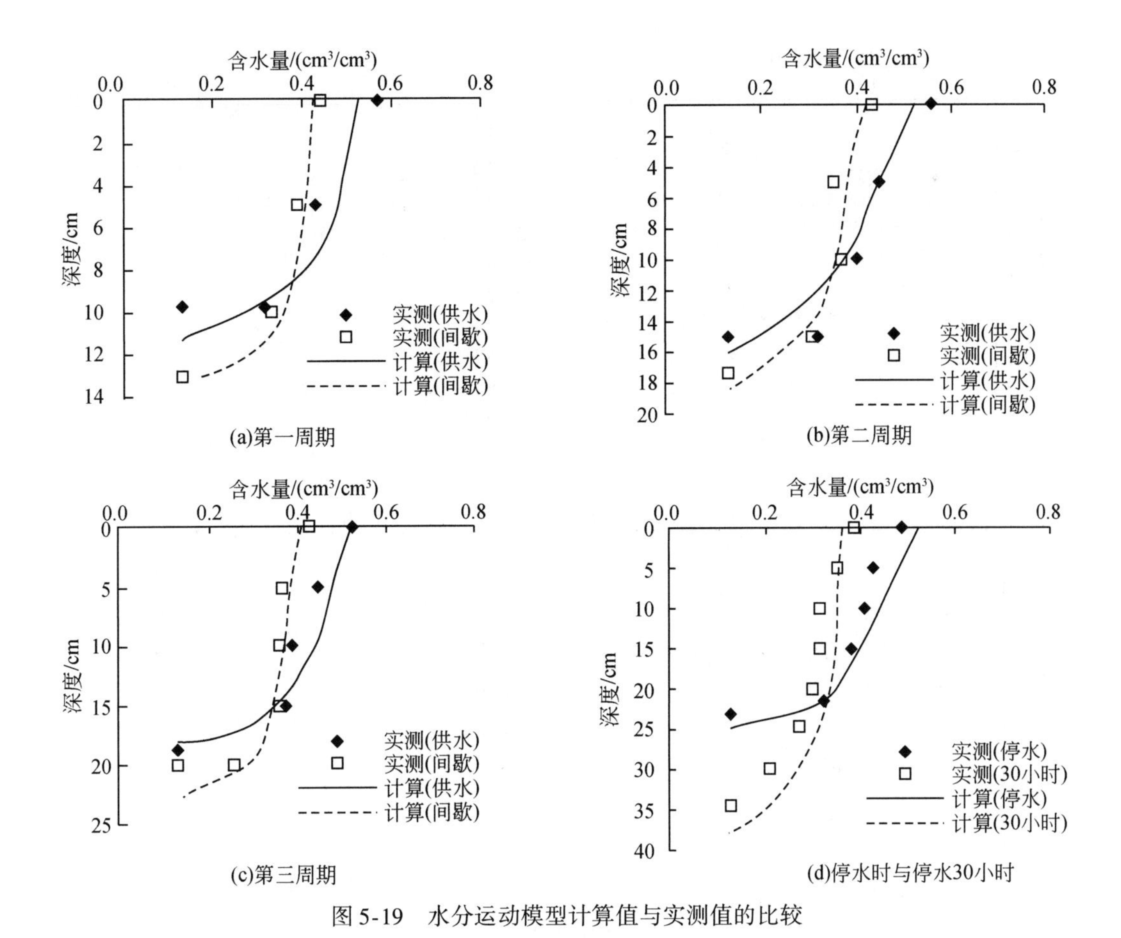

图 5-19　水分运动模型计算值与实测值的比较

建立的数学模型，用于计算农田灌溉施肥间歇入渗土壤水分运动和 NO_3^--N 运移是可行的。

3. 模型分析

可以看出，表层土壤与湿润锋附近的模型计算值与实测值偏差较大，分析认为，农田灌溉施肥由于间歇阶段的存在，表层土壤形成致密层，土壤结构发生了改变，而模型输入参数均是通过连续入渗试验获得的，反映不出表层土壤由于交替吸湿和脱湿对土壤结构的影响，导致表层土壤与湿润锋附近的模型计算值与实测值偏差较大。

计算得到土壤水分再分布较长时间的土壤 NO_3^--N 含量与实测值偏差也较大，这是由于氮素在土壤中的行为极为复杂，处于硝化、矿化与吸附等不停的动态变化过程，而本章建立的模型对这些过程进行了简化处理，未能反映土壤氮素的转化过程，导致较长时间的再分布后土壤 NO_3^--N 计算值与实测值偏差较大。

由于 NO_3^--N 带负电荷，不易被土壤颗粒吸附，并且本试验持续时间相对较短，土壤氮素之间转化的量并不显著，可以忽略土壤有机氮矿化、硝化作用和土壤颗粒对 NO_3^--N 的吸附等作用。因此，在试验时间较短的情况下，应用本章建立的模型可以比较准确地模拟农田灌溉施肥间歇入渗水分运动与 NO_3^--N 运移过程。

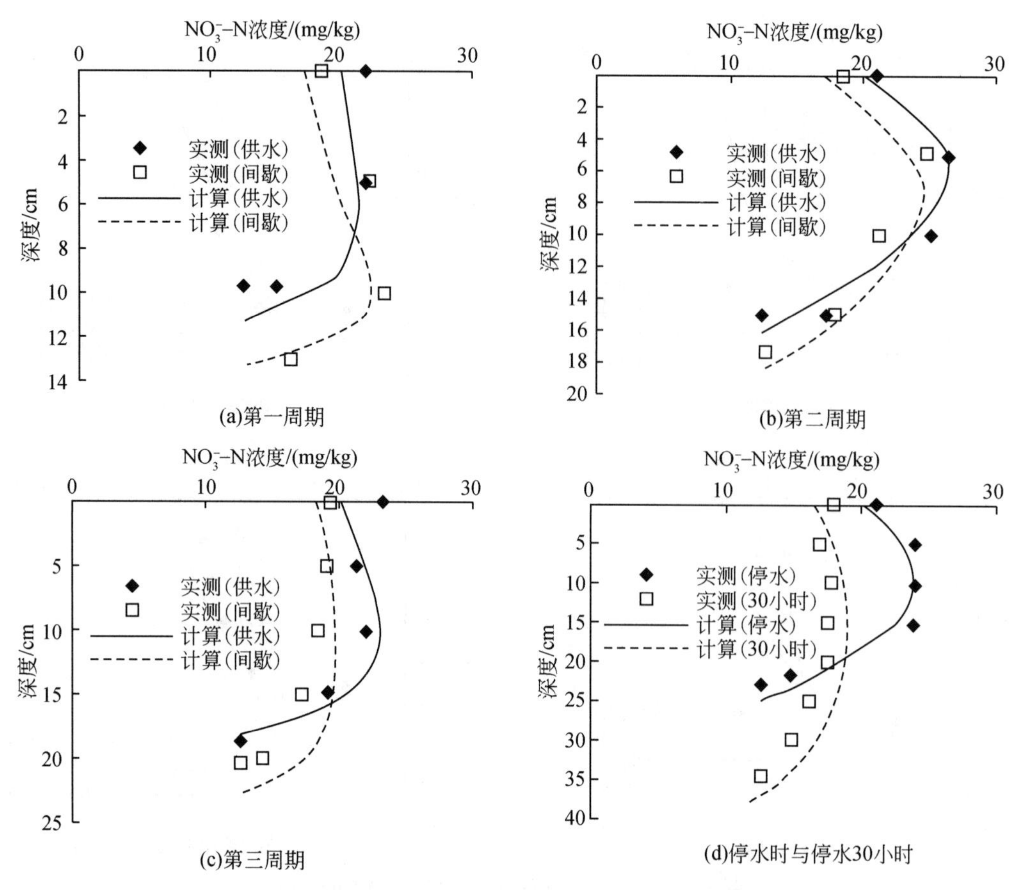

图 5-20 NO$_3^-$-N 运移模型计算值与实测值的比较

5.8 PAM 对沣河坡耕地坡面水分入渗及氮素迁移的影响

PAM 作为土壤结构改良剂，具有增加土壤表层颗粒间的凝聚力，维系良好的土壤结构，增强土壤抗蚀能力，减少水土流失，已成为防治水土养分流失的新途径。关于 PAM 对水分入渗的影响，目前还没有统一的结论，一种观点认为 PAM 可以改善土壤结构，增加降雨入渗、减少地表径流，能够很好地增加土壤的有效降水量并促进植物的生长，但也有人发现施用不同类型、浓度的 PAM 处理后的土壤入渗率可能增加也可能减小，同时有相关研究表明，施用少量的 PAM 可有效降低土壤容重，增加土壤饱和含水量和田间持水量，但 PAM 施用量过大时会降低土壤的渗透性，指出表施 0.5g/m^{2}PAM 后，能够减少坡地降雨产流，增加土壤入渗速率；当 PAM 用量较大（3g/m^2）、能够增加径流，降低入渗。此外，也有研究表明不同土壤初始含水率情况对坡耕地土壤产沙速率的响应非常明显，溶质流失量和流失率均随土壤初始含水量的增加而增加，径流中溶质平均浓度与前期含水量呈抛物线关系，且施用 PAM 减少产沙量的效果要好于减少径流量的效果。

5.8.1 PAM 对坡耕地产沙的影响

1. 对坡面产沙率的影响

图 5-21 为不同 PAM 用量下坡面产沙率随时间的变化过程，可以看出，施加 PAM 的坡面产沙率明显小于不施加 PAM 情况，除 PAM1 外，随着 PAM 用量的增加，坡面产沙率整体上呈减少趋势。这是由于 PAM 能有效地改善土壤的物理性状，增加土壤水稳性团粒数目，降低土壤容重、提高渗透性和孔隙度，维系了良好的土壤结构，从而减少了泥沙的侵蚀。

由 CK、PAM1、PAM2 可以看出，在试验开始后的坡面产沙率逐渐增大，经过 5 ~ 10min 后达到最大值，然后逐渐减小并趋于稳定，其峰值分别为 1310g/min，338g/min 和 340g/min，施加 PAM 之后的坡面产沙率峰值显著降低。在产沙率基本稳定阶段，PAM 用量为 1g/1. 25m^{2}时的坡面产沙量要低于 2g/1. 25m^2。造成这种现象的原因一方面是由于野外试验受天气影响，试验土壤初始含水量不同，PAM1 的土壤初始含水量为 12. 4%，PAM2 土壤初始含水量为 11. 1%，而初始含水量是影响坡面产沙量的重要因素之一，土壤初始含水率越高，产流越快，平均入渗率越小，径流量越大，故产沙量也越大；另一方面是由于 PAM 用量较少时有增加入渗、减小径流的作用，进而影响坡面的产流产沙情况。

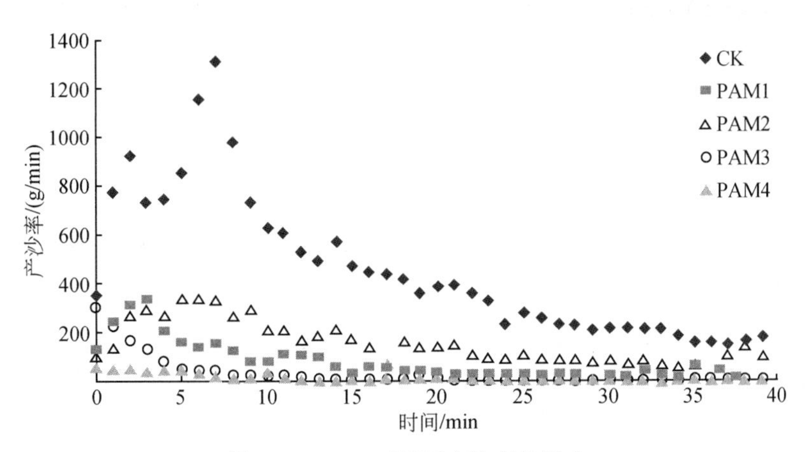

图 5-21 PAM 对坡面产沙率的影响

由 PAM3、PAM4 可以看出，当 PAM 用量继续增大时，坡面产沙率进一步降低，并稳定于 10min 左右。当 PAM 用量从 3g/1. 25m^{2}增加到 4g/1. 25m^{2}时，除试验初期外，减沙效果基本接近。由于 PAM 的成本较高，从经济角度考虑，PAM4 的成本要远远高于 PAM3，综合比较，选用 PAM3 的减沙效果比较理想（赵伟等，2012）。

2. 对坡面累积产沙量的影响

图 5-22 为不同 PAM 用量下坡面累积产沙量随时间的变化过程，可以看出，随着 PAM 用量的增加，累积产沙量明显减少。放水冲刷前期坡面产沙量增长较快，这是因为坡面表

施的 PAM 与水作用不充分，PAM 尚未完全溶解，对坡面还没有形成保护。除 CK 外，约 20min 后，坡面产沙量趋于稳定，这是因为此时 PAM 溶解，而溶解在水中的 PAM 能起到絮凝剂的作用，使土壤颗粒形成体积较大的絮团，均匀地铺在土壤表面，使土壤表面形成了一层保护膜，增强了土壤的水稳性，提高了土壤表面的抗溅蚀能力和对地表径流的抵抗力，使土壤颗粒在径流中不易分散悬浮而流失，从而有效抑制水土流失，减少土壤侵蚀。实验结束时，CK、PAM1、PAM2、PAM3 和 PAM4 的累积泥沙量分别为 18.3kg、3.5kg、6.1kg、1.4kg 和 0.6kg，PAM4 的累积产沙量最小，不施 PAM 的坡面（CK）累积产沙总量最大，是 PAM4 的 30.5 倍。

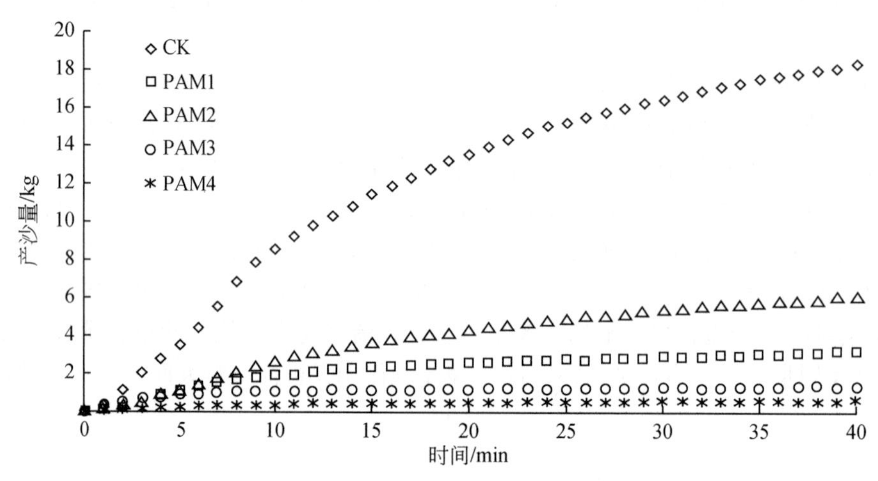

图 5-22　PAM 对坡面累积产沙量的影响

对图 5-22 中的数据进行拟合，发现坡面累积产沙量与时间存在如下关系，即

$$y = ax^2 + bx + c \tag{5-48}$$

式中，y 为坡面累积产沙量（kg）；x 为产沙时间（min）；a、b、c 均为拟合参数。具体拟合值见表 5-11。

表 5-11　PAM 对坡面累积产沙量影响的拟合参数

PAM 用量	a	b	c	R^2
CK	-0.0123	0.2862	0.9401	0.9955
PAM1	-0.0037	0.2966	0.1502	0.9956
PAM2	-0.0023	0.1626	0.4105	0.9543
PAM3	-0.001	0.0611	0.468	0.8431
PAM4	-0.0005	0.0314	0.0798	0.972

5.8.2　PAM 对坡面产流及入渗的影响

1. 对坡面产流变化过程的影响

图 5-23 为不同 PAM 用量下坡面产流随时间的变化过程，随着 PAM 用量的增加，坡面

径流量增大，不同 PAM 用量影响坡面产流：PAM1<CK<PAM2 <PAM3< PAM4。在冲刷试验开始时坡面径流量很小，CK、PAM1、PAM2、PAM3 和 PAM4 分别为 7.1kg/min、2.6 kg/min、3.4 kg/min、6.1 kg/min 和 4.9 kg/min，随后迅速增加，一段时间后趋于稳定，20min 时的径流量分别为 18.7 kg/min、15.9 kg/min、18.5 kg/min、21.8 kg/min 和 22.7 kg/min，不同用量的 PAM 在冲刷初期对径流的影响作用不明显，随着 PAM 溶解于水，坡面径流增加，随着 PAM 用量增加，坡面径流的增加幅度增大。出现这一现象，一方面因为试验初期土壤含水量较低，水分入渗导致径流量较小，当土面含水量逐渐增加至饱和，坡面径流量也增大至稳定阶段，所以坡面土壤入渗速率和径流量是此消彼长的过程；另一方面是由于一段时间后，PAM 充分溶解于水在坡面形成了保护膜，有效阻止水分入渗，且 PAM 用量越大，这一现象越明显。

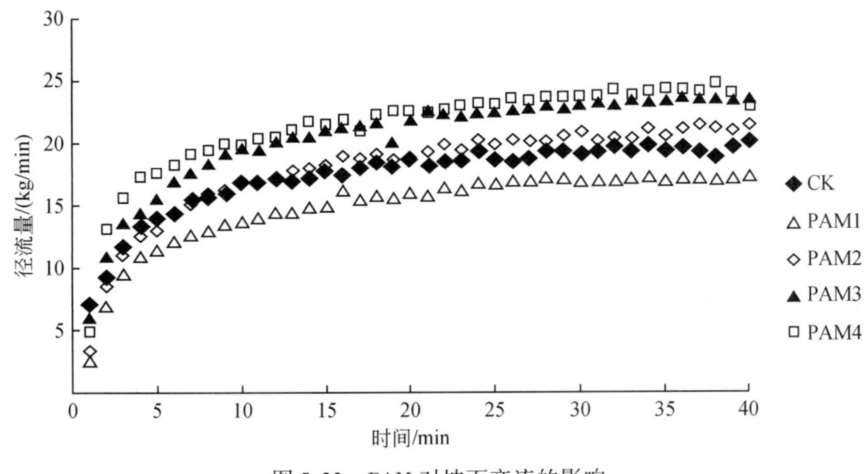

图 5-23　PAM 对坡面产流的影响

与 CK 相比，当 PAM 用量为 $1g/1.25m^2$（PAM1）时，坡面表现出入渗增加，径流减少的现象，当 PAM 用量大于 $2g/1.25m^2$（PAM2）时，表现为增加径流，减小入渗。这是由于 PAM 是高分子化合物，其分子链较长，能将土壤表面的颗粒固结住，在 PAM 用量较大时，由于黏滞性较高，PAM 分布不均匀，从而引起 PAM 的穿透性下降，使固结表层下部土粒能力减弱；随着 PAM 用量的减小，PAM 溶胶喷洒的均匀度增加，使其穿透力加强，因而固结到表层下部的土粒更多，减少了土粒分散造成的封闭。

2. 对土壤剖面含水量的影响

为了方便比较，在四种不同 PAM 用量下的土壤初始条件基本接近，取土壤表层至 20cm 深度不同土层的平均土壤含水量得初始含水量范围。由图 5-24 可知，冲刷试验前土壤初始含水量从表层的 8.8% 向下逐渐增加至 13.2%，冲刷试验结束后，PAM1、PAM2、PAM3、PAM4 的土壤含水量由表层的 23.9%、22.4%、20.3%、20.6% 向下逐渐减少，在 40cm 的土壤含水量分别为 7.7%、10.3%、2.9%、4.3%。取 13.2% 为初始含水量，得到这一含水量条件时 PAM1、PAM2、PAM3、PAM4 对应的土层深度分别为 33.4cm、37.1cm、42.2cm、41.8cm，即土壤湿润锋所在位置。但不同 PAM 用量的土壤水分入渗规律并没有表现出明显的差异性，这一方面是由于田间土壤中存在大孔隙，土壤剖面的条件不均一；另一方面可能是由于土壤水分再分布的时间较短，而取土有一定的时间差，进而影响试验结果。

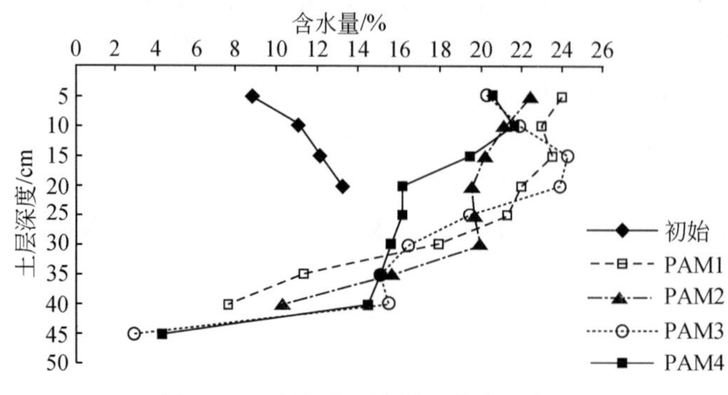

图 5-24　冲刷后土壤剖面含水量变化

综上所述，对于黄土坡地而言，提高降雨径流的就地利用，增加地表入渗，PAM 的最佳用量约为 $1g/1.25m^2$；对于集蓄和利用坡地径流，减少入渗，PAM 最佳用量约为 $3g/1.25m^2$，且减沙效果要好于减少径流量的效果。

5.8.3　PAM 对坡面氮素迁移的影响

表土施加的 PAM 改变了土壤的物理性状，是由于 PAM 具有很长的分子链，在上方来水条件下，PAM 溶解在水中，除了一部分吸附在了土壤颗粒表面以外，很长的尾部仍在溶液中。这个分子链将土壤颗粒链接在一起从而减少了土壤侵蚀，分子链的尾部堵塞了土壤的传导孔隙，从而增加了地表径流。由于 PAM 影响了径流和泥沙的变化过程，从而也影响了土壤溶质随径流的流失过程。

1. 对坡面径流溶质运移变化过程的影响

图 5-25 为在同一上方来水流量下不同 PAM 用量 CK、PAM1、PAM4 对径流氮素浓度的影响，1min 时的 CK、PAM1、PAM4 的氮素浓度大小分别为 0.861g/L、0.685 g/L、0.549 g/L，10min 时的 CK、PAM1、PAM4 的氮素浓度大小分别为 0.018g/L、0.024 g/L、0.011 g/L，径流氮素的浓度在放水前期较高，随着放水进行径流氮素浓度迅速衰减，并趋于一个较小的浓度值。导致氮素浓度衰减较快的原因是，影响径流溶质浓度的因素除了上方来水流量、地表径流的溶解浸提作用外，土壤对溶质的吸附性也是一个很重要的因素，其流失途径主要是随着径流迁移，包括垂直向下入渗和随地表径流的水平运移。在放水冲刷前期，地表的氮素浓度最大，所以径流中浓度也最大；而 PAM 与水作用初期能增加水分的垂直入渗，故施加 PAM 的氮素浓度要低于 CK，并且 PAM 含量越高，径流氮素浓度越小。由于径流的稀释作用以及地表氮素向下迁移，径流氮素浓度不断减小，而同时 PAM 溶解在水中，在土壤表面形成的保护膜能有减缓径流对表层以下土壤的侵蚀，所以施加 PAM 的径流氮素浓度与对照试验相比减少得要缓慢一些，而且随着 PAM 用量的增

加，这一现象越明显。

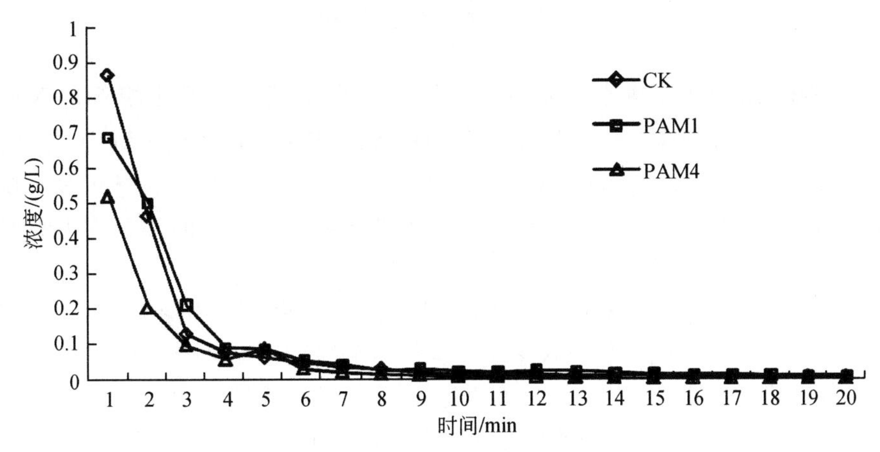

图 5-25　PAM 对径流氮素浓度的影响

对图中曲线进行拟合，发现坡面氮素浓度变化过程与时间存在较好的幂函数关系，具体拟合公式为

$$y = ax^b \tag{5-49}$$

式中，y 为坡面溶质浓度（g/L）；x 为产流时间（min）；a、b 均为拟合参数。由表 5-12 可见各溶质浓度变化在不同 PAM 用量条件下均可用幂函数描述，且相关系数较高。

表 5-12　不同 PAM 用量对溶质浓度影响的拟合参数

PAM 用量	a	b	R^2
CK	0.9931	-1.712	0.9907
PAM1	0.8824	-1.517	0.9721
PAM4	0.6968	-1.747	0.9789

2. 对坡面径流溶质累积流失量的影响

在其他条件均控制一致的情况下，径流氮素流失量只与径流浓度和径流量有关，可由以下公式计算，即

$$m(t) = c(t) \times r(t) \tag{5-50}$$

式中，$m(t)$ 为产流 t 时刻径流养分流失率（mg/min）；$c(t)$ 为产流 t 时刻径流养分浓度（g/L）；r（t）为产流 t 时刻径流量（L/min）；t 为产流时刻（min）。

利用式（5-49）计算在上方来水流量相同条件下前 20min CK、PAM1、PAM4 的径流溶质的累积流失量分别为 17.9g、13.7g 和 12.2g，这说明 PAM 能有效减少坡面溶质随径流的流失总量。与 CK 相比，PAM1 能有效减少溶质流失 31.8%，PAM4 能有效减少溶质流失 23.2%，这说明施加 PAM 可以有效地减少黄土坡耕地的氮素随地表径流的流失。

5.9 本章小结

（1）灌溉施肥条件下土壤水氮运移转化规律。灌溉施肥条件下土壤 NO_3^--N 的运移锋面与土壤水分运动的湿润锋一致；肥液入渗 NO_3^--N 易于保存在浅层土壤中，经历了较长时间的再分布，湿润土体内的累积 NO_3^--N 含量有所增加；土壤 NO_3^--N 浓度与土壤含水量分布关系密切，均近似于“S”形曲线，“S”形关系曲线形状随时间呈现由大变小的趋势；土壤 NH_4^+-N 集中分布在表层土壤。

（2）农业施肥方式对土壤氮素运移转化的影响。不施肥与采用深施施肥方式对土壤入渗量和入渗率影响并不明显，灌施入渗量略大于深施，而表施入渗量明显大于灌施与深施。深施入渗湿润深度较灌施的略大，而表施入渗湿润深度明显大于灌施与深施。建立了不同施肥方式土壤入渗量和湿润锋运移模型。除湿润锋附近外，相同湿润深度处不同施肥方式的土壤含水量基本相同，表施入渗相同湿润深度土层中入渗水量占总入渗量的比例最小。

在施肥量一定的条件下，不同施肥方式对入渗土壤 NO_3^--N 运移与分布有明显影响。灌施的入渗土壤 NO_3^--N 含量在土壤湿润范围内分布比较均匀，而表施与深施在某一深度土层比较集中地分布，而且随时间不断向深层土壤迁移。灌施入渗 NO_3^--N 有利于保持在浅层土壤中。不同施肥方式会影响土壤 NH_4^+-N 分布，而对于其运移特性无明显影响；灌施与表施土壤 NH_4^+-N 主要集中分布在表层土壤，深施土壤 NH_4^+-N 主要分布在施肥土层中。

（3）不同肥料类型影响土壤中 NO_3^--N 的分布状态，施尿素时，应采取少量多施的方法减少氮肥挥发或以 NO_3^--N 形式损失，复合肥能够长期有效地为土壤提供氮素，但必须配以一定量的化肥，保证植物生长对养分的需要。施用不同肥料后，灌水或降雨 70mm 时，大量 NO_3^--N 累积在土壤表层以下 40cm 内，并有进一步向土壤深处迁移的趋势。

（4）节水灌溉条件下的水氮运移转化规律。肥液间歇入渗与连续入渗相比，能够降低土壤入渗能力，并且减渗效果主要体现在第二周期；肥液间歇入渗湿润锋运移较连续入渗速度慢，各周期湿润锋运移速度随着周期数的增加而减小；利用简化的 Philip 模型可以较好地描述间歇入渗各周期入渗量与时间的关系，提出了由连续入渗湿润锋运移资料计算间歇入渗湿润锋运移距离的模型；肥液间歇入渗土壤含水量较连续入渗的分布均匀，而且相同湿润深度土层中入渗水量占总入渗量的比例较大。

肥液连续入渗与间歇入渗土壤 NO_3^--N 的运移锋面与土壤水分运动的湿润锋一致；肥液入渗 NO_3^--N 易于保存在浅层土壤中，经历了较长时间的再分布，湿润土体内的累积 NO_3^--N 含量有所增加；间歇入渗较连续入渗 NO_3^--N 锋面运移速度慢，湿润范围内间歇入渗浅层土壤中入渗 NO_3^--N 量占总入渗 NO_3^--N 量的比例较连续入渗的高，间歇入渗比连续入渗更有利于将 NO_3^--N 保持在浅层土壤之中；肥液连续入渗与间歇入渗土壤 NO_3^--N 浓度与土壤含水量分布关系密切，均近似于“S”形曲线，“S”形关系曲线形状随时间呈现由大变小的趋势，间歇入渗的“S”形关系曲线较连续入渗的陡。肥液连续入渗和间歇入渗土壤 NH_4^+-N 集中分布在表层土壤，肥液间歇入渗较连续入渗对 NH_4^+-N 在土壤中分布影响不大。

（5）肥液浓度越大，相同时间的间歇入渗 NO_3^--N 浓度锋运移距离越大，土壤剖面 NO_3^--N 浓度峰值越大，相同深度处土壤 NO_3^--N 浓度也越大；不同肥液浓度间歇入渗 NO_3^--N 均易于保存在浅层土壤中，时间相同时，低浓度肥液间歇入渗 NO_3^--N 含量沿湿润土壤深度分布相对比较均匀，而高浓度肥液间歇入渗分布差异很大；不同肥液浓度间歇入渗土壤 NO_3^--N 浓度与土壤含水量关系在不同时间均近似于"S"形曲线，而清水间歇入渗则近似于倒"S"形曲线，并随时间的延长由大变小，肥液浓度越大，"S"形关系曲线越陡。清水间歇入渗对土壤 NH_4^+-N 含量分布没有影响，不同浓度肥液间歇入渗土壤 NH_4^+-N 主要分布在表层土壤，并且表层土壤的 NH_4^+-N 浓度随肥液浓度的增大而增大。

（6）建立了农田灌溉施肥间歇入渗土壤水分运动与 NO_3^--N 运移数学模型，对间歇入渗土壤水分运动与 NO_3^--N 运移过程进行了数值模拟。结果表明，农田灌溉施肥土壤间歇入渗数值模拟计算结果与实测值吻合较好，说明所建立的数学模型和求解方法可以用于预测和评价间歇入渗土壤水分与硝氮运移动态。

（7）施加 PAM 能显著减少坡耕地产沙率及氮素的流失量，不施 PAM 的坡面累积产沙量分别是施加 PAM1、PAM2、PAM3、PAM4 的坡面累积产沙量的 5.2 倍、3 倍、13.1 倍和 30.5 倍；冲刷试验前期不同施量的 PAM 均能增加土壤水分入渗，5~10min 后与 PAM 施量较少（小于 $1g/1.25m^2$）的处理相比，施量较大（大于 $1g/1.25m^2$）的处理地表径流量较大；对于提高降雨径流的就地利用、增加地表入渗，PAM 的最佳用量约为 $1g/1.25m^2$；对于集蓄和利用坡地径流、减少入渗，PAM 最佳用量约为 $3g/1.25m^2$；不同 PAM 用量条件下，坡耕地氮素浓度变化过程与时间存在 $y=ax^b$ 的幂函数关系。

参考文献

党廷辉，郭胜利，郝明德．2003．黄土旱塬长期施肥下硝氮深层累积的定量研究．水土保持研究，10（1）:58-60

巨晓棠，张福锁．2003．中国北方土壤硝氮的累积及其对环境的影响．生态环境，12（1）：24-28

刘小兰，李世清．1998．土壤中的氮素与环境．干旱地区农业研究，16（4）：36-42

吕殿青，同延安，孙本华．1998．氮肥施用对环境污染影响的研究．植物营养与肥料学报，4（1）：8-15

汪建飞，邢素芝．1998．农田土壤施用化肥的负效应及其防治对策．农业环境保护，17（1）：40-43

吴军虎，费良军．2010．施肥方式对土壤间歇入渗特性影响试验研究．干旱地区农业研究，28（1）：1-5

袁新民，杨学云，同延安，等．2001．不同施氮量对土壤 NO_3^--N 累积的影响．干旱地区农业研究，1（1）:8-13

张瑜芳，张蔚榛．1996．农作物对氮肥吸收速率的研究现状．灌溉排水，15（3）：1-8

赵伟，吴军虎，王全九，等．2012．聚丙烯酰胺对黄土坡面水分入渗及溶质迁移的影响研究．水土保持学报，26（6）：36-40

中国农业年鉴编辑部．2001．中国农业年鉴．北京：中国农业出版社

朱兆良．1985．我国土壤供氮和化肥氮的去向研究进展．土壤，17（1）：1-9

Jackson L E. 2000. Fates and losses of nitrogen from a nitrogen-15-labeled cover crop in anintensively managed vegetable system. Soil Science Society of America Journal, 64（4）：1404-1412

Jenkinson D S. 1990. An introduction to the global nitrogen cycle. Soil Use & Management, 6（2）：56-61

Lewis D R, McGechan M B, McTaggart I P. 2003. Simulating field-scale nitrogen management scenarios involving fertiliser and slurry applications. Agricultural Systems, 76 (1): 159-180

Pier J W, Doerge T A. 1995. Nitrogen and water interaction in trickle irrigation watermelon. Soil Sci Soc AM, 59 (1):145-150

Sepaskhah A R, Tafteh A. 2012. Yield and nitrogen leaching in rapeseed field under different nitrogen rates and water saving irrigation. Agricultural Water Management, (112): 55-6

第6章　分散型点源脱氮技术试验研究

沣河中下游主要分散点源为新建大学校区排水和房地产开发的居民小区污水、乡镇生活污水以及旅游度假村污水，其中以校园区生活污水的排量最大。这些污水从性质上来说都是生活污水。

居民社区和校园（简称社园区）内的人员都有着较为一致的作息规律，用、排水较为集中。社园区内的排水管道短，收水范围小，因此排水呈现出高度的同步性，在夜间某些时段和寒暑假期间几乎不排水，导致社园区污水排水小时流量有明显的“峰”与“谷”，形成社园区污水水质水量波动大的特征（陈明曦等，2006）。针对分散性污水排水和水质水量波动大的特点，工程设计人员在社园区污水处理上多倾向于选用结构紧凑、“占地面积小”的序批式活性污泥法工艺（SBR）。与传统活性污泥法相比，该工艺简单，不设二次沉淀池，无污泥回流，投资省、占地少，运行费用低，反应器内基质浓度梯度大，反应推动力大，可进行脱氮除磷处理，并且耐冲击负荷的能力也较强（彭永臻，1993；华松林等，2002；Zima-Kulisiewicza 等，2007）。传统 SBR 仅有一个单元，通过时间交替来实现传统活性污泥法的整个运行过程。SBR 改良型如 ICEAS、CASS、UNITANK 等，通过改进空间，进一步增强了运行的灵活性（张统，2001；王凯军和宋英豪，2002；张智和周芳，2007；霍燕，2008），SBR 及其改良型工艺就成为社园区生活污水处理的首选。

在实际社园区污水处理工程设计中，往往仅是考虑到了序批式反应器在运行上适合间歇排放的生活污水的处理，多以日平均水量为设计池容依据，鲜有考虑到水量水质的波动规律。能否在社园水质、水量规律研究的基础上，改进传统的SBR 反应器设计方法，根据水量的日变化规律，以反应周期段的最大平均水量作为原始设计参数，并调整最大周期段水量于小水量（凌晨）周期，使得反应器的体积趋于更合理化，避免小水量段池容大、浪费土建投资的问题，又可以缓解大水量段容积不足的问题，实现反应器体积最小化，节省基建投资和相应的设备投资，这一问题有待研究。

尽管 SBR 等序批式反应器具有运行灵活、构筑物简单的优点，但其能耗问题仍然存在，尤其是对污水需要进行脱氮除磷处理时。近些年大量研究表明，通过控制，可在好氧段实现同步硝化反硝化脱氮、反硝化聚磷（Münch et al.，1996，Pochana and Jürg，1999；杨永哲等，2003）。与传统的生物脱氮相比，同步硝化-反硝化脱氮具有能缩短脱氮历程、节省碳源、降低动力消耗、提高处理能力、简化系统的设计和操作等优点。DO 是影响同步硝化反硝化效果的重要因素之一，也是实现节能的控制条件之一。Third 等（2003）在研究以胞内储存物聚 β 羟基丁酸（PHB）作电子受体的同步硝化-反硝化时，得到 DO 的最佳的浓度为 0.8～1.2 mg/L。Pochana 和 Jürg（1999）对粒径为 50～110μm 的絮体进行了研究，发现当 DO 浓度为 0.8 mg/L 时同步硝化-反硝化（SND）率最高，可达 80%。Meyer 等（2005）研究同步硝化-反硝化脱氮除磷时发现，当 DO 的浓度为 0.32～0.48

mg/L 时，氧气可穿透直径为 50～100μm 的絮体，SBR 时间上的 DO 含量梯度及活性污泥絮体内部 DO 浓度梯度为实现反硝化聚磷提供了条件；控制系统曝气末端 DO 的浓度可在反应器内及污泥絮体内形成 DO 浓度梯度。如何在沣河流域社园区污水处理中确定 DO 控制策略，实现节能降耗、高效处理，需要实际研究。

无论如何，SBR 等工艺仍然属于人工强化生物处理的常规活性污泥法范畴，用于处理设施建设和采购设备的一次性投资都较大，运行费用较昂贵，对运行管理人员素质的要求较高，这在一定程度上制约了分散型污水处理的普及。人工湿地是由基质、水生植物和微生物组成的类似自然的人工生态系统，它通过物理的、化学的和生物学的协同作用，可以达到去除污水中污染物、净化污水的目的。据报道，一般湿地系统的投资和运行费用仅为传统的二级污水处理厂的 1/10～1/2（Denny，1997）。人工湿地污水净化系统具有工程造价低、维护运行费用低以及运行管理要求不高等优点，在处理分散污水上具有一定的优势。我国从“七五”期间就开始人工湿地技术的研究。人工湿地技术在城市污水、工业废水和景观水体净化等方面已有不少工程实践（崔玉波等，2008）。在进水浓度较低的条件下，人工湿地对 COD 的去除率可达 80% 以上（沈耀良和杨栓大，1996），对 N 的去除率可达 60%，对 P 的去除率也可达 90% 以上（吴晓磊，1995）。

如何在确保污水处理达标的前提下，根据渭河关中段社园区污水处理和再生回用的地区特点和经济水平，从技术稳定性、管理水平、工程造价、运行成本和占地等多方面考察与评估现有小型污水处理工艺，针对实际废水的特点，集成既有技术，通过技术优化与集成，减少反应器体积、提高抗冲击负荷的能力，得到运行简单、低基建投资、低能耗且处理效率高的分散型处理工艺，是本章研究的主要问题。

6.1 传统 SBR 脱氮试验研究

采用厌氧/好氧交替传统 SBR，以校园生活污水为进水，进行中试规模的试验研究。

6.1.1 研究内容

主要内容包括以下两大部分。

1. 厌氧/好氧交替式 SBR 脱氮除磷效果研究

以校园生活污水为试验用水培养活性污泥，采用 SBR 工艺厌氧/好氧（厌氧-好氧微环境）交替运行，通过优化参数，研究 SBR 系统对 COD、氨氮、总氮、正磷酸盐、SS 的去处效果，以及外界条件对系统处理效果的影响。

2. SBR 脱氮除磷机理及影响因素分析

在最优运行模式下，以校园生活污水为进水，在不同条件下，探讨典型周期下 COD、氨氮、总氮、正磷酸盐去除机理和特点，同时进一步阐述 SBR 脱氮除磷机理。

6.1.2 试验材料与方法

1. 试验用水与种泥

试验采用西安建筑科技大学本部北院校园生活污水，以西安市邓家村污水处理厂 A^2/O 工艺的回流污泥为种泥进行接种，接种后反应器污泥浓度为2213mg/L，SVI 为180mL/g，生活污水来自西安建筑科技大学校园的排污总口下水道，进水水质见表6-1。

表6-1 校园污水水质

指标	COD	PO_4^{3-}	NH_3-N	NO_2^--N	NO_3^--N	TN	SS
浓度/(mg/L)	144～547	0.6～3.5	16.9～36.7	0.03～0.06	1.8～5.2	32.8～55.8	122.7～452.1
平均浓度/(mg/L)	331	2.7	26.2	0.04	2.8	44.8	228.2

2. 试验装置

试验装置如图6-1所示，SBR 反应器的尺寸为：$L\times B\times H=92\text{cm}\times60\text{cm}\times55\text{cm}$，超高取5cm；有效工作容积为250L，采用鼓风穿孔曝气管曝气，用气体流量计调节曝气量。

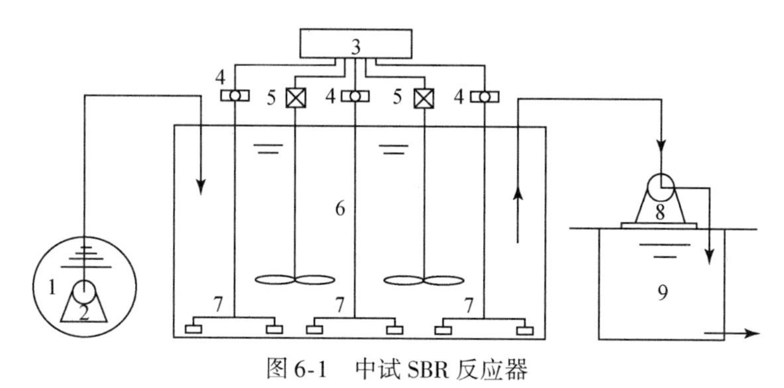

图6-1 中试SBR反应器

1. 校园排污总口；2. 潜污泵；3. 可编程控制器；4. 曝气泵；5. 搅拌器；6. 反应器；7. 穿孔曝气条；8. 出水泵；9. 出水箱

3. 试验运行参数

SBR 工艺采用 A/O 方式运行，6小时为一周期，其中厌氧搅拌2小时（含厌氧搅拌30min后进水20min），曝气2小时，沉淀1小时后出水5min，闲置1小时，排水比为1/2。污泥浓度维持在2000mg/L，曝气阶段末期溶解氧维持在2mg/L左右，污泥龄为15天左右，试验期间反应器内部温度为30±3℃。

6.1.3 研究结果

1. 反应器的净化效果

试验一般在6～9月进行，为期4个多月，稳定运行。如图6-2至图6-4所示为对

COD、氮和磷的去除结果。

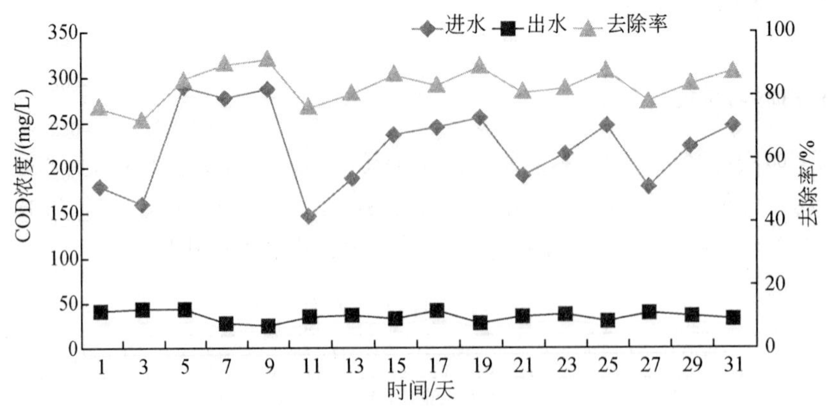

图 6-2　原水、出水 COD 浓度及其去除率变化

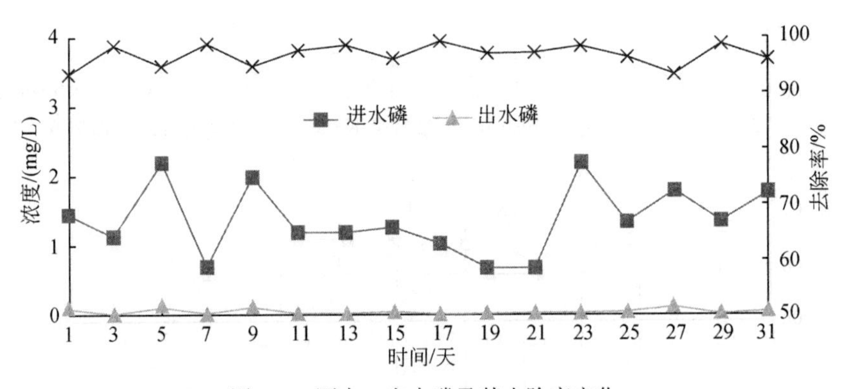

图 6-3　原水、出水磷及其去除率变化

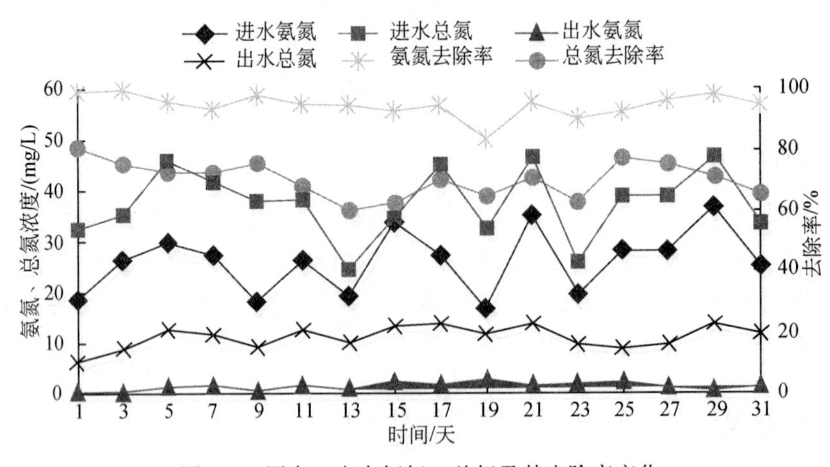

图 6-4　原水、出水氨氮、总氮及其去除率变化

从图 6-2、图 6-3 及图 6-4 可以看出，在处理工艺稳定运行期间，厌氧/好氧-SBR 反应

器中同步脱氮除磷的效果良好，COD、NH_3-N、TN 和正磷酸盐的出水平均浓度分别为 35.5mg/L、1.38mg/L、10.93 mg/L 和 0.05 mg/L，平均去除率达到 83%、94%、70% 和 97%，出水浓度不仅均满足城市污水处理厂排放一级 A 标准，总磷的出水浓度还可达 0.5mg/L 以下。

2. 同步脱氮除磷情况

采用校园实际生活污水经过一周的运行，反应器即达到了较好的处理效果，系统稳定后采用 A/O 方式运行，接种污泥在初期仅有很低的除磷能力，但一周后，系统的除磷率就提高到 90% 以上，并达到稳定。

厌氧条件下磷释放的充分程度和合成的 PHB 量是随后好氧条件下过量摄磷的充分条件和决定性因素。在进水之前进行厌氧搅拌有利于多聚磷酸盐彻底氧化水解，细胞能够充分释磷。聚磷菌（PAOs）在厌氧段利用细胞内多聚磷酸盐水解反应来获取能量，用于吸收易降解有机物（VFAs）并同化为细胞内储备营养物 PHB，水解产物正磷酸盐则被释放到细胞外，即在厌氧段，磷浓度呈现不断增加的趋势。Chang 和 Hao（1996）的研究发现，如果 SBR 排水中的硝酸盐浓度从 10.9mg/L 减少到 5.6mg/L 时，磷的去除率可以从 80% 提高到 98%。Pitman 等（1983）的研究证明，如果回流污泥中硝酸盐的浓度低于 5mg/L 的时候，生物可以很容易取得良好的释磷效果，但是当硝酸盐的浓度达到 10mg/L 以上时，磷的释放就受到抑制，从而导致生物除磷的失败，因此应用到 SBR 反应器时，前段厌氧搅拌，细胞利用内碳源有效地降低了反应器硝酸盐浓度，有利于厌氧段磷的释放。

从图 6-5 可知，进水之前厌氧搅拌 30min 后，反应器内正磷酸盐从 0.04mg/L 上升至 1.14mg/L，而反应器内几乎没有 VFAs 物质，PAOs 通过消耗细胞内碳源将磷酸盐释放到细胞外，当进水后（进水磷酸盐为 1.25mg/L），PAOs 能够快速吸收进水中的 VFAs 物质，合成 PHB 物质并储存于细胞内，同时细胞内多聚磷酸盐进一步得到释放，厌氧段结束后，反应器正磷酸盐升至 4.78 mg/L。进入好氧段，PAOs 利用硝酸盐或 O_2 为最终电子受体氧化细胞内 PHB 产生能量，用于从细胞外摄入磷酸盐并合成多聚磷酸盐。在以厌氧/好氧方式运行的条件下，PAOs 通过对环境、能量交替的适应选择能力而不断增殖，使得反应器 PAOs 能够不断地富集而趋于稳定。经过两小时的低氧曝气处理后出水磷浓度降至 0.1mg/L，平均吸磷速率为 1.2 mgP/（gSS·h），磷去除率达到了 97.9%，达到了良好的除磷效果。

氮的去除主要发生在三个阶段，首先，在进水之前缺氧搅拌，系统利用细胞内碳源反硝化，去除残余硝酸盐，残余硝酸盐去除率达到 80% 以上，残余硝酸盐浓度降低到 2mg/L 以下，总氮去除率达到 50%。其次，进水之后厌氧搅拌，对残余硝酸盐和进水硝酸盐反硝化彻底去除，厌氧段硝酸盐浓度几乎为零。最后，好氧段是氮去除的主要阶段，由于碳的氧化速率远大于硝化速率，这意味着在硝化完全后，污水中基本不能提供外碳源。厌氧搅拌阶段生物细胞在特定条件下将有机碳转移，并以多羟基烷酸（主要是聚 β-羟基丁酸，简称 PHB）、糖类及脂类的形式储存在胞内，这些物质（这里主要指 PHB）能在缺氧环境下作为反硝化的内碳源。在低氧曝气下，反应器维持较低 DO 浓度，硝化反硝化同步进行，细胞利用厌氧段合成的内碳源进行反硝化除磷，好氧 30min 后，正磷酸盐的去除率，达到 90% 以上，因此好氧段后期主要进行好氧硝化反硝化。采用进水前缺氧搅拌能够减少

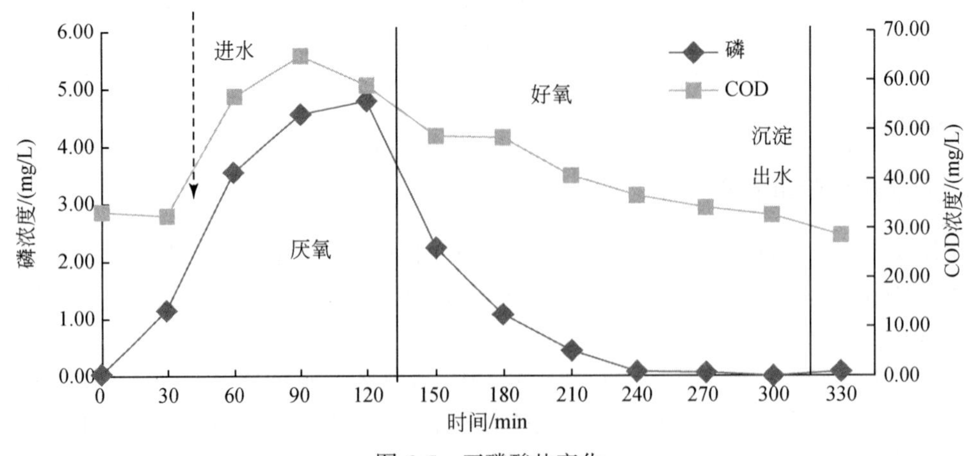

图 6-5　正磷酸盐变化

进水中碳源消耗，好氧段维持较低 DO 浓度，能够减缓碳源被“氧化”的速率，通过对这两段的有效控制，极大地提高了系统碳源的有效利用率，同时也降低了电能的消耗。

当进水 COD 为 315 mg/L 时，从图 6-5 可知，进水完全后反应器内 COD 稳定在 56.68～64.78 mg/L，以外源溶解性基质及储存物质为碳源的批式试验表明，以外源基质为碳源的缺氧反硝化速率为储存物质的 4.2 倍；以外源基质及 PHB 为碳源的好氧 SND 效率分别 49.9%、82.5%。储存物质 PHB 的慢速降解特性使得硝化与反硝化过程能够同步进行。在好氧 120min 后出水 COD 为 36.44 mg/L，说明 COD 进入反应器后被污泥大量吸附和吸收，长时间的厌氧搅拌有利于 PAOs 充分释放磷酸盐同时合成 PHB，将大部分有机物质合成内碳源储存于细胞内。

3. 低溶解氧下脱氮情况

国内外研究和报道充分证明反硝化可发生在有氧条件下，即好氧反硝化。好氧反硝化的机理可以从生物学、生物化学以及物理学的角度进行解释。从生物学角度来看，好氧反硝化菌同时也是异养硝化菌，能够直接把氨转化成最终气态产物；从生物化学角度来看，好氧反硝化所呈现出的最大特征是好氧阶段总氮的损失，而这一损失主要是由其中间产物 N_2 的逸出造成的；从物理学角度来看，在好氧性微环境中，由于好氧菌的剧烈活动，当耗氧速率高于氧传递速率时，好氧微环境可变成厌氧微环境，同样厌氧微环境在某些条件下也能转化成好氧性微环境。而采用点源性曝气装置或曝气不均匀时，则易出现较大比例的局部缺氧微环境，因此曝气阶段会出现某种程度的反硝化。

反应器内同步进行硝化-反硝化的必要条件是好氧和缺氧环境同时存在，所以应该控制 DO 为 0.5～1.5mg/L（随反应器类型和反应条件不同而不同），在反应器中形成厌氧（缺氧）和好氧并存的环境，可以实现同步硝化-反硝化过程。聚磷菌中至少有一部分能够在缺氧条件下利用硝酸盐为氧供体进行吸磷而发生反硝化反应，所以好氧段只需进行到硝化阶段即可，反硝化及吸磷可以在后续的兼性阶段完成。这种情况下，可以节省能耗和避免厌氧段反硝化菌对碳源的竞争，污泥产量和 SVI 值都会减小，但是缺氧条件下的吸磷速率较为缓慢。

低氧同步硝化-反硝化要满足三个条件。

首先，溶解氧浓度要满足含碳有机物的氧化和硝化反应的需要，溶解氧过低，氧化氨的硝化细菌活性受到抑制，氨氮氧化为硝酸盐氮和亚硝酸盐氮的速度减慢，硝化不充分，也难以进行反硝化；溶解氧浓度又不宜太高，以便在微生物絮体内产生溶解氧梯度，形成缺氧-好氧微环境，SBR 时间上有着良好的推流效果，能够形成很好的 DO 梯度。

其次，微生物的絮体结构，也就是活性污泥颗粒的大小、密实度，也关系到缺氧环境的形成。在活性污泥浓度较低（1000～2000mg/L）的情况下，由于曝气的搅动，活性污泥絮体表面更新速率较快，很难形成缺氧微环境，因而难以产生反硝化作用；在控制一定曝气量条件下，随活性污泥浓度的提高，脱氮效率随之提高。并且，由于混合液内悬浮小颗粒为数众多，且具有极大的表面积，在曝气池中起着悬浮载体的作用，大量吸附有机物，增大了生物絮体的密实度，在低氧条件下，增大了缺氧微环境的比例，提高了系统的脱氮能力。本试验中，由于进水有机碳源较低，污泥浓度为 2000mg/L 时，污泥负荷为 0. 3kgCOD/kgMLSS，污泥浓度过高，负荷过低会引发污泥丝状菌膨胀，因此污泥浓度控制在 2000～3000mg/L，并进行 DO 控制，可以形成较好的缺氧环境，促进同步硝化-反硝化。

再次，为达到好的脱氮效果，好氧过程中硝化反应与反硝化反应宜以相似的速率进行。而自养硝化菌的硝化反应往往慢于异养菌的新陈代谢，因此，SND 需要缓慢降解的碳源。在生活污水中往往存在能作为反硝化碳源的缓慢降解的有机物质。溶解性基质转化为 PHB、糖类、脂类物质储存为反硝化提供了缓慢降解的碳源。

从图 6-6 可知，厌氧搅拌 30min 后，细胞利用内碳源进行反硝化脱氮，硝氮从 4. 23 mg/L 降低到 0. 28mg/L，总氮从 6. 58mg/L 降低到 2. 38mg/L，进水前置厌氧搅拌有利于减少反应器总氮负荷及原水 SCOD 的消耗。进水之后，在厌氧段氨氮、总氮变化不大，进水和反应器残留的硝酸盐通过反硝化被迅速去除，之后此段是一个严格的厌氧过程。进入好氧段后，由于 DO 梯度，微生物絮体内形成了良好的缺-好氧系统，形成同步硝化-反硝化功能，曝气 60min 后，氨氮由 11. 47 mg/L 降低到 7. 69mg/L，总氮从 20. 99mg/L 降到 15. 43mg/L，系统同时发生着反硝化除磷，硝酸盐在曝气前 40 分钟几乎为零，曝气 60min 后升高到 0. 99mg/L，磷酸盐由 4. 78mg/L 降到 1. 05mg/L，系统表现出良好的脱氮除磷效果。一般认为碳化在硝化之前，较高 DO 会迅速氧化反应器内碳源，试验控制低溶解氧，原水中的碳源在进水时得到保存，既避免了好氧氧化，又能作为反硝化电子供体，且反应速率理论上和氨氮的氧化速率相当，这两个反应的同时进行能较好达到同步硝化-反硝化 SND。120min 曝气结束后氨氮、总氮去除率分别为 88. 5%、63. 4%，氨氮、硝氮、总氮分别为 2. 18 mg/L、6. 02 mg/L 、14. 21 mg/L，达到了污水处理厂一级 A 的标准，再曝气 60min，发现总氮变化不大，去除率增加到 67%，主要由于反应器内没有足够的碳源。内源性反硝化脱氮速率决定于细胞的营养状况，当有丰富营养的细菌含有相当多的碳能源存储物时，就具有高的内源性反硝化速率，可以实现好氧硝化-反硝化、反硝化除磷的效果。

4. 好氧段溶解氧梯度对脱氮除磷的影响

首先必须在厌氧段中控制严格的厌氧条件。在厌氧段一旦有溶解氧（DO）存在，一

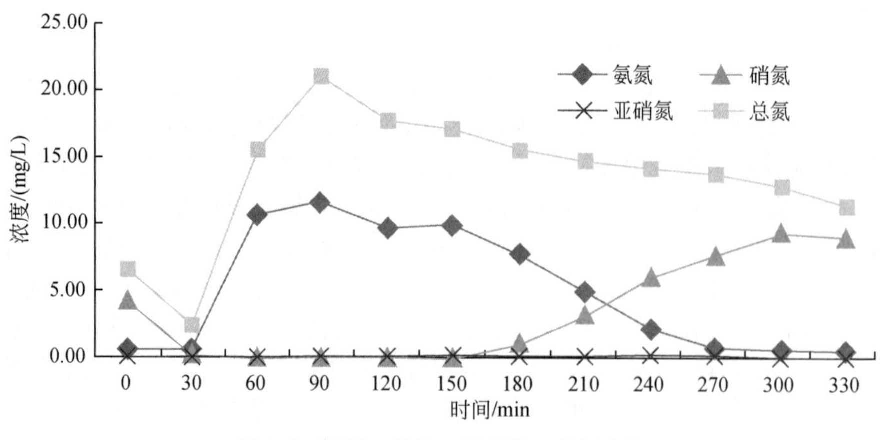

图6-6 氨氮、硝氮、亚硝氮、总氮变化

方面DO将作为电子受体而抑制发酵产酸菌的发酵产酸作用；另一方面DO将诱导好氧菌和其他兼性菌进行有氧呼吸降解有机物，从而减少了PAOs所需要的VFAs产生量，造成除磷效果变差。本实验厌氧段溶解氧一直控制在0.1mg/L以下，保证了系统充分释磷。其次在好氧段严格控制DO，从图6-7可知，控制DO在曝气末2mg/L，能够在系统中形成DO梯度，这是系统能够实现同步脱氮除磷的关键调控因素。从图6-7可知，系统在曝气前80min，DO一直维持在0.1～1.0mg/L，此段脱氮除磷的主要阶段，在第90min时DO突变，从1.0mg/L突变至1.5 mg/L，最后稳定在2mg/L左右。在曝气末前30min，内外碳源几乎全被消耗，脱氮效率几乎不变，但磷却进一步被吸收。首先，维持低DO能够形成缺氧/好氧系统，硝化同时进行反硝化；其次，低DO有利于细胞内碳源的缓慢消耗，而有限的碳源是反硝化的限制因素，反硝化是一个缓慢的过程，因此内碳源的缓慢释放有利于实现硝化-反硝化；聚磷菌对溶解氧非常敏感，DO的升高或降低都会引起磷的吸收和释放，因此系统即便维持非常低的溶解氧也能有效的去除磷。因此，处理低碳氮比、碳磷比的实际生活污水，维持较低的DO，不但降低能耗，而且能够实现良好的脱氮除磷效果。

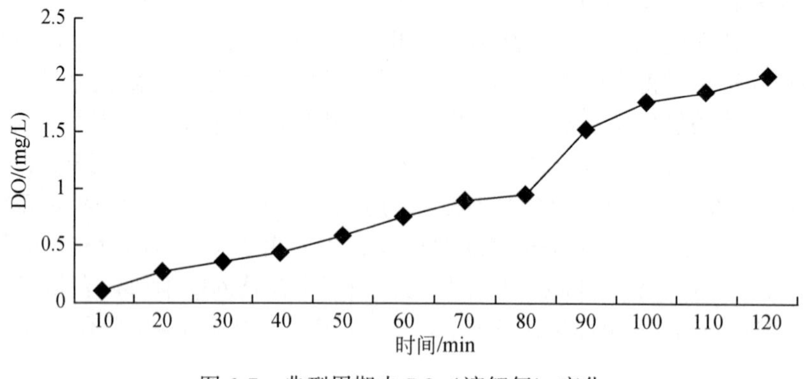

图6-7 典型周期内DO（溶解氧）变化

本研究将溶解氧严格控制，曝气前60min控制在0～0.8mg/L，曝气末维持在2mg/L以内，以便在微生物絮体内产生溶解氧梯度，形成扩散层、好氧区和缺氧区。微生物絮体的外表面溶解氧较高，以好氧菌、硝化菌为主；深入絮体内部，氧传递受阻即外部氧的大量消耗，产生缺氧区，反硝化菌占优势。微生物絮体内的缺氧微环境是形成同步硝化-反硝化的主要条件，而缺氧微环境的形成有赖于水中的溶解氧浓度的高低以及微生物的絮体结构。因此，控制 DO 对形成良好的缺/好氧系统，有利于细胞内碳源的缓慢释放，形成同步硝化反硝化功能至关重要。

研究表明，在 SBR 系统中，曝气段时间的控制是非常关键的，一旦氨完全被氧化就应该立即停止曝气。将曝气结束点控制在氨完全被氧化时，一方面节约能源，阻止过多的 PHB 好氧氧化；另一方面，在反应结束控制点前由于氨的氧化和 PHB 的好氧氧化，溶解氧不能穿透活性污泥絮体，从而形成较大的缺氧空间，有利于同步硝化-反硝化。

5. 温度对脱氮除磷系统的影响

试验是在 6 ~ 11 月进行，当反应器温度在 35℃左右时，反应器几乎无除磷效果，硝化效率非常高，在曝气一个小时后就能彻底硝化，氨氮硝化效率达到 100%，但总氮去除率较低，基本维持在 10% ~30%。主要因为反应器温度过高，有利于硝化菌优势生长，对有机物的吸收能力强于聚磷菌，导致聚磷特性难以实现，因此反应器内硝化菌特性占优势，碳源难以实现积累和储存，好氧开始短时间内便被彻底“氧化”，即使有微观的缺氧-好氧系统存在也难以实现反硝化聚磷和同步硝化-反硝化；当温度在 30℃左右时，脱氮除磷效果非常明显，DO 在好氧结束维持在 2mg/L 左右，就能够实现同步脱氮除磷效果，出水基本达到污水处理厂一级 A 标准；但温度降低到 20℃左右时，硝化效率下降，对氨氮去除率为 50% ~70%，但总氮去除率在 60% 左右，主要由于温度的降低影响硝化速率，导致氨氮去除率下降，但在曝气阶段仍然能形成缺氧-好氧微观系统，实现较高的脱氮除磷效果。因此温度的变化影响脱氮除磷效果的进行，我们可以根据出水达标要求，采取合理的措施降低能耗的同时达到良好的脱氮除磷效果。工程上可以采取下列措施：当温度在 35℃时，缩短曝气时间、减少曝气量，满足脱氮要求；温度在 20℃时，适当延长曝气时间，可以提高脱氮除磷效率。

6.1.4 小结

（1）温度为 30±2℃，污泥浓度为 2000mg/L 左右时，控制好氧段曝气阶段末期 DO 为 1.5mg/L 左右，在反应器内及污泥絮形成良好的 DO 梯度，不仅保证碳源能够缓慢被“氧化”，提高反硝化碳源利用率，而且降低了能耗，曝气 60min，氨氮、总氮、磷的去除率达到 68%、70%、98%，实现了良好的好氧硝化-反硝化、反硝化除磷，节约能源和碳源。

（2）进水前置厌氧搅拌及控制好氧段溶解氧浓度能够提高整个系统碳源的有效利用，对于 C/N 偏低的生活污水采用低氧曝气不但实现了良好的脱氮除磷效果，而且节省碳源、电能。

（3）根据温度变化合理控制曝气量和曝气时间是实现低耗高效处理生活污水的关键调控因素。温度高于 30℃，“氧化”远远高于“硝化”速率，应减少曝气量，缩短曝气时间；温度为20～30℃，采用本试验的运行方式控制曝气时间和DO浓度；温度在20℃以下时，硝化速率远远小于温度较高时的氧传质速率，可以采用低氧长时间曝气。因此，可以根据温度调控曝气时间和曝气量，实现良好的脱氮除磷效果的同时将能耗降低到最低。与传统不加控制相比，这种运行控制可以降低曝气所需电耗20%～30%。

6.2 改进SBR工艺

6.2.1 根据水质水量调整后SBR反应器计算设计

在SBR池的普通算法基础上，如果考虑到社区水质水量的规律性波动，来优化设计园（社）区污水处理的SBR池，可以取得良好效果。首先，在计算容积时选取的基本参数Q_h为高日高时流量，而对于水量波动性颇大的社园污水，此容积在实际运行中的每个周期都是一个很大的基建浪费；其次，应注意到SVI对容积影响，而污泥浓度MLSS受SVI影响，而MLSS是影响反应器处理效率的关键因素，如果SVI值较大，即污泥浓度低，处理效率就低，从而使得水力停留时间增大，就会造成反应器容积偏大，客观表现在影响到了排水比，由于这个潜在因素，如果选择不当会造成容积设计不当。容积的偏大将造成反应池水面积的增大，也将带来设备投资增大，当然也会给社园污水处理设施建设用地上带来压力。

常规设计的结果算出水力停留时间t_N=22.7小时，也就是说基质去除率较低，造成容积偏大，使得基建投资与运行费用增大，在实际运行中并造成浪费，并且没有关注到社园水质的波动性较大的特点，在不同时段的运行周期中，如果不根据实际合理调整运行方时，很可能会出现出水水质达不到出水标准的情况。以下结合社（园）区规律性的水质水量的波动，选取合理的设计及运行方式，并建立中试试验，通过试验确定合理的污泥浓度、SVI值及各种工况下的运行参数，解决常规算法中出现的基建浪费和运行浪费问题。

根据社园水量和进水BOD负荷量日变化规律图，以每两个小时统计时间段内各项指标，以流速、流量、负荷量及BOD浓度为统计项目列出（表6-2）。

表6-2 进水水质水量变化表

时间段/小时	0～2	2～4	4～6	6～8	8～10	10～12
流速/（m^3/h）	108.6	25.1	58.5	225.5	300.6	250.5
流量/m^3	217.2	50.2	117	451	601.2	501
负荷量/g	20 052	5 020	27 577	87 697	87 677	65 140
BOD/（mg/L）	92.3	100	235.7	194.4	145.8	130
时间段/小时	12～14	14～16	16～18	18～20	20～22	22～24
流速/（m^3/h）	192	108.6	125.2	200.4	217	192.1
流量/m^3	384	217.2	250.4	400.8	434	384.2
负荷量/g	55 111	30 062	47 597	70 147	63 175	42 619
BOD/（mg/L）	143.5	138.4	190.1	175	145.6	110.9

下面采取以 6 小时为一个周期对一天中社区水质水量进行分析，则有 3 种选择方案，3 个方案具体情况见表 6-3。

表 6-3　三个方案对比表

时刻	方案一				方案二				方案三			
	0:00 ~ 6:00	6:00 ~ 12:00	12:00 ~ 18:00	18:00 ~ 0:00	2:00 ~ 8:00	8:00 ~ 14:00	14:00 ~ 20:00	20:00 ~ 2:00	4:00 ~ 10:00	10:00 ~ 16:00	16:00 ~ 22:00	22:00 ~ 4:00
水量/m^3	384.1	1553.1	851.6	1219	617.9	1486.2	868.4	1035.3	1169	1102.1	1085.5	651.2
BOD 浓度/(mg/L)	137.1	156.9	155.9	144.3	195	140	170.2	121	173.6	136.4	160	103.8

1. 不同周期段划分对 V 的影响

$$V = \left(H_f + \sqrt{H_f^2 + \frac{62400 \cdot Q_h \cdot H \cdot T'_s}{S_T \cdot SVI \cdot N}}\right) \frac{S_T \cdot SVI}{1300T'_s}$$

式中，V 为池容；m^3；Q_h 为最长周期的平均进水量，m^3/h；H_f 为保护高度，m；H 为有效水深，m；T'_s为实际沉淀时间（T'_s=沉淀时间 T_s+滗水时间 T_e），小时；S_T 为单池中总干污泥量，kg；SVI 为污泥体积指数，mL/g；N 为池数。

由上式，根据不同方案，选择一天中 4 个周期中周期最大平均水量，作为设计参数，即改变参数 Q_h，其他参数不变，算出不同方案的反应器体积，并选取最佳方案作为反应器的周期时间段分配，具体结果如下。

方案一：单个周期最大平均流量出现在 6：00 ~ 12：00 这个周期，且平均流量为 $259m^3/h$，即方案一可选 $Q_h=259m^3/h$，得出 $V=3728m^3$。

方案二：单个周期最大平均流量出现在 6：00 ~ 12：00 这个周期，且平均流量为 $248m^3/h$，即方案一可选 $Q_h=248m^3/h$，得出 $V=3657m^3$。

方案三：单个周期最大平均流量出现在 6：00 ~ 12：00 这个周期，且平均流量为 $195m^3/h$，即方案一可选 $Q_h=195m^3/h$，得出 $V=3288m^3$。

综上知方案三的周期划分使得反应器体积最小，因此选取方案三作为最佳周期时间段方案。

2. SVI 值对体积 V 的影响

在 SBR 设计中，既要考虑反应器设计，又要考虑到二沉池的设计，由于二沉池的设计处处受 SVI 影响，SBR 反应池是生化反应池和沉淀池的组合体，当然也受到 SVI 的影响，SVI 的增加将导致污泥浓度降低，反应器的处理效率将降低，污泥沉降性变差，因此，SBR 反应池无论是作为生化反应池还是沉淀池，其容积都要加大。例如，SVI=150 时，按方案三周期段划分反应器体积 $V=3288m^3$，当 SVI=100 时，其他参数不变，反应器体积 $V=2625\ m^3$。可见，SVI 是影响进一步降低反应器体积 V 的关键因素，拟打算在试验中，着重得到渭河关中段社园区污水处理的 SVI 值和达到较低 SVI 值的运行参数，为进一步降低反应器体积打下基础。

3. 反应器采用的形式和运行方式

反应时间 T_F=4 小时/周期，其中好氧时段 T_0=2.4 小时/周期，缺氧时段 T_D=1.6 小时/周期。如果按此进行运行，进水时间要限制 2.4 小时/周期，调节池体积则增大，最小要大于 $4Q_F$，增加了基建投资。为了减小调节池体积，就要实现较长时间进水，在反应时间 4 小时内就需要合理分配曝气时间和缺氧时间，保持在反应阶段持续进水，从而减小调节池的池容。如果对反应器进行分格设计，各个区分开控制，则曝气时间和缺氧时间的分配就变得非常灵活，并使得反应器在时间上和空间上都实现推流，把 SBR 的灵活性充分体现，提高处理效率并满足脱氮除磷的要求。同时分格设计还可以增加水力扰动，实现大分子有机物的降解，为进一步的曝气处理起到良好的效果。另外，分格设计可以在凌晨时水量较小，水质各项指标浓度较低情况下，只用一两个区进行曝气就可以达到出水达标的目的，而不用全池进行曝气，可以使运行能耗达到最低。

1）分格设计

在分格设计中，可对选定周期的水质水量进行分析，选定合理的分格，方便后续处理，达到较为理想的效果，具体分析如下。

根据两小时 BOD 负荷量，大致可划分以下四个档次（表 6-4）。

表 6-4　BOD 负荷量时段波动表

负荷量范围/g	20 000 以下	20 000～40 000	40 000～60 000	60 000 以上
包含时段	0：00～2：00、2：00～4：00	4：00～6：00、14：00～16：00、22：00～24：00	12：00～14：00、16：00～18：00、20：00～22：00	6：00～8：00、8：00～10：00、10：00～12：00、18：00～20：00

相应的反应器分区分为 4 格，以满足不同负荷量下的曝气强度，达到最优曝气分配，另外，反应器内水流方式为回型流动，可形成空间上的推流，并加以 SBR 特殊的时间上推流，更容易形成长时间进水基质浓度梯度，增加基质推动力，从而有助于提高反应效率。考虑到 4 格为出水区，其体积在划分时划分较大，以减少出水带来的水力扰动，具体分区比例及水流线路如图 6-8 所示。

2）运行方式

根据进水水质水量设置各个周期的进水方式和曝气方式，以实现在满足出水要求的同时，达到运行费用最低的目标。

本方案不推荐采用两池并联运行，反应池+调节池运行的方式，这不仅可以避免两池投资较大，还可以由于水量波动较大而出现一个反应器缺水而使反应器的正常运行受到阻碍；另外，如果偶尔一个周期出现水量较大时，可以在调节池中储存，进入水量较小的周期（如凌晨这个时间段）进行处理。

为了减小调节池体积，由于每周期的反应时间为 4 小时/周期，反应器应采用尽量长的进水时间，以减小调节池的体积。为了实现 SBR 有较大的基质推动力，在反应阶段

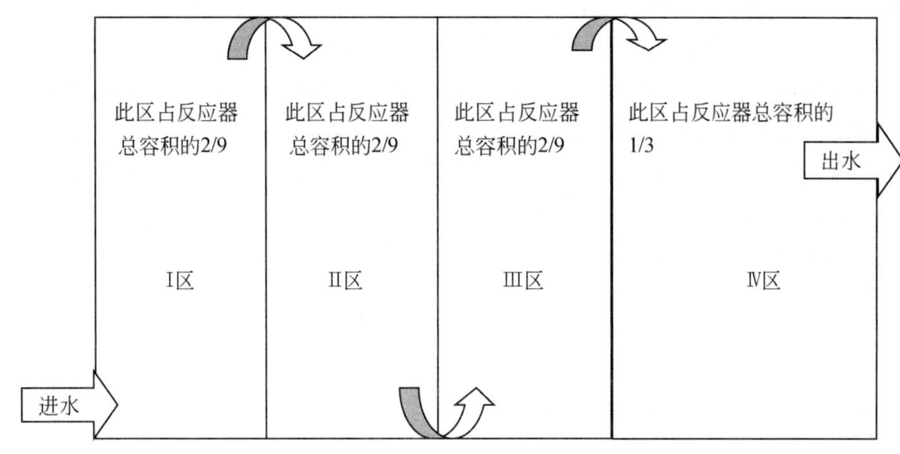

图 6-8　反应器分格示意图

（曝气、缺氧段）持续进水，可以选择在反应周期开始时反应器进水而不进行曝气，不仅使反应器中的进水有所降解有利于后面的处理，还可以使反应器中存在一定的基质推动力；各区可以根据实际处理中，灵活地选择曝气时间和缺氧时间，在较低能耗下满足出水要求。

下面就对一个周期的运行安排做一个表，运行时可以根据此方案进行调整，以达到较好的处理效果。

以 10：00～16：00 周期为特例进行一个周期安排预想的运行方式（表 6-5）。

表 6-5　10：00～16：00 周期反应器运行安排表

时间段	10：00～11：00	11：00～12：00	12：00～13：00	13：00～14：00	14：00～15：00	15：00～16：00	16：00～17：00	17：00～18：00
进水方式	来水进入调节池		来水与调节池水进入反应器				—	—
Ⅰ区	—	—	缺氧	好氧	好氧	好氧	好氧	沉淀	出水
Ⅱ区	—	—	缺氧	好氧	好氧	好氧	好氧	沉淀	出水
Ⅲ区	—	—	缺氧	好氧	好氧	缺氧	缺氧	沉淀	出水
Ⅳ区	—	—	缺氧	好氧	好氧	缺氧	缺氧	沉淀	出水

注：10：00～16：00 运行周期的反应时间，按水力停留时间算：好氧时间 2.6 小时，缺氧时间 1.4 小时

以上根据各时段水质水量规律确定出不同周期的缺氧好氧时间在各区的分配，从而确定出运行费用最低的运行方式，具体运行达到的效果还需进行试验以确定最佳的缺氧好氧时间。

通过对社园水质水量的规律性的分析，选取最优周期方案，根据不同时间段负荷量对反应器进行分格设计，使得控制方式灵活多变，在时间和空间上都形成了推流，提高了处理效率，同时根据进水水质各区选择不同的曝气方式，以降低运行费用，通过改变设计降低的基建投资和运行费用如下。

（1）基建节省。常规算法反应器容积 $V=4168\text{m}^3$，经过对周期方案优选，反应器体积

V 为 3288m^3，这样直接节省 880m^{3}的基建投资，另外随之设备投资也会相应节省，并减小了占地面积，对于本来用地紧张的社园区来说是很好的选择。

(2) 运行费用。通过实验研究，由试验确定出社园污水处理的最佳曝气时间，检验每周期曝气时间是否需要 2.4 小时（计算值），并进行总结得出运行费用节省情况。

下面通过中试试验，获取冬季环境条件较为恶劣情况下渭河关中段社园区污水处理的运行参数，主要围绕以下几个方面：何种运行方式下能满足出水水质达标，不满足标准，则找出原因；维持较高的处理效率的情况下，获取污泥较低 SVI 的运行参数，进一步降低反应器体积；在不同进水水质下，采取更为合理的曝气方式，在满足出水标准，进一步降低运行费用。

6.2.2 模型试验装置及研究方法

1. 试验流程及装置

试验流程如图 6-9 所示。

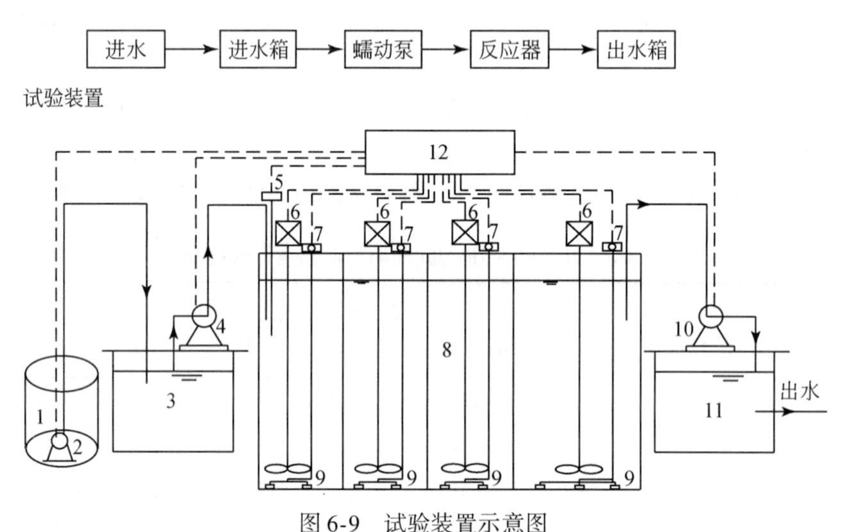

图 6-9 试验装置示意图

1. 校园排污总口；2. 潜污泵；3. 进水箱；4. 蠕动泵；5. 液位计；6. 搅拌器；7. 曝气泵；8. 分格式 SBR 反应器；9. 穿孔曝气管；10. 出水泵；11. 出水箱；12. PLC 控制面板

2. 废水来源及性质

试验污水取自西安建筑科技大学校本部北院校园综合污水排污总口，以餐饮用水、教学用水及学生生活用水为主。经过对反应器进水水样分析，校园污水主要水质指标浓度范围如下。pH：6.7 ~ 8.5，SS：100 ~ 400mg/L，氨氮：14.3 ~ 39mg/L，总氮：21 ~ 55mg/L，总磷：3.97 ~ 10.68mg/L，溶解性正磷酸盐：2.5 ~ 5.5mg/L，COD：295 ~ 724mg/L，溶解性 COD：127 ~ 397mg/L。

3. 反应器的启动

本试验所用污泥接种于西安市邓家村污水处理厂 A^2/O 系统中的污泥，经沉淀后去掉上清液，加入本实验反应器内，进行污泥的连续驯化培养，培养时间大约一个月，培养成熟的污泥颜色为黄褐色，絮体较大，镜检发现有大量的轮虫、钟虫，这标志着污泥已经培养成熟。

4. 试验方案

本试验以西安建筑科技大学校园污水作为渭河关中段社园区典型处理对象，应用结合SBR的常规设计和水质水量变化规律设计的修改SBR装置进行处理，获取该修改工艺在处理渭河关中段社园区污水的最佳运行参数和反应器设计参数。主要研究内容为：

（1）研究分析社园区水质水量变化规律，为降低反应器基建投资提供合理的设计参数及运行方式；

（2）研究分析确定不同进水水质下反应器的最佳运行方式，主要确定各区的最佳好氧、缺氧时间，使出水满足出水标准，并为节省运行费用提供设计参数；

（3）研究反应器在设定的运行方式下，监测活性污泥的各项指标，确定何种运行方式下污泥浓度及沉降性最佳，为设计合理的反应器的容积进一步提供设计参数及运行参数。

6.2.3 试验结果及讨论

1. 常规曝气SBR运行试验结果

根据设计计算结果，SBR周期反应时间为6小时，其中好氧时间2.4小时，缺氧时间1.6小时，为了设置方便，设置运行方式如下：进水2.5小时，曝气2.5小时（即采取边进水边曝气模式），缺氧搅拌1.5小时，沉淀1.5小时，出水10min，闲置20min，排水比为1/2。具体试验结果如下。

1）原水水质、出水水质各项指标及去除率

由图6-10可见出水COD一般稳定在30～90mg/L，去除率为67%～88%；由图6-11可知氨氮去除效果不好，12月29日到1月1日氨氮基本不去除，即去除率为零，有时出水甚至高于进水氨氮浓度，1月2～8日出水氨氮较进水氨氮低10mg/L左右，去除率有所提高，为20%～45%，但是总体看出水氨氮浓度仍然较高，一般为20～30mg/L≥12mg/L，都不满足氨氮一级排放标准12mg/L；由图6-12可见，校园污水正磷酸盐浓度为1.5～4mg/L，12月29日到1月3日出水正磷酸盐为1.4～1.8mg/L，去除率为47～57%，1月3～7日去除率进一步提高至在80%以上，出水正磷酸盐降低至0.3～0.7mg/L，由于系统趋于稳定，除磷效果较好，基本满足地方正磷酸盐一级排放标准0.5mg/L，1月8日进水正磷酸盐浓度为7.3mg/L，由于磷负荷太高，出水磷浓度也相应较高，升至3.8mg/L。

2）典型周期各区各项水质指标变化情况

由图6-13可见，原水COD浓度在整个反应阶段基本上稳定在166～353mg/L，采取边

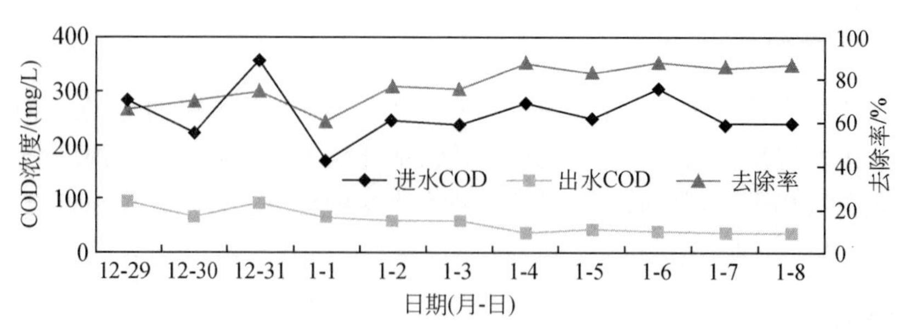

图 6-10　原水、出水 COD 及去除率变化图

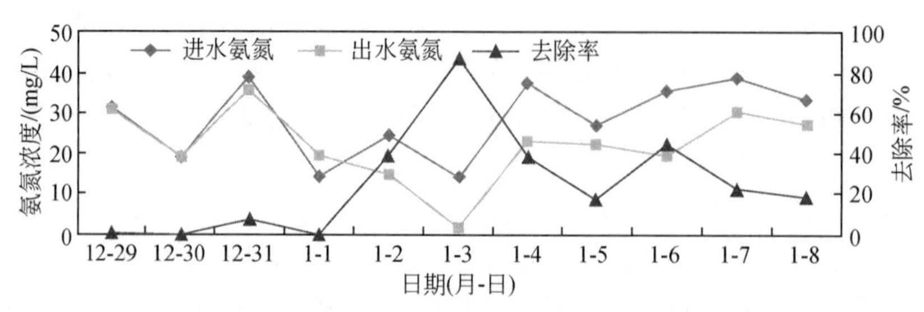

图 6-11　原水、出水氨氮浓度及去除率变化图

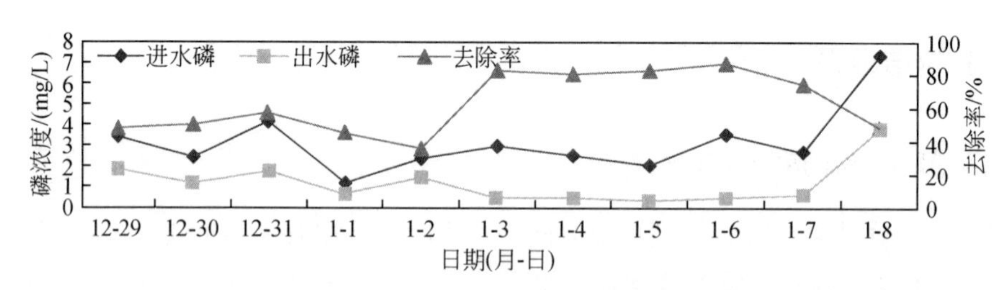

图 6-12　原水、出水正磷酸盐浓度及去除率变化图

进水边曝气模式，进水 2.5 小时结束后反应器中 4 个区的 COD 浓度和继续搅拌反应 1.5 小时后出水 COD 浓度变化不大，均为 30 ~ 90mg/L，由于进水曝气反应后已经完成了对绝大部分 COD 的去除，因此进一步的缺氧搅拌对 COD 的去除效果不显著，即 COD 降解缓慢在整个缺氧反应期。其中，1 月 3 日以前的出水 COD 浓度略高，在 60 ~ 90mg/L 波动，1 月 3 日以后，出水 COD 浓度有所改善，稳定在 30 ~ 40mg/L。

由图 6-14 可见，原水正磷酸盐浓度在整个反应阶段基本上一般稳定在 2 ~ 4mg/L 范围内波动，采取边进水边曝气模式，进水 2.5 小时结束后反应器中 4 个区的正磷酸盐浓度和继续搅拌反应 1.5 小时后出水正磷酸盐浓度相差不大，均在 0.3 ~ 1.7mg/L 范围内波动，但多数情况下出水正磷酸盐浓度略低于进水曝气结束后 4 个区的正磷酸盐浓度约 0.1 ~ 0.2mg/L，结合图 6-15 可知有可能是系统中硝酸盐的存在发生了少量类似反硝化聚磷现象导致了缺氧搅拌后磷的进一步去除，即使没有设置绝对厌氧期。其中，1 月 2 日以前的出水正磷酸盐浓度略高，一般稳定在 1.2 ~ 1.7mg/L 范围内波动，1 月 2 日以后，出水正磷酸盐浓度有所降低，稳定在 0.3 ~ 0.6mg/L 范围内。总体上正磷酸盐浓度变化趋势，与

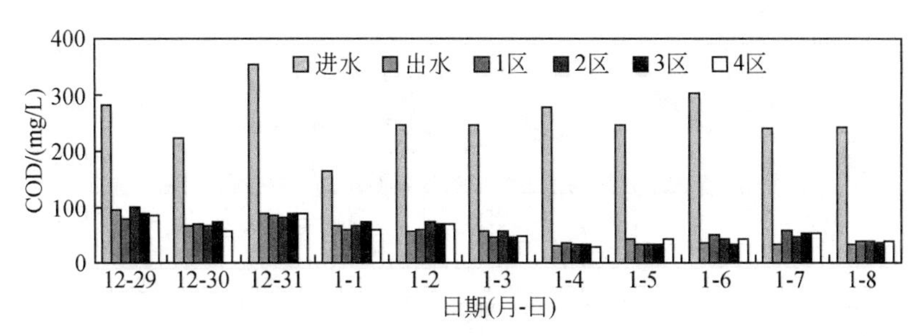

图 6-13 进水结束后 4 个区 COD 变化图

COD 浓度变化趋势较为相似。

由图6-15 可知，进水氨氮为15～40mg/L，亚硝氮浓度接近零，硝氮浓度较高，为4～15mg/L；边进水边曝气2.5 小时结束后，4 个区氨氮浓度和出水氨氮浓度接近，出水氨氮浓度较进水降低6～12mg/L，即氨氮的去除是硝化菌在好氧环境下完成，接下来的缺氧环境对硝化菌抑制所致；曝气进水结束后4 个区亚硝氮浓度差异不大，但硝化作用使亚硝氮浓度较原水升高显著，均稳定在2～3mg/L，后续搅拌使出水亚硝氮浓度有所降低，为1.5～2.5mg/L；进水曝气结束后出水4 个区硝氮浓度都在3.5～6mg/L，缺氧段反硝化作用使出水硝氮降低2mg/L 左右，出水硝氮浓度为2～4mg/L，但总体上看先曝气后搅拌的运行模式使得大部分COD 在曝气阶段已经被异养菌耗尽，后续取样缺氧阶段基质不足的贫营养环境使得亚硝酸和硝酸盐去除不显著。

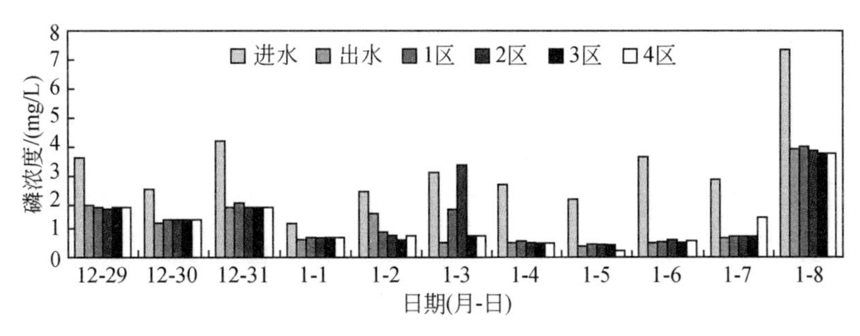

图 6-14 进水曝气结束后 4 个区正磷酸盐变化图

3）污泥浓度及SVI 值变化

由图6-16 可知，反应器的MLSS 浓度逐渐增大，在1 月3 日以前MLSS 在1000mg/L左右，1 月3 日以后污泥浓度逐渐增大到1600mg/L 左右，VSS/TSS 在0.8 左右，污泥的活性好。由图6-17 可知，SVI 值稳定在150～200，可知污泥沉降性较好，仅有微膨胀现象，说明了系统先曝气后搅拌运行模式出现曝气完毕的贫营养环境可有效地控制丝状菌在缺氧阶段的滋长。由图6-18（见书后图版）进一步发现系统中大量的钟虫出现，污泥絮体较密实，少量的丝状菌起到对活性污泥絮体的骨架作用，菌丝较短。可见常规SBR 运行条件下COD、正磷酸盐去除效果较好，污泥沉降性较好，该运行方式下反应器4 个区处理效果相差不大，1 月3 日以前的处理效果不如1 月3 日后的处理效果。

常规SBR 运行条件下处理效果的运行特点如下：边进水边曝气的运行模式下，曝气完

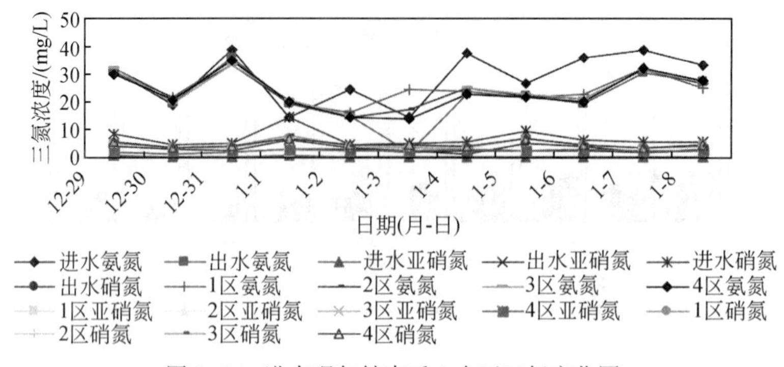

图 6-15　进水曝气结束后 4 个区三氮变化图

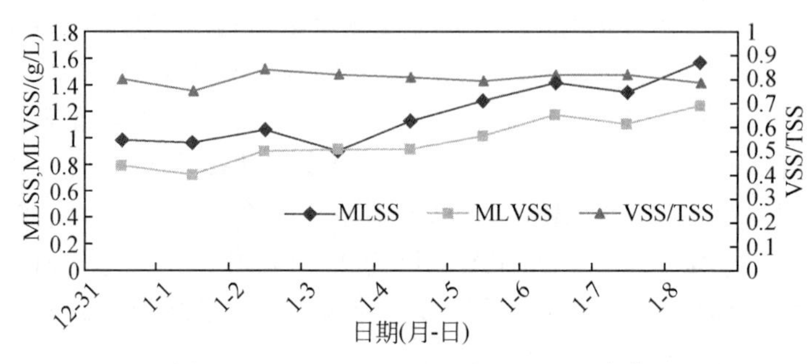

图 6-16　MLSS、MLVSS 及 VSS/TSS 变化

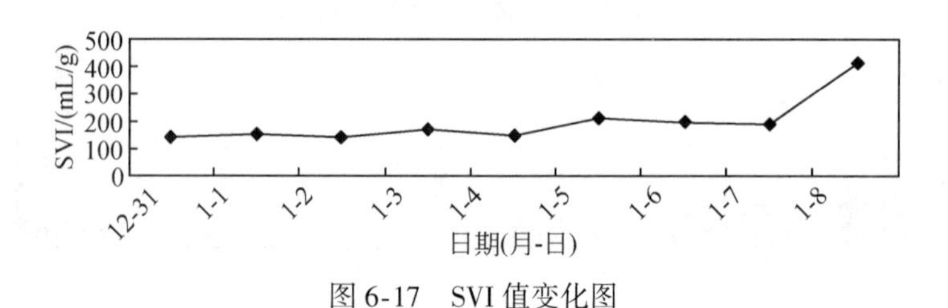

图 6-17　SVI 值变化图

毕时，COD 和氨氮浓度已经接近到出水时相应浓度，即进水曝气阶段已经完成了对 COD 和氨氮的去除，缺氧反应阶段去除效果不显著；而 P 浓度虽然在整个反应阶段没有设置绝对厌氧期，但类似反硝化聚磷现象存在导致继曝气大幅度降低后在缺氧段进一步降低，一般比曝气阶段低 0.1 ~ 0.2mg/L；曝气结束后亚硝氮浓度有较为显著的升高，硝氮浓度一般稳定在 3.5 ~ 6mg/L，缺氧段亚硝氮和硝氮浓度有所降低，亚硝氮浓度降低到 1.5 ~ 2.5mg/L，硝氮浓度降低到 2 ~ 4mg/L，反硝化效果不明显是由于先曝气后缺氧的运行模式造成曝气完毕 COD 消耗殆尽，后续贫基质营养环境使得反硝化碳源不足所致。

系统氨氮去除效果不好的原因经分析可能由以下几方面原因所致：①由冬季温度较低造成，仅为 8 ~ 10℃左右，温度低反应速率慢；②由水中有机氮转化为氨氮进一步提高了氨氮浓度所致；③曝气时间不够长；1 月 3 日以前的处理效果不如 1 月 3 日后的处理效果，可能是 1 月 3 日前污泥浓度偏低负荷过高造成的原因，因此污泥浓度逐渐升高后处理效果有所改善。针对氨氮去除效果不好，补充静态试验进行探索。

2. 延长曝气时间 SBR 运行试验结果

SBR 运行周期为 6 小时，其中边进水边搅拌 3 小时，进水 30min 后开时对反应器进行曝气 3.5 小时，曝气过程中同时搅拌，停止曝气后继续搅拌 1 小时，沉淀 40min 后排水，排水 10min，闲置 10min，排水比为 1/2。具体试验结果分析如下。

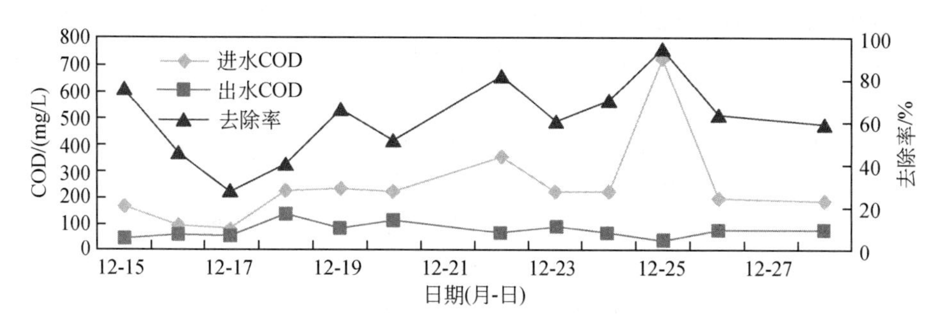

图 6-19　原水、出水 COD 浓度及去除率变化图

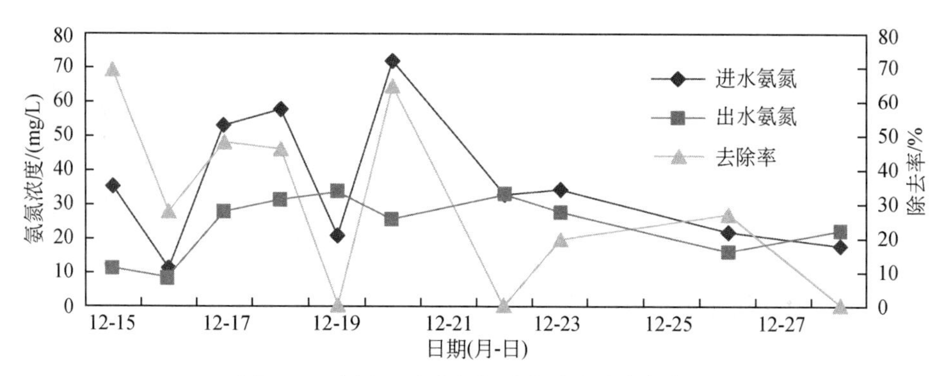

图 6-20　原水、出水氨氮浓度及去除率变化图

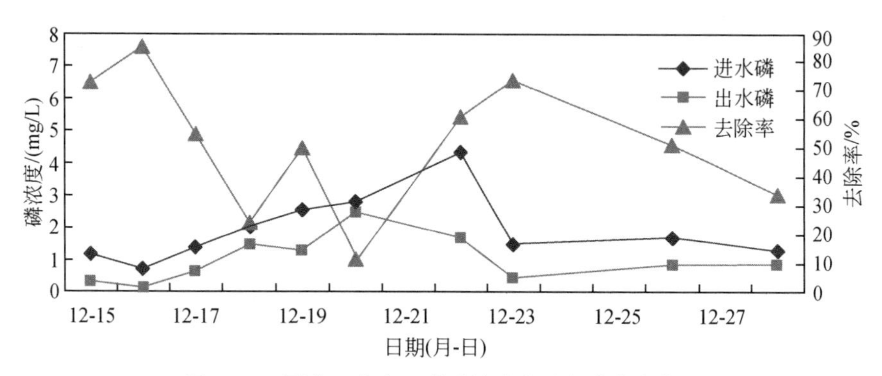

图 6-21　原水、出水正磷酸盐浓度及去除率变化图

1）原水水质、出水水质各项指标及去除率

由图6-19可知，延长曝气时间SBR运行方式下，出水COD在50～100mg/L波动，去除率为在60%～80%，出水COD偶尔出现大于80mg/L的现象，即出水超标不满足出水标准；由图6-20可见，此条件下除12月18～22日氨氮的出水浓度较大，且这几天氨氮的去除率波动较大外，出水氨氮在15～35mg/L内波动，去除率为25%～50%，出水氨氮浓度不满足排水标准，均都大于12mg/L；由图6-21知，同样除12月18～22日这一时间段磷的出水浓度也较高，且磷的去除率波动较大外，其余时间段正磷酸盐出水浓度较低，为0.3～0.8mg/L，去除率为50%～85%，去除效果好。

2）进水完毕4个区各项指标的逐日变化情况

由图6-22可以看出，原水COD浓度在延长曝气SBR运行模式下基本上均稳定在100～350mg/L，除了12月25日COD浓度高达716mg/L，采取进水搅拌30min后边进水边曝气模式，3小时进水结束后反应器中4个区的COD浓度和继续曝气30min，搅拌反应1小时后出水COD浓度变化不大，均为60～100mg/L，由于进水曝气2.5小时反应后已经完成了对绝大部分COD的去除，因此进一步的曝气和缺氧搅拌反应对COD的去除效果不显著，即COD降解缓慢在后续曝气和整个缺氧反应期。

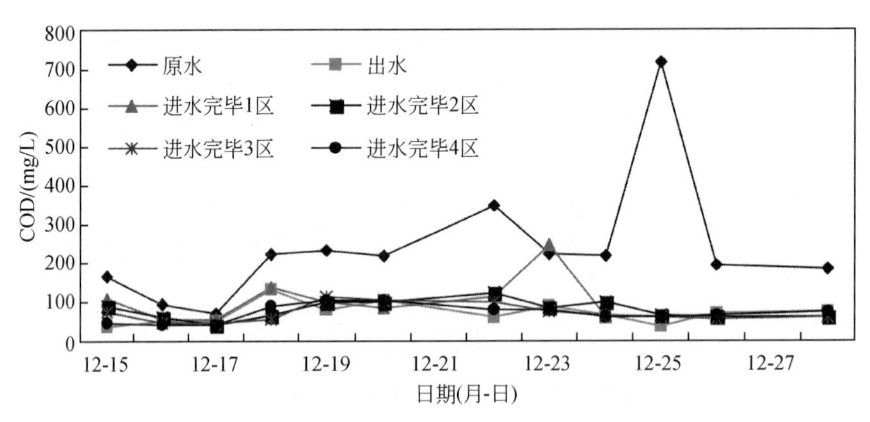

图6-22　进水完毕4个区COD变化图

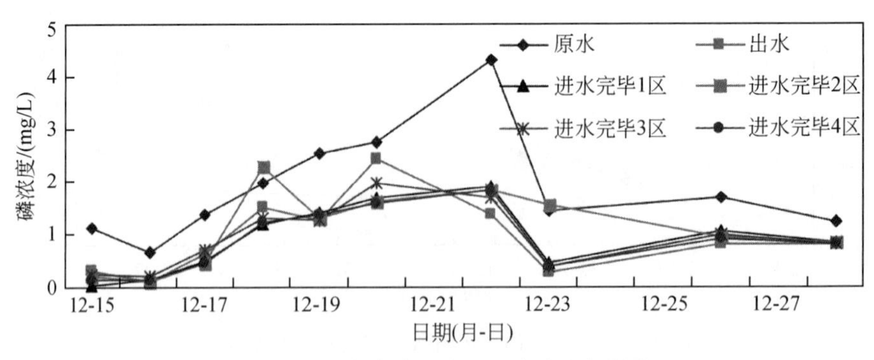

图6-23　进水完毕4个区正磷酸盐变化图

由图6-23可以看出，原水正磷酸盐浓度在延长曝气SBR运行模式下基本上均稳定在

0.7～4.3mg/L，采取进水搅拌30min后边进水边曝气模式。12月18～22日正磷酸盐的出水效果不好，出水正磷酸盐浓度为1.2～2.4mg/L，在此段时间继续曝气30min、搅拌反应1小时后出水正磷酸盐浓度高于3小时进水结束后反应器中4个区的正磷酸盐浓度，长时间曝气DO的残留，COD的消耗殆尽，硝氮浓度较高（图6-24），依照mino提出的厌氧释磷模式，以上条件均不利于磷的释放，因此有待于进一步探索；其余时间段经历了继续曝气30min、搅拌反应1小时后出水正磷酸盐浓度为0.1～0.8mg/L，要比进水完毕后4个区的正磷酸盐浓度略低0.1mg/L。总体上来看延长曝气时间的SBR运行模式除磷效果没有常规的SBR运行处理效果好。

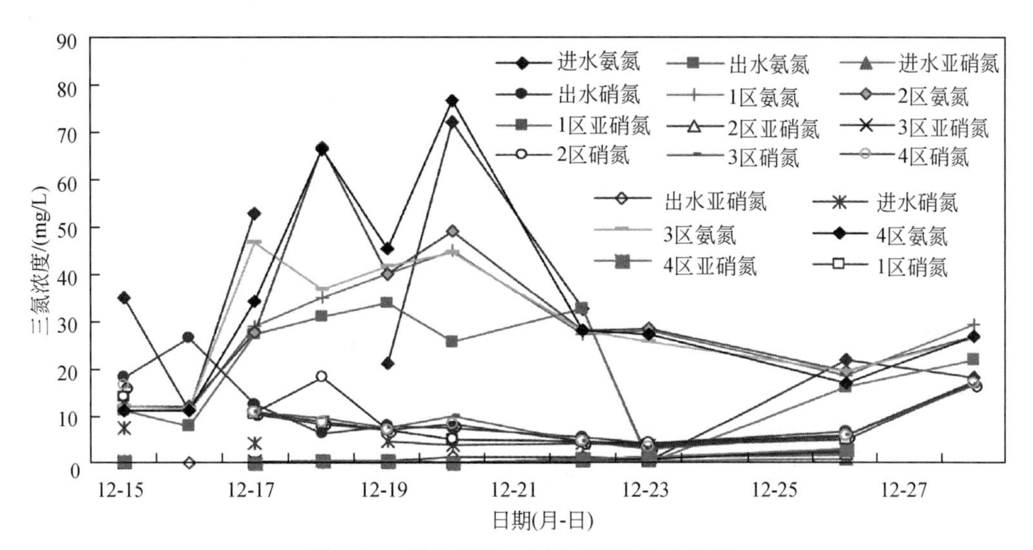

图6-24　进水完毕4个区三氮浓度变化图

由图6-24可以看出，出水的氨氮浓度一般为15～35mg/L，较进水完毕后各区的氨氮浓度略低2～3mg/L，即进水完毕继续30min曝气有利于氨氮的进一步降低，另外进水完毕后4个区的氨氮浓度变化不大，较为接近；进水完毕后各区的亚硝氮浓度为0.5～2.5mg/L，出水亚硝氮浓度接近零；进水硝氮浓度为4～7mg/L，3.5小时较长的曝气时间、在后续1小时的缺氧期DO的残留，加之COD的消耗，硝化作用继续存在，使得出水硝氮浓度比原水硝氮浓度高出2mg/L左右，鉴于进水完毕后4个区的硝氮浓度比出水硝氮浓度高1～4mg/L，可知，延长曝气时间对缺氧段反硝化作用影响不大。

3）典型周期各区各项指标的变化情况

由图6-25典型周期4个区COD变化图可以看出，搅拌进水30min后开始曝气进水2.5小时，3小时进水完毕后COD浓度由350mg/L迅速降低到100mg/L左右，并且3、4区的COD浓度要比1、2区的低20mg/L左右，出现了分格曝气池推流效果，继续曝气30min结束时，COD浓度进一步降低到75mg/L左右，由于3.5小时曝气反应后COD降解完毕，后续1小时的缺氧搅拌对COD去除不显著，因此出水浓度仅仅略低于曝气完毕浓度，为60～80mg/L，两者较为接近。

由图6-26典型周期4个区正磷酸盐变化图可以看出，搅拌进水30min后开始曝气进水

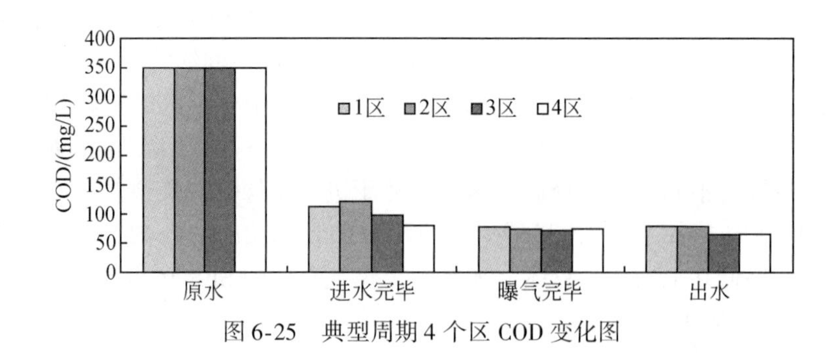

图 6-25　典型周期 4 个区 COD 变化图

2.5 小时，3 小时进水完毕后正磷酸盐浓度由 4.2mg/L 降低到 1.8mg/L 左右，继续曝气 30min 结束时不同于 COD 的变化，正磷酸盐浓度与进水完毕后较接近，为 1.75mg/L 左右，由于后续 1 小时的缺氧搅拌作用，出水正磷酸盐浓度略低于曝气完毕时浓度，为 1.6mg/L 左右，正磷酸盐在 4 个区没有出现显著的浓度梯度。

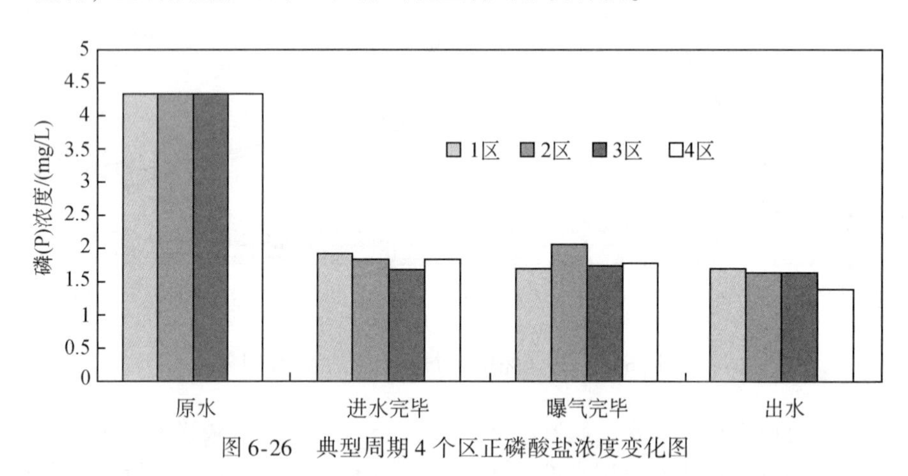

图 6-26　典型周期 4 个区正磷酸盐浓度变化图

由图 6-27 典型周期 4 个区三氮浓度变化图可以看出，进水完毕时，氨氮浓度由 32mg/L减低到 27mg/L 左右，曝气结束时，氨氮浓度与进水完毕后较为接近，无明显变化，出水浓度略比曝气完毕浓度高 29mg/L 左右，可能是缺氧 1 小组时使有机氮转化为氨氮导致浓度升高，4 个区差异不大；整个过程中亚硝氮变化不大，曝气完毕亚硝氮略有升高，4 个区变化起伏不大；进水完毕硝氮浓度由 4mg/L 升高到 4.5mg/L 左右，升高不显著是由于进水前 30min 的缺氧搅拌加之充足的 COD，反硝化作用显著，但继续曝气 30min 结束时升高至 7mg/L 左右，经过缺氧搅拌浓度降低到 5mg/L，整个过程中 4 个区变化不大。

4）*污泥浓度及 SVI 值变化*

由图 6-28 知，该条件下的污泥浓度在 1800mg/L 左右，VSS/TSS 值在 0.8 左右，活性污泥的活性很好，并由图 6-29 可以看出该条件下系统的污泥 SVI 值为 100 ~ 200ml/g，后期为 106ml/g，系统没有膨胀，延长曝气时间的 SBR 运行模式较常规 SBR 运行模式下污泥沉降性好。

由上述可知，延长曝气时间 SBR 运行条件下，出水 COD 有时出现大于 80mg/L 的现

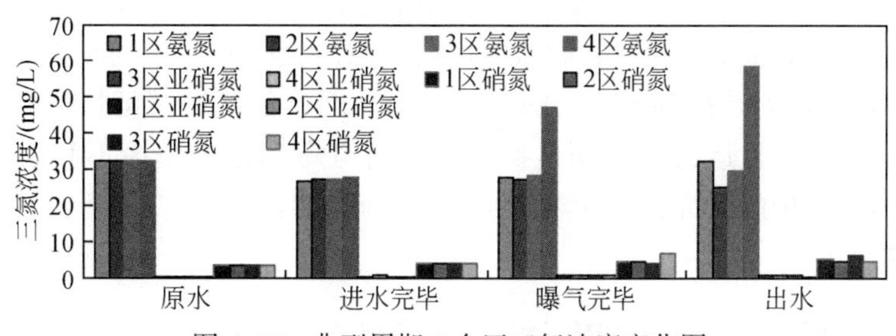

图 6-27　典型周期 4 个区三氮浓度变化图

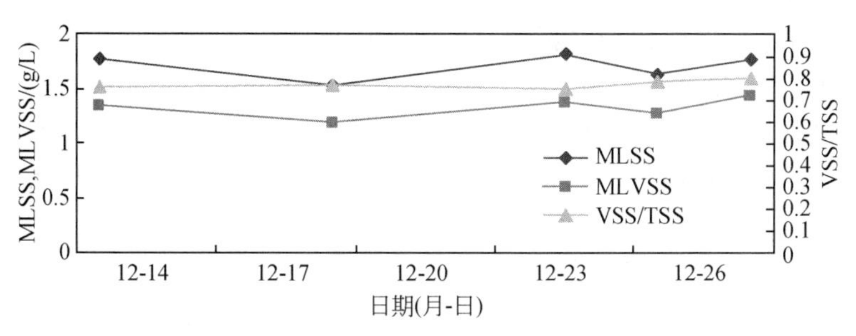

图 6-28　MLSS、MLVSS 及 VSS/TSS 变化图

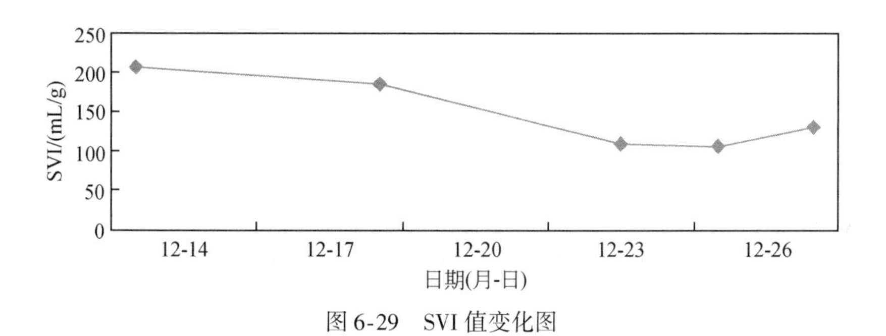

图 6-29　SVI 值变化图

象，12 月 29 日到 1 月 3 日出水正磷酸盐浓度为 1. 4 ~ 1. 8mg/L，1 月 3 ~ 1 月 7 日出水正磷酸盐降低至 0. 3 ~ 0. 7mg/L，总体看出水氨氮浓度仍然较高，一般为 20 ~ 30mg/L，≥ 12mg/L。污泥沉降性较好，该运行方式下反应器 4 个区处理效果相差不大，推流效果不显著，总体上看 12 月 29 日到 1 月 3 日的各项指标均超标，处理效果不太好。

延长曝气时间 SBR 运行条件下处理效果的运行特点如下：进水模式为搅拌进水 30min 后开始改为曝气进水 2. 5 小时，共 3 小时进水完毕后，COD 已经接近到出水时相应 COD 浓度，进一步的曝气 30min 和缺氧 1 小时搅拌反应对 COD 的去除效果不显著，1、2 区高于 3、4 区浓度，出现推流现象；该运行模式下，正磷酸盐在进水结束后浓度就开始大幅度降低，进一步的曝气和搅拌，P 浓度略有降低；出水的氨氮浓度一般为 20 ~ 35mg/L，较进水完毕后各区的氨氮浓度低 2 ~ 3mg/L，即进水完毕继续 30min 曝气有利于氨氮的进一步降低。另外进水完毕后 4 个区的氨氮浓度变化也不大，较为接近。

系统氨氮去除效果依然不好，延长曝气时间能够提高氨氮的去除效果，但是效果仍然不是很明显，P 和 COD 的去除效果没有常规 SBR 运行模式下好，分析如下：氨氮去除不达标与曝气时间长短关系不大，延长曝气时间对氨氮的去除有一定的改善，但是冬季过低的温度（8～10℃）可能是抑制硝化菌的关键因素，因此仅仅通过延长曝气时间来提高对氨氮的去除并不可行，且运行能耗明显提高，然而考虑到是冬季最不利条件下（即低温下）对社园区污水处理的研究，下面继续考察减少曝气时间和改变运行方式，即考察节能条件下去除效果。

3. 周期曝气时间缩短条件下 SBR 运行试验结果

鉴于常规 SBR 运行和延长曝气时间 SBR 的运行结果，进一步研究缩短曝气时间在反应周期的比例，以达到降低运行能耗的目的。SBR 反应周期为 6 小时，具体运行方式如下：进水 4 小时，沉淀 2 小时，进水第 1 小时，全池厌氧搅拌，第 2 小时起 1、2 区继续厌氧搅拌，3、4 区开始曝气，第 3 小时 1、2 二区转为曝气模式，3、4 区变为缺氧搅拌，第 4 小时前 30min 全池缺氧搅拌，后 30min 全池曝气，沉淀 1.5 小时，出水 10min，闲置 20min，排水比为 1/2。具体试验结果如下。

1）原水水质、出水水质各项指标及去除率

由图 6-30、图 6-31、图 6-32 可知，在周期曝气时间缩短 SBR 运行条件下原水水质如下：原水 COD 稳定在 200～300mg/L，氨氮浓度稳定在 20～50mg/L，正磷酸盐浓度一般稳定在 2～3mg/L。由图 6-30 可见，该阶段出水 COD 变低，稳定在 35～60mg/L，去除率提高，稳定在 75%～90%，去除效果与前两个条件（常规 SBR 运行和延长曝气时间 SBR 运行模式）相比效果更为稳定。由图 6-31 可知，除 1 月 11 日、1 月 12 日氨氮去除率为零外，去除率一般为 20%～40%，出水氨氮较进水氨氮降低 7mg/L 左右，稳定在 15～30mg/L，可见并没有因为反应周期内曝气时间的缩短影响氨氮去除率，即全池曝气时间为 1.5 小时对氨氮去除的效果，与曝气时间 2.5 小时和 3.5 小时对氨氮的去除效果相差都不是很大，进一步证实了在冬季低温不利的环境下仅仅通过延长曝气时间来提高氨氮的去除率，不但耗能高且效果不显著，并不可行；由图 6-32 可知，出水的正磷酸盐浓度接近于零，去除率显著增高，稳定在 95% 左右，优于前两个条件的去除效果。

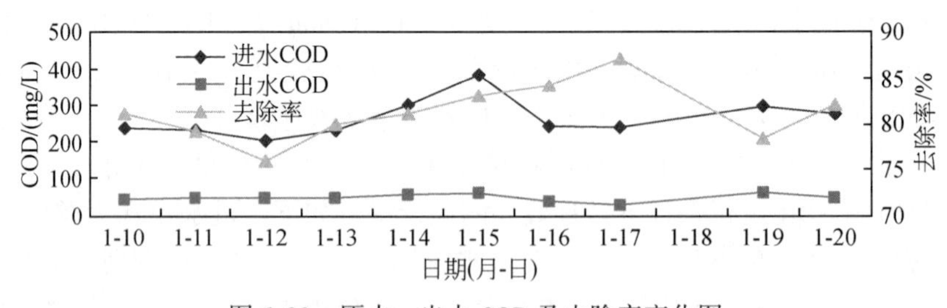

图 6-30　原水、出水 COD 及去除率变化图

2）典型周期各区各项指标的变化情况

COD 浓度变化如图 6-33 所示。由图 6-33 的 1 月 11 日、1 月 14 日及 1 月 17 日三个过程变化图可知，三个过程变化趋势较为稳定，从进水开始，反应器的 COD 就稳定在 38mg/L，各区在经历厌氧、曝气、缺氧后出水 COD 浓度始终保持较为稳定，可见，COD 的去除接

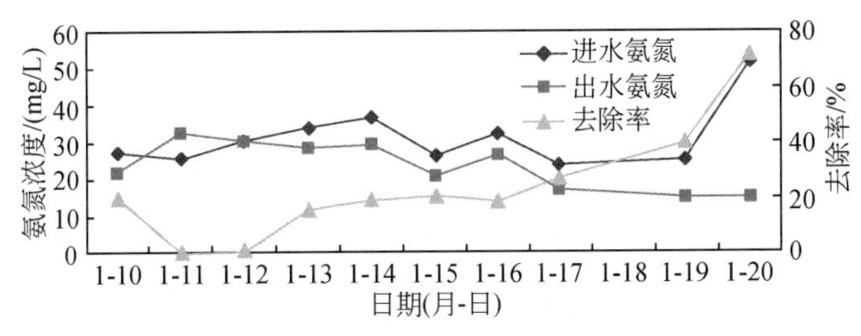

图 6-31　原水、出水氨氮浓度及去除率变化图

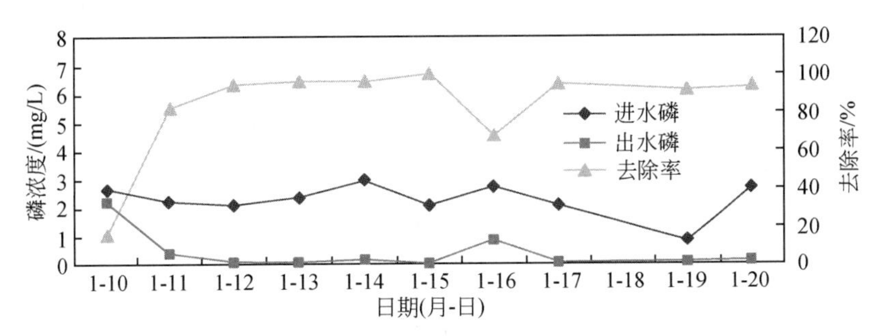

图 6-32　原水、出水正磷酸盐浓度及去除率变化图

近于连续流去除模式。

正磷酸盐浓度变化如图 6-34 所示。由图 6-34 可知，从进水开始，第 1 小时反应器全池厌氧，污泥释磷现象明显，反应 1 小时，各区的正磷酸盐浓度达到最大值，正磷酸盐浓度为 4.5 ~ 6.5mg/L，是进水正磷酸盐浓度 2 ~ 3 倍；反应的第 2 小时，1、2 区继续厌氧，3、4 区进行曝气，可能由于反应器较小，3、4 区曝气造成向前两区扩散溶解氧，因此在反应第 2 小时内，2、3、4 区正磷酸盐浓度下降较快，第 2 小时，2、3、4 区正磷酸盐浓度均降低到 0.5 ~ 2mg/L，1 区由于溶解氧较低，正磷酸盐浓度降低速度较慢，在第 2 小时，降低到 1.2 ~ 2.1mg/L；反应第 3 小时，1、2 区转入曝气，3、4 区厌氧，水流从 1 区流到 4 区，由于混合液中溶解氧的存在，各区的正磷酸盐浓度保持在 1mg/L 以下；反应第 4 小时，前半个小时全池停止曝气，由于溶解氧降低，污泥开始再次释磷，但由于系统中 COD 较低，磷的释放速率变小，在反应 3.5 小时，各区正磷酸盐浓度仅仅升高到 1 ~ 2mg/L，而后全池再度曝气，正磷酸盐浓度迅速下降，由于全池曝气，溶解氧浓度较高，吸磷作用明显，反应器各区的正磷酸盐浓度接近 0mg/L。

三氮浓度变化如图 6-35 所示。由图 6-35 分析可知，在进水 1 个小时后，由于反应器处在厌氧状态，氨氮浓度降低主要是靠稀释作用，由 11 月 14 日过程测定结果看出，进水为 36mg/L，反应开始时降为 30mg/L，当原水氨氮浓度较低时，反应器中由于残留有上一周期的氨氮，则氨氮浓度保持不降低，甚至有时出现高于原水氨氮浓度的现象，如 11 月 7 日进水氨氮 24mg/L，反应开始不但没有出现稀释氨氮的现象，而且氨氮浓度升高至 26mg/L；反应第 2 个小时，1、2 区厌氧，3、4 区曝气，由于反应器较小，第 2 区靠近第 3 区，受第 3 区影响较大，由费克定律可知存在溶解氧高浓度向低浓度扩散作用，因此，2、3、4 区氨氮浓度开始降低；反应第 3 个小时，1、2 区转入曝气，3、4 区停止曝气，第

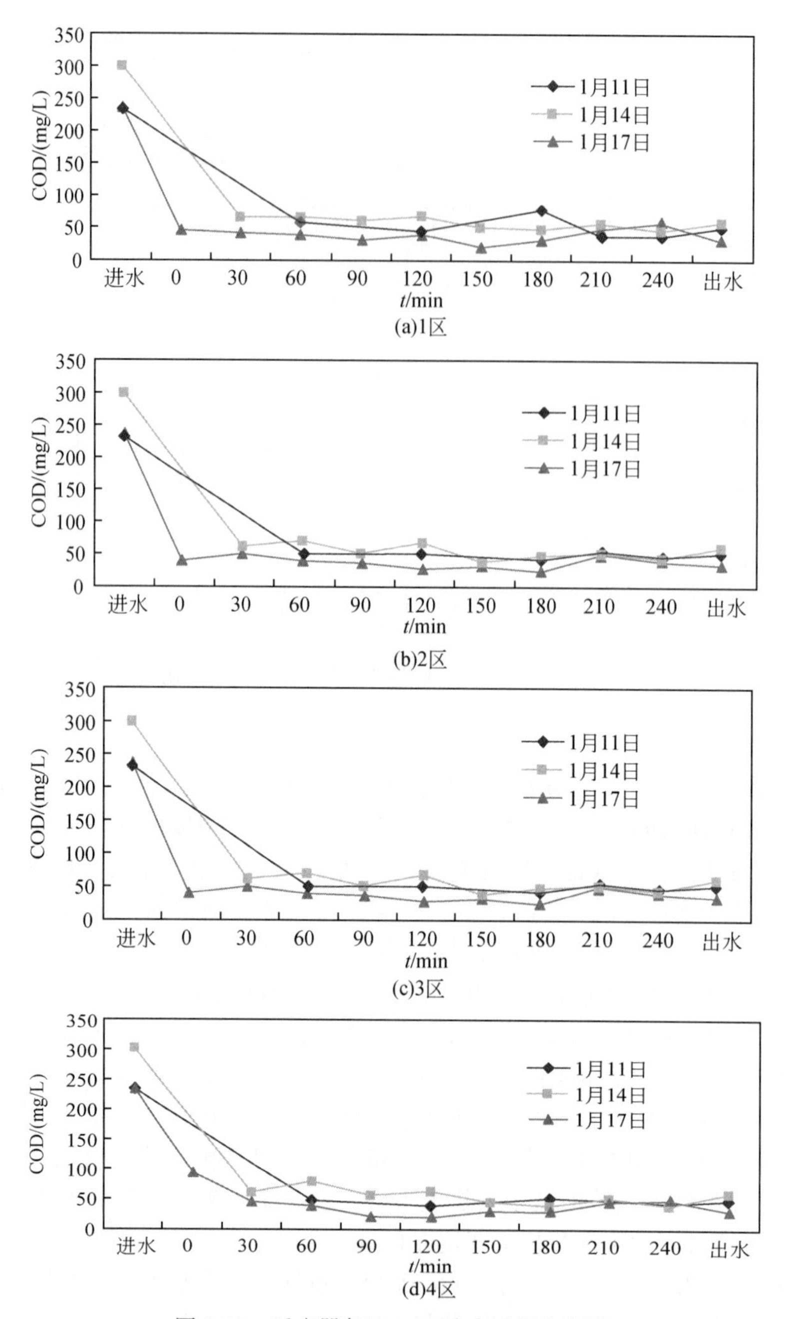

图 6-33　反应器各区 COD 浓度过程变化图

3 区受到第 2 区影响，因此，由图中可以看出氨氮浓度开始降低，4 区氨氮浓度此时较稳定为如 1 月 11 日稳定在 24mg/L、1 月 14 日稳定在 30mg/L 及 1 月 17 日稳定在 20mg/L；反应第 4 个小时，前半个小时，全池停止曝气，反应器缺氧搅拌，氨氮浓度又有所回升，经过后半个小时的曝气后氨氮浓度再次有较明显下降趋势。但是，氨氮去除率不高，出水氨氮浓度较高。

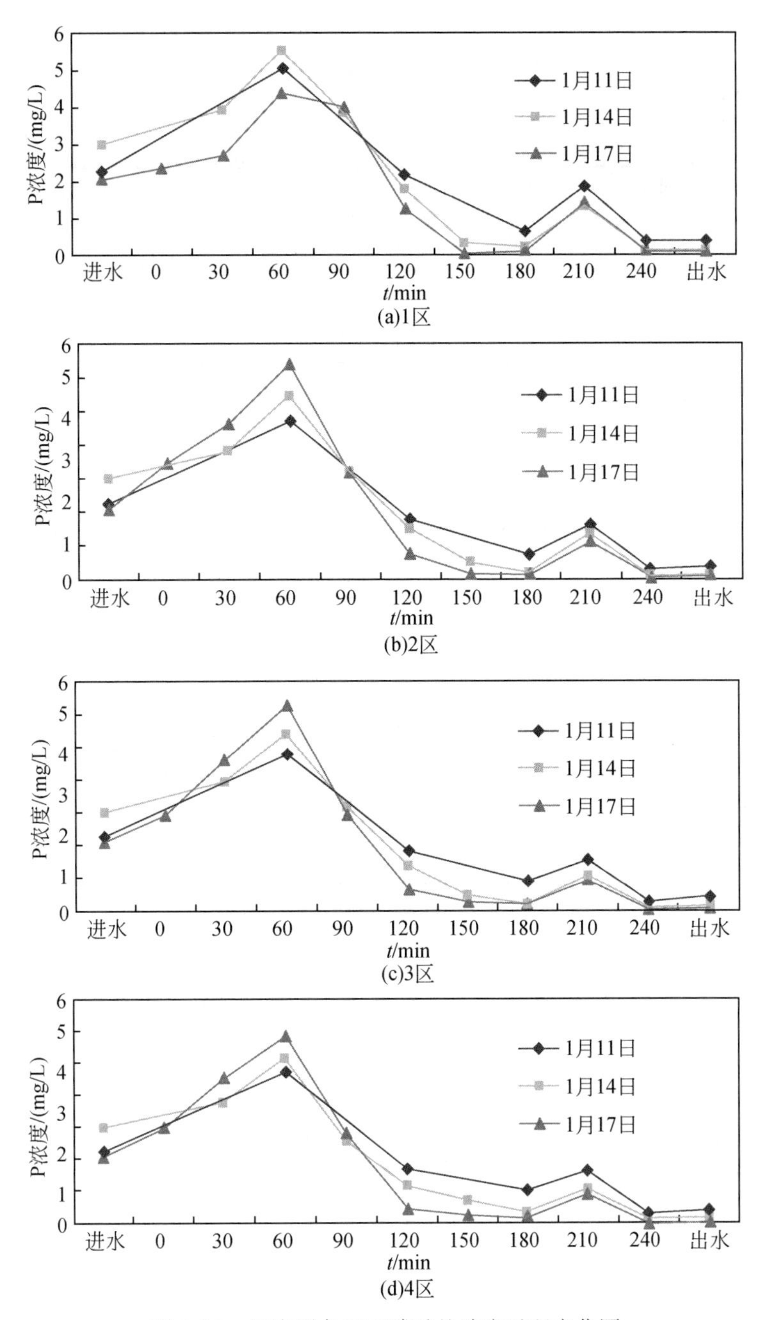

图 6-34　反应器各区正磷酸盐浓度过程变化图

进水硝氮浓度为 5～6mg/L，刚进入反应后，由于反应器不曝气，迅速降低，整个过程中硝氮、亚硝氮浓度都较低，接近于 0mg/L。

反应器四个区各项指标变化对比如图 6-36 所示。由图 6-36 可以看出，反应器 4 个区反应开始时和出水的 COD 浓度变化不大，且各区的 COD 浓度较为接近，即观测不到推流式 COD 浓度梯度，反应器在去除 COD 功能上接近于一个连续流模式。

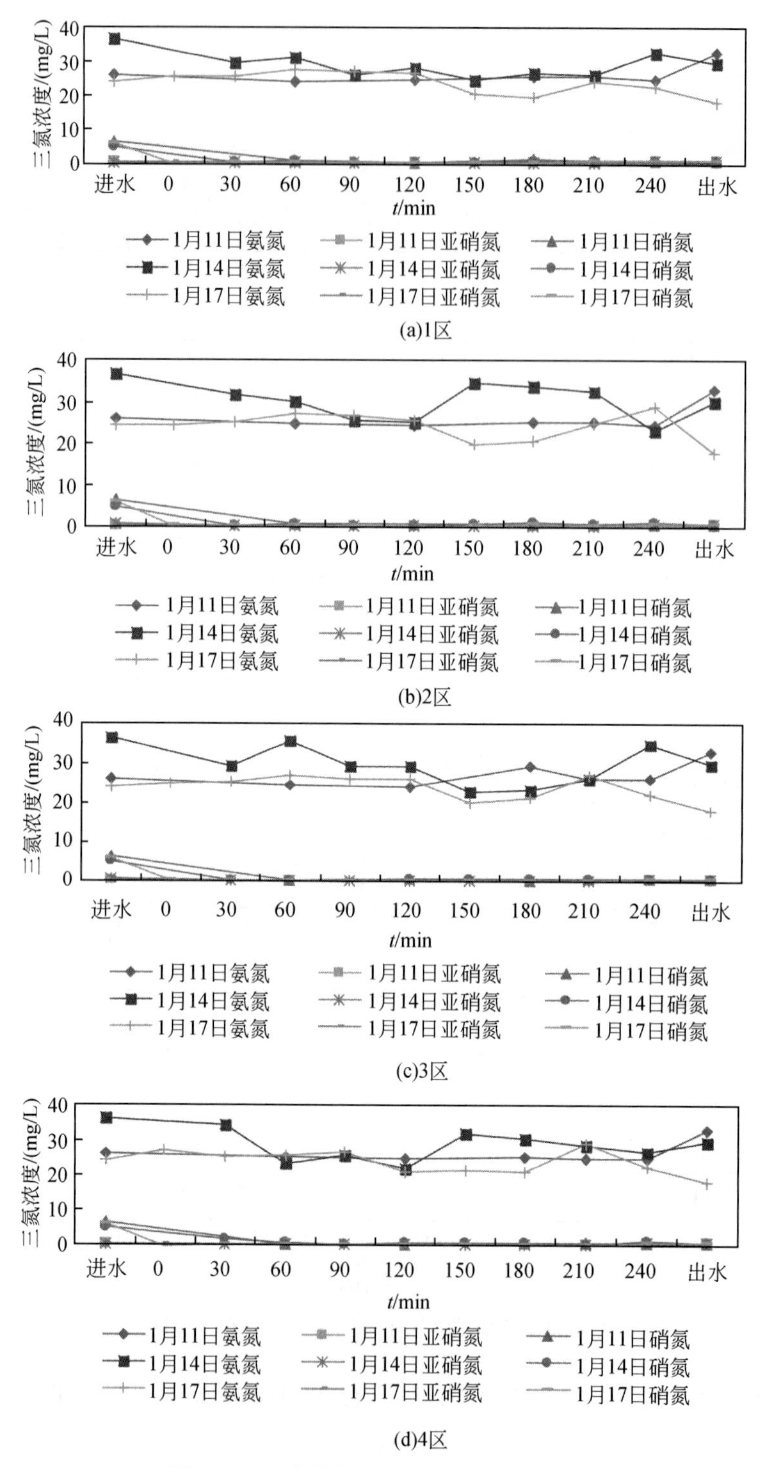

(a)1区

(b)2区

(c)3区

(d)4区

图 6-35 反应器各区三氮浓度过程变化图

由图 6-37 可以看出，2、3、4 区的变化趋势较为接近，1 区与这 3 个区的变化趋势有

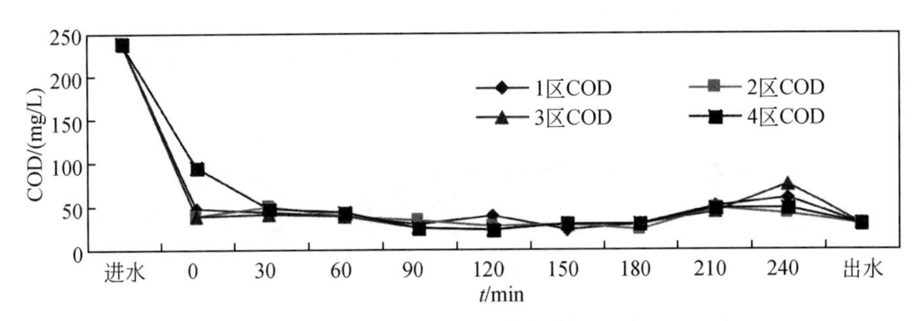

图 6-36　周期内 4 个区 COD 过程变化图

所不同：在全池厌氧搅拌 1 小时结束时，磷的释放达到最大值，2、3、4 区达到 6.2mg/L 左右，1 区释磷速度较其余 3 个区速度慢达到 4.3mg/L，可能由于原水有硝氮存在，不是纯厌氧环境造成；紧接着 1、2 区继续厌氧搅拌，3、4 区曝气，可能由于反应器较小，3、4 区的曝气影响到 1、2 区，2 区离 3 区较近，受到影响较大，4 个区都开始吸磷，2、3、4 区吸磷速度较快，在 3、4 区曝气结束，即反应 2 小时时，磷浓度达到 0.6mg/L 左右，1 区降到 1.2mg/L 左右；反应第 3 小时，1、2 区曝气，3、4 区缺氧搅拌，由于受到水流方向的影响，1、2 去曝气造成 3、4 区 DO 浓度也较高，在反应 2.5 小时时，4 个区的磷浓度就降到 0.2mg/L 左右并保持稳定；反应第 4 小时的前 30min，全池停止曝气，全池开始释磷，在反应第 3.5 小时时，4 个区磷浓度达到 1.1mg/L 左右；反应第 4 小时的后 30min，全池曝气，4 个区开始迅速吸磷，在反应第 4 小时，4 个区的磷浓度迅速降低接近 0mg/L。

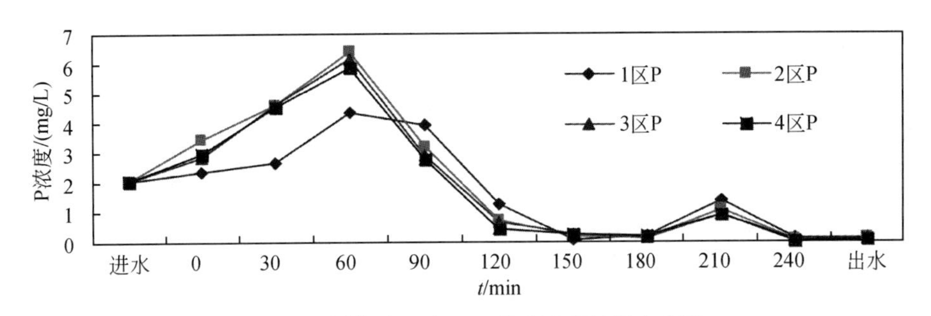

图 6-37　周期内 4 个区正磷酸浓度过程变化图

由图 6-38 可以看出，氨氮浓度从进水开始至反应 1 小时，氨氮浓度有所升高，由进水的 24mg/L，在反应 1 小时后升至 27mg/L 左右，可能由于水中的有机氮转化为氨氮；反应第 2 小时，1、2 区继续不保持搅拌，3、4 区曝气，在反应 1.5 小时时，4 区氨氮开始有较明显下降，氨氮浓度由 1、2、3 区较为稳定保持在 26mg/L 左右，在 2 小时时，1、2、3 区氨氮浓度继续稳定保持在 26mg/L 左右，4 区氨氮浓度下降到 20mg/L；反应第 3 小时，1、2 区曝气，3、4 区搅拌停止曝气，1、2、3 区氨氮浓度下降较为明显，4 区保持稳定；反应 2.5 小时，氨氮浓度由 26mg/L 下降到 20mg/L，4 个区都开始保持稳定在 20mg/L；反应第 4 小时的前 30min，全池停止曝气，全池氨氮浓度开始升高，4 区上升至 28mg/L，3 区上升至 26mg/L，2 区上升至 24mg/L，1 区上升至 23mg/L，由于原水水中有机氮转化为氨氮，从 1 区到 4 区氨氮依次升高，可能由于水流从 1 区推流至 4 区，有机氮转化率随之升高所造成；反应第4小时的后30min，全池曝气，4个区氨氮浓度开始下降，在反应第4小时时，下降至18mg/L；沉淀阶段4个区的氨氮浓度继续降低接近17mg/L。

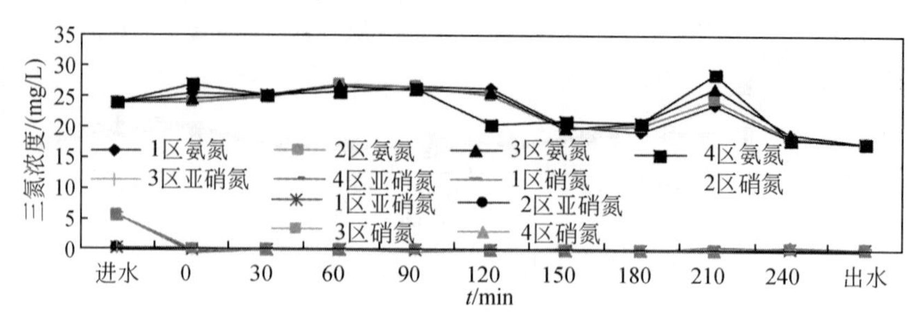

图6-38　周期内4个区三氮浓度过程变化图

3）污泥浓度及SVI值变化

由图6-39知，该条件运行下污泥浓度为2200～3200mg/L，VSS/TSS值在0.8以上，污泥活性较好，但是由图6-40可知该条件下SVI值偏高，为300～350mL/g，出现了污泥膨胀，可见反复的厌氧、缺氧和好氧交替环境下污泥容易膨胀（图6-41，见书后图版），有大量丝状菌产生。在周期曝气时间缩短的SBR反应模式，COD和P去除效果好，硝化菌受到低温的抑制氨氮去除率低，可见系统中虽然磷的去除率达到95%以上，但并没有出现通常报道的除磷效果好，无机聚磷颗粒物理作用沉降效果好的现象，硝化菌受到抑制的系统污泥沉降性不好，而通常脱氮系统污泥极度容易膨胀，硝化菌与系统的沉降性的相互关系目前并不清楚。

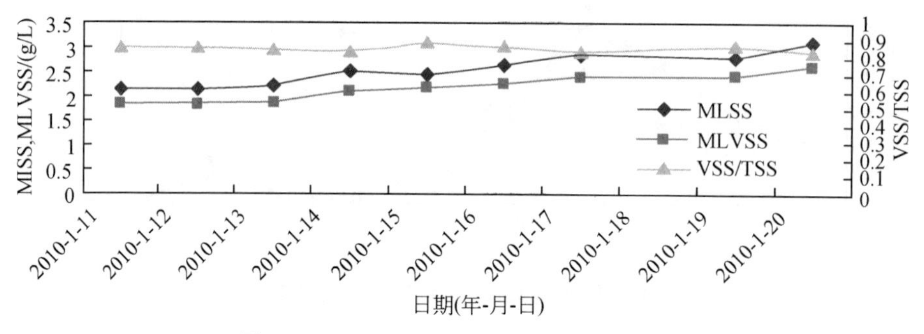

图6-39　MLSS、MLVSS及VSS/TSS变化图

通过调整各区曝气时间，缩短周期曝气时间的运行条件下，COD的出水浓度为35～60mg/L，且处理效果及稳定性都优于前两个条件；除磷效果非常好，出水正磷酸盐浓度接近零，去除率稳定在95%左右，明显优于前两个条件；氨氮处理效果同样不好，出水氨氮浓度为20～30mg/L，与前两个条件相差不大。

可以得出，曝气时间不是氨氮去除效果差的原因，且调整各区运行方式，缩短曝气时间的运行方式出水效果不仅整体上优于常规运行和延长曝气方式的运行效果，并且降低了运行的能耗，较适合社园污水处理系统，但是该条件运行下，活性污泥出现膨胀，不利于SBR反应器的排水。

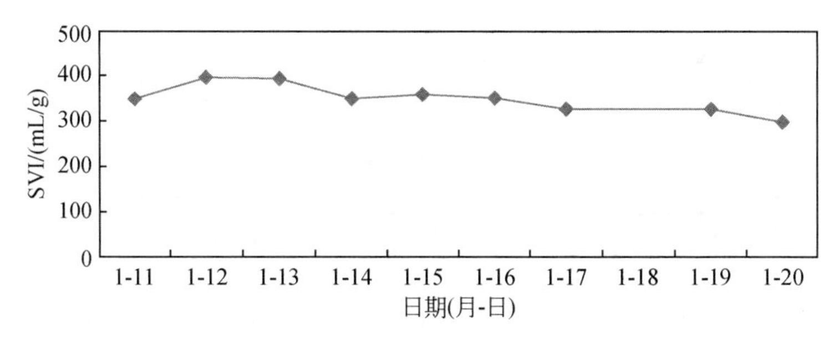

图 6-40　SVI 值变化图

4. 静态试验

1）温度对试验结果的影响

鉴于氨氮去除率较低的试验结果，可能由于温度较低的影响，下面进行了在 15℃ 和 20℃ 条件下的静态试验，主要考察温度对氨氮去除的影响，试验结果如下。

A. 水温在 15℃下的试验结果

水浴加热保持水温在 15℃，保持一直曝气，由图 6-42 可知，原水进水指标如下：COD 为 204mg/L，氨氮 44mg/L，硝氮为 5.2mg/L，正磷酸盐 3.4mg/L。由图（6-42）可以看出，曝气 90min，氨氮浓度为 25mg/L，硝氮 2.4mg/L，亚硝氮 2.2mg/L；曝气时间 120min 时，氨氮浓度为 20mg/L，硝氮浓度为 3.9mg/L，亚硝氮浓度为 2.9mg/L；曝气时间 265min 时，氨氮浓度为 12.5mg/L，硝氮浓度为 9.5mg/L，亚硝氮浓度为 5.0mg/L。

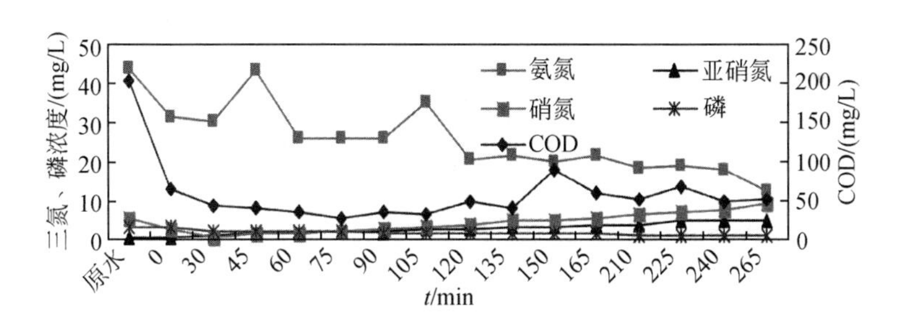

图 6-42　15℃下 COD、三氮及磷酸盐浓度过程变化图

B. 水温在 25℃条件下的试验结果

水浴加热保持水温在 25℃，保持一直曝气，由图 6-43 可知，原水进水指标如下：COD 为 223mg/L，氨氮 23.5mg/L，硝氮为 5 mg/L，正磷酸盐 1.5mg/L。由图 6-43 可以看出，曝气 75min 时，氨氮浓度为 2.3mg/L，硝氮 5.5mg/L，亚硝氮 5.4mg/L；曝气时间 135min 时，氨氮浓度为 0.5mg/L，硝氮浓度为 13.7mg/L，亚硝氮浓度为 7.6mg/L；曝气时间 270min 时，氨氮浓度为 0mg/L，硝氮浓度为 19.6mg/L，亚硝氮浓度为 3.6mg/L。

由上可知，水温对氨氮的去除影响较大，水温 25℃时氨氮去除速度要明显优于水温为 15℃，在曝气 120min 时，水温 25℃条件下的氨氮去除率达到 100%，水温为 15℃的去除

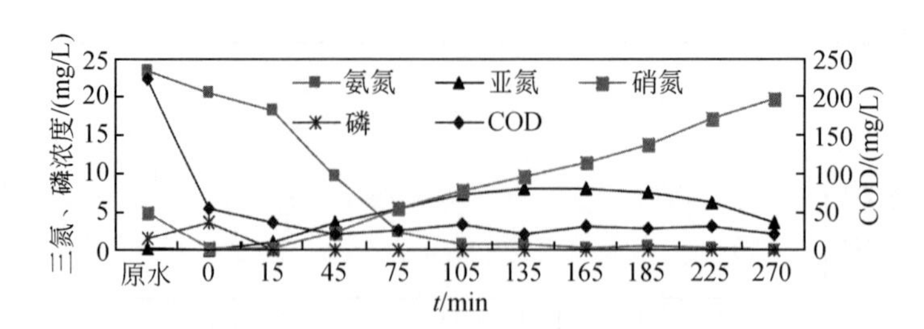

图 6-43　25℃下 COD、三氮浓度及正磷酸盐浓度过程变化图

率接近 60%。由此可知，氨氮去除效果不好，主要由于冬季水温太低（10℃左右）造成，与设置的曝气时间关系不大。

2）进水方式对试验结果的影响

SBR 运行的进水方式一般为瞬时进水，在试验中采取了较长时间的进水，下面考察了瞬时进水和反应阶段持续进水的试验对比，从系统大反应器中接种污泥于 2L 烧杯中，每个烧杯中去污泥 1L，而后从进水箱中取原污水进行平行试验。

以下 1#为反应阶段持续进水，曝气 2.5 小时，搅拌 1.5 小时；2#为瞬间进水；两反应器水温均为 15℃，对比结果如下。

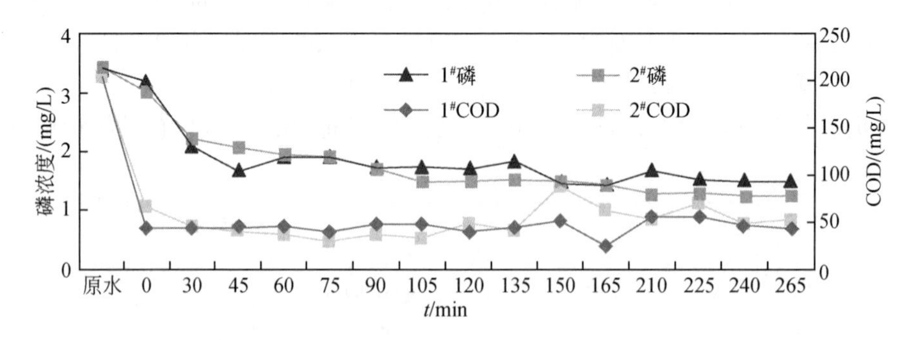

图 6-44　不同进水方式下 COD 及正磷酸盐浓度过程变化图

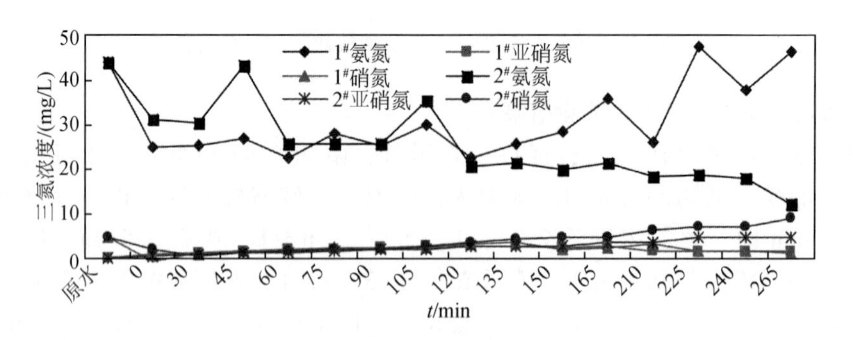

图 6-45　不同进水方式下三氮浓度过程变化图

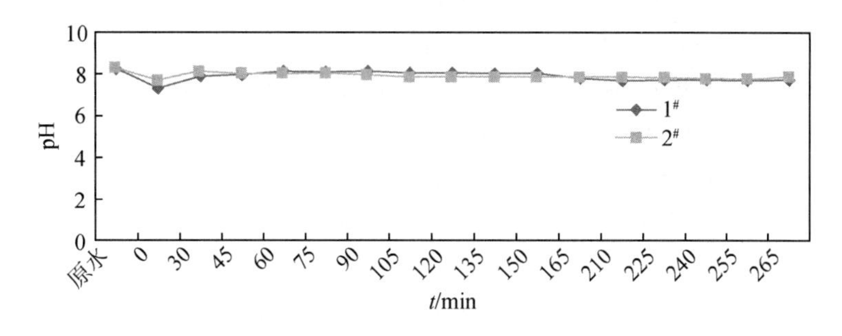

图 6-46　不同进水方式下 pH 过程变化图

由图 6-44 可以看出，持续进水与瞬时进水在去除 COD 和磷方面差异不大；由图 6-45 可知，在 15℃水温下，瞬时进水反应 150min 时，氨氮从 44mg/L 降低到 20mg/L，继续曝气氨氮浓度下降速度较慢，也说明了长时间曝气对氨氮去除影响不大；持续进水至曝气完毕，反应 150min 时，氨氮从 44mg/L 降低到 28mg/L，说明进水方式对去除氨氮有一定的影响；由图 6-46 可知，两种进水方式下的 pH 变化较为相似，从进水的 8.3 降低到 7.8 左右，说明社园生活污水成分比较复杂，是一个比较好的缓冲体系。

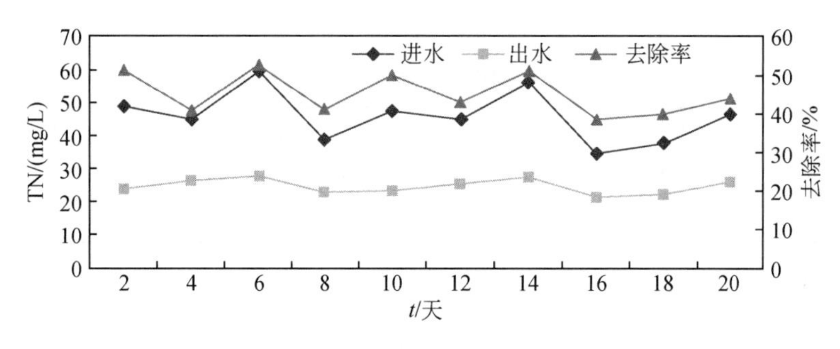

图 6-47　原水、出水 TN 及去除率变化图

3）TN 的去除

由图 6-47 可知，系统虽然氨氮去除率为 20% ~45%，但 TN 的去除率则高于氨氮，去除率为 40% ~55%，进水 TN 为 35 ~60mg/L，出水 TN 为 20 ~30mg/L。

6.2.4　试验结果对比分析及机理分析

1. 三个种不同运行方式的对比分析

由表 6-6 可以看出，三种运行方式中缩短周期曝气时间 SBR 运行方式下 COD、磷出水指标较好，磷的出水浓度接近 0mg/L，出水水质稳定，并且达到最节能的运行效果，但是此方式运行下出现污泥膨胀；三种运行方式出水氨氮均远远大于 12mg/L。

表 6-6　三种运行方式下出水各项指标及去除率对比表

进水方式	出水 COD	出水氨氮	出水磷	污泥沉降性
常规 SBR 运行方式	一般为 30 ~ 90mg/L，去除率为 67% ~ 88%	一般为 20 ~ 30mg/L，去除率为 20% ~ 45%	0.3 ~ 0.7mg/L，去除率为 80% 以上	SVI 值稳定在 150 ~ 200，污泥沉降性较好
延长曝气时间 SBR 运行方式	一般为 50 ~ 100mg/L，去除率为 60% ~ 80%	一般为 15 ~ 35mg/L，去除率为 25% ~ 50%	一般为 0.3 ~ 0.8mg/L，去除率为 50% ~ 85%	SVI 为 100 ~ 200，后期为 106，污泥沉降性很好
缩短周期曝气时间 SBR 运行方式	稳定在 35 ~ 60mg/L，去除率为 75% ~ 90%	稳定在 15 ~ 30mg/L，去除率为 20% ~ 40%	出水浓度接近 0mg/L，去除率为 95% 左右	SVI 为 300 ~ 350ml/g，出现污泥膨胀

2. 氨氮去除不好的原因分析

1）曝气时间对氨氮去除的影响

由表 6-7 可知，曝气时间对氨氮的去除影响不大，出水氨氮基本都在 15 ~ 35mg/L，无明显提高，去除率的变化也不是很大，说明曝气时间的长短不是氨氮出水浓度较高的原因。

表 6-7　曝气时间对氨氮去除的影响对比表

曝气时间	曝气 3.5 小时	曝气 2.5 小时	曝气 1 小时
氨氮去除效果	去除率 25% ~ 50%，出水氨氮浓度 15 ~ 35mg/L	去除率 20% ~ 45%，出水氨氮浓度 20 ~ 30mg/L	去除率 20% ~ 40%，出水氨氮浓度 15 ~ 30mg/L

2）进水方式对氨氮去除的影响

由表 6-8 可知，反应到 2.5 小时时，瞬时进水的氨氮浓度降低较快，从 44mg/L 降到 20mg/L，而持续进水的氨氮浓度降到了 28mg/L，说明瞬时进水更有利于氨氮的去除。

表 6-8　进水方式对氨氮去除的影响对比表　水温 15℃

进水方式	瞬时进水	持续进水
氨氮去除效果	瞬时进水反应 2.5 小时时，氨氮从 44mg/L 降低到 20mg/L，继续曝气，氨氮浓度降低的速度较慢	持续进水在曝气完毕，反应 2.5 小时时氨氮从 44mg/L 降低到 28mg/L

3）温度对氨氮去除的影响

由表 6-9 可知，25℃ 下，曝气 75min 时，氨氮从 23.5mg/L 降到 2.3mg/L，曝气 135min，氨氮浓度接近 0mg/L；而 15℃ 曝气 120min 时，氨氮浓度保持在 20mg/L，说明温度对氨氮的去除影响非常大。

表 6-9　温度对氨氮去除的影响对比表

进水方式	15℃	25℃
氨氮去除效果	曝气 1.5 小时，氨氮浓度从 44mg/L 降到 25mg/L；曝气时间 2 小时时，氨氮浓度为 20mg/L	曝气 75min 时，氨氮浓度从 23.5mg/L 降到 2.3mg/L；曝气时间 135min 时，氨氮浓度为 0.5mg/L

由上述可知，氨氮出水浓度较高的原因主要是由于水温过低，与进水方式和曝气时间关系不大。

3. 问题与原因分析

缩短曝气时间 SBR 运行方式下出现了污泥膨胀，可能是反复的厌氧、缺氧和好氧交替环境导致污泥膨胀。

在冬季水温 8～10℃，社园生活污水处理存在的最主要的问题为氨氮出水浓度较高，由以上分析可知，温度低是影响氨氮去除率较低的主要原因，与曝气时间和进水方式关系不大。

6.2.5　小结

（1）改变传统的 SBR 反应器设计方法，根据水量的日变化规律，以反应周期段的最大平均水量作为原始设计参数，并调整最大周期段水量于小水量（凌晨）周期，使得反应器的体积趋于更合理化，既避免了基建在小水量段的浪费问题，又可以缓解大水量段容积不足的问题，与常规设计相比，可以减小反应器体积约 1/4，大大节省了基建投资，也减少了相应的设备投资。

（2）对反应器进行分格设计，不仅具有一定推流效果，基质推动力大，可提高处理效率，并且还可以更好地使 SBR 的灵活性充分体现，即对应不同时间段下水质的不同，选择不同区曝气，可以降低曝气量，而减少曝气时间。这种灵活的分区运行节省了约 2/5 的耗电量。

（3）在冬季水温 8～10℃左右，社园生活污水处理存在的最主要的问题为出水氨氮浓度较高，无法满足出水水质标准［《渭河水系（陕西段）污水综合排放标准》一级标准（DB61-224—2006）］。温度低硝化菌受到所抑制是影响氨氮去除率较低的主要原因，与曝气时间和进水方式关系不大。

6.3　人工湿地脱氮

人工湿地是由基质、填料及其表面附着的微生物和水生植物共同构成的具有污水处理能力的复杂而又独特的生态系统，依靠物理、化学、生物的协同作用完成污水的净化过程。本节将主要从基质、微生物和植物三方面研究和讨论湿地系统对氮的去除。

6.3.1 人工湿地概念

人工湿地（constructed wetlands）是一种模拟自然湿地的人工生态系统，其通过基质（填料）、植物和微生物三者的协同作用实现对污、废水的高效净化作用。1971 年，《湿地公约》（Ramsar 公约）中将其定义为：“湿地是指不问其为天然或人工、长久或暂时性的沼泽地、泥炭地、水域地带，静止或流动的淡水、半咸水、咸水，包括低潮时水深不超过 6 m 的海水水域”。该定义为湿地管理定义，其科学的定义为：湿地是一类既不同于水体又不同于陆地的特殊过渡类型生态系统，是水生、陆生生态系统界面相互延伸扩展的重叠空间区域，且与周边相邻系统有着密切关系，并进行物质和能量的交换。

美国著名湿地研究、管理和设计专家 Hammer 等将人工湿地定义为：模拟天然湿地，并由基质、植物、微生物和水体组成的、人为设计与建造的湿地系统。目前，许多学者通过对人工湿地的研究，对其定义进行了具体化和全面化，即人工湿地是一种模拟自然湿地的人工生态系统，由人工建造和监督控制、类似沼泽地的地面，由水、基质、植物、水生动物及其微生物群落五部分组成，并利用基质-植物-微生物这个复合生态系统的物理、化学和生物的三重协同作用实现对污废水的高效净化，达到废水的资源化与无害化（宋志文等，2003）。

6.3.2 人工湿地分类

目前，诸多学者将人工湿地分为多种类型，从工程实用角度出发，根据布水方式或水流形式的差异，一般将人工湿地分为自由表面流人工湿地系统（surface flow wetlands，SFW）和潜流型人工湿地系统（subsurface flow wetlands，SSFW）两大类。其中，潜流型人工湿地又可分为水平潜流人工湿地、垂直流人工湿地和潮汐潜流人工湿地三类（王世和，2007）。

1. 表面流人工湿地

自由表面流人工湿地又称地表流湿地，污水在湿地的表层流动，如图 6-48 所示。典型的表面流湿地系统主要由水池或槽沟构成，并设有防水层，以防止渗漏，且水位较浅，一般为 0.1 ~ 0.6 m。其优点是工程量少，投资低，操作简单，运行和维护简便；缺点是不能充分利用填料和植物根系的处理能力，去污能力有限及处理负荷较低，占地面积较大，且受自然气候条件影响较大，如冬季在寒冷地区表面易结冰，而夏季则易滋生蚊蝇，产生臭味，卫生条件差。

2. 水平潜流人工湿地

水平潜流人工湿地又称渗滤湿地系统（infiltration wetland），其因污水从一端水平流过填料床而得名，如图 6-49 所示。由于污水在湿地系统中基本在基质层以下流动，所以其能充分利用基质、植物和微生物三者的协同作用，保温性也较好，净化效果受气候条件影

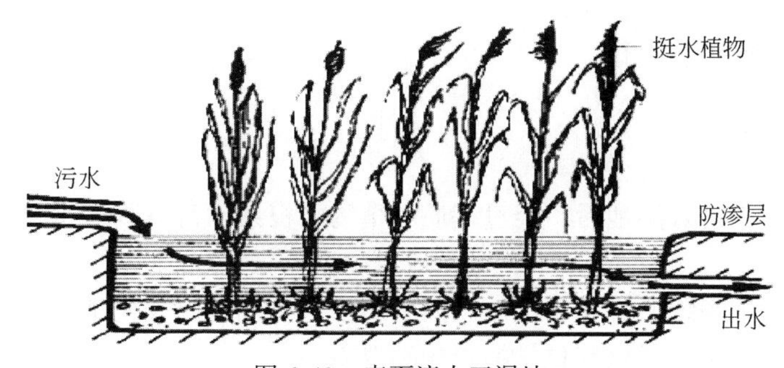

图 6-48　表面流人工湿地

响小，卫生条件较好，是目前研究和应用较多的一种湿地系统，已被德国、美国、日本、澳大利亚、英国和荷兰等国家广泛使用。但其工程量大，投资较高，运行控制相对复杂。

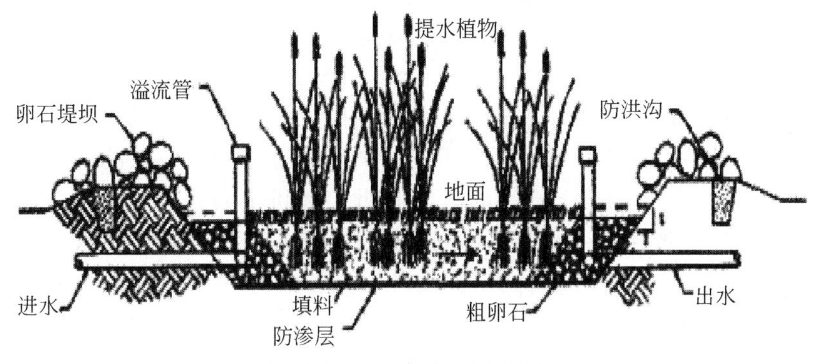

图 6-49　水平潜流人工湿地

3. 垂直潜流人工湿地

垂直潜流人工湿地也称垂直流人工湿地，污水在基质中垂直流动，经过床体后进入收集系统，随后排出湿地。其特点是硝化能力高于水平潜流人工湿地，适用于高浓度氨氮污水的处理；缺点是对有机物的净化能力低于水平潜流人工湿地，且基建要求较高，控制复杂，夏季易滋生蚊蝇，目前实际应用较少（卢观彬，2008；姚欣，2009）。

4. 潮汐潜流人工湿地

近年来，伯明翰大学研发了潮汐潜流人工湿地，以芦苇床为例，按时间序列对湿地系统交替地进行充水和排水，使得床体内空气也随之交替排出和带入。进水与空气的交替运动，大大提高了氧的传输量与消耗量，从而提高了湿地系统的净化效果。然而，潮汐流湿地在较长时间运行后，大量生物可能会堵塞床体，制约水和空气的交替运动，影响净化效果。因此，设计中可考虑采用多个湿地床体进行交替运行，利用停运期进行较为充分的生物降解（王世和，2007）。

6.3.3 人工湿地净化机理

1. 基本机制

物理作用：污水进入湿地后，经过基质和植物的根系，污染物质被过滤和截留，并沉积在基质中。

化学反应：湿地系统通过化学沉淀、离子交换、氧化还原等化学反应去除污水中的污染物，但基质的类型决定了这些化学能否顺利发生。

生化反应：有机物的去除主要依赖于系统中的生物。首先，被填料吸附的有机物质，可以通过生物的同化吸收和异化分解去除；其次，植物根系周围依次出现好氧、兼性厌氧和厌氧的微生态环境，有利于硝化、反硝化作用及微生物对磷的过量积累作用，达到除氮、磷的效果（丁疆华和舒强，2000）。

2. 各污染物的去除机理

悬浮物主要通过拦截、吸附、絮凝和胶体颗粒的沉淀等作用得以去除。氮主要通过基质吸附、植物吸收、微生物生物降解及氨氮自身的挥发等作用得以去除。通常情况下，微生物可将污水中的大部分有机氮降解为氨氮，因此，无机氮的去除越来越得到重视。磷主要通过植物吸收、基质吸附沉淀及微生物的同化作用等途径被去除。污水中的无机磷一方面在植物的吸收和同化作用下，被合成 ATP、DNA 和 RNA 等有机成分，最后通过植物的收割将其带出湿地系统，此作用所占比例很小。另一方面是微生物对磷的正常同化吸收、聚磷菌对磷的过量积累，然后通过定期更换湿地基质而将其从系统中去除。湿地中的重金属则主要通过离子交换、与湿地基质螯合或转化成不可溶的沉淀（如硫酸盐、氢氧化物等）等途径得以去除（万珊等，2010；Kadle and Knight，1996；Al-Omari and Fayyad，2003；Cooper et al.，1996）。

6.3.4 国内外人工湿地研究进展

1. 国外人工湿地研究进展

1903 年在英国约克郡建成的人工湿地污水处理系统被公认为是第一个人工湿地系统，该系统一直运行到 20 世纪 90 年代（Hiley，1995；Johansson et al.，2003）。1953 年，德国 MaxP1anck 研究所 Seidel（1964；1966）首次进行了人工湿地污水净化实验，其证明了芦苇对无机和有机污染物及重金属具有较好地去除能力。1967 年，荷兰学者基于 Seidel 的思想，开发了一种现称为 Lelysttad Process、占地 1hm^2 及水深为 0.4 m 的表面流湿地系统，并得以广泛应用。20 世纪 60 年代，Seidel 与 Kickuth 合作，并由 Kickuth（1976）提出了根区法理论（The Root-zone Method），由此掀起了人工湿地研究和应用热潮。此后，人工湿地技术经历了两个主要发展阶段：第一阶段主要在 20 世纪 70 年代，其发展特点为保持天然湿地的原有结构，并以泥沼形式存在，常将湿地与氧化塘结合形成组合系统，以此提高氧化塘系统的处理效果；第二阶段主要在 20 世纪 80 年代以后，由人工建造并填充不同粒径的基质及种植有一定去污能力植物的湿地系统得到发展，从此进入规模性的应用阶段。90 年代以来，人工湿地污水处理技术在国外得到了极快的发展，已被应用于农业污水、城市暴雨径流或生活污水、富营养化湖水、工业废水及垃圾场渗滤液污废水的处理（Wallace，2001；罗勇，2009）。现在，人工湿地技术已得到越来越多的重视，并作为一种有效的生态工程措施在更多领域得到应用。

至今，随着人工湿地技术水平的不断提高，其在世界各地得到了广泛的应用。美国现有人工湿地系统 600 多处，主要处理市政、工业和农业废水，其中 400 多处用于煤矿废水的处理，50 多处用于生物污泥的处理，近 40 处用于暴雨径流的处理，超过 30 处用于奶产品加工废水的处理（US EPA，2000）。而欧洲对地下潜流系统的应用较多，在丹麦、德国、英国等国家都至少有 200 个系统在运行（白晓慧等，1999；Babatunde et al.，2008），新西兰大约有 80 个人工湿地系统在使用（吴亚英，2000）；捷克也有 100 多座在使用（Jan，2002）。

2. 国内人工湿地研究进展

我国对人工湿地的研究与应用起步较晚，主要集中于“七五”和“八五”期间。1987 年，天津市环境保护所建成了我国第一个占地 6 hm^2、处理规模为 1400 m^3/d 的芦苇人工湿地系统，开始对人工湿地污水处理规律进行比较系统的研究（张毅敏和张永春，1998）。1989 年，北京市环境保护所在北京昌平建成了处理生活污水和工业废水的自由表面流人工湿地，其处理效果良好，优于传统的二级处理工艺（白晓慧等，1999）；1990 年，国家环保局华南环境科学研究所与深圳东深供水局合作在深圳白泥坑修建了人工湿地试验基地，其处理量为 3100 m^3/d，主要用于城镇综合污水的处理，其运行效果良好（朱彤等，1991）。20 世纪末，成都活水公园的建成很好地展示了人工湿地是一种集净化水体、美化环境、提供娱乐场所等多项功能为一体的污水处理新技术（黄时达等，2000）。近年来，人工湿地在水库、湖泊周边非点源污染的拦截及地面微污染水体的净化等方面得到了应用。例如，2003 年 7 月建成运行的石岩人工湿地工程，采用“高效复合垂直流人工湿地水质净化工艺”保护石岩水库饮用水源，监测数据显示其处理效果明显，出水水质好（刘家宝等，2005）。此外，北京市官厅水库永定河入库口的黑土洼人工湿地（黄炳彬，2007）工程也取得了显著的运行效果，并在北方寒冷地区的人工湿地设计、植物选育及运行管理等方面取得了重大突破。

经过 20 多年的研究和推广，目前人工湿地污水处理技术在我国已得到较为广泛的应用，其领域涉及生活污水处理、工业废水处理、农业面源污染控制、城市面源污染控制及河道湖泊富营养化控制等方面。数据统计表明，我国湿地大约有 $0.63\times10^8 hm^2$，其中天然湿地 $0.25\times10^8 hm^2$，人工湿地 $0.38\times10^8 hm^2$。天然湿地又包括 $0.11\times10^8 hm^2$ 的沼泽、$0.12\times10^8 hm^2$ 的湖泊和 $0.021\times10^8 hm^2$ 的滩涂、盐沼地，占国土总面积的 2.6%（王瑞山等，2000）。

6.3.5 实验装置及实验条件

1. 实验装置

试验采用的复合垂直流人工湿地系统，如图 6-50 所示为试验装置示意图。系统采用

PVC 塑料板制成，外观尺寸为 0.6m（L）×0.35m（W）×0.7m（H），由两个池串联组成，中间用挡板隔开，底部连通。下行流有效基质层厚度采用55cm，上行流有效基质层厚度采用45cm，连通层厚度采用15cm。试验中采用底层为15cm厚卵石（直径40～80mm），其上依次为粒径8～16mm豆石层和粒径4～10mm的豆石层，最上部为10cm厚的细砂（粒径0～4mm）；其中下行池砂深55cm，上行池砂深45cm，下行池填料高出上行池10cm。

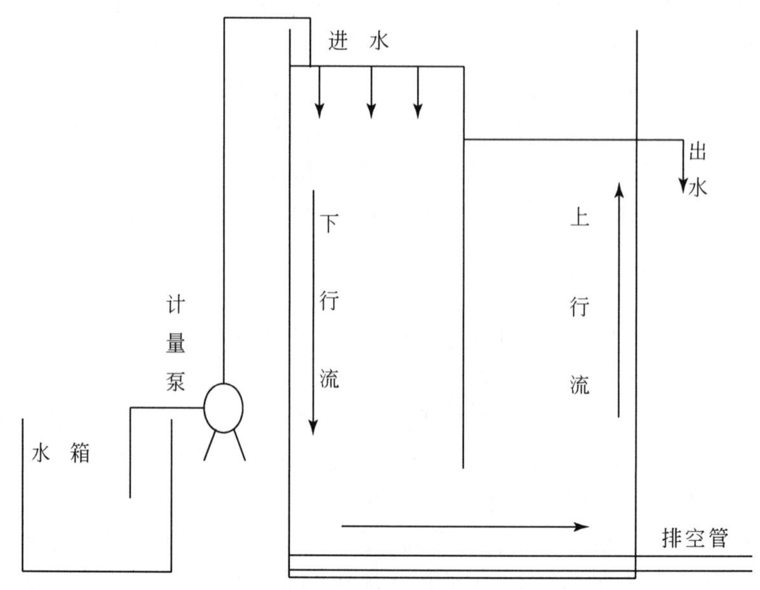

图 6-50 人工湿地试验系统图

实验系统的芦苇是4月初在沪河边挖掘的带芽苞的芦苇根，将其剪成10cm左右，理入4cm深的土中并使上端露出地面。空心菜、油麦菜采用种子盆栽后移植入湿地系统。水稗采集于校园花坛，经过一个月的水栽培养后植入湿地系统。下行流部分湿地表面种植芦苇，密度为86株/m^2；上行流部分湿地表面混植芦苇、空心菜和油麦菜，密度为86株/m^2。

系统采用表面布水。为保证进水均匀性，在湿地下行流表面布配PVC水管。把PVC管沿长轴剖去横断面的1/3后在管壁上以6cm为间距均匀打取直径为4mm的小孔，共3支，以弯管连接，均匀布于下行流表面。

2. 试验用水

人工湿地处理污水试验中采用人工合成生活污水。废水水质见表6-10。采用淀粉、乙酸钠、氯化铵、磷酸二氢钾、微量元素（表6-11）配制而成。

表 6-10 人工污水水质 （单位：mg/L）

项目	COD	PO_4^{3-}-P	NH_4^+-N	NO_3^--N	微量元素
污水净化	160	4	12		0.1mL/L
硝化试验	1000	15	85	—	0.1mL/L
反硝化试验	1000	15	—	85	0.1mL/L

表 6-11　微量元素的组成

成分	含量/（g/L）	成分	含量/（g/L）
$FeCl_3 \cdot 6H_2O$	14.99	KI	1.80
H_3BO_3	1.50	$MnSO_4 \cdot H_2O$	1.51
$CoCl_2 \cdot 6H_2O$	1.41	$(NH_4)_6Mo_7O_{24} \cdot 4H_2O$	3.06
$CuSO_4 . 5H_2O$	0.30	$ZnSO_4 \cdot 7H_2O$	1.20

人工湿地脱氮机理研究采用的废水碳源仅包含乙酸钠，以氯化铵、硝酸钾和酸二氢钾作为氨氮、硝氮和磷源。

3. 试验方法

1）湿地基质吸附试验

试验中所用细砂（粒径 0～4mm），粒径 8～16mm 豆石（豆石 1）和粒径 4～10mm 的豆石（豆石 2），均取于建筑工地，经清水冲洗后自然风干。

每个吸附材料称取 9 份，每份 5.00g，分别置于 250ml 三角瓶中，分别加入 100mL（吸附材料与溶液比为 1：20）NH_4C1 配制的 NH_4^+-N 浓度为 l0mg/L，100mg/L，500mg/L 的溶液，相同浓度的为一组（1 组为 9 份），共 3 组。于室温 25℃条件下，置恒温振荡器上振荡（转速为 120 转/min）。振荡时间分别为 0 小时、2 小时、4 小时、8 小时、12 小时、24 小时、36 小时、48 小时、72 小时。每次每种吸附材料取两份样，用微孔滤膜预处理后，分析不同吸附时间基质对 NH_4^+-N 的吸附量。

2）复合垂直流人工湿地的启动与净化特性试验

初期上述人工废水配以少量实验室处理屎尿污水的 UASB 系统的出水，以增加湿地系统微生物量。控制水力负荷为 $0.4m^3/m^2 \cdot d$，每周进水一次，控制水位，以促进植物根系向下生长，扩大根区范围。周进水连续运行四周后，采用 12 小时进水，12 小时排空的间歇运行方式，水力负荷为 $0.4m^3/(m^2 \cdot d)$，间歇运行配水中不再加入 UASB 系统出水。

沿水流方向共设六个取样点（图 6-51）。诱导根系生长期间，每周进行一次进出水采样分析；间歇运行期间每周进行两次进出水采样分析。

3）湿地微生物量及硝化与反硝化试验

在湿地系统排空状态下，以五点取样法在湿地系统各层取样点取样后，放入冰箱备用。

A. 湿地填料中微生物量的测定

试验中，通过测定填料中挥发性有机物含量来间接反映湿地中的微生物量。人工湿地系统中各样品的有机含量，即挥发性物质（volatile matter，VM）在填料样品中的质量比值，具体测定方法如下：将样品烘干至恒重（记为 M），然后于 600℃焙烧 2 小时，冷却后测重（记为 m），记（$M-m$）/M 为 VM 比值。

B. 湿地填料硝化能力的测定

采用摇瓶法，在 250mL 锥形瓶中加入湿地填料 20g，然后加入 200mL 配制好的 NH_4Cl 溶液（40mg/L，以 $NaHCO_3$ 调节 pH 至 7.5 左右），于 30℃，150～160rpm 恒温摇床培养，

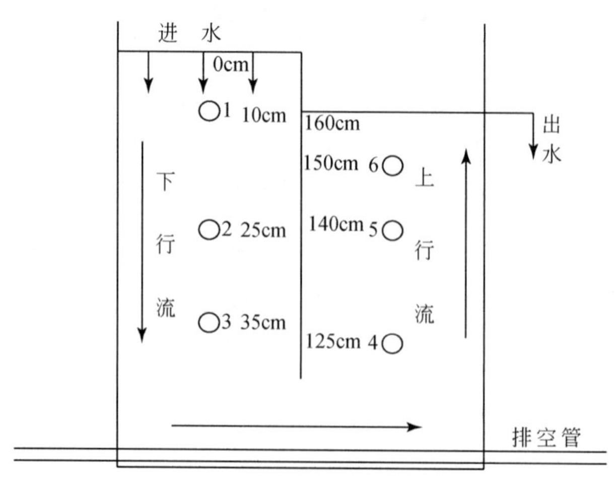

图 6-51　人工湿地取样点设置图

定时测定培养体系中的 NH_4^+-N 浓度。

C. 湿地填料反硝化能力的测定

采用摇瓶法，在 250mL 锥形瓶中加入湿地填料 20g，然后加入 200mL 配制好的 KNO_3 溶液（45mg/L），同时加入 5mL 的 20mg/L 葡萄糖溶液，再以 $NaHCO_3$ 调节 pH 至 7.5 左右。用氮气吹 10min，排除锥形瓶中的氧气，以保证厌氧环境。于 30℃，150～160rpm 恒温摇床培养，定时测定培养体系中的 NO_3^--N 浓度。以 72 小时后 NH_4^+-N、NO_3^--N 浓度与初始浓度之差，计算硝化、反硝化强度［mg/（g·h）］。

D. 湿地植物腐烂污染物释放量的测定

在湿地系统三种植物中各选一棵，连根挖出，水洗拭干，以根、茎、叶、种子解剖植物，称量后，将其放入塑料瓶中，分别加入 200mL 蒸馏水，标记刻度线，置于常温下自然腐烂。定时补充蒸发掉的水分，以保证瓶中水分的总体积。一个月（8 月 20 日至 9 月 20 日）后，取水样测定 COD、TN 和 TP，测定两次取平均值分析。

6.3.6　结果与分析

1. 复合垂直流人工湿地对污水的净化效果

系统启动后进出水水质均值和波动范围见表 6-12。

表 6-12　复合垂直流人工湿地进出水水质均值和波动范围

水样	水温/℃	溶解氧/（mg/L）	pH	氧化还原电位/mV	电导率/（μS/cm）
进水	22.1	1.77	7.69	67	346
样点 1	23.6	1.00	7.51	62	348
样点 2	23.7	0.54	7.79	–11	350
样点 3	23.6	0.72	7.78	–19	349

续表

水样	水温/℃	溶解氧/（mg/L）	pH	氧化还原电位/mV	电导率/（μS/cm）
样点4	23.7	0.71	7.82	-39	348
样点5	23.9	0.77	7.73	20	350
样点6	23.8	2.16	7.57	72	373
出水	23.5	2.67	7.95	60	359
进水波动范围	18.2～25.8	0.02～5.24	7.42～7.93	11～140	303～436
出水波动范围	19.8～27.3	2.06～3.74	7.68～8.23	-80～137	312～450

系统出水DO高于进水，说明该湿地对水体DO有明显的改善作用。污水进入该湿地系统后沿下行流，水中溶解氧开始明显下降，这主要是硝化及有机物的生物氧化消耗所致。在6号取样点和出水口处DO有明显的上升，原因是该处接近表面，空气的复氧作用。

表6-12的结果还显示湿地系统出水的氧化还原电位低于进水，特别是取样点2、3、4处的水样的ORP值为负值，表明污水中的氧化性物质很少，主要呈还原性环境。这一结果也与这三点出水的DO较低相对应，表明系统在净化污水过程中消耗了水中的氧。另外出水pH较进水略高，笔者认为这可能是微生物的作用、基质的离子交换与吸附以及植物的生理活动共同作用的结果。

从表6-12还可以看出，电导率在湿地系统中沿水流方向基本呈升高趋势。表明在运行初期，系统基质性质尚不稳定，植物的生理活动及根系微生物种群的活动改变了湿地内的pH等条件，导致基质中离子的释放，使系统出水电导率升高。

1）湿地系统对COD的去除

系统启动后，进出水COD变化结果如图6-52所示。从图上可以看出，系统运行第3天，COD去除率就达到75%；运行到第26天，COD去除率却下降至41%，试验系统启动的前26天，COD去除率逐渐降低。从运行的第27天，系统开始以间歇进水方式运行，COD去除率逐渐升高，稳定在80%～90%；COD的最高去除率发生在第33天，达到92.96%。由此可见，湿地系统运行初期，湿地基质对污水中有机物产生了快速吸附，表现为较高的有机物去除率；但吸附饱和后且基质表面生物膜尚未形成期间，系统对有机物的去除率就下降；随着微生物活性的增强，系统对有机物的去除能力又逐渐提高。

系统内COD沿程变化情况如图6-53。从图可以看出，诱导植物根系生长阶段，无论在下行流和上行流，COD都是沿水流方向不断降低，但出水COD高于离其最近的取样点6，这主要是系统刚开始运行时，上部细沙不稳定，释放有机物随水流出而引起出水COD升高；间歇进水运行阶段，COD在下行流段沿程快速降低。与植物诱导阶段相比，下行流有机物的降解速率更快。这一方面可能是基质表面的生物膜已经基本形成；另一方面，植物根区开始发挥净化作用。另外间歇运行阶段下行流表面以下0～25cm是COD的主要去除区，25cm以下的区域COD下降趋势平缓，这可能是由于人工湿地在表面25cm以下DO较少，对COD降解缓慢。

2）湿地系统对氮的去除

由图6-54可以看出，诱导植物根系生长期间（0～26天），氨氮去除率随时间逐渐降

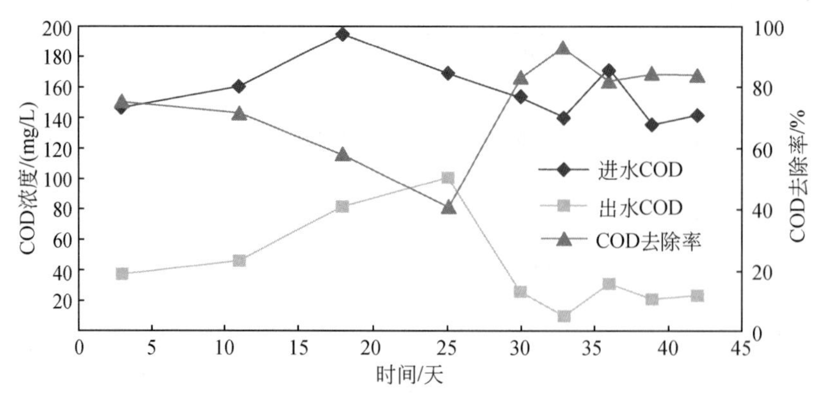

图 6-52　湿地系统进出水 COD 历时变化图

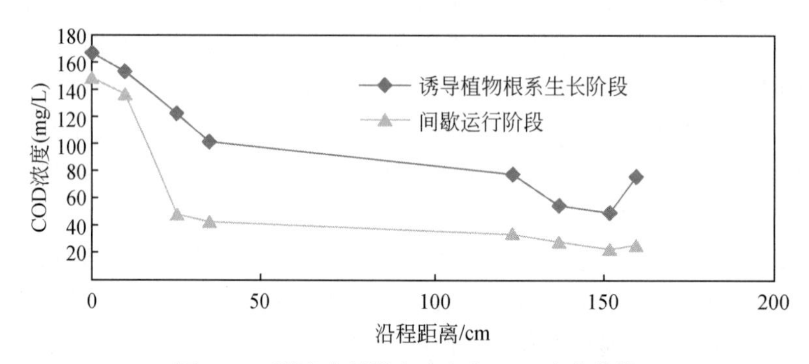

图 6-53　湿地内部沿水流方向 COD 变化曲线

低，从 71.35% 降至 36.24%；第 27 天开始间歇运行，氨氮去除率逐渐升高，稳定在 70%~80%，最高去除率达 80.16%，这与 COD 的历时变化情况相同。这种“V”形变化可能是由于在启动之际氨氮主要被基质吸附，表现出较高的去除率，随后基质吸附趋于饱和，加之生物膜未能形成，系统对氨氮的去除效果逐渐降低。随着运行天数增加，系统内微生物活性不断增强，加上植物根系的作用，系统对污染物的去除效果不断改善，去除率上升，最后趋于稳定。

诱导植物根系生长阶段的前期未测得硝氮、亚硝氮的存在，图 6-55 中，前三次总氮等于氨氮。由图 6-55 可以看出，该湿地系统对总氮的去除率为 22.86%~71.35%，也经历了降低→升高→趋于稳定的过程，但总氮去除率达到稳定状态经历的时间较氨氮长，原因是在运行初期，湿地系统尚未形成很好的厌氧状态，反硝化过程不能顺利进行，而导致总氮去除率不高。

在运行初期，系统尚处于不稳定状态，刚刚移栽的植物对新的生境要有一段适应过程，生长不够旺盛，生物量不大，根系微生物种群尚未很好形成，对氮的去除效果不佳。由图 6-56 可知：诱导植物生长阶段，下行流硝化作用不明显，硝氮浓度在 1mg/L 以下，此时，对氨氮的去除主要源自基质的吸附作用；在上行流表面硝化作用开始增强，硝氮浓度急剧上升。这是由于硝化细菌属于自养型细菌，在与增殖速度较快的异养型细菌的竞争中处于弱势，当湿地溶解氧不足时，硝化反应受抑制。在湿地进水端，由于有机物降解消

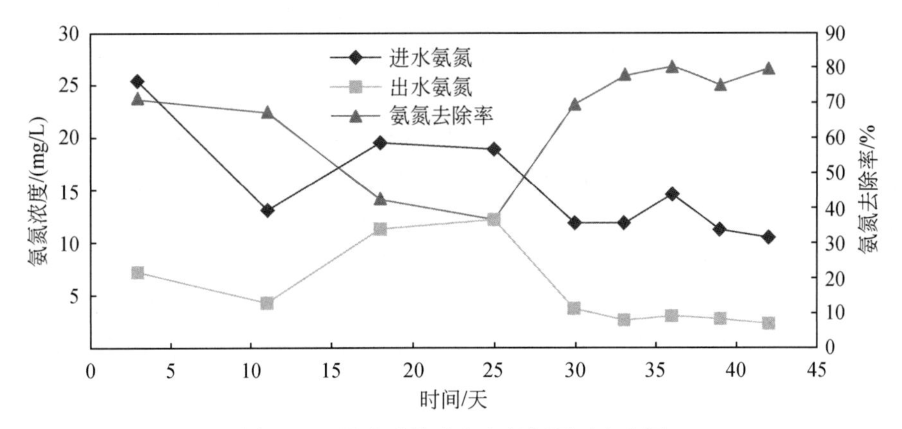

图 6-54　湿地系统进出水氨氮历时变化图

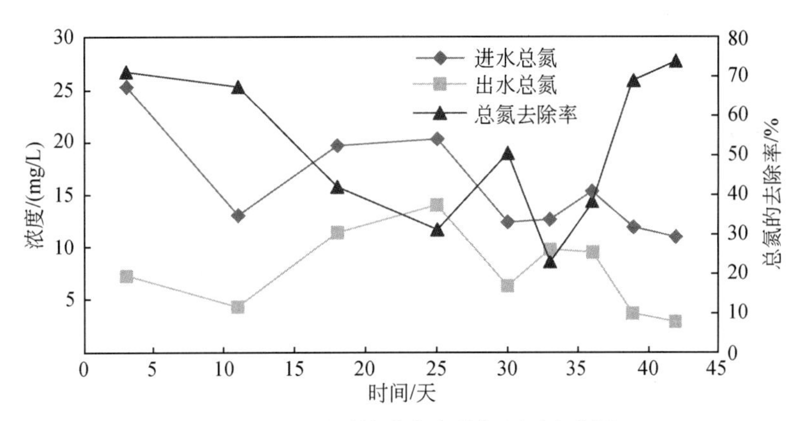

图 6-55　湿地系统进出水总氮历时变化图

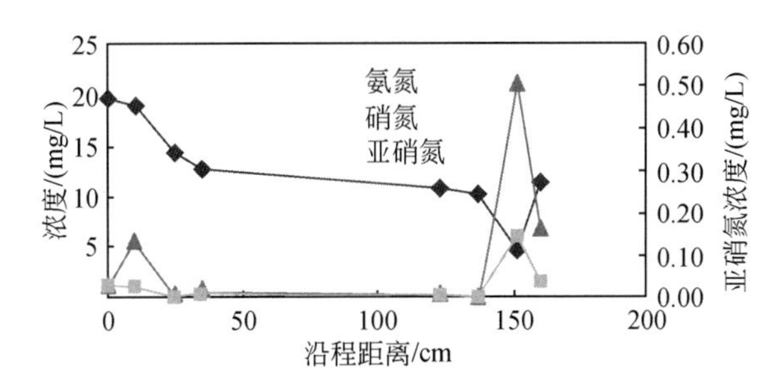

图 6-56　诱导植物根系生长期间，三氮沿程变化图

耗了大量溶解氧，溶解氧浓度大幅度降低，不利于氨氮的硝化反应。随着水流推进，有机物降解基本完成，而大气复氧作用使得湿地上行流表层溶解氧浓度有所回升，有利于硝化反应进行。

系统运行一个月后，植物在基质中逐渐形成了根区作用层，此时植物根系具有较大的表面积。根系的各项生理活动，特别是根系对氧气的输导作用，使得其表面形成了一个好氧性相当活跃的作用区域，维持着大量好氧性微生物的生长，形成了好氧区；在远离根区附近又有缺氧区、厌氧区的存在，这样床体中就有许多串联的好氧/兼氧/厌养（A/A/O）单元，使得硝化和反硝化在系统中同时发生。此时，系统对氨氮的去除率在80%左右，对总氮的去除率最高达73.57%。

由图6-57可以看出，在下行流0～35cm区域和上行流125～150cm区域氨氮浓度急剧降低。但是，在上行流125～150cm区域，有机物的匮乏和大气复氧作用导致厌氧环境破坏，反硝化不能彻底进行，以硝氮形式排出湿地系统。因此，该湿地系统中，氮的去除主要发生在下行流表面下0～35cm区域。这与赵联芳等（2006）的研究结果相似：人工湿地对于污水中氮的去除主要发生在表层30cm处，其去除机理主要包括基质、植物根系等对悬浮态氮的过滤、截留作用，微生物对溶解态氮的硝化反硝化作用以及植物的吸收作用。

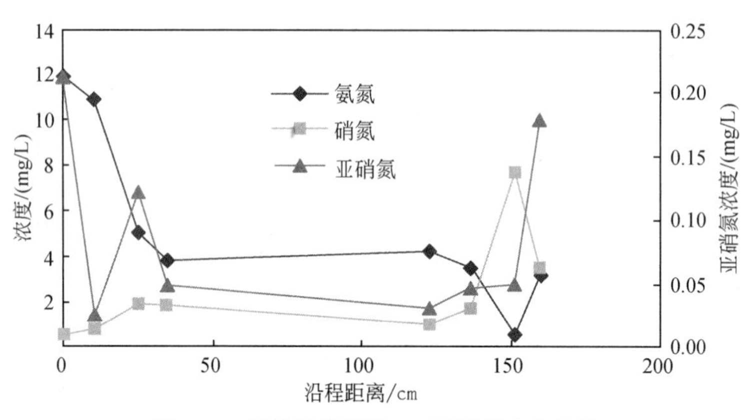

图6-57　间歇运行期间，三氮沿程变化曲线

3）湿地系统中的植物在运行中的变化

在人工湿地系统中，植物可以直接吸收、利用污水中可利用态的营养物质，吸附和富集重金属及一些有毒有害物质；能输送氧气至根区，有利于微生物的好氧呼吸；庞大的根系为细菌提供了多样的生境，根区的细菌群落可降解多种污染物；根系生长能增强和维持基质的水力传导。此外，植物还可以作为人工湿地所受污染程度的指示物，可以固定基质中的水分，固定污染区，防止污染源的进一步扩散；并且具有美观可欣赏性，能改善景观生态环境；通过收割还可以回收有用植物资源。

本试验湿地系统中的芦苇、空心菜长势良好（图6-58，见书后图版），油麦菜则在植入30天左右开始逐渐枯黄；芦苇滋生蚜虫。一般认为空心菜根系为须根系，根浅。但由图6-59（见书后图版）可以看出，经过诱导生长的空心菜根系粗壮而庞大，最长达近30cm，这有利于系统的净化作用。

对以上这部分试验结果总结如下：

（1）系统运行40天左右可基本达到稳定状态，稳定运行后对COD的平均去除率可达85%，对氨氮的平均去除率可达80%，对总氮的平均去除率可达70%。

（2）人工湿地对于污水中COD的去除主要发生在表层0～25cm区域，其去除机理主要是微生物对COD的氧化分解作用，也包括基质、植物根系等对COD的过滤吸附和截留作用。人工湿地对于污水中氮的去除主要发生在表层0~35cm区域，其去除机理主要是微生物的硝化反硝化作用、植物的吸收作用以及基质、植物根系等对氮的过滤吸附和截留等物理作用。

（3）湿地系统启动阶段对植物根系进行诱导生长可以促进根系发育，改善净化效果。间歇进水有利于提高IVCW系统的净化效果。

2. 不同基质吸附氨氮特性分析

由图6-60至图6-62不同基质在氨氮浓度分别为10mg/L、100mg/L、500mg/L的时间吸附曲线总体来看，随着时间的延长，基质对NH_4^+-N发生物理及化学吸附作用，水中的氨离子浓度越来越低。由图6-60低浓度NH_4^+-N的基质吸附可以看出，砂子、豆石1到达吸附平衡的时间比较长，要将近48小时才能达到吸附平衡，平衡后的吸附去除率分别为10.26%和7.69%，而豆石2仅需24小时就达到了吸附平衡，但其吸附量不大，吸附去除率仅有3.85%。由图6-61中浓度NH_4^+-N的基质吸附可以看出，三种基质24小时都基本达到吸附平衡，从吸附量上看，豆石1稍高于豆石2，砂子高于二者，吸附去除率都在10%以下。由图6-62看出，三种基质也是24小时都基本达到了吸附平衡，但在前4小时的吸附速率远远高于中浓度，从吸附量上看，豆石1和豆石2基本相当，砂子远高于二者，吸附去除率都在5%以下。

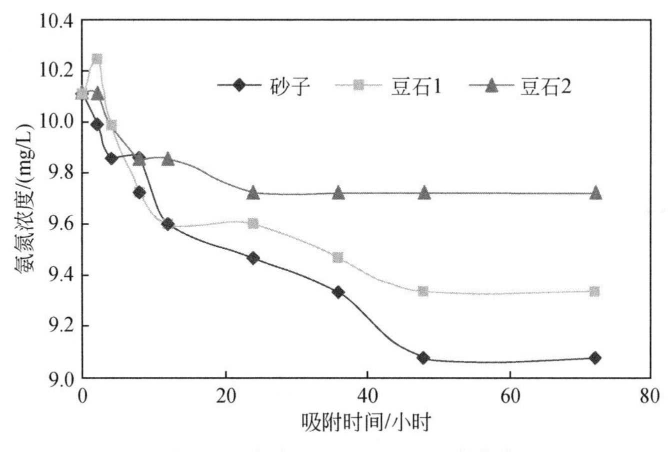

图6-60　氨氮（10mg/L）吸附曲线

三种基质在72小时内的最大吸附量见表6-13。

表6-13　不同浓度氨氮的最大吸附量

基质种类	不同浓度最大吸附量/（mg/g）		
	10mg/L	100mg/L	500mg/L
砂子	0.021	0.151	0.457
豆石1	0.016	0.093	0.332
豆石2	0.008	0.078	0.311

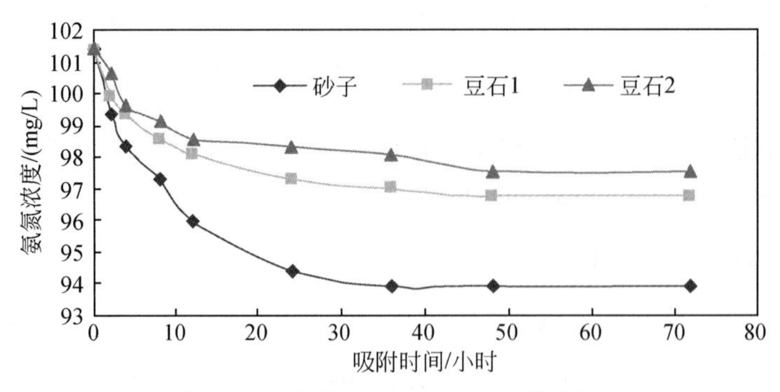

图 6-61　氨氮（100mg/L）吸附曲线

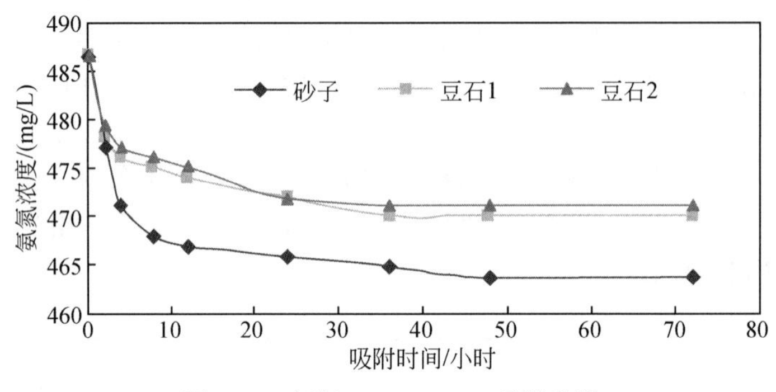

图 6-62　氨氮（500mg/L）吸附曲线

由表 6-13 可以看出，不同浓度下各基质吸附量的大小关系：砂子>豆石 1>豆石 2，高浓度>中浓度>低浓度。

3. 湿地系统中的微生物

1）湿地系统微生物量分布

由表 6-14 可以看出，人工湿地中微生物量的垂直分布存在一定规律：湿地不同深度处的微生物量不同，上层高于下层，下行流上层高于上行流上层。这是由湿地这一特殊生态系统的物理性质决定的，由于湿地上层接触空气，可进行表面复氧；同时，湿地上层的植物根系也最为发达，根系的输氧能力最强，故非常适合微生物的生长；但随着深度的增加，其含氧量和营养物质越来越少，故导致微生物数量越来越少，出现明显的分层现象；在上行流的表面，虽然含氧量充足，但接近出水端，营养物大部分已被去除，故生物量较下行流少。

表 6-14　湿地系统生物量分布

填料层	下行流			上行流		
	0～15cm	15～35cm	35～55cm	30～45cm	15～30cm	0～15cm
生物量（挥发性有机物质比）	0.1784	0.1326	0.1139	0.1065	0.1235	0.1121

2）硝化曲线与硝化速率

硝化试验采用测定硝化速率间接反映硝化细菌的硝化活性及硝化能力。

试验结果如图6-63所示。从图中可以看出，下行流0～15cm和15～35cm NH_4^+-N浓度一直保持下降趋势，不存在明显的适应期，而除此之外的其他各层都存在一定的适应期，大致需要24小时的适应时间，NH_4^+-N浓度先有一定的上升，而后持续下降。从图6-63中还可以看出，不同层的硝化能力有所不同，硝化能力以下行流0～15cm填料层为最大，15～35cm次之，35～55cm最小，而上行流各层硝化能力没有明显的差异。

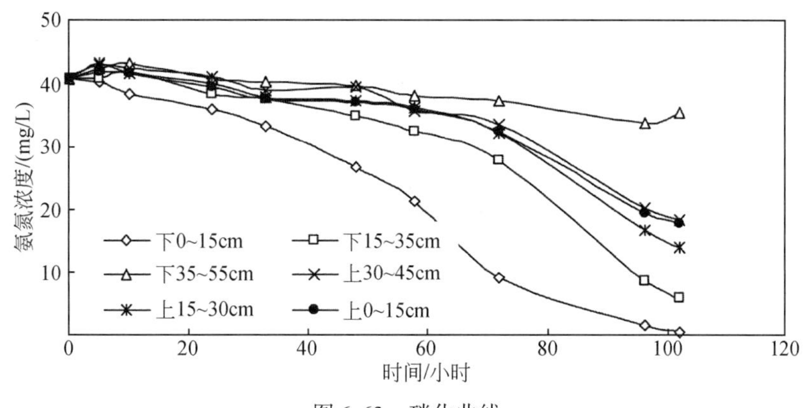

图6-63　硝化曲线

3）反硝化曲线与反硝化速率

反硝化试验所得曲线如图6-64所示。从图中可以看出，湿地系统不同深度的反硝化曲线变化趋势不同，反硝化能力存在很大差异，但是都需要一定的适应时间。下行流0～15cm填料层的适应时间最短，反硝化速率最快，大约在试验进行20小时后，经过适应期以后，NO_3^-–N浓度呈线性下降，48小时后NO_3^--N浓度在1mg/L以下；上行流0～15cm填料层的适应时间大约为30小时，此后，NO_3^--N浓度呈线性下降；其他各深度填料层的适应时间大约为48小时，经过适应期后，NO_3^--N浓度有不同程度的降低，反硝化速率为：下行流0～15cm>上行流0～15cm>下行流35～55cm>下行流15～35cm。

4）湿地系统各深度硝化与反硝化强度对比分析

试验结果如图6-65所示。

根据湿地微生物硝化作用强度的沿程变化可以看出，在湿地下行流中，硝化作用强度基本呈沿程降低趋势，由表层0～15cm的4.39mg/(g·h）降至底层35～55cm的0.5mg/(g·h)，这与垂直流人工湿地的溶解氧分布规律相似，试验测得垂直流湿地下行流溶解氧浓度普遍偏低（表6-12)。其原因在于随着有机污染物和氨氮的沿程降解，溶解氧不断消耗，氧补充不及，硝化细菌生长繁殖所需的DO在湿地深处明显不如前端，因此硝化作用强度沿程下降。在湿地上行流中，各深度层硝化作用强度没有太大变化，基本为1～1.2mg/（g·h)，由表6-12可知，在上行流表面0～30cm，溶解氧浓度已经不是硝化反应的限制因素，由于NH_4^+-N在下行流几乎全部硝化，成为在上行流硝化菌生长繁殖的限制因素。由此可见，湿地硝化作用强度分布与溶解氧浓度、氨氮浓度紧密相关。

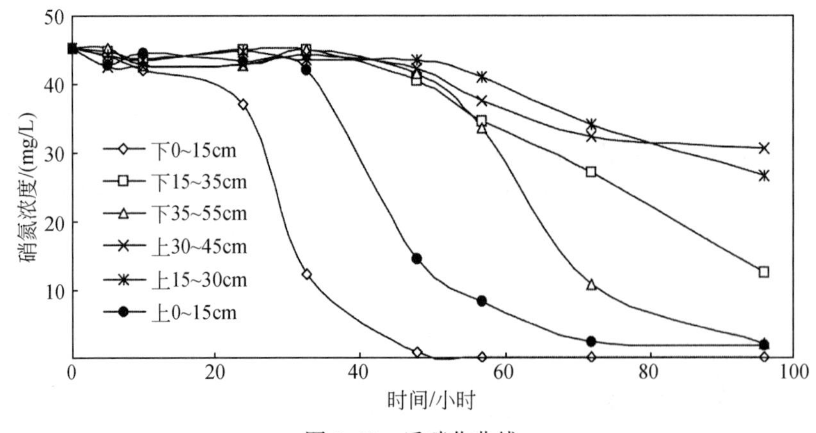

图 6-64　反硝化曲线

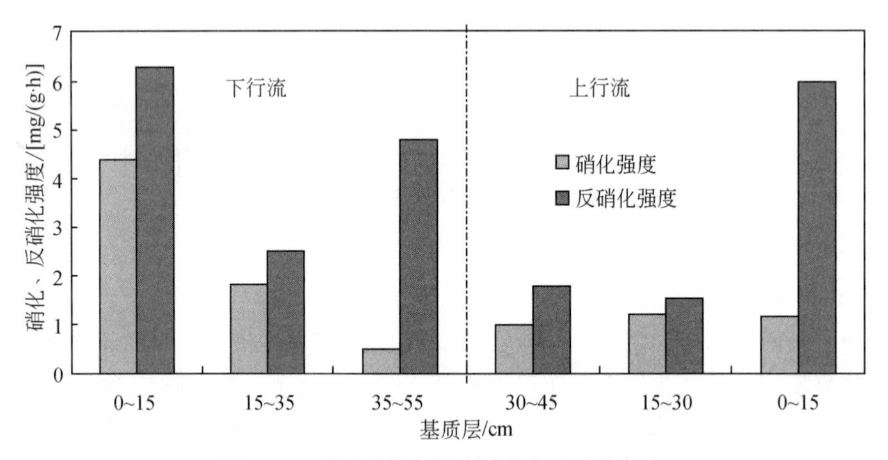

图 6-65　湿地系统各深度硝化与反硝化强度

根据湿地微生物反硝化作用强度的沿程变化可以看出，湿地系统反硝化强度在各深度都保持相对较高的水平。原因是反硝化细菌是一类异养型兼性厌氧菌，复合垂直流人工湿地的基质层都符合其生活条件，保证了反硝化作用的进行。人工湿地反硝化作用在各基质层都比较强，也说明反硝化作用是人工湿地主要的除氮途径。有研究表明湿地中 85% 以上的氮的去除来自反硝化作用，尤其是在已经运行成熟的湿地系统中，水生植物对氮的吸收作用相对较弱，微生物的反硝化作用就更为重要。而且微生物反硝化作用可以把硝酸盐氮和亚硝酸盐氮转化成气态氮，因而可以被看成是氮元素以气态形式被永久性从湿地中除去。由图 6-65 还可以看出湿地系统反硝化强度最大发生在下行流 0 ~ 15cm，达 6. 28mg/(g・h)，其次是上行流 0 ~ 15cm，达 5. 99mg/（g・h），湿地系统反硝化强度最大都发生在湿地表层，这与以往的研究有所不同，分析其原因在于两个方面：一方面，本试验系统表层填料为 0 ~4cm 的细砂，具有较大的比表面积，能为微生物提供更多的附着生长场所；另一方面，表层 0 ~ 15cm 是植物根系的主要生长区域，根区更易微生物生长，且在上行流有机物被耗尽时，根区分泌物可以提供反硝化所需有机物。

5）基质层硝化作用和反硝化作用的关系

从图6-65可以看出，硝化作用和反硝化作用在基质层内同时发生。人工湿地作为一个独立的生态系统，可以在其内部自然形成几个溶氧条件不同的微环境。例如，在充氧的水表面或者植物根系的好氧微环境以下形成厌氧的基质层，这样同一个系统内部，硝化菌和反硝化菌共存，可以同时进行好氧的硝化作用和厌氧的反硝化作用，而不需要像其他生物反应器那样严格区分控制好氧和厌氧两个过程，因而具有高效的除氮能力。对于氨氮含量较高的污水，脱氮处理中反硝化作用阶段前充分的硝化作用是非常必要的。一般的潜流湿地，污水主要经过厌氧环境，在处理氨氮含量高的污水时往往因为硝化作用不足，不能将氨氮充分转化为反硝化作用的原料——硝酸盐氮和亚硝酸盐氮，从而限制了湿地的除氮能力。复合垂直流人工湿地的结构以及下行流至上行流的水流方式形成了基质床内好氧-厌氧的溶解氧状态变化，从而保证了硝化作用-反硝化作用的充分进行，利于污水的高效脱氮。湿地的下行流表层具有最强的硝化作用，也是硝化作用作为氮素主要作用途径的基质层。此后沿水流进程，随着氨氮含量的降低和溶解氧的不足，硝化作用迅速降低，反硝化作用成为氮素主要作用途径。溶解氧对于反硝化作用的抑制与反硝化作用的碳源和反硝化菌的种类都有关，反硝化作用并不要求严格的厌氧环境，因而在各层都能保持较高的作用强度。

4. 湿地系统中的植物

植物是人工湿地的一个重要组成部分，具有景观和功能的双重性。在满足美化环境、改善区域气候和促进生态环境良性循环的同时，对污染物的去除、污水中营养物质的循环和再利用有着重要的作用。

废水中氨氮作为植物生长过程中不可缺少的物质可以被植物直接摄取，合成植物蛋白质与有机氮，再通过植物的收割从废水和湿地系统中去除，也可以通过挥发和离子交换而去除。同时，在有氧条件下，硝化作用将NH_4^+-N转化为NO_2^--N和NO_3^--N。但是，硝化作用只是改变氮的存在形态，并不能根本去除污水中的氮。在此基础上，反硝化作用进一步使NO_2^--N和NO_3^--N分两步以N_2O和N_2形式从系统中根本去除。适宜的条件下，N_2O最终转化为N_2得以去除，反硝化作用在厌氧条件下进行。根据根区法理论可知，湿地植物为这两个过程提供了可能性。湿地植物根部的输氧及传递特性，使根系周围连续呈现好氧、缺氧及厌氧状态，这些好氧与厌氧区的存在为硝化菌和反硝化菌提供了生存及作用的条件，使硝化和反硝化作用可以在湿地系统中同时进行，最终使湿地中的氮以气体形式去除。并且，植物根系分泌物可促进某些嗜磷、氮细菌的生长，直接促进氮和磷的释放、转化，从而间接提高净化效率。

虽然在湿地以及其他生态系统中，植物对营养物质的直接去除所占的比例很小，但是植物是整个系统中必不可少的一部分，植物会从不同途径影响不同氮化合物的微生物转化：①植物根系的呼吸作用导致氧气的消耗，从而形成厌氧微环境，促进反硝化的进行；②微生物的生长离不开各种营养物质，根系的分泌物为微生物的生长提供碳源；③植物与微生物竞争硝酸氮，起到一定的氮去除的作用，尽管比例不高；④湿地植物能够从大气中输送不同的气体（氧气、气态氮）到土壤，反之亦然，促进氮循环过程的完成；⑤植物对水分的吸收改变土壤通风状态，从而影响气体和溶解态营养物质的扩散。

由表 6-15 可以看出，不同植物在腐烂时释放的 COD、TN 和 TP 量是不同的。其中，水稗的释放量最大，分别为 50.24 mg/g、6.87 mg/g 和 2.03 mg/g，其次是空心菜，芦苇的释放量最小。

表 6-15　植物腐烂污染物释放量

不同植物部位		释放量/（mg/g）		
		COD	TN	TP
芦苇	根	2.24	0.26	0.13
	茎	2.89	0.08	0.29
	叶	11.11	1.86	0.35
空心菜	根	1.23	0.44	0.31
	茎	5.20	1.38	0.93
	叶	31.83	1.70	0.41
水稗	根	1.84	0.44	0.17
	茎	7.70	0.60	0.23
	叶	24.47	1.95	0.47
	种子	16.23	3.89	1.16

从表 6-15 中还可以看出，同一植物的不同部位在腐烂时释放的污染物量也不同。芦苇、空心菜不同部位释放 COD、TN、TP 的大小关系：叶>茎>根，水稗略有不同，COD 释放量：叶>种子>茎>根，TN 和 TP 的释放量：种子>叶 >茎>根。以污染物释放量最少的芦苇为例，其叶的 COD 释放量是根的近 5 倍，叶的 TN 释放量是根的 7 倍，叶的 TP 释放量是根的近 3 倍。不同湿地植物或相同湿地植物的不同组织的残体腐烂时污染物的释放量不同，这是由于不同植物或相同湿地植物的不同组织化学组成和结构不同。植物根系在腐烂时释放的污染物较少，因此，在湿地植物成熟需要收割时，可以将根留于湿地系统中，一方面减少收割难度，另一方面，残留根系腐败后留下水力通道，能降低湿地系统的堵塞问题。

6.3.7　小结

（1）系统运行 40 天左右可基本达到稳定状态。稳定运行后对 COD 的平均去除率可达 85%，对氨氮的平均去除率可达 80%，对总氮的平均去除率可达 70%。系统对污水中 COD 和氮的去除主要发生在上层 25cm 和 35cm 以内。系统对污染物的去除主要是通过基质、植物根系等过滤吸附、截留以及微生物氧化作用实现的。

（2）湿地系统启动阶段对植物根系进行诱导生长可以促进根系发育，改善净化效果。间歇进水有利于提高 IVCW 系统的净化效果。

（3）不同浓度下各基质吸附量的大小关系：砂子>豆石 1>豆石 2，高浓度>中浓度>低浓度，基质对氨氮的吸附去除率几乎都在10%以下，在基质吸附饱和后，经过微生物的降解，基质恢复吸附位。因此，在氮的去除中，吸附作用是次要的。

（4）人工湿地中微生物量的垂直分布存在一定规律，湿地不同深度处的微生物量不同，上层高于下层，下行流上层高于上行流上层。

（5）湿地硝化作用强度分布与溶解氧浓度、氨氮浓度紧密相关，湿地的下行流表层具有最强的硝化作用，也是硝化作用作为氮素主要作用途径的基质层；人工湿地反硝化作用在各基质层都比较强，也说明反硝化作用是人工湿地主要的除氮途径。

（6）植物根系在腐烂时释放污染物较少，在湿地植物成熟需要收割时，可以将根留于湿地系统中，一方面减少收割难度，另一方面，残留根系腐败后留下水力通道，能降低湿地系统的堵塞问题。

6.4 本章小结

通过试验研究，对于分散型点源生活污水中的氮的脱除，可以得出以下认识和结论：

（1）SBR工艺、改良SBR工艺以及人工湿地系统都可以去除点源污水中氨氮，去除率可以达到68%以上。相对而言，SBR及改良SBR这些人工强化活性污泥系统对总氮的脱除能力要较生态处理系统——人工湿地要高。

（2）对传统SBR进行适当分区，进水前置厌氧搅拌及控制好氧段曝气末端DO为1.5mg/L左右能够提高整个系统碳源的有效利用，对于C/N偏低的生活污水采用低氧曝气，不但实现了良好的脱氮除磷效果，而且节省碳源、电能。曝气60min，氨氮、总氮、磷的去除率就可以分别达到68%、70%、98%，实现良好的好氧硝化-反硝化、反硝化除磷，节约能源和碳源。

（3）根据温度变化合理控制曝气量和曝气时间是实现低耗高效处理生活污水的关键调控因素。温度高于30℃，“氧化”远远高于“硝化”速率，应减少曝气量，缩短曝气时间；温度为20～30℃，采用本试验的运行方式控制曝气时间和DO浓度；温度在20℃以下时，硝化速率远远小于温度较高时的氧传质速率，可以采用低氧长时间曝气。因此，应根据温度调控曝气时间和曝气量，实现良好的脱氮除磷效果的同时将能耗降到最低。与传统不加控制相比，这种运行控制可以降低曝气所需电耗20%～30%。

（4）改变传统的SBR反应器设计方法，根据水量的日变化规律，以反应周期段的最大平均水量作为原始设计参数，并调整最大周期段水量为小水量（凌晨）周期，使得反应器的体积趋于更合理化，避免了基建在小水量段的浪费问题，又可以缓解大水量段容积不足的问题，与常规设计相比，可以减小反应器体积约1/4，大大节省了基建投资，也减少了相应的设备投资。

（5）对反应器进行分格设计，不仅具有一定推流效果，基质推动力大，提高处理效率，并且还可以更好地使SBR的灵活性充分体现，即对应不同时间段下水质的不同，以选择不同区曝气，可以降低曝气量，而减少曝气时间。这种灵活的分区运行节省了约2/5的耗电量。

参考文献

白晓慧，王宝贞，余敏，等.1999. 人工湿地污水处理技术及其发展应用. 哈尔滨工业大学学报，32（6）:88-92

陈明曦，黄钰铃，时晓燕，等.2006. 校园生活污水水质时空动态规律初探. 黑龙江水专学报，33（2）：102-104

崔玉波，郭智倩，姜延亮.2008. 低温下人工湿地去除营养物的机理与效能. 西安建筑科技大学学报，40（1）：121-125

丁疆华，舒强.2000. 人工湿地在处理污水中的应用. 农业环境保护，19（5）：320-321

华松林，谢慈俊，陈伟健，等.2002. SBR工艺处理小区生活污水. 工业安全与环保，28（7）：13-14

黄炳彬.2007. 黑土洼湿地系统示范工程. 中国水利报，(10)：8-16

黄时达，王庆安，钱骏，等.2000. 从成都活水公园看人工湿地系统处理工艺. 四川环境，19（2）：8-12

霍燕.2008. ICEAS工艺在污水处理厂中的运行控制实践. 给水排水，34（7）：40-43

刘家宝，莫凤鸾，雷志洪，等.2005. 垂直流人工湿地系统保护水源的应用实例. 给水排水，34（4）：10-13

卢观彬.2008. 水平潜流型人工湿地处理小区雨水径流的试验研究. 重庆：重庆大学硕士学位论文

罗勇.2009. 人工湿地技术的应用及展望. 中国新技术新产品，(21)：195

彭永臻.1993. SBR法的五大优点. 中国给水排水，9（2）：29 - 31

沈耀良，杨栓大.1996. 新型废水处理技术——人工湿地. 污染防治技术，9（1-2）：1-8

宋志文，毕学军，曹军.2003. 人工湿地及其在我国小城市污水处理中的应用. 生态学杂志，22（3）：74-78

万珊，刘慧，姚宗玉.2010. 废水处理中的人工湿地技术. 黑龙江水利科技，38（2）：24-25

王凯军，宋英豪.2002. SBR工艺的发展类型及其应用特性. 中国给水排水，18（7）：23-26

王瑞山，王毅勇，杨桂谦，等.2000. 我国湿地资源现状、问题及对策. 资源科学，22（1）：9-13

王世和.2007. 人工湿地污水处理理论与技术. 北京：科学出版社

吴晓磊.1995. 人工湿地废水处理机理. 环境科学，16（3）：83-86

吴亚英.2000. 人工湿地在新西兰的应用. 江苏环境科技，13（3）：32-33

杨永哲，林燕，袁林江，等.2003. 反硝化聚磷的诱导效果试验. 中国给水排水，19（3）：8-10

姚欣.2009. 序批式深床人工湿地处理效能及微电解填料研究. 重庆：重庆大学硕士学位论文

张统.2001. CASS工艺处理小区污水及中水回用. 给水排水，27（7）：64-66

张毅敏，张永春.1998. 利用人工湿地治理太湖流域小城镇生活污水可行性探讨. 农业环境保护，17（5）:232-234

张智，周芳.2007. 低温下改良型ICEAS工艺处理生活污水. 水处理技术，33（4）：36-38

赵联芳，朱伟，赵建.2006. 人工湿地处理低碳氮比污染河水时的脱氮机理. 环境科学学报，26（11）：1821-1827

朱彤，许振成，胡康萍，等.1991. 人工湿地污水处理系统应用研究. 环境科学研究，4（5）：17-22

Al-Omari A，Fayyad M. 2003. Treatment of domestic wastewater by subsurface flow constructed wetlands in Jordan. Desalination，155（1）：27-39

Babatunde A O，Zhao Y Q，Neill M O，et al. 2008. Constructed wetlands for environmental pollution control：a review of developments，research and practice in Ireland. Environment International，34（1）：16-126

Chang C H，Hao O J. 1996. Sequencing batch reactor system for nutrient removal：ORP and pH profiles. J Chem Tech Biotechnol，67（1）：27-38

Cooper P F, Job G D, Green M B, et al. 1996. Reed beds and constructed wetlands for wastewater treatment. Medmenham Marlow: WRC Publications

Denny. 1997. Implementation of constructed wetlands in developing countries. Wat Sci Tech, 35 (5): 27-34

Hiley P D. 1995. The reality of sewage treatment using wetland. Water Science and Technology, 32 (3): 329-338

Jan V. 2002. The use of sub-surface constructed wetlands for wastewater treatment in the Czech Republic: 10 years experience. Ecological Engineering, 18 (5): 633-646

Johansson A E, Klemedtsson A K, Klemedtsson L, et al. 2003. Nitrous oxide exchanges with the atmosphere of a constructed wetland treating wastewater. Tellus, 55B (3): 738-750

Kadlec R H, Knight R L. 1996. Treatment Wetlands. Boca Raton: CRC Press/Lewis Publishers

Kickuth S K. 1976. Macrophytes and Water Purification. Biological Control of Water Pollution. Philadelphia: Pensylvania University Press

Meyer R L, Zeng R J, Giugliano V, et al. 2005. Challenges for simultaneous nitrification, denitrification and phosphorus removal in microbial aggregates: mass transfer limitation and nitrous oxide production. FEMS Microbiol Ecol, 52 (3): 329-338

Münch E V, Lant P, Jürg K. 1996. Simultaneous nitrification and denitrification in bench-scale sequencing batch reactors. Wat Sci Tech, 33 (6): 277-284

Pitman A R, Wenter S I V, Nicholls H A. 1983. Practical experience with biological phosphorus removal in Johannesburg. Wat Sci Tech, 15 (3-4): 233-260

Pochana K, Jürg K. 1999. Study of factors affecting Simultaneous nitrification and denitrification (SND). Wat Sci Tech, 39 (6): 61-68

Seidel K. 1964. Abbsu von bacteriam coli dutch hohrre wasserpflanzen. Naturwiss, 51: 395-398

Seidel K. 1966. Reingung von Gewassern dutch hohrre pflanzen. Naturwiss, 53: 289-297

Third K A, Burnett N, Cord-Ruwisch R. 2003. Simultaneous nitrification and denitrification using stored substrate (PHB) as the electron donor in an SBR. Biotechnology and Bioengineering, 83 (6): 706-720

US EPA. 2000. Guiding principles for constructed treatment wetlands: providing for water quality and wildlife habit. Washington D C: U S EPA, Office of Wetlands, Oceans andWatershed

Wallace S. 2001. Advanced designs for constructed wetlands. Biocycle, 42 (6): 40-44

Zima-Kulisiewicza B E, Díeza L, Kowalczykb W, et al. 2007. Biofluid mechanical investigations in sequencing batch reactor (SBR). Chemical Engineering Science, 63 (3): 599-608

第7章 多级串联潜流人工湿地净化城市地面径流的试验研究

人工湿地作为一种有效的生态污水处理技术，各国研究人员已进行了大量关于人工湿地处理生活污水、工业废水、垃圾渗滤液、农业废水（刘红等，2004）等方面的研究，但利用人工湿地进行城市地面径流污染控制的研究报道相对较少（Scholes et al.，1998；徐丽花和周琪，2002；尹炜等，2006），尤其国内对这方面的研究更是少见。因此，运用人工湿地控制城市地面径流的研究具有重要意义，其研究成果可为人工湿地的规划与设计提供理论基础和科学依据。本章通过室外中型试验，检验两种自行设计的多级串联潜流人工湿地在不同工况下对西安市地面径流中COD、NH_3-N、TN、TP的净化效果，并探讨水力停留时间、运行间隔天数、水流方式等因素对其净化效果的影响。

7.1 城镇地面径流水质研究

城镇地面径流污染具有晴天累积、雨天排放，污染途径随机、多样，污染成分复杂、多变，污染负荷的时空变化幅度大和污染径流量大等特点。同时，城市降雨径流污染又是非点源污染的主要类型之一（李立青，2006；Deletic and Maksimovic，1998）。根据降雨径流污染物的来源和种类不同，城市地面径流一般可分为居住区径流、商业区径流、工业区径流和交通区径流四大类。本章以西安市为例，主要介绍人工湿地对西安市地面径流的净化效果。为了解西安市地面径流的水质状况，对不同功能区的雨水径流进行了采样分析。

7.1.1 西安市降雨特征分析

西安市地属季风气候影响区，冬季春季受西北气流影响，寒冷少雨，降水量占全年20%~40%；夏季秋季受东南气流控制，高温多雨，降水量占全年的60%~80%。西安市降水量年际、月际变化较大，充分反映了该地区大陆性特征。同时，西安市降水量逐年分配很不均衡，多年平均降水量为504.7~719.8mm，至多年平均降水量为671.7~917.6mm，至少年平均降水量为311.5~449.3mm，其与平均值的差值为平均值的51%~68%。另外，降水量的月际变化很复杂，12个月中的每一个月在统计中时而为多雨月，时而为少雨月，各月降水变率为28%~104%，冬季降水变率最小，夏季的降水变率小于冬季，但大于秋季。降水天数月季变化以夏季最多，冬季最少。西安市降水中阵性降水占有一定比例，大降雨多数出现在每年的7~9月，一次大降雨的降水量一般为63.2~118.2mm，能占全年平均降水量的12.5%~16.4%（马乃喜，1999）。

7.1.2 地面采样点的布置

根据不同功能区的划分，主要介绍在居住区、商业区、工业区和交通区分别设置的1~2个采样点。采样点的具体位置如图7-1所示。其中，居住区采样点（A点）设置在西安理工大学家属院西门口，该点主要收集居住小区路面径流，其汇流路面有柏油路面和水泥路面两种类型。在采样点附近有一个幼儿园和西安理工宾馆，人流量较大，并有一定的车流量，主要为小型汽车，因此，居住区的污染物主要为大气尘降、细小生活垃圾，且有一定量的鞋底磨损物、汽车尾气排放物及车胎磨损物。商业区采样点（B点）设置在西安市轻工市场门口，主要收集广场地面径流，该点位于商业集中地带，人流密集，并有一定的车流量。因此，商业区下垫面污染物主要以大气降尘、鞋底磨损物和细小商业垃圾为主，并含有一定的汽车排放物和车胎磨损物。工业区设置在14街坊（C点），附近有黄河机械厂，主要收集主干道的屋面、路面径流。该采样点人流量和车流量均较大，污染物主要以汽车排放物、车胎和鞋底磨损物及细小工业废弃物为主。交通区采样点（D点）设置在金花路立交桥下，通过雨水落水管，收集立交桥的路面雨水。该立交桥为柏油路面，车流量大。因此，该下垫面污染物主要以汽车排放物和车胎磨损物为主，还有一定量的大气降尘。

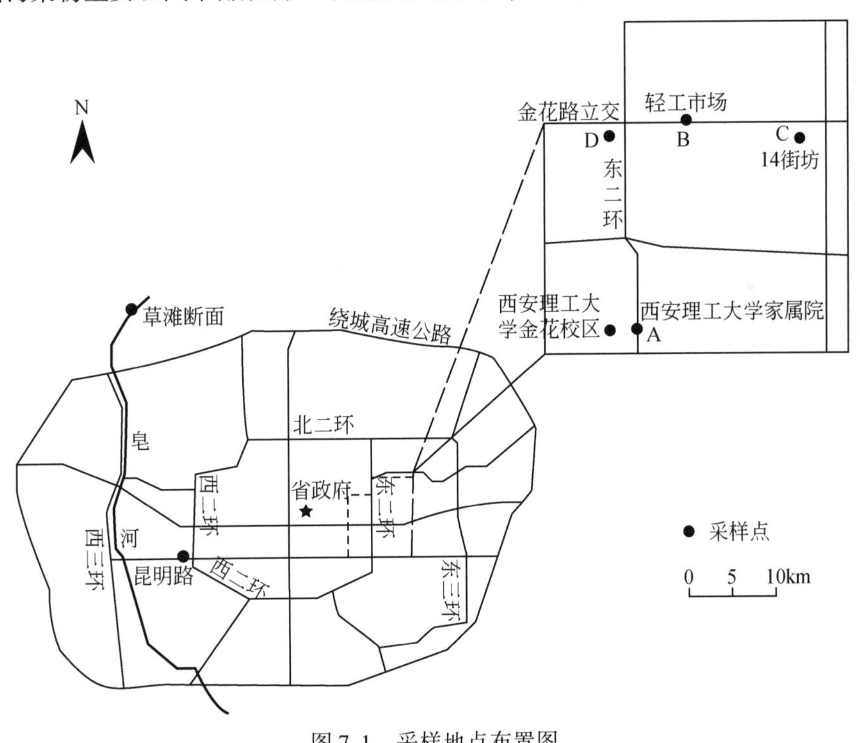

图7-1 采样地点布置图

7.1.3 地面径流水质监测方法

为了解西安市不同功能区的雨水水质情况，研究人员在2011年7~10月监测了多场降雨，本章选取其中两场较具代表性的雨水水质监测结果进行分析，其降雨时间分别为：2011 年 7 月 31 日和 2011 年 8 月 4 日。两场降雨前的情况：2011 年 7 月 31 日的这场降雨开始于 5：30，由于刚开始雨量较小，直至当天 7：30 才形成地面径流，结束于 10：00，雨强为 1.33 mm/h 左右，属于中到大雨；2011 年 8 月 1 ~ 3 日为晴天，8 月 4 日早上 8：00 开始下雨，8：20 左右形成径流，结束于 11：00，雨强为 0.7 mm/h，属于中雨。

为考虑暴雨径流的初期冲刷效应（Deletic，1998）（污染物的初始径流冲刷效应是指在降雨径流初期污染物的浓度较高，而在降雨后期污染物浓度相对较低），原则上每次采样应从径流形成到结束均需采样监测，但由于降雨的随机性和突发性，从预测降雨到试验人员赶到采样点之间有 5 ~ 10 min 的时间差，因此，实际的径流采集基本为径流开始 5 ~ 10 min 后，持续时间为 135 ~ 160 min。试验的采样频率为：径流产生后的 0 ~ 30 min 为 5 min/次或 10 min/次，随后根据降雨强度和持续时间的不同，分别采用 10 min/次、20 min/次和 30 min/次三种频率进行水样采集，直至径流结束。径流水质的主要分析项目为 COD、NH_3-N、TN、TP 和 DP。具体分析方法见表 7-1。

表 7-1　径流水质项目分析表

分析指标	分析方法
COD	重铬酸钾、HACH DRB200 消解、紫外分光光度法
NH_3-N	纳氏试剂光度法
TN	过硫酸钾氧化、紫外分光光度法
TP	过硫酸钾消解、钼锑抗分光光度法
DP	钼锑抗分光光度法

7.1.4　径流水质监测结果与分析

分别对 2011 年 7 月 31 日和 2011 年 8 月 4 日不同功能区采样点雨水径流水样的 COD、NH_3-N、TN、TP 四个指标进行水质分析。具体的污染物浓度历时曲线如图 7-2、图 7-3 所示。

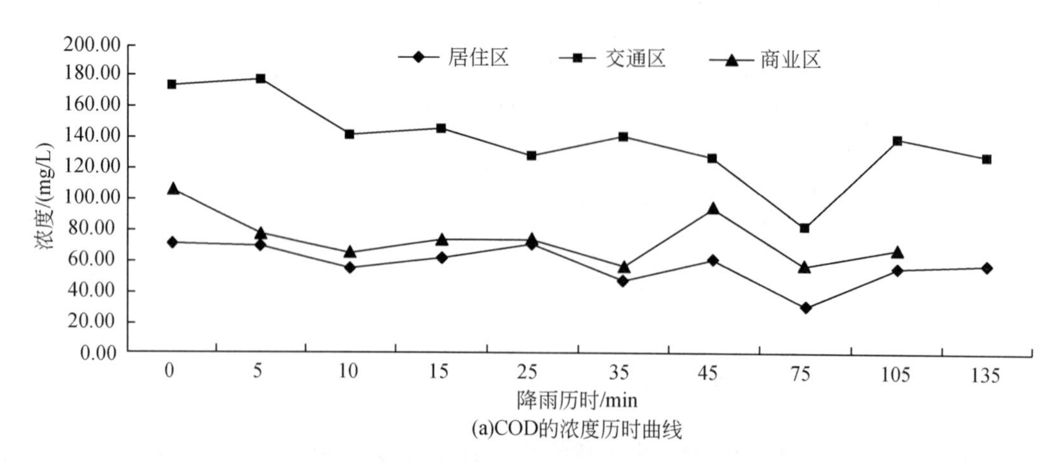

(a)COD的浓度历时曲线

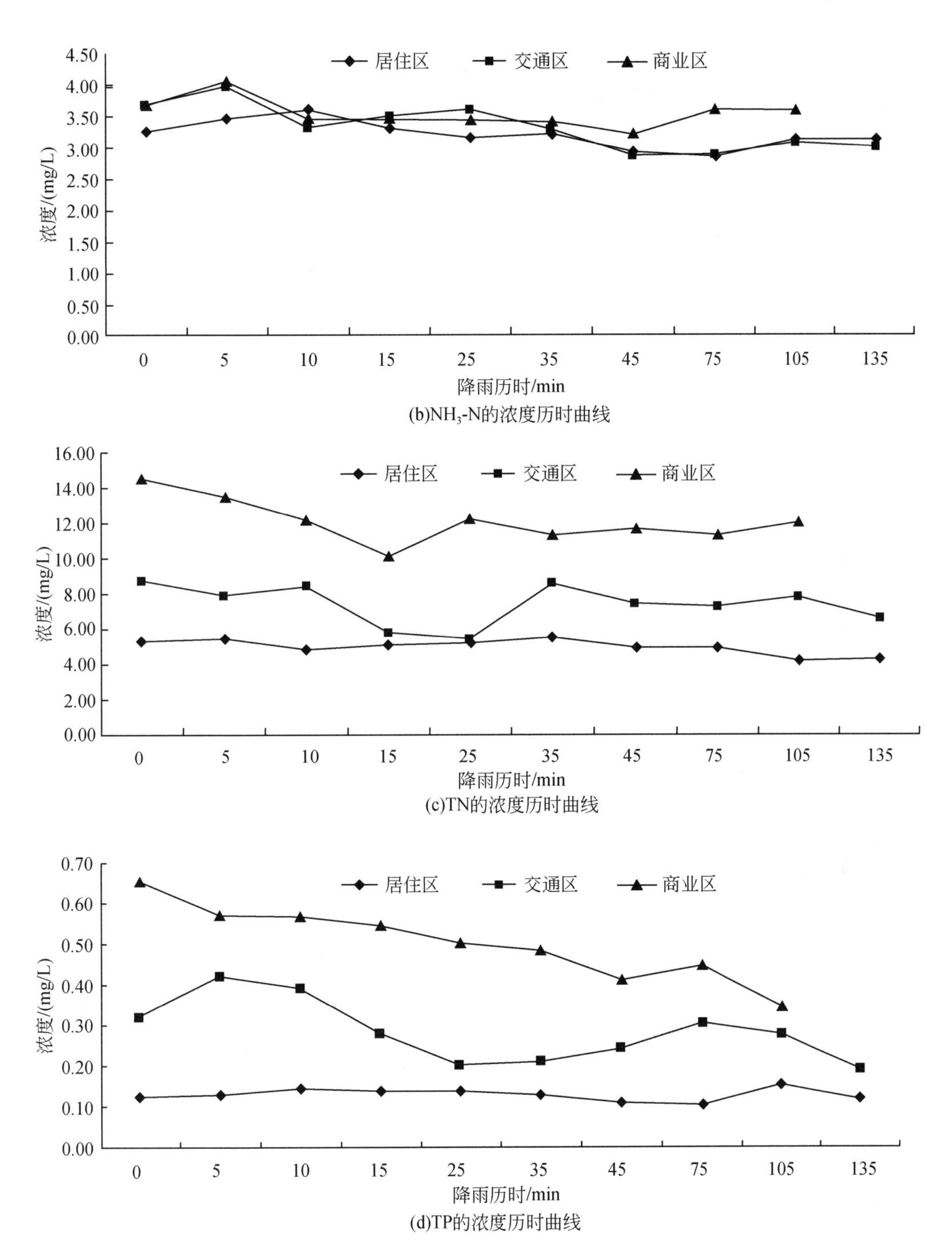

图 7-2　2011 年 7 月 31 日不同功能区的降雨径流水质

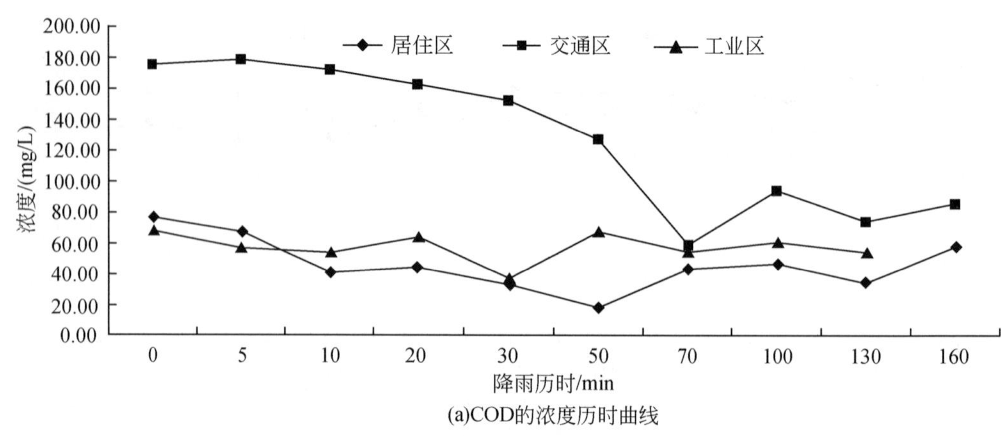

(a)COD的浓度历时曲线

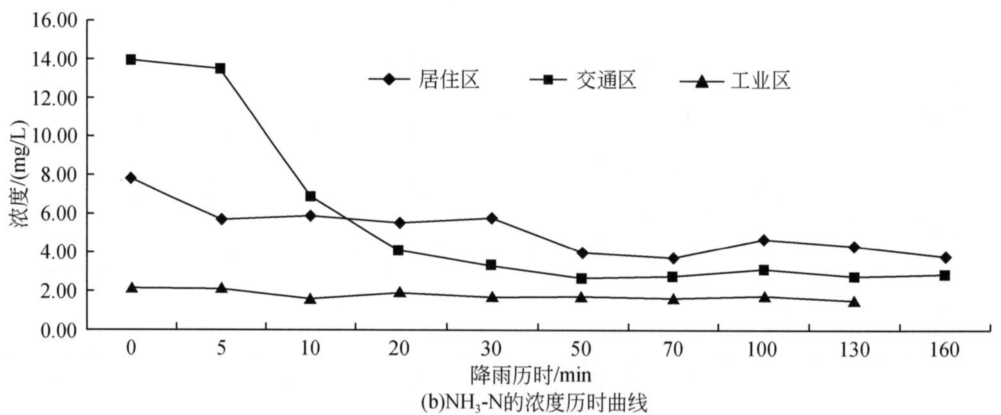

(b)NH_3-N的浓度历时曲线

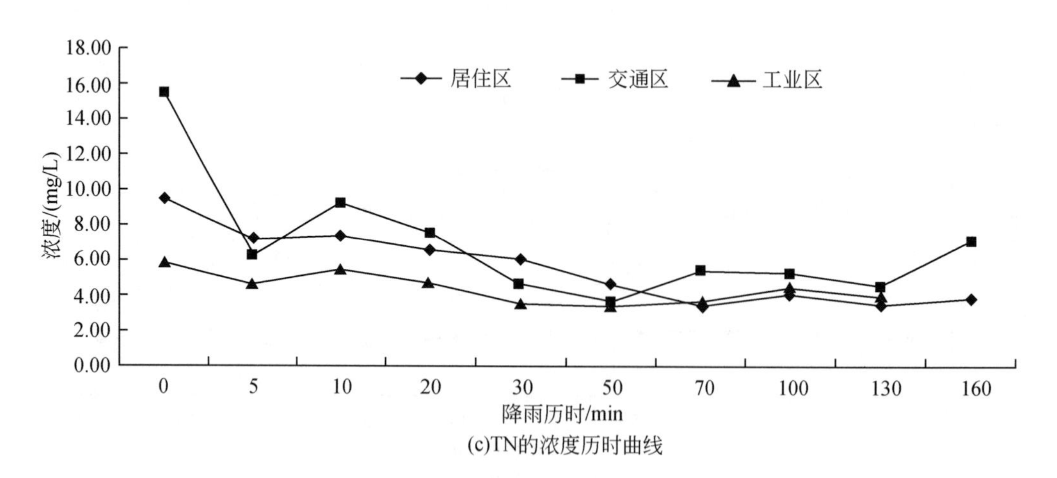

(c)TN的浓度历时曲线

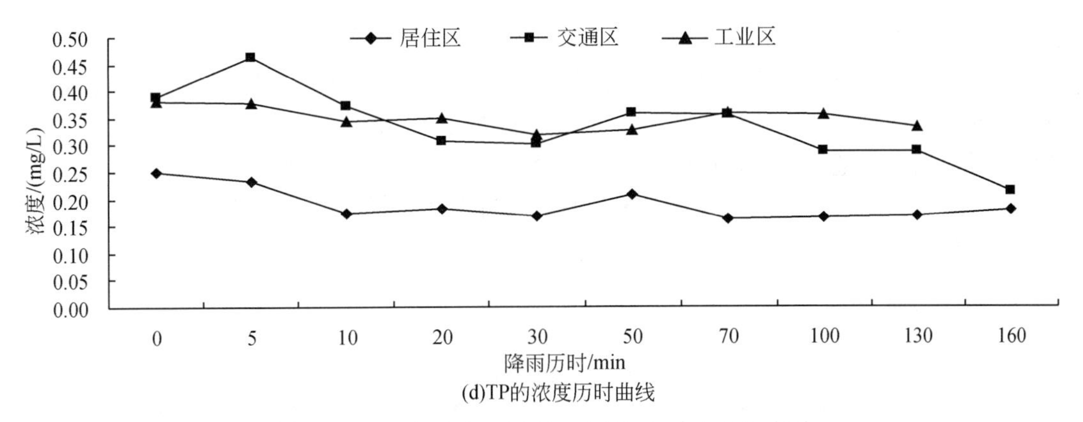

(d)TP的浓度历时曲线

图 7-3　2011 年 8 月 4 日不同功能区的降雨径流水质

两场降雨径流水质监测结果：

（1）商业区的污染物浓度整体最高，居住区的污染物浓度整体最低。居住区的 COD、NH_3-N、TN 和 TP 的平均浓度分别为：52.48 mg/L、4.172 mg/L、5.308 mg/L、0.159 mg/L；商业区的分别为 74.96 mg/L、3.554 mg/L、12.109 mg/L、0.503 mg/L；工业区的分别为 57.52 mg/L、1.807 mg/L、4.468 mg/L、0.349 mg/L；交通区的分别为 133.05 mg/L、4.645 mg/L、7.144 mg/L、0.308 mg/L。

（2）各功能区的雨水水质均具有较为明显的初始径流冲刷效应，主要表现为降雨历时的前 10～25 min，各功能区污染物浓度分别为：COD 41.41～177.74 mg/L、NH_3-N 1.640～13.910 mg/L、TN 4.655～15.435 mg/L 、TP 0.124～0.652 mg/L。随着降雨历时的延长，污染物浓度逐渐降低并趋于稳定。

（3）降雨中后期，雨水径流中各污染物浓度整体较低且稳定，但在降雨后期，交通区的径流水质均出现小幅波动，污染物浓度瞬时上升，然后又恢复到较低水平，这可能是由于降雨强度的变小，道路的交通量、人流量有所增加，从而导致雨水水质瞬间变差，但也可能是其他外部因素的影响而导致水质发生波动。

（4）两场降雨均发生在多雨的夏季，其雨水水质具有时间代表性。

（5）除 COD 外，2011 年 8 月 4 日的雨水径流中其他污染物的浓度均高于 2011 年 7 月 31 日的降雨，主要因为 2011 年 8 月 4 日前的晴天时间较长，导致城市地面沉积物较多，从而导致雨水水质较差。

7.2　多级串联潜流人工湿地的试验设计

7.2.1　人工湿地设计

1. 设计依据

同生活污水相比，城市地面径流的污染物浓度相对较低，监测的地面径流水质范围为：COD 18.81～177.74 mg/L，NH_3-N 1.540～13.910 mg/L，TN 3.485～15.435 mg/L，TP 0.104～0.652 mg/L。为提高人工湿地的净化效果，维持湿地的保温性，避免其在冬季发生表面结冰现象，且防止其在夏季滋生蚊蝇，改善卫生条件，使其处理能力与景观效应有机结合，本研究设计了两组潜流人工湿地系统，为避免死角的出现，在转角处进行了抹圆角的处理。针对该水质特征，并考虑湿地系统的抗冲击负荷能力和雨水净化效果，在选择基质时根据不同基质的吸附性能，选取适合的基质并进行合理的组合填充，以减小堵塞发生的可能性；同时，在植物选择时考虑其吸收特性和泌氧能力，并进行合理布置以符合系统内氧分布状况。

2. 试验研究装置

本试验设计和建造了 A、B 两组多级串联潜流人工湿地系统（图 7-4、图 7-5 ~ 图 7-7 见书后图版），系统建于室外露天试验场内。A、B 两组人工湿地系统均在普通水平潜流人工湿地的基础上改进而来，其中 A 组的特点为：①人工湿地由不同功能基质单元分段串联组成，以保证对有机物、氮、磷等污染物的良好处理效果；②进水除了采用自然跌水复氧外，从进水井至出水井还沿程安设密度由密到疏的通气管，用以调节湿地系统中氧的分布状况；③在湿地总长 1/3 处设置原水进水管，为后续反硝化提供碳源；④根据植物生长特性和净污能力，对不同廊道搭配适宜植物。B 组为复合流人工湿地系统，其在 A 组的基础

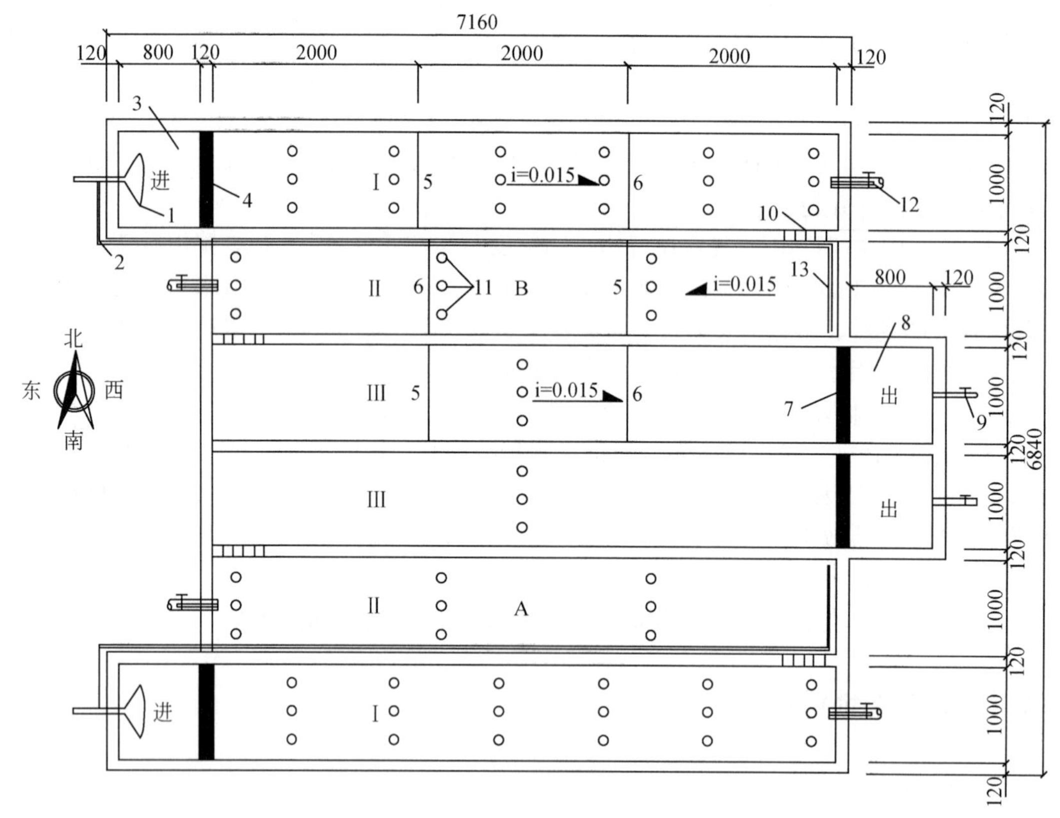

图 7-4　多级串联潜流人工湿地示意图

1. 布水器；2. 1/3 处原水进水管；3. 配水井；4. 进口布水挡板；5. 下部开孔过水挡板；6. 上部开孔过水挡板；7. 出口布水挡板；8. 出水井；9. 放空管；10. 廊道间过水孔板；11. 通气管；12. 取样管；13. 1/3 处原水布水器

上沿程每隔 2 m 安设不同开孔高度的导流板（图 7-8），从而改变系统内的水流方式。

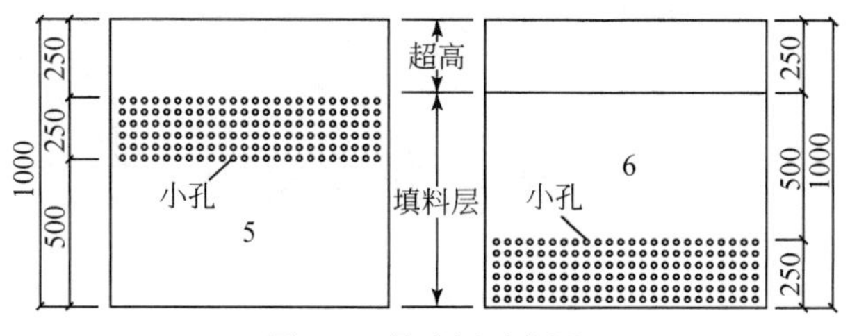

图 7-8　导流板示意图

由图 7-4 可见，A、B 两组人工湿地系统的形状、规模完全相同，均由进水井、潜流人工湿地床、出水井等三部分组成。进水井和出水井均为 0.80 m×1.00 m 的长方形，潜流人工湿地床由三段沟槽串联组成，每条沟槽的净宽为 1.00 m，湿地床总长度为 18.00 m，填料高度为 0.75 m，超高 0.25 m，总高度为 1.00 m，三条沟槽分别由两个宽×高为 0.50 m×1.00 m 的过水挡板相连通。进水井以自然跌水方式布水，以提高水中溶解氧浓度，且进水井还起到均匀布水的作用。整个湿地系统的有效面积为 19.60 m^2，最大有效容积为 14.70 m^3。

7.2.2　人工湿地基质的选择

1. 基质的净化机理

1）基质对污染物的截留机理

基质对污染物的截留过程包括过滤、离子交换、专性和非专性吸附、螯合作用、沉降反应等。总的来说，基质对污染物的截留作用主要体现在以下三个方面。①提供吸附表面：基质除了常规的砾石、土壤外，还有沉积物、植物残留等，其均可提供微生物生长所需的附着面，且植物还可提供微生物正常生命活动所需的营养物质；②影响水力条件：沉积物、植物残留等具有一定的透水性和孔隙度，从而影响了人工湿地中的水流形态、水力停留时间及净化效果；③除磷作用：有些基质富含钙、铁、铝等成分，可以起到固定磷的作用。

2）基质对污染物的吸附机理

在基质填充床内，液、固体系吸附过程主要包括以下几个步骤：吸附质在吸附剂的轴向扩散、由液相主体扩散至吸附剂表面的液膜扩散、由吸附剂孔内液相扩散向吸附剂中心的内扩散、表面吸附反应。溶质在基质内的吸附机理如图 7-9 所示（王世和，2007）。

对人工湿地来说，基质的截留和吸附是其主要的去污机理，其中基质截留占主导作用，主要表现在基质截留有机污染物，为微生物提供足够的营养源；人工湿地通过沉淀、吸附和化学反应进行固磷作用，因此，进一步了解基质的去污机理，对基质的选取具有重要的指导意义（卢观彬，2008）。

2. 基质的选择

基质是影响人工湿地净化效果的重要因素，因此，选择基质时应主要考虑以下原则

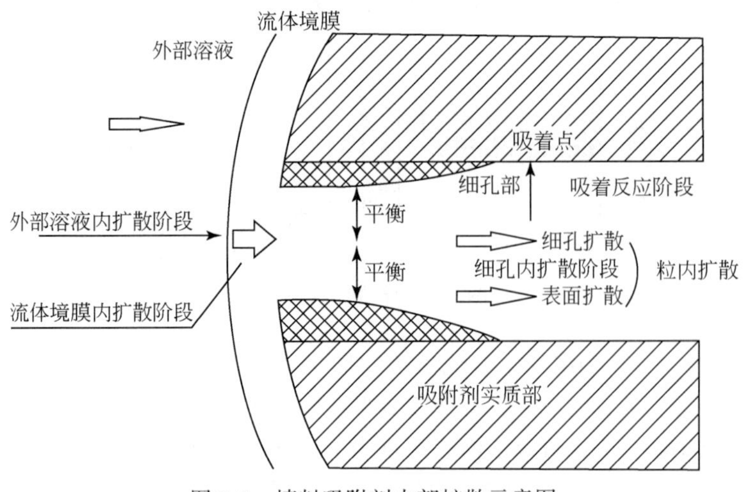

图 7-9 填料吸附剂内部扩散示意图

（卢观彬，2008）：

（1）质轻，且具有足够的机械强度。

（2）较大的比表面积，孔隙率大，且属于多孔惰性载体。

（3）不含影响人类健康或妨碍工业生产的有害物质，稳定性好。

（4）水头损失小，表面带电特性良好。

（5）水力负荷高，吸附容量大。

（6）易就地取材，价格合理。

多数情况下，在人工湿地系统中考虑的是多种类型基质组合填充，以充分发挥不同基质的净化能力。基质级配十分重要，合适的级配可以有效地提高对污染物质的去除效果，同时又可以避免堵塞，延长运行周期。试验表明在常用粒径范围内，粒径略大或略小，对过滤效果没有明显的影响（李倩囡等，2011）。以下是对几种基质的比较。

1）*粉煤灰*

粉煤灰（fly ash）是火力发电厂燃煤粉锅炉排出的固体废弃物，其量较大且易获得。它的主要化学成分为 SiO_2、Al_2O_3、Fe_2O_3、CaO 和未燃炭，且含有少量的 K、P、S、Mg 等化合物及 Cu、Zn 等微量元素。粉煤灰的比表面积较大，大量活性点可与吸附质发生物理化学吸附，所以其吸附能力较强，常广泛应用在水处理领域中（李慧君等，2008）。

在水处理中，主要利用粉煤灰的吸附、絮凝沉淀及过滤作用。尹连庆等（1999）等利用粉煤灰为填料构建人工湿地系统净化生活污水，试验结果表明：粉煤灰人工湿地系统中能较好地净化污水中的 COD、SS、NH_3-N、TP 等污染物质。王小高和冯有利（2005）总结发现粉煤灰对废水中重金属离子 Hg^{2+}、Pb^{2+}、Cu^{2+}、Ni^{2+}、Zn^{2+}、Cr^{3+}等的去除效果可达 30% ~95%，对废水中的 COD、BOD_5、SS、色度和油类等也具有较高的去除能力。此外，当粉煤灰用于含氟废水的处理时，其对氟的去除率也可高达 50% ~60%。

2）*沸石*

沸石（zeolite）是火山岩形成的一种架状含水铝硅酸盐矿物，是多种沸石族矿物的总称，主要化学成分为 SiO_2、Al_2O_3、CaO、MgO、K_2O、Na_2O、Fe_2O_3等。

沸石孔隙发达，具有吸附性、离子交换性、催化和耐酸耐热等性能，是良好的无机物离子交换剂。在基质中添加沸石能提高阳离子交换量（扶蓉等，2010）。沸石已被广泛应用于工业废水处理以及人工湿地净化生活污水等领域，研究结果表明：沸石填料对氮的净化效果较好，而对于磷的净化效果很差，与砾石相差较大，同时沸石价格是砾石的 5～7 倍，从经济方面考虑不如砾石（常冠钦等，2004）。徐丽花和周琪（2002）等研究发现，沸石对 COD 的平均去除率最高。

3）*高炉渣*

高炉渣（blast furnace slag）是在冶炼生铁过程中从高炉中排出的废弃物，当炉温为 1400～1600℃时，炉料熔融，矿石中的脉石、焦炭中的灰分及助溶剂和其他不能进入生铁中的杂质一起形成以硅酸盐和铝酸盐为主且浮在铁水上面的熔渣。高炉渣偏碱性，含有钙、硅、铝、镁、锰、铁等的氧化物，其主要成分为 CaO、SiO_2、Al_2O_3。高炉渣处理废水主要利用高炉渣的吸附作用，因其孔隙率较大，对于 Cu^{2+}、Cr^{3+}、F^-、PO_4^{3-}有吸附作用（蒋艳红，2006）。

高炉渣富含钙、镁等离子，其能与磷酸盐中的磷酸根生成沉淀，近年来被逐渐作为人工湿地填料，用其达到除磷效果。李晓东等（2009）以冶金废物高炉矿渣作为人工湿地填料，进行了吸附/解吸试验，结果表明：高炉矿渣的磷素理论饱和吸附量为 3.333 mg/g，解吸率为 0.68%，可作为人工湿地填料。朱夕珍等（2003）运用以石英砂、煤灰渣和高炉渣等为基质的垂直流人工湿地处理城市污水，结果表明：高炉渣对化粪池出水中 COD 和 BOD_5的去除率分别为 47%～57% 和 70%～77%，对总磷的去除率高达 83%～90%。

4）*砾石与鹅卵石*

两者的主要化学成分均为二氧化硅，其次是含有少量的氧化铁和微量的锰、铜、铝、镁等元素及化合物，仅在粒径大小上有所区别。它们具有结果稳定、取材容易、价格便宜、加工后粒径均匀且比表面积大等特点。鹅卵石在湿地系统中主要起承托作用。砾石的典型尺寸为 3～6 mm、5～10 mm、6～12 mm，在欧洲使用较多的尺寸为 8～16 mm，且砾石具有一定的离子交换能力，表现出较强的除磷能力。李旭东等（2005）的研究表明，砾石潜流湿地的总磷去除率可达 70%。

除此之外，国内外学者已经开始对白云石（dolomite）、化工产物煤灰渣（SFS）、混合基质（如煤渣-草炭）等矿石、工业副产物以及轻质填料、酶促生物填料等新型基质进行大量研究，并对其进行推广应用。

为避免系统内出现厌氧反应，基质填充高度不宜过高，根据本试验要求，基质填充高度定为 0.75 m，具体的基质使用情况见表 7-2 和图 7-10 所示。

表 7-2　基质使用情况

串联单元	净长、净宽	深度/cm	基质	比例/%
第Ⅰ廊道	净长：6.00 m 净宽：1.00 m	55～75	沙层	33.8
		35～55	沸石	47.5
		15～35	砾石	43.5
		0～15	鹅卵石	30.0

续表

串联单元	净长、净宽	深度/cm	基质	比例/%
第Ⅱ廊道	净长：6.00 m 净宽：1.00 m	55～75	沙层	33.8
		35～55	高炉渣	44.6
		15～35	砾石	43.5
		0～15	鹅卵石	30.0
第Ⅲ廊道	净长：6.00m 净宽：1.00m	55～75	沙层	33.8
		35～55	粉煤灰	37.3
		15～35	砾石	43.5
		0～15	鹅卵石	30.0

具体的人工湿地剖面示意图如图 7-10 所示。

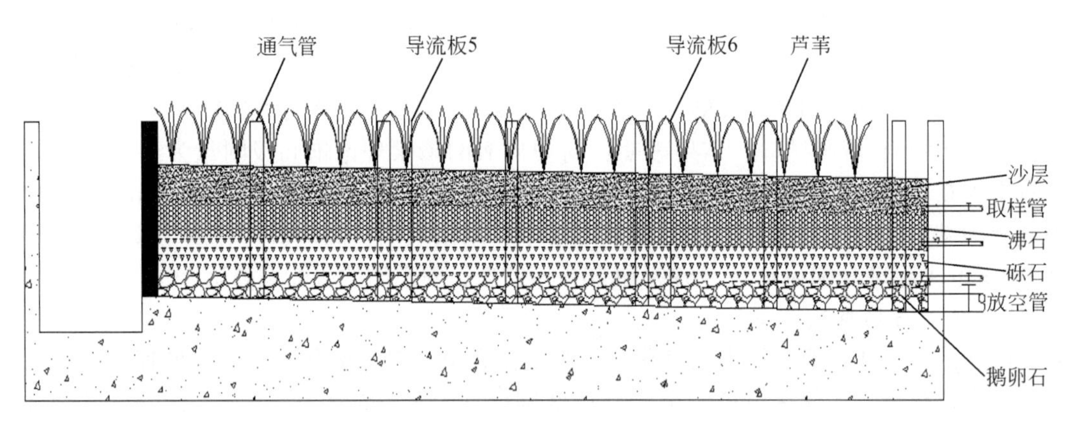

(a)第Ⅰ廊道

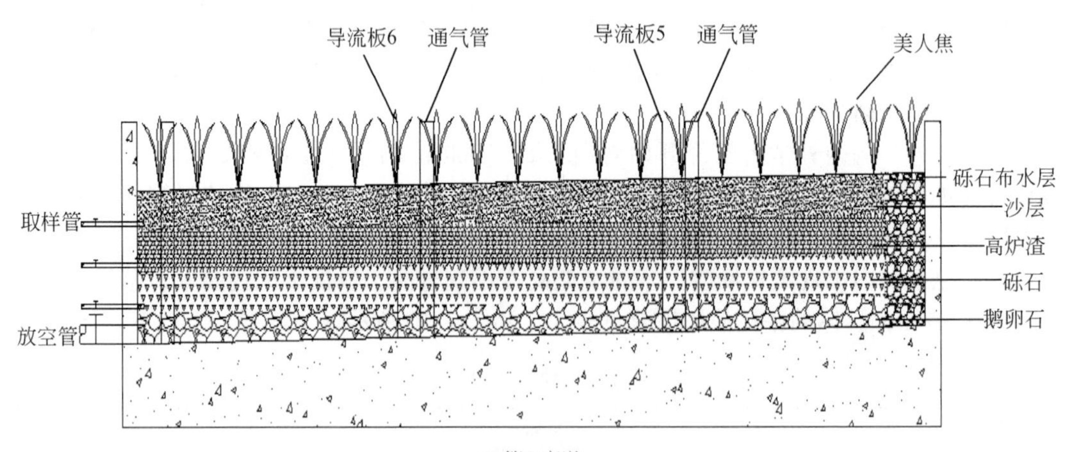

(b)第Ⅱ廊道

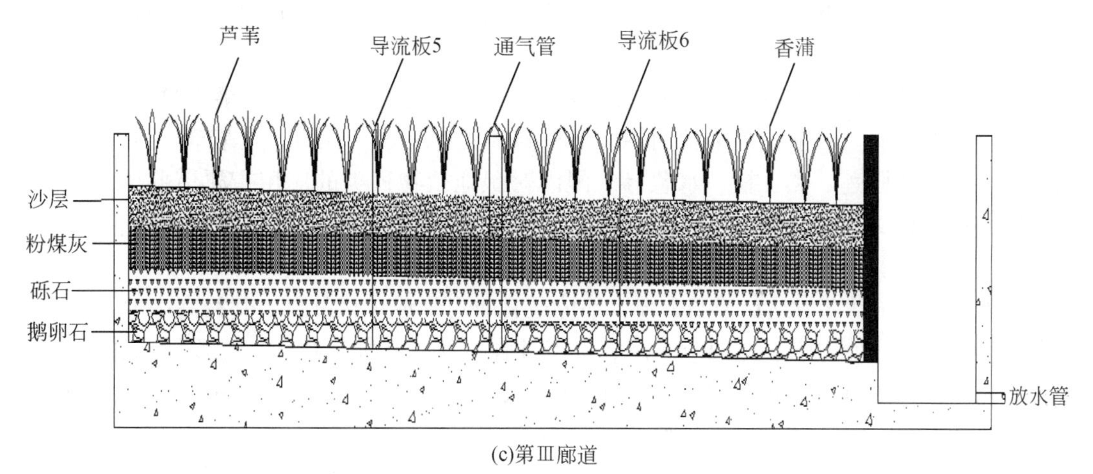

(c)第Ⅲ廊道

图 7-10　人工湿地剖面示意图

7.2.3　人工湿地植物的选择

1. 植物的净化机理

植物净化水体是以大型水生植物为主导的，通过植物和根区微生物的协同作用净化污水。植物的吸收、微生物的降解及物理吸附和沉降等作用可去除水体中的氮、磷、悬浮物，有机物则主要通过分解和吸收作用去除，同时植物还可吸收和富集重金属（屠晓翠等，2006）。植物去除污染物的途径主要有以下几方面。①吸附、过滤、沉淀作用：湿地中的水生植物，可以起到降低土壤或水体表面风速的作用，从而促进悬浮物的沉积，延长水体与植物的接触时间。此外，其还可增加基质的稳定性，而且庞大的植物根系可近似形成一层过滤层，增强湿地系统的净化能力（李志银等，2010）。②吸收作用：植物在生长发育过程中会大量吸收氮、磷、二氧化碳和有机物等营养物质，并通过一系列的化学作用而转化为自身组分，最后通过收割植物而彻底从湿地中去除。③与微生物的协同作用：水生植物的根际区为微生物提供了生长和繁殖所需的微环境。

2. 植物的选择

人工湿地系统能否正常的运行以及发挥作用，植物起着关键作用。根据现有的研究成果，筛选植物主要从以下几个方面考虑。

（1）适地适种。选择湿地植物时应因地制宜，结合植物的生长特性，尽量选取本土植物。此外，所选植物还应配合湿地的具体设计的需要。

（2）净化能力强。植物的净化能力会影响到湿地系统对污染物的处理效果，因此，选择植物时应选取根系较发达且生物量较大的植物。

（3）具有抗逆性。植物的抗病虫害能力和耐污能力直接影响了其生长状况，所以选取植物时应充分考虑其抗逆性。

(4) 根系发达。庞大的植物根系不仅可以为微生物创造良好的生存条件，提高湿地净化效果，还可以保持湿地系统的稳定性。

湿地植物种类繁多，且具有很强的地域性，不同湿地植物对系统内污染物的去除能力也存在很大的差异。目前国外最常用的植物种类主要有芦苇、香蒲、风车草、菖蒲、美人蕉、灯心草、凤眼莲、黑三棱、水葱等。国内对湿地植物种类的应用主要借鉴国外经验，最常用的植物种类与国外基本一致。下面介绍几种常用湿地植物。

1) 芦苇

芦苇属植物根状茎发达，繁殖力强，环境适宜时可形成单优种群，其株高一般为2.5 m以上。其具有去污能力强、适应范围广、抗逆性强、易于栽种等特点，已逐渐成为国际上公认的人工湿地处理污水的首选植物。有研究表明：用种植4年的芦苇床处理进水COD浓度为400～800 mg/L的乳制品厂废水，COD的去除率可达97%～98%，BOD_5的去除率达到98%～99%，且对NH_3-N和NO_3-N也有较高的去除率（诸惠昌，1996）；同时对于去除磷和重金属等污染物，芦苇也能发挥比较有效的作用。

2) 香蒲

香蒲对城市生活污水及工业废水中的磷、氮、COD、BOD_5、总悬浮物（TSS）等污染物具有较强的净化能力。研究表明：香蒲是能有效去除污水中污染物的湿地植物，且对部分重金属有较强富集能力（Pantip，2005；Groudeva et al.，2001）。利用宽叶香蒲等7种植物处理酸性制浆废水的试验研究证实：宽叶香蒲对废水中的悬浮物、总氮、总磷等污染物具有较好地去除效果，其中对悬浮物的去除率达到82.4%（陈桂珠和李柳川，1990）。此外，香蒲植物根系发达、纵横交错，可以起到紧固湿地泥沙、控制水土流失作用，还能促进土壤的发育和熟化，提高土壤中有机质及N、P、K等的含量，从而提高土壤肥力（温志良等，2000）。

3) 美人蕉

美人蕉适合种植在湿地、水池中，有较强的去污能力。研究发现，美人蕉在人工湿地中生长旺盛，且能有效去除污水中COD、N、P等污染物（Dennis et al.，2009）。采用无土栽培的美人蕉可有效地去除生活废水中的TN和TP等污染物质，表明美人蕉可用于净化生活废水（李芳柏和吴启堂，1997）。同时发现美人蕉对重金属Zn、Cu、Cr、Cd、Pb等也具有一定的富集能力（陈娟，2006）。

4) 风车草

风车草具有较高的污染物去除能力。目前国内外利用风车草净化废水的研究报道相对较少。将风车草在生活污水中培养10天后发现，其对污水中TN、TP、COD和BOD具有较高的去除率，且N、P的吸收量分别占其净化量的55%和53%（靖元孝等，2002）。此外，风车草对重金属也有一定的富集能力。用人工湿地中的风车草处理含有低浓度重金属的污水时发现，其能吸收富集水体中30%的铜和锰，对锌、铝、铅、镉的富集也可达5%～15%（Cheng et al.，2001）。

人工湿地污水处理系统中，水生植物在对污染物的吸收净化方面起着十分重要的作用，本研究根据西安市气候特征、地面径流水质特性和植物去污能力，拟选取芦苇、香蒲和美人蕉作为湿地植物，并根据不同廊道填充的基质，选择不同的植物配置方式。植物配置见表

7-3：第Ⅰ廊道单种芦苇，种植深度为0.10～0.20 m，种植密度为9～15 株/m^2；第Ⅱ廊道单种美人蕉，种植深度为0.20～0.30 m，种植密度为9～12 株/m^2；第Ⅲ廊道选择香蒲和芦苇混栽，其中香蒲种植深度为0.20～0.30 m，种植密度为6～9 株/m^2，芦苇种植深度为0.10～0.20 m，种植密度为6～9 株/m^2。

表 7-3　植物配置表

串联单元	净长和净宽	植物	功能说明
第Ⅰ廊道	净长：6.00 m 净宽：1.00 m	芦苇	对氮、磷、重金属的去除能力较强
第Ⅱ廊道	净长：6.00 m 净宽：1.00 m	美人蕉	对 COD、氮、磷等的去除能力强，且对重金属也有一定去除能力
第Ⅲ廊道	净长：6.00 m 净宽：1.00 m	芦苇+香蒲	香蒲：对 COD、氮、磷去除率高，对 Pb、Zn 有较高的去除能力

7.3　试验内容与方法

7.3.1　试验流程试验

本研究的流程如图 7-11 所示。

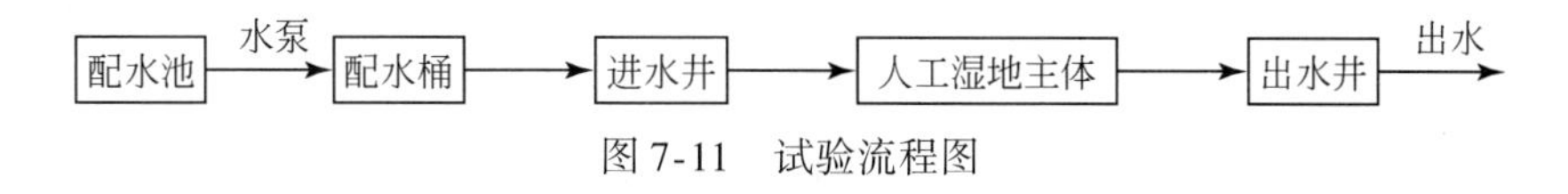

图 7-11　试验流程图

人工湿地系统中各构筑物尺寸见表 7-4。

表 7-4　试验构筑物尺寸表

构筑物	L/m×W/m×H/m	有效容积/m^3
配水池	2.50×1.60×1.10	4.00
进水井	0.80×1.00×1.20	0.60
人工湿地主体	18.00×1.00×1.20（18.00m^2）	13.50
出水井	0.80×1.00×1.20	0.60

7.3.2　试验进水水质与水量

1. 试验进水水质

城市地面径流具有随机性强、突发性强等特点，采用实际径流进行试验不易实现。因此，该试验采用人工配水的方式模拟西安市地面径流，通过向调蓄池中投加葡萄糖、磷酸二氢钾、氯化铵、硝酸钾等化学药品来模拟西安市地面径流水质，并在进行净化效果影响试验前，对西安市不同功能区的雨水径流水质进行监测和分析，以使所配制的模拟雨水水质更接近于真实雨水水质。具体进水水质见表7-5。

表7-5　进水水质表

污染物指标	COD	NH_3-N	TN	TP
浓度/(mg/L)	90.52～110.46	1.560～2.263	6.690～8.339	0.269～0.440

2. 试验进水水量

试验配水在配水池进行，用水泵提升至配水桶，然后由配水桶往进水井内均匀配水，水量由配水桶出水阀门控制。

7.3.3　试验内容

根据国内外研究成果，本研究着重考察水力停留时间、运行间隔天数和水流方式这三个因素对净化效果的影响。水深决定了水体与基质的接触面积，本试验根据所用填料基质高度，选取水深为550 mm，此水深可以保证水体与主要功能基质的充分接触，充分发挥基质的去污性能。试验过程中，A、B两组人工湿地同步进行试验，均维持水深550 mm恒定，着重考察水力停留时间、运行间隔天数与水流方式对净化效果的影响，并采用五因素四水平 L_{16} （4^5） 的正交表设计试验过程，试验因素水平见表7-6。具体试验安排进度见表7-7。

表7-6　试验因素水平表

因素水平	水力停留时间/小时	运行间隔天数/天
1	24	1
2	36	3
3	48	7
4	72	15

表7-7　试验安排进度表

试验号	试验日期（年．月．日）	水力停留时间/小时	运行间隔天数/天	进水量/(m^3/d)
1	2011.05.20～2011.05.22	24［1］	1［1］	3.850
2	2011.05.24～2011.05.26	36［2］	1［1］	2.567
3	2011.05.28～2011.05.30	48［3］	1［1］	1.925
4	2011.06.01～2011.06.04	72［4］	1［1］	1.283
5	2011.06.08～2011.06.10	24［1］	3［2］	3.850
6	2011.06.14～2011.06.16	36［2］	3［2］	2.567

续表

试验号	试验日期（年．月．日）	水力停留时间/小时	运行间隔天数/天	进水量/(m^3/d)
7	2011. 06. 20 ~ 2011. 06. 23	48 [3]	3 [2]	1. 925
8	2011. 06. 27 ~ 2011. 06. 30	72 [4]	3 [2]	1. 283
9	2011. 07. 07 ~ 2011. 07. 09	24 [1]	7 [3]	3. 850
10	2011. 07. 17 ~ 2011. 07. 19	36 [2]	7 [3]	2. 567
11	2011. 07. 27 ~ 2011. 07. 30	48 [3]	7 [3]	1. 925
12	2011. 08. 07 ~ 2011. 08. 10	72 [4]	7 [3]	1. 283
13	2011. 08. 26 ~ 2011. 08. 28	24 [1]	15 [4]	3. 850
14	2011. 09. 13 ~ 2011. 09. 15	36 [2]	15 [4]	2. 567
15	2011. 10. 01 ~ 2011. 10. 04	48 [3]	15 [4]	1. 925
16	2011. 10. 20 ~ 2011. 10. 23	72 [4]	15 [4]	1. 283

注：[ ] 为该影响因素的试验水平编号，与表 7-6 中相对应

水样水质分析方法主要参考《水和废水监测分析方法》（第四版）一书中规定的标准方法进行（表 7-1）。

7.4 试验结果与分析

在进行试验研究之前，先观察了人工湿地内植物生长状况，芦苇平均高度达到 90 ~ 220 cm，香蒲平均高度为 180 ~ 250 cm，美人蕉平均高度已经达到 60 ~ 110 cm，且生长良好，可以判断植物已经完全适应了湿地的生长环境，人工湿地系统已经满足处理城市地面径流的试验条件。本试验出水主要用于补充景观用水、生活杂用水及绿化用水等方面。为定量分析 A、B 两组人工湿地的净化效果，从污染物浓度去除率和入流负荷削减率两个方面对净化效果进行评价。

7.4.1 试验结果

根据表 7-7，本试验监测得出 A、B 两组人工湿地系统对特征污染物的净化效果。试验进水水质属于《地表水环境质量标准（GB 3838—2002）》劣Ⅴ类范围。试验结果发现：出水感官性状良好，没有明显的、令人厌恶的色、嗅等方面问题。其中，A 组（水平潜流）出水水质如下。COD：19. 54 ~ 38. 21 mg/L；NH_3-N：0. 633 ~ 1. 259 mg/L；TN：1. 161 ~ 2. 335 mg/L；DP：0. 031 ~ 0. 110 mg/L；TP：0. 066 ~ 0. 180 mg/L；pH：7. 82 ~ 8. 68；DO：1. 75 ~ 5. 77 mg/L；B 组（复合流）出水水质为：COD：14. 20 ~ 34. 10 mg/L；NH_3-N：0. 546 ~ 1. 160 mg/L；TN：0. 871 ~ 1. 884 mg/L；DP：0. 027 ~ 0. 107 mg/L；TP：0. 046 ~ 0. 158 mg/L；pH：8. 03 ~ 8. 76；DO：3. 82 ~ 6. 96 mg/L。

经对比分析，A 组人工湿地出水水质除 TN 外，其他所有指标均达到《地表水环境质量标准（GB 3838—2002）》Ⅴ类标准；B 组人工湿地出水水质所有指标均达到《地表水

环境质量标准（GB 3838—2002）》Ⅴ类标准。A、B 两组人工湿地的出水水质符合再生水回用标准。

7.4.2 试验分析

正交试验的影响因素重要程度分析见表 7-8、表 7-9。

表 7-8 浓度去除试验结果分析表

试验号	试验因素		试验结果/%											
			A 组（水平潜流）						B 组（复合流）					
	水力停留时间/小时	运行间隔天数/天	COD	NH_3-N	TN	DP	TP	综合评分	COD	NH_3-N	TN	DP	TP	综合评分
1	24 [1]	1 [1]	66.91	36.12	69.94	41.38	41.67	256.02	75.98	41.12	74.43	51.42	56.37	299.32
2	36 [2]	1 [1]	68.53	49.88	77.81	34.39	44.24	274.85	74.16	54.68	84.32	37.13	50.99	301.28
3	48 [3]	1 [1]	72.36	55.55	81.78	42.50	53.69	305.88	80.11	60.73	84.86	48.65	66.33	340.68
4	72 [4]	1 [1]	65.96	40.81	71.22	39.11	50.61	267.71	69.90	48.20	75.68	47.44	61.61	302.83
5	24 [1]	3 [2]	63.91	48.45	71.73	42.05	34.24	260.38	70.57	54.46	77.26	52.31	48.30	302.90
6	36 [2]	3 [2]	77.87	50.71	81.94	35.57	49.29	295.38	80.37	57.59	85.68	40.72	57.59	321.95
7	48 [3]	3 [2]	79.88	57.44	84.19	47.03	73.05	341.59	84.28	61.65	86.53	50.51	77.70	360.67
8	72 [4]	3 [2]	70.20	47.06	73.55	39.30	57.33	287.44	75.77	48.67	78.32	42.69	63.95	309.40
9	24 [1]	7 [3]	68.45	53.36	78.22	52.25	53.04	305.32	72.65	58.19	81.56	54.95	61.34	328.69
10	36 [2]	7 [3]	69.61	61.81	81.46	59.35	56.56	328.79	74.76	62.84	84.85	58.34	64.40	345.19
11	48 [3]	7 [3]	81.67	64.81	86.18	69.70	73.21	375.57	86.73	69.65	89.64	73.40	81.45	400.87
12	72 [4]	7 [3]	75.86	51.36	76.89	60.14	63.34	327.59	78.19	53.22	83.91	65.97	72.19	353.48
13	24 [1]	15 [4]	60.48	46.33	71.34	47.14	42.19	267.48	64.66	56.98	77.39	51.43	56.02	306.48
14	36 [2]	15 [4]	70.21	57.73	78.91	51.81	56.04	314.70	72.63	61.71	82.93	55.77	57.21	330.25
15	48 [3]	15 [4]	74.99	61.56	83.17	64.74	60.61	345.07	78.82	66.21	86.82	68.33	69.86	370.04
16	72 [4]	15 [4]	63.79	47.87	71.98	49.10	48.49	281.23	69.55	49.48	76.66	50.43	58.54	304.66
K_1	1089.20	1104.46							1237.39	1244.11				
K_2	1213.72	1184.79							1298.67	1294.92				
K_3	1368.11	1137.27							1472.26	1428.23				
K_4	1163.97	1208.48							1270.37	1311.43				
$\overline{K_1}$	272.30	276.12							309.35	311.03				
$\overline{K_2}$	303.43	296.20							324.67	323.73				
$\overline{K_3}$	342.03	334.32							368.07	357.06				
$\overline{K_4}$	290.99	302.12							317.59	327.86				
极差 $\Delta\bar{K}$	69.73	58.20							58.72	46.03				
影响程度	重要	次要							重要	次要				

注：①K_1 ~ K_4 分别表示对试验因素（水力停留时间、运行间隔天数）水平号为 i（i=1，2，3，4）重要程度的综合评分之和

② $\overline{K_1}$ ~ $\overline{K_4}$ 分别为水平号为 i（i=1，2，3，4）的四组试验综合评分的平均值

表 7-9　负荷削减试验结果分析表

试验号	试验因素		试验结果/%											
			A 组（水平潜流）						B 组（复合流）					
	水力停留时间/小时	运行间隔天数/天	COD	NH_3-N	TN	DP	TP	综合评分	COD	NH_3-N	TN	DP	TP	综合评分
1	24 [1]	1 [1]	69.53	41.14	72.31	45.95	46.27	275.20	78.16	46.45	76.75	55.89	60.33	317.58
2	36 [2]	1 [1]	71.01	53.82	79.56	39.76	48.60	292.75	76.52	58.85	85.76	42.93	55.45	319.51
3	48 [3]	1 [1]	74.54	59.03	83.21	47.20	57.35	321.32	81.98	64.41	86.28	53.38	69.50	355.54
4	72 [4]	1 [1]	68.80	45.76	73.62	44.03	54.68	286.89	72.97	53.52	78.17	52.72	65.58	322.95
5	24 [1]	3 [2]	67.07	52.97	74.21	47.00	40.07	281.32	73.61	59.14	79.61	57.12	53.70	323.18
6	36 [2]	3 [2]	79.73	54.86	83.45	41.10	53.53	312.66	82.40	62.00	87.16	47.02	61.92	340.51
7	48 [3]	3 [2]	81.76	61.39	85.66	51.83	75.60	356.24	85.97	65.80	88.00	55.98	80.19	375.95
8	72 [4]	3 [2]	73.15	52.29	76.17	45.47	61.51	308.60	78.55	54.57	81.37	49.36	68.06	331.91
9	24 [1]	7 [3]	71.84	58.38	80.56	57.44	58.14	326.36	75.80	62.98	83.68	60.11	65.77	348.35
10	36 [2]	7 [3]	72.81	65.82	83.41	63.68	61.08	346.81	77.80	67.34	86.68	63.21	68.75	363.78
11	48 [3]	7 [3]	83.66	68.62	87.69	73.08	76.03	389.07	88.52	73.72	91.03	76.86	83.96	414.09
12	72 [4]	7 [3]	78.31	56.28	79.22	64.26	66.98	345.06	81.03	59.31	86.01	70.50	75.90	372.73
13	24 [1]	15 [4]	64.09	51.21	73.95	51.91	47.43	288.59	68.83	62.04	80.05	57.06	61.12	329.10
14	36 [2]	15 [4]	72.84	61.46	80.77	55.97	59.89	330.93	75.46	65.67	84.69	60.16	61.58	347.57
15	48 [3]	15 [4]	76.98	64.61	84.51	67.56	63.67	357.32	80.83	69.41	88.07	71.38	72.68	382.37
16	72 [4]	15 [4]	66.52	51.82	74.10	52.92	52.42	297.79	72.32	54.07	78.79	54.98	62.31	322.47
K_1	1171.48	1176.17							1318.22	1315.59				
K_2	1283.15	1258.82							1371.37	1371.55				
K_3	1423.96	1407.30							1527.95	1498.95				
K_4	1238.34	1274.63							1350.07	1381.52				
$\overline{K_1}$	292.87	294.04							329.55	328.90				
$\overline{K_2}$	320.79	314.71							342.84	342.89				
$\overline{K_3}$	355.99	351.83							381.99	374.74				
$\overline{K_4}$	309.58	318.66							337.52	345.38				
极差 $\Delta\bar{K}$	63.12	57.78							52.43	45.84				
影响程度	重要	次要							重要	次要				

由表 7-8 和表 7-9 可知，从污染物浓度去除率和入流负荷削减率两个方面分析人工湿地对特征污染物 COD、NH_3-N、TN、DP 和 TP 的净化效果可知：A、B 两组人工湿地的各试验组中综合评分最大的均为第 11 号试验组；其次为第 15 号试验组；第三位为第 7 号试验组。因此，A、B 两组人工湿地综合处理效果最好的均为第 11 号试验组，即为最优试验工况，具体运行参数是：HRT 为 48 小时，运行前间隔天数为 7 天，水深为 550 mm。同时，从极差分析结果可知，水力停留时间为影响 A、B 两组人工湿地净化效果的最重要因

素，其次为运行间隔天数。

根据表 7-8 和表 7-9，分别作出两个影响因素综合评分的水平趋势图，具体如图 7-12 和图 7-13。

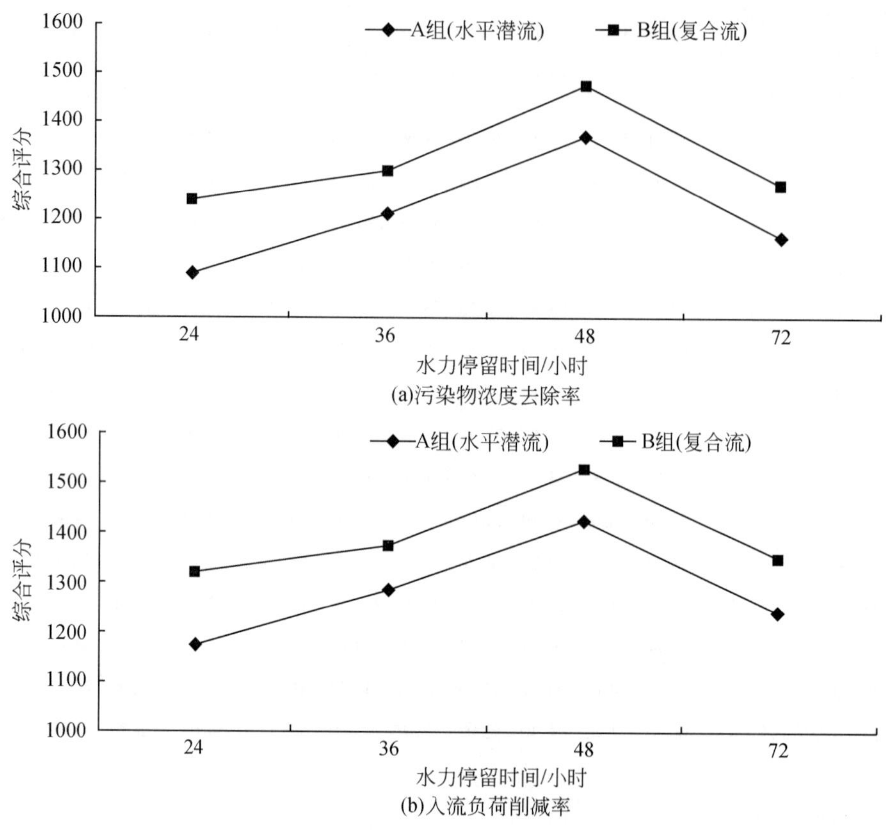

(a)污染物浓度去除率

(b)入流负荷削减率

图 7-12　影响因素 HRT 的水平趋势图

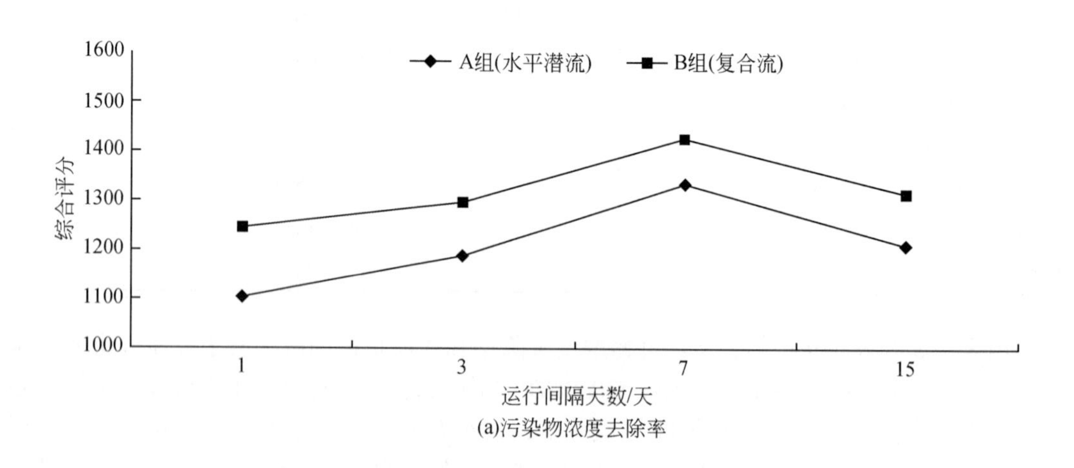

(a)污染物浓度去除率

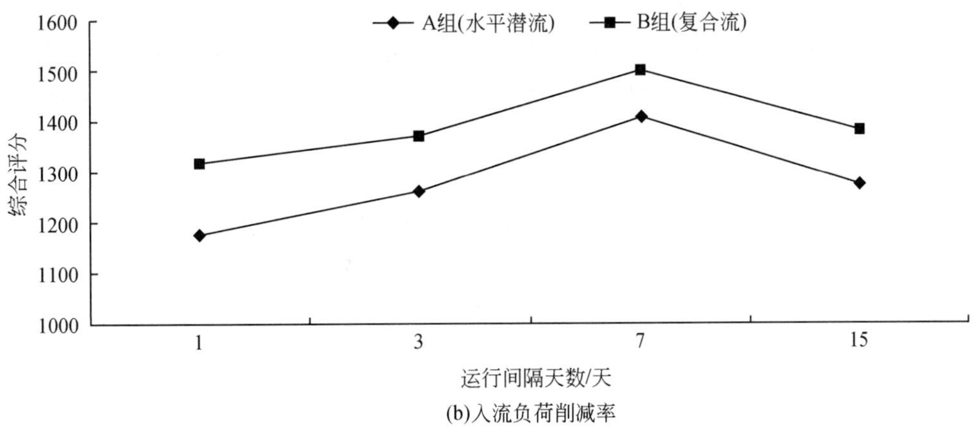

(b)入流负荷削减率

图 7-13　影响因素运行间隔天数的水平趋势图

由图 7-12 和图 7-13 可见，水力停留时间为 48 小时、运行间隔天数为 7 天、水深为 550 mm 的工况下，A、B 两组人工湿地的净化效果均最优，可以认为该组合工况即为本正交试验的最佳运行工况。

1. COD 的去除

在湿地系统中，有机物主要在植物根系的微生态环境下被吸附，经过同化、异化等一系列作用而被去除。另外，植物根系还传递与释放氧，湿地去除污染物的过程是植物和微生物以及吸附、络合、硝化、反硝化、生物降解等一系列反应协同作用的结果。

运用极差分析法评价各影响因素对 COD 净化效果的影响程度，具体见表 7-10。

表 7-10　影响因素对 COD 去除的影响

项目	污染物浓度去除率极差分析				入流负荷削减率极差分析			
	A 组（水平潜流）		B 组（复合流）		A 组（水平潜流）		B 组（复合流）	
	水力停留时间/小时	运行间隔天数/天	水力停留时间/小时	运行间隔天数/天	水力停留时间/小时	运行间隔天数/天	水力停留时间/小时	运行间隔天数/天
$\overline{K_1}$	64.94	68.44	70.97	75.04	68.13	70.97	74.10	77.41
$\overline{K_2}$	71.56	72.97	75.48	77.75	74.10	75.43	78.05	80.13
$\overline{K_3}$	77.23	73.90	82.49	78.08	79.23	76.65	84.33	80.79
$\overline{K_4}$	68.95	67.37	73.35	71.42	71.70	70.11	76.22	74.36
极差 $\Delta\overline{K}$	12.29	5.46	11.52	3.05	11.10	5.68	10.23	3.38
影响程度	重要	次要	重要	次要	重要	次要	重要	次要

由表 7-10 可知，从污染物浓度去除率和入流负荷削减率两个方面进行分析，A、B 两组人工湿地对 COD 的去除具有极高的相似性，且对 COD 去除率影响最大的因素都是 HRT。

1）HRT 对 COD 净化效果的影响

试验选取水深为 550 mm，运行间隔天数为 3 天的试验工况，考察水力停留时间（24 小时、36 小时、48 小时、72 小时）对 A、B 两组人工湿地净化效果的影响，如图 7-14 所示。

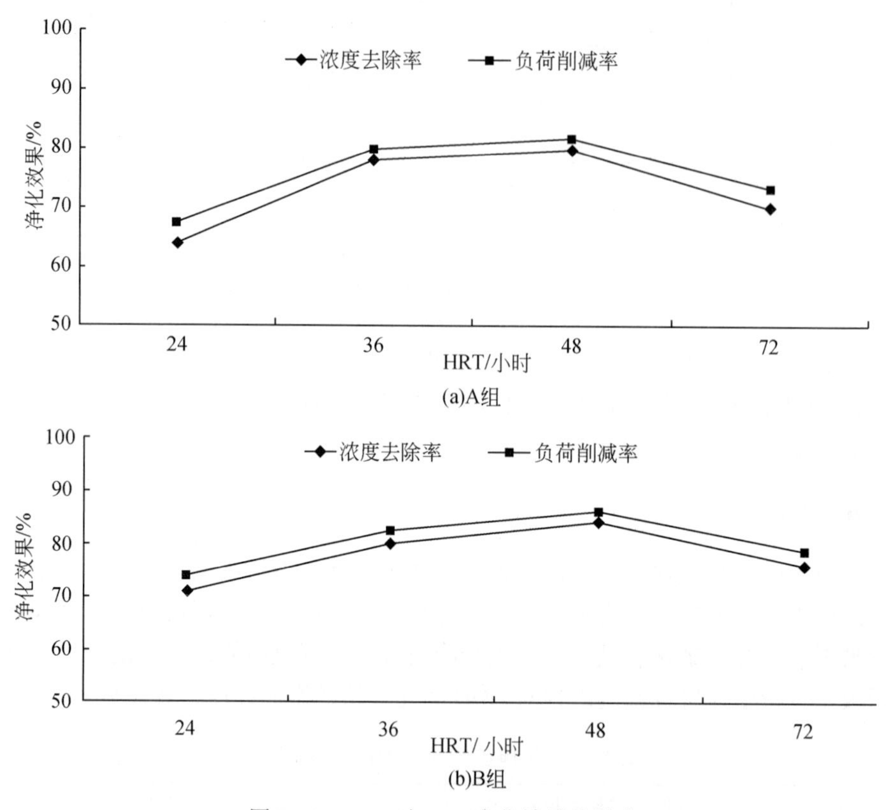

图 7-14　HRT 对 COD 净化效果的影响

由图 7-14 可见，水力停留时间对 A、B 两组人工湿地净化效果的影响具有极高的相似性，且在水深为 550 mm，运行间隔天数为 3 天时，随着 HRT 的延长，A、B 两组人工湿地对 COD 的净化效果均呈现先上升后下降的趋势。A、B 两组人工湿地中 COD 的浓度去除率和入流负荷削减率的变化规律也很相似，所以本章以 COD 的浓度去除率变化情况为例进行说明。当 HRT 小于 36 小时和大于 48 小时时，HRT 对 COD 浓度去除的影响较为明显；而当 HRT 介于 36 小时和 48 小时之间时，HRT 对 COD 浓度去除的影响不明显，且当 HRT 为 36 小时时，A、B 两组人工湿地系统的浓度去除率分别为 77. 87% 和 80. 37%；当 HRT 为 48 小时时，A、B 两组人工湿地系统的浓度去除率分别为 79. 88% 和 85. 97%。由此可见，HRT 从 36 小时升高到 48 小时，A、B 两组人工湿地对 COD 的浓度去除效果变化不明显，分别提高 2. 01% 和 5. 60%。因此认为，HRT 为 36 小时 ~48 小时时，A、B 两组人工湿地对 COD 的降解取得了较为理想的效果。

2）运行间隔天数对 COD 净化效果的影响

试验选取水深为 550 mm，水力停留时间为 72 小时的试验工况，考察运行间隔天数

（1 天、3 天、7 天和 15 天）对 A、B 两组人工湿地净化效果的影响（图 7-15）。

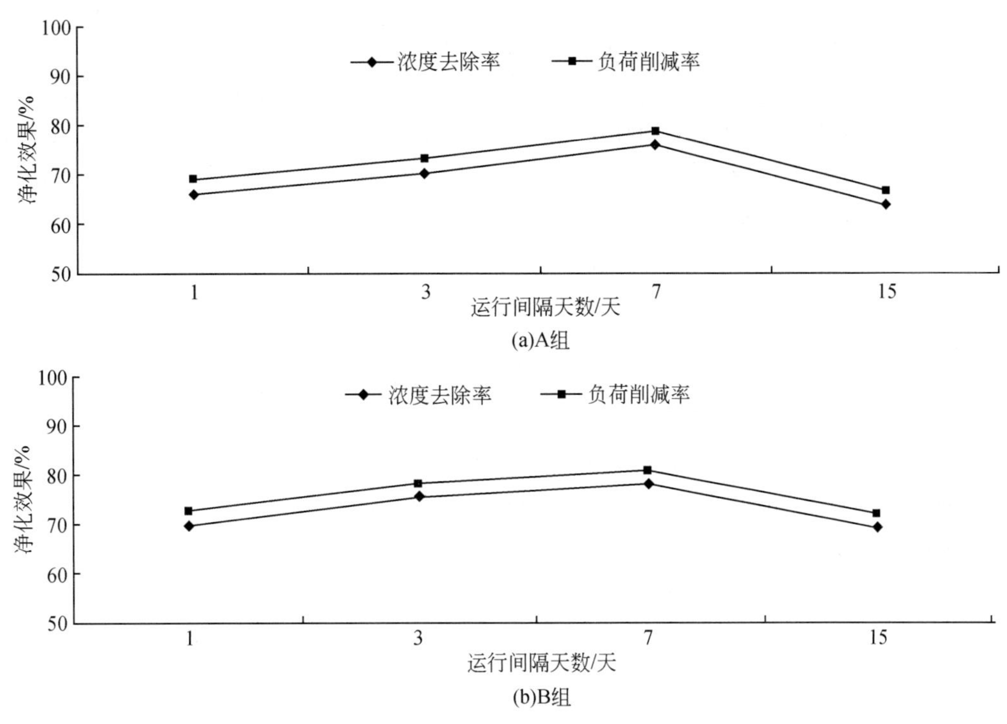

图 7-15　运行间隔天数对 COD 净化效果的影响

由图 7-15 可知，A、B 两组人工湿地在进行间歇式运行的条件下对 COD 的净化能取得比较理想的效果，且均呈现先上升后下降的趋势，当运行间隔天数为 7 天时，两组人工湿地系统对 COD 的净化效果最好。A 组：污染物浓度去除率为 75. 86%，入流负荷削减率为 78. 31%；B 组：污染物浓度去除率为 78. 19 %，入流负荷削减率为 81. 03%。而运行间隔天数为 1 天和 15 天时，A、B 两组人工湿地对 COD 的净化效果相对均较低。原因是间隔 1 天的运行方式可近似地看为连续运行状态，会导致植物吸收、基质吸附和微生物降解处于饱和状态，从而影响系统的净化效果；间隔 7 天的运行方式则给了植物、基质和微生物一定的“缓冲时间”。当运行间隔天数为 15 天时导致净化效果降低，是由于过长的间隔时间，微生物可能会由外源呼吸转向内源呼吸，引起湿地系统内微生物量的减少，导致再次启动时系统的净化效果较差。

2. 氮的去除

人工湿地对氮的去除作用包括基质的吸附、过滤、沉淀以及氨的挥发，植物的吸收和湿地中微生物的降解作用，其中微生物的硝化-反硝化作用在氮的去除中起主要作用（张甲耀等，1999）。

1）NH_3-N 的去除

运用极差分析法评价各影响因素对 NH_3-N 净化效果的影响程度（表 7-11）。

表 7-11　影响因素对 NH_3-N 去除的影响

项目	污染物浓度去除率极差分析				入流负荷削减率极差分析			
	A 组（水平潜流）		B 组（复合流）		A 组（水平潜流）		B 组（复合流）	
	水力停留时间/小时	运行间隔天数/天	水力停留时间/小时	运行间隔天数/天	水力停留时间/小时	运行间隔天数/天	水力停留时间/小时	运行间隔天数/天
$\overline{K_1}$	46.07	45.59	52.69	51.18	50.92	49.94	57.66	55.81
$\overline{K_2}$	55.03	50.92	59.21	55.59	58.99	55.38	63.46	60.38
$\overline{K_3}$	59.84	57.84	64.56	60.98	63.41	62.27	68.33	65.84
$\overline{K_4}$	46.78	53.37	49.89	58.60	51.54	57.27	55.36	62.79
极差 $\Delta\overline{K}$	13.78	12.25	11.87	9.79	12.49	12.34	10.68	10.03
影响程度	重要	次要	重要	次要	重要	次要	重要	次要

可见，从污染物浓度去除率和入流负荷削减率两个方面进行分析，两组人工湿地对 NH_3-N 的去除率也很相似，且影响效果最大的因素均为 HRT。

A. HRT 对 NH_3-N 净化效果的影响

选取水深为 550 mm，运行间隔天数为 3 天的试验工况分析，考察水力停留时间（24 小时、36 小时、48 小时、72 小时）对两组人工湿地净化效果的影响（图 7-16）。

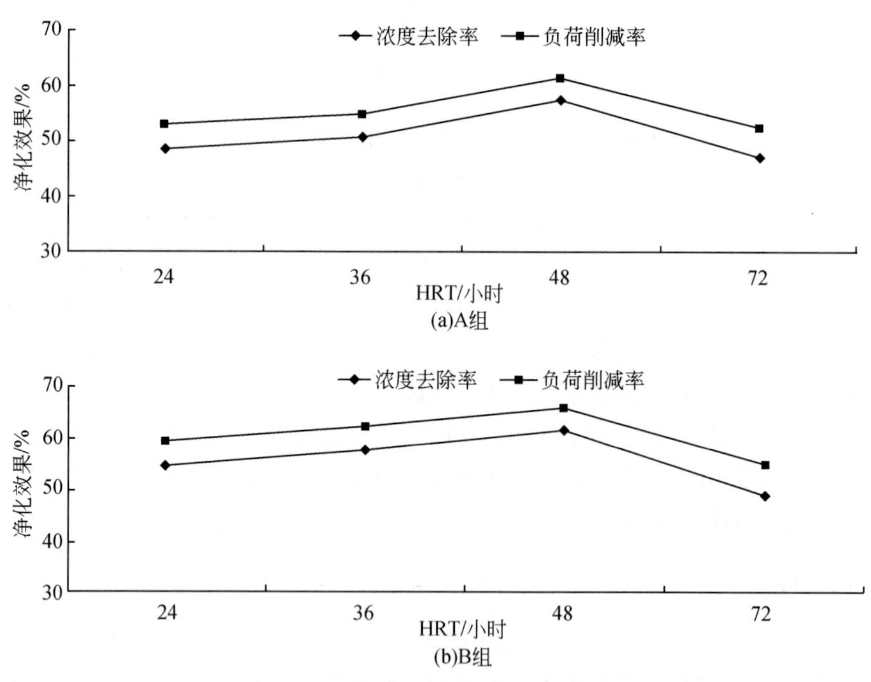

图 7-16　HRT 对 NH_3-N 净化效果的影响

由图 7-16 可知，从污染物浓度去除率和入流负荷削减率两方面进行分析，两组人工湿地对 NH_3-N 净化效果的变化规律较相似。以浓度去除率的变化规律为例进行说明，随着 HRT 的延长，两组人工湿地对 NH_3-N 的浓度去除率变化都是先上升后下降。当 HRT 为

48 小时时，两组人工湿地对 NH_3-N 的浓度去除率最高，分别为 57.44% 和 61.65%；HRT 为 36 小时时的效果次之，分别为 50.71% 和 57.59%；HRT 为 24 小时和 72 小时时的效果均较差。当 HRT 大于 48 小时时，两组人工湿地对 NH_3-N 的去除能力下降较明显，是由于 HRT 过长，湿地系统处于缺氧状态，从而抑制了硝化作用顺利进行，造成 NH_3-N 去除率快速下降。

B. 运行间隔天数对 NH_3-N 净化效果的影响

选取水深为 550 mm，水力停留时间为 72 小时的运行工况，考察运行间隔天数（1 天、3 天、7 天和 15 天）对两组人工湿地净化效果的影响（图 7-17）。

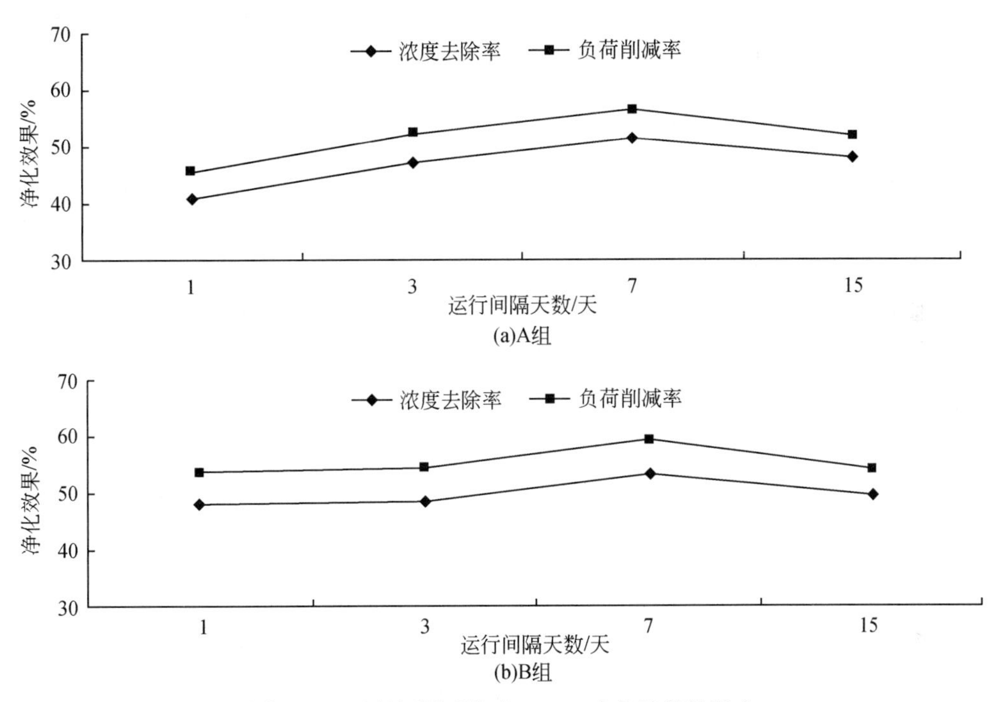

图 7-17 运行间隔天数对 NH_3-N 净化效果的影响

从图 7-17 可知，在水深和 HRT 一定的条件下，两组人工湿地对 NH_3-N 的净化效果均随着运行间隔天数的延长而呈现先上升后下降的趋势，污染物的浓度去除率和入流负荷削减率的变化规律也较相似，以污染物的浓度去除率的变化规律来分析：当运行间隔天数为 7 天时，两组人工湿地对 NH_3-N 的净化效果最佳，分别为 51.36% 和 53.22%；当运行间隔天数为 15 天时，去除效果次之，分别为 47.87% 和 49.48%；当运行间隔天数为 1 天时的净化效果最差，分别为 40.81% 和 48.20%。从图 7-17 可以看出，运行间隔天数对于湿地系统净化 NH_3-N 的影响不大。

2）TN 的去除

运用极差分析法评价各影响因素对 TN 净化效果的影响程度（表 7-12）。

表 7-12　影响因素对 TN 去除的影响

项目	污染物浓度去除率极差分析				入流负荷削减率极差分析			
	A 组（水平潜流）		B 组（复合流）		A 组（水平潜流）		B 组（复合流）	
	水力停留时间/小时	运行间隔天数/天	水力停留时间/小时	运行间隔天数/天	水力停留时间/小时	运行间隔天数/天	水力停留时间/小时	运行间隔天数/天
$\overline{K_1}$	72.81	75.19	77.66	79.82	75.26	77.18	80.03	81.74
$\overline{K_2}$	80.03	77.85	84.45	81.95	81.80	79.87	86.07	84.04
$\overline{K_3}$	83.83	80.69	86.96	84.99	85.26	82.72	88.34	86.85
$\overline{K_4}$	73.41	76.35	78.64	80.95	75.78	78.33	81.08	82.90
极差 $\Delta\overline{K}$	11.02	5.50	9.30	5.17	10.01	5.55	8.32	5.11
影响程度	重要	次要	重要	次要	重要	次要	重要	次要

可见，从污染物浓度去除率和入流负荷削减率两个方面来看，两组人工湿地对 TN 的去除率变化比较相似，且 HRT 对 TN 净化效果影响较大。

A. HRT 对 TN 净化效果的影响

选取水深为550 mm，运行间隔天数为3 天的运行工况，考察水力停留时间（24 小时、36 小时、48 小时、72 小时）对两组人工湿地净化效果的影响（图 7-18）。

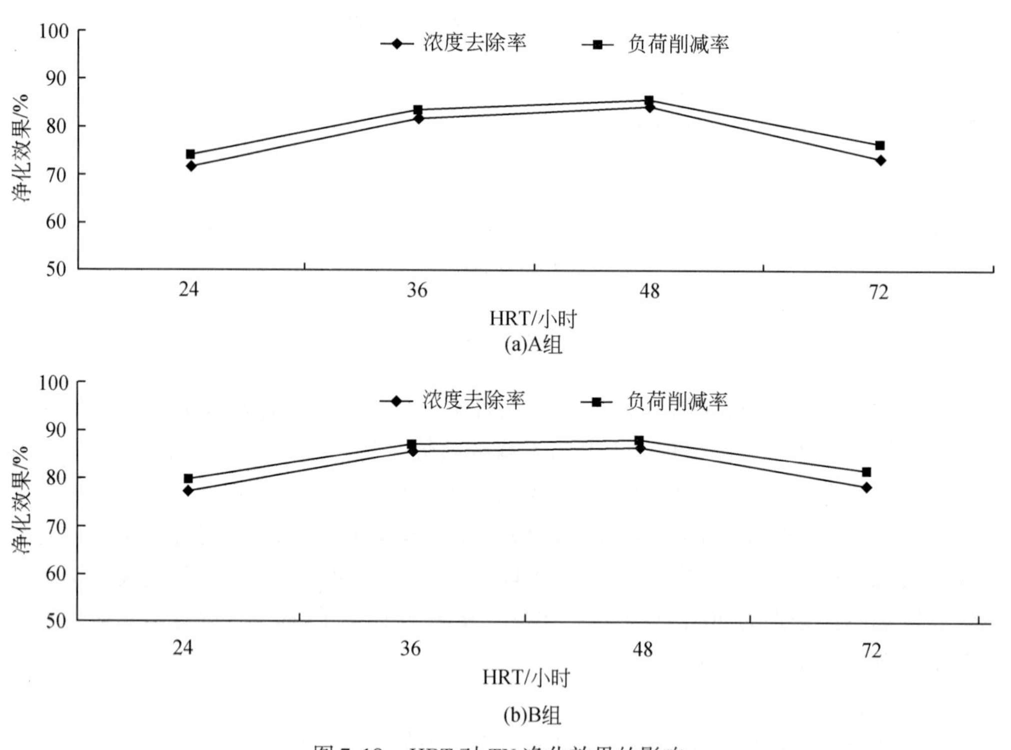

图 7-18　HRT 对 TN 净化效果的影响

通过对比分析图 7-16 和图 7-18 发现，HRT 对 TN 和 NH_3-N 两者的净化效果影响曲线较相似。因为总氮包括凯氏氮、硝酸盐氮、亚硝酸盐氮，而凯氏氮又包括氨氮和能被转化为铵盐而被测定的有机氮化合物，所以其净化效果影响曲线相似。在两组人工湿地系统中，污染物浓度去除率和入流负荷削减率变化规律相同，以浓度去除率的变化规律阐述：HRT 为 48 小时时，两组人工湿地对 TN 的去除率最高，分别为 84.19% 和 86.53%；当 HRT 为 36 小时时效果次之，为 81.94% 和 85.68%；当 HRT 为 24 小时和 72 小时时的去除效果较差，且较为相近。这是因为硝化菌和反硝化菌的世代时间较长，过短的 HRT 导致其小于硝化菌和反硝化菌的世代时间，而不利于 TN 的去除，所以适当延长 HRT 有利于 TN 的去除。但 HRT 过长时系统氧气不足，抑制硝化作用进行，造成 TN 去除率下降。

B. 运行间隔天数对 TN 净化效果的影响

以水深为 550 mm，水力停留时间为 72 小时运行工况为例，考察运行间隔天数（1 天、3 天、7 天和 15 天）对两组人工湿地净化效果的影响（图 7-19）。

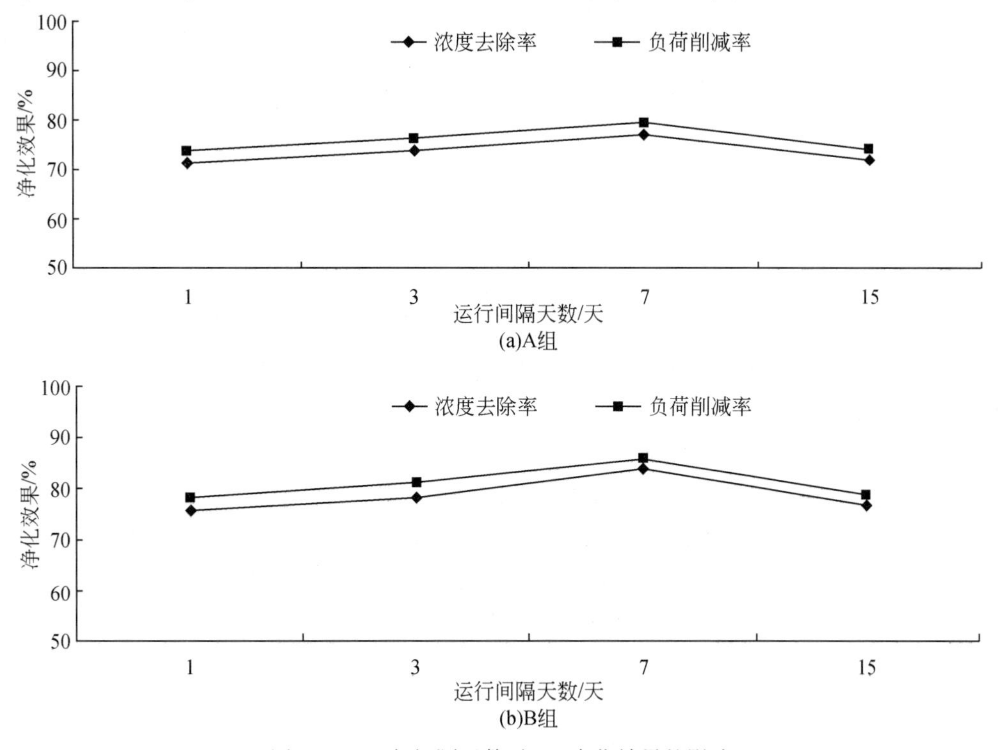

图 7-19 运行间隔天数对 TN 净化效果的影响

可以看出，运行间隔天数对 TN 的净化效果的影响程度不是很明显。与对 NH_3-N 的影响程度较接近，且污染物浓度去除率和入流负荷削减率表现出了一致的变化规律。以浓度去除率为例，当运行间隔天数为 7 天时，浓度去除率最高，分别为 76.89% 和 83.91%；运行间隔天数为 3 天时的效果次之，为 73.55% 和 78.32%。可见，运行间隔天数为 3 ~ 7 天时，两组人工湿地的浓度去除率分别提高 3.34% 和 5.59%。因此，两组人工湿地间隔 3 ~ 7 天运行对 TN 的净化效果均能得到令人满意的效果。

3. 磷的去除

人工湿地对磷进行去除主要通过填料吸附、化学沉淀、细菌活动、植物和藻类吸收与有机物结合等途径，这其中，基质扮演着重要角色，湿地基质一直被公认为是进入湿地系统的磷的最终归宿（李倩囡，2011）。并且，根据研究发现，在废水除磷过程中，主要关注正磷酸盐的去除（王荣等，2010）。

1）DP 的去除

运用极差分析法评价各影响因素对 DP 净化效果的影响程度（表 7-13）。

表 7-13　影响因素对 DP 去除的影响

项目	污染物浓度去除率极差分析				入流负荷削减率极差分析			
	A 组（水平潜流）		B 组（复合流）		A 组（水平潜流）		B 组（复合流）	
	水力停留时间/小时	运行间隔天数/天	水力停留时间/小时	运行间隔天数/天	水力停留时间/小时	运行间隔天数/天	水力停留时间/小时	运行间隔天数/天
$\overline{K_1}$	45.71	39.35	52.53	46.16	50.58	44.23	57.55	51.23
$\overline{K_2}$	45.28	40.99	47.99	46.56	50.13	46.35	53.33	52.37
$\overline{K_3}$	55.99	60.36	60.22	63.17	59.92	64.62	64.40	67.67
$\overline{K_4}$	46.91	53.20	51.63	56.49	51.67	57.09	56.89	60.90
极差 $\Delta\overline{K}$	10.29	21.02	7.69	17.01	9.34	20.38	6.85	16.44
影响程度	次要	重要	次要	重要	次要	重要	次要	重要

可见，两组人工湿地对 DP 在污染物浓度去除率和入流负荷削减率两个方面影响程度变化规律较相似，运行间隔天数对净化效果影响较大。

A. HRT 对 DP 净化效果的影响

以水深为 550 mm，运行间隔天数为 3 天的试验工况为例，考察水力停留时间（24 小时、36 小时、48 小时、72 小时）对 A、B 两组人工湿地净化效果的影响（图 7-20）。

图 7-20 表明，两组人工湿地净化效果曲线都呈现升降交替的规律，HRT 为 48 小时时，A 组人工湿地对 DP 的浓度去除率最高，为 47.03%，B 组则是在 HRT 为 24 小时时的浓度去除率最高，为 52.31%；当 HRT 为 36 小时时，两组人工湿地对 DP 的浓度去除率均最低，分别为 35.57% 和 40.72%。

B. 运行间隔天数对 DP 净化效果的影响

以水深为 550 mm，水力停留时间为 72 小时的试验工况来说明，考察运行间隔天数（1 天、3 天、7 天和 15 天）对两组人工湿地净化效果的影响（图 7-21）。

表 7-13 中，运行间隔天数对两组人工湿地净化 DP 的影响较为突出。由图 7-21 可知，两组人工湿地对 TP 的净化效果曲线变化规律呈现较一致的特点，以污染物浓度去除率为例：当运行间隔天数为 7 天时，两组人工湿地的浓度去除率都最高，为 60.14% 和 65.97%；当运行间隔天数为 15 天时效果次之，分别为 49.10% 和 50.43%；当运行间隔天数为 3 天时效果最差，分别为 39.30% 和 42.69%。

2）TP 的去除

运用极差分析法评价各影响因素对 TP 净化效果的影响程度（表 7-14）。

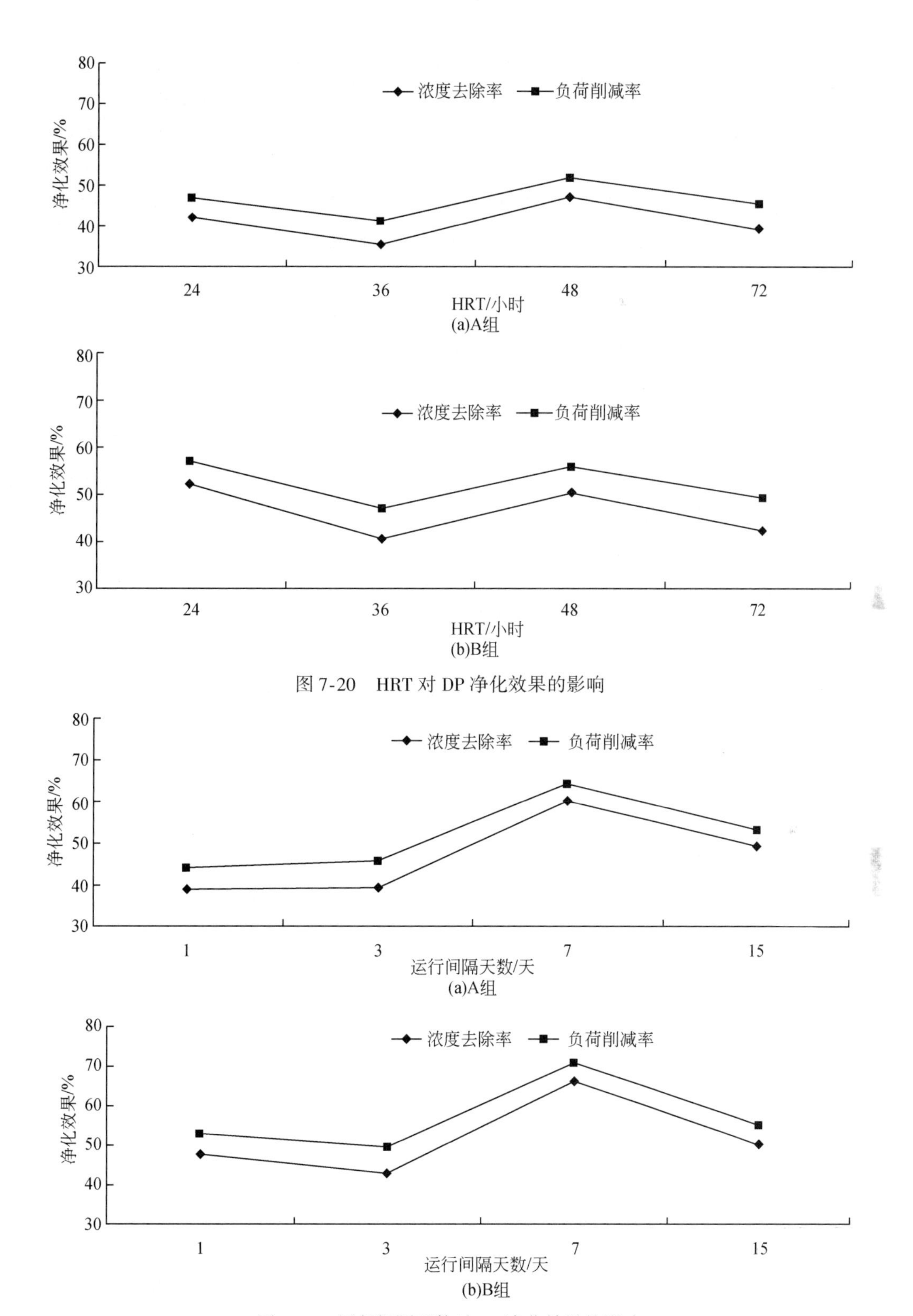

图 7-20　HRT 对 DP 净化效果的影响

图 7-21　运行间隔天数对 DP 净化效果的影响

表 7-14　影响因素对 TP 去除的影响

项目	污染物浓度去除率极差分析				入流负荷削减率极差分析			
	A 组（水平潜流）		B 组（复合流）		A 组（水平潜流）		B 组（复合流）	
	水力停留时间/小时	运行间隔天数/天	水力停留时间/小时	运行间隔天数/天	水力停留时间/小时	运行间隔天数/天	水力停留时间/小时	运行间隔天数/天
$\overline{K_1}$	42.79	47.55	55.51	58.83	47.98	51.73	60.23	62.71
$\overline{K_2}$	51.53	53.48	57.55	61.89	55.78	57.68	61.93	65.97
$\overline{K_3}$	65.14	61.54	73.84	69.85	68.16	65.56	76.58	73.59
$\overline{K_4}$	54.94	51.83	64.07	60.41	58.90	55.85	67.96	64.42
极差 $\Delta\overline{K}$	22.36	13.99	18.33	11.02	20.18	13.83	16.35	10.88
影响程度	重要	次要	重要	次要	重要	次要	重要	次要

表 7-14 说明：水力停留时间对两组人工湿地的污染物浓度去除率和入流负荷削减率两个方面都具有较大影响。

A. HRT 对 TP 净化效果的影响

在水深为 550 mm，运行间隔天数为 3 天的条件下，考察水力停留时间（24 小时、36 小时、48 小时、72 小时）对两组人工湿地净化效果的影响（图 7-22）。

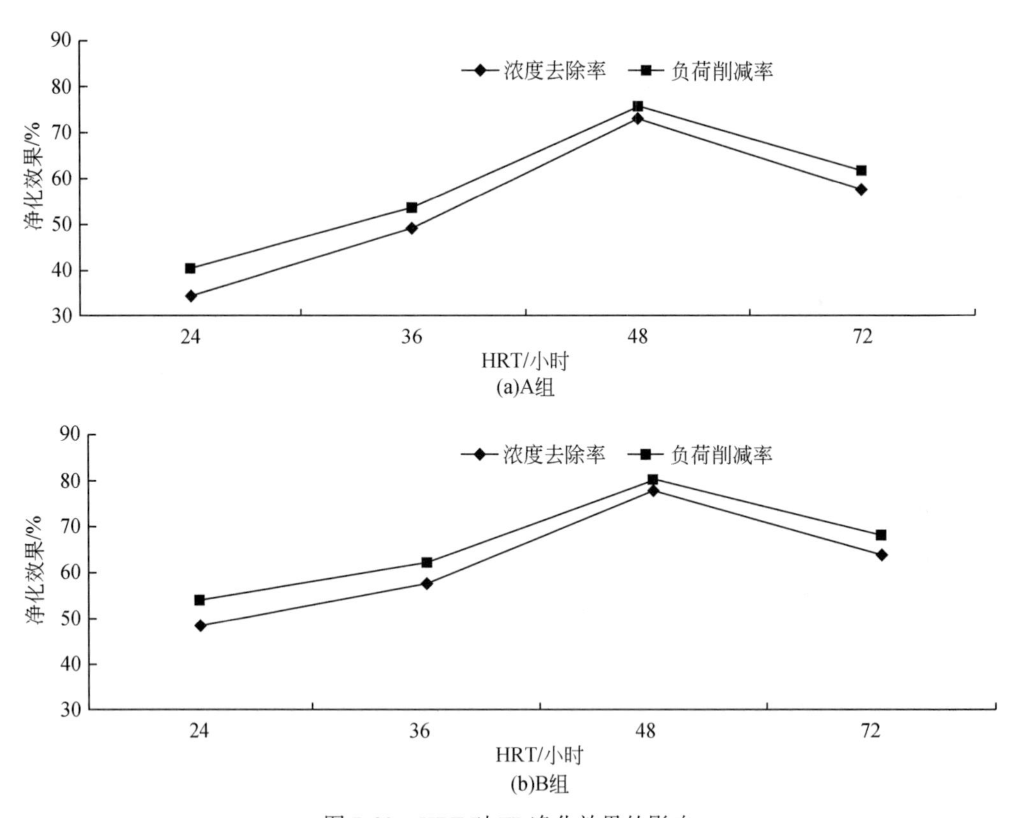

图 7-22　HRT 对 TP 净化效果的影响

图 7-22 说明两组人工湿地在对 TP 的污染物浓度去除率和入流负荷削减率两个方面的变化规律相近，以污染物浓度去除率为例：当 HRT 为 48 小时时，两组人工湿地对 TP 的去除效果最好，分别为 73.05% 和 77.70%；HRT 为 72 小时时效果次之，为 57.33% 和 63.95%；但是 HRT 为 24 小时时的去除效果最差，为 32.34% 和 48.30%。原因是过短的 HRT 使得系统内水体流速过大，对系统冲击较大，致使原先被基质或植物根系表面所吸附的磷被冲出系统，从而降低了净化效果；而 HRT 过长又可能使系统处于缺氧环境，导致原先在好氧条件下被微生物过量吸收的磷又重新释放，引起 TP 净化效果的下降。

B. 运行间隔天数对 TP 净化效果的影响

在 550 mm 水深，72 小时的水力停留时间下，考察运行间隔天数（1 天、3 天、7 天和 15 天）对两组人工湿地净化效果的影响（图 7-23）。

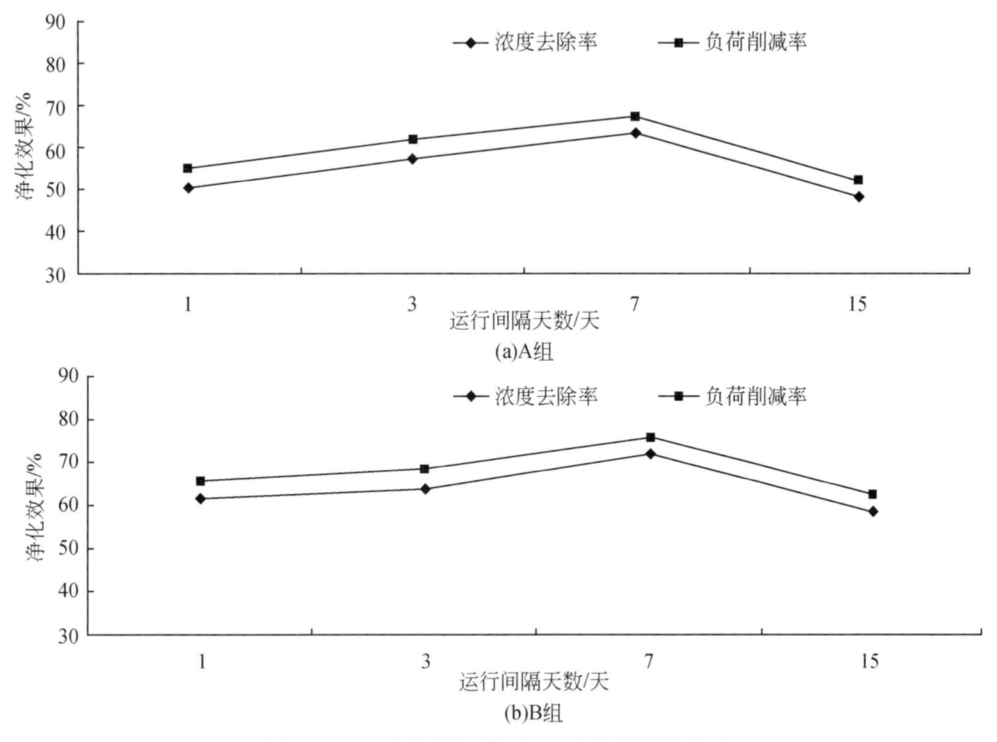

图 7-23　运行间隔天数对 TP 净化效果的影响

由图 7-23 可知，两组人工湿地系统在污染物浓度去除率和入流负荷削减率两个方面表现出相同的变化规律，以污染物浓度去除率为例：运行间隔天数为 7 天时，两组人工湿地的浓度去除率最高，分别为 63.34% 和 72.19%；运行间隔天数为 3 天时的效果次之，分别为 57.33% 和 63.95%；当运行间隔天数为 15 天时的效果较差，分别为 48.49% 和 58.54%。结合表 7-14 和图 7-23 可知，运行间隔天数对两组人工湿地净化 TP 的影响较为突出，因此为保证湿地系统对 TP 有较良好的净化效果，在长期晴天时需每隔 3 ~ 7 天运行一次人工湿地，确保维持人工湿地对 TP 的高效净化能力。

4. 两组人工湿地系统净化效果的沿程变化规律

根据湿地系统设计特点，分别在距离进水井 6 m、12 m、18 m（出口）处采集水样，来考察两组人工湿地系统净化效果的沿程变化规律。由于污染物浓度去除率和入流负荷削减率均呈现相同的变化规律，因此用污染物浓度去除率的沿程变化规律为例进行分析说明，具体如图 7-24 所示。

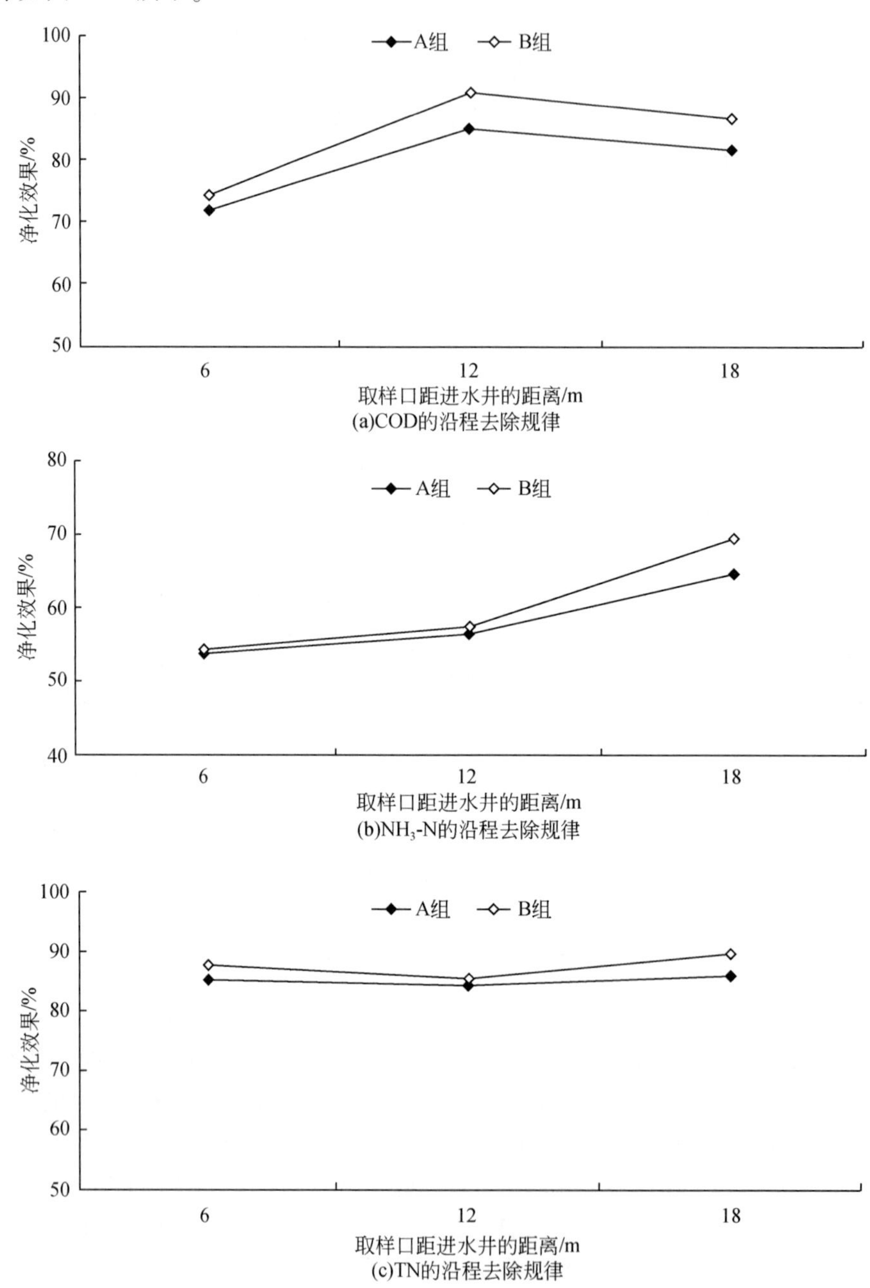

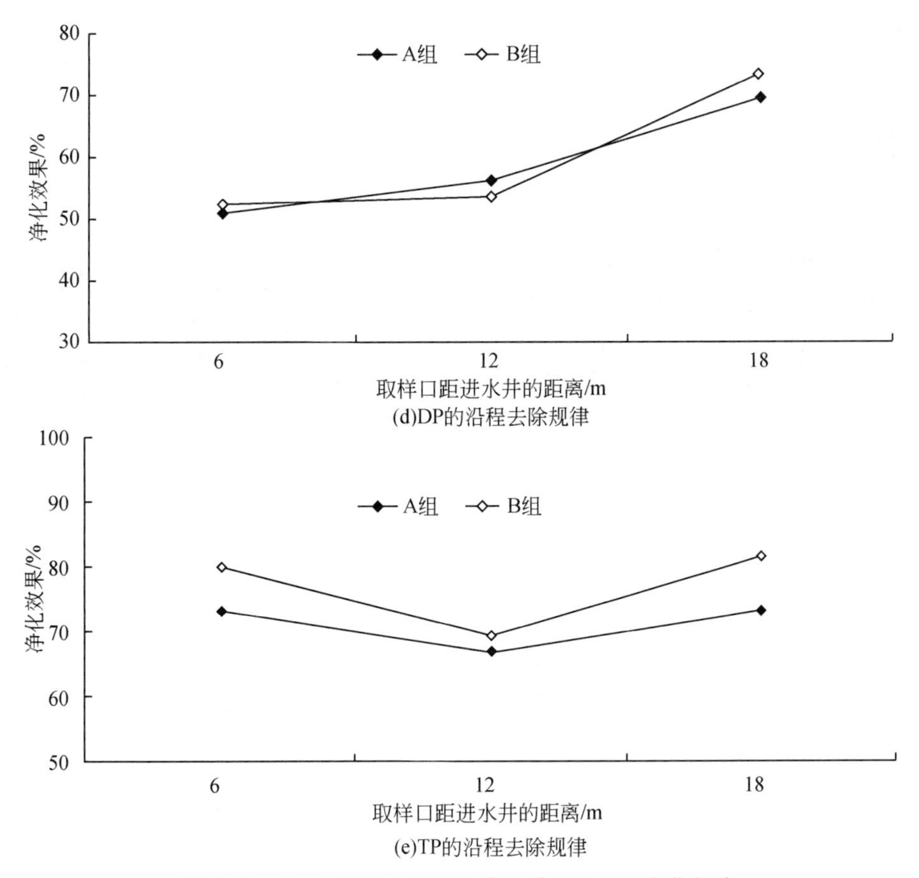

(d)DP的沿程去除规律

(e)TP的沿程去除规律

图 7-24　A、B 两组人工湿地净化效果的沿程变化规律

从图 7-24 可以看出：两组人工湿地对 COD 的沿程浓度去除率呈现先上升后下降的趋势，在 12 m 处达到最大值，分别为 84.81%、91.06%；对 NH_3-N 的沿程浓度去除率随着距离的变大而增大，在 18 m 处达到最大值，分别为 64.81%、64.95%；对 TN 的沿程浓度去除率呈现先下降后上升的趋势，在 18 m 处达到最大值，分别为 86.18%、89.64%；对 DP 的沿程浓度去除率与 NH_3-N 的相似，在 18 m 处达到最大值，分别为 69.70%、73.40%；对 TP 的沿程浓度去除率呈现先下降后上升的趋势，在 18 m 处达到最大值，分别为 73.21%、81.45%。由此可见，湿地长度为 18 m 时，A、B 两组人工湿地可以获得比较理想的净化效果。由图 7-24 可知，6～12m 间对 COD 的浓度去除率影响最明显，两组人工湿地对 COD 的浓度去除率分别提高 12.94%、16.73%；12～18m 对 NH_3-N、DP、TP 的净化效果影响较明显，两组人工湿地对 NH_3-N、DP、TP 的浓度去除率分别提高 8.27%、13.64%、6.49% 和 12.05%、19.83%、12.18%；而 TN 的净化效果沿程变化不大，相对较为平稳。同时，B 组人工湿地的沿程浓度去除率波动相对较大。

5. 两组人工湿地三大组成部分的净化作用分析

人工湿地对污水中污染物的去除主要有基质吸附、植物吸收和微生物降解三大途径。从表 7-8 和表 7-9 的极差分析结果又可知，水力停留时间是影响两组人工湿地净化效果最重要因素，因此，为分析基质、植物和微生物对净化效果的贡献，以水力停留时间为主要依据，选取不同时间段、水力停留时间均为 48 小时的试验组进行对比分析。由于两组人工湿地的污染物浓度去除率和入流负荷削减率均具有相似的变化规律，因此，以浓度去除率为例进行分析。不同时间段下 A、B 两组人工湿地的净化效果如图 7-25 所示。

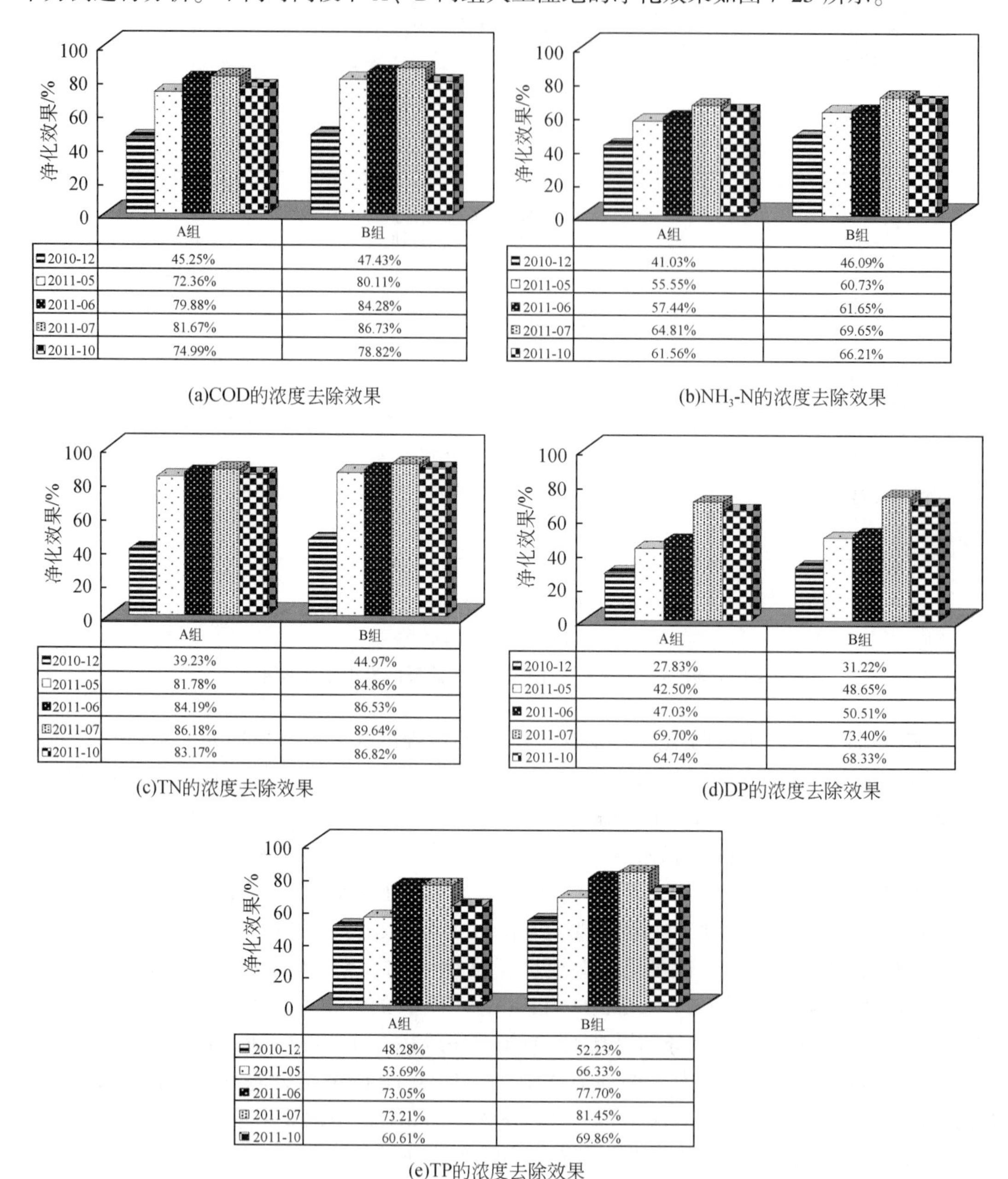

(a)COD的浓度去除效果

(b)NH_3-N的浓度去除效果

(c)TN的浓度去除效果

(d)DP的浓度去除效果

(e)TP的浓度去除效果

图 7-25　不同时间段下 A、B 两组人工湿地的净化效果

由图 7-25（a）～（e）可知，2010-12 的试验为基质吸附试验组，此时湿地系统未种植植物，且试验时间为冬季，净化作用主要为基质吸附；2011-05、2011-06、2011-07 和 2011-

10 四组试验为系统启动成功后稳定运行的试验组，此时植物生长状况和微生物量均处于良好状态，湿地系统主要通过基质、植物和微生物三者的协同作用对污染物进行净化。根据图 7-25中的数据表，将 2010-12 试验组与2011-05、2011-06、2011-07、2011-10 四组试验组进行对比分析：基质在湿地净化过程中起主要作用，在 A 组人工湿地中，对 COD、NH_3-N、TN、DP 和 TP 的吸附率分别为 45.25%、41.03%、39.23%、27.83% 和 48.28%；B 组分别为 47.43%、46.09%、44.97%、31.22% 和 52.23%，而植物和微生物的协同作用可提高湿地系统对各污染物的净化效果，其中 A 组分别提高 27.11% ~36.42%、14.52% ~23.78%、42.55% ~46.95%、14.67% ~41.87% 和 5.41% ~24.93%，B 组分别提高 31.39% ~39.30%、14.64% ~23.56%、39.89% ~44.67%、17.43% ~42.18% 和 14.10% ~29.22%。由此可见，植物和微生物的协同作用对 TN 净化效果的提高最突出，其次为 COD，其中，对 DP 净化效果的提高具有不稳定性。同时，由 2011-05、2011-06、2011-07、2011-10 四组试验结果可知，A、B 两组人工湿地系统启动成功后，除了 DP 的净化效果波动稍大外，其他各污染物的净化效果未出现较大波动，运行状况总体稳定，效果良好。

6. 两组人工湿地系统净化效果的时间变化规律

由表 7-8 和表 7-9 的极差分析可知，水力停留时间为两组人工湿地净化效果的最重要影响因素，因此，以水力停留时间为主要依据，选取不同时间段、水力停留时间均为 48 小时的试验组分析净化效果随时间的变化规律。同时，两组人工湿地的污染物浓度去除率和入流负荷削减率变化规律相似，仅以浓度去除率为例（图 7-26）。

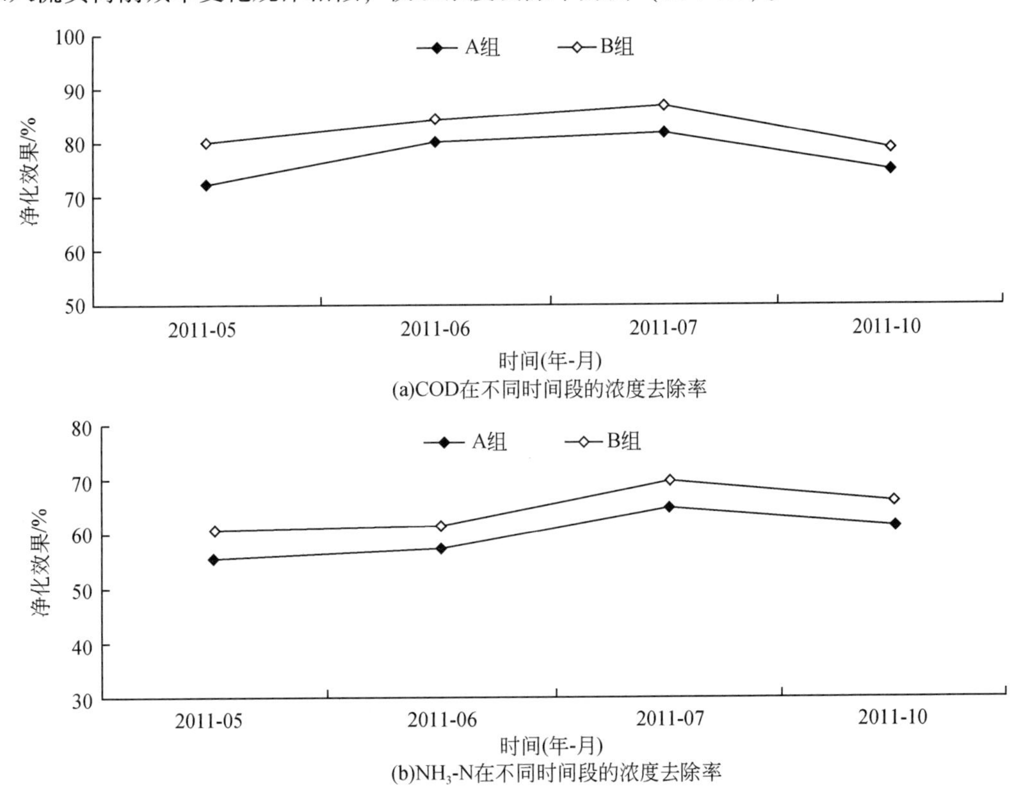

(a)COD在不同时间段的浓度去除率

(b)NH_3-N在不同时间段的浓度去除率

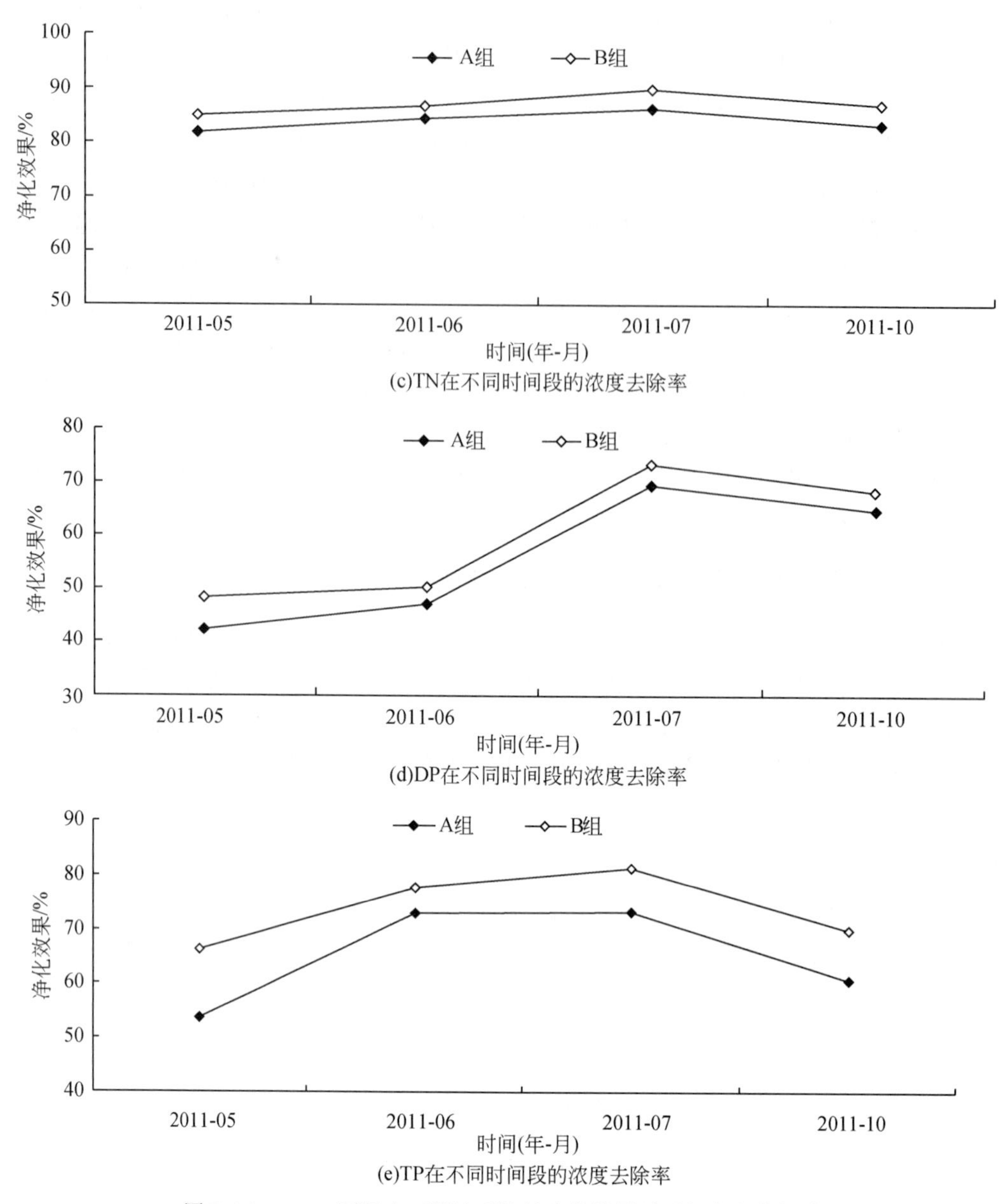

图 7-26　A、B 两组人工湿地系统的净化效果随时间的变化规律

由图 7-26 可见，两组人工湿地对各污染物的浓度去除率均随着时间的推移呈现先上升后下降的趋势，且都在 2011-07 时达到最高值，此时，两组人工湿地对 COD、NH_3-N、TN、DP、TP 的最大浓度去除率分别为 81.67%、64.81%、86.18%、69.70%、73.21% 和 86.73%、69.65%、89.64%、73.40%、81.45%，因为此时两组人工湿地中的植物生长处于鼎盛时期，有利于其对污染物的吸收。同时，在此期间，两组人工湿地的水温基本维持在 25.9 ~ 29.2℃，有利于氨化细菌、硝化细菌、反硝化细菌和其他一些微生物的生长繁殖，促进了湿地系统氨化作用、硝化作用、反硝化作用等的进行，从而大大提高了湿地系统的净化能力；而在 2011-05 和 2011-10 时，两组人工湿地的净化效果均较差，2011-05

是由于两组人工湿地系统中的植物种植时间没多久，还未完全发挥作用，从而削弱了湿地系统的净化能力；在 2011 年 10 月时，湿地植物已过了鼎盛时期，美人蕉已经开始凋谢，香蒲也已停止生长，从而降低了湿地系统的净化效果。

7. 两组人工湿地系统净化效果对比分析

两组人工湿地系统均是在普通的水平潜流人工湿地的基础上改进而成，其中 B 组又在 A 组的基础上沿程安设导流板，改变水流在系统内的流动方式，因此，为分析水流方式对净化效果的影响，从污染物浓度去除率和入流负荷削减率两个方面对 A、B 两组人工湿地的净化效果进行对比分析。

1）相同运行间隔天数、不同水力停留时间时的对比分析

在水深为 550 mm、运行间隔天数为 7 天、水力停留时间分别为 24 小时、36 小时、48 小时、72 小时时的组合工况下，对比分析 A、B 两组人工湿地的净化效果（图 7-27）。

由图 7-27 可见，从污染物浓度去除率和入流负荷削减率两个方面来看，B 组人工湿地系统对污染物的净化效果整体优于 A 组人工湿地系统，其中，污染物浓度去除率：COD 平均高出 4.19%，NH_3-N 平均高出 3.14%，TN 平均高出 4.30%，DP 平均高出 2.81%，TP 平均高出 8.31%，整体平均高出 4.50% 左右；入流负荷削减率：COD 平均高出 4.13%，NH_3-N 平均高出 3.56%，TN 平均高出 4.13%，DP 平均高出 3.05%，TP 平均高出 8.03%，整体平均高出 4.5% 左右。由此可见，当运行间隔天数一定、HRT 不同时，B 组

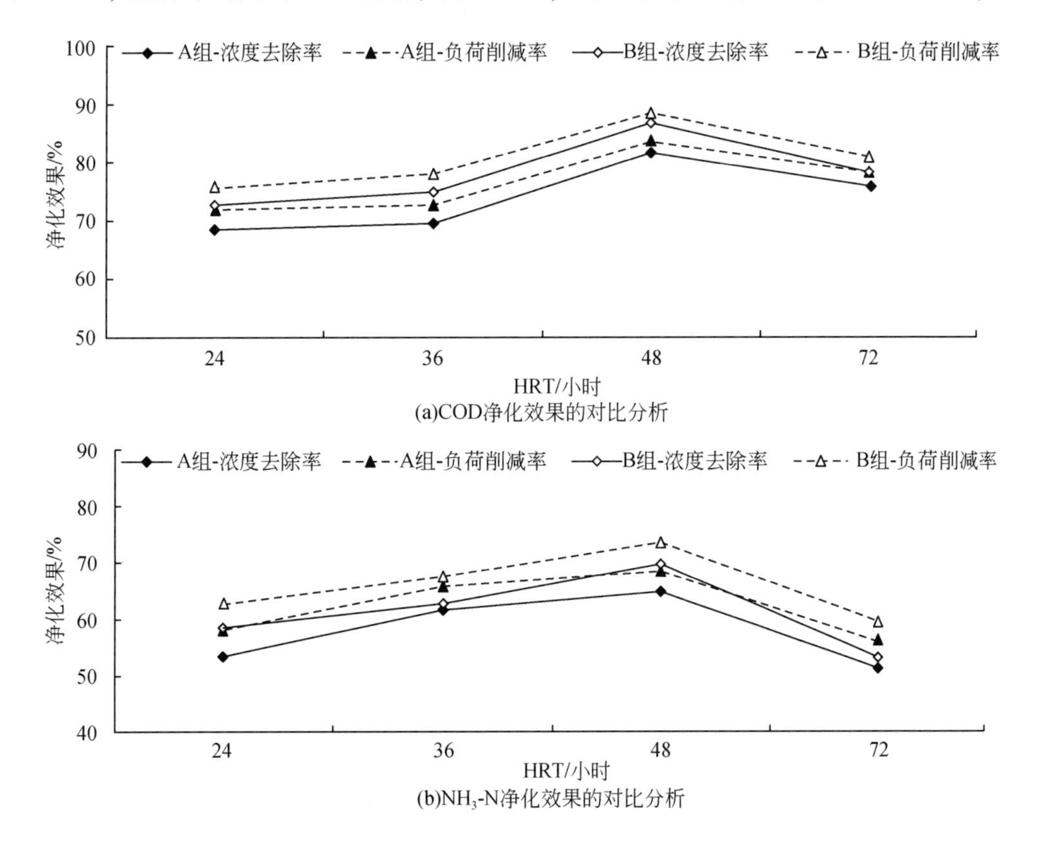

(a)COD净化效果的对比分析

(b)NH_3-N净化效果的对比分析

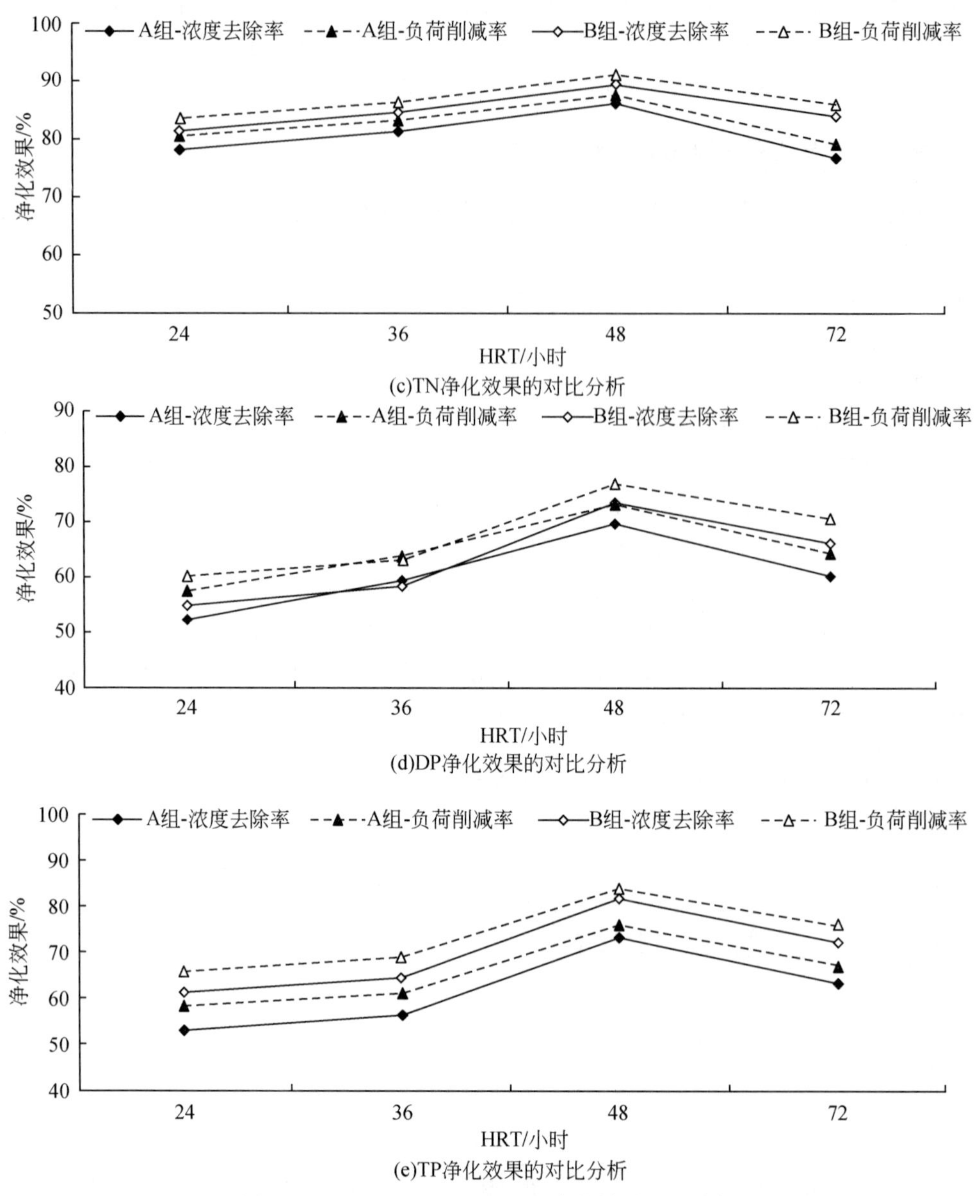

(c)TN净化效果的对比分析

(d)DP净化效果的对比分析

(e)TP净化效果的对比分析

图 7-27　A 组和 B 组人工湿地净化效果对比分析

人工湿地的净化效果整体优于 A 组人工湿地 4.5% 左右。其中，改变水流方式对 TP 净化效果的提高最明显，主要因为在人工湿地中，基质吸附在磷的去除过程中起决定性作用，水流形式的改变，大大增加了雨水与湿地基质的接触面积，从而更加高效地发挥了基质的吸附作用。

2）相同水力停留时间、不同运行间隔天数时对比分析

在水深为 550 mm、水力停留时间为 48 小时、运行间隔天数分别为 1 天、3 天、7 天、15 天时的组合工况下，对比分析 A、B 两组人工湿地的净化效果（图 7-28）。

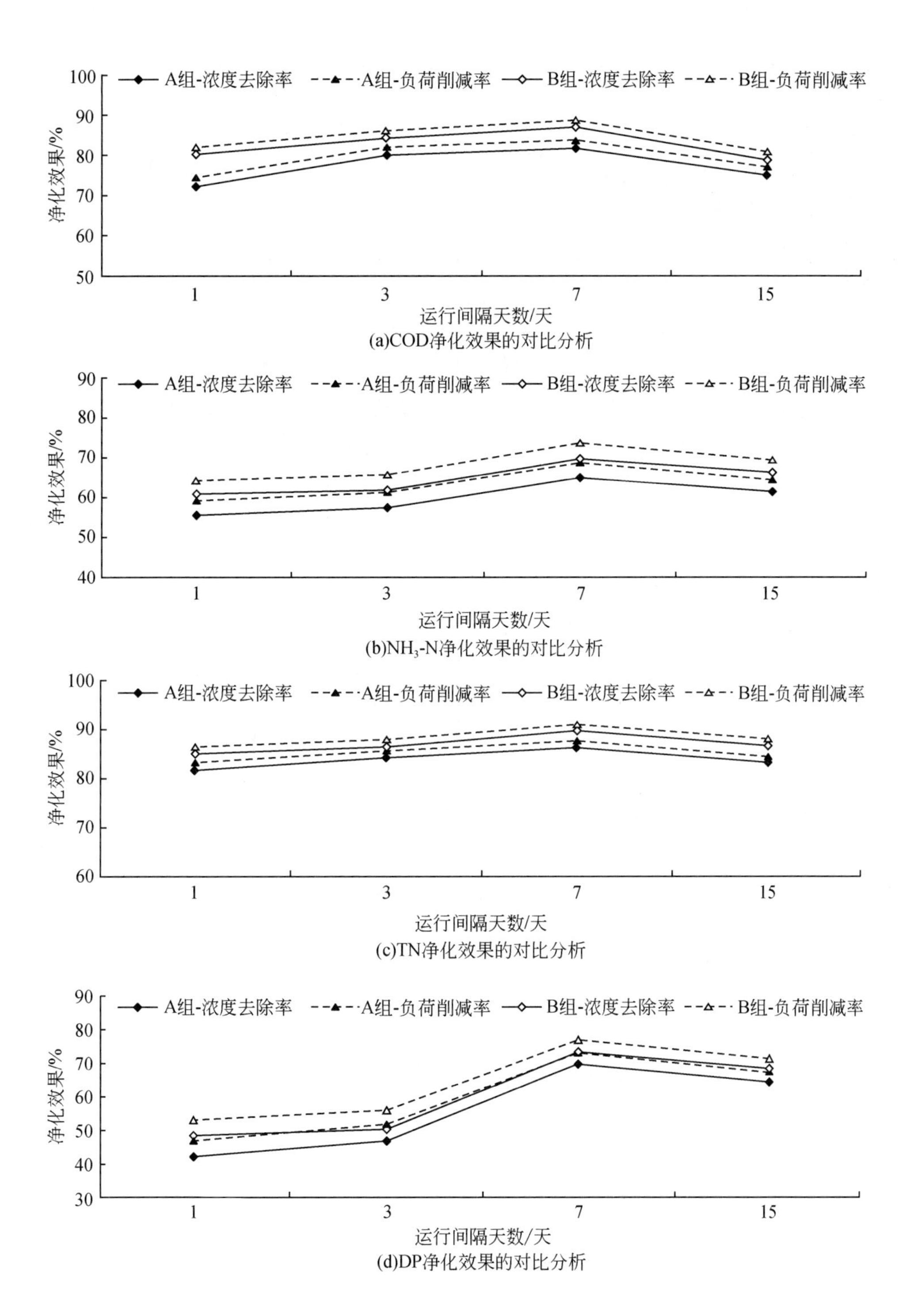

(a)COD净化效果的对比分析

(b)NH_3-N净化效果的对比分析

(c)TN净化效果的对比分析

(d)DP净化效果的对比分析

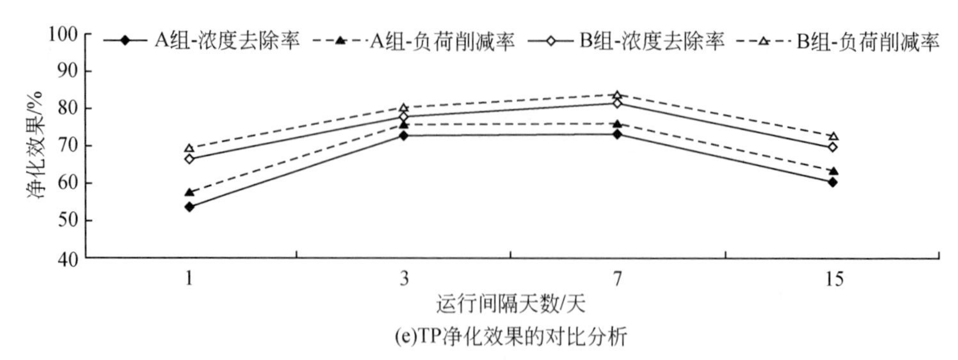

(e)TP净化效果的对比分析

图 7-28　A 组和 B 组人工湿地净化效果对比分析

由图 7-28 可见，从污染物浓度去除率和入流负荷削减率两个方面分析，B 组人工湿地系统对污染物的净化效果优于 A 组人工湿地系统。其中，污染物浓度去除率：COD 平均高出 5.26%，NH_3-N 平均高出 4.72%，TN 平均高出 3.13%，DP 平均高出 4.23%，TP 平均高出 8.70%，整体平均高出 5.20% 左右；入流负荷削减率：COD 平均高出 5.09%，NH_3-N 平均高出 4.92%，TN 平均高出 3.08%，DP 平均高出 4.49%，TP 平均高出 8.42%，整体平均高出 5.2% 左右。由此可见，当 HRT 一定、运行间隔天数不同时，B 组人工湿地的净化效果整体优于 A 组人工湿地 5.2% 左右。

综合图 7-27 和图 7-28 可知，从污染物浓度去除率和入流负荷削减率两个方面分析，B 组人工湿地系统对污染物的净化效果整体优于 A 组人工湿地系统 5% 左右。主要因为在本研究中，B 组人工湿地是在 A 组人工湿地的基础上，再通过沿程安设导流板改变水流在系统中的流动方式而来，使水流在系统内形成局部波形、整体推流的流动形式，其能有效地增加雨水与湿地填料的接触面积，更加高效发挥基质的吸附作用，提高系统对 COD、N、P 等的净化效果。同时，水流流动方式的改变，可以适当提高系统内溶解氧的浓度，从而促进系统硝化作用的进行和好氧微生物对有机物的降解作用，增强系统对 COD、N 的生化降解能力。

7.5　人工湿地净化效果的模拟

由前结论，水力停留时间为影响两组人工湿地系统净化效果的主导因素，因此着重考虑建立 HRT 与净化效果之间的数量关系，又由于水力停留时间与进水流量之间存在严格的反比例关系，所以即建立进水流量与净化效果之间的数量关系。

7.5.1　A 组人工湿地净化效果的模拟研究

1. 进水流量与浓度去除率的统计关系

选取水深为 550 mm、运行间隔天数为 7 天的试验工况，建立进水流量（表 7-7）与浓度去除率之间的相关关系。具体相关关系见表 7-15。

由表 7-15 可见，在水深和运行间隔天数一定的条件下，COD、DP、TP 的浓度去除率与进水流量均呈现指数相关关系，而 NH_3-N 的浓度去除率与进水流量呈现幂乘相关关系，

TN 的浓度去除率与进水流量呈现线性相关关系。同时，TP 的浓度去除率与进水流量间的相关性最好，回归系数为 0.5480，其次为 COD 和 DP，回归系数分别为 0.5398 和 0.5075；而 NH_3-N、TN 的浓度去除率与进水流量间的相关性较差，回归系数分别为 0.0083 和 0.0178。笔者认为，NH_3-N、TN 的浓度去除率与进水流量间没有相关关系。

表 7-15　进水流量与 A 组湿地系统浓度去除率的相关关系

指标	进水流量与污染物浓度去除率的关系	相关系数	备注
COD	$y=84.115e^{-0.0549Q}$	$R^2=0.5398$	中度相关
NH_3-N	$y=56.588Q^{0.022}$	$R^2=0.0083$	低度相关
TN	$y=-0.5039Q+81.90$	$R^2=0.0178$	低度相关
DP	$y=72.204e^{-0.0766Q}$	$R^2=0.5075$	中度相关
TP	$y=76.848e^{-0.0955Q}$	$R^2=0.5480$	中度相关

注：y 为污染物浓度去除率（%），Q 为进水流量（m^3/d）

2. 进水流量与负荷削减率的统计关系

以水深为 550 mm、运行间隔天数为 7 天的试验工况为例，建立进水流量（表 7-7）与负荷削减率之间的相关关系。具体相关关系见表 7-16。

由表 7-16 可见，在水深和运行间隔天数一定的条件下，COD、DP、TP 的负荷削减率与进水流量均呈现指数相关关系，而 NH_3-N 的负荷削减率与进水流量呈现幂乘相关关系，TN 的负荷削减率与进水流量呈现线性相关关系。同时，COD 的负荷削减率与进水流量间的相关性最好，回归系数为 0.5240，其次为 TP 和 DP，回归系数分别为 0.5216 和 0.4828；而 NH_3-N、TN 的负荷削减率与进水流量间的相关性较差，回归系数分别为 0.0115 和 0.0142。因此，NH_3-N、TN 的负荷削减率与进水流量间没有相关关系。

表 7-16　进水流量与 A 组湿地系统负荷削减率的相关关系

指标	进水流量与污染物负荷削减率的关系	相关系数	备注
COD	$y=85.592e^{-0.0466Q}$	$R^2=0.5240$	中度相关
NH_3-N	$y=60.993Q^{-0.0218}$	$R^2=0.0115$	低度相关
TN	$y=-0.4065Q+83.7$	$R^2=0.0142$	低度相关
DP	$y=74.836e^{-0.0625Q}$	$R^2=0.4828$	中度相关
TP	$y=78.625e^{-0.0777Q}$	$R^2=0.5216$	中度相关

注：y 为污染物负荷削减率（%），Q 为进水流量（m^3/d）

3. 进水负荷与负荷削减率的统计关系

仍然是以水深为 550 mm、运行间隔天数为 7 天的试验工况为例，建立进水负荷与负荷削减率之间的相关关系。具体相关关系见表 7-17。

由表 7-17 可见，在水深和运行间隔天数一定的条件下，COD、DP、TP 的负荷削减率与进水负荷均呈现指数相关关系，而 NH_3-N、TN 的负荷削减率与进水负荷呈现幂乘相关关系。其中，COD、DP、TP 的负荷削减率与进水负荷间的相关性相对较好，回归系数分别为 0.6332、0.5726、0.6695；而 NH_3-N、TN 的负荷削减率与进水负荷间的相关性明显较差，回归系数分别为 0.0176 和 0.0144。因此认为，NH_3-N、TN 的负荷削减率与进水负荷间没有相关关系。

表 7-17　进水负荷与 A 组湿地系统负荷削减率的相关关系

指标	进水负荷与污染物负荷削减率的关系	相关系数	备注
COD	$y=87.314e^{-0.0005CQ}$	$R^2=0.6332$	中度相关
NH_3-N	$y=59.683\ (CQ)^{0.0276}$	$R^2=0.0176$	低度相关
TN	$y=79.983\ (CQ)^{0.0115}$	$R^2=0.0144$	低度相关
DP	$y=70.96e^{-0.1524CQ}$	$R^2=0.5726$	中度相关
TP	$y=77.867e^{-0.1212CQ}$	$R^2=0.6695$	中度相关

注：y 为污染物负荷削减率（%），CQ 为进水负荷（g/d）

7.5.2　B 组人工湿地净化效果的模拟研究

1. 进水流量与浓度去除率的统计关系

以水深 550 mm、运行间隔天数为 7 天的试验工况为例，建立进水流量（表 7-7）与净化效果之间的相关关系。具体相关关系见表 7-18。

表 7-18　进水流量与 B 组湿地系统浓度去除率的相关关系

指标	进水流量与污染物浓度去除率的关系	相关系数	备注
COD	$y=86.873e^{-0.0453Q}$	$R^2=0.4082$	中度相关
NH_3-N	$y=58.155Q^{0.0531}$	$R^2=0.0465$	低度相关
TN	$y=89.064e^{-0.0197Q}$	$R^2=0.2978$	低度相关
DP	$y=78.504e^{-0.0930Q}$	$R^2=0.6228$	中度相关
TP	$y=85.478e^{-0.0865Q}$	$R^2=0.5611$	中度相关

注：y 为污染物负荷削减率（%），Q 为进水流量（m^3/d）

由表 7-18 可见，在水深和运行间隔天数一定的条件下，COD、TN、DP、TP 的浓度去除率与进水流量均呈现指数相关关系，而 NH_3-N 的浓度去除率与进水流量呈现幂乘相关关系。同时，DP 的浓度去除率与进水流量间的相关性最好，回归系数为 0.6228，其次为 TP、COD 和 TN，回归系数分别为 0.5611、0.4082 和 0.2978；而 NH_3-N 的浓度去除率与进水流量间的相关性显著较差，回归系数仅为 0.0465。因此，NH_3-N 的浓度去除率与进水流量间没有相关关系。

2. 进水流量与负荷削减率的统计关系

选取水深为 550 mm、运行间隔天数为 7 天的试验工况，建立进水流量（表 7-6）与负荷削减率之间的相关关系。具体相关关系见表 7-19。

表 7-19　进水流量与 B 组湿地系统负荷削减的相关关系

指标	进水流量与污染物负荷削减率的关系	相关系数	备注
COD	$y=88.869e^{-0.0403Q}$	$R^2=0.4244$	中度相关
NH_3-N	$y=64.011Q^{0.0311}$	$R^2=0.0239$	低度相关
TN	$y=90.696e^{-0.0182Q}$	$R^2=0.3236$	低度相关
DP	$y=81.711e^{-0.0803Q}$	$R^2=0.6361$	中度相关
TP	$y=87.831e^{-0.0753Q}$	$R^2=0.5750$	中度相关

注：y 为污染物负荷削减率（%），Q 为进水流量（m^3/d）

由表 7-19 可见，在水深和运行间隔天数一定的条件下，COD、TN、DP、TP 的负荷削减率与进水流量均呈现指数相关关系，而 NH_3-N 的负荷削减率与进水流量呈现幂乘相关关系。同时，DP 的负荷削减率与进水流量间的相关性最好，回归系数为 0.6361，其次为 TP、COD 和 TN，回归系数分别为 0.5750、0.4244 和 0.3236；而 NH_3-N 的负荷削减率与进水流量间的相关性较差，回归系数仅为 0.0239。因此认为，NH_3-N 的负荷削减率与进水流量间没有相关关系。

3. 进水负荷与负荷削减率的统计关系

仍然以水深为 550 mm、运行间隔天数为 7 天的工况为例，建立进水负荷与负荷削减率之间的相关关系。具体相关关系见表 7-20。

表 7-20　进水负荷与 A 组湿地系统负荷削减率的相关关系

指标	进水负荷与污染物负荷削减率的关系	相关系数	备注
COD	$y=90.154e^{-0.0004CQ}$	$R^2=0.4873$	中度相关
NH_3-N	$y=62.83(CQ)^{0.0306}$	$R^2=0.0222$	低度相关
TN	$y=90.328e^{-0.0021CQ}$	$R^2=0.2576$	低度相关
DP	$y=75.556e^{-0.1798CQ}$	$R^2=0.6376$	中度相关
TP	$y=77.867e^{-0.1212CQ}$	$R^2=0.6695$	中度相关

注：y 为污染物负荷削减率（%），CQ 为进水负荷（g/d）

由表 7-20 可见，在水深和运行间隔天数一定的条件下，COD、TN、DP、TP 的负荷削减率与进水负荷均呈现指数相关关系，而 NH_3-N 的负荷削减率与进水负荷呈现幂乘相关关系。其中，COD、DP、TP 的负荷削减率与进水负荷间的相关性相对较好，回归系数分别为 0.4873、0.6376、0.6695；而 NH_3-N、TN 的负荷削减率与进水负荷间的相关性明显较差，回归系数分别为 0.0222 和 0.2576。因此，NH_3-N、TN 的负荷削减率与进水负荷间没有相关关系。

7.6　本章小结

（1）试验结果发现两组人工湿地系统的出水感官性状良好，没有明显的、令人厌恶的色、嗅，且出水水质均达到《地表水环境质量标准》（GB 3838—2002）Ⅴ类标准。

（2）通过正交试验得出两组人工湿地的最佳运行工况均为水力停留时间为48小时、运行间隔天数为7天。在该工况下，A、B两组人工湿地出水中COD、NH_3-N、TN、DP、TP的平均浓度分别为19.62 mg/L、0.633 mg/L、1.161 mg/L、0.061 mg/L、0.132 mg/L和14.20 mg/L、0.546 mg/L、0.871 mg/L、0.054 mg/L、0.091 mg/L。

（3）由极差分析结果可知，两组人工湿地中，水力停留时间对COD、NH_3-N、TN、TP的净化影响均最为重要，而运行前间隔天数对DP的净化影响较为突出，总体而言，水力停留时间为A、B两组人工湿地净化城市地面径流的主要影响因素。

（4）通过A、B两组人工湿地的沿程净化效果分析，除COD在12 m处达到最高去除率外，NH_3-N、TN、DP、TP均在18 m处达到最高值，说明湿地长度为18 m时两组人工湿地可以获得比较理想的净化效果。同时，6～12 m对COD的净化效果影响较明显，12～18 m对NH_3-N、DP、TP的净化效果影响均较明显，TN的净化效果沿程变化不大，相对较为平稳。

（5）通过2010-12试验与2011-05、2011-06、2011-07、2011-10四组试验的对比分析可知，两组人工湿地中，基质在净化过程中起主导作用，可吸附30%～50%的污染物，植物和微生物的协同作用可提高10%～45%的净化效果。其中，植物和微生物的协同作用对TN净化效果的提高最突出，达到40%左右，其次为COD，达到35%左右。

（6）A、B两组人工湿地对各污染物的净化效果均随着时间的推移呈现先上升后下降的趋势，且均在2011-07时达到最高值，此时，两组人工湿地对COD、NH_3-N、TN、DP、TP的最大浓度去除率分别为81.67%、64.81%、86.18%、69.70%、73.21%和86.73%、69.65%、89.64%、73.40%、81.45%。

（7）通过对比分析，改变水流方式的B组人工湿地系统对污染物的净化效果整体优于A组人工湿地系统5.00%左右。

（8）本人工湿地系统进行城市面源污染控制时，为维持其较高的净化能力，在运行管理上应积极配合当地的天气状况，当长期无降雨时需每隔3～7天对人工湿地系统进行启动运行。

（9）A组人工湿地中，COD、DP、TP的浓度去除率与进水流量均呈现指数关系，而NH_3-N的浓度去除率与进水流量呈现幂乘关系，TN的浓度去除率与进水流量呈现线性关系。同时，COD、DP、TP的浓度去除率与进水流量之间的相关关系较为显著，而NH_3-N、TN的浓度去除率与进水流量之间未呈现显著的相关关系；COD、DP、TP的负荷削减率与进水流量呈现指数相关关系，而NH_3-N的负荷削减率与进水流量呈现幂乘相关关系，TN的负荷削减率与进水流量呈现线性相关关系。同时，COD、TP、DP的负荷削减率与进水流量间的相关性较为显著，而NH_3-N、TN的负荷削减率与进水流量间未呈现显著的相关关系；

（10）B组人工湿地中，COD、TN、DP、TP的浓度去除率与进水流量均呈现指数关系，而NH_3-N的净化效果与进水流量呈现幂乘关系。同时，COD、TN、DP、TP的浓度去除率与进水流量之间的相关关系较为显著，而NH_3-N、TN的浓度去除率与进水流量之间未呈现显著的相关关系；COD、TN、DP、TP的负荷削减率与进水流量均呈现指数相关关系，而 NH_3-N 的负荷削减率与进水流量呈现幂乘相关关系。同时，COD、TN、DP、TP 的负荷削减率与进水流量间的相关性较为显著，而 NH_3-N 的负荷削减率与进水流量间未呈现显著的相关关系。

参考文献

常冠钦，宋存义，汪莉 . 2004. 沸石生态床系统处理城市污泥的性能研究 . 非金属矿，27（2）：8-10

陈桂珠，李柳川 . 1990. 香蒲植物净化塘复合系统的结构和功能 . 有色金属环保，(4)：91-97

陈娟 . 2006. 潜流人工湿地种植美人蕉对污水重金属的去除效果及机理研究 . 扬州：扬州大学硕士学位论文

扶蓉，周开壹，孙学军，等 . 2010. 基于多孔混凝土的低碳植草沟（GP 水沟）技术 . 公路工程，35（5）：53-55，62

蒋艳红 . 2006. 高炉渣吸附性能研究 . 广西：广西大学硕士学位论文

靖元孝，陈兆平，杨丹菁 . 2002. 风车草对生活污水的净化效果及其在人工湿地的应用 . 应用与环境生物学报，8（6）：614-617

李芳柏，吴启堂 . 1997. 无土栽培美人蕉等植物处理生活废水的研究 . 应用生态学报，8（1）：88-92

李慧君，罗建中，冼国勇，等 . 2008. 粉煤灰用作人工湿地基质处理含磷废水 . 广东化工，35（4）：83-84，88

李立青，尹澄清，何庆慈，等 . 2006. 城市降水径流的污染来源与排放特征研究进展 . 水科学进展，17（2）：288-294

李倩囡，张建强，谢江，等 . 2011. 人工湿地基质吸附磷素性能及动力学研究 . 水处理技术，37（9）：64-67

李晓东，师晓春，晁雷，等 . 2009. 高炉矿渣基质人工湿地除磷特性研究 . 气象与环境学报，5（1）：45-48

李旭东，周琪，张荣社，等 . 2005. 三种人工湿地脱氮除磷效果比较研究 . 地学前缘，12（特刊）：73-76

李志银，张惠，芳孙玲，等 . 2010. 大型水生植物对污染水体的生态修复 . 中国西部科技，9（20）：49-50，52

刘红，代明利，刘学燕，等 . 2004. 人工湿地系统用于地表水水质改善的效能及特征 . 环境科学，25（4）：65-69

卢观彬 . 2008. 水平潜流型人工湿地处理小区雨水径流的试验研究 . 重庆：重庆大学硕士学位论文

马乃喜 . 1999. 西安生态环境 . 西安：西安地图出版社

屠晓翠，蔡妙珍，孙建国 . 2006. 大型水生植物对污染水体的净化作用和机理 . 安徽农业科学，34（12）：2843-2844，2867

王荣，贺锋，徐栋，等 . 2010. 人工湿地基质除磷机理及影响因素研究 . 环境科学与技术，33（6E）：12-18

王世和 . 2007. 人工湿地污水处理理论与技术 . 北京：科学出版社

王小高，冯有利 . 2005. 粉煤灰在废水处理中的应用 . 再生资源研究，(2)：40-42

温志良，毛友发，陈桂珠 . 2000. 香蒲植物在环境保护中的开发利用 . 资源开发与市场，16（5）：284-285

徐丽花，周琪 . 2002. 人工湿地控制暴雨径流污染的实验研究 . 上海环境科学，21（5）：274-277，321

尹连庆，张建平，董树军，等 . 1999. 粉煤灰基质人工湿地系统净化污水的研究 . 华北电力大学学报，26（4）：76-79

尹炜，李培军，叶闽，等.2006. 复合潜流人工湿地处理城市地表径流研究. 中国给水排水，22（1）：5-8
张甲耀，夏盛林，邱克明，等.1999. 潜流型人工湿地污水处理系统氮去除及氮转化细菌的研究. 环境科学学报，19（3）：323-327
朱夕珍，崔理华，温晓露，等.2003. 不同基质垂直流人工湿地对城市污水的净化效果. 农业环境科学学报，22（4）：454-457
诸惠昌.1996. 用人工湿地处理乳制品厂废水的研究. 环境科学，17（5）：30-31
Cheng S, Grosse W, Karrenbroek F, et al. 2001. Effieieney of construeted wetlands in decontamination of water polluted by heavy metals. Ecol Eng, 18 (3): 317-325
Deletic A. 1998. The first flush load of urban surface runoff. Water Res, 32 (8): 2462-2470
Deletic A B, Maksimovic C T. 1998. Evaluation of water quality factors in storm runoff from paved areas. J of Envir Engrg, ASCE, 124 (9): 869-879
Dennis K, Koottatep T, Brix H. 2009. Treatment of domestic wastewater in tropical, subsurface flow constructed wetlands planted with Canna and Heliconia. Ecological Engineering, 35 (2): 248-257
Groudeva V I, Groudev S N, Doycheva A S. 2001. Bioremediation of water constaminated with crude oil and toxic heavy metal. Int Miner Proccess, (62): 293-299
Pantip K. 2005. Constructed treatment wetland: a study of eight plant species under saline conditions. Chemosphere, 58 (5): 585-593
Scholes L, Shutes R B E, Revitt D M, et al. 1998. The treatment of metals in urban runoff by constructed wetlands. The Science of the Total Environment, 214 (1-3): 211-219

第 8 章　生态滤沟净化城市路面径流的试验研究

低影响开发（low impact development，LID）技术是将城市地表径流污染控制与雨水利用有机结合的有效工程措施（尹澄清，2009），它是在源头采用各种分散式 BMP（倪艳芳，2008）措施将雨水就地消纳，尽可能达到不产生径流的效果（向璐璐等，2008）。LID 可以减少暴雨径流 30%~99%，并延迟暴雨径流的峰值 5~20 min；还可以有效去除雨水径流中的 P、N、油脂、重金属等污染物；渗入地下的雨水还可为河湖提供一定的地下水补给（常丽君，2010）。LID 技术主要包括生物滞留设施（bio-retention facilities）、绿色屋顶（green roof）、可渗透/漏路面铺装系统（peameable/porous pavement system，PPS）等措施，根据各地条件的不同而选用。它们之间相互联系，通过减少不透水面积、增加雨水渗滤、利用雨水资源，实现可持续雨洪管理（刘保莉和曹文志，2009）。生物沟（王书敏等，2011）是生物滞留系统的一种，其简单高效、成本低廉，被广泛应用于城市地区暴雨径流管理的源头控制。

基于 LID 技术和前人工作基础（黄莉，2006），本章设计了一种将城市路面径流污染控制与雨水利用相结合的生物沟——生态滤沟（图 8-1）。其沟形狭长，两端设置有通气井，并在底部设置通气集水槽，二者构成生态滤沟的“U”形通气廊道；另外，在沟槽填料中穿插通气管，从而有效改善沟槽填料内部的氧气分布状态，提高大气复氧强度。生态滤沟可建于道路中间或两侧，路面径流相应地从其双侧或单侧自然汇入，经其收集处理的路面雨水，可回用于城市市政或景观用水等。本章以西安市为背景，通过中型试验，分析生态滤沟对城市路面径流中污染物的净化效果及其影响因素，进而为其实际应用和推广提供科学依据。

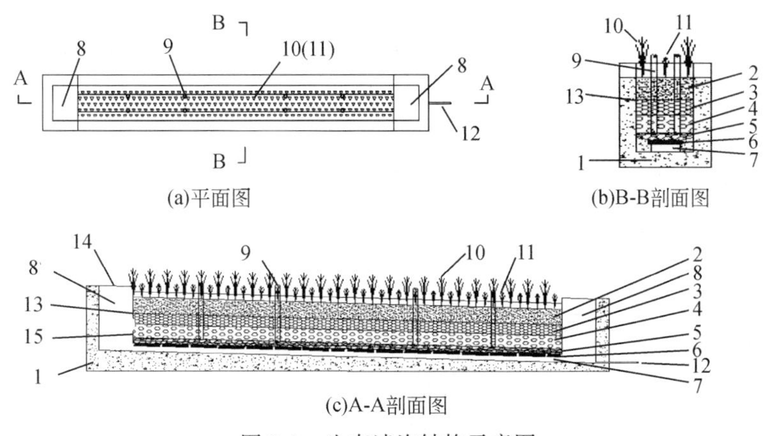

图 8-1　生态滤沟结构示意图

1. 生态滤沟沟底；2. 种植土层；3. 特殊材质基质层；4. 砾石层；5. 鹅卵石层；6. 混凝土箅子；7. 通气集水槽；8. 通气井；9. 通气管；10. 绿化灌木；11. 草本植物；12. 出水管；13. 土工布；14. 金属滤网；15. 挡板

8.1 生物滞留技术国内外研究进展

8.1.1 生物滞留技术的国外研究进展

城市雨水径流管理对解决城市的水资源短缺、洪涝灾害、面源污染等问题都具有重要意义，近年来受到了国际上的广泛关注。20 世纪 90 年代后期美国提出了基于小尺度 LID 的城市非点源污染控制体系。美国环保署将其定义为“特定条件下用作控制雨水径流量和改善雨水径流水质的技术、措施或工程设施的最有效方式”。生物滞留设施作为典型的 LID 综合管理措施，是一种典型的原位径流雨水控制（径流污染控制、峰流量控制、径流体积控制）措施。国外对于生物滞留技术相关内容的代表性研究有美国马里兰大学 Davis、Heish（Li and Davis，2008）等，北卡罗来纳大学 Hunt（Hunt et al.，2008）等，康涅狄格大学 Dietz、Clausen（Dietz and Clausen，2005）等，以及澳大利亚莫纳什大学生物滞留技术推广协会（Facility for Ad-vancing Water Biofiltration，FAWB），这些研究机构及学者经过多年积累已逐渐形成前后衔接、层层推进的体系。Hunt 等（2008）通过在设施底部设置淹没厌氧区，使生物滞留系统对 NO_3^--N 的去除率提高至 75%（无这种设置时对硝氮的去除率仅为 13%）。Hsieh 等（2007）提出进水磷负荷为 8.5 g/(m^2·a）时，对 TP 的去除效果最多可以保持 5 年；生物滞留系统对 Cu、Pb、Zn、Cd 等 4 种金属的去除率都很高，平均去除率在 60% 以上，绝大部分重金属在填料表层 20～25 cm 内被去除，颗粒态金属被过滤截留吸附，溶解态金属则被吸附或被植物吸收（Turer et al.，2001）。Rusciano 和 obropta（2007）研究表明，生物滞留系统对粪大肠菌群的去除率分别为 69% 和 91.6%（Rusciano，2007）。

在生物滞留措施的基质的组成和配置方面，主要包括基质种类、基质组合方式、基质厚度等方面。较早的规程中推荐使用渗透性较好的自然土壤，其中壤质砂土、砂质壤土、壤土（最小吸水率分别为 51mm/h、25mm/h、13mm/h）被认为是生物滞留系统最佳的土壤类型，目前仍有很多地区采用。现在设计中较为推荐使用渗透性能良好、以土壤为基底、含一定有机质的填料混合物。在美国设计手册中几乎都提到添加 20%～30% 的腐殖质（通常为硬木屑、草秆、落叶堆肥等）来调理土壤（Martin et al.，2009）。但这会使填料中的有机物含量高达 35%～65%，致使营养物本底值过高而出现强烈的淋洗作用。目前这个问题已逐渐得到重视，如亚拉巴马州、康涅狄格州的最新设计手册都规定填料土壤中有机质含量为 1.5%～3%，FAWB 规定最多不超过 5%。此外，对填料中营养物含量也提出了要求，如 FAWB 规定氮含量小于 1 000 mg/kg，磷含量小于 80 mg/kg，如种植了对磷敏感的植物，则磷含量应小于 20 mg/kg。

无论是单一土壤填料还是填料混合物，都应具有一定的黏土含量，但目前不同地区对于黏土含量的要求也有差异。例如，美国有些指导规程认为黏土含量应小于 5%，EPA 规定为 10%～25%，而 FAWB 规定要小于 3%。为了提高吸附能力，也可向填料中添加一些通透性好、比表面积大、吸附能力强的介质，如沸石、粉煤灰、煤渣、蛭石、石灰石以及钢丝绒等（孟莹莹等，2010）。

在生物滞留技术的模型研究方面，Backstrom（2002）提出了生物沟平均停留时间和颗粒沉降速度之间的经验指数关系，但该方程受限于一些条件要求。Siriwardene 等（2007）提出了一个简单的两个参数的回归模型，该模型对于恒定的和波动的水位分别配有相关系数，以预测生物沟的堵塞问题，但该模型在预测粒径小于6 mm 的颗粒浓度方面尚缺乏灵敏性。Tony 等（2006）提出的模型可预测暴雨人工湿地（stormwater wetlands）、洼地（ponds）、植草沟（vegetated swales）、生物滤器（biofilters）等的运行效能，该模型包括水质模型和水力模型两个方面。Deletic（2001）开发了一维模型预测生物沟对泥沙的去除效率，模型假设植物未被水流淹没，可以预测径流的产生和泥沙的迁移，甚至能够预测出水颗粒的大小。Wisconsin 大学研发的 RECARGA 软件是专门针对生物滞留池等入渗措施的水文性能进行分析和设计的软件，具有界面友好、操作简单等特点，用户还可以通过修改程序中的土壤参数满足自己特定的要求（孙艳伟和魏晓妹，2011）。

8.1.2 生物滞留技术的国内研究现状

生物滞留技术在国内研究基础薄弱，才刚刚起步。北京、深圳、上海等地在城市开发建设活动中开始尝试引入并使用该技术。在生物滞留池的设计方面，主要借鉴国外已有研究的经验教训。李俊奇等（2010）以北京某开发区典型路段生物滞留带的设计为例，对生物滞留池的设计过程及径流控制效果做了分析介绍。向璐璐等（2008）对雨水花园的设计方法进行了理论探讨，并对生物滞留技术的效果评价方法进行了介绍。重庆大学黄莉（2006）对生物滤沟的设计、滤料的选择进行了探索，对生物滤沟的净化效果进行了实验分析，对生物滤沟的运行周期进行了评价。鲁南等（2008）等通过自建模型，以深圳市茜坑水库管理处地下式生物滞留槽为例进行全年土壤水分过程模拟，评估了生物滞留槽对地表径流的削减效果。

8.2 西安市城市路面径流水质特征研究

城市暴雨径流水质状况对于城市雨水资源利用具有十分重要的影响。本章通过对西安市路面径流水质进行监测与水质分析，以便掌握路面径流的水质现状，从而为生态滤沟的净化效果试验奠定基础。

8.2.1 路面采样点的选择

本章重点进行西安市不同等级道路路面径流的水质监测，并对其污染物特征进行对比。试验共布置4 个不同性质下垫面的采样点（图8-2）。A 点收集的西安理工大学校园雨水，该路面为混凝土路面，是学校的主干道，作为文教区道路的代表；B 点位于家属区内，其汇流路面为柏油路面，是家属区的交通主干道，可作为居民区道路的代表；C 采样点位于学校南门外车行道，采样点临近繁华地区，人流、车流量比较大，可作为城市次干道的代表；D 采样点位于金花路立交桥（东二环），是西安市交通要道，车流量大，无行人通行，可作为城市主干道的代表。

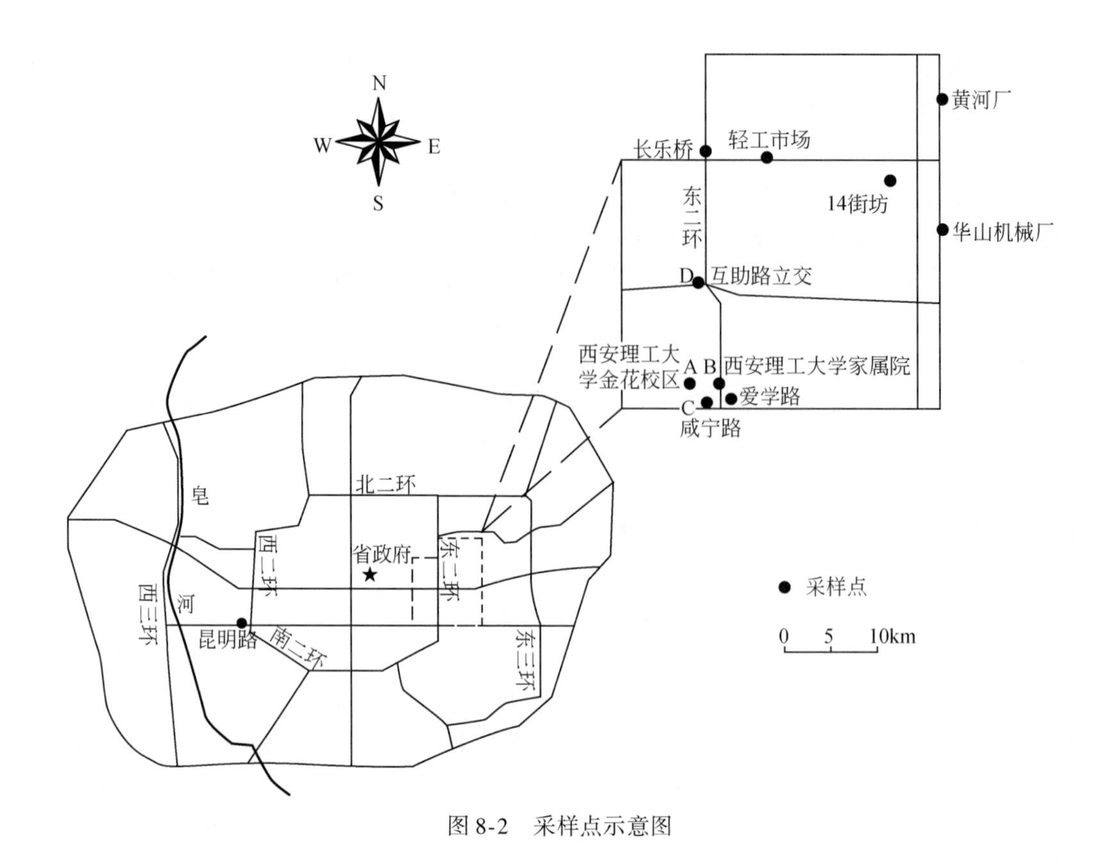

图 8-2　采样点示意图

8.2.2　路面径流水质监测方法

1. 监测方法

降雨期间，分别对文教区道路、居住区道路、城市次干道、城市主干道四种道路径流进行时间间隔采样分析，以获取不同等级道路的暴雨径流污染特性。从产流开始，每隔 5 ~ 10min 取一次样，根据降雨情况一场雨取一个系列，体现出降雨过程中径流水质随产流时间的变化情况。水质分析项目包括 COD、氨氮、总氮、总磷、锌、镉等。

2. 地表径流污染物浓度的表示方法

代表某一地点的多场降雨的径流平均浓度，即 SMC（site mean concentration），是某一地点多场降雨径流平均浓度的平均值，SMC 的常用表示方法有两种，即 site median EMC 和 site average EMC，其中以 site median EMC（某地点的多场降雨的 EMC 值的中值）较为常用。

8.2.3　路面径流水质监测结果与分析

经过雨水采样及水质监测，共取得 4 种道路路面 2010 年 8 月 14 日、2010 年 8 月 19 日、2010 年 10 月 10 日、2010 年 10 月 24 日 4 场降雨的路面径流雨水，共计 13 组降雨径流水质数据。降雨特征观测结果见表 8-1。

表 8-1　降雨特征观测结果

采样日期（年-月-日）	雨前晴天累积天数/天	降雨历时/小时	降雨量/mm	雨强/(mm/h)
2010-08-14	1	1.5	12.6	8.4（大雨）
2010-08-19	4	1	11.4	11.4（大雨）
2010-10-10	8	3	21.2	7.1（中雨）
2010-10-24	4	1.5	15.4	10.3（大雨）

经过整理，分析了 2010 年 10 月 10 日降雨各采样点各污染物指标的沿时间变化趋势，如图 8-3 所示。

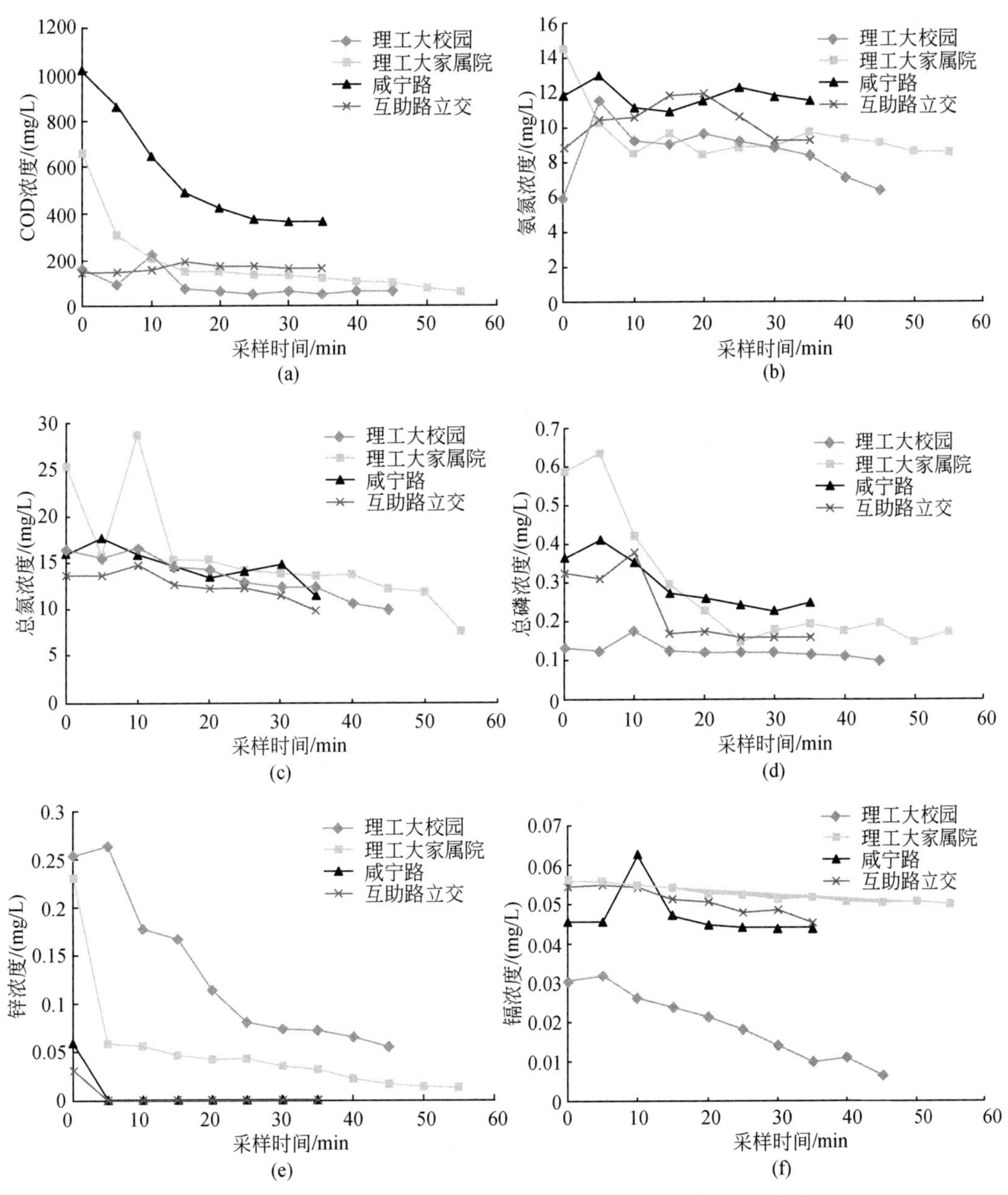

图 8-3　2010 年 10 月 10 日暴雨径流水质随降雨历时的变化结果

由图 8-3 可知，各污染物指标有明显的初期冲刷效应，随着降雨时间的延续，径流污染物浓度逐渐减小。综合统计 13 组降雨径流数据，总结了 4 种城市道路路面各污染物指标的最大值、最小值以及平均值（表 8-2、表 8-3）。通过分析监测结果可知 COD 污染物浓度范围为 15.62 ~ 1014.78mg/L，总体城市次干道>城市主干道>居住区道路>文教区道路；氨氮污染物浓度范围为 3.08 ~ 14.52mg/L，总体城市次干道>城市主干道>居住区道路>文教区道路；总氮污染物浓度范围为 2.0 ~ 28.50mg/L，总体居住区道路>城市次干道>文教区道路>城市主干道；总磷污染物浓度范围为 0.10 ~ 0.63mg/L，总体城市次干道>城市主干道>居住区道路>文教区道路；锌污染物浓度范围为 0 ~ 0.75mg/L，总体文教区道路>居住区道路>城市次干道>城市主干道；镉污染物浓度范围为 0.0767 ~ 0.0034mg/L，总体城市次干道>城市主干道>居住区道路>文教区道路。可见城市次干道道路路面径流由于其车流人流较为密集，污染较为严重，其次依次为城市主干道、居住区道路、文教区道路。

表 8-2　综合统计结果（一）

项目	COD/(mg/L)			氨氮/(mg/L)			总氮/(mg/L)		
	最大值	最小值	均值	最大值	最小值	均值	最大值	最小值	均值
理工大校园	223.26	15.62	72.65	11.58	3.08	6.15	16.45	2.00	7.75
理工大家属区	660.10	50.78	126.39	14.52	8.45	9.56	28.50	3.00	10.31
咸宁路	1014.78	149.56	374.74	13.05	10.89	11.78	17.60	2.35	8.19
互助路立交	210.94	101.23	139.47	11.94	8.94	10.38	14.70	2.14	7.21
综合	1014.78	15.62	178.31	14.52	3.08	9.47	28.50	2.00	8.36

表 8-3　综合统计结果（二）

项目	总磷/(mg/L)			锌/(mg/L)			镉/(mg/L)		
	最大值	最小值	均值	最大值	最小值	均值	最大值	最小值	均值
理工大校园	0.19	0.10	0.15	0.7500	0.0105	0.2119	0.0619	0.0034	0.0269
理工大家属区	0.63	0.15	0.29	0.3600	0.0000	0.0445	0.0582	0.0135	0.0429
咸宁路	0.54	0.17	0.32	0.2509	0.0000	0.0333	0.0704	0.0296	0.0490
互助路立交	0.55	0.16	0.31	0.0300	0.0000	0.0034	0.0767	0.0101	0.0474
综合	0.63	0.10	0.27	0.7500	0.0000	0.0733	0.0767	0.0034	0.0416

8.3　生态滤沟净化效果的试验设计

8.3.1　生态滤沟的设计要素

生态滤沟是指种植植被的景观性地表带状沟槽集水排水净化系统。地表径流以较低流速汇至生态滤沟内，经植物截留、填料过滤和吸附，雨水径流中的多数悬浮颗粒污染物和部分溶解态污染物被有效去除。生态滤沟是典型的非点源污染的“源”处理措施，可应用于居民区、商业区和工业区。生态滤沟作为LID技术的一种，以城市道路绿化带为依托，在实现城市道路绿化、完成地表径流输送功能的同时满足雨水的收集及净化处理的要求。

1. 生态滤沟的净化机理

生态滤沟设施结构比较简单，但是净化机理却十分复杂，一般情况下通过渗透、过滤和沉积等物理原理实现对颗粒物及吸附在表面的污染物（如重金属、磷等）的去除（Barrett et al.，1998；Rose et al.，2003）；通过反硝化、生物累积和土壤交换等实现对氮污染物的去除（赵建伟等，2007）。生态滤沟的净化机理主要包括物理化学作用、植物作用以及微生物作用三方面。

1）物理化学作用

雨水进入生态滤沟后，悬浮颗粒物在重力和浮力的相互作用下发生运动，当重力大于浮力时就会下沉，当其运动到较为适宜的环境时就会沉淀。大部分沿水流方向运动的颗粒会被植被或土壤捕获，同时受到范德华力和静电引力的相互作用，以及一些化学键的作用，黏附于土壤或滤料颗粒表面或之前黏附的颗粒上。

2）植物作用

第一，植物可以直接吸收有机污染物，水溶液中或基质空隙中的污染物通过植物的根系区域时被吸收，这些大部分被植物转化或保存在生物量里。第二，植物根系释放分泌物和酶，美国佐治亚州Athens的EPA实验室从淡水的沉积物中提取出脱卤酶、硝酸还原酶、过氧化物酶、漆酶和腈水解酶物种酶，经鉴定这些酶均来自植物（宋春霞等，2004）。第三，是植物和根系微生物的联合作用，这种联合形成小环境，这些微生态小环境具有典型的活性污泥或活性生物膜的功能（邓瑞芳等，2004）。

3）微生物作用

土壤中的微生物主要有三种类型，即好氧、厌氧和兼性厌氧，其能够通过生物降解过程去除水中的悬浮物、胶体以及溶解性污染物，并将这些物质作为自身新陈代谢的能量来源。在不同的外界条件下，通过微生物的硝化、反硝化和吸磷、释磷过程，继而实现水中氮、磷、有机物等污染物质的去除（王健等，2011）。

2. 生态滤沟基质的选择

近年来许多学者致力于基质填料的筛选研究，目前应用的基质由过去传统的砂粒、土壤和砾石扩展到黏土矿物、部分工业副产物和废弃物等（崔理华等，2003；周小平等，2005）。选择合适的基质材料已成为提高生态净化措施净化能力的关键方法（李旭东等，2005）。优良的填充基质应具备以下条件：颗粒小、质地均匀、易分散，经济实惠、保水保肥能力好、有降污和吸附重金属的能力（扶蓉等，2010）。本生态滤沟选择的填充基质有鹅卵石和砾石、沸石、粉煤灰和高炉渣，各基质特性如第7章所述。

3. 生态滤沟植物的选择

种植植物的选择有以下原则：植物的净化能力和耐污能力强；具有较强的抗逆性（如

抗冻、抗热、抗病虫害，适应环境能力强)；易于管理；植物的年生长周期长，生长速度快；具有一定的综合利用和景观价值。本生态滤沟选择的种植植物如下。

1）黑麦草

黑麦草属禾本科（Gramineae）黑麦草属（*Lolium*），一年生或多年生草本。株高 70～100cm，有时可达 1m 以上。茎秆丛生，质地较软。叶在芽中呈折叠状，叶鞘光滑，叶耳细小，叶舌短而不明显。穗状花序，小穗含小花 6～11 朵，无外颖。无芒，内稃与外稃等长。黑麦草须根发达，但入土不深，丛生，分蘖很多，黑麦草喜温暖湿润土壤，适宜土壤 pH 为 6～7。该草在昼夜温度为 12～27℃时再生能力强，光照强，日照短，温度较低对分蘖有利，遮阳对黑麦草生长不利。黑麦草耐湿，但在排水不良或地下水位过高时不利于黑麦草生长。

2）麦冬草

麦冬为多年生草本植物，株高 14～30cm。根茎细长，匍匐有节，节上有白色鳞片，须根多且较坚韧，微黄色，先端或中部常膨大为肉质块根，呈纺锤形或长椭圆形。叶丛生，狭线形，先端尖，基部绿白色并稍扩大。麦冬喜温暖湿润、较荫蔽的环境。耐寒、忌强光和高温（郁国芳等，2006）。

3）小叶女贞

小叶女贞是木樨科女贞，属落叶灌木，枝细叶小，萌发力强，寿命较长，抗逆性强，容易成活，主作绿篱或嫁接桂花、丁香的砧木，高 1～3m（巨画媚和赵娟，2009）。小枝淡棕色，圆柱形，密被微柔毛，后脱落。叶片薄革质，形状和大小变异较大，披针形、长圆状椭圆形、椭圆形、倒卵状长圆形至倒披针形或倒卵形，长 1～5.5cm，宽 0.5～3cm，基部狭楔形至楔形，叶缘反卷，侧脉 2～6 对，叶柄长 0～5mm。小叶女贞喜光照，稍耐荫，较耐寒；对二氧化硫、氯等毒气有较好的抗性。

4）黄杨

黄杨科为常绿灌木或小乔木。耐阴喜光，在一般室内外条件下均可保持生长良好。喜湿润，可耐连续一月左右的阴雨天气，但忌长时间积水。耐旱，只要地表土壤不至完全干透，无异常表现。耐热耐寒，可经受夏日暴晒和耐摄氏零下 20℃左右的严寒，但夏季高温潮湿时应多通风透光。对土壤要求不严，以轻松肥沃的沙质壤土为佳，也可以蛭石、泥炭或土壤配合使用，耐碱性较强。

8.3.2 试验装置的设计

1. 试验场简介

在西安理工大学西北水资源与环境生态教育部重点实验室露天试验场建设 3 组 6 条（长 2.5m×宽 0.5m，坡度为 1.5%）生态滤沟中试验装置，进行生态滤沟净化效果试验，为方便试验的进行，将装置抬高，建于地面之上。试验场示意图如图 8-4 所示。试验系统填充基质和植物情况见表 8-4。

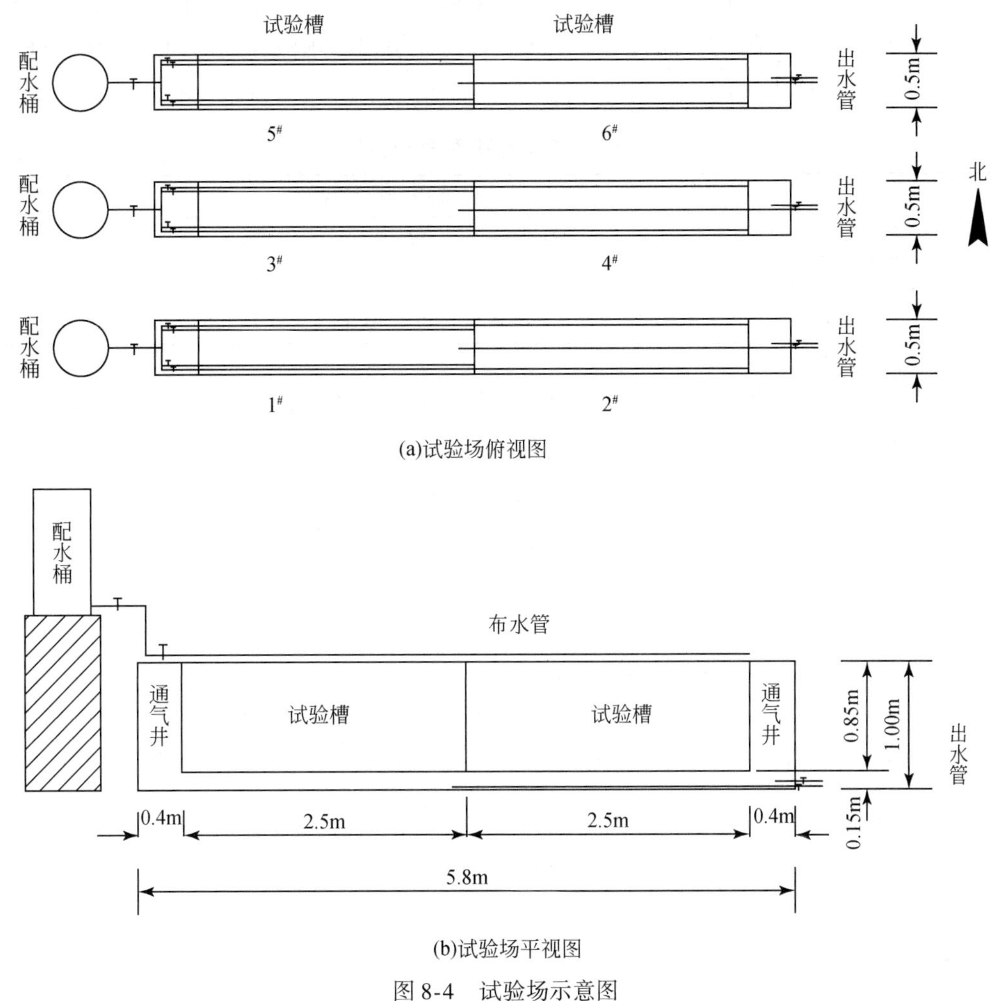

(a)试验场俯视图

(b)试验场平视图

图 8-4　试验场示意图

表 8-4　试验系统填充基质和植物情况

<table>
<tr><th rowspan="2">序号</th><th colspan="4">基质类型及厚度</th><th rowspan="2">滤沟所种植物名称</th></tr>
<tr><th>30cm</th><th>25cm</th><th>20cm</th><th>10cm</th></tr>
<tr><td>1</td><td rowspan="6">种植土</td><td>高炉渣</td><td rowspan="2">砾石</td><td rowspan="6">鹅卵石</td><td rowspan="5">黑麦草和小叶女贞</td></tr>
<tr><td>2</td><td>粉煤灰</td></tr>
<tr><td>3</td><td colspan="2">砾石</td></tr>
<tr><td>4</td><td colspan="2">粉煤灰</td></tr>
<tr><td>5</td><td>沸石</td><td rowspan="2">砾石</td></tr>
<tr><td>6</td><td>高炉渣</td><td>麦冬草和黄杨</td></tr>
</table>

2. 基质的填充和植物的种植

需先将填充基质按设计粒径进行筛分，各填充基质设计粒径见表 8-5，随后在沟中从下到上依次填入鹅卵石承托层、砾石层、特殊材质基质层和种植土层，除鹅卵石层与砾石层之间外，其余各层中间均需铺一层土工布，以防止填料随水流冲刷而向下迁移，进而影响出水水质和滤沟使用寿命。

表 8-5　各填充基质设计粒径

基质	鹅卵石	砾石	特殊材质基质			种植土
			粉煤灰	高炉渣	沸石	
粒径/mm	50 ~ 100	10 ~ 30	1 ~ 3	5 ~ 10	3 ~ 5	2 ~ 5
填充厚度/m	0.05 ~ 0.2	0.1 ~ 0.3	0.1 ~ 0.3	0.1 ~ 0.3	0.1 ~ 0.3	0.2 ~ 0.5

本试验场生态滤沟植物在春季进行种植，并间期对植物的基径、株高、覆盖度、冠幅进行调查，调查情况见表 8-6。

表 8-6　植物生长调查情况

植物	基径/cm			株高/cm			覆盖度			冠幅（南北）/cm		
	2011.6	2011.7	2011.9 ~ 2011.11	2011.6	2011.7	2011.9 ~ 2011.11	2011.6	2011.7	2011.9 ~ 2011.11	2011.6	2011.7	2011.9 ~ 2011.11
黄杨	0.5 ~ 1	1 ~ 1.5	1.5 ~ 2	36 ~ 46	38 ~ 48	40 ~ 52	8 株/m^3	8 株/m^3	8 株/m^3	18 ~ 26	20 ~ 28	22 ~ 30
小叶女贞	0.5	0.5	0.5	25 ~ 58	39 ~ 69	45 ~ 75	8 株/m^3	8 株/m^3	8 株/m^3	—	—	—
麦冬草	1 ~ 3	1.5 ~ 4	2 ~ 4.4	18 ~ 26	20 ~ 38	22 ~ 42	8 株/m^3	8 株/m^3	8 株/m^3	18 ~ 26	20 ~ 28	22 ~ 30
黑麦草	0.5	0.5	0.5	25	30	35	85% ~ 90%	90% ~ 95%	100%	—	—	—

8.3.3　试验装置流程

生态滤沟处理城市路面径流的试验装置流程如图 8-5 所示。

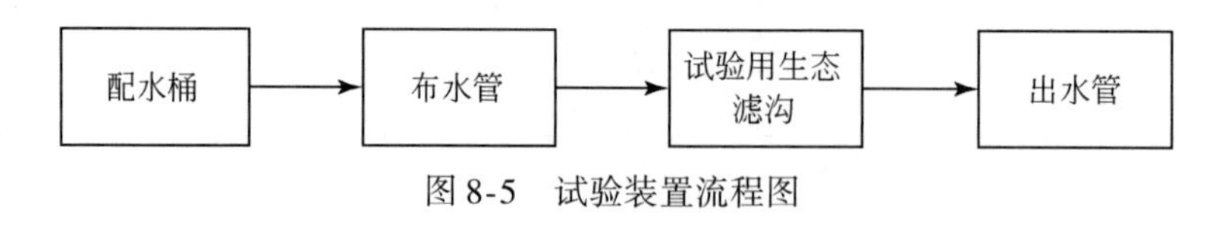

图 8-5　试验装置流程图

如图 8-5 所示，原水经由配水桶，流经布水管进入生态滤沟，随后由出水管出水。水样采集在出水管出口处进行。

8.3.4　试验用水

本试验用水主要为人工配水，配水主要结合国内路面径流雨水水质情况（孙常磊，2005；张媛，2006）与调查和监测的西安市路面雨水水质情况进行配制，试验进水水质为城市道路路面中后期雨水（表 8-7），通过往自来水中添加化学药剂来模拟雨水水质。先在实验室配置高浓度试剂，再按比例用自来水稀释至所需浓度，试验配水所需药品见表8-8。

表8-7　路面雨水水质情况

时期	污染物					
	COD/(mg/L)	TN/(mg/L)	NH_3-N/(mg/L)	TP/(mg/L)	Zn/(mg/L)	Cd/(mg/L)
初期产流	600	13	2.3	5.6	1.5	0.040
中后期	200	6	1.5	1.5	0.2	0.015

表8-8　试验配水所需药品

项目	COD	NH_3-N	TN	DP	TP	Zn	Cd
药品名称	葡萄糖	氯化铵	硝酸钾	磷酸二氢钾	磷酸二氢钾	硝酸锌	硝酸镉

8.3.5　试验安排

1. 固定进水污染物浓度变化进水水力负荷的试验

第一部分试验为固定进水水质、变化水力负荷的试验，主要考察水力负荷以及滤沟本身构成（基质、植物）对净化效果的影响，试验水力负荷根据西安市暴雨强度式（8-1）及生态滤沟汇水面积（张新颖，2008）确定，设计生态滤沟服务面积为其自身面积的3倍，水力负荷计算见表8-9。

$$q = \frac{2819.294(1 + 1.317\lg P)}{(t + 21.5)^{0.923}} \tag{8-1}$$

式中：q 为设计暴雨强度［$L/(s \cdot hm^2)$］；P 为重现期（年）；t 为降雨历时（min）。

表8-9　水力负荷计算结果

重现期/年	暴雨强度/[$L/(s \cdot hm^2)$]	暴雨强度/[$m^3/(m^2 \cdot d)$]	三倍集水暴雨强度/[$m^3/(m^2 \cdot d)$]
0.5	70.45	0.61	1.83
1.5	143.81	1.24	3.72
3	190.09	1.64	4.92
50	377.93	3.27	9.81

试验进水为模拟城市路面降雨径流的中后期雨水，进水水质见表8-7，试验中通过阀门对进水量进行控制，实现4组不同的水力负荷，由于阀门人为控制等原因，操作时控制4组水力负荷分别为1.92$m^3/(m^2 \cdot d)$、3.60$m^3/(m^2 \cdot d)$、4.80$m^3/(m^2 \cdot d)$、9.60$m^3/(m^2 \cdot d)$。试验工况见表8-10。

表8-10　第一部分试验工况表

工况编号	水力负荷/[$m^3/(m^2 \cdot d)$]	第二、三层基质种类	基质组合方式	植物种类	进水污染物浓度
1-1-1	[1] 1.92	[1] 高炉渣+砾石	[1] 四层	[1] 小叶女贞+黑麦草	[2]

续表

工况编号	水力负荷/[m^3/(m^2·d)]	第二、三层基质种类	基质组合方式	植物种类	进水污染物浓度
1-1-2	[2] 3.6	[1]	[1]	[1]	[2]
1-1-3	[3] 4.8	[1]	[1]	[1]	[2]
1-1-4	[4] 9.6	[1]	[1]	[1]	[2]
1-2-1	[1]	[2] 粉煤灰+砾石	[1]	[1]	[2]
1-2-2	[2]	[2]	[1]	[1]	[2]
1-2-3	[3]	[2]	[1]	[1]	[2]
1-2-4	[4]	[2]	[1]	[1]	[2]
1-3-1	[1]	[3] 砾石	[2] 三层	[1]	[2]
1-3-2	[2]	[3]	[2]	[1]	[2]
1-3-3	[3]	[3]	[2]	[1]	[2]
1-3-4	[4]	[3]	[2]	[1]	[2]
1-4-1	[1]	[4] 粉煤灰	[2]	[1]	[2]
1-4-2	[2]	[4]	[2]	[1]	[2]
1-4-3	[3]	[4]	[2]	[1]	[2]
1-4-4	[4]	[4]	[2]	[1]	[2]
1-5-1	[1]	[5] 沸石+砾石	[1] 四层	[1]	[2]
1-5-2	[2]	[5]	[1]	[1]	[2]
1-5-3	[3]	[5]	[1]	[1]	[2]
1-5-4	[4]	[5]	[1]	[1]	[2]
1-6-1	[1]	[1]	[1]	[2] 黄杨+麦冬草	[2]
1-6-2	[2]	[1]	[1]	[2]	[2]
1-6-3	[3]	[1]	[1]	[2]	[2]
1-6-4	[4]	[1]	[1]	[2]	[2]

注：表中进水污染物浓度［2］为表8-7中后期浓度，同表8-11中［2］浓度

2. 固定进水水力负荷变化进水污染物浓度的试验

第二部分试验为固定水力负荷、变化进水水质的试验，水质变化范围结合城市路面径流浓度范围设定，主要考察进水污染物浓度对净化效果的影响，固定水力负荷为1.92 m^3/(m^2·d)，进水污染物浓度见表8-11。试验工况见表8-12。同时也进行了各生态滤沟流量削减与污染物削减过程的研究。

表8-11　第二部分试验系统进水污染物浓度

生态滤沟进水水质工况编号	COD/(mg/L)	NH_3-N/(mg/L)	TN/(mg/L)	TP/(mg/L)
[1]	100	0.7	3.0	0.7
[2]	200	1.5	6.0	1.5
[3]	300	2.0	9.0	3.0
[4]	600	3.0	13.0	5.6

表 8-12　第二部分试验工况表

工况编号	面积负荷 /[$m^3/(m^2 \cdot d)$]	第二、三层基质种类	基质组合方式	植物种类	进水污染物浓度
2-1-1	[1] 1.92	[1] 高炉渣+砾石	[1] 四层	[1] 小叶女贞+黑麦草	[1]
2-1-2	[1]	[1]	[1]	[1]	[2]
2-1-3	[1]	[1]	[1]	[1]	[3]
2-1-4	[1]	[1]	[1]	[1]	[4]
2-2-1	[1]	[2] 粉煤灰+砾石	[1]	[1]	[1]
2-2-2	[1]	[2]	[1]	[1]	[2]
2-2-3	[1]	[2]	[1]	[1]	[3]
2-2-4	[1]	[2]	[1]	[1]	[4]
2-3-1	[1]	[3] 砾石	[2] 三层	[1]	[1]
2-3-2	[1]	[3]	[2]	[1]	[2]
2-3-3	[1]	[3]	[2]	[1]	[3]
2-3-4	[1]	[3]	[2]	[1]	[4]
2-4-1	[1]	[4] 粉煤灰	[2]	[1]	[1]
2-4-2	[1]	[4]	[2]	[1]	[2]
2-4-3	[1]	[4]	[2]	[1]	[3]
2-4-4	[1]	[4]	[2]	[1]	[4]
2-5-1	[1]	[5] 沸石+砾石	[1] 四层	[1]	[1]
2-5-2	[1]	[5]	[1]	[1]	[2]
2-5-3	[1]	[5]	[1]	[1]	[3]
2-5-4	[1]	[5]	[1]	[1]	[4]
2-6-1	[1]	[1]	[1]	[2] 黄杨+麦冬草	[1]
2-6-2	[1]	[1]	[1]	[2]	[2]
2-6-3	[1]	[1]	[1]	[2]	[3]
2-6-4	[1]	[1]	[1]	[2]	[4]

注：进水浓度 [1]、[2]、[3]、[4] 见表 8-11

8.3.6　采样与分析项目测试方法

1. 采样安排

固定进水水质、变化水力负荷的试验每组水力负荷条件下平行放水 5 次，取 5 次试验的去除率的平均值进行试验结果的分析。固定进水水力负荷、变化进水污染物浓度的试验按出水时间 0min、10min、20min、40min、60min、90min、120min 进行取样，取 7 次采样的去除率的平均值进行试验结果的分析。

2. 试验分析项目与测试方法

试验分析项目、方法及频率见表 8-13。

表 8-13 试验分析项目、方法及频率

分析项目	测试项目	测定方法及仪器	测定频率
物理分析项目	水温/℃	美国 HACH 哈希 HQ40d 双路输入多参数数字化分析仪	2 次/日
	DO/(mg/L)	美国 HACH 哈希 HQ40d 双路输入多参数数字化分析仪	2 次/日
	电导率/(μs/cm)	美国 HACH 哈希 HQ40d 双路输入多参数数字化分析仪	2 次/日
化学分析项目	pH	功能型台式 pH 计	2 次/日
	氨氮/(mg/L)	纳氏试剂比色法	按试验需要
	总氮/(mg/L)	过硫酸钾氧化、紫外分光光度法	按试验需要
	正磷/(mg/L)	真空吸滤+过硫酸钾消氧化——钼酸盐分光光度法	按试验需要
	总磷/(mg/L)	过硫酸钾消氧化-钼酸盐分光光度法	按试验需要
	COD/(mg/L)	重铬酸钾、HACH DRB200 消解、紫外分光光度法	按试验需要
	Zn/(mg/L)	火焰原子吸收法	按试验需要
	Cd/(mg/L)	火焰原子吸收法	按试验需要

8.4 生态滤沟净化效果的试验结果分析

8.4.1 生态滤沟净化效果评价指标

为定量分析生态滤沟的净化效果，以污染物浓度去除率和入流流量削减率、入流水量削减率、入流负荷削减率作为净化效果的评价指标。计算公式为

$$R_C = \frac{C_{进} - C_{出}}{C_{进}} \times 100\%, \quad R_Q = \frac{Q_{进} - Q_{出}}{Q_{进}} \times 100\%$$

$$R_V = \frac{V_{进} - V_{出}}{V_{进}} \times 100\%, \quad R_L = \frac{C_{进} V_{进} - C_{出} V_{出}}{C_{进} V_{进}} \times 100\% \tag{8-2}$$

式中，R_C 为污染物浓度去除率；$C_{进}$ 为入流污染物浓度（mg/L）；$C_{出}$ 为出流污染物浓度（mg/L）；R_Q 为入流流量削减率；$Q_{进}$ 为入流流量；$Q_{出}$ 为出流流量；R_V 为入流水量削减率；$V_{进}$ 为入流水量；$V_{出}$ 为出流水量；R_L 为入流负荷削减率。

8.4.2 生态滤沟对城市路面径流污染物质的净化效果

试验结果表明，沟槽出水感官性状良好，没有明显的、令人厌恶的色、嗅；出水的pH受填充基质的影响，除填充粉煤灰的滤沟出水呈弱碱性外，填充其他基质（如沸石、高炉渣、砾石等）的滤沟出水均呈中性，其值保持在6.5～7.5；同时，由于净化后的出水由集水槽收集后一直处于流动的状态，因此其溶解氧含量维持在6.5～9.5mg/L，溶解氧含量较高；并且，由于出水流经各填充基质层，在污染物被去除的同时也溶入了基质中的其他物质，因此出水电导率普遍比进水高。

当降雨径流流经生态滤沟时，经沉淀、过滤、渗透、持留及生物降解等共同作用，径流中的污染物被去除，出水各污染物浓度均低于进水，但是由于基质种类、基质组合方式、植被条件、进水水力负荷以及进水污染物浓度的不同使得不同的生态滤沟对不同种类的污染物的去除效果也不一样。各工况条件下生态滤沟净化效果见表8-14、表8-15。

表8-14 第一部分试验结果 （单位：%）

工况编号	氨氮 R_C	总氮 R_C	正磷 R_C	总磷 R_C	锌 R_C	镉 R_C
1-1-1	30.09	29.80	80.60	79.40	99.08	4.25
1-1-2	18.50	15.10	57.70	60.80	97.97	27.40
1-1-3	36.60	24.40	65.90	61.70	100.00	39.05
1-1-4	14.73	16.40	52.30	50.20	55.87	33.42
1-2-1	44.95	42.80	95.40	94.60	87.96	4.54
1-2-2	31.80	20.60	92.10	77.80	93.88	46.63
1-2-3	35.30	20.40	95.30	67.00	100.00	50.48
1-2-4	21.98	22.00	89.60	55.80	85.36	23.05
1-3-1	28.00	15.10	78.70	65.80	48.21	6.30
1-3-2	22.20	17.20	46.40	43.70	86.03	43.18
1-3-3	33.60	22.90	42.00	43.00	100.00	22.85
1-3-4	13.00	13.10	37.60	26.80	99.88	20.29
1-4-1	20.00	16.70	74.80	66.50	100.00	20.91
1-4-2	19.40	19.00	92.00	46.40	99.42	37.72
1-4-3	33.20	19.20	90.40	48.70	100.00	39.83
1-4-4	8.40	14.60	74.50	22.40	85.07	26.89
1-5-1	27.62	21.70	75.20	74.10	79.91	3.23
1-5-2	28.44	22.80	69.50	69.10	93.04	35.00
1-5-3	41.50	26.30	64.90	64.20	100.00	41.93
1-5-4	16.40	12.70	45.90	51.40	92.26	37.18
1-6-1	38.40	37.50	80.80	81.20	71.64	5.83
1-6-2	30.20	35.30	72.80	72.10	99.25	36.30

续表

工况编号	氨氮 R_C	总氮 R_C	正磷 R_C	总磷 R_C	锌 R_C	镉 R_C
1-6-3	40.50	36.40	70.90	69.20	100.00	38.69
1-6-4	17.00	21.30	49.60	51.40	98.30	37.26
最大值	44.95	42.80	95.40	94.60	100.00	50.48
最小值	8.40	12.70	37.60	22.40	48.21	3.23
平均值	27.12	23.03	70.30	60.01	89.28	28.30

表 8-15 第二部分试验结果 （单位:%）

工况编号	COD R_C	氨氮 R_C	总氮 R_C	正磷 R_C	总磷 R_C
2-1-1	12.31	9.51	27.77	47.57	42.45
2-1-2	25.26	26.98	9.66	64.28	61.85
2-1-3	36.81	20.12	26.97	54.93	73.41
2-1-4	10.73	27.72	27.40	25.72	24.85
2-2-1	13.83	8.23	27.51	41.53	41.52
2-2-2	11.84	21.17	7.47	53.24	51.99
2-2-3	17.42	21.90	7.19	49.86	62.40
2-2-4	8.47	28.39	12.36	20.29	23.04
2-3-1	13.38	15.89	19.85	54.93	50.17
2-3-2	19.19	16.05	12.96	50.90	49.62
2-3-3	11.93	21.86	25.89	45.76	53.78
2-3-4	10.74	35.40	20.87	35.18	32.76
2-4-1	27.29	33.29	51.48	78.04	70.64
2-4-2	40.43	33.79	18.29	87.40	86.31
2-4-3	52.60	43.20	43.15	87.09	86.34
2-4-4	32.03	31.52	50.43	70.32	68.93
2-5-1	12.46	16.96	31.53	41.81	32.36
2-5-2	30.15	26.57	11.30	67.11	58.26
2-5-3	11.32	30.02	18.58	47.27	61.38
2-5-4	16.79	39.80	30.91	45.16	38.61
2-6-1	30.05	43.86	48.20	71.80	67.51
2-6-2	41.82	36.67	28.72	80.22	78.56
2-6-3	21.81	48.42	44.97	69.90	77.83
2-6-4	43.13	41.81	40.14	78.12	77.61
最大值	52.60	48.42	51.48	87.40	86.34
最小值	8.47	8.23	7.19	20.29	23.04
平均值	23.57	28.30	27.01	56.77	56.98

由表 8-14、表 8-15 总体看来，在 COD、氮、磷等指标中生态滤沟对磷的去除效果优于对氮的去除效果，对可溶性污染物（氨氮、正磷）的净化效果优于 COD、总氮、总磷的净化效果。从污染物的去除机理上考虑，磷的去除一方面依靠土壤和基质对磷的物理截留、吸附及化学沉淀作用，另一方面依靠植物、土壤、微生物构成的生态系统的生物除磷作用。而氮的去除主要依靠硝化反硝化作用。生态滤沟的选用填充基质都具有较好的吸附性，对磷的吸附效果好，并且该生态滤沟中好氧环境充足，有利于磷的去除，相对厌氧环境的不充足也不利于氮的去除。

8.4.3 各因素对生态滤沟净化效果的影响分析

1. 对氮的净化效果

1）基质种类对氮净化效果的影响

A. 对氨氮的影响

基质种类对氨氮净化效果的影响如图 8-6 所示，图例中（1）~（5）分别表示生态滤沟的沟号（序号），下同。

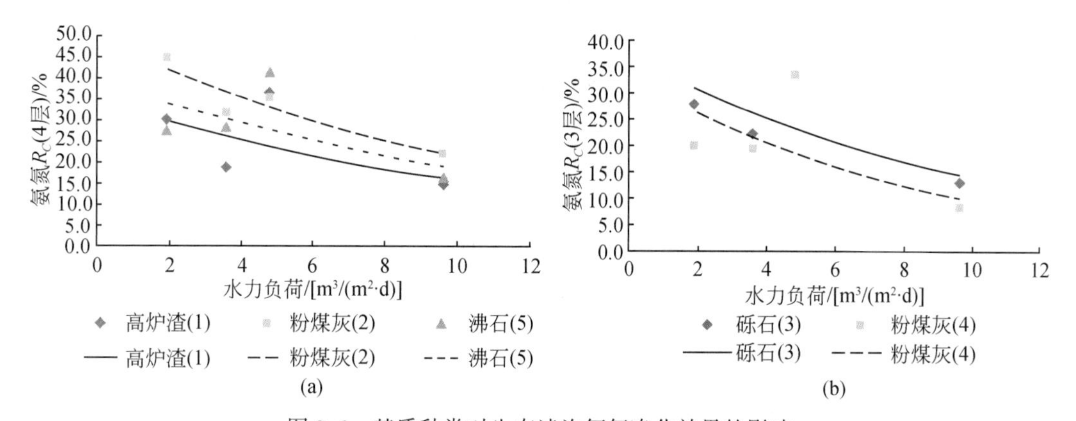

图 8-6　基质种类对生态滤沟氨氮净化效果的影响

如图 8-6 所示，当生态滤沟为 4 层填料（除特殊材质基质层外，其余 3 层填料均相同）时，比较了特殊材质基质层分别为高炉渣、粉煤灰和沸石的生态滤沟，试验结果表明含有高炉渣的生态滤沟对氨氮的浓度去除率为 14.7% ~36.6%，含有粉煤灰的生态滤沟对氨氮的浓度去除率为 22.0% ~45.0%，含有沸石的生态滤沟对氨氮的浓度去除率为 16.4% ~41.5%，三者相比，净化效果最好的是含粉煤灰的生态滤沟，其次依次为含有沸石和高炉渣的生态滤沟；当生态滤沟为 3 层填料（将砾石层与特殊材质基质层合并）时，比较了中间层分别为粉煤灰和砾石的生态滤沟，试验结果表明中间层为砾石的生态滤沟对氨氮的浓度去除率为 13% ~33.6%，中间层为粉煤灰的生态滤沟对氨氮的浓度去除率为 8.4% ~33.2%，可见，中间层为砾石的生态滤沟净化效果优于中间层为粉煤灰的生态滤沟。

B. 对总氮的影响

基质种类对总氮净化效果的影响如图 8-7 所示。

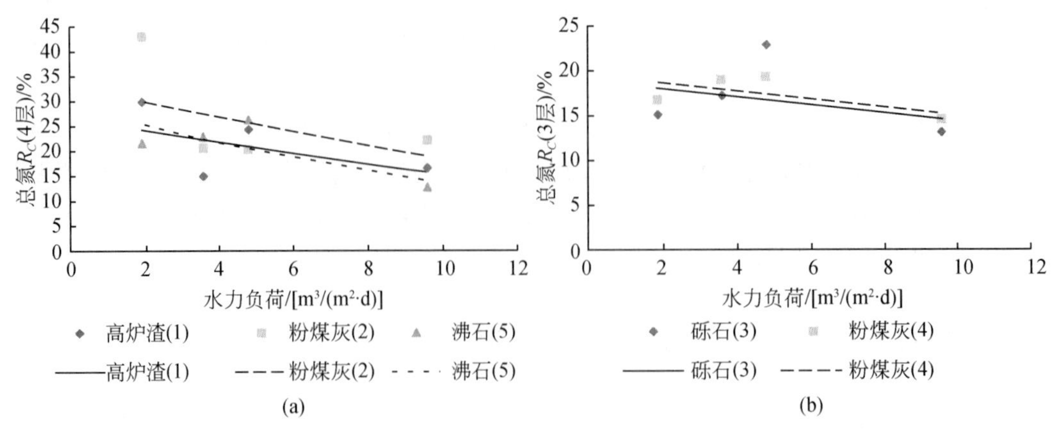

图 8-7　基质种类对生态滤沟总氮净化效果的影响

如图 8-7 所示，当填料层为 4 层时，试验结果表明含有高炉渣的生态滤沟对总氮的浓度去除效率为 15.1% ~29.8%，含有粉煤灰的生态滤沟对总氮的浓度去除率为 20.4% ~42.8%，含有沸石的生态滤沟对总氮的浓度去除率为 12.7% ~26.3%，三者相比，对总氮的净化效果最好的是含有粉煤灰的生态滤沟，含有沸石和高炉渣的生态滤沟对总氮的净化效果相当；当填料为 3 层时，试验结果表明中间层为砾石的生态滤沟对总氮的浓度去除率为 13.1% ~22.9%，中间层为粉煤灰的生态滤沟对总氮的浓度去除效率为 14.6% ~19.2%，中间层为砾石的生态滤沟对总氮的净化效果优于中间层为粉煤灰的生态滤沟。

2）基质组合方式对氮净化效果的影响

A. 对氨氮的影响

基质组合方式对氨氮净化效果的影响如图 8-8 所示。

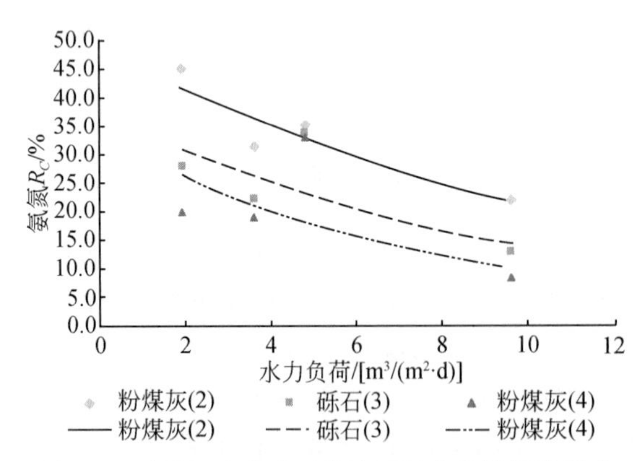

图 8-8　基质组合方式对滤沟氨氮净化效果的影响

试验采用了 4 层填料和 3 层填料两种基质组合方式并进行了对比（图 8-8），可见 4 层含粉煤灰的 2#沟槽对氨氮的浓度去除率为 22.0% ~45.0%，而 3 层含砾石的 3#沟槽与 3 层含粉煤灰的 4#沟槽对氨氮的浓度去除率分别为 13.0% ~28.0%、8.4% ~33.2%，可见装填有 4 层填料的生态滤沟对氨氮的净化效果优于装填 3 层填料的生态滤沟。

B. 对总氮的影响

基质组合方式对总氮净化效果的影响如图 8-9 所示。

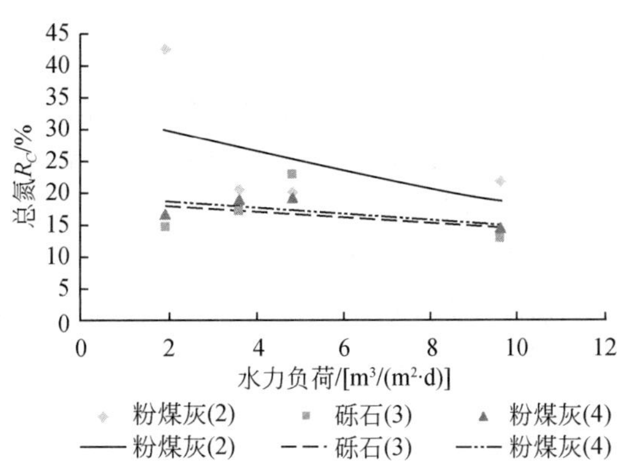

图 8-9　基质组合方式对滤沟总氮净化效果的影响

如图 8-9 所示，4 层含粉煤灰的 2[#]沟槽对总氮的浓度去除率为 20.4% ~42.8%，而 3 层含砾石的 3[#]沟槽与 3 层含粉煤灰的 4[#]沟槽对总氮的浓度去除率分别为 13.1% ~22.9%、14.6% ~19.2%，可见装填有 4 层填料的生态滤沟对总氮的净化效果优于装填 3 层填料的生态滤沟。

3）植被条件对氮净化效果的影响

首先，对比冬季无植被条件下与春夏季节有植被条件下的去除效果。在冬季无植被条件下，生态滤沟主要依靠填料的物理吸附作用对污水进行净化，而在春夏季节有植被条件下则加入的植物的吸收以及微生物的作用。

其次，在基质相同的两组生态滤沟中种植不同的草本植物和灌木植物，进行种植不同植被的生态滤沟对污染物的去除效果比较。

A. 对氨氮的影响

植被条件对氨氮净化效果的影响如图 8-10 所示。

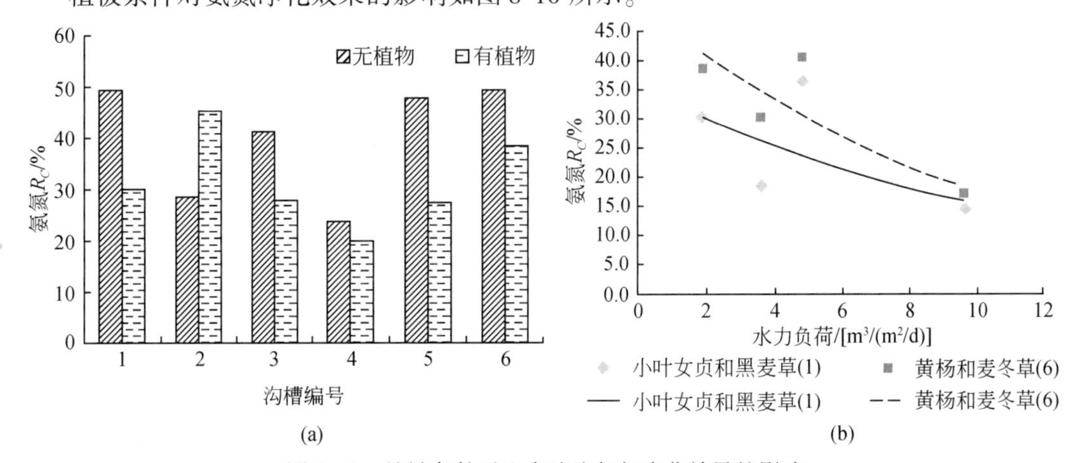

图 8-10　植被条件对生态滤沟氨氮净化效果的影响

如图 8-10 所示，通过有无植物的生态滤沟对氨氮的浓度去除率的对比可以看出，1#、3#、4#、5#、6#生态滤沟在无植被条件下对氨氮的浓度去除率比有植被条件下分别高 19.2%、13.2%、3.7%、20.3%、10.9%；2#生态滤沟则相反，在有植被时，其对氨氮的浓度去除率比无植被时高出 16.5%。总体看来，种植植被并没有优化生态滤沟对于氨氮的净化效果，而种植植被后去除率降低主要是由于氨氮在水中呈现溶解态，同时所建成的生态滤沟刚开始运行，填料基质对于氨氮的吸附效果明显，随着运行的持续，吸附效果减弱，相应的对氨氮的净化效果也随之减弱。

通过对比种植不同植物的生态滤沟对氨氮的去除效果可以看出，种植小叶女贞和黑麦草的生态滤沟对氨氮的浓度去除率为 14.7% ~36.6%，种植黄杨和黑麦草的生态滤沟对氨氮的浓度去除率为 17.0% ~40.5%，后者优于前者。

B. 对总氮的影响

植被条件对总氮净化效果的影响如图 8-11 所示。

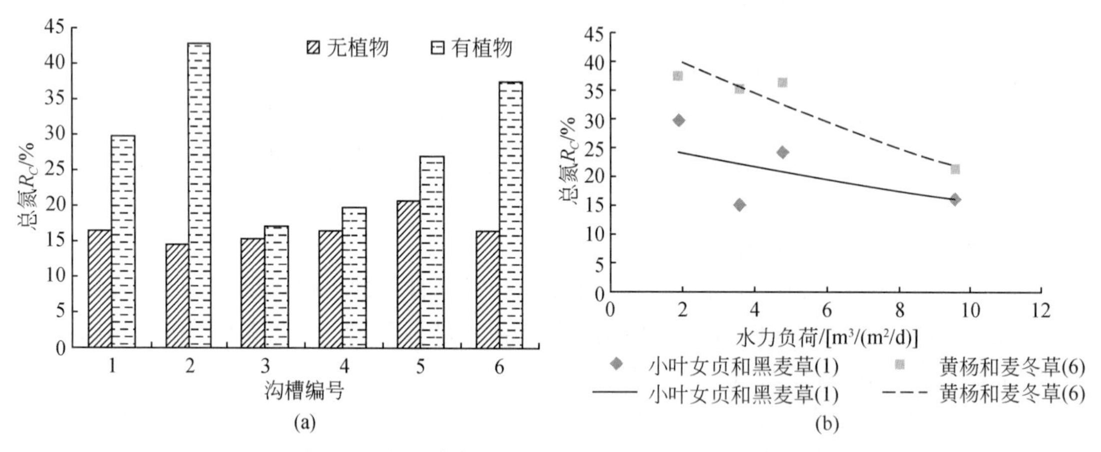

图 8-11　植被条件对生态滤沟总氮净化效果的影响

如图 8-11 所示，通过有无植物的生态滤沟对总氮的浓度去除率的对比可以看出，对于总氮的去除在有植被条件下明显优于无植被条件，1# ~6#生态滤沟在有植被条件下对总氮的浓度去除率比无植被条件下分别高出 13.2%、28.2%、1.7%、3.3%、6.4%、20.9%；结果表明，随着春夏季节气温的升高、植物的生长以及微生物的繁殖，生态滤沟对于氮的去除效果越发优越，可见对于氮污染物的去除植物与微生物的作用明显。

通过对比种植不同植物的生态滤沟对总氮的去除效果可以看出，种植小叶女贞和黑麦草的生态滤沟对总氮的浓度去除率为 16.4% ~29.8%，种植黄杨和黑麦草的生态滤沟对总氮的浓度去除率为 21.3% ~31.5%，后者优于前者。

4）进水水力负荷对氮净化效果的影响

A. 对氨氮的影响

进水水力负荷对氨氮净化效果的影响如图 8-12 所示。

如图 8-12 所示，通过分析 6 条生态滤沟在 4 组水力负荷条件下对氨氮的净化效果，可以看出总体上随着水力负荷的增大，生态滤沟对氨氮的净化效果减弱，1# ~6#生态滤沟对

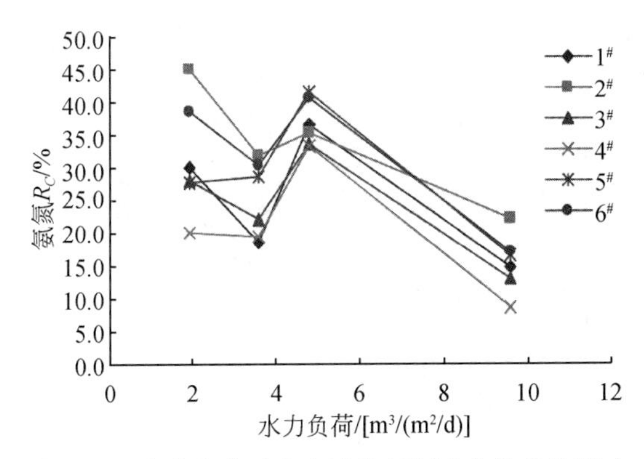

图 8-12　水力负荷对生态滤沟氨氮净化效果的影响

氨氮的浓度去除率在高负荷和低负荷时分别相差 15.36%、23.0%、15.0%、11.6%、11.2%、21.4%。

B. 对总氮的影响

进水水力负荷对总氮净化效果的影响如图 8-13 所示。

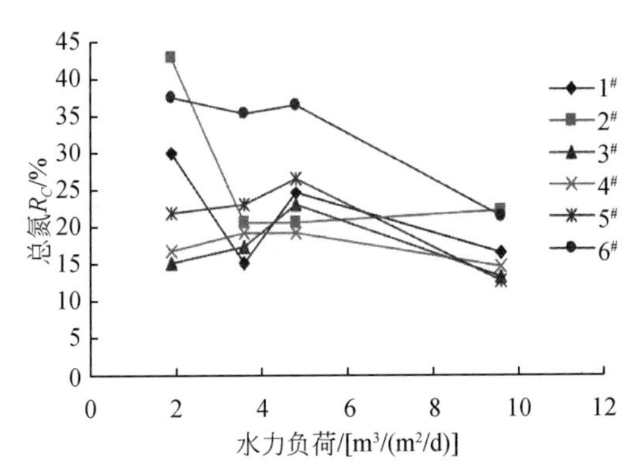

图 8-13　水力负荷对生态滤沟总氮净化效果的影响

同样，如图 8-13 所示，生态滤沟对总氮的净化效果随着水力负荷的增大而减弱，但是没有氨氮减弱的明显，1#～6#生态滤沟对氨氮的浓度去除率在高负荷和低负荷时分别相差 13.4%、20.8%、2%、2.1%、9%、16.2%。

5）进水污染物浓度对氮净化效果的影响

A. 对氨氮的影响

进水污染物浓度对氨氮净化效果的影响如图 8-14 所示。

如图 8-14 所示，随着进水 NH_3-N 浓度的增大，其去除率为 10%～50%，1#、2#、3#、5#沟槽对氨氮的浓度去除率随着进水浓度的增大而增大，在高浓度时对氨氮的浓度去除率比在低浓度时分别高 18.2%、20.2%、19.5%、22.8%，而 4#、6#沟槽的对氨氮的浓度去除率波动较大，在高浓度和低浓度进水情况下变化不明显。

B. 对总氮的影响

进水污染物浓度对总氮净化效果的影响如图 8-15 所示。

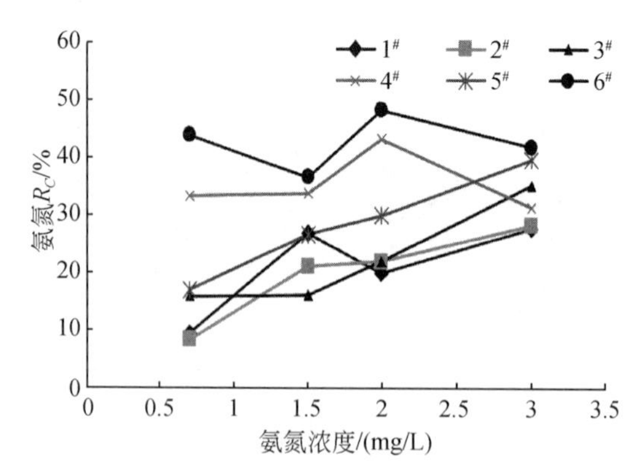

图 8-14 进水污染物浓度对滤沟氨氮净化效果的影响

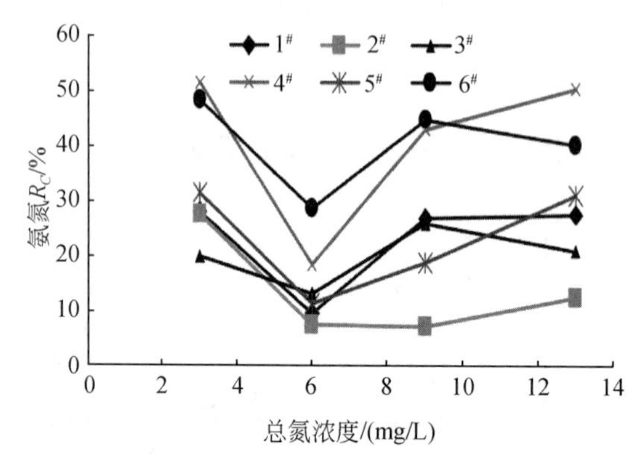

图 8-15 进水污染物浓度对滤沟总氮净化效果的影响

如图 8-15 所示，随着进水 TN 浓度的增大，其去除率为 8% ~52%，呈现先减小后增大的趋势。2#、6#生态滤沟在低进水浓度时净化效果较好，比在高浓度时对总氮的浓度去除率高 15.2%、8.1%，其余生态滤沟在高低浓度情况下净化效果相差不大。

2. 对磷的净化效果

1）基质种类对磷净化效果的影响

A. 对可溶解性正磷酸盐（正磷）的影响

基质种类对正磷净化效果的影响如图 8-16 所示。

如图 8-16 所示，当填料层为 4 层时，试验结果表明含有高炉渣的生态滤沟对正磷的浓度去除效率为 52.3% ~80.6%，含有粉煤灰的生态滤沟对正磷的浓度去除率为 89.6% ~95.4%，含有沸石的生态滤沟对正磷的浓度去除率为 45.9% ~75.2%，三者相比，对正磷的净化效果最好的是含有粉煤灰的生态滤沟，含有沸石和高炉渣的生态滤沟对正磷的净化效果相当；当填料为 3 层时，试验结果表明中间层为砾石的生态滤沟对正磷的浓度去除率为 37.6% ~78.7%，中间层为粉煤灰的生态滤沟对正磷的浓度去除效率为 74.5% ~92.0%，中间层为砾石的生态滤沟对正磷的净化效果优于中间层为粉煤灰的生态滤沟。

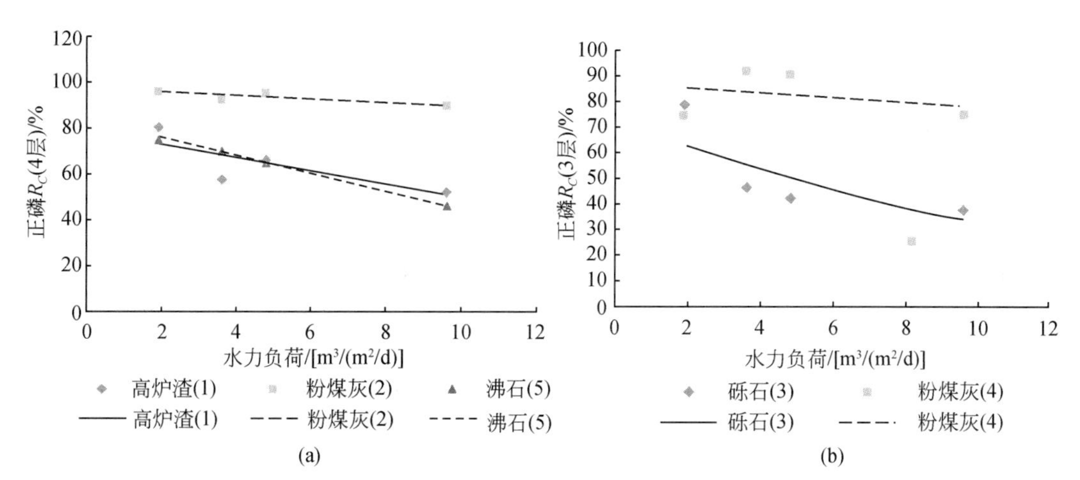

图 8-16　基质种类对生态滤沟可溶解性正磷酸盐净化效果的影响

B. 对总磷的影响

基质种类对总磷净化效果的影响如图 8-17 所示。

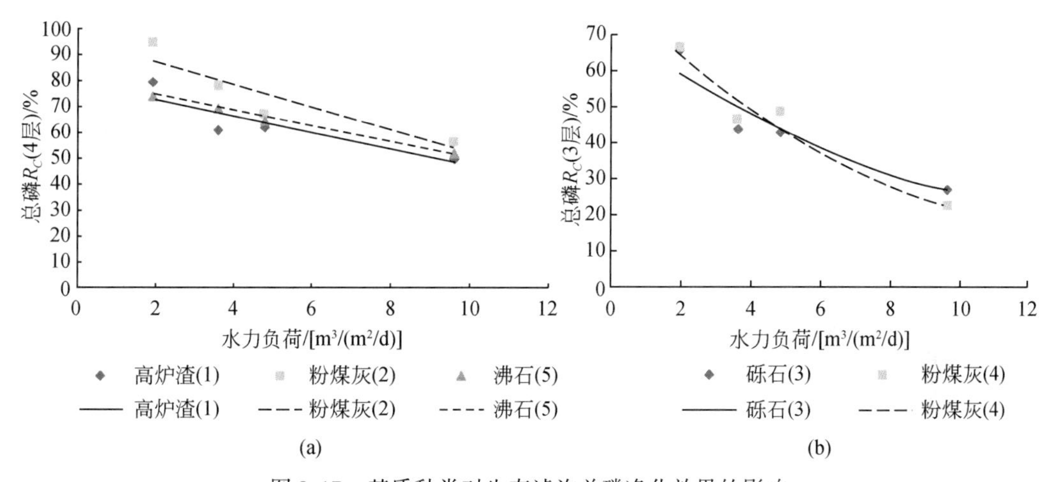

图 8-17　基质种类对生态滤沟总磷净化效果的影响

如图 8-17 所示，当填料层为四层时，试验结果表明含有高炉渣的生态滤沟对总磷的浓度去除效率为 50.2% ~79.4%，含有粉煤灰的生态滤沟对总磷的浓度去除率为 55.8% ~94.6%，含有沸石的生态滤沟对总磷的浓度去除率为 54.1% ~74.1%，三者相比，对总磷的净化效果最好的是含有粉煤灰的生态滤沟，含有沸石和高炉渣的生态滤沟对总磷的净化效果相当；当填料为 3 层时，试验结果表明中间层为砾石的生态滤沟对总磷的浓度去除率为 26.8% ~65.8%，中间层为粉煤灰的生态滤沟对总磷的浓度去除效率为 22.4% ~66.5%，二者相差不大。

2）基质组合方式对磷净化效果的影响

A. 对可溶解性正磷酸盐（正磷）的影响

基质组合方式对正磷净化效果的影响如图 8-18 所示。

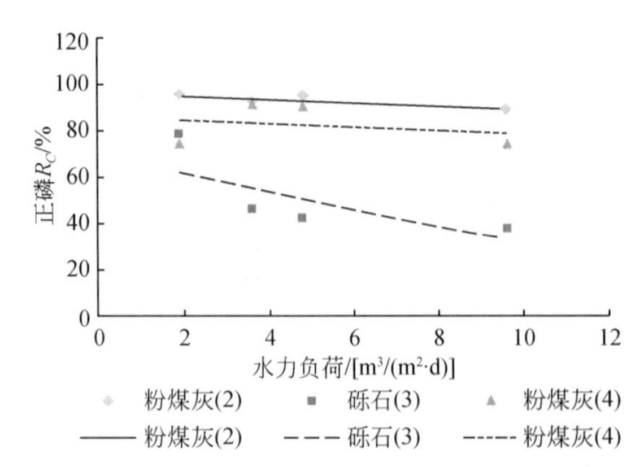

图 8-18　基质组合方式对滤沟可溶解性正磷酸盐净化效果的影响

如图 8-18 所示，4 层含粉煤灰的 2#沟槽对正磷的浓度去除率为 89.6% ~95.4%，而 3 层含砾石的 3#沟槽与 3 层含粉煤灰的 4#沟槽对正磷的浓度去除率分别为 37.6% ~78.7%、74.5% ~92.0%，可见装填有 4 层填料的生态滤沟对正磷的净化效果优于装填 3 层填料的生态滤沟。

B. 对总磷的影响

基质组合方式对总磷净化效果的影响如图 8-19 所示。

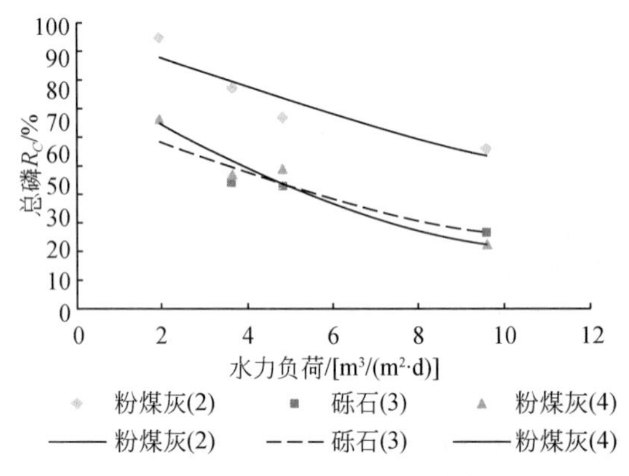

图 8-19　基质组合方式对生态滤沟总磷净化效果的影响

如图 8-19 所示，4 层含粉煤灰的 2#沟槽对总磷的浓度去除率为 55.8% ~94.6%，而 3 层含砾石的 3#沟槽与 3 层含粉煤灰的 4#沟槽对总磷的浓度去除率分别为 26.8% ~65.8%、22.4% ~66.5%，可见装填有 4 层填料的生态滤沟对总磷的净化效果优于装填 3 层填料的生态滤沟。

3）植被条件对磷净化效果的影响

A. 对可溶解性正磷酸盐（正磷）的影响

植被条件对正磷净化效果的影响如图 8-20 所示。

如图 8-20 所示，通过有无植物的生态滤沟对正磷的浓度去除率的对比可以看出，对于正磷的去除有无植被影响不大，1#、2#、3#、5#、6#生态滤沟在有植被条件下对正磷的

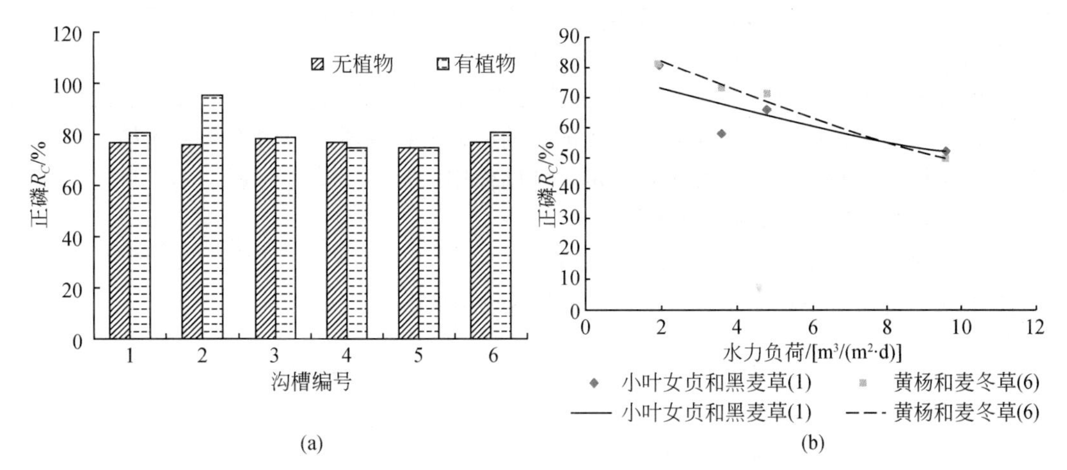

图 8-20　植被条件对生态滤沟正磷净化效果的影响

浓度去除率比无植被条件下分别高出 3.8%、19.6%、0.5%、0.5%、4.0%；4#沟槽则在无植被条件下对正磷的净化效果略好，浓度去除率高出 2.1%。

通过对比种植不同植物的生态滤沟对正磷的去除效果可以看出，种植小叶女贞和黑麦草的生态滤沟对正磷的浓度去除率为 52.3%～80.6%，种植黄杨和黑麦草的生态滤沟对正磷的浓度去除率为 49.6%～80.8%，后者略优于前者。

B. 对总磷的影响

植被条件对总磷净化效果的影响如图 8-21 所示。

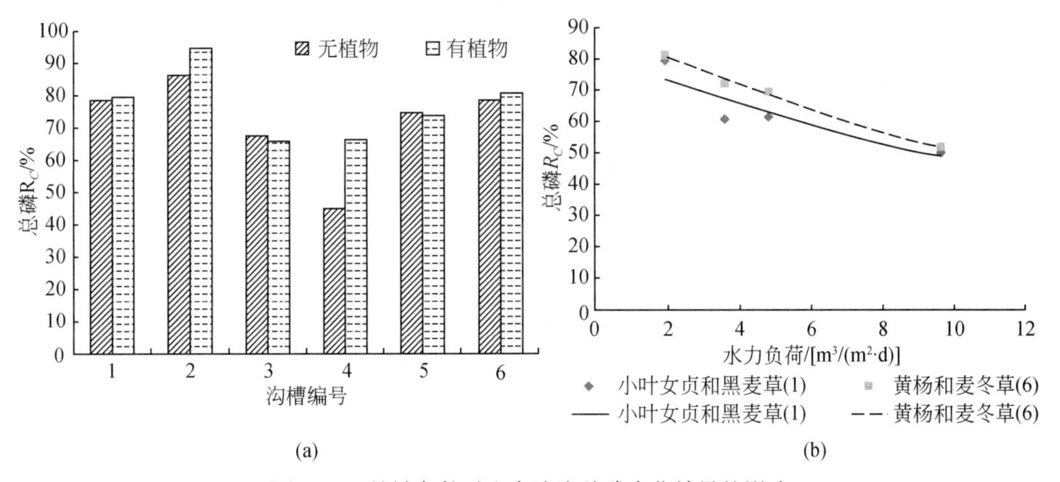

图 8-21　植被条件对生态滤沟总磷净化效果的影响

如图 8-21 所示，可以看出生态滤沟有无植被对总磷的去除影响不大，1#、2#、4#、6#生态滤沟在有植被条件下对总磷的浓度去除率比无植被条件下分别高出 0.6%、8.1%、21.9%、2.4%、4.0%；3#、5#沟槽则在无植被条件下对总磷的净化效果略好，浓度去除率分别高出 1.9%、0.3%。

通过对比种植不同植物的生态滤沟对总磷的去除效果可以看出，种植小叶女贞和黑麦草的生态滤沟对总磷的浓度去除率为 52.3% ~80.6%，种植黄杨和黑麦草的生态滤沟对总磷的浓度去除率为 49.6% ~80.8%，后者优于前者。

总体看来对于可溶解性正磷酸盐与总磷的去除效果，在有植被条件略优于无植被条件，二者相差不大，可见对磷的去除主要依靠的还是填料基质的吸附作用，而植物根系的生长与微生物的繁殖对于磷的去除有一定的辅助作用。

4）进水水力负荷对磷净化效果的影响

A. 对可溶解性正磷酸盐（正磷）的影响

进水水力负荷对正磷净化效果的影响如图 8-22 所示。

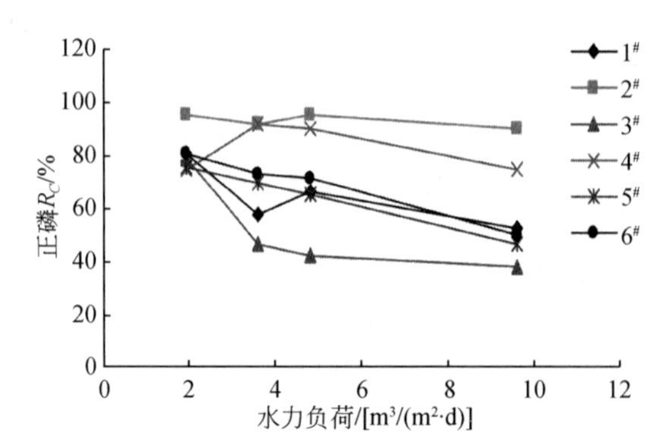

图 8-22　水力负荷对生态滤沟正磷净化效果的影响

如图 8-22 所示，通过分析 6 条生态滤沟在 4 组水力负荷条件下对正磷的净化效果，可以看出总体上随着水力负荷的增大，生态滤沟对正磷的净化效果减弱，$1^{\#}$ ~ $6^{\#}$生态滤沟对氨氮的浓度去除率在高负荷和低负荷时分别相差 28.3%、5.8%、41.1%、0.3%、29.3%、31.2%。

B. 对总磷的影响

进水水力负荷对总磷净化效果的影响如图 8-23 所示。

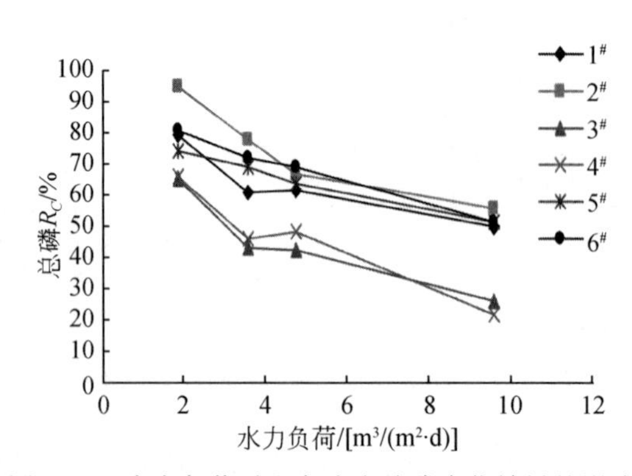

图 8-23　水力负荷对生态滤沟总磷净化效果的影响

如图 8-23 所示，随着水力负荷的增大，生态滤沟对总磷的净化效果减弱，$1^{\#}$ ~ $6^{\#}$生态滤沟对氨氮的浓度去除率在高负荷和低负荷时分别相差 29.2%、38.8%、39.0%、

44.1%、22.7%、29.8%。

5）进水污染物浓度对磷净化效果的影响

A. 对可溶解性正磷酸盐（正磷）的影响

进水污染物浓度对正磷净化效果的影响如图8-24所示。

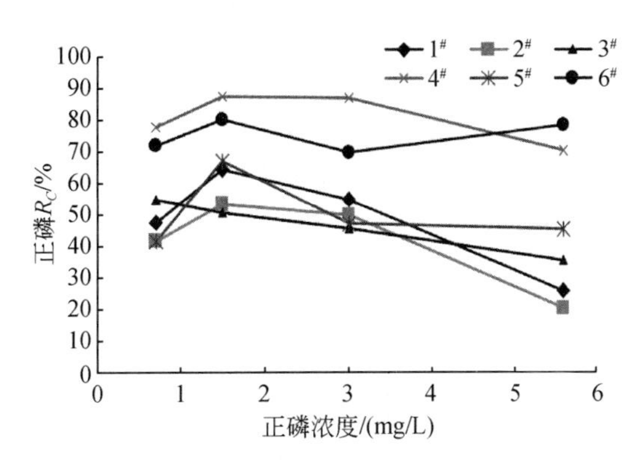

图8-24 进水污染物浓度对生态滤沟正磷净化效果的影响

如图8-24所示，随着进水浓度的增大，对正磷的浓度去除率为20%～90%，呈现先增大后减小的趋势。1#、2#、3#、4#沟槽在低浓度时对正磷的浓度去除率比在高浓度时分别高21.8%、21.2%、19.7%、7.7%，5#、6#沟槽在高浓度与低浓度时的去除效果差别不大。

B. 对总磷的影响

进水污染物浓度对总磷净化效果的影响如图8-25所示。

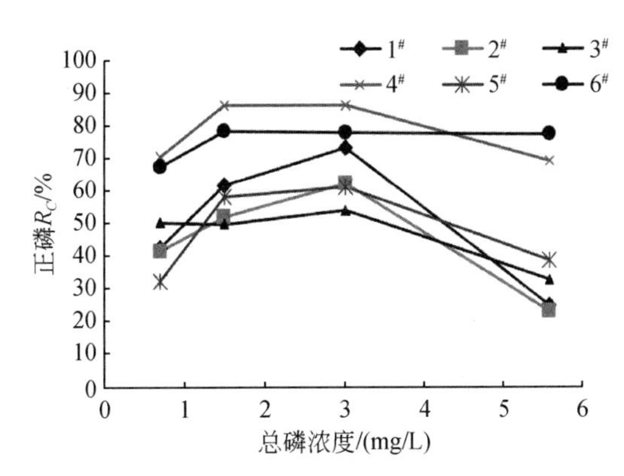

图8-25 进水污染物浓度对生态滤沟总磷净化效果的影响

如图8-25所示，随着进水总磷浓度的增大，对总磷的浓度去除率也为20%～90%，呈现先增大后减小的趋势。1#、2#、3#、4#沟槽在低浓度时对正磷的浓度去除率比在高浓度时分别高17.6%、18.5%、17.4%、1.7%，5#、6#沟槽在高浓度时比在低浓度时对总磷的去除率高6.3%、10.1%。

3. 对 COD 的净化效果

1）基质种类对 COD 净化效果的影响

基质种类对 COD 净化效果的影响如图 8-26 所示。

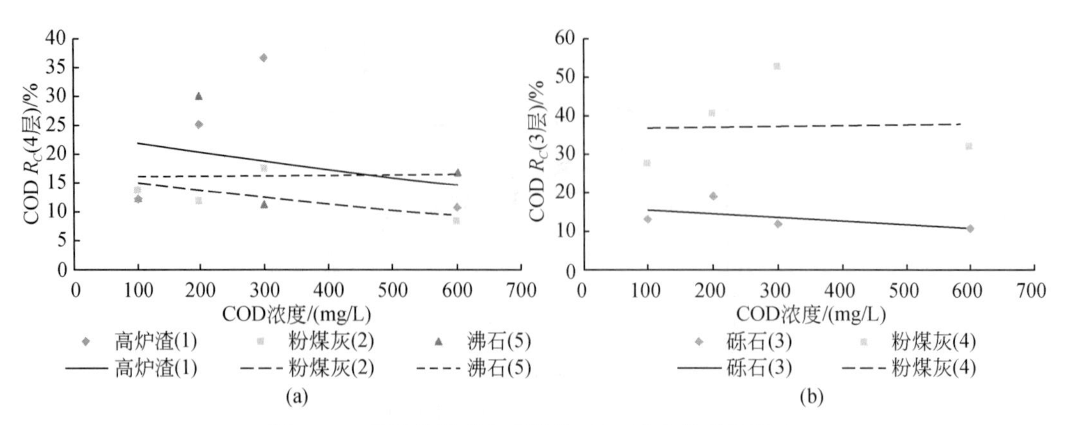

图 8-26　基质种类对生态滤沟 COD 净化效果的影响

如图 8-26 所示，当填料层为 4 层时，试验结果表明含有高炉渣的生态滤沟对 COD 的浓度去除效率为 10.7% ~36.8%，含有粉煤灰的生态滤沟对 COD 的浓度去除率为 8.5% ~17.4%，含有沸石的生态滤沟对 COD 的浓度去除率为 11.3% ~30.1%，三者对 COD 的净化效果相当，含有粉煤灰的生态滤沟略好；当填料为 3 层时，试验结果表明中间层为砾石的生态滤沟对 COD 的浓度去除率为 10.7% ~19.2%，中间层为粉煤灰的生态滤沟对 COD 的浓度去除效率为 27.3% ~52.6%，中间层为粉煤灰的生态滤沟对总氮的净化效果优于中间层为砾石的生态滤沟。

2）基质组合方式对 COD 净化效果的影响

基质组合方式对 COD 净化效果的影响如图 8-27 所示。

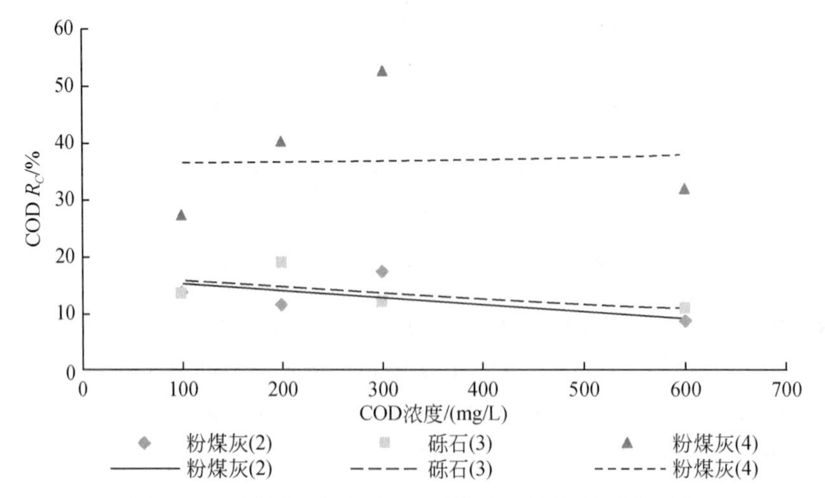

图 8-27　基质组合方式对生态滤沟 COD 净化效果的影响

如图 8-27 所示，3 层含粉煤灰的 4# 沟槽对 COD 的浓度去除率为 27.3% ~52.6%，而 4 层含粉煤灰的 2# 沟槽与 3 层含砾石的 3# 沟槽对 COD 的浓度去除率分别为 8.5% ~17.4%、10.7% ~19.2%，可见装填有 3 层填料含粉煤灰的生态滤沟对 COD 的净化效果较好。

3）植被条件对 COD 净化效果的影响

植被条件对 COD 净化效果的影响如图 8-28 所示。

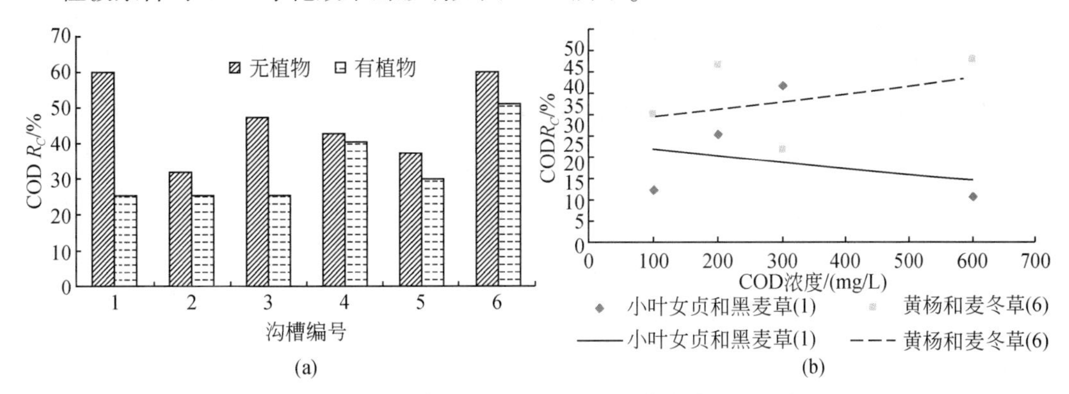

图 8-28　植被条件对生态滤沟 COD 净化效果的影响

如图 8-28 所示，通过有无植物的生态滤沟对 COD 的浓度去除率的对比可以看出，对于 COD 的去除在无植被条件下明显优于有植被条件，1# ~6# 生态滤沟在无植被条件下对 COD 的浓度去除率比有植被条件下分别高出 34.6%、19.9%、28.0%、2.0%、7.0%、8.7%；主要是由于进行无植被条件试验时系统刚开始运行，吸附作用较强，随着种植植物后系统运行次数的增多，净化效果减弱。

通过对比种植不同植物的生态滤沟对 COD 的去除效果可以看出，种植小叶女贞和黑麦草的生态滤沟对 COD 的浓度去除率为 10.7% ~36.8%，种植黄杨和黑麦草的生态滤沟对 COD 的浓度去除率为 21.8% ~43.1%，后者优于前者。

4）进水污染物浓度对 COD 净化效果的影响

进水污染物浓度对 COD 净化效果的影响如图 8-29 所示。

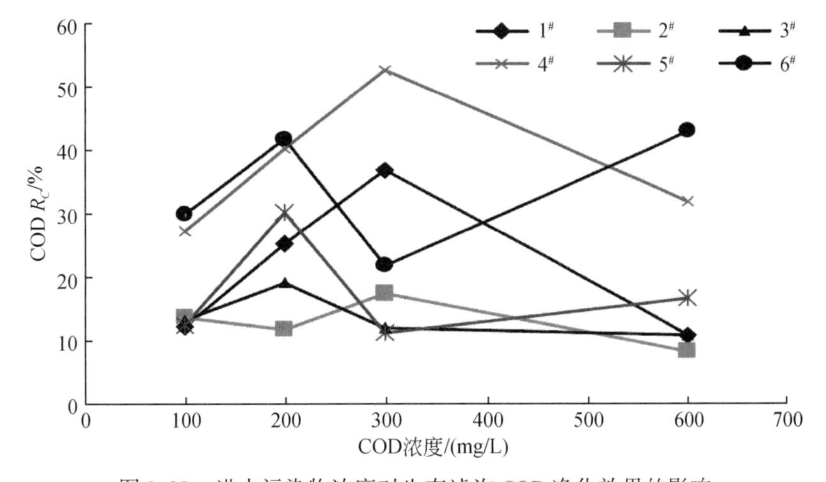

图 8-29　进水污染物浓度对生态滤沟 COD 净化效果的影响

如图 8-29 所示，随着进水 COD 浓度的增大，不同基质和植物的生态滤沟呈现不同的变化趋势，浓度去除率为 10% ~50%，1#、2#、4#沟槽呈先增大后减小的趋势，3#、5#、6#沟槽的 COD 浓度去除率波动较大。

4. 对重金属的净化效果

1）基质种类对重金属净化效果的影响

A. 对锌的影响

基质种类对锌净化效果的影响如图 8-30 所示。

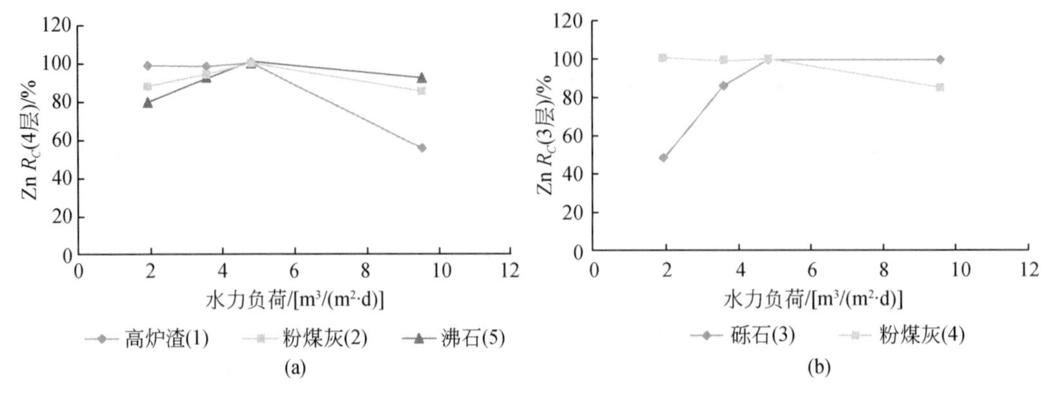

图 8-30　基质种类对生态滤沟锌净化效果的影响

如图 8-30 所示，当填料层为 4 层时，试验结果表明含有高炉渣的生态滤沟对锌的浓度去除率为 55.9% ~100%，含有粉煤灰的生态滤沟对锌的浓度去除率为 85.4% ~100%，含有沸石的生态滤沟对锌的浓度去除率为 79.9% ~100%，三者相比，在低水力负荷时含高炉渣的生态滤沟净化效果较好，在高水力负荷时含沸石的生态滤沟的净化效果较好；当填料为 3 层时，试验结果表明中间层为砾石的生态滤沟对锌的浓度去除率为 48.2% ~100%，中间层为粉煤灰的生态滤沟对锌的浓度去除效率为 85.1% ~100%，中间层为粉煤灰的生态滤沟对锌的净化效果优于中间层为砾石的生态滤沟。

B. 对镉的影响

基质种类对镉净化效果的影响如图 8-31 所示。

如图 8-31 所示，当填料层为 4 层时，试验结果表明含有高炉渣的生态滤沟对镉的浓度去除效率为 4.2% ~39.1%，含有粉煤灰的生态滤沟对镉的浓度去除率为 4.5% ~50.5%，含有沸石的生态滤沟对镉的浓度去除率为 3.2% ~41.9%，三者相比，含有粉煤灰的生态滤沟对重金属镉的净化效果较好；当填料为 3 层时，试验结果表明中间层为砾石的生态滤沟对镉的浓度去除率为 6.3% ~43.2%，中间层为粉煤灰的生态滤沟对镉的浓度去除率为 20.9% ~39.8%，中间层为粉煤灰的生态滤沟对镉的净化效果优于中间层为砾石的生态滤沟

2）基质组合方式对重金属净化效果的影响

A. 对锌的影响

基质组合方式对锌净化效果的影响如图 8-32 所示。

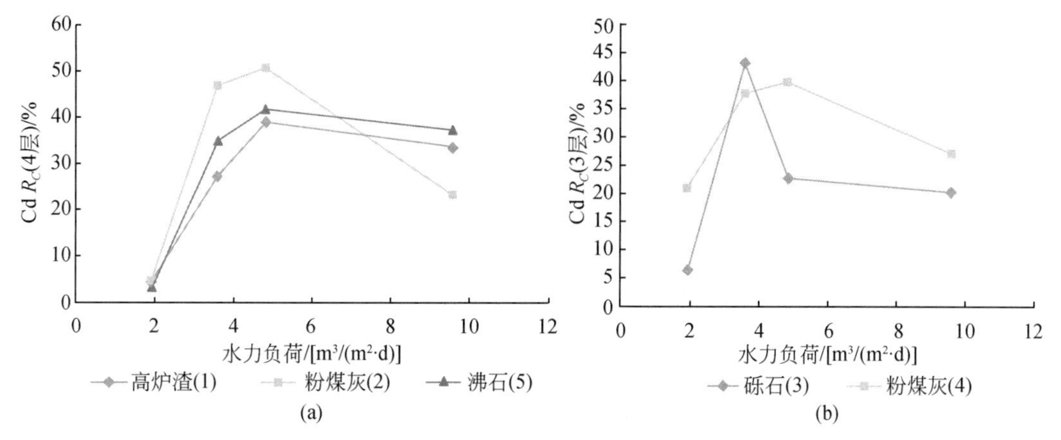

图 8-31　基质种类对生态滤沟镉净化效果的影响

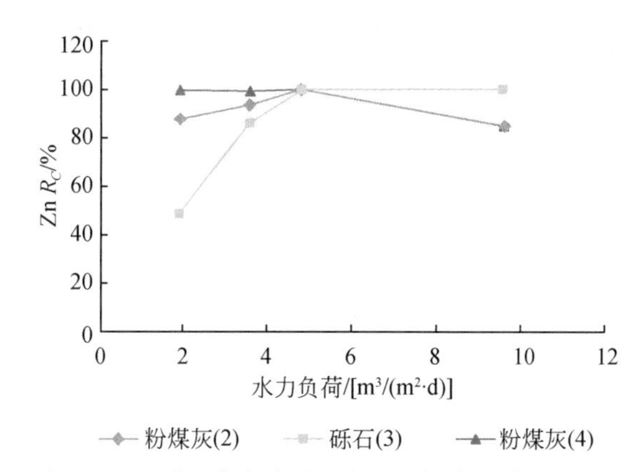

图 8-32　基质组合方式对生态滤沟锌净化效果的影响

如图 8-32 所示，4 层含粉煤灰的 2#沟槽对锌的浓度去除率为 4.5% ~50.5%，而 3 层含砾石的 3#沟槽与 3 层含粉煤灰的 4#沟槽对锌的浓度去除率分别为 6.3% ~43.2%、20.9% ~39.8%，可见装填有 4 层填料的生态滤沟对锌的净化效果优于装填 3 层填料的生态滤沟。

B. 对镉的影响

基质组合方式对镉净化效果的影响如图 8-33 所示。

如图 8-33 所示，4 层含粉煤灰的 2#沟槽对镉的浓度去除率为 4.5% ~50.5%，而 3 层含砾石的 3#沟槽与 3 层含粉煤灰的 4#沟槽对镉的浓度去除率分别为 6.3% ~43.2%、20.9% ~39.8%，可见装填有 4 层填料的生态滤沟对镉的净化效果优于装填 3 层填料的生态滤沟。

3）植被条件对重金属净化效果的影响

A. 对锌的影响

植被条件对锌净化效果的影响如图 8-34 所示。

如图 8-34 所示，通过有无植物的生态滤沟对锌的浓度去除率的对比可以看出，对于

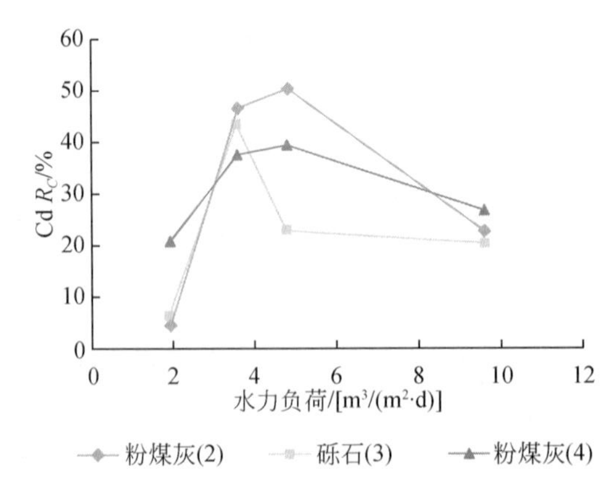

图 8-33　基质组合方式对生态滤沟镉净化效果的影响

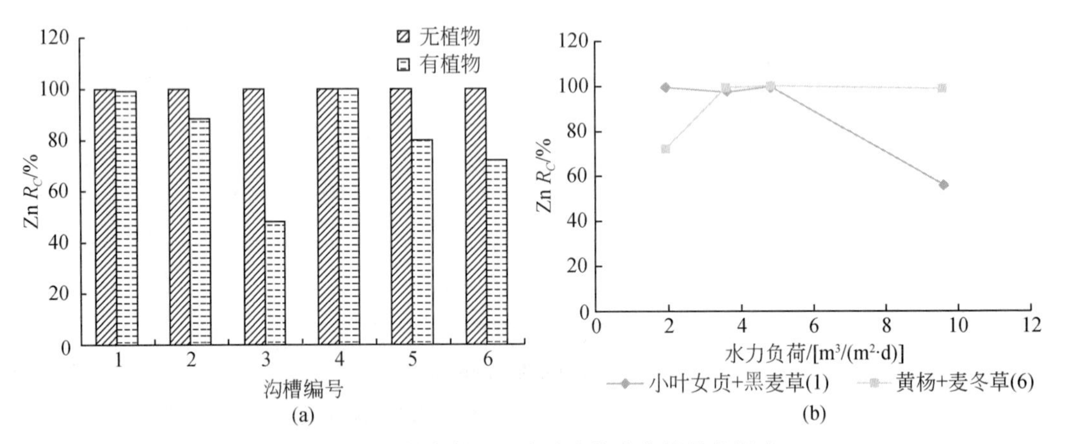

图 8-34　植被条件对生态滤沟锌净化效果的影响

锌的去除无植被条件较有植被条件略好，1#、2#、3#、5#、6#生态滤沟在无植被条件下对锌的浓度去除率比有植被条件下分别高出 0.9%、12.0%、51.8%、20.1%、28.4%；4#沟槽在有无植被条件下相差不大。

通过对比种植不同植物的生态滤沟对锌的去除效果可以看出，种植小叶女贞和黑麦草的生态滤沟对锌的浓度去除率为 55.87% ~100%，种植黄杨和黑麦草的生态滤沟对锌的浓度去除率为 71.6% ~100%，后者优于前者。

B. 对镉的影响

植被条件镉净化效果的影响如图 8-35 所示。

如图 8-35 所示，通过有无植物的生态滤沟对镉的浓度去除率的对比可以看出，对于镉的去除有植被条件较无植被条件好，1#、2#、3#、4#、5#、6#生态滤沟在有植被条件下对镉的浓度去除率比无植被条件下分别高出 3.6%、4.0%、5.8%、5.8%、5.2%。

通过对比种植不同植物的生态滤沟对镉的去除效果可以看出，种植小叶女贞和黑麦草的生态滤沟对镉的浓度去除率为 4.2% ~39.1%，种植黄杨和黑麦草的生态滤沟对镉的浓度去除率为 5.8% ~36.3%，后者优于前者。

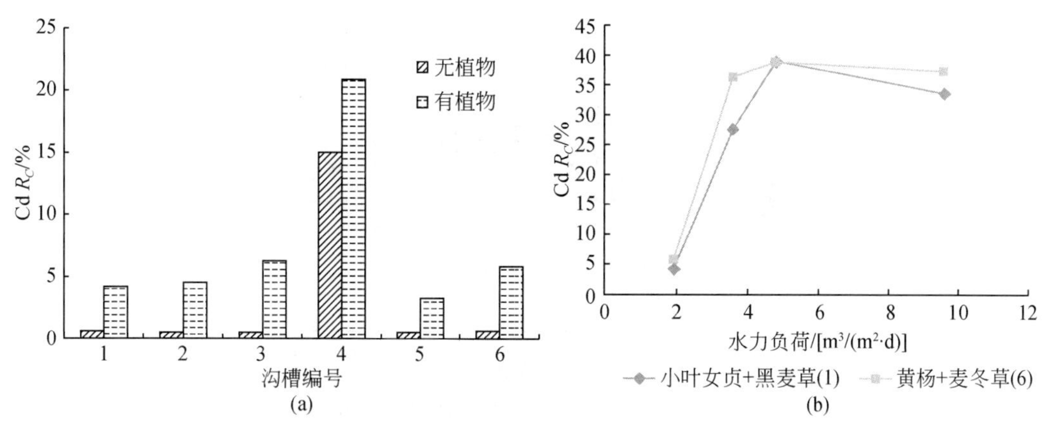

图 8-35　植被条件对生态滤沟镉净化效果的影响

4）进水水力负荷对重金属净化效果的影响

A. 对锌的影响

进水水力负荷对锌净化效果的影响如图 8-36 所示。

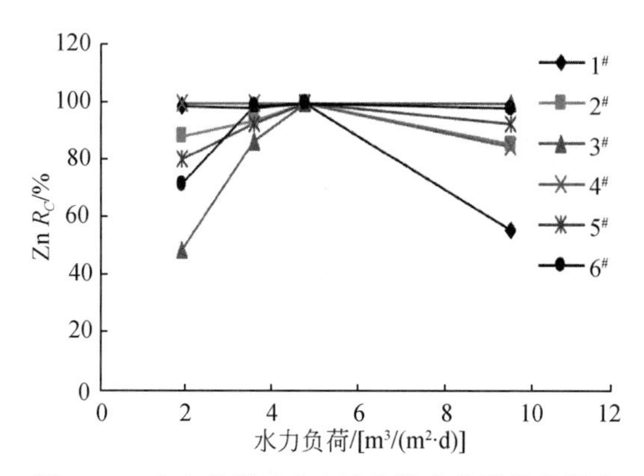

图 8-36　水力负荷对生态滤沟锌净化效果的影响

如图 8-36 所示，随着水力负荷的增大，生态滤沟对锌的净化效果呈先增大后减小的趋势，1#、2#、4#在低水力负荷时净化效果较好，比高水力负荷情况下对锌的浓度去除率高 43.2%、2.6%、14.9%；3#、5#、6#在高水力负荷时净化效果较好，比低水力负荷情况下对锌的浓度去除率高 51.7%、12.3%、26.7%。

B. 对镉的影响

进水水力负荷对镉净化效果的影响如图 8-37 所示。

如图 8-37 所示，随着水力负荷的增大，生态滤沟对镉的净化效果呈先增大后减小的趋势，但是相对低水力负荷条件，在高水力负荷条件下 1#～6#生态滤沟对镉的浓度去除率要分别高 29.2%、18.5%、14.0%、6.0%、34.0%、31.4%。

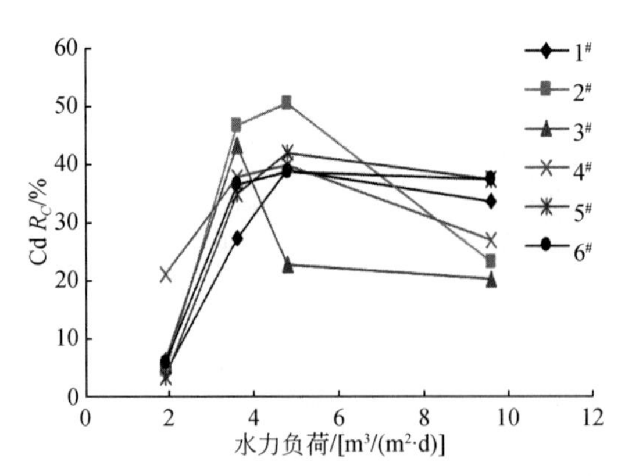

图 8-37 水力负荷对生态滤沟镉净化效果的影响

5. 生态滤沟的水量削减与负荷量削减

1）生态滤沟对污染物浓度的削减过程

选取净化效果较为稳定的6#生态滤沟进行了污染物浓度削减过程分析，如图8-38所示。

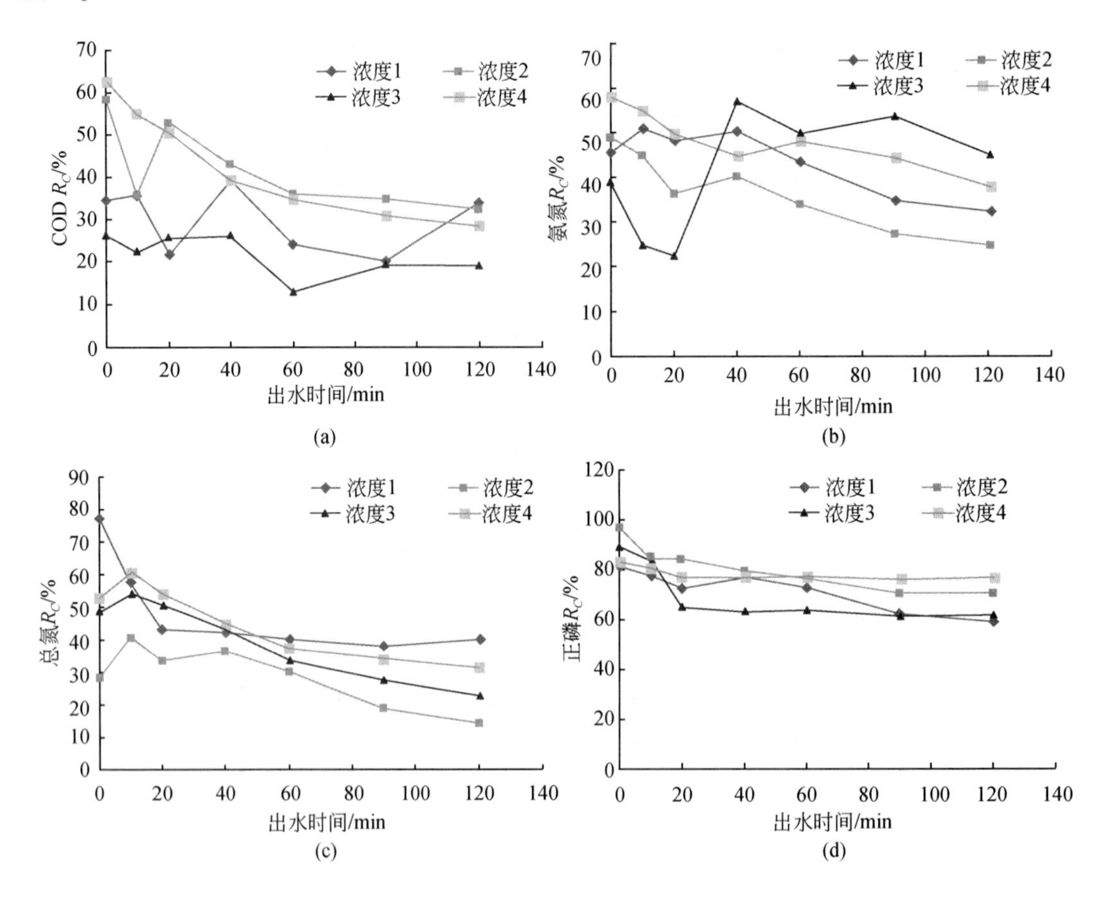

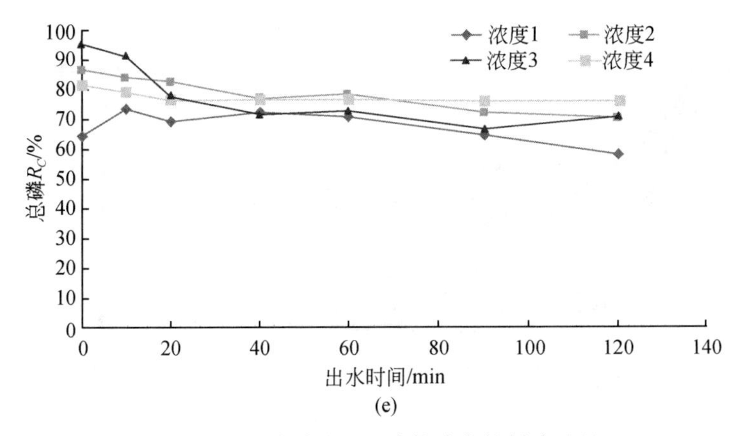

(e)

图 8-38　生态滤沟对污染物浓度的削减过程

由图 8-38 可见，生态滤沟对污染物的去除效果随进水时间的持续逐渐降低，其中对 COD、NH_3-N、TN 的去除效果降低明显，可达 20% ~30%，对 DP 和 TP 的去除效果降低 10% ~20%。

2）生态滤沟对水量的削减

生态滤沟出水流量过程线如图 8-39 所示，流量削减过程如图 8-40 所示，水量削减过程如图 8-41 所示。

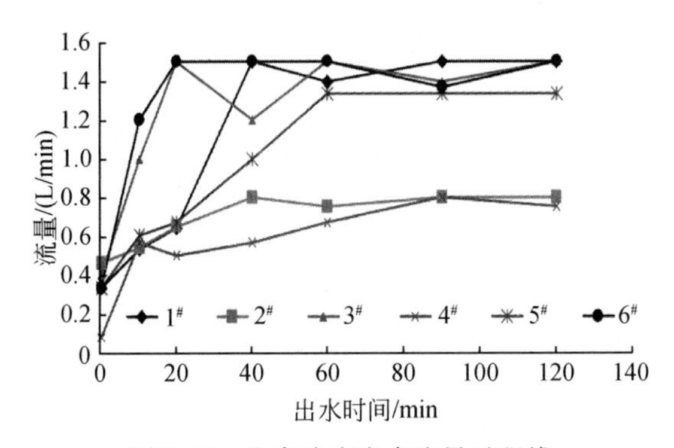

图 8-39　生态滤沟出水流量过程线

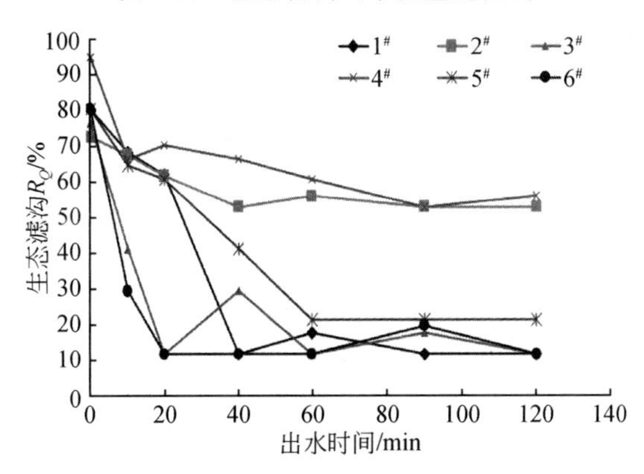

图 8-40　生态滤沟流量削减过程

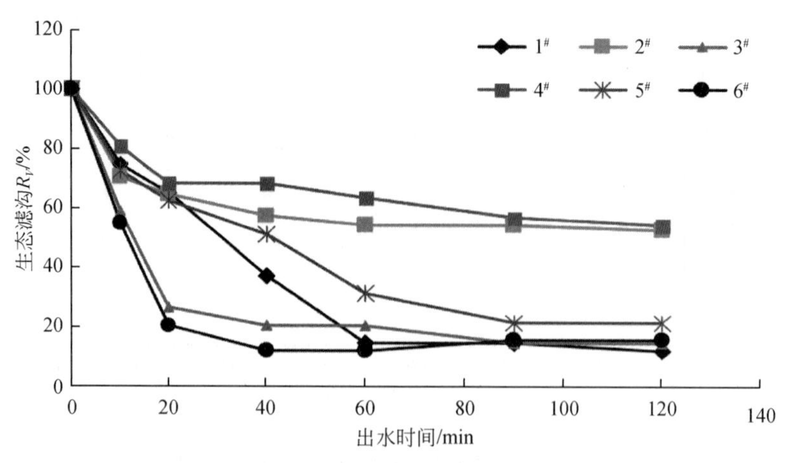

图 8-41　生态滤沟水量削减过程

固定进水水力负荷为 1.92m^3/(m^2 · d)，如图 8-39 所示，随着进水时间的持续，生态滤沟出水流量逐渐增大，相应如图 8-40、图 8-41 所示，对流量、水量的削减能力也逐渐减弱并趋于稳定，其中，装填有粉煤灰基质的生态滤沟对流量的削减率从 95% 减弱到 55%，对水量的削减率从 100% 减弱到 60%，减弱不明显，主要由于粉煤灰粒径微细，延长了下渗时间，其余沟槽对流量的削减率从 80% 减弱到 10% ~20%，对水量的削减率从 100% 减弱到 20% 以下，变化较大。

3）生态滤沟对污染物负荷量的削减

生态滤沟对污染物负荷量的削减过程如图 8-42 所示。

随着入流时间的延续，生态滤沟对入流污染物负荷量的削减能力也逐渐减弱并趋于稳定，如图 8-42 所示，1# ~6# 沟槽对 COD 的污染物负荷削减率分别从 100% 减弱到 21.2%、56.9%、24.0%、69.0%、34.7%、52.1%，对氨氮的污染物负荷削减率分别从 100% 减弱到 29.5%、63.2%、33.5%、74.1%、45.1%、56.6%，对总氮的污染物负荷削减率分别从 100% 减弱到 35.5%、56.2%、36.8%、74.1%、36.1%、53.6%，对正磷的污染物负荷削减率分别从 100% 减弱到 34.5%、62.5%、44.8%、86.4%、57.0%、81.6%，对正磷的污染物负荷削减率分别从 100% 减弱到 33.7%、63.8%、42.7%、85.8%、51.9%、81.1%。

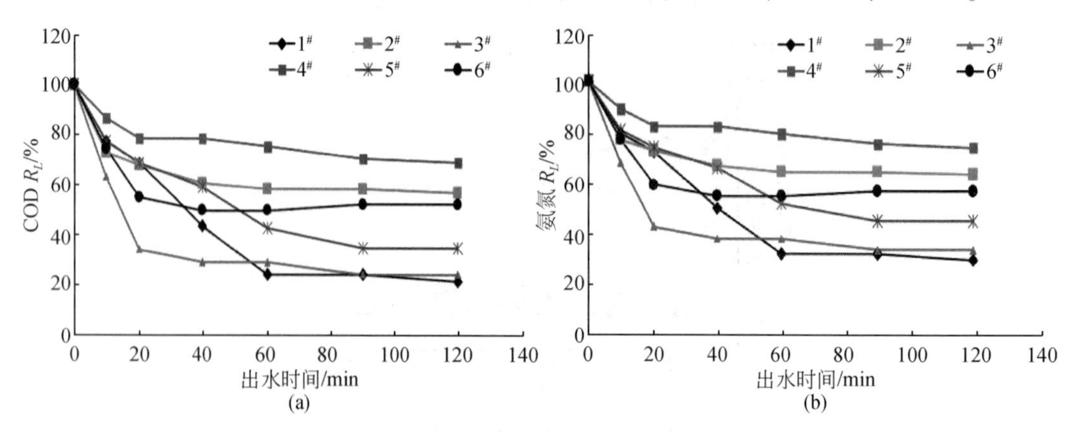

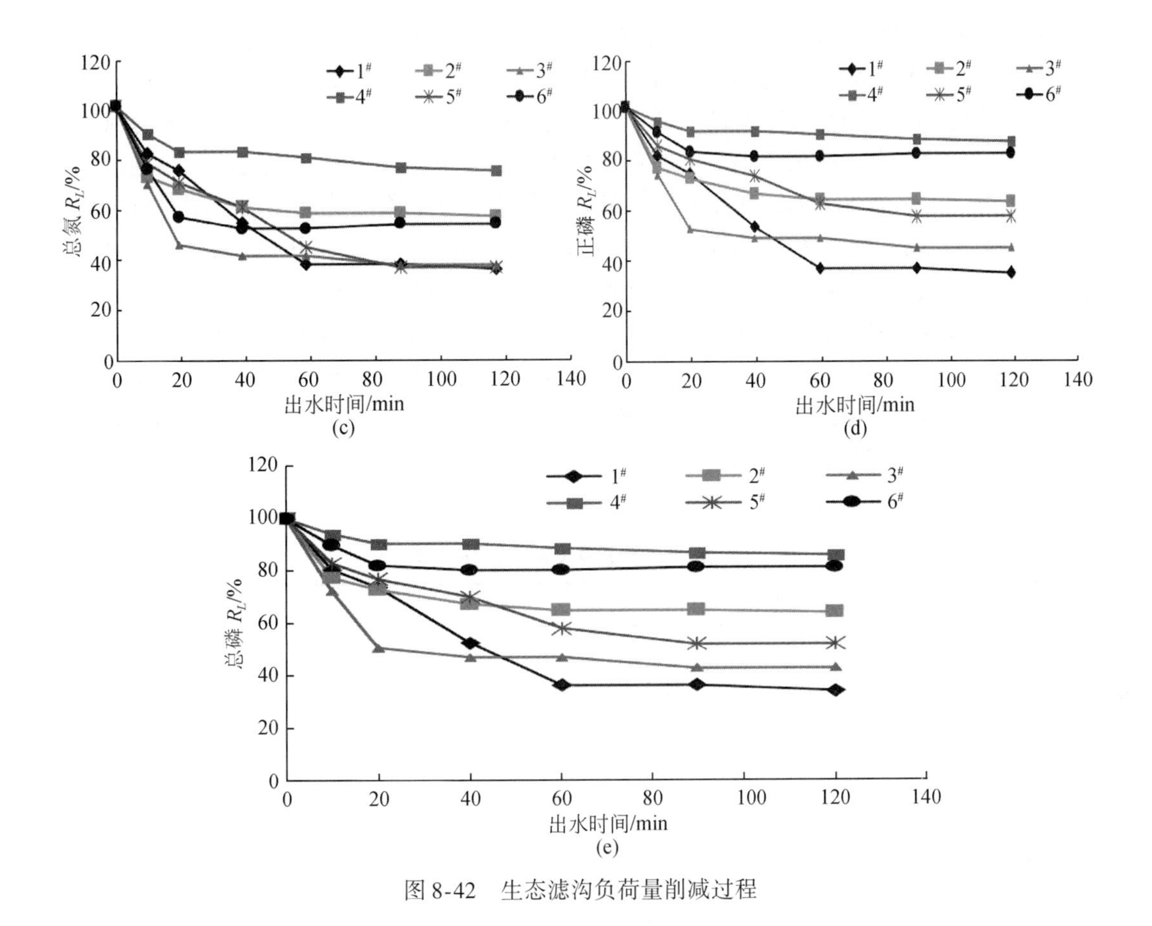

图 8-42　生态滤沟负荷量削减过程

8.5　生态滤沟净化效果影响因素极差分析与拟合

8.5.1　生态滤沟影响因素极差分析

正交试验方法能得到科技工作者的重视，在实践中得到广泛的应用，原因之一是不仅试验次数减少，而且用相应的方法对试验结果进行分析可以引出许多有价值的结论。K 值表示水平所对应的试验指标的平均值，K 值越大，说明该因素中该水平越好，可结合专业，从方法的灵敏度、降低空白值、减少其他干扰因素等方面来考虑选取该水平的最佳用量。各因素对试验指标影响的大小，可用该因素各水平间的极差 R 表示，极差指各水平对应的试验指标平均值中的最大值与最小值的差，极差大者意味其他因素的水平对被分析量造成的差别较大，通常是主要因素，而极差小者往往是次要因素，可用极差值来依次排列。一般来说，选取 K 值大的为最佳水平，对于极值小的可在试验范围内任选一点即可（陆鸿，1999）。

1. 生态滤沟对氮净化效果的影响因素极差分析

生态滤沟对氮的去除主要依靠植物吸附、吸收和微生物脱氮两种形式。雨水径流中的氮通常以有机氮和氨氮（也可以是铵根离子 NH_4^+）的形式存在。在生态滤沟系统中，有机氮首先被土壤或基质截留或随颗粒物沉淀，然后在微生物的作用下被转化为氨氮。由于氨氮和硝氮都是能被植物直接吸收的氮源，因此通过植物的生长、收割能够将部分氨氮和硝氮从废水中去除。由于铵离子很容易被带有负电荷的土壤颗粒吸附，土壤微生物通过硝化作用将铵离子转化为 NO_3^-后，土壤颗粒又恢复对铵离子的吸附功能。然而土壤对负电荷的 NO_3^-没有吸附截留功能，因此一部分 NO_3^-随水分下移而淋失，另一部分 NO_3^-被植物根系吸收而成为植物营养成分，一部分 NO_3^-发生反硝化反应，最终转化成氮气（N_2）或者二氧化氮（NO_2）而挥发掉（高廷耀和顾国维，1999）。由于植物根系的生长和氧传递作用能保证土壤的空隙率和含氧量，因此植物根区附近呈好氧状态，而远离根系、对流弱的填料面呈现出缺氧状态，部分区域甚至呈现厌氧状态。这种多级串联的好氧、缺氧、厌氧单元，为硝化、反硝化反应提供了其所需的氧环境，大量氨氮通过硝化作用去除（张新颖，2008）。

生态滤沟对氨氮净化效果的影响因素极差分析见表 8-16。

表 8-16　氨氮影响因素极差分析结果

因素	第二、三层基质种类	基质组合方式	植物种类	进水水力负荷	进水污染物浓度
$\overline{K_1}$	28.25	29.63	26.29	31.51	21.29
$\overline{K_2}$	33.51	22.23	31.53	25.09	26.87
$\overline{K_3}$	24.20			36.78	30.92
$\overline{K_4}$	20.25			15.25	34.11
$\overline{K_5}$	28.49				
极差 R	13.26	7.40	5.24	21.53	12.82
影响程度	次重要	一般	不重要	重要	次要

由表 8-16 极差分析结果可以看出对于氨氮的净化效果，各因素影响程度依次为进水水力负荷、基质种类、进水污染物浓度、基质组合方式、植物种类。根据 K 值大小可以确定各影响因素的最优水平，为优化氨氮处理效果，本试验中所考虑到的水平因素（生态滤沟内因）的最优组合为 4 层含粉煤灰并且种植黄杨和麦冬草的生态滤沟。

生态滤沟对总氮净化效果的影响因素极差分析见表 8-17。

表 8-17　总氮影响因素极差分析结果

因素	第二、三层基质种类	基质组合方式	植物种类	进水水力负荷	进水污染物浓度
$\overline{K_1}$	27.03	25.34	20.64	27.27	34.39
$\overline{K_2}$	26.45	17.23	32.63	21.67	14.73
$\overline{K_3}$	17.08			24.93	27.79
$\overline{K_4}$	17.38			16.68	30.35
$\overline{K_5}$	20.88				
极差 R	9.95	8.12	11.99	10.58	19.66
影响程度	一般	不重要	次要	次重要	重要

由表 8-17 极差分析结果可以看出对于总氮的净化效果，各因素影响程度依次为进水污染物浓度、进水水力负荷、植物种类、基质种类、基质组合方式。根据 K 值大小可以确定各影响因素的最优水平，因此为优化总氮处理效果，本试验中所考虑到的水平因素（生态滤沟内因）的最优组合为 4 层含高炉渣（或粉煤灰）并且种植黄杨和麦冬草的生态滤沟。

2. 生态滤沟对磷净化效果的影响因素极差分析

废水中的磷主要以溶解态、悬浮态和胶体 3 种形态存在，而对于它的去除主要依靠两方面机理：一方面是土壤和填料对磷的物理截留、吸附以及化学沉淀作用；另一方面是由植物、土壤和微生物构成的生态系统所产生的生物除磷作用。

1）土壤和填料对磷的截留、吸附、沉淀作用

土壤对磷有很强的吸附能力，可以吸附储存水中 95% 以上的磷。同时磷在土壤中的扩散、移动现象极弱，除非在沙质土壤、淹水水田土壤中施用大量有机肥的情况下，才有可能引起土壤中磷的流失（高廷耀和顾国维，1999）。土壤的固磷作用主要有以下三个机制。

（1）化学反应沉淀作用：在酸性土壤中，磷与铁、铝等作用，生成不溶性酸盐。

（2）表面反应：土壤胶体和 $H_2PO_4^-$ 在土壤表面发生交换反应和吸附反应。

（3）闭蓄反应：土壤中 $Fe(OH)_3$ 和其他不溶性的铝质和钙质胶膜将含磷矿化物包裹起来，使其丧失在土壤中的流动性。

填料不仅为微生物提供生长介质，还通过沉淀、过滤和吸附等作用直接去除含磷污染物。

2）生物除磷

生物除磷主要是生物诱导的化学沉淀作用，是指土壤颗粒以及填料表面微生物的代谢作用，会使微环境产生一定的变化，从而使废水中的溶解性磷酸盐转化为难溶的化合物而沉积于土壤和填料之上，并从废水中去除。植物对磷的吸收与对氮的吸收成比例。通常认为，植物要求氮、磷的营养比为 6 : 1，对于土地处理系统，通过植物的收割，植物根系对磷的吸收占总输入的 20% ~30%（高廷耀和顾国维，1999）。由于生态滤沟系统的水力停留时间较短，在渗透和侧渗过程中，废水中的磷主要通过土壤表面去除，因此吸附和沉淀作用就成为生态滤沟系统中磷净化的主要因素（伦斯等，2004）。植物吸收、土壤微生物的生物同化作用在降雨历程中并不显著，然而在降雨结束后，吸附、沉淀于土壤和填料中的磷却继续在植物吸收、土壤微生物的生物同化作用下得以继续转化（张新颖，2008）。

生态滤沟对正磷净化效果的影响因素极差分析见表 8-18。

表 8-18 正磷影响因素极差分析结果

因素	第二、三层基质种类	基质组合方式	植物种类	进水水力负荷	进水污染物浓度
$\overline{K_1}$	66.33	72.41	71.04	80.92	55.95
$\overline{K_2}$	93.10	67.05	68.53	71.75	67.19
$\overline{K_3}$	51.18			71.57	59.14
$\overline{K_4}$	82.93			58.25	45.80

续表

因素	第二、三层基质种类	基质组合方式	植物种类	进水水力负荷	进水污染物浓度
$\overline{K_5}$	63.88				
极差 R	41.93	5.36	2.52	22.67	21.39
影响程度	重要	一般	不重要	次重要	次要

由表8-18极差分析结果可以看出对于正磷的净化效果，各因素影响程度依次为基质种类、进水水力负荷、进水污染物浓度、基质组合方式、植物种类。根据 K 值大小可以确定各影响因素的最优水平，因此为优化正磷处理效果，本试验中所考虑到的水平因素（生态滤沟内因）的最优组合为4层含粉煤灰并且种植小叶女贞和黑麦草的生态滤沟。

生态滤沟对总磷净化效果的影响因素极差分析见表8-19。

表8-19　总磷影响因素极差分析结果

因素	第二、三层基质种类	基质组合方式	植物种类	进水水力负荷	进水污染物浓度
$\overline{K_1}$	65.75	67.50	58.47	76.93	50.77
$\overline{K_2}$	73.80	45.41	68.48	61.65	64.43
$\overline{K_3}$	44.83			58.97	69.19
$\overline{K_4}$	46.00			43.00	44.30
$\overline{K_5}$	64.70				
极差 R	28.98	22.09	10.01	33.93	24.89
影响程度	次重要	一般	不重要	重要	次要

由表8-19极差分析结果可以看出对于总磷的净化效果，各因素影响程度依次为进水水力负荷、基质种类、进水污染物浓度、基质组合方式、植物种类。根据 K 值大小可以确定各影响因素的最优水平，因此为优化总磷处理效果，本试验中所考虑到的水平因素（生态滤沟内因）的最优组合为4层含粉煤灰并且种植黄杨和麦冬草的生态滤沟。

3. 生态滤沟对COD净化效果的影响因素极差分析

生态滤沟能去除的有机污染物主要是不溶性的有机颗粒、有机胶体和易于生物降解的可溶性有机物，主要依靠过滤作用和土壤内微生物的生物降解来实现。污水呈层流状态流经土壤颗粒和滤料表面，其中的有机颗粒或有机胶体物质首先在惯性作用、沉淀作用、扩散作用和截留作用下附着在颗粒表面，然后由微生物降解（黄莉，2006）。

生态滤沟对COD净化效果的影响因素极差分析见表8-20。

表8-20　COD影响因素极差分析结果

因素	第二、三层基质种类	基质组合方式	植物种类	进水污染物浓度
$\overline{K_1}$	27.74	21.51	20.75	18.22
$\overline{K_2}$	12.89	25.95	34.20	28.12

续表

因素	第二、三层基质种类	基质组合方式	植物种类	进水污染物浓度
$\overline{K_3}$	13.81			71.65
$\overline{K_4}$	38.09			20.31
$\overline{K_5}$	17.68			
极差 R	25.20	4.44	13.45	53.43
影响程度	次要	不重要	一般	重要

由表 8-20 极差分析结果可以看出对于 COD 的净化效果，各因素影响程度依次为进水污染物浓度、基质种类、植物种类、基质组合方式。根据 K 值大小可以确定各影响因素的最优水平，因此为优化 COD 处理效果，本试验中所考虑到的水平因素（生态滤沟内因）的最优组合为 3 层含粉煤灰并且种植黄杨和麦冬草的生态滤沟。

4. 生态滤沟对重金属净化效果的影响因素极差分析

重金属无论采用何种处理方法或微生物都不能降解，只不过改变其化合价和化合物种类。天然水体中 OH^-、Cl^-、SO_4^{2-}、NH_4^+、有机酸、组氨酸、腐殖酸等可以同重金属生成各种配合物或螯合物，使重金属在水中的浓度增大，也可以使沉入水底中的重金属又释放出来。重金属不能被生物降解为无害物。第一类重金属处理方法是使废水中的呈溶解状态的重金属转变为不溶的重金属化合物，经沉淀和浮选法从废水中除去；第二类是将废水中的重金属在不改变其化学形态的条件下进行浓缩和分离。通过离子交换或吸附将重金属转移到经济、有效、易获得的生物质和地质材料（及两者的废弃物）中，像泥煤这种低成本重金属吸附剂已经显示出作为除去水中重金属吸附剂的良好应用前景，引起地学界和环境工程界更广泛的重视（黄玲等，2005）。

生态滤沟对锌净化效果的影响因素极差分析见表 8-21。

表 8-21　锌影响因素极差分析结果

因素	第二、三层基质种类	基质组合方式	植物种类	进水水力负荷
$\overline{K_1}$	90.27	90.91	90.20	81.13
$\overline{K_2}$	91.80	89.83	92.30	94.93
$\overline{K_3}$	83.53			100.00
$\overline{K_4}$	96.12			86.12
$\overline{K_5}$	91.30			
极差 R	12.59	1.08	2.10	18.87
影响程度	次要	不重要	一般	重要

由表 8-21 极差分析结果可以看出对于锌的净化效果，各因素影响程度依次为进水水力负荷、基质种类、植物种类、基质组合方式。根据 K 值大小可以确定各影响因素的最优水平，因此为优化锌处理效果，本试验中所考虑到的水平因素（生态滤沟内因）的最优组合为 4 层含粉煤灰并且种植黄杨和麦冬草的生态滤沟。

生态滤沟对镉净化效果的影响因素极差分析见表 8-22。

表 8-22　镉影响因素极差分析结果

因素	第二、三层基质种类	基质组合方式	植物种类	进水水力负荷
$\overline{K_1}$	27.77	29.01	28.21	7.51
$\overline{K_2}$	31.18	27.25	29.52	37.71
$\overline{K_3}$	23.16			38.81
$\overline{K_4}$	31.34			29.68
$\overline{K_5}$	29.34			
极差 R	8.18	1.77	1.31	31.30
影响程度	次要	一般	不重要	重要

由表 8-22 极差分析结果可以看出对于镉的净化效果，各因素影响程度依次为进水水力负荷、基质种类、基质组合方式、植物种类。根据 K 值大小可以确定各影响因素的最优水平，因此为优化镉处理效果，本试验中所考虑到的水平因素（生态滤沟内因）的最优组合为 4 层含粉煤灰并且种植黄杨和麦冬草的生态滤沟。

8.5.2　生态滤沟净化效果拟合

由极差分析结果可知，进水水力负荷以及进水污染物浓度两个因素对于氮、磷、COD、重金属的去除效果的影响基本都处在重要和次重要的位置，对其变化趋势进行拟合对于生态滤沟在实际中的应用具有重要的意义。对于水力负荷冲击大、进水污染物浓度高的地段，可通过优化基质与植物选择提高生态滤沟的净化效果。

选取净化效果比较稳定的 6#沟槽的试验数据进行进水水力负荷、进水污染物浓度与污染物浓度去除率的拟合。由于水力负荷、污染物浓度与浓度去除率均为正值（$x>0$，$y>0$），因此优先选用指数函数进行拟合。

1. 水力负荷变化对净化效果的拟合

水力负荷变化拟合结果如图 8-43 所示，拟合曲线的方程以及相关 R^2 见表 8-23。

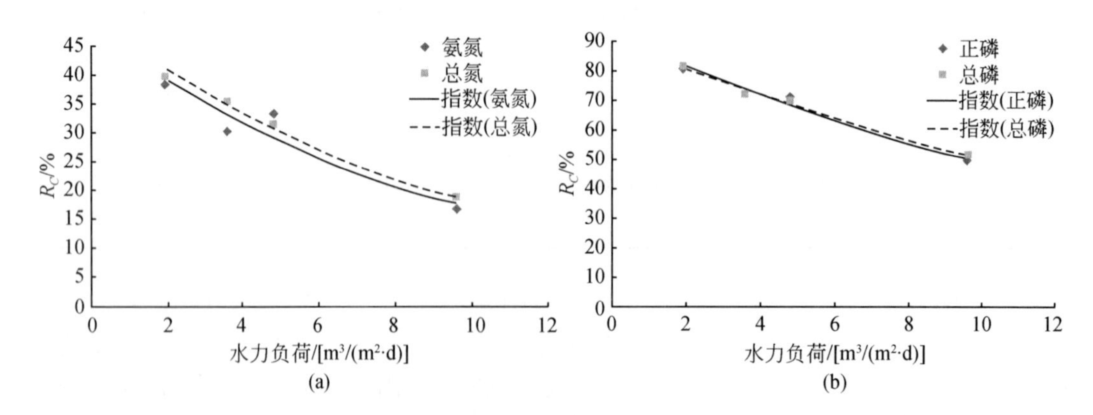

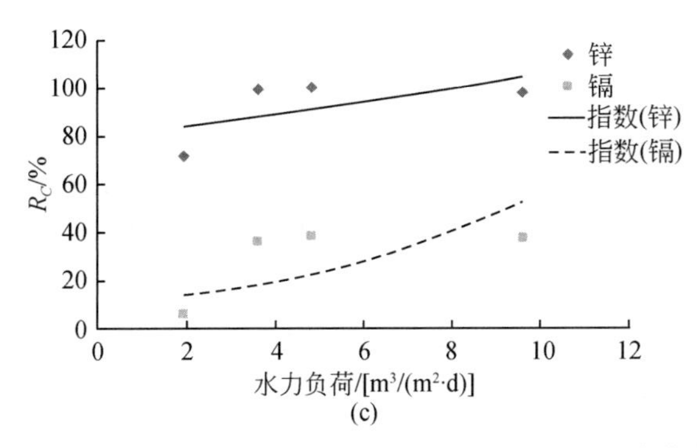

图 8-43 进水水力负荷与各污染物浓度去除率的拟合曲线

表 8-23 进水水力负荷与各污染物浓度去除率拟合曲线方程与相关系数

污染物指标	拟合曲线方程	相关系数
氨氮	$y=47.841e^{-0.1041x}$	0.9273
总氮	$y=49.508e^{-0.0995x}$	0.9936
正磷	$y=92.691e^{-0.0639x}$	0.9854
总磷	$y=90.572e^{-0.0589x}$	0.9959
锌	$y=79.081e^{0.0291x}$	0.3490
镉	$y=9.8372e^{0.1748x}$	0.3846

注：y 为污染物浓度去除率（%）；x 为进水水力负荷［$m^3/(m^2 \cdot d)$］

由图 8-43、表 8-23 可知，氨氮、总氮、正磷、总磷的浓度去除率与进水水力负荷的相关系数均在 0.9 以上，相关性较好，随水力负荷的增大污染物的浓度去除率降低。锌和镉的浓度去除率与进水水力负荷的相关系数为 0.35 左右，相关性较差，随水力负荷的增大，污染物浓度去除率增大。

2. 污染物浓度变化对净化效果的拟合

入流污染物浓度与浓度去除率关系的拟合结果如图 8-44 所示，拟合曲线的方程以及相关 R^2 见表 8-24。

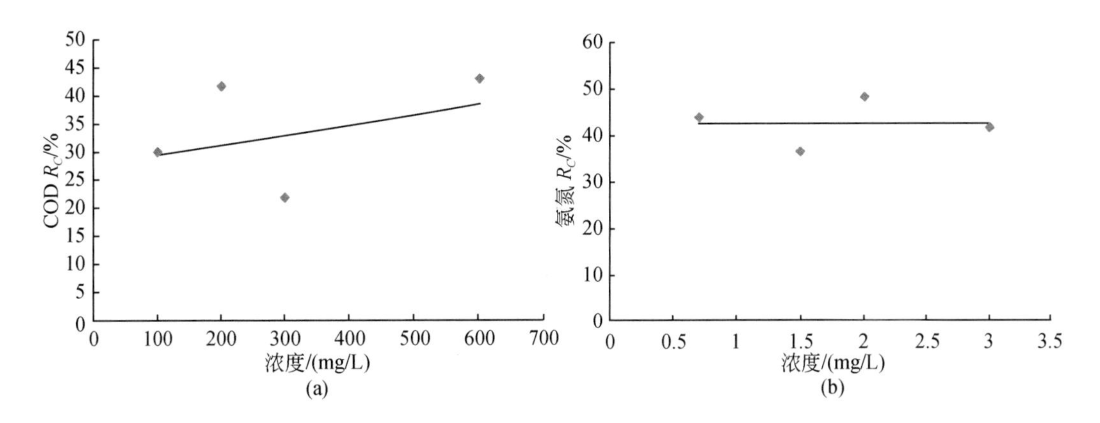

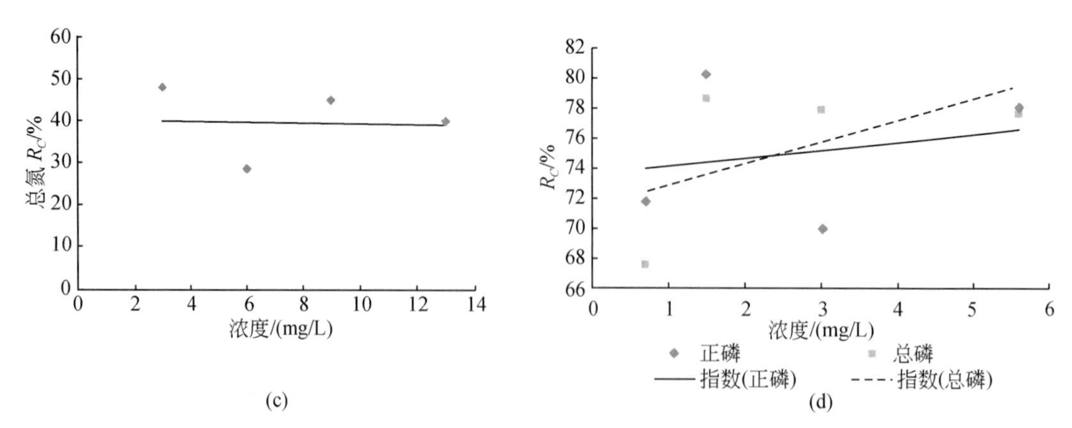

图 8-44　进水污染物浓度与各污染物浓度去除率的拟合曲线

表 8-24　进水污染物浓度与各污染物浓度去除率拟合曲线方程与相关系数

污染物指标	拟合曲线方程	相关系数
COD	$y=28.062e^{0.0005x}$	0.1315
氨氮	$y=42.041e^{0.0058x}$	0.0023
总氮	$y=40.557e^{-0.0026x}$	0.0023
正磷	$y=73.406e^{0.0074x}$	0.0588
总磷	$y=71.467e^{0.019x}$	0.3206

注：y 为污染物浓度去除率（%）；x 为进水污染物浓度（mg/L）

由图 8-44、表 8-24 可以看出各污染物浓度去除率与进水污染物浓度相关系数均在 0.3 以下，相关性比较差。

为得到更好的拟合效果，进行了入流污染物浓度与负荷削减率关系的拟合，选用多项式方程，结果如图 8-45 所示，拟合曲线的方程以及相关 R^2 见表 8-25。

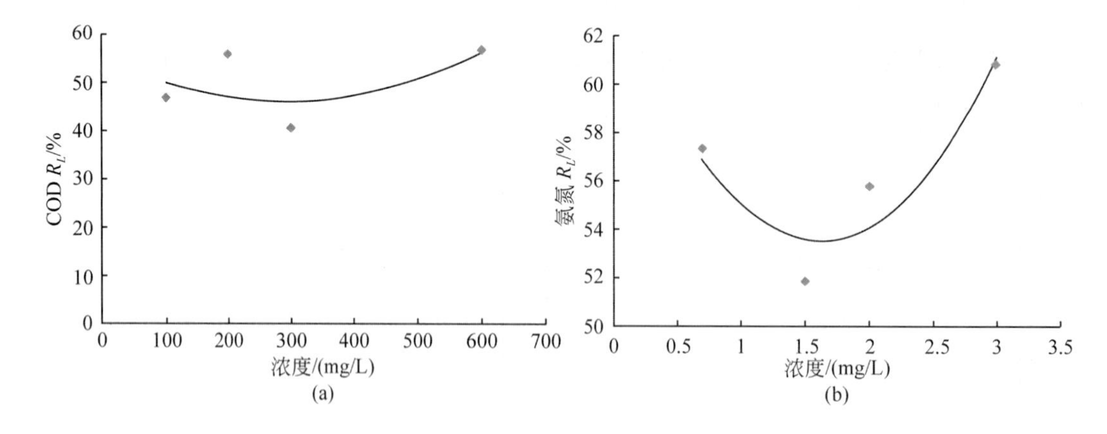

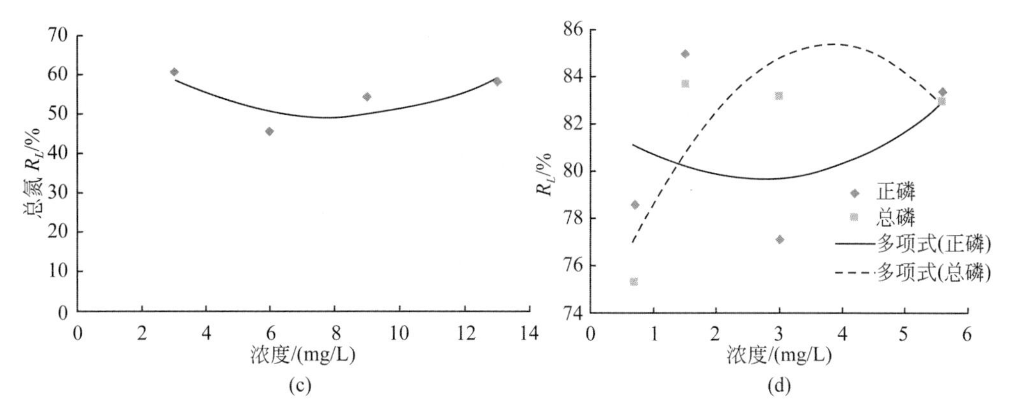

图 8-45　进水污染物浓度与各污染物负荷削减率关系的拟合

表 8-25　进水污染物浓度与各污染物负荷削减率关系的拟合曲线方程和相关系数

污染物指标	拟合曲线方程	相关系数
COD	$y=0.0001x^2-0.0623x+55.409$	0.3373
氨氮	$y=3.9434x^2-12.757x+63.865$	0.8533
总氮	$y=0.3809x^2-6.0436x+73.501$	0.5907
正磷	$y=0.3772x^2-2.0173x+82.38$	0.1404
总磷	$y=-0.8615x^2+6.6036x+72.728$	0.6985

如图 8-45 和表 8-25 所示，除 COD 与正磷的拟合效果不理想外，氨氮、总氮、总磷的拟合相关系数均在 0.59 以上，拟合效果得到明显提高。

3. 污染物负荷变化对净化效果的拟合

入流水力负荷与入流污染物浓度在实际中并不是以单一因素的形式影响生态滤沟的净化效果，因此选用多项式方程对入流污染物负荷与浓度去除率的关系进行了拟合，拟合结果如图 8-46 所示，拟合曲线的方程及相关系数见表 8-26。

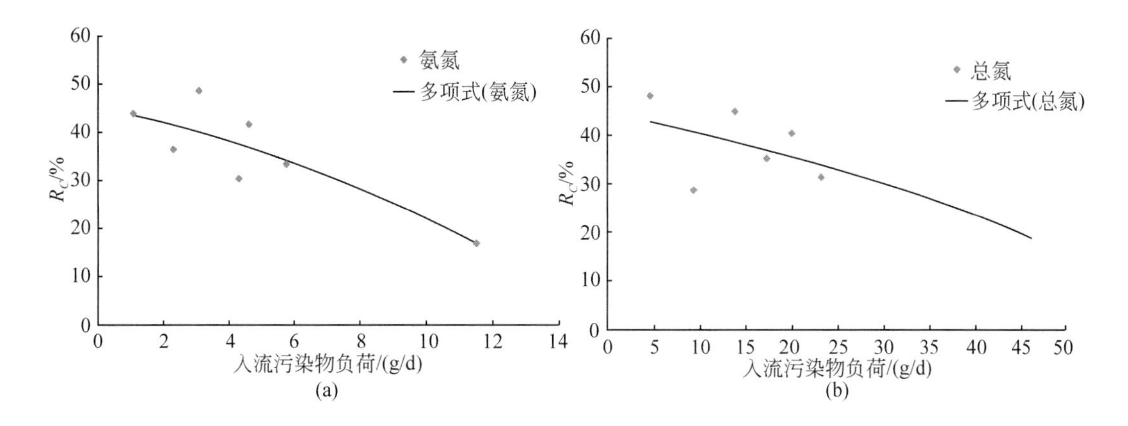

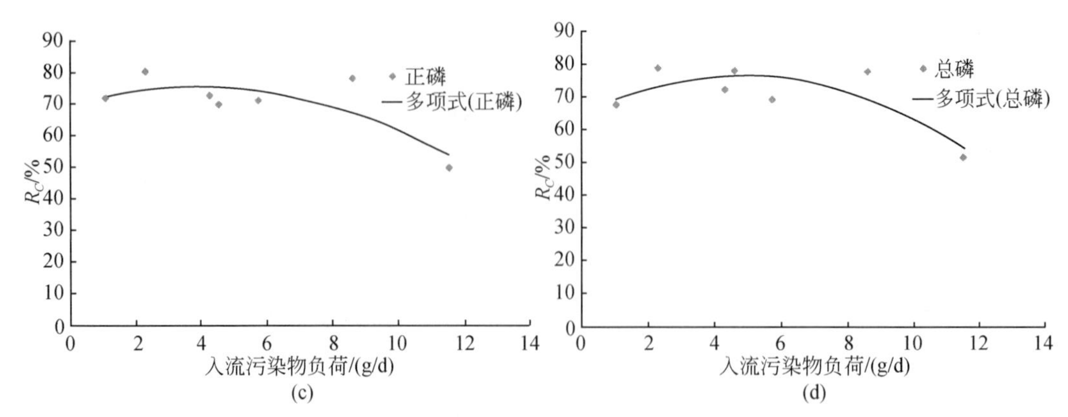

图 8-46　进水污染物负荷与各污染物浓度削减率关系的拟合

表 8-26　进水污染物负荷与各污染物浓度削减率关系的拟合曲线方程和相关系数

污染物指标	拟合曲线方程	相关系数
氨氮	$y=-0.0986x^2-1.3208x+45.194$	0.7371
总氮	$y=-0.0041x^2-0.3637x+44.49$	0.6009
正磷	$y=-0.3925x^2+3.163x+69.272$	0.6382
总磷	$y=-0.5041x^2+4.9178x+64.376$	0.6828

由图 8-46 与表 8-26 的结果可以看出，进水污染物负荷与各污染物浓度削减率的拟合关系较好，相关系数均在 0.6 以上，随着入流污染物负荷的增大，净化效果减弱。

4. 去除效果随时间变化模拟

本节应用社会科学统计程序（Statistical Package for the Science 或 Statistic Products and Service Solution for Windows，SPSS）软件对去除效果随时间的变化趋势进行模拟分析。SPSS 是当前世界上最为流行的三大统计分析软件之一，是公认的最优秀的统计分析软件包。作为统计分析工具，SPSS 功能十分强大，可以为用户提供数据整理、统计分析、趋势分析、制表、绘图服务，可广泛地用于计划、经济、教育、心里、医学、生物、气象以及其他社会科学领域（骆方等，2011）。邱训平（2001）已经将 SPSS 运用到水质评价与数据分析中，利用该软件建立流域水质资料数据库，及时充分地获得流域水质资料包含的各种信息，为领导层的决策提供科学依据。

在本节中，具体应用软件的时间序列分析模块对结果进行模拟。直观地讲，时间序列（time series）指随时间变化的、具有随机性的，且前后相互关联的动态数据序列，它是依特定时间间隔而记录的指定变量的一系列取值。时间序列分析就是研究时间序列在演变过程中存在的统计规律的方法，研究问题包括长期变动趋势、季节性变动趋势、周期变动规律，以及预测未来时刻的发展和变化等（杜强和贾丽艳，2011）。

同样选用处理效果比较稳定的 6# 沟槽的试验数据进行模拟。所选用序列为水力负荷为 $1.92m^3/(m^2 \cdot d)$，污染物浓度第 4 组数值（表 8-11）情况下的序列（表 8-27）。模型摘要见表 8-28，模型统计量见表 8-29，拟合结果如图 8-47 所示。

表 8-27　时间序列拟合应用数据

时间序列	时间/min	R_V/%	总氮 R_C/%	总氮 R_L/%	总磷 R_C/%	总磷 R_L/%	COD R_C/%	COD R_L/%
1	0. 00	100. 00	52. 78	100. 00	81. 95	100. 00	62. 58	100. 00
2	10. 00	54. 90	60. 94	75. 18	79. 34	89. 90	55. 04	74. 35
3	20. 00	20. 59	54. 01	56. 30	76. 40	82. 22	50. 43	54. 84
4	40. 00	11. 76	44. 77	51. 44	76. 59	80. 24	39. 28	49. 82
5	60. 00	11. 76	37. 04	51. 44	76. 66	80. 24	34. 92	49. 82
6	90. 00	15. 78	33. 79	53. 65	76. 30	81. 14	31. 18	52. 10
7	120. 00	15. 78	31. 44	53. 65	76. 04	81. 14	28. 46	52. 10

表 8-28　模型摘要

模型拟合											
拟合统计量	均值	SE	最小值	最大值	百分位						
					5	10	25	50	75	90	95
R^2	0. 553	0. 107	0. 468	0. 760	0. 468	0. 468	0. 501	0. 501	0. 641	0. 760	0. 760
RMSE 均方根误差	9. 964	7. 275	1. 616	23. 471	1. 616	1. 616	5. 255	6. 780	13. 349	23. 471	23. 471
MAPE 平均绝对误差百分比	14. 620	16. 218	1. 182	49. 891	1. 182	1. 182	3. 449	12. 077	12. 183	49. 891	49. 891
MaxAPE 最大绝对误差百分比	42. 876	55. 803	3. 843	166. 669	3. 843	3. 843	11. 231	28. 400	35. 589	166. 669	166. 669
MAE 平均绝对误差	6. 007	3. 918	0. 917	13. 178	0. 917	0. 917	2. 950	5. 379	7. 495	13. 178	13. 178
MaxAE 最大绝对误差	18. 428	14. 439	2. 936	45. 098	2. 936	2. 936	9. 242	11. 155	25. 649	45. 098	45. 098
正态化的 BIC	4. 338	1. 722	1. 238	6. 589	1. 238	1. 238	3. 596	4. 106	5. 461	6. 589	6. 589

表 8-29　模型统计量

模型	模型拟合统计量 R^2
水量削减-模型_ 1	0. 501
总氮浓度-模型_ 2	0. 641
总氮负荷-模型_ 3	0. 501
总磷浓度-模型_ 4	0. 468
总磷负荷-模型_ 5	0. 501
COD 浓度-模型_ 6	0. 760
COD 负荷-模型_ 7	0. 501

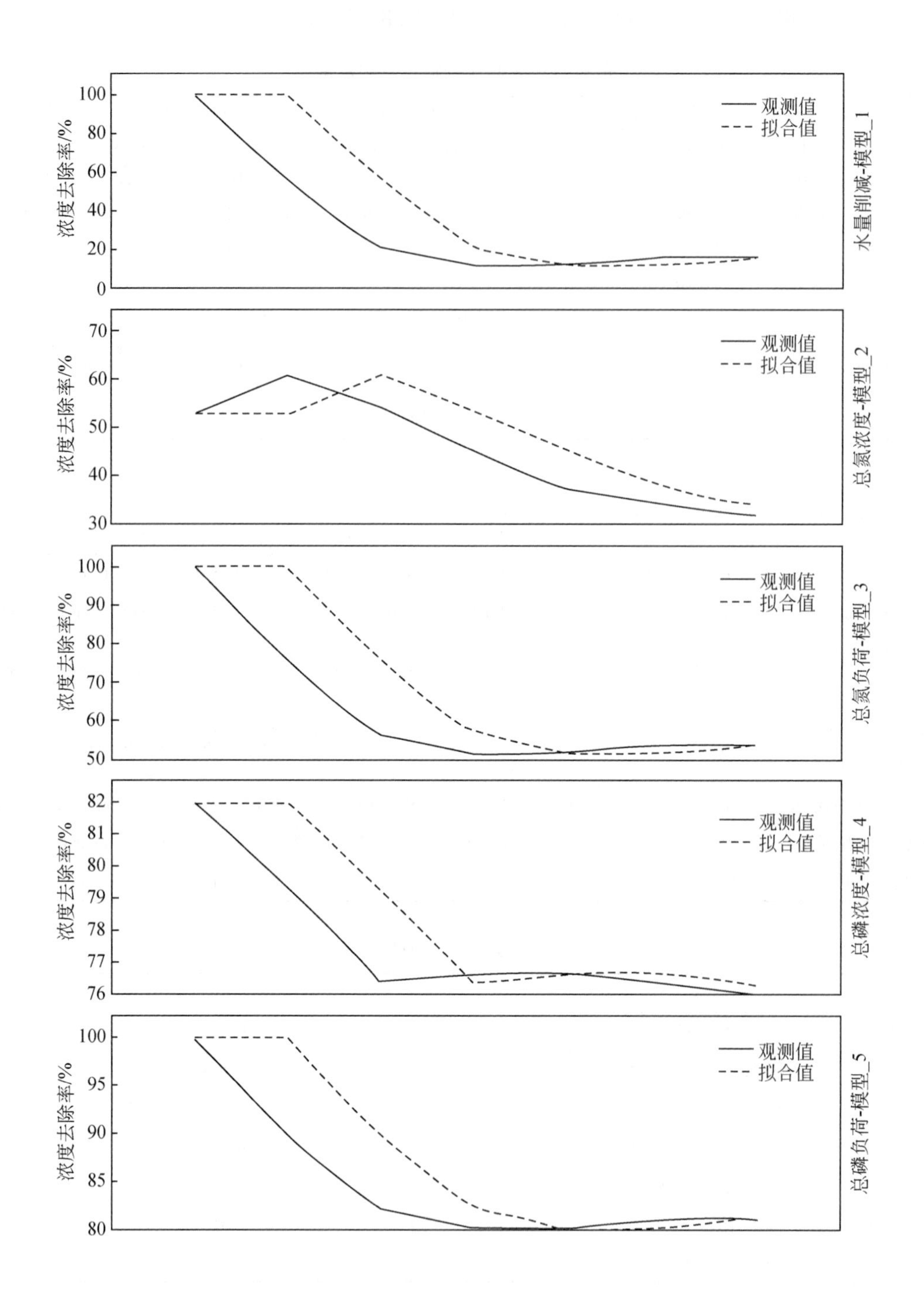

浓度去除率/%
观测值
拟合值
水量削减-模型_1
总氮浓度-模型_2
总氮负荷-模型_3
总磷浓度-模型_4
总磷负荷-模型_5

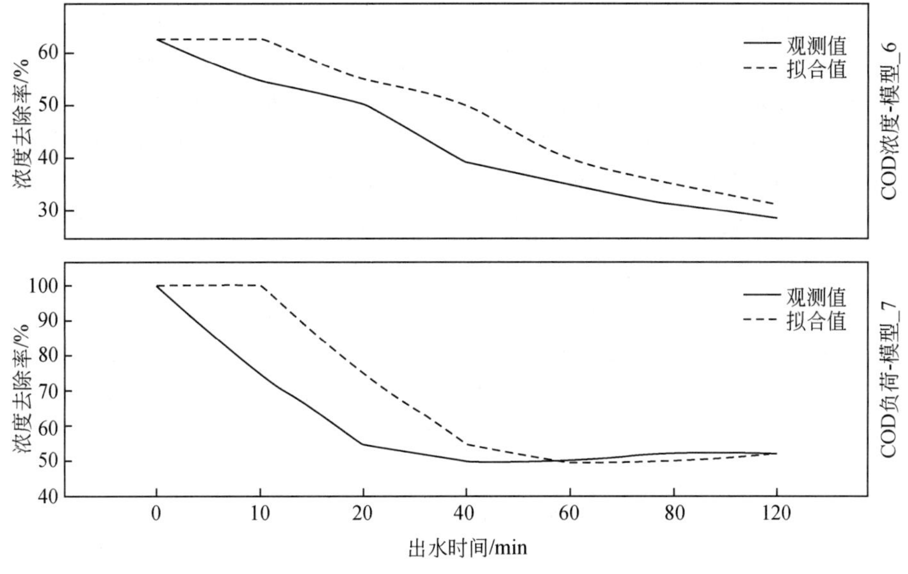

图 8-47　入流时间与污染物去除效果的模拟结果

如表 8-29、图 8-47 所示，模型拟合统计量 R^2 在 0.5 左右，拟合效果比较一般，可通过延长观测时间或者增加取样密度来提高模型准确性。

8.6　本 章 小 结

生态滤沟作为一种新型的控制城市路面径流污染的 LID 技术，具有良好的应用前景，本章研究了不同基质种类、不同植被条件、不同进水水力负荷以及不同进水污染物浓度条件下生态滤沟的净化效果，并进行了对比分析。初步得出以下结论：

（1）基质的选择与组合方式对于生态滤沟的净化效果有一定的影响，在所选的基质中，粉煤灰的净化效果较好，其对氨氮、总氮、正磷、总磷、重金属锌、重金属镉的去除率可分别达到 30%～45%、25%～30%、90%～95%、60%～90%、83%～100%、3%～63%，主要由于其粒径微细，增大了与污水的接触面积，同时延长了下渗时间，增强了净化效果，同时其来源广泛，价格低廉，适宜广泛使用；同时生态滤沟在 4 层填料状态下的去除率要明显优于 3 层填料，氨氮、总氮、正磷、总磷、重金属锌、重金属镉的去除率在 4 层填料时比在 3 层填料时提高 20%、10%～20%、30%～50%、30%、18%、3%～30%。

（2）植物的生长对于污染物的去除有一定辅助作用，通过比较在有植被条件下，生态滤沟对总氮的去除率可提高 5%～30%，而磷的净化效果相差不大；对于重金属锌的去除效果在无植被条件下较好，主要由于运行初期基质吸附效果佳，随着运行次数的增加，吸附效果有所减弱，可见对于重金属锌的去除，基质的吸附起主要作用。对于重金属镉的去除效果在有植被条件下明显优于无植被条件，去除率提高 5% 左右，可见植物的吸收可以增强重金属镉的去除。同时在基质相同的条件下，种植麦冬草和黄杨的沟槽比种植黑麦草和小叶女贞的沟槽对各污染物的去除率均提高 5%～10%。

（3）生态滤沟的入水水流及污染物特性对于去除效果也有一定的影响，一方面随着水力负荷的增大，生态滤沟对污染物的去除率会降低，氨氮和总氮的去除率在高负荷和低负荷时相差10%左右，正磷和总磷的去除率在高负荷和低负荷时相差可达30%左右，对于重金属锌和镉的去除，随着水力负荷的增大，基本呈现先增大后减小或先增大后趋平的趋势，因此在中等水力负荷条件下有利于生态滤沟对重金属的去除，同时锌的去除效果基本可达100%，明显优于镉；另一方面随着进水污染物浓度的增大去除效果也有差异，COD、可溶解性正磷酸盐、总磷的去除率呈现先增大后减小趋势，氨氮去除率呈现增大趋势，总氮去除率呈现先减小后增大的趋势。

（4）生态滤沟对磷污染物的去除率可达60%～90%，而对有机物和氮污染物的去除率为30%～60%，对磷的净化效果明显优于对氮的净化效果。从污染物的去除机理上看，磷的去除一方面依靠土壤和基质对磷的物理截留、吸附及化学沉淀作用；另一方面依靠植物、土壤、微生物构成的生态系统的生物除磷作用。而氮的去除主要依靠硝化反硝化作用。生态滤沟选用的填充基质都具有较好的吸附性，对磷的吸附效果好，并且该生态滤沟中好氧环境充足，有利于磷的去除，相对的厌氧环境的不充足也不利于氮的去除。

（5）随着进水时间的持续，生态滤沟出水流量逐渐增大，相应对流量的削减能力也逐渐减弱并趋于稳定。生态滤沟对污染物的去除效果随进水时间的持续逐渐降低，其中对COD、NH_3-N、TN的去除效果降低明显，可达20%～30%，对DP和TP的去除效果降低10%～20%。

（6）通过极差分析得出生态滤沟各污染物去除效果的影响因素的影响程度。对于各污染物的净化效果，外部条件（进水水力负荷与进水污染物浓度）为主要的影响因素，同时在生态滤沟自身条件中，基质种类对净化效果的影响较大，植被条件起辅助作用。

（7）对主要影响因素进水水力负荷、进水污染物浓度与污染物浓度去除率的关系进行幂指数拟合，水力负荷与浓度去除率的拟合方程相关系数均在0.9以上，拟合效果较好，污染物浓度与浓度去除率的关系波动较大。运用多项式方程拟合了进水污染物浓度与负荷削减率的关系，除COD与正磷的拟合效果不理想外，氨氮、总氮、总磷的拟合相关系数均在0.59以上，拟合效果得到明显提高。进水污染物负荷与各污染物浓度削减率的拟合关系较好，相关系数均在0.6以上，随着入流污染物负荷的增大，净化效果减弱。

（8）运用SPSS软件的时间序列模型进行污染物浓度去除率与进水时间关系的模拟，模型相关系数在0.5左右，可通过延长取样时间或者增加取样密度以提高模型模拟的效果。

参考文献

常丽君．2010-07-13．让肆虐的暴雨听我的——行之有效的环境低冲击暴雨管理技术．科技日报，第008版

崔理华，朱夕珍，骆世明，等．2003．煤渣-草炭基质垂直流人工湿地系统对城市污水的净化效果．应用生态学报，14（4）：597-600

邓瑞芳，张永春，谷江波．2004．人工湿地对污染物去除的研究现状及发展前景．新疆环境保护，26（3）：19-22

杜强，贾丽艳．2011．SPSS统计分析从入门到精通．北京：人民邮电出版社

扶蓉，周开壹，孙学军，等．2010．．基于多孔混凝土的低碳植草沟（GP水沟）技术．公路工程，

35（5）：53-55，62
高廷耀，顾国维. 1999. 水污染控制工程下册（第二版）. 北京：高等教育出版社
黄莉. 2006. 生态滤沟处理城市降雨径流的中试研究. 重庆：重庆大学硕士学位论文
黄玲，刘峙嵘，李传茂. 2005. 泥煤净化重金属废水. 化工时刊，19（4）：58-60
巨画媚，赵娟. 2009. 小叶女贞栽培技术. 中国农技推广，（9）：27
李俊奇，王文亮，边静，等. 2010. 城市道路雨水生态处置技术及其案例分析. 中国给水排水，26（16）：60-64
李旭东，周琪，张荣社，等. 2005. 三种人工湿地脱氮除磷效果比较研究. 地学前缘，12（特刊）：73-76
刘保莉，曹文志. 2009. 可持续雨洪管理新策略——低影响开发雨洪管理. 太原师范学院学报（自然科学版），8（2）：111-115
鲁南，董增川，牛玉国. 2008. 生物滞留槽土壤渗透与恢复过程模拟研究. 水电能源科学，26（3）：110-112
陆鸿. 1999. 正交试验设计. 河南预防医学杂志，10（2）：124-126
伦斯 P，等. 2004. 分散式污水处理和再利用. 王晓昌等译. 北京：化学工业出版社
骆方，刘红云，黄崑. 2011. SPSS 数据统计与分析. 北京：清华大学出版社
孟莹莹，陈建刚，张书函. 2010. 生物滞留技术研究现状及应用的重要问题探讨. 中国给水排水，24（26)20-24，38
倪艳芳. 2008. 城市非点源污染的特征及其控制的研究进展. 环境科学与管理，33（2）：53-57
邱训平. 2001. SPSS 软件在水质数据分析中的应用. 水系污染与保护，1：32-37
宋春霞，项学敏，李炎生. 2004. 植物在污水土地处理中的作用. 化工装备技术，25（2）：56-58
孙常磊. 2005. 西安城市雨水利用分区及不同下垫面雨水径流水质研究. 西安：西安理工大学硕士学位论文
孙艳伟，魏晓妹. 2011. 生物滞留池的水文效应分析. 灌溉排水学报，30（2）：98-103
王健，尹炜，叶闽，等. 2011. 植草沟技术在面源污染控制中的研究进展. 环境科学与技术，34（5）：90-94
王书敏，于慧，张彬. 2011. 生物沟技术在城市非点源污染控制中的应用研究进展. 安徽农业科学，39（3）：1627-1629，1632
向璐璐，李俊奇，葛瑞玲. 2008. 住宅小区雨水低影响开发技术与实践. 见：第七届中国城市住宅研讨会论文集. 9：590-594
尹澄清. 2009. 城市非点源污染的控制原理和技术. 北京：中国建筑工业出版社
郁国芳，芮连华，郑莉，等. 2006. 麦冬草形态特征和栽培技术. 上海农业科技，（4）：103-104
张新颖. 2008. 浅草沟系统对城市暴雨径流的控制试验研究. 重庆：重庆大学硕士学位论文
张媛. 2006. 兰州市区地表径流污染初探. 兰州：兰州大学硕士学位论文
赵建伟，单保庆，尹澄清. 2007. 城市面源污染控制工程技术的应用及进展. 中国给水排水，23（12）：1-5
周小平，杨林章，王建国，等. 2005. 炉渣等 4 种基质对富营养化水体中 N、P 的降解研究. 农业环境科学学报，（S1）：94-98
Backstrom M. 2002. Sediment transport in grassed swales during simulated runoff events. Water Sci Technol，45（7）：41-49
Barrett M E，Walsh P M，Malina J F，et al. 1998. Performance of vegetative controls for treating highway runoff. J Environ Eng，124（1）：1121-1128
Deletic A. 2001. Modelling of water and sediment transport over grassed areas. Journal of Hydrology，248（1-4）：

168 ~ 182

Dietz M E, Clausen J C. 2005. A field evaluation of rain garden flow and pollutant treatment. Water Air Soil Pollut, 167 (1-4): 123-138

Hsieh C H, Davis A P, Needleman B A. 2007. Bioretention column studies of phosphorus removal from urban storm water runoff. Water Environ Res, 79 (2): 177-184

Hunt W F, Smith J T, Jadlocki S J, et al. 2008. Pollutant removal and peak flow mitigation by a bioretention cell in Urban Charlotte. N. C. J Environ Eng, 134 (5): 403-408

Li H, Davis A P. 2008. Heavy metal capture and accumulation in bioretention media. Environ Sci Technol, 42 (14): 5247-5253

Martin A J, Kim D J, Ren J, et al. 2009. Compostproductopti- mization for surface water nitrate treatment in biofiltra- tion applications. Bioresour Technol, 100 (17): 3991-3996

Rose C W, Bofu Yu, Hogarth W L, et al. 2003. Sediment deposition from flow at low gradients into a buffer strip-a critical test of re- entrainment theory. J Hydrol, 280 (1): 33-51

Rusciano G M, Obropta C C. 2007. Bioretention column study: fecal colifom and total suspended solids reduction. Trans ASABE, 50 (4): 1261-1269

Siriwardene N R, Deletic A, Fletcher T D. 2007. Clogging of storm- water gravel infiltration systems and filters: insights from a laboratory study. Water Research, 41 (7): 1433-1440

Tony H F W, Fletcher T D, Duncan H P, et al. 2006. Modelling urban storm- water treatment- A unified approach. Ecological Engineering, 27 (1): 58-70

Turer D, Maynard J B, Sansalone J J. 2001. Heavy metal contamination in soils of urban highways: comparison between runoff and soil concentrations at Cincinnati OH. Water Air Soil Pollut, 132 (3-4): 293-314

第9章　面源污染控制的植被过滤带技术试验研究

植被过滤带（vegetative filter strips，VFS）是位于污染源与水体之间的植被区域，可以有效地拦截、滞留泥沙和削减氮、磷等污染物的入河负荷量，显著降低非点源污染的影响（李怀恩等，2006）。Dickey 和 Vanderholm（1981）将植被过滤带定义为诸如草地、以草覆盖的水道或者甚至是农田等的植被区域系统，这些系统可使地表径流中的污染物被沉降、过滤、稀释、下渗和吸收。Phillips（1989）将植被过滤带定义为把产生地表径流及污染的区域同地表水体分隔开的植被带。研究人员在对非点源污染的控制管理措施的研究过程中，发现河道两侧的土地利用方式对河流水质有着比远离河道地带更为明显的影响，人们常称河道两侧为非点源污染的敏感带。在河道的两侧敏感带内种植草木可以有效地拦截、滞留泥沙和有效削减氮、磷等污染物的入河负荷量，显著降低非点源污染的影响。这类条状分布的乔木、灌木或草地被称为植被过滤带。目前植被过滤带还没有具体的统一定义，很多文献里把植被过滤带称为河岸缓冲带（riparian buffer strip），缓冲带（buffer strips or buffer zones）、过滤带（filter strips or filter zones）、河岸植被带（riparian vegetation zone）、河岸缓冲带（riparian buffer zone）等。植被过滤带具有费用较低、能够多方受益、适应性强等优点，是一种实用有效的非点源污染控制措施，已被美国国家环境保护局列为最佳管理措施之一。VFSMOD 模型是一个用于预测植被过滤带对坡面地表径流中泥沙净化效果的田间尺度机制模型（杨寅群等，2010），能很好地模拟植被过滤带对地表径流水量的削减效果和对固体颗粒的去除效果。美国已制定了相关的法律法规；在新西兰，政策规定退耕河岸带作为植被过滤带，以保护河岸和水体系统；在加拿大，植被过滤带已被列入“安大略省农场环境规划和水土管理最佳经营措施”之中；英国和其他欧洲国家也不同程度地研究和提倡使用植被过滤带。而在我国，植被过滤技术研究还刚起步，工程实践更少，制约了植被过滤带这种重要生态措施的推广应用。

9.1　植被过滤带研究进展

由于非点源污染发生的随机性，污染负荷的时间变化和空间变化幅度大，监测、控制和处理困难并且复杂。目前对非点源污染的控制主要是从下面两个方面进行的：一方面是通过对污染源的控制，这与最佳管理措施的基本思想是一致的，即属于土地的物质（污染物）应该保留在土地上；另一方面是通过对非点源污染途径的控制，通过拦截，过滤等方式减少非点源污染物进入水体。目前，越来越多的生态控制措施被用于非点源污染物的管理和控制上，如建立湿地生态工程、建立植被过滤带、建立等高植物篱等。

9.1.1 国外研究进展

国外对植被过滤带的研究比较多，相对比国内也要成熟一些。在不同的区域，分析的影响因素和净化对象也是不一样的，其中植被因素主要是利用野生的草本植被，分析不同带宽下植被过滤带对农田径流，饲养场的废水等污染源中的农药，总氮、总磷以及悬浮固体等指标的净化效果。表 9-1 总结了 10 组有关植被过滤带净化试验的例子。

表 9-1　植被过滤带对污染物净化的例子

植被类型	污染源	VFS 长度/m	污染物	污染物净化效率/%	备注
百慕大草	农田径流	4.8	毒死蜱	62～99	Cole et al.，1997
			麦草畏	90～100	
			2，4-D	90～100	
百慕大和杂草的混合带	农田径流	4.3～5.3	总磷	26	Parsons et al.，1991
			总氮	50	
牛毛草和蓝草草皮（坡度 9%）	农田径流	4.6	氨氮	92	Barfield et al.，1992
			莠去津	93	
		9.7	氨氮	100	
			莠去津	100	
		13.7	氨氮	97	
			莠去津	98	
玉米、燕麦或者鸭茅的混合带（坡度 4%）	饲养场	13.7	总氮	88	Young et al.，1980
			总磷	87	
牛毛草（坡度 10%）	牛奶厂的废物在粉砂壤土	1.5	溶解态磷	8	Doyle et al.，1977
			硝氮	57	
		3	溶解态磷	62	
			硝氮	68	
鸭茅（坡度 5%～16%）	模拟饲养场径流	4.6	总磷	39	Daillaha et al.，1988
			总氮	43	
		9.1	总磷	52	
			总氮	52	
鸭茅（坡度 5%～16%）	农田径流	4.6	总磷	75	Daillaha et al.，1989
			总氮	61	
		9.1	总磷	87	
			总氮	61	

续表

植被类型	污染源	VFS 长度/m	污染物	污染物净化效率/%	备注
黑麦草	农田径流	6，12，18	悬浮固体	87～100	Patty et al.，1997
			莠去津	44～100	
			异丙隆	99	
			吡氟草胺	97	
			硝氮	47～100	
			可溶性磷	22～89	
高粱和苏丹草的混合带	饲养场	13.7	总氮	84	Young et al.，1980
			总磷	81	
植被排水沟	模拟地表径流	4	莠去津	98	Moore et al.，2001
			拟除虫菊酯	100	

Wilson（1967）是较早提出并研究泥沙去除的人之一，给出了坡度较小的坡面上去除砂土、粉砂、黏土的最佳距离。该研究认为：宽度、含沙浓度、流速、坡度、植被高度和密度以及植被的淹没度都将影响到泥沙的去除效率，但是并没有建立这些参数与净化效率之间的关系。Neibling 和 Alberts（1979）利用田间试验研究了在薄层水流的情况下草带对总输沙量的影响。试验结果表明，相当多的泥沙沉积在草带的前段，91%的泥沙在草带的前0.6m发生了沉淀，其中黏土颗粒有37%在草带前0.6m处。

在泥沙迁移方面研究最广泛的是Kentucky大学，在矿区进行了大量的地表水土流失治理研究。Tollner等（1976）提出了模拟植被中泥沙去除与平均流速、水深、颗粒沉降速度、植被过滤带长度、间距水力半径（一个用于描述植被间距对水流的影响，类似于明渠中水力半径的参数）的数学模型；Barfield等（1979）开发了Kentucky过滤模型，它是一个稳态模型，建立了关于草带中泥沙的过滤能力和水流、泥沙浓度、泥沙粒径、径流历时、坡度和植被密度的函数关系，并认为在给定的水流条件下，出流浓度主要是坡度和植被间距的函数关系。Hayes等（1979）将Kentucky过滤模型扩展到非均匀流和非均匀泥沙中，后来这些研究人员提出了在实际草带中确定Kentucky模型所需的水力参数的值的方法，用三种不同的草，对模型计算结果和试验数据进行了检验，结果较好。Hayes和Hairston（1983）利用野外资料评价了在多暴雨情况下的Kentucky模型，其中侵蚀资料来自于休耕的农田，且农田作为源区，植被用的是被修剪到10cm的高羊茅，结果表明：模型中泥沙的预测值和试验值很接近。Neibling和Alberts（1979）指出大多数的泥沙在植被过滤带的上坡前1m处沉积，随后的泥沙进入过滤带后在中间形成楔形。其研究者认为只要植被不被淹没，泥沙的过滤效果就会很好，但是在很大的流量下会淹没了植被，并且导致过滤效果很差。Hayhes和Hairston（1983）认为过滤带对悬浮固体的过滤效率大部分都达到90%以上，并且认为过滤效果由沉淀物的大小、植被过滤带的坡度、长度、渠道、植被密度等因素决定。

植被过滤带根据植被类型的不同，主要有林木过滤带、灌木过滤带、草地过滤带以及由两种或者两种以上植被构成的混合过滤带（也称复合过滤带）。Lowrance（1992）研究认为：复杂的生物环境系统，其根系发达，能改善土壤渗透性，且能稳固河岸和提供野生动物生存环境等。Lee 等（2000）研究表明：在拦截悬浮固体（泥沙）和颗粒态污染物方面效果显著的是草地过滤带，且投资较少，容易管理，因而得到了普遍的应用。带宽是影响植被过滤带净化效果的最重要的因素之一，Dillaha 等（1989）研究发现，在漫流条件下 9.1 m 和 4.6 m 的过滤带分别降低了养畜场废水中 91% 和 81% 的沉淀物、69% 和 58% 的磷以及 74% 和 64% 的氮。近几年一些研究（Blanco-Canqui et al.，2004；Tate et al.，2006；Chung et al.，2010）也证明，植被过滤带在减少非点源污染方面效果显著。Daniels 和 Gilliam（1996）研究显示，9.1 m 宽的草地过滤带能去除地表径流中 76% 的悬浮固体，植被过滤带坡度直接影响了植被过滤带的糙率系数和径流的冲刷能力，进而影响了地表径流的产生和非点源污染的负荷量。在坡度较小的植被过滤带上能有效地延长降雨径流的水力停留时间，使得非点源污染在植被过滤带中得到充分的截留和净化。Patty 和 Real（1997）、Schmitt 等（1999）所做的试验研究中，植被过滤带坡度为 3% ~15%，对 SS 的去除率达 56% ~97% 。

在植被过滤带对污染物的净化效果研究方面，Doyle 等（1977）利用牛粪来模拟污染源，在一块 5m×7m、坡度为 10% 的试验场上进行了试验，试验采用的植被物种是牛毛草，试验场的土壤类型是粉砂壤土。分析了可溶性的污染物在 0.5m、1.5m 和 4m 三个断面处的浓度。试验结果表明：可溶性的磷和硝氮在前 0.5m 浓度分别削减 9% 和 0%，在 1.5m 处浓度分别削减 8% 和 57%，在 4m 处浓度分别削减 62% 和 68%。但是沉积的有机氮的分解使得氨氮的浓度随着距离的增加同时增加了。Young 等（1980）通过模拟降雨开展了植被过滤带对饲养场中径流污染物的控制的试验研究。试验结果表明：总径流量减少 81%，泥沙、总磷和总氮的去除率分别为 82%，81% 和 84%。Thompson 等（1978）研究雪盖的鸭茅草在砂质壤土上对奶牛场污染物的去除效果，结果表明，12m 的鸭茅草对总磷、硝氮、总凯氏氮和总氮的去除率分别为 55%、46%、41% 和 45%；30m 的鸭茅草对总磷、硝氮、总凯氏氮和总氮的去除率分别为 61 %、62%、57% 和 69%。Bingham 等（1978）研究表明当植被过滤带的长度和源区长度比值为 1 时，能将污染物的负荷减少为背景浓度；对总磷、总凯氏氮、硝氮和总氮的去除率分别为 25%、6%、28% 和 28%。

为了满足植被过滤带的实际应用，不少研究者提出和研发了一些数学模型，其中很多模型被用来模拟田间尺度下植被过滤带的净化效率。Williams 和 Nicks（1988）使用 CREAMS 模型来评价植被缓冲带中地表径流对土壤侵蚀、泥沙和污染物运移控制的影响。Lee 等（1989）提出了一个叫 GRAPH 的数学模型，并分析一次降雨过程中植被过滤带中径流和磷的迁移。Hayes 和 Dillaha（1992）提出利用 GRASSF 模型和 WEPP 模型来估算植被过滤带对泥沙的拦截能力。Nikolaidis 等（1993）利用分布式模型来预测了河岸带水文过程中的氮肥和生物地球化学循环。1990 年美国佛罗里达州大学开发了一个田间尺度的机理模型——VFSMOD，通过输入进入植被过滤带的流量过程和泥沙过程，该模型能够计算植被过滤带的出流水量、下渗水量和泥沙截留效果，近几年该模型得到了检验和应用。例如，Muñoz-Carpena 等（1999）在北卡罗来纳州的海岸平原，Gharabaghi 等（2000）和 Abu-Zreig 等（2001）在加拿大，Sabbagh 等（2009）、Kuo 和 Muñoz-Carpen（2009）在美国中西部等不同地域下，对不同宽度的植被过滤带对泥沙过滤效果进行了模拟，效果良好；Yang 和 Weersink（2004）耦合了 AnnAGNPS，以成本效益为目标，在休耕土地上建立河岸缓冲区；White 和 Arnold（2009）耦合了 SWAT 模型在流域尺度上的模拟和应用。

9.1.2 国内研究现状

近 20 年我国对非点源污染的控制越来越重视，各方面的报道和研究层出不穷。其中等高植物篱是一种较好的生态工程措施，主要形式是在坡面沿等高线布设密植的灌木或灌草结合的等高植物篱带，带间布置农作物，侧重于减轻坡面侵蚀、保持土壤肥力。许峰等（1999）在三峡库区秭归县的植物篱试验区研究了坡地等高植物篱带间距对表土养分流失影响，并通过公式的推导，估算了天然降雨条件下细沟发生的临界坡长，认为植物篱减少侵蚀量与径流量的作用主要包括植物篱及篱带基部前置茎秆的机械阻滞作用和坡形变缓的影响。董凤丽（2004）在上海松江区对不同植被、不同坡度，在不同的季节以及不同的营养盐浓度下缓冲带对营养物质的吸收效果进行了研究。顾笑迎等（2006）以苏州河的东风港为研究对象，选取了其中一段人工建造的滨岸缓冲带作为研究区，调查其水生生物群落并与对照区相比较，以具体说明滨岸缓冲带对水生生物群落结构的影响。李怀恩等（2006）在简述国外植被过滤带设计方面的有关研究和应用的基础上，重点介绍了 3 种典型的过滤带带宽的计算方法。范小华等（2006）介绍了国外河岸带研究的最新成果，并对河岸生态系统模型（REMM）进行了详细分析和评价。黄沈发等（2008）在上海市青浦区选择了 3 种土著植被，在 4 种不同的坡度情况下进行了对面源污染的净化效果的研究，结果表明缓冲带能有效截留径流水中的悬浮物质和降解渗流水中的氮、磷营养物质；植被和坡度的不同对缓冲带污染物净化效果影响显著。李怀恩等（2009）通过小区试验测定了植被过滤带对地表径流中悬浮固体的净化效果，并分析了其影响因素；研究结果表明，植被过滤带能有效削减地表径流中的悬浮固体，植被条件、入流流量和入流悬浮固体浓度对净化效果影响显著，植被过滤带对悬浮固体的削减主要发生在前 10m。于晓燕（2008）在山西沁河研究了自然河流河岸植物分布，分析了河流水质的差异，进行不同植被类型的化肥径流水质试验，以及三种生境的人工恢复试验研究，为缓冲带设计和实施提供参考依据。李怀恩等（2010）在陕西小华山水库岸坡地建设了 3 条不同配置方式的植被过滤带，通过试验测定了植被过滤带对地表径流中几种污染物的净化效果，并分析其影响因素。结果表明，植被过滤带对地表径流中的颗粒态氮、颗粒态磷、总氮、总磷和化学需氧量浓度削减率分别达到 82.02%、77.13%、46.05%、73.28% 和 60.48% 以上，负荷削减率分别达到 89.98%、87.25%、69.93%、85.11% 和 77.97% 以上，并能有效地削减溶解态氮和溶解态磷的负荷量。潘成忠等（2008）通过室内的模拟试验，分析了两种坡度和两种流量下含沙水流流经草地过滤带的泥沙沉积过程及其水力学特性，试验表明坡度对泥沙沉积影响显著，在相同坡度下流量对泥沙沉积无明显影响。邓娜等（2011）利用野外小区试验，探讨了植被过滤带非点源污染的产生及其对净化效果的影响；研究结果表明，植被过滤带内坡面和表层土壤的初始情况（污染物量和干湿度）以及入流流量是植被过滤带产生非点源污染的主要因素，非点源污染的产生是植被过滤带净化效果降低的主要原因。罗坤（2009）依托于崇明岛河岸植被缓冲带空间数据库来计算河岸带地块所需的植被缓冲带最小宽度，基于地理信息系统软件模拟三种不同规划情景模式下的可变宽度河岸植被缓冲带。邓娜等(2012)采用植被过滤带田间尺度机理模型 VFSMOD 和修正的土壤侵蚀模型 MUSLE 耦合，对植被过滤带的悬浮固体净化效果进行模拟，并利用野外小区试验数据对该耦合模型进行了验证。结果表明，植被过滤带出流悬浮固体浓度模拟值与实测值的偏差多在±20%以内，其模拟值与实测值的判定系数 R^2 为0.98，该模型具有较高的精度，且优于 VFSMOD 模型，可用于我国植被过滤带的规划设计。杨寅群等(2013)以陕西黑河水源区为例，通过植被过滤带水文及泥沙输移模型，分析了植被过滤带带宽和坡度对入流泥沙净化效果的影响，确定了植被过滤带设置方法，并采用污染负荷–泥沙关系法对 VFS 的流域非点源污染负荷削减效果进行评估。

总的来看，国内对植被过滤带的研究还不是很成熟，在实际应用和试验研究方面的工作还是比较少。原因是多方面的，如农林经营模式及耕作习惯的不同、生态环境的不同、经济发展水平的差异、研究条件的局限及人们认识水平和生态意识方面的差距等。

9.2 研究目标和内容

9.2.1 研究目标

总的来看，植被过滤带技术在我国研究还比较缺乏，工程实践更少，而这项技术在欧美等国家和地区已经有很长的历史，形成了较为完善的技术措施体系，但由于国情的不同，我国在进行非点源治理时并不能照搬国外的相关标准或技术规范。在参考借鉴国际先进研究成果的基础上，探索符合中国实际的植被过滤带构建技术，应用于我国的非点源污染控制和治理是一项非常有意义的工作。

通过植被过滤带试验的研究，掌握植被过滤带的作用机理，分析植物配置方式、植被过滤带带宽、土壤理化性质、水文条件及污染物特性等因素对植被过滤带净化效果的影响，探索植被过滤带规划设计模型，为植被过滤带这一非点源污染防治的新型生物工程措施的推广提供科学依据和理论支撑。

9.2.2 研究内容

1. 植被过滤带对非点源污染物质净化效果影响因素的试验研究

影响植被过滤带净化效果的因素很多，首先须清楚哪些是主要影响因素，掌握净化效果与这些影响因素之间的关系。在参考国外相关研究成果的基础上，重点研究以下几个因素对净化效果的影响。

植被条件：测定不同植被配置方式的植被过滤带对径流的净化效果。

入流水流特性：降雨强度、降雨历时会对进入植被过滤带的径流流量过程造成影响。各次降雨的历时及同一场降雨的雨强都是变化的，农业生产的灌溉方式也会随着季节和作物的变化有所调整，所以对不同入流流量、流态时植被过滤带的净化效果展开研究，为植被过滤带的设计提供依据。本章分析暴雨径流过程中植被过滤带对非点源污染物的净化效果的变化，探讨了入流流量与污染物浓度削减率之间的关系。

植被过滤带带宽：如何确定植被过滤带的最佳带宽，目前学术界并没有公认的计算方法，国外相关研究或标准给出的植被过滤带或河岸缓冲带的带宽从几米到几百米不等，显然采用过大的带宽既不经济，也不符合我国人多地少的国情，而带宽过小，又不能有效地削减非点源负荷。本章通过采集植被过滤带不同断面的径流水样，测定不同带宽情况下植被过滤带的净化效果，分析其变化规律，为最佳带宽的确定提供理论依据。

土壤初始含水量：各地土壤类型千差万别，不同土壤对水流下渗及对溶质运移转化的影响不尽相同。本章就过滤带土壤的含水量和渗透性对径流净化效果的影响进行初步分析。

入流污染物浓度：各个地区的污染物特性不同，如在西北地区非点源污染物中悬浮固体占很大比例，而对于城市或南方地区非点源污染物中氮、磷污染较大。且污染源区的面积和耕作方式等会对进入植被过滤带的污染物的成分和含量造成影响，农业生产的施肥方式也会随着季节和作物的变化有所调整，因此本章分析不同入流污染物的浓度对植被过滤带净化效果的影响。

植被过滤带自身非点源污染（内源污染）及其影响：植被过滤带的净化效率有较大的可变性，在一定条件下，植被过滤带的净化效率较低，甚至有产生再次污染的现象。因此，对植被过滤带自身非点源污染进行分析，以期为植被过滤带减少不利条件影响，发挥其较大功效提供科学依据。

2. 植被过滤带规划设计模型探索

植被过滤带进出口水中泥沙粒径分析：对进出口水样中的泥沙颗粒级配进行分析，比较各个植被过滤带进出口水流中的泥沙粒径分布变化，以进一步研究入流流量对植被过滤带净化效果的影响，了解植被过滤带的净化机理，为植被过滤带工程的设计提供经验和依据。

数学模型是进行植被过滤带设计的重要工具，VFSMOD 模型是一个用于预测植被过滤带对坡面地表径流中泥沙净化效果的田间尺度机理模型。本研究通过小区试验的方式，根据野外试验数据探讨在我国 VFSMOD 模型对植被过滤带净化效果模拟的适用性，为植被过滤带设计提供依据。

9.3 试验场概况及试验研究方法

本章拟采用小区试验和理论分析相结合的研究方法，确定影响植被过滤带净化效果的主要影响因素，探索植被过滤带设计模型。

9.3.1 试验区域的概况

本试验在西安理工大学华县野外试验场进行，该试验场位于陕西省渭南市华县小华山水库左岸坡地上，有丰富的水源和较为完善的试验设施，有利于试验的开展。

华县位于陕西关中东部，海拔1200m左右，地处东经109°44′，北纬34°31′，南依秦岭与商洛、蓝田相接，北邻渭河与大荔为邻，东连华阴，西靠渭南，东西宽31km，西距西安90km，东离西岳华山30km。地势南高北低，既是一个“六山一水三分田”的半山区县，又是有名的“二华夹槽”地带。林草覆盖率达69%以上，素有“天府”之称。县境内水资源丰裕，河流径流量2.2亿m^3，拥有水库14座。

1. 降雨特征

华县属暖温带半湿润气候区，年平均气温17.2℃，历史极端最高气温为43.3℃，出现在2006年6月17日，历史极端最低气温-18℃，无霜期283天，年平均日照2166小时，平均年降水量583.4mm，最大年降水量885.1mm，且主要集中在8月、9月。

2. 试验引用水的水质

试验用水为近邻水电站的尾水。2010年9月15日和2010年10月20日对试验用水水质进行了检测，结果见表9-2。

表9-2　试验用水水质监测结果

采样时间	水质项目/(mg/L)					
	SS	TN	DN	PN	氨氮	硝氮
2010年9月	34	3.1	1.59	1.51	0.34	0.34
2010年10月	10	1.73	0.60	1.13	0.374	0.307

从表9-2的各项检测指标结果可知，试验引用水中总氮、总磷含量较高，9月水质属于劣V类水质，10月的水质相对较好，属于V类水质。

3. 土壤特征

试验用土取自试验场周边的表土，并通过5.0mm筛网除去大颗粒和一些杂草、草根等，并风干备用。土质为沙壤土，有机质含量在16.14g/kg左右，速效磷含量在15.85g/kg左右，粒径大于0.5mm的土壤颗粒仅占4.55%，粒径小于0.5mm的土壤颗粒占到95.45%。

9.3.2　试验设施

试验场的主要设施包括有蓄水池、控制水流的闸门、引水渠道、植被过滤带以及试验床尾的集水池。

1. 试验场中植被选择

植被过滤带设计中的很重要的一点就是植被的选择，在选择植被时要遵循自然规律，满足物种多样性，适合当地的生长环境，水土保持效果好，景观效果好，要经济易用。

本次试验所种植的植被物种有草本植被和灌木两种类型。

草本：试验采用的草本植物为当地自然萌生的野生草本植物和人工种植的草本植被。人工草地的自我调节能力很弱，需要人工浇灌、清除杂草等大量的人工管理，并且在管理中施洒农药容易造成水体污染。野生植被对本土的生态环境适应力更强，对研究本地区非点源污染控制有一定实际意义。对试验场进行了封育措施后，定期对试验场内植被进行调查。试验采用的人工植被为紫苜蓿和白三叶。紫苜蓿为多年生草本植物，株高为 100～150cm，茎上多分枝。三出复叶，小叶卵圆形或椭圆形。主根粗壮，根系发达，入土达 3～6 m，能充分吸收土壤深层的水分，故适应环境能力很强。苜蓿根须强大是很好的水土保持植物。根上长有根瘤，可固定空气中的氮素，除满足自身所需氮素之外，还可增加土壤中的氮，另外，紫苜蓿对径流中的氮素也有很好的吸附作用。白花三叶草是草本及多年生植物。它们矮生，有白色的花朵，很多时有些粉红色或奶白色。花冠一般阔 1.5～2 cm，末端有长 7 cm 的花梗。叶子呈三小叶、平滑、呈椭圆形至蛋状、有长柄。茎有走茎的作用，匍匐生长，故白花三叶草很多时会形成草垫，茎每年会生长 18 cm，并会在结节长出根。白三叶的这种草垫生长，能有效削减径流流速、拦截径流中的固体颗粒，其对氮素、磷素有很好的去除效果。

灌木：试验采用的灌木主要是中国沙棘，它是胡颓子科的一种灌木，和其他灌木一样具有发达的旁生枝；沙棘喜光、耐旱又耐涝、耐寒，生命力很强，有极强的生态适应能力，能忍受零下 50℃的严寒和 60℃的地面高温，在年降水量为 200mm 的干旱地区可以生长，也能忍耐季节性积水；对土壤要求不严，在 pH 达到 9.5 的碱性土和含盐量达到 1.1% 的盐碱化土壤上都能较好地生长；沙棘根系发达，侧根水平发展可达 10m 以上，深根土层可达 4m；根有根瘤，能固化空气中的游离氮素；生长迅速，根蘖力强。作为水土保持，防止荒漠化的优良物种已经在我国西北地区得到广泛地种植。

2. 植被过滤带床面的设计

试验设计了 5 条植被过滤带，每条植被过滤带的坡度均为 2%，相邻的两条植被过滤带之间均铺设了防渗膜和 24cm 厚的边墙。2010 年 6 月对这 5 条植被过滤带进行了整理，铲除了一些死去的沙棘和枯枝败叶，对过于茂密的枝叶进行了整理。2010 年 9 月对这 5 条植被过滤带进行植被调查后，对这 5 条植被过滤带进行了分类，1#和 2#过滤带为以草地为主的灌木和草地组成的灌草复合植被过滤带，尺寸为 3m×10m；3#过滤带为草地过滤带，尺寸为 3m×15m；4#过滤带为以灌木为主的灌草复合过滤带，尺寸为 2.5m×15m；5#为空白带，无任何植被，尺寸为 3m×15m。由于有部分沙棘死去，过滤带的植被最终布置与原设计略有不同。

试验场周围设有围栏，2007 年 9 月对植被过滤带进行封育，2010 年 6 月新建了一条空白带用于对照不同的植被配置，2008～2010 年各条试验床上植被长势均较好，2009 年后沙棘基径为 4～9cm，株高平均在 200cm 以上，冠幅平均为 100～150cm，床面矮小植被多有死亡，2010 年 6 月对植被过滤带整理后，1#、2#和 3#植被过滤带的覆盖度达到 80% 以上。

2011 年 3 月对 5 条植被带进行重新修整，在 2#试验床面种植人工植被紫苜蓿，灌木保留；4#试验床面种植人工植被白三叶草，原灌木也保留。修整后封育到 7 月，植被覆盖率达 100%，人工植被生长良好。

3. 试验设施的平面布置

试验场附近有一个小型的水电站，试验前用引水管将电站的尾水引入蓄水池，蓄水池的规格为 4m×3.5m×0.5m（长×宽×深），最大蓄水量 $7m^3$，其中闸门处用钢闸门和不同管径的 PVC 管联合控制流量，闸门宽 0.6m；集水池和蓄水池中均标有刻度线，可以通过水位测量进、出口的水量。具体实施的布置详见图 9-1 ~ 图 9-3 及图 9-4、图 9-5（见书后图版）。

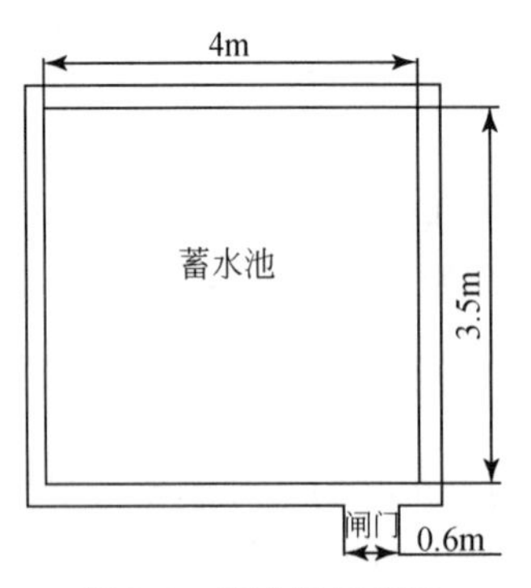

图 9-1　蓄水池示意图

图 9-2　闸门图片

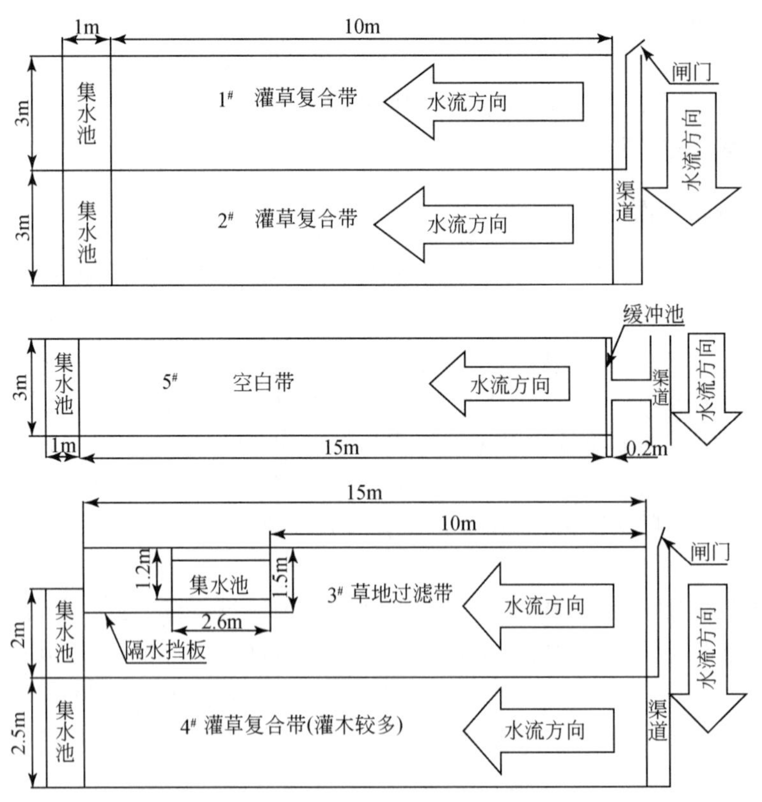

图 9-3　植被过滤带布置示意图

9.3.3 试验方法

试验通过蓄水池蓄水以后，加入过磷酸钙、尿素和一些经过筛的表土，混合并搅拌均匀，通过放水试验来模拟有非点源污染的地表径流。为了研究植被过滤带的净化效果，采集了进出口以及沿程断面的水样，对水样中的非点源污染物（固体悬浮物、氮素）的含量和泥沙颗粒级配等项目进行分析。

1. 试验参数的确定

影响植被过滤带净化效果的因素有很多，其中包括有植被条件、植被带宽、水流特征、入流污染物的性质、土壤性质以及坡度等。本章主要从植被条件、植被带宽、入流流量、流态以及入流污染物的浓度这几个方面来分析植被过滤带的净化效果。

入流流量的确定：国内外相关研究认为，植被过滤带中水流要求为漫流，而避免有集中水流，其中单宽流量一般为0.0004～0.004 $m^3/(s \cdot m)$，故3 m宽的植被过滤带的流量范围为0.0012～0.012 m^3/s。

入流水质参数的确定：参考了陕西省关中地区非点源污染监测资料，泥沙的浓度为50～3000mg/L，总氮浓度控制在1～16mg/L。

植被条件因素的考虑，本章考虑了3种植被条件，分别是灌草复合带、草带和空白带，其中灌草复合带根据其灌木的配置分两种来考虑，具体的对比方式见表9-3。草本考虑了3种：自然生长的野生草本、人工种植的紫苜蓿和白三叶。

表9-3 植被配置的对比

名称	灌草复合带（灌木较少）	灌草复合带（灌木较多）	草带	空白带
床号	1#，2#	4#	3#	5#

为了分析植被过滤带沿程的净化效果，在植被过滤带上设置了进口，3m、6m、10m，出口共5个断面（10m长的植被过滤带则只设置了进口，3m、6m，出口共4个断面）。

2. 试验具体流程

植被调查：植被条件直接影响植被过滤带的净化效果，植被通过自身吸收、输送溶解氧、为微生物提供栖息地、疏松土壤、滞缓径流、调节微气候等功能来控制非点源污染。因此，每次试验前均要对植被进行调查。本试验植被调查包括两个方面，一方面是对灌木沙棘的调查，调查的指标主要有沙棘的基径、株高、郁闭度、冠幅等；另一方面是对野生草本植被的调查，指标有物种、基径、株高、株距、覆盖度等。

植被过滤带中土壤样品的采集：土壤的理化性质对植被过滤带的净化效果有较大的影响，因此在试验前须采集了植被过滤带的土样。采集方法：用土钻在植被过滤带上按“Z”形采集深0～10cm处的土样，每个床上不少于3个，除了土壤容重、土壤饱和含水量和土壤饱和导水率用环刀采集外，其他的均用铝盒封装，并保存带回实验室分析。本试验中对土壤的初始含水量、饱和含水量、饱和导水率以及土壤的容重和颗粒级配等指标进行了分析。

配制和模拟地表径流：首先是制备泥沙，由于试验是模拟地表径流，为了更贴近实际，试验所用泥沙来自于试验场周围地表 0 ~ 5cm 的表土，在试验前两天就取足所用的表土，并用 5.0mm 的网筛去除较大的石块、树叶以及一些植物根茬。其次是浓度的配置，先用引水管把电站尾水引入蓄水池中，为了保证试验水量充足并且不影响搅拌，本次试验蓄水池水深控制在 20cm，蓄水量为 2.8m^3。然后将按试验设计水质要求称取一定量的泥沙、过磷酸钙、尿素放入蓄水池中并搅拌均匀。最后是出流流量的控制，闸门处提前埋设两排 PVC 管，其中上面一排是 3 根直径为 90mm 的 PVC 管，下面一排是 2 根直径为 75mm 和 3 根直径为 90mm 的 PVC 管组成，具体的配置方式如图 9-2 所示，最后通过钢闸门和埋设好的 PVC 管控制流量。做定入流放水试验时，采用水泵抽水式放水，抽水流量分别为 0.002 m^3/s 和 0.004 m^3/s 两种。

水样的采集：在植被过滤带上设置了进口，包括 3m、6m、10m、15m，长度为 10m 的 1#、2#植被过滤带布设 0m（进口断面），以及 3m、6m、10m（出口断面）；长度为 15m 的 3#、4#、5#植被过滤带布设 0m（进口断面），以及 3m、6m、10m、15m（出口断面）。采样的位置设置在断面的左右两侧，距离床面边墙 1m 左右。采集了瞬时水样和混合水样两种水样，瞬时水样为当水流流出植被过滤带 20s 以后，在出口处每隔 2min 采集一个 500mL 的水样，由于闸门出流是渐变流，可以分析在不同流量下的出口浓度随时间的变化规律；混合水样为在各个设置断面每 2min 采集大约 20mL 的水样装入同一个水样瓶中均匀混合，由于中间断面水深一般为 0 ~ 2cm，取样不方便，因此采集不同时段的混合样，用来比较在不同带宽的情况下植被过滤带的净化效果。另外，为了分析影响植被过滤带净化效果的不利因素，采集了植被过滤带各个断面的初期径流，在本研究中称初始水样，即水流刚到上述各个设置断面时的水样，初始水样主要是为了分析植被过滤带中地面径流产生的初期效应。

3. 试验方案

为了初步分析植被过滤带的净化效果和各影响因素对净化效果的影响，在 2008 年 7 月进行了 8 次放水对比试验，方案见表 9-4。试验采取向蓄水池中加入施过化肥的坡面表层土来模拟地表径流的水质特征。放水试验前的过滤带植被调查结果显示：1#、2#植被过滤带内沙棘长势良好，但沙棘过高的郁闭度影响了过滤带内草本群落的发育，沙棘下只有低矮的繁缕生长；3#植被过滤带内草本植物繁茂，生长有大量艾草、多裂翅果菊等高大草本，并贴地生长有大量问荆。

表 9-4　2008 年 7 月放水试验方案和入流参数

试验序号（VFS 编号）	设计水量/m^3	入流流量/(m^3/s)	土壤体积含水率/%	入流浓度/(mg/L)			过滤带净化效果的比较方案
				SS	TN	DN	
1（3#）	2.8	0.0023	20.6	1630	5.389	2.042	土壤干湿试验比较（1、2）
2（3#）	2.8	0.0023	41.8	1645	5.554	1.989	不同植被条件下试验比较（2 ~ 8）
5（1#）	2.8	0.0023	42.0	1735	5.586	1.868	
7（2#）	2.8	0.0023	43.0	1670	5.531	1.870	

续表

试验序号（VFS 编号）	设计水量/m³	入流流量/(m³/s)	土壤体积含水率/%	入流浓度/(mg/L)			过滤带净化效果的比较方案
				SS	TN	DN	
4 (3#)	2.8	0.0038	43.0	1675	5.459	2.033	不同入流流量试验比较（2，4 和 7，8）
8 (2#)	2.8	0.0038	43.0	1580	5.405	1.979	
3 (3#)	2.8	0.0023	43.0	2845	7.820	2.096	不同入流浓度试验比较（2，3 和 5，6）
6 (1#)	2.8	0.0023	43.0	2700	7.730	2.302	

为了分析植被过滤带内源污染及其对净化效果的影响，进行了 10 次试验（表 9-5），分别于 2008 年 8 月和 2009 年 10 月完成。根据经验确定的试验条件为：设计入流流量较大，入流非点源污染物浓度较低，或者采用背景值。采集了沿程各个断面的初始水样和混合水样。通过植被调查知：1#和 2#植被过滤带中平均每排有 3～4 棵沙棘，其基径平均为 2.4～3.2cm，高度均在 1.6 m 以上，冠幅均在 1.2m 以上，植被过滤带沙棘段的郁闭度很高，达到了 0.8 以上，矮小植被仅有很少部分生存下来。1～4 组试验在植被过滤带植被生物量较少的 10 月底进行。

表 9-5　2008～2009 年放水试验方案

试验序号	植被带	设计水量/m³	泥沙用量/kg	设计入流流量/(L/s)	设计泥沙浓度/(kg/m³)
1	1#（干）	7	14	10	2
2	2#（干）	7	14	10	2
3	1#	7	20	10	2.86
4	3#（干）	7	20	10	2.86
5	3#（干）	4.2	0	15	背景值
6	3#	4.2	0	15	背景值
7	3#	4.2	0	10	背景值
8	3#	4.2	8.4	10	2
9	3#	4.2	8.4	17	2
10	3#	4.2	12	17	2.86

在植被过滤带上设置了 0m、3m、6m、10m、15m 共 5 个断面。采集了初始水样和混合水样，初始水样为上述各个设置断面的初期径流水样；混合水样为在各个设置断面每 2min 采集大约 20mL 的水样装入同一个水样瓶中均匀混合。1～4 组试验分别对 1#、2#和 3#过滤带进行了 3 次干（即保持原有的土壤初始含水量）放水试验和 1#过滤带的一次重复放水试验，采集了沿程各个断面（包括进口断面）的初始水样和混合水样，5～10 组试验是对 3#过滤带连续进行了 6 次放水试验，采集了进出口的混合水样。

在 2010 年 10 月对 5 条过滤带分别进行放水试验，共 9 次放水，主要分析模拟一次暴雨径流过程中径流流量对植被过滤带净化效果的影响，以及不同流量和不同植被配置下植被过滤带的沿程净化效果（表 9-6）。为了减少其他因素对植被过滤带净化效果的影响，采用一次放水过程中不同时段平均流量下的净化效果来分析模拟一次暴雨径流过程中植被过滤带净化效果随流量的变化情况，详见后面的具体分析（9.4.2 节）。

表 9-6　2010 年放水试验方案

试验序号	试验床	蓄水池水深/m	水量/m^3	泥沙量/kg	化肥量/kg	最大出流流量/(m^3/s)	泥沙浓度/(kg/m^3)	采样方式
1	1#	0.2	2.8	4	0.5	0.007142	1.43	沿程
2	2#	0.2	2.8	4	0.5	0.014284	1.43	沿程
3	2#	0.2	2.8	8	1	0.014284	2.86	
4	3#	0.2	2.8	4	0.5	0.007142	1.43	沿程
5	3#	0.2	2.8	8	1	0.014284	2.86	
6	4#	0.2	2.8	4	0.5	0.007142	1.43	沿程
7	4#	0.2	2.8	8	1	0.014284	2.86	
8	5#（空白）	0.2	2.8	4	0.5	0.007142	1.43	沿程
9	5#（空白）	0.2	2.8	8	1	0.014284	2.86	

为了研究分析植被过滤带在不同入流流态下对非点源污染物的净化效果，在 2011 年 7~11月对各植被过滤带做自然放水条件下和入流水量恒定条件下的对比放水试验，共放水 20 场次，方案见表 9-7。

表 9-7　2011 年放水试验方案

试验序号	流量	植被过滤带	入床水量/m^3	入流浓度/(mg/L)			
				SS	TN	DN	NH_3-N
1	恒定流（0.002m^3/s）	1#	2.38	1944	5.03	3.14	1.69
2		2#	2.38	1978	4.99	3.12	1.68
3		3#	2.38	1972	4.97	3.12	1.68
4		4#	2.38	1934	4.83	3.13	1.66
5		5#	2.38	1968	4.71	3.09	1.62
6	自然放水（0.002m^3/s）	1#	2.38	2150	5.01	3.14	1.69
7		2#	2.38	1964	4.99	3.13	1.68
8		3#	2.38	2130	4.85	3.14	1.66
9		4#	2.38	2138	4.83	3.14	1.65
10		5#	2.38	2108	4.91	3.13	1.68
11	恒定流（0.004m^3/s）	1#	2.52	2472	5.03	3.17	1.69
12		2#	2.52	2368	5.01	3.13	1.68
13		3#	2.52	2376	4.78	2.96	1.62
14		4#	2.52	2304	4.85	3.01	1.66
15		5#	2.52	2340	4.95	3.06	1.67

续表

试验序号	流量	植被过滤带	入床水量/m^3	入流浓度/(mg/L)			
				SS	TN	DN	NH_3-N
16	自然放水（$0.004m^3/s$）	1#	2.52	2372	5.01	3.13	1.67
17		2#	2.52	2340	5.02	3.14	1.68
18		3#	2.52	2344	5.01	3.13	1.67
19		4#	2.52	2346	5.03	3.15	1.69
20		5#	2.52	2400	5.02	3.14	1.68

4. 土样的分析方法

土样的分析指标有土壤初始含水量、土壤饱和含水量、饱和导水率以及土壤的容重和颗粒级配等。

土壤初始含水量的测定采用烘干法，具体操作步骤如下：

（1）取大铝盒（直径60mm，高30mm），洗净烘干，放干燥器中冷却至室温，迅速用电子天平（感量1/10000g）准确称重（W_1）。

（2）取新鲜潮湿土样约25g放入铝盒中，平铺后盖好迅速称重（要做三个重复）。湿土与铝盒重为W_2。

（3）将装有湿土的铝盒的盖子打开。铝盒的盖子平放在盒下，一同放入烘箱内保持105~110℃，烘烤8小时，取出加盖，放在干燥器中冷却到室温（约20min），迅速称重（W_3）。然后按如式（9-1）计算，即

$$W = \frac{W_2 - W_3}{W_3 - W_1} \times 100 \tag{9-1}$$

式中，W为土壤自然含水量，即100g烘干土中含有的水分克数（%）；W_1为铝盒重；W_2为湿土与铝盒质量之和；W_3为烘干土与铝盒质量之和。

土壤饱和含水量：土壤的饱和含水量测定时用取土环刀采取土样，两端切齐，将一端垫上滤纸，并直立放在盛水的大烧杯中，使杯中水面几乎与环刀筒面一样高度（但不能淹没环刀筒面，以免封闭空气，影响饱和水量），放置4~12小时，直至土壤表面现水为止；然后从杯内取出环刀，擦干称重，再放入称水的烧杯内2~4小时，再取出称重，直至恒重，最后将环刀内的土样全部取出，仔细混合，从中取出一部分平均土样，用烘干法测定出含水量，即为土壤的饱和含水量。

以上方法测出的土壤自然含水量和饱和含水量均为质量含水量，可按式（9-2）换算成体积含水量，即

$$\theta_V = \theta_m \times \frac{D}{\rho_w} \tag{9-2}$$

式中，θ_V为体积含水量；θ_m为质量含水量；D为土壤容重；ρ_w为水的密度。

饱和导水率：饱和导水率的测量采用西安理工大学水资源研究所自制的常水头渗透试验装置，常水头式渗透试验在整个试验过程中水头保持为常数。土样的长度为L（cm），

土样的截面积为 A（cm^2），常水头渗透仪上下水头差为 h（cm），t（s）内流经土样的水量为 V（cm^3）。根据达西定律有

$$V = K\frac{h}{L}At$$

则

$$K = \frac{VL}{hAt} \tag{9-3}$$

式中，K 的单位为 cm/s，L、h、A 均可在试验前测定，试验时只需测出某一时段内渗过土样的水量。常水头式渗透试验适用于渗水性较大的土，如砂土。

土壤容重：测定土壤容重采用环刀法。操作方法为在使用环刀采集土样后，将环刀连同环刀内的土样用自封袋密封装好，防晒，带回实验室后将环刀内的土壤全部装入已知质量的铝盒中，将铝盒和湿土一起称重，然后烘至恒重（105~110℃），称铝盒和烘干土重，按式（9-4）计算土壤容重，即

$$D = \frac{d - b}{V} \tag{9-4}$$

式中，D 为烘干土容重（g/cm^3）；d 为铝盒与烘干土重（g）；b 为铝盒重（g）；V 为环刀筒容积（cm^3）。需要注意的是，在将土样带回室内进行分析的过程中要严防震动，以免破坏土壤的自然状态。

5. 水样的分析方法

水样的分析指标有总氮（TN）、水溶性氮素（DN）、泥沙结合态氮素（PN）、氨氮、硝氮、固体悬浮物及水样中泥沙的颗粒级配。水样的分析方法见表 9-8。

表 9-8　水样的分析方法

检测指标	分析方法	附注
TN	碱性过硫酸钾氧化-紫外分光光度法	国标法
DN	碱性过硫酸钾氧化-紫外分光光度法	国标法
PN	TN-DN	国标法
SS	重量法	国标法
粒径分布	马尔文激光粒度分析仪	

注：①DN 的分析方法：水样经 0.45μm 微孔滤膜过滤后，滤液测定与 TN 同法；②PN 含量为 TN 与 DN 含量之差

9.4　研究结果及分析

植被过滤带是一种实用有效的非点源污染控制方法。本章通过植被过滤带野外试验的研究，掌握植被过滤带的作用机理，分析植物条件、入流条件、入流污染物浓度、带宽及土壤初始含水量等因素对植被过滤带净化效果的影响，并验证植被过滤带规划设计模型的适应性。

植被过滤带对地表径流中非点源污染物质的净化效果，不仅表现在对污染物浓度的削

减作用上，茂盛的植被还能够改善土壤的渗透性、迟缓水流在坡面上的运动速度，从而达到增加径流的入渗，降低进入水体的污染物负荷的作用。为了定量分析植被过滤带的净化效果，需要分别计算径流中污染物浓度和污染负荷的削减率。计算公式为

$$R_C = \frac{C_{进} - C_{出}}{C_{进}} \times 100\% \tag{9-5}$$

$$R_L = \frac{C_{进} V_{进} - C_{出} C_{出}}{C_{进} V_{进}} \times 100\% \tag{9-6}$$

$$R_W = \frac{V_{进} - V_{出}}{V_{进}} \times 100\% \tag{9-7}$$

式中，R_C为污染物浓度削减率（%）；R_L为污染物负荷削减率（%）；R_W为水量削减率（%）；$C_{进}$为入流污染物浓度（mg/L）；$C_{出}$为出流污染物浓度（mg/L）；$V_{进}$为入流水量（m^3）；$V_{出}$为出流水量（m^3）。

9.4.1 植被配置方式对植被过滤带净化效果的影响

构建植被过滤带的要素包括植物的选择、植被的配置、过滤带形状和大小等，植被过滤带的过滤效应会随其构建要素的变化而显著变化。不同类型植被的植被过滤带主要有林木过滤带、灌木过滤带、草地过滤带和由两种及两种以上植被构成的混合过滤带（复合过滤带），而草地过滤带又包括不同草本过滤带。

1. 植被配置方式对植被过滤带净化效果的影响

由于1# ~3#植被过滤带的植被配置方式各不相同，通过分析 2008 年 7 月所做放水试验中 3 条过滤带在相似试验条件下对 SS、氮素的削减率，可以得到不同的植被配置方式对 SS 和氮素净化效果的影响。不同植被配置条件的过滤带对污染物的净化效果见表 9-9。

表 9-9　不同植被配置条件的过滤带对污染物的净化效果

试验序号		2	5	7	4	8
VFS		3#（10m）	1#	2#	3#（10m）	2#
入流流量/(m^3/s)		0.0023	0.0023	0.0023	0.0038	0.0038
$V_{进}/m^3$		2.660	2.660	3.080	2.660	3.080
$V_{出}/m^3$		0.630	1.218	1.580	0.663	1.717
R_W/%		76.316	54.211	48.701	75.075	44.253
SS	$C_{进}$/(mg/L)	1645	1735	1670	1675	1580
	$C_{出}$/(mg/L)	97	120	93	140	296
	R_C/%	94.103	93.084	94.431	91.642	81.266
	R_L/%	98.603	96.833	97.143	97.917	89.556

续表

试验序号		2	5	7	4	8
TN	$C_{进}$/(mg/L)	5.554	5.586	5.531	5.459	5.405
	$C_{出}$/(mg/L)	2.398	2.513	2.393	2.500	2.916
	R_C/%	56.824	55.013	56.735	54.204	46.050
	R_L/%	89.774	79.400	77.905	88.585	69.925
DN	$C_{进}$/(mg/L)	1.989	1.868	1.870	2.033	1.979
	$C_{出}$/(mg/L)	2.034	2.076	1.950	2.032	2.300
	R_C/%	-2.262	-11.135	-4.278	0.049	-16.220
	R_L/%	75.780	49.112	46.507	75.087	3.080
PN	$C_{进}$/(mg/L)	3.565	3.718	3.661	3.426	3.426
	$C_{出}$/(mg/L)	0.364	0.437	0.443	0.468	0.616
	R_C/%	89.790	88.246	87.899	86.340	82.020
	R_L/%	97.582	94.618	93.793	96.595	89.977

从表 9-9 可以看出，在入流流量为 $0.0023\text{m}^3/\text{s}$ 的情况下，各植被过滤带对 SS、TN 和 PN 的浓度及负荷的削减率差异均不大；在入流流量增大到 $0.0038\text{m}^3/\text{s}$ 后，过滤带的过滤效果有所下降，其中 2#过滤带的削减效果有较大幅度地降低，植被条件的不同是造成上述现象的主要原因。从植被调查结果可知，1#、2#复合过滤带内的沙棘生长繁茂，郁闭度很高，过高的郁闭度导致了沙棘丛内草本群落的生物量大大低于 3#草地过滤带内草本群落的生物量，主要表现在沙棘下生长的草本植物高度低，一般均为 1～3cm，超过 5cm 的植株很少，且覆盖度也较 3#过滤带中草本植物的覆盖度小。入流流量较小时，水流没有漫过植被且水流冲刷力较小，所有近地面植被均能起到阻滞和拦截的作用，各过滤带的削减效果均较好；而较大流量时水流挟沙力加大，且径流深度加大，水流能漫过部分低矮的草本植物形成淹没流，使过滤带对水流的阻滞作用下降，削减率减小，其次是草本植被的刚度差异。沙棘下草本的密度、高度和刚度是造成 2#过滤带在较大入流流量时削减效果有较大幅度降低的主要原因。

污染负荷的削减效果不仅与污染物浓度的削减效果有关，还与径流量的削减效果密切相关。测定 1#过滤带 $K_S=5.05\times10^{-4}\text{cm/s}$、2#过滤带 $K_S=5.16\times10^{-4}\text{cm/s}$、3#过滤带 $K_S=4.51\times10^{-4}\text{cm/s}$，1#和 2#植被过滤带土壤渗透性稍强于 3#草地过滤带，沙棘起到改善土壤渗透性的作用。但 3#草地过滤带的阻水效果较好，水流通过过滤带的时间延长使下渗水量大。以上两方面综合的结果，3#草地过滤带对径流量的削减率较高，从而 3#草地过滤带对污染物负荷的削减效果更好。

从表 9-9 可知，地表径流流经植被过滤带时，表层土壤中的氮可以通过淋溶和解吸进入径流中，导致出流 DN 含量大多不降反升。入流与出流中 DN 的含量变化相对于 PN 的含量变化较小，可见植被过滤带对地表径流中 DN 的浓度变化影响较小。植被过滤带对 DN 负荷量的削减主要是随径流下渗实现的，所以，过滤带对 DN 负荷削减的影响主要表现在因植被的差异造成的水量削减率的不同上；3#过滤带对 DN 负荷的削减效果较好。

从以上分析可知，地表径流流经植被过滤带时，植被具有拦截过滤污染物的作用；密集生长的草本植物能够较好地拦截污染物，阻滞水流，增加下渗水量，对颗粒态污染物有较强的净化效果；但植被过滤带对地表径流中 DN 的浓度变化影响较小；沙棘能够改善土壤的渗透性，但过高的郁闭度会影响到过滤带内草本植物的生长，降低过滤带对污染物的净化效果。

2. 不同草本植被过滤带的净化效果

2011 年对华县试验场重新进行了修整，更换人工植被进行对比试验。2011 年 3 月，对所有试验场的床面、坡度进行修整，2#过滤带种植人工植被紫苜蓿，尺寸为 3m×10m，4#过滤带种植白三叶草，尺寸为 2.5m×15m，坡度均为 2%。2011 年 4～6 月，对试验场植被进行封育，7～11 月对各植被过滤带进行了多次试验。草本植物以拦截污染物为主，因此主要分析不同草本过滤带对地表径流中 SS 的净化效果。不同草本植被过滤带在各流量下对 SS 的净化效果如图 9-6 所示。

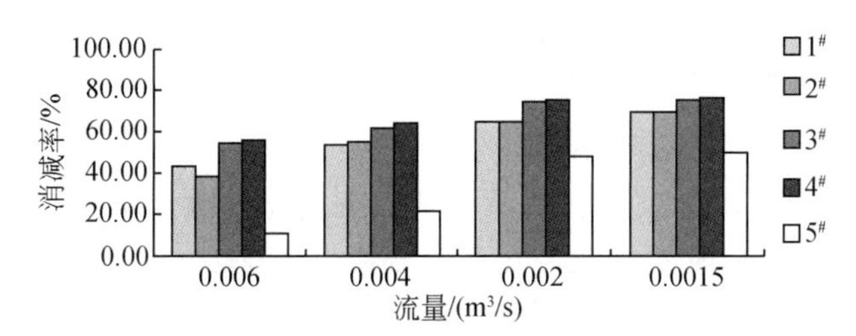

图 9-6　不同草本植被过滤带在各流量下对 SS 的净化效果

由图 9-6 试验成果可知：不同的草本植被对非点源污染物的净化效果存在着差异。对比 1#野生自然植被带和 2#紫苜蓿植被带的试验结果发现，1#植被过滤带的净化效果优于 2#植被过滤带，这是因为野生自然植被的植被密度大于紫苜蓿的植株密度，而且本试验配水使用的是农用化肥，更利于野生植被的生长，所以会产生这种试验结果。但相同带宽时，3#野生草本植被带和 4#白三叶草植被带的净化效果相似，而且白三叶草植被带的净化效果稍好一点。

上述结果表明，不同的人工植被对非点源污染物的净化效果不同，相较于紫苜蓿植被带和白三叶草植被的试验结果，白三叶草更适合作为植被过滤带的植被。

对比 5#空白带的试验成果可知，植被的有无，对植被过滤带净化效果产生决定性的影响。

9.4.2　入流水流特性对植被过滤带净化效果的影响

入流水流特性是直接影响植被过滤带对非点源污染物净化效果的重要因素。本研究主要对流量和流态等入流水力条件的影响作探索分析。

1. 入流流量对植被过滤带净化效果的影响

植被过滤带通常设计为拦截净化其坡面以上区域的非点源污染物，因此，入流流量是影响植被过滤带净化效果的重要因素。

1）入流流量对SS净化效果的影响

流量对SS净化效果的影响可通过对2008年7月所做的第2次、第4次和第7次、第8次放水试验结果进行分析得到。

表9-10　2#和3#植被过滤带在不同流量情况下对SS的净化效果

试验序号	VFS	入流流量/(m^3/s)	入流SS浓度/(mg/L)	出流SS浓度/(mg/L)	浓度削减率/%	入流水量/(m^3/s)	出流水量/(m^3/s)	水量削减率/%	污染负荷削减率/%
2	3（10m）	0.0023	1645	97	94.103	2.660	0.630	76.316	98.603
4	3（10m）	0.0038	1675	140	91.642	2.660	0.663	75.075	97.917
7	2	0.0023	1670	93	94.431	3.080	1.580	48.701	97.143
8	2	0.0038	1580	296	81.266	3.080	1.717	44.253	89.556

从表9-10可以看出，在入流SS浓度为1580～1675mg/L时，3#和2#植被过滤带在入流流量为0.0023m^3/s时对SS浓度和负荷的削减率均比入流流量为0.0038m^3/s时大。对出流SS浓度进行比较，发现3#过滤带在入流流量为0.0023m^3/s时的出流SS浓度仅为入流流量为0.0038m^3/s时的出流SS浓度的69.3%。2#过滤带在入流流量为0.0023m^3/s时的出流SS浓度仅为入流流量为0.0038m^3/s时的出流SS浓度的31.4%，同一植被过滤带在流量不同时，出流SS浓度差异显著。

对比3#草地过滤带和2#复合过滤带的数据，可以发现，在流量从0.0023m^3/s增大到0.0038m^3/s后，虽然3#和2#过滤带对SS浓度和负荷的削减率都有所下降，但2#过滤带的下降幅度要比3#过滤带大。这是由于它们的植被条件不同造成的，原因如前所述：2#过滤带沙棘郁闭度高而草本植物长势差，在流量较小水流未形成淹没流时对SS的过滤效果尚好，一旦流量增大形成淹没流，过滤效果便急剧下降。

植被过滤带的入流流量与其对SS的净化效果具有一定的对应关系：流量越大，过滤带对SS的净化效果越差，且流量的变化对草本群落欠发达的沙棘-草本植物复合过滤带的SS净化效果影响更为显著。所以，在进行植被过滤带设计时，应充分考虑当地的降水量和降雨强度，结合过滤带上方污染源区的土壤和植被条件，分析计算不同重现期的降雨产生的进入植被过滤带的径流量。

2）入流流量对氮素净化效果的影响

通过对2008年7月所做的第2次、第4次和第7次、第8次放水试验结果进行比较，分析流量的变化对地表径流中氮素净化效果的影响，结果如表9-11、图9-7和图9-8所示。

表 9-11　$2^{\#}$和 $3^{\#}$植被过滤带在不同流量情况下对地表径流中氮素的净化效果

试验序号		2	4	7	8
VFS		$3^{\#}$（10m）		$2^{\#}$	
入流流量/(m^3/s)		0.0023	0.0038	0.0023	0.0038
入流水量/m^3		2.660	2.660	3.080	3.080
出流水量/m^3		0.630	0.663	1.580	1.717
水量削减率/%		76.316	75.075	48.701	44.253
TN	入流浓度/(mg/L)	5.554	5.459	5.531	5.405
	出流浓度/(mg/L)	2.398	2.500	2.393	2.916
	浓度削减率/%	56.824	54.204	56.735	46.050
	负荷削减率/%	89.774	88.585	77.805	69.925
DN	入流浓度/(mg/L)	1.989	2.033	1.870	1.979
	出流浓度/(mg/L)	2.034	2.032	1.950	2.300
	浓度削减率/%	-2.262	0.049	-4.278	-16.220
	负荷削减率/%	75.780	75.087	46.507	3.080
PN	入流浓度/(mg/L)	3.565	3.426	3.661	3.426
	出流浓度/(mg/L)	0.364	0.468	0.443	0.616
	浓度削减率/%	89.790	86.340	87.899	82.020
	负荷削减率/%	97.582	96.595	93.793	89.977

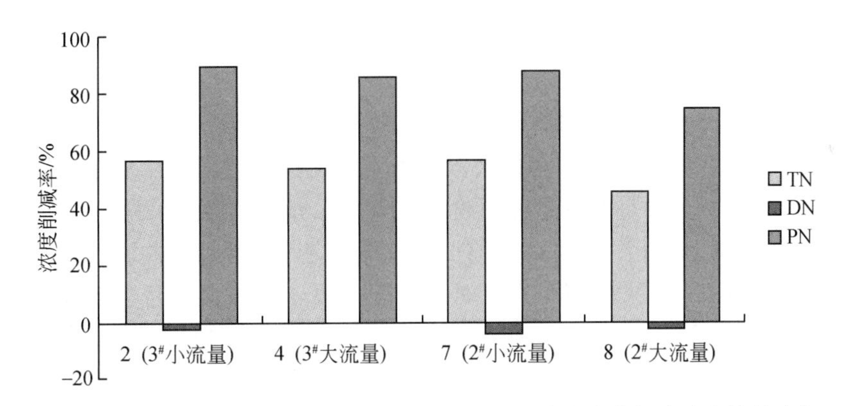

图 9-7　$2^{\#}$、$3^{\#}$植被过滤带在不同流量情况下对地表径流中氮素浓度的削减率

$2^{\#}$和 $3^{\#}$植被过滤带在入流流量为 0.0023m^3/s 时，对 TN 浓度和负荷的削减率均较入流流量为 0.0038m^3/s 时为大，且由于两过滤带植被条件的不同，在流量增大的情况下，草本群落欠发达的 $2^{\#}$复合过滤带对 TN 的去除效果下降很大，流量变化表现出的对 TN 净化效果的影响与对 SS 净化效果的影响相似。

对植被过滤带在不同流量情况下对 DN 浓度的削减率进行比较，发现 $2^{\#}$和 $3^{\#}$过滤带均表现出在大流量的情况下 DN 浓度削减率高，但经研究认为，这种差异并不是由于入流浓度的变化引起的，而是由于两个过滤带都是大流量放水在小流量放水后进行，经过前面一

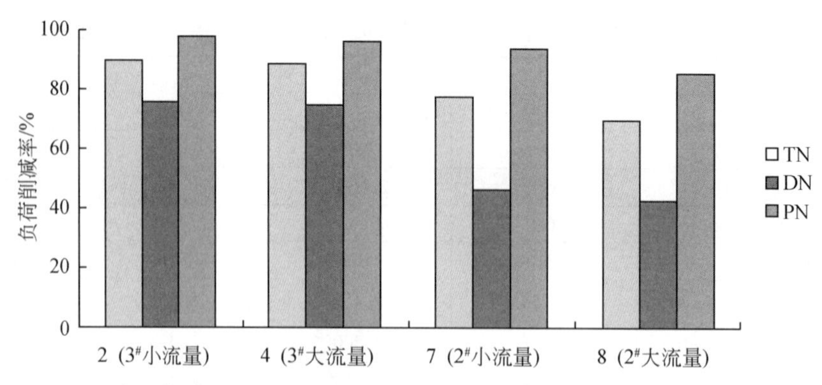

图 9-8　2#、3#植被过滤带在不同流量情况下对地表径流中氮素负荷的削减率

次放水后，地表土壤和腐殖质中水溶性氮素浓度下降造成的。

过滤带带宽对 PN 削减效果的影响与其对 SS 削减效果的影响基本一致。

植被过滤带的入流流量与其对地表径流中氮素的净化效果具有有一定的对应关系：流量越大，过滤带对氮素的净化效果越差，且流量的变化对草本群落欠发达的灌草复合过滤带的氮素净化效果影响更为显著。

2. 模拟暴雨径流过程中植被过滤带的净化效果

一次降雨产流过程中，其流量也是随时间变化的，因此考虑降雨径流中不同时段对植被过滤带净化效果影响具有一定的现实意义。

1）试验概况

A. 试验方法

试验在 2010 年 10 月进行，对 5 条过滤带（1# ~ 5#）分别进行了放水试验（方案见表 9-6 中试验序号 1、2、4、6、8），考虑大水量下不易搅拌均匀，设计水量约为 $4m^3$，每一次放水过程约 20min，大致每次放水过程约采集 4 个水样。水样按采样时间顺序命名为时段 1、时段 2、时段 3 和时段 4。考虑到前期径流不稳定和前期径流冲刷效应的影响，时段 1 是植被过滤带出流 20s 后采集的水样，时段 2 至时段 4 是在大致稳定出流下每 2 ~ 5min 采集的水样。采样方法是：在出口断面的左右两侧距离床面边墙 1 m 处同时采集一个 250mL 的水样，装入同一个水样瓶中均匀混合，并记录采样时间。本试验认为污染物在蓄水池中搅拌均匀，在不同时段里其质量浓度变化不大，因此，进口水样是采集各时段入流水样混合而得。

B. 各次放水试验中时段平均入流流量

实测的流量过程如图 9-9 所示。参考实测径流深，由曼宁公式估算水流流经植被过滤带的时间。再根据出口断面采样时间推算 4 个时间段，如图 9-9 所示，其中时段 1 取样时间短，则用对应的流量值作为时段 1 的平均入流流量。

由于是野外试验受到人为记录和试验设施等条件的影响，图 9-9 中入流流量和水力学中孔流公式计算值相比存在一定的误差，因此实际操作时对流量过程进行平滑处理后取平均值。统计 4 个时段的平均流量结果见表 9-12。

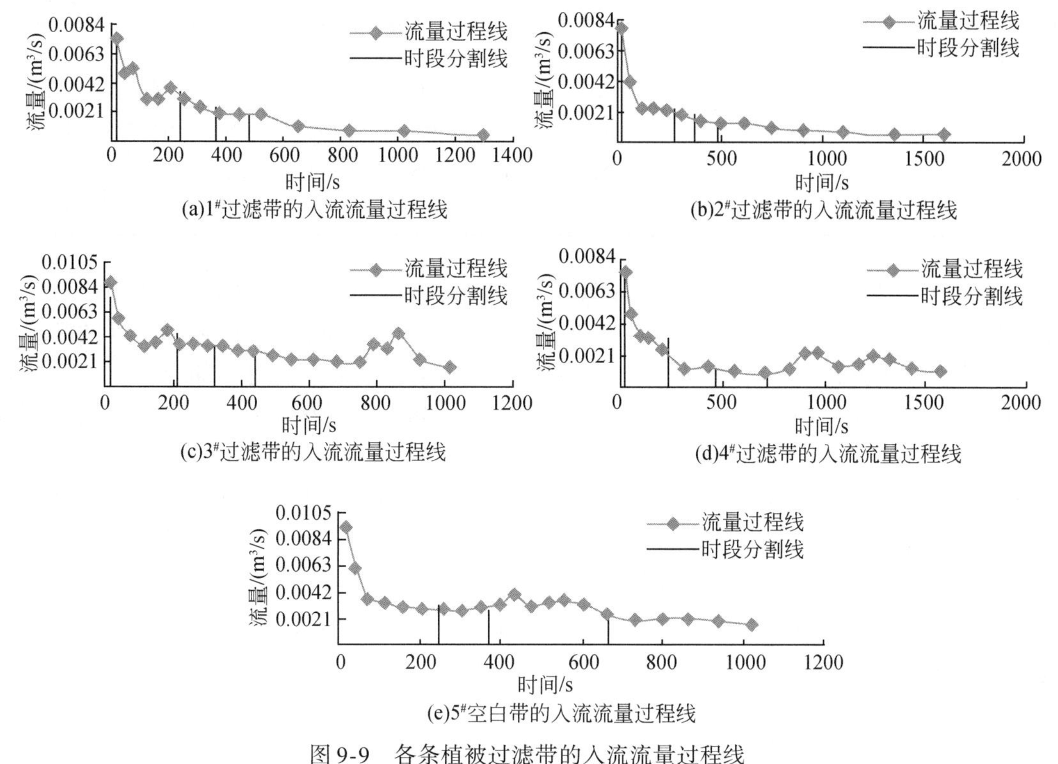

图 9-9　各条植被过滤带的入流流量过程线

表 9-12　植被过滤带的 4 个不同时段平均入流流量

时段序号	时段平均入流流量/(m^3/s)				
	1#	2#	3#	4#	5#
时段 1	0. 0074	0. 0078	0. 0075	0. 0075	0. 0071
时段 2	0. 0035	0. 0023	0. 0045	0. 0032	0. 0032
时段 3	0. 0025	0. 0019	0. 0035	0. 0012	0. 0028
时段 4	0. 0019	0. 0014	0. 0029	0. 0010	0. 0021

从表 9-12 可知：从时段 1 到时段 4，各条植被带的入流量都呈现由大到小变化，由此分析暴雨径流过程中流量变化对植被过滤带净化效果的影响。

2）植被过滤带对悬浮固体的净化效果

表 9-13 所示为 5 条过滤带在不同时段流量下出口 SS 质量浓度的变化。

表 9-13　各条植被过滤带在 4 个不同时段中悬浮固体质量浓度变化

VFS	$C_{进}$/（mg/L）	$C_{出i}$/(mg/L)				$R_{出i}$/%			
		$C_{出1}$	$C_{出2}$	$C_{出3}$	$C_{出4}$	$R_{出1}$	$R_{出2}$	$R_{出3}$	$R_{出4}$
1#	3748	1674	1406	1250	1032	55. 34	62. 49	66. 65	72. 47
2#	2944	1486	1224	1062	922	49. 52	58. 42	63. 93	68. 68

续表

VFS	$C_{进}$/（mg/L)	$C_{出i}$/(mg/L)				$R_{出i}$/%			
		$C_{出1}$	$C_{出2}$	$C_{出3}$	$C_{出4}$	$R_{出1}$	$R_{出2}$	$R_{出3}$	$R_{出4}$
3#	3374	1904	1248	1052	866	43.57	63.01	68.82	74.33
4#	2466	1568	1402	798	796	36.42	43.15	67.64	67.72
5#	3260	3082	2544	2160	1718	5.46	21.96	33.74	47.30

由表9-13可知，各条植被过滤带在各个时段的出口中SS质量浓度变化趋势是一致的，即 $C_{出1} > C_{出2} > C_{出3} > C_{出4}$。在时段1中，各条植被过滤带对SS质量浓度的削减率最低，主要是前期的入流流量较大，水流的挟沙能力大，植被只使得少部分颗粒发生沉淀作用；后面的3个时段中，流量逐渐减小，SS质量浓度的削减效果也越来越好，在时段4中1# ~4#过滤带的SS质量浓度削减率范围达到67.72% ~74.33%。在5#空白对照带出流中SS质量浓度并没有增加，含沙水流经过低坡度裸土带时，因地面凹凸不平，一部分泥沙可能被拦截。

对照5#空白带，植被过滤带对悬浮固体的净化效果较明显。总体看来，4条植被过滤带对悬浮固体的净化效果按从大到小排序为：3#草地过滤带>1#过滤带>2#过滤带>4#过滤带，比较植被可知4#过滤带的沙棘草本混合段最长，其次是2#过滤带，说明草本阻滞水流物理拦截污染物的效果较好，与前面研究一致。

由表9-12知10m长的1# ~3#植被过滤带在时段1的平均入流流量相近，但从表9-13可见，3#草地过滤带在时段1的出流质量浓度削减率低于1#、2#过滤带。植被过滤带净化过程中伴随有非点源污染物的产生现象，在初期3#草地过滤带内残留物较多，从而净化效果欠佳。

3）植被过滤带对氮素的净化效果

表9-14为植被过滤带在不同时段流量下对总氮、溶解态氮素和颗粒态氮的质量浓度削减情况。

表9-14　各条植被过滤带在4个不同时段中氮素质量浓度变化

指标	VFS	$C_{进}$/(mg/L)	$C_{出i}$/(mg/L)				$R_{出i}$/%			
			$C_{出1}$	$C_{出2}$	$C_{出3}$	$C_{出4}$	$R_{出1}$	$R_{出2}$	$R_{出3}$	$R_{出4}$
总氮	1#	21.05	19.85	19.41	19.23	19.06	5.70	7.79	8.65	9.45
	2#	16.75	16.5	15.75	15.55	15.45	1.49	5.97	7.16	7.76
	3#	15.7	14.86	14.45	14.25	14	5.35	7.96	9.24	10.83
	4#	11.95	11.7	11.35	11.05	10.9	2.09	5.02	7.53	8.79
	5#	13.55	17.40	17.50	17.45	17.40	—	—	—	—
溶解态氮	1#	12.05	12.09	12.06	11.95	12.27	-0.33	-0.08	0.83	-1.83
	2#	10.69	10.9	10.56	10.59	10.9	-1.96	1.22	0.94	-1.96
	3#	11.41	12.08	12.05	12.73	12.87	-5.87	-5.61	-11.57	-12.80
	4#	7.05	7.05	7.01	6.64	6.81	0.00	0.57	5.82	3.40
	5#	11.40	8.78	11.88	12.33	12.05	—	—	—	—

续表

指标	VFS	$C_{进}$/(mg/L)	$C_{出i}$/(mg/L)				$R_{出i}$/%			
			$C_{出1}$	$C_{出2}$	$C_{出3}$	$C_{出4}$	$R_{出1}$	$R_{出2}$	$R_{出3}$	$R_{出4}$
颗粒态氮	1#	9	7.76	7.35	7.28	6.79	13.78	18.33	19.11	24.56
	2#	6.06	5.6	5.19	4.96	4.55	7.59	14.36	18.15	24.92
	3#	4.29	2.78	2.4	1.52	1.13	35.20	44.06	64.57	73.66
	4#	4.9	4.65	4.34	4.41	4.09	5.10	11.43	10.00	16.53
	5#	2.14	8.62	5.62	5.12	5.35	—	—	—	—

由表9-14可知，4条植被过滤带在4个时段出流中总氮和颗粒态氮的质量浓度呈递减趋势；不同植被过滤带对总氮和颗粒态氮的质量浓度削减规律与对悬浮固体的规律一致。另外，植被过滤带对颗粒态氮的质量浓度削减率高于总氮的质量浓度削减率。4条植被过滤带对总氮和颗粒态氮均有净化效果，而5#空白带在4个时段中的总氮和颗粒态氮素质量浓度均高于进口时的质量浓度，裸土地表没有植被机械阻挡，地表糙率较小，水流会携带地表一些细小颗粒，使出口氮素的质量浓度增高。

分析过滤带的出流溶解态氮素的质量浓度变化可知，4个时段流量下溶解态氮素的质量浓度有增有减，变化幅度不大，植被过滤带对溶解态污染物影响较小。其中3#草地过滤带出流中溶解态氮的质量浓度增加幅度较大，削减率为-12.80%～-5.87%，原因可能是草本过滤带对降低浅层土壤中溶解态氮素的效果比林木过滤带差，3#草地过滤带内表层土壤中溶解态的氮质量分数较高，易释放到径流中，使氮的质量浓度增加；此外，可见3#过滤带在时段3、时段4的出流溶解态氮素质量浓度增加幅度比时段1和时段2大，结合表9-13中3#过滤带在时段1对悬浮固体的净化效果较差的情况可知，初期径流以冲刷植被过滤带内坡面污染物为主，后期以溶解表层土壤中污染物的作用为主。

由以上可知：模拟暴雨径流过程中，4个时段入流流量下植被过滤带出流中悬浮固体、总氮和颗粒态氮素的质量浓度变化趋势是一致的，随着入流流量的减小，植被过滤带的净化效果更为显著，其中草地过滤带的净化效果最好。而在不同时段入流流量下各条植被过滤带对溶解态氮素的浓度影响不大，其质量浓度有增有减但变化幅度不大。

3. 不同入流流态下植被过滤带对非点源污染物净化效果的研究

水流流态是径流最重要的水文条件。本研究对变流量和定入流两种不同入流流态进行比较，分析对植被过滤带净化效果的影响。定入流采用水泵抽水式放水，水泵抽水流量等于变流量的平均流量。

本试验在2011年7～11月对两组不同流量0.004m^3/s和0.002m^3/s（变流量是平均流量）分别作定入流放水和变流量放水两种不同流态对比，试验方案见表9-7。具体各个试验床面变流量入流过程（定入流放水入流过程线是直线）如图9-10和图9-11所示。

1#植被过滤带放水从28cm到10cm，2#和4#植被过滤带放水从27cm到9cm，3#、5#植被过滤带放水从28cm到9cm，2#和4#植被过滤带初始入流流量由于水头低而小于其余植被过滤带。当水位到达20cm时，为防止配水池水样中固体颗粒的沉淀，需对配水池进行二次搅拌，在搅拌过程中对配水池泄水孔水头有轻微扰动，导致入流过程线产生波动。

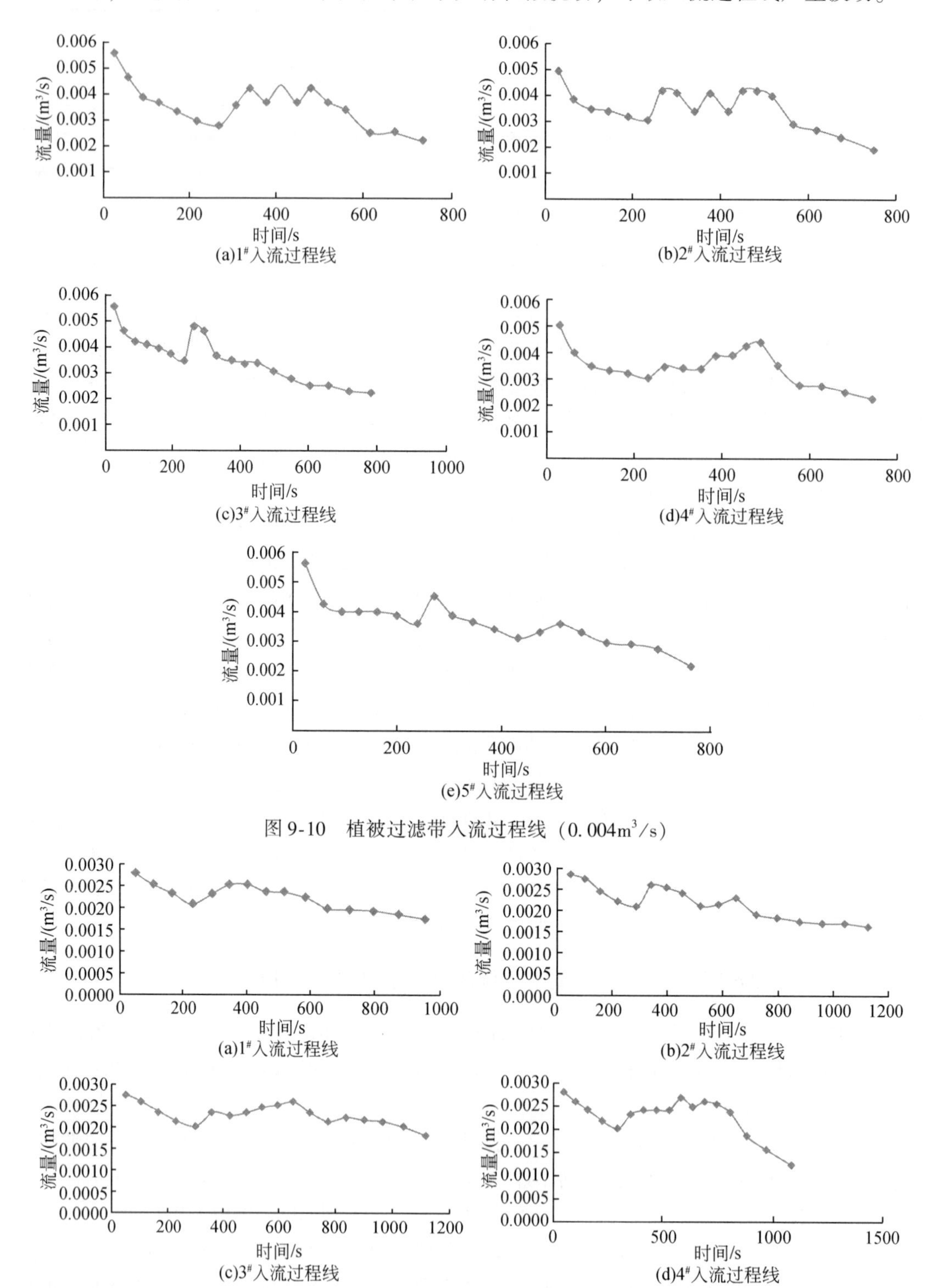

图 9-10 植被过滤带入流过程线（0.004m³/s）

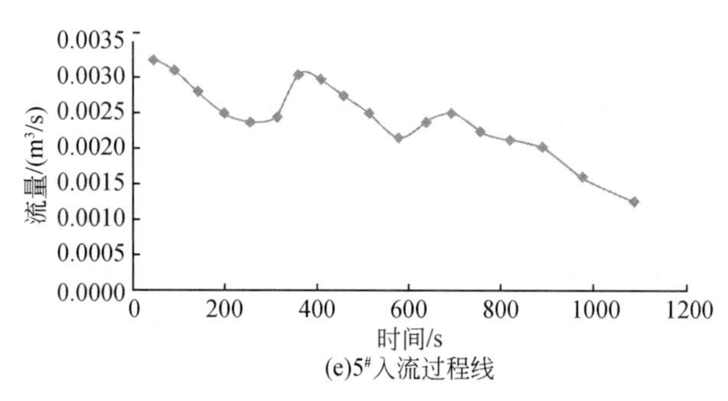

(e)5#入流过程线

图 9-11　植被过滤带入流过程线（0.002m³/s）

由于5#植被过滤带放水时水位是29cm，高于其余各次，初始入流流量略微比其余大一点；同样的由于放水过程中要对配水池进行搅拌，各试验入流过程线有轻微波动。

各植被过滤带两组不同流量条件下分别进行水量削减率对比，具体见表9-15。

表 9-15　不同入流流态下水量削减率

对比项	植被过滤带	入床水量/m³	出流量/m³	水量削减率/%
定入流（0.002m³/s）	1#	2.38	0.14	94.33
	2#	2.38	0.12	94.96
	3#	2.38	0.14	94.33
	4#	2.38	0.08	96.85
	5#	2.38	0.00	93.70
变流量（0.002m³/s）	1#	2.38	0.15	93.70
	2#	2.38	0.15	93.70
	3#	2.38	0.16	93.28
	4#	2.38	0.09	96.22
	5#	2.38	0.00	100.00
定入流（0.004m³/s）	1#	2.52	0.25	90.08
	2#	2.52	0.24	90.48
	3#	2.52	0.24	90.48
	4#	2.52	0.18	92.86
	5#	2.52	0.50	80.16
变流量（0.004m³/s）	1#	2.52	0.32	87.30
	2#	2.52	0.3	88.10
	3#	2.52	0.27	89.29
	4#	2.52	0.21	91.67
	5#	2.52	0.98	61.11

由表 9-15 可知：

(1) 对比分析不同流量放水情况发现，随着流量的增大，水量削减率变小，水量削减率和流量成反比；主要是随着流量的增加，水力滞留时间缩短，水量下渗时间减少，下渗量也相应减少。

(2) 对比分析不同流态放水情况发现，定入流比变流量水量削减率高；分析水力学公式 $Q = \mu_c A\sqrt{2gH}$ 可知，在配水池泄水口不变的情况下，流量与水头成正比，所以变流量情况下，初始流速比平均流速大，在放水初期产流方式主要是超渗产流，水量下渗量很小；在放水后期，虽然流速小于平均流速，但土壤含水量已经饱和，下渗方式主要是饱和下渗，下渗量也小。综上所述，变流量水量削减率小于定入流。

(3) 对比分析不同植被过滤带水量削减率发现，1#植被过滤带水量削减率小于 2#，主要是自然植被密度高，能有效拦阻地表径流流速，从而增加水量削减率；3#、4#植被过滤带水量削减率高于前两条，前两条植被过滤带是 10m，3#、4#是 15m，随着带宽的增加，水量削减率增大；5#植被过滤带是空白对比带，本试验是在 8 月进行的，实验前长期无降雨，导致土壤含水量很小，土壤板结干裂，在小流量放水时，水流难以到达出水口，全部下渗；在大流量放水时，由于没有任何植被拦阻，水量削减率小于其余各植被过滤带。

定入流条件下植被过滤带净化氮素的研究情况如下。

A. 对总氮 (TN) 的净化效果

不同入流条件下 TN 净化效果见表 9-16。

表 9-16　不同入流条件下 TN 净化效果

试验序号	入流流量 /(m^3/s)	定入流				变流量			
		$C_{进}$	$C_{出}$	R_C	R_L	$C_{进}$	$C_{出}$	R_C	R_L
1#	0.002	5.03	3.61	28.23	95.78	5.01	3.71	25.95	95.33
	0.004	5.03	3.96	21.27	92.19	5.01	4.12	17.76	89.56
2#	0.002	4.99	3.77	24.45	96.19	4.99	3.86	22.65	95.12
	0.004	5.01	4.12	17.76	92.17	5.02	4.27	14.94	89.87
3#	0.002	4.97	3.31	33.40	96.08	4.85	3.45	28.87	95.22
	0.004	4.78	3.56	25.52	92.91	5.01	3.91	21.96	91.64
4#	0.002	4.83	3.28	32.09	97.72	4.83	3.41	29.40	97.33
	0.004	4.85	3.57	26.39	94.74	5.03	3.89	22.66	93.56
5#	0.002	4.71	3.76	20.17	94.97	4.91	4.15	15.48	—
	0.004	4.95	4.61	6.87	81.52	5.02	4.90	2.39	62.04

由表 9-16 不同入流条件对比可知：在入流氮素浓度为 5 mg/L 时，各植被过滤带对氮素均有一定的净化效果，前 4 条植被过滤带的浓度削减率为 14.94% ~33.40%，负荷削减率大于 90%；空白带在小流量时也有一定的去除效果，大流量时变流量情况下去除效果基本没有。

在对比不同流态时，同一植被过滤带定入流条件下对非点源污染物的净化效果均优于变流量，主要是在定入流时，有效避免了变流量情况下初期入流的冲刷效应，在同样的水力滞留时间内更有效地加大植被对氮素的吸收反应；对比两组不同入流流量条件时，当流量变大时，各植被过滤带对非点源污染物的净化效果降低，主要是大流量时随着入流流速的增大，降低了植被和氮素的接触反应时间；3#、4#对非点源污染物的净化效果优于1#、2#植被带，是因为1#、2#植被过滤带的带宽是10m，3#、4#的带宽是15m，但比较对氮素的净化效果发现，增加的带宽和去除效果的增幅不成正比，所以，不是带宽越大越好，植被过滤带有一个最佳有效带宽；在同样带宽下，2#植被带对氮素的去除效果不如1#植被过滤带，主要是2#植被紫苜蓿是固氮植被，根瘤菌能固定空气中氮气，使植被根部及浅层土壤的氮素含量增加，从而对径流中的氮素去除效果不如其他植被，导致净化效果降低。

空白带在小流量时对氮素也有一定的去除效果，主要是因为地表径流流速很低的情况下，表层土壤颗粒溶解于径流中，从而能吸附一部分氮素，完成氮素的吸附削减。

B. 对溶解态氮（DN）的净化效果

各植被过滤带对溶解性氮素的净化效果见表9-17。

表9-17 不同入流条件下DN净化效果

试验序号	入流流量/(m^3/s)	定入流				变流量			
		$C_{进}$	$C_{出}$	R_C	R_L	$C_{进}$	$C_{出}$	R_C	R_L
1#	0.002	3.14	3.03	3.50	94.32	3.14	3.11	0.96	93.76
	0.004	3.17	3.28	-3.47	89.74	3.13	3.33	-6.39	86.49
2#	0.002	3.12	3.31	-6.09	94.65	3.13	3.39	-8.31	93.17
	0.004	3.13	3.47	-10.86	89.44	3.14	3.55	-13.06	86.54
3#	0.002	3.12	3.01	3.53	94.33	3.14	3.11	0.96	93.34
	0.004	2.96	3.06	-3.38	90.15	3.13	3.31	-5.75	88.67
4#	0.002	3.13	3.01	3.83	96.77	3.14	3.11	0.96	96.25
	0.004	3.01	3.09	-2.66	92.67	3.15	3.32	-5.40	91.22
5#	0.002	3.09	3.07	0.65	93.74	3.13	3.21	-2.56	—
	0.004	3.06	3.45	-12.75	77.63	3.14	3.55	-13.06	56.03

由表9-17试验结果可知，1#、3#、4#植被过滤带在小流量入流情况下对溶解态氮素均有一定的去除效果，前4条植被过滤带对溶解态氮素的负荷削减率均大于93%；大流量入流情况下各植被过滤带对地表径流均是输出溶解态氮素；各植被过滤带在定入流情况下的净化效果优于变流量情况下的去除效果。

由两组流量对比发现，大流量入流情况下，土壤表层的氮素被冲刷到地表径流中，来不及被植被反应吸收，随着地表径流流失；由5#植被过滤带的实验结果发现，随着流量的增大，植被变成影响非点源污染物净化效果的敏感因素；2#植被过滤带的紫苜蓿对地表径流中的溶解态氮素是输出的。

C. 对氨氮（NH_3-N）的净化效果

氨氮是当前氮素污染的主要类型，也是当前国家控制的非点源污染物的主要类型。氨氮污染主要是农作物施肥不当引起的，过量的氨氮不能被农作物吸收，一部分被吸附在表层土壤颗粒上，当遇到降雨时，就会随着土壤溶液进入地表径流中，随着地表径流一起迁移流失，造成水污染。因此，需将各植被过滤带对氨氮的净化过程作单独研究，探索氨氮的净化规律。具体实验结果见表 9-18。

表 9-18　不同入流条件下 NH_3-N 净化效果

试验序号	入流流量	定入流				变流量			
	/(m^3/s)	$C_{进}$	$C_{出}$	R_C	R_L	$C_{进}$	$C_{出}$	R_C	R_L
1#	0.002	1.69	1.72	−1.78	94.01	1.69	1.71	−1.18	93.62
	0.004	1.69	1.75	−3.55	89.73	1.67	1.76	−5.39	86.62
2#	0.002	1.68	1.11	33.93	96.67	1.68	1.18	29.76	95.57
	0.004	1.68	1.25	25.60	92.91	1.68	1.32	21.43	90.65
3#	0.002	1.68	1.70	−1.19	94.05	1.66	1.68	−1.20	93.20
	0.004	1.62	1.68	−3.70	90.12	1.67	1.76	−5.39	88.71
4#	0.002	1.66	1.67	−0.60	96.62	1.65	1.67	−1.21	96.17
	0.004	1.66	1.71	−3.01	92.64	1.69	1.78	−5.33	91.22
5#	0.002	1.62	1.68	−3.70	93.46	1.68	1.79	−6.55	—
	0.004	1.67	1.79	−7.19	78.73	1.68	1.86	−10.71	56.94

由表 9-18 试验结果可知，除了 2#植被过滤带外，各植被过滤带对氨氮均没有净化效果，前 4 条植被过滤带在小流量的氮素负荷削减率大于 93%，大流量下均大于 86%；2#植被过滤带对氨氮有着良好的净化效果，小流量入流条件下浓度削减率为 30%，大流量下也有 21% 以上的去除率。

分析试验结果可知，负荷削减主要是氮素随径流下渗的水量削减引起的。各植被过滤带（除了 2#）对氨氮没有去除效果，可能是配水中的氨氮小于各植被带的背景值引起的。

2#植被过滤带的植被紫苜蓿对氨氮有着很好的去除效果，大大净化了径流中的氨氮污染物浓度。由此可见，同一植被对不同的污染物净化效果有着很大的差异，这为特殊的非点源污染物净化提供了可能，可有效去除特定类型的污染。对比其余各植被过滤带可知，不同的植被类型对同一污染物的净化效果的敏感程度不同。

9.4.3　带宽对植被过滤带净化效果的影响

1. 带宽对 SS 净化效果的影响

3#植被过滤带在带宽分别为 10m 和 15m 时对 SS 的过滤效果如表 9-19 和图 9-12 所示。

表 9-19　3#植被过滤带在不同带宽条件下对 SS 的净化效果

试验序号	带宽 /m	入流流量 /(m³/s)	入流 SS 浓度 /(mg/L)	出流 SS 浓度 /(mg/L)	浓度削减率 /%	入流水量 /m³	出流水量 /m³	水量削减率 /%	污染负荷削减率/%
1	10	0.0023	1630	110	93.252	2.660	0.493	81.466	98.749
	15			109	93.313		0.099	96.278	99.751
2	10	0.0023	1645	97	94.103	2.660	0.630	76.316	98.603
	15			96	94.164		0.182	93.158	99.601
3	10	0.0023	2845	151	94.692	2.940	0.610	79.252	98.899
	15			105	96.309		0.167	94.31973	99.790
4	10	0.0038	1675	140	91.642	2.660	0.663	75.07519	97.917
	15			120	92.836		0.202	92.40602	99.456

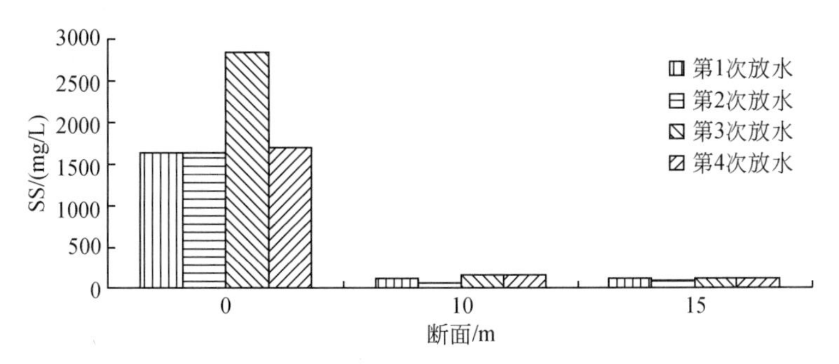

图 9-12　3#植被过滤带分断面 SS 浓度柱状图

4 次放水试验 10m 宽的植被过滤带对 SS 浓度的削减率均达到 91.64% 以上，说明 3#过滤带对 SS 浓度的削减主要发生在前 10m。这是由于径流进入过滤带之前流速较大，携带有较多的固体颗粒物，在进入植被过滤带之后，由于过滤带表面糙率大，土壤渗透性强，部分径流进入土壤内部，径流量变小，速度变缓，径流携沙能力急剧下降，径流中的大粒径固体颗粒物无法随径流继续移动，从而在缓冲带前段大量沉积，只有细小的颗粒物能继续随着地表径流继续前进，因此在过滤带前段出现较高的 SS 浓度削减率。

比较同一次放水过程过滤带 10m 断面和 15m 断面出流中 SS 浓度的变化情况，发现第 1 次和第 2 次放水试验径流中的 SS 在 10 ~ 15m 段并未削减；第 3 次和第 4 次放水试验 15m 断面的 SS 浓度较 10m 断面分别减小 43.8% 和 14.3%。而在这 4 次放水试验中，第 3 次放水试验入流 SS 浓度较高，第 4 次放水试验入流流量较大，说明植被过滤带的有效带宽与过滤带的入流浓度及水量有关，入流污染物浓度或入流流量越大，为达到设计泥沙浓度削减率而需要的过滤带带宽就越大。

对不同带宽条件下过滤带对水量的削减率进行比较，发现带宽对径流量的削减影响显著，带宽 15m 时的水量削减率均较带宽 10m 时高。水量的削减使得各次放水试验在带宽为 15m 时的污染负荷削减率均比带宽为 10m 时高，但是由于出流 SS 浓度普遍较小，增加带宽并不能显著增加植被过滤带对 SS 负荷的削减率。

草地过滤带对径流中 SS 的削减主要发生在前 10m，其后随着带宽的增加，虽然下渗水量能够增加，但是并不能显著提高植被过滤带对 SS 的净化效果。

2. 带宽对氮素净化效果的影响

通过比较 3[#]植被过滤带在带宽为 10m 和 15m 时对氮素的削减率（表 9-20），分析过滤带带宽对氮素净化效果的影响。

表 9-20　3[#]过滤带不同带宽情况下对氮素净化效果比较

试验序号		1		2		3		4	
带宽		10	15	10	15	10	15	10	15
入流流量/(m^3/s)		0.0023		0.0023		0.0023		0.0038	
入流水量/m^3		2.660		2.660		2.940		2.660	
出流水量/m^3		0.493	0.099	0.630	0.182	0.610	0.167	0.663	0.202
水量削减率/%		81.466	96.278	76.316	93.158	79.252	94.319	75.075	92.406
TN	入流浓度/(mg/L)	5.389		5.554		7.820		5.459	
	出流浓度/(mg/L)	2.531	2.500	2.398	2.412	2.500	2.410	2.500	2.431
	浓度削减率/%	53.034	53.609	56.824	56.572	68.031	69.182	54.204	55.468
	负荷削减率/%	91.295	98.273	89.774	97.029	93.367	98.249	88.585	96.618
DN	入流浓度/(mg/L)	2.042		1.989		2.006		2.033	
	出流浓度/(mg/L)	2.143	2.114	2.034	2.049	2.032	2.034	2.032	2.010
	浓度削减率/%	−4.946	−3.526	−2.262	−3.017	−1.296	−1.396	0.049	1.131
	负荷削减率/%	80.549	96.147	75.780	92.951	78.983	94.240	75.087	92.492
PN	入流浓度/(mg/L)	3.348		3.565		5.814		3.426	
	出流浓度/(mg/L)	0.388	0.386	0.364	0.363	0.468	0.376	0.468	0.421
	浓度削减率/%	88.411	88.471	89.790	89.818	91.950	93.533	86.340	87.712
	负荷削减率/%	97.852	99.571	97.582	99.303	98.330	99.633	96.595	99.067

4 次放水试验 3[#]植被过滤带前 10m 对 TN 浓度的削减率基本和 15m 的削减率一致，带宽的增加并没有明显降低地表径流中 TN 的浓度。由于 10m 断面与 15m 断面的出流 TN 浓度基本相等，所以两个断面的出流水量成为植被过滤带对 TN 负荷削减率的唯一影响因素。显然对同一过滤带而言，随着径流在其中流动距离的增长，水流会不断下渗，地表径流量将不断减小，植被过滤带在 15m 处对 TN 负荷的削减率较 10m 处有较大幅度的增加。

由于表层土壤和腐殖质中水溶性氮素的释放，前 3 次放水试验地表径流在流经植被过滤带后 DN 浓度都有所上升，仅在第 4 次放水试验时过滤带对 DN 浓度表现出有削减效果，但削减率极低。植被过滤带对 DN 负荷的削减，主要是通过水流下渗实现的，所以带宽对 DN 负荷的削减效果影响显著。另外，对 4 次放水试验 DN 浓度的变化情况进行分析发现，随着放水次数的增加，径流中 DN 浓度的增加幅度逐渐减小，这说明在第 1 次放水前土壤和腐殖质中的水溶性氮素含量是较高的，随着水流在过滤带中的流动，土壤和腐殖质中的水溶性氮素不断释放进入径流中，当土壤和腐殖质中的水溶性氮素含量降低到一定水平后，就不会再向水体释放了。

植被过滤带带宽对 PN 净化效果的影响与其对 SS 净化效果的影响基本一致。

3. 植被过滤带对非点源污染物沿程净化效果分析

通过 2010 年 10 月的放水试验结果分析可知各植被过滤带对 SS 和氮素的沿程净化效果和不同入流时段下的净化规律。

1）各植被过滤带对固体悬浮物（SS）沿程的净化效果分析

各植被过滤带对 SS 的沿程净化效果如表 9-21、图 9-13 所示。

表 9-21　各植被过滤带中 SS 浓度的沿程变化

VFS		2#		1#	3#		4#		5#（空白带）	
流量/(m^3/s)		0.0043	0.005	0.0039	0.0039	0.0039	0.0047	0.0039	0.0039	0.0045
浓度/(mg/L)	0m	2944	4910	3748	3374	4980	2466	3643	3260	3402
	3m	2244	1652	1894	1860	1846	1666	1908	4058	4142
	6m	1502	1438	1282	1792	1784	1658	1726	2890	4368
	10m	1026	1096	1170	1208	1054	1214	1430	3174	5028
	15m	—	—	—	1010	1024	1080	1220	2110	2428

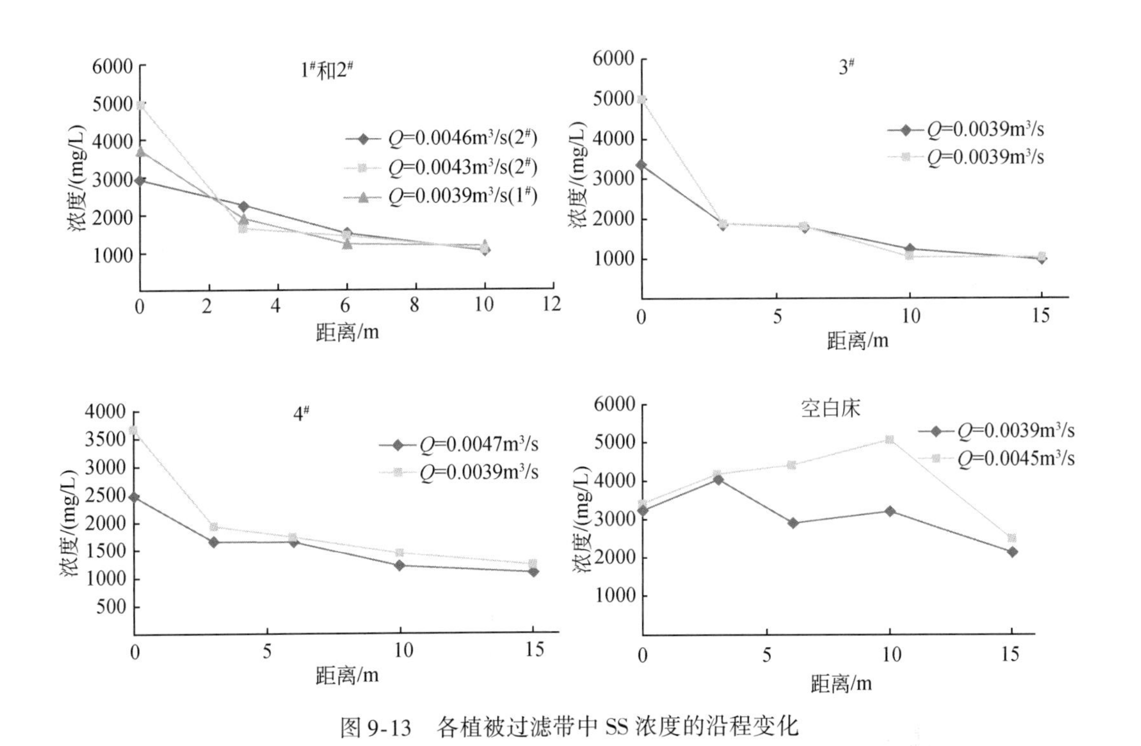

图 9-13　各植被过滤带中 SS 浓度的沿程变化

对比 1#、2#、3#、4#植被过滤带，在不同的植被配置下 SS 的浓度均沿程减小，浓度的削减情况也是不一致的，而空白带中 SS 浓度沿程上下起伏，没有明显的规律，但出口处的浓度相对于进口也有一定的减少。1#和 2#植被过滤带在 3m 断面处对 SS 的浓度削减率为 23.7% ~66.3%，在 10m 断面处对 SS 的浓度削减率为 65.15% ~77.68%；3#植被过滤带在 3m 断面处对 SS 的浓度削减率为 44.87% ~62.93%，在 15m 断面处对 SS 的浓度削减率为 70.07% ~79.44%；4#植被过滤带在 3m 断面处对 SS 的浓度削减率为 32.44% ~47.63%，在 15m 断面处对 SS 的浓度削减率为 56.2% ~66.51%；空白带 3m 断面处 SS 浓度有一定的增加，但在 15m 断面处对 SS 的浓度削减率为 28.63% ~35.28%。

因此，除空白带外，其他 4 条植被过滤带在 3m 断面处对 SS 浓度的削减的幅度最大，最高能达到 66.3%；随着带宽的增加，植被过滤带的对 SS 浓度的削减幅度越来越小。而空白带在小流量情况下并非一直增加 SS 的浓度，当 $Q=0.0039\mathrm{m}^3/\mathrm{s}$，除了在 3m 处 SS 浓度增加外，在 6m、10m、15m 处的浓度均小于进口处的浓度，这说明空白带对 SS 的浓度也有一定的削减作用。

A. 不同入流流量时植被带对 SS 的沿程净化效果

不同流量下，1#和 2#植被过滤带对 SS 的净化效果见表 9-22。

表 9-22　不同入流流量时植被带对 SS 的净化效果

距离/m	浓度/(mg/L) $Q=0.0046\mathrm{m}^3/\mathrm{s}$ (2#)	浓度削减率/%	浓度/(mg/L) $Q=0.0043\mathrm{m}^3/\mathrm{s}$ (2#)	浓度削减率/%	浓度/(mg/L) $Q=0.0039\mathrm{m}^3/\mathrm{s}$ (1#)	浓度削减率/%
0	2944		4910		3748	
3	2244	23.78	1652	66.35	1894	49.47
6	1502	48.98	1438	70.71	1282	65.80
10	1026	65.15	1096	77.68	1170	68.78

1#植被过滤带和 2#植被过滤带的物种配置基本一样，比较 1#和 2#的 3 次放水试验的沿程结果可知，1#和 2#分别在流量为 $0.0039\mathrm{m}^3/\mathrm{s}$ 和 $0.0043\mathrm{m}^3/\mathrm{s}$ 时的净化效果比 2#在 $Q=0.0046\mathrm{m}^3/\mathrm{s}$ 的沿程净化效果好。在 3m 断面处 2#植被过滤带在 $Q=0.0046\mathrm{m}^3/\mathrm{s}$ 时的 SS 浓度削减率为 23.78%，而 1#和 2#在流量分别为 $0.0039\mathrm{m}^3/\mathrm{s}$ 和 $0.0043\mathrm{m}^3/\mathrm{s}$ 时的 SS 浓度削减率为 49.47% 和 66.35%；在 6m 处，1#和 2#在 3 个流量下对 SS 的浓度都在 48.98% 以上的削减，即对进口浓度有一半的浓度削减；而在 10m 断面处 1#和 2#灌草复合带对 SS 的浓度削减率达到了 65% 以上。因此，说明流量越大，植被过滤带对 SS 浓度的削减效果就越差。

比较空白床的两次不同流量的沿程变化情况可以知道，当流量为 $0.0039\mathrm{m}^3/\mathrm{s}$ 时，在前 3m 处 SS 浓度有所增加，以后随带宽的增加水流流速有所减小，SS 的浓度也沿程减小。而当流量为 $0.0045\mathrm{m}^3/\mathrm{s}$ 时，这属于较大的流量，在空白带的前 10m 中 SS 浓度并未减少，一直持续增加，在 10 ~15m SS 的浓度并未明显增加，反而开始减小，且在出口处的浓度相对于进口削减 28.63%。

B. 不同入流浓度时 SS 的净化效果

3#草地过滤带在入流流量为 $0.0039\mathrm{m}^3/\mathrm{s}$ 时，两次的入流浓度分别为 3374mg/L 和 4980mg/L，对 SS 的浓度削减效果见表 9-23。

表 9-23　不同入流浓度时 SS 的净化效果

距离/m	浓度/(mg/L) $Q=0.0039m^3/s$	浓度削减率/%	浓度/(mg/L) $Q=0.0039m^3/s$	浓度削减率/%
0	3374		4980	
3	1860	44.87	1846	62.93
6	1792	46.89	1784	64.18
10	1208	64.20	1054	78.84
15	1010	70.07	1024	79.44

从表 9-23 可以看出，相对于进口浓度，入流浓度越大净化效果越好。在 3m 断面处小浓度对应的浓度削减率为 44.87%，而大浓度对应的浓度削减率为 62.93%；在 6m 断面处，小浓度的削减率为 46.89%，相对于 3m 断面削减增加 2.02%，而大浓度对应的浓度削减率为 64.18%，相对于 3m 断面削减率增加 1.25%；在 10m 断面处，小浓度削减率为 64.20%，相对于 6m 断面削减率增加 17.31%，而大浓度对应的削减率为 78.84%，相对于 6m 断面削减率增加 14.23%；同理在 15m 断面两者的增幅相近。因此，不能相对于进口比较浓度削减率，在不同入流浓度下，3#植被过滤带在 3m 断面处削减幅度最大，而在 6m、10m、15m 这三个断面对 SS 的浓度削减量是一样，所以 SS 的入流浓度对植被过滤带对 SS 浓度削减没有显著的影响。

2）植被过滤带对氮素的沿程净化效果

本试验是通过蓄水池放水模拟地表径流，其中 1#、3#、4#、5#的流量为 0.0039 m^3/s，2#的放水流量为 0.0043 m^3/s，各植被过滤带对氮素的沿程净化效果如表 9-24 和图 9-14 所示。

表 9-24　各植被过滤带中不同形态氮素浓度的沿程变化　　（单位：mg/L）

距离	1#			2#			3#			4#			5#（空白带）		
	TN	DN	PN	TN	DN	PN	TN	DN	PN	TN	DN	PN	TN	DN	PN
0m	21.05	12.05	9	16.75	10.69	6.06	15.7	11.41	4.29	11.95	7.05	4.9	13.55	11.41	2.14
3m	19.8	13.28	6.52	16.4	11.17	5.23	14.45	11.24	3.21	11.6	6.91	4.69	18.4	10.93	7.47
6m	19.5	12.46	7.04	16.5	10.52	5.98	14.35	11.48	2.87	11.5	7.08	4.42	17.4	10.56	6.84
10m	19.25	12.8	6.45	15.4	10.18	5.22	14.35	11.76	2.59	11.2	6.44	4.76	17.2	10.73	6.47
15m	—	—	—	—	—	—	14.2	12.33	1.87	11.3	7.05	4.25	17.3	11.13	6.17

A. 植被过滤带对总氮的沿程净化效果

由图 9-14 和表 9-24 可以看出，1#、2#、3#、4#这 4 条植被过滤带中，TN 的浓度沿程均减小，但是净化效果不是很明显，浓度削减率为 5.44%～9.55%，削减效果最好的是 3#草地过滤带；而对于空白带，总氮浓度有起伏，出口浓度大于进口浓度，且浓度增加了 28.41%。因此，不同的植被类型对总氮浓度的削减是不一样，其浓度削减率的排序为：草地过滤带>灌草植被过滤带>灌草植被过滤带（灌木较多）>空白带。

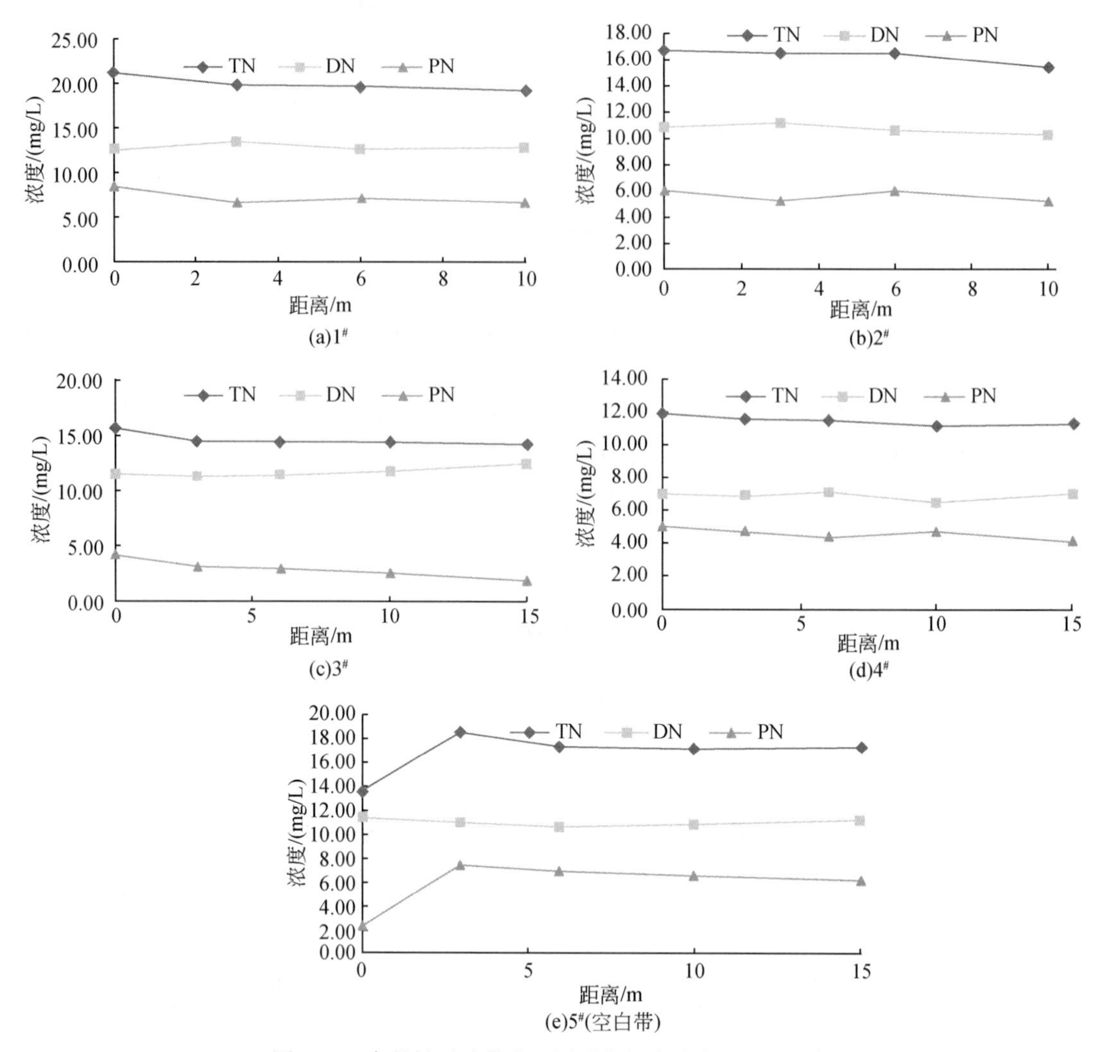

图 9-14　各植被过滤带中不同形态氮素浓度的沿程变化

B. 植被过滤带对溶解态氮的沿程净化效果

分析 4 条植被过滤带中溶解态氮的沿程变化可知，溶解态的氮素浓度沿程上下起伏，但是波动不大。这主要是由于植被过滤带中生物量比较大，其表层土壤的溶解态的有机质含量较高，尽管有部分的溶解态氮素随径流下渗进入土壤，使得浓度有一定的减少；同时土壤表层的溶解态的氮素易释放到径流中也可能使得浓度增加。因此，地表径流进入植被过滤带后由于下渗作用，水量有所削减，溶解态的氮素的净化效果主要体现在其负荷的削减上。

C. 植被过滤带对颗粒态氮的沿程净化效果

颗粒态的氮素浓度沿程减小，并且其浓度削减率高于总氮，除了空白带颗粒态氮浓度增大 149.43% 外，其他植被过滤带的颗粒态氮素在出口处的浓度削减率为 13.9% ~ 56.35%，并且 3#草地过滤带的净化效果最好，达到 56.35%。对颗粒态氮素浓度削减率排序为：草地过滤带>灌草植被过滤带>灌草植被过滤带（灌木较多）>空白带。因此，植被过滤带对溶解态氮素的浓度削减作用不大，而对颗粒态的氮素浓度的削减明显。

由于1#和2#植被过滤带的植被情况相似，在不同的入流流量下（1#为0.0039 m^3/s，2#为0.0043m^3/s），两条植被过滤带对总氮的浓度削减率分别为8.55%和8.06%，两者的差别不大；而对于颗粒态的氮素，1#和2#植被过滤带的浓度削减率分别为28.37%和13.90%，因此，流量越小，对颗粒态氮素的浓度削减效果就越好，而对于总氮的浓度削减率影响不是很大。

9.4.4 土壤初始含水量对植被过滤带净化效果的影响

在2008年7月所做试验中（方案见表9-4），第1次和第2次放水试验，均在3#植被过滤带进行。第1次和第2次放水试验前，测得过滤带土壤的体积含水量θ_V分别为20.6%和41.8%，两次放水试验的其他条件基本相似。

1. 土壤初始含水量对SS净化效果的影响

两次试验3#过滤带对SS的净化效果见表9-25。

表9-25　不同土壤初始含水量时3#植被过滤带对SS的净化效果

试验序号	带宽/m	θ_V/%	入流SS浓度/(mg/L)	出流SS浓度/(mg/L)	浓度削减率/%	入流水量/m^3	出流水量/m^3	水量削减率/%	污染负荷削减率/%
1	10	20.6	1630	110	93.252	2.660	0.493	81.466	98.749
2	10	41.8	1645	97	94.103	2.660	0.630	76.316	98.603
1	15	20.6	1630	109	93.313	2.660	0.099	96.278	99.751
2	15	41.8	1645	96	94.164	2.660	0.182	93.158	99.601

可以看出，两次放水试验3#过滤带在带宽10m和15m时对SS负荷削减率均非常接近，但两次试验过滤带的出流水量表现出了较大的差异：在入流水量相同的情况下，θ_V=20.6%时植被过滤带10m断面和15m断面的出流水量分别只有θ_V=41.8%时上述两断面的出流水量的78.3%和54.4%，说明植被过滤带在土壤较干燥时能够截留更多的地表径流。另外试验结果显示：在过滤带土壤较干燥时，其对SS浓度削减率比土壤较湿润时略低。分析其原因，应是较干燥的土壤黏结力小，土壤抗冲能力低，加之第1次放水前过滤带中的枯枝落叶和地表浮尘较多，水流进入过滤带后冲刷松散的枯枝落叶层和表层土壤，造成了水流中的SS浓度增大。

土壤初始含水量影响过滤带拦截SS效果表现出双重性：一方面，干燥的土壤有利于水流的下渗，这对降低水流挟沙能力、减少污染物进入受纳水体的污染负荷有益；另一方面，过于干燥的表层土壤黏结力低，很容易被水流侵蚀，从而加大径流中SS的浓度。

2. 土壤初始含水量对氮素净化效果的影响

通过比较3#植被过滤带在不同土壤初始含水量情况下对氮素的削减率（表9-26及

图 9-15、图 9-16），分析土壤含水量对地表径流氮素净化效果的影响。

表 9-26　不同土壤初始含水量时 3# 植被过滤带对氮素的削减效果

试验序号		1	2	1	2
带宽/m		10		15	
θ_V/%		20. 6	41. 8	20. 6	41. 8
入流水量/m³		2. 660	2. 660	2. 660	2. 660
出流水量/m³		0. 493	0. 630	0. 099	0. 182
水量削减率/%		81. 466	76. 316	96. 278	93. 158
TN	入流浓度/(mg/L)	5. 389	5. 554	5. 389	5. 554
	出流浓度/(mg/L)	2. 531	2. 398	2. 500	2. 412
	浓度削减率/%	53. 034	56. 824	53. 609	56. 572
	负荷削减率/%	91. 295	89. 774	98. 273	97. 029
DN	入流浓度/(mg/L)	2. 042	1. 989	2. 042	1. 989
	出流浓度/(mg/L)	2. 143	2. 034	2. 114	2. 049
	浓度削减率/%	-4. 946	-2. 262	-3. 526	-3. 017
	负荷削减率/%	80. 549	75. 780	96. 147	92. 951
PN	入流浓度/(mg/L)	3. 348	3. 565	3. 348	3. 565
	出流浓度/(mg/L)	0. 388	0. 364	0. 386	0. 363
	浓度削减率/%	88. 411	89. 790	88. 471	89. 818
	负荷削减率/%	97. 852	97. 582	99. 571	99. 303

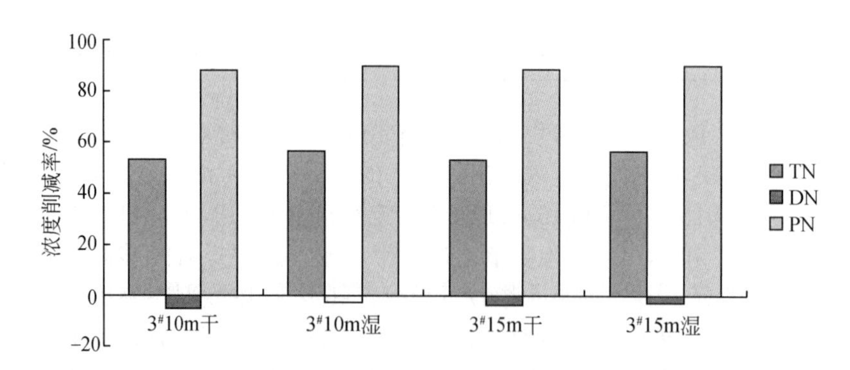

图 9-15　不同土壤初始含水量时 3# 植被过滤带对地表径流中氮素浓度的削减率

试验结果显示：在过滤带土壤较干燥时，其对 TN 浓度削减率比土壤较湿润时低，这是由于较干燥的土壤黏结力小，土壤抗冲能力低，水流将一部分表层土和过滤带中集聚的浮尘冲刷了起来，而表土和浮尘中都含有一定量的氮，这一点可以从过滤带在土壤初始含水量低时对 PN 浓度的削减率低得到印证。但是由于初始含水量低的过滤带对地表径流量的削减率高，所以 3# 植被过滤带在 θ_V = 20. 6% 时对 TN 负荷的削减率还是比 θ_V = 41. 8% 时略高。

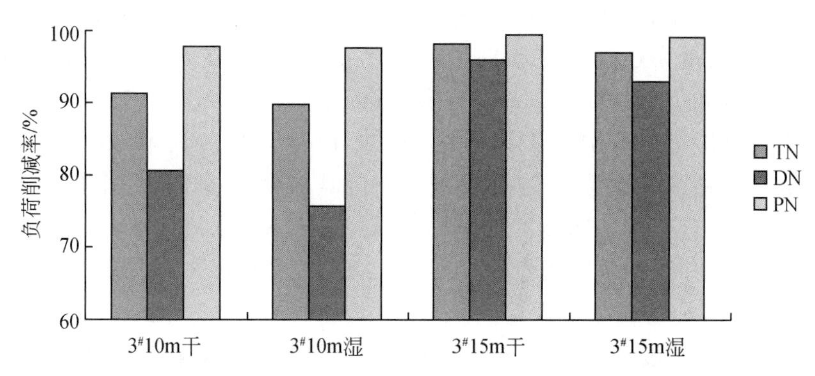

图 9-16　不同土壤初始含水量时 3#植被过滤带对地表径流中氮素负荷的削减率

两次放水试验径流流经 3#过滤带后 DN 浓度都有所上升，说明腐殖质和表层土壤中的水溶性氮素进入了地表径流中。第 1 次放水试验比第 2 次放水试验 DN 浓度的增加幅度小，是由于第 1 次放水试验时，径流带走了部分表层土壤和腐殖质中的可溶性氮，使得第 2 次放水试验时土壤和腐殖质释放进入地表径流中的 DN 的量有所减少造成的。$\theta_V=20.6\%$ 时进入水体的 DN 比 $\theta_V=41.8\%$ 时多，也是造成在过滤带土壤较干燥时其对 TN 浓度削减率比土壤较湿润时低的原因之一。但由于 DN 负荷的削减主要是通过径流下渗来实现的，初始含水量低的植被过滤带对削减地表径流量的作用强，所以初始含水量低的过滤带对 DN 负荷的削减效果要强于初始含水量高的过滤带。土壤初始含水量对 PN 净化效果的影响与其对 SS 净化效果的影响基本相同。

9.4.5　不同入流污染物的浓度对植被过滤带净化效果的影响

通过对 2008 年 7 月所做试验中（方案见表 9-4）2、3、5、6 号试验进行分析，得出不同入流污染物对植被过滤带净化效果的影响。

1. 入流泥沙浓度对 SS 净化效果的影响

植被过滤带在不同入流泥沙浓度下出口 SS 质量浓度的变化见表 9-27。

表 9-27　3#和 1#植被过滤带在不同入流泥沙浓度时 SS 的净化效果

试验序号	VFS	入流流量 /(m^3/s)	入流 SS 浓度 /(mg/L)	出流 SS 浓度 /(mg/L)	浓度削减率 /%	入流水量 /m^3	出流水量 /m^3	水量削减率 /%	污染负荷削减率/%
2	3（10m）	0.0023	1645	97	94.103	2.660	0.630	76.316	98.603
3	3（10m）	0.0023	2845	151	94.692	2.940	0.610	79.252	98.899
5	1#	0.0023	1735	120	93.084	2.660	1.218	54.211	96.833
6	1#	0.0023	2700	200	92.593	2.940	1.223	58.401	96.919

第 2 次、第 3 次放水试验在 3#植被过滤带进行，入流 SS 浓度分别为 1645mg/L 和 2845mg/L；第 5 次、第 6 次放水试验在 1#植被过滤带进行，入流 SS 浓度分别为 1735mg/L

和2700mg/L。在此条件下，以上两条植被过滤带对SS的净化效果见表9-27。从表9-27可以看出，在入流流量为0.0023m^3/s时，3#和1#植被过滤带在入流SS浓度大幅度升高的情况下，对SS浓度和负荷的削减率并没有明显的变化。计算2、3、5、6次放水试验时过滤带对SS负荷的削减量，分别为4314.59g、8272.19g、4468.94g和7693.40g，说明在入流SS浓度较大时，植被过滤带对SS负荷的绝对削减量大。对于同一个植被过滤带而言，在水流条件和泥沙综合条件（密度、沉速）相同的情况下，水流挟沙力是一定的。在相同过滤带进行两次水流和泥沙条件相似的放水试验，较高浓度的含沙水流会有较多的泥沙在过滤带中沉积。

在本试验入流SS浓度范围内，SS浓度的变化并不会显著影响植被过滤带对SS浓度和负荷的削减率，但SS负荷的绝对削减量会随入流SS浓度的增大而增大。

2. 入流TN浓度对氮素净化效果的影响

第2次、第3次放水试验在3#植被过滤带进行，入流TN浓度分别为5.554mg/L和7.820mg/L；第5次、第6次放水试验在1#植被过滤带进行，入流TN浓度分别为5.586mg/L和7.730mg/L。在此条件下，以上两条植被过滤带对氮素的净化效果如表9-28及图9-17、图9-18所示。

表9-28　3#、1#植被过滤带在不同入流TN浓度时对地表径流氮素的去除效果

试验序号		2	3	5	6
VFS		3#（10m）		1#	
入流SS浓度/(mg/L)		1645	2845	1735	2700
入流水量/m^3		2.660	2.940	2.660	2.940
出流水量/m^3		0.630	0.610	1.218	1.223
水量削减率/%		76.316	79.252	54.211	58.401
TN	入流浓度/(mg/L)	5.554	7.820	5.586	7.730
	出流浓度/(mg/L)	2.398	2.500	2.513	2.650
	浓度削减率/%	56.824	68.031	55.013	65.718
	负荷削减率/%	89.774	93.367	79.400	85.739
DN	入流浓度/(mg/L)	1.989	2.096	1.868	2.302
	出流浓度/(mg/L)	2.034	2.032	2.076	2.075
	浓度削减率/%	-2.262	3.053	-11.135	9.861
	负荷削减率/%	75.780	79.885	49.112	62.503
PN	入流浓度/(mg/L)	3.565	5.724	3.718	5.428
	出流浓度/(mg/L)	0.364	0.468	0.437	0.575
	浓度削减率/%	89.790	91.824	88.246	89.407
	负荷削减率/%	97.582	98.304	94.618	95.593

可以看出，在入流TN浓度较大的情况下，3#（10m）与1#植被过滤带对地表径流中

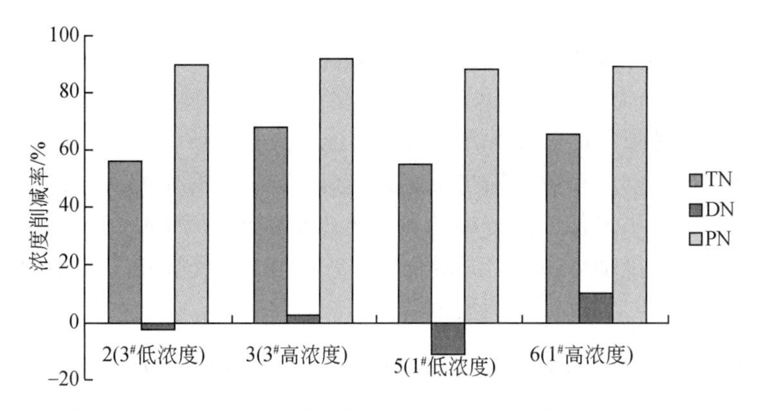

图 9-17　3#、1#植被过滤带在不同入流 TN 浓度时对地表径流氮素浓度的削减效果

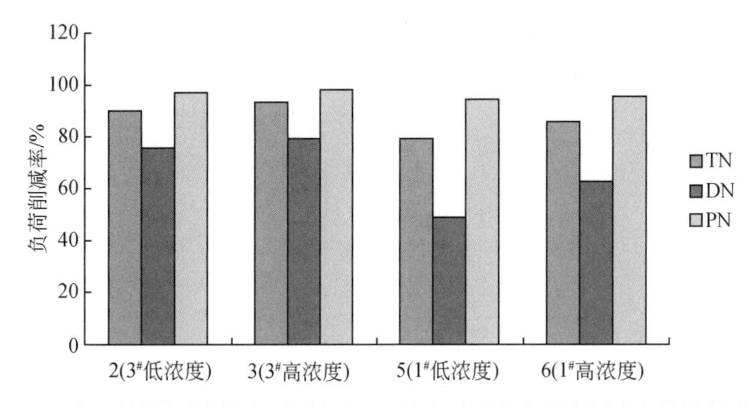

图 9-18　3#、1#植被过滤带在不同入流 TN 浓度时对地表径流氮素负荷的削减效果

TN 浓度和负荷的削减率均较入流浓度小时为高，说明植被过滤带对 TN 的净化效果与过滤带的入流 TN 浓度有关，入流 TN 浓度越高，过滤带对 TN 的净化效果越好。而前节的数据显示，入流泥沙浓度的变化对 SS 去除效果并没有显著影响，这说明虽然地表径流中的 TN 浓度和 SS 浓度存在很好的相关性，但入流污染物浓度的变化对植被过滤带污染物净化效果的影响却并不相同。

对不同入流 TN 浓度时过滤带对 DN 的净化效果进行比较，发现 3#（10m）和 1#过滤带在 TN 含量低时对 DN 浓度的削减率均为负，而在 TN 含量高时都能够小幅度削减 DN 浓度，其原因除了前面分析的放水致使土壤和腐殖质中水溶性氮素含量下降，可释放进入地表径流中的 DN 减少外，TN 含量高的径流中 DN 浓度也较高，土壤和腐殖质中的 DN 不易向其中扩散也是一个因素。

对 PN 的削减效果进行比较，发现入流 TN 含量增大后，3#（10m）和 1#过滤带对 PN 浓度和负荷的削减率均略有增大。植被过滤带对 TN、DN 和 PN 削减效果均表现为入流 TN 浓度越高，污染物的净化效果越好。

9.4.6 植被过滤带内源污染及其对净化效果的影响

植被过滤带是一种重要的非点源污染控制措施。大量的研究报道，当地表径流流经植被过滤带，径流中携带的非点源污染物质能够得到削减。也有研究认为，植被过滤带对地表径流中污染物削减效果欠佳，溶解性的氮素进入植被过滤带后甚至出现浓度增大现象。植被过滤带系统实际是个动态系统，其净化效率并不是一直不变的，当系统内污染物不断增加而又没有适当管理时，就可能产生污染。

1. 植被过滤带地表径流中初期出流浓度和平均浓度的分析比较

在通常情况下，初期降雨径流的污染物含量在整个径流过程中是最高的，这种现象被称为降雨初始冲刷效应。3 条植被过滤带的前 4 次放水试验，方案见表 9-5，采集了植被过滤带中各个设置断面的初始水样（初始浓度）和混合水样（平均浓度），并分析了其总氮浓度沿流程的变化，如图 9-19 所示。

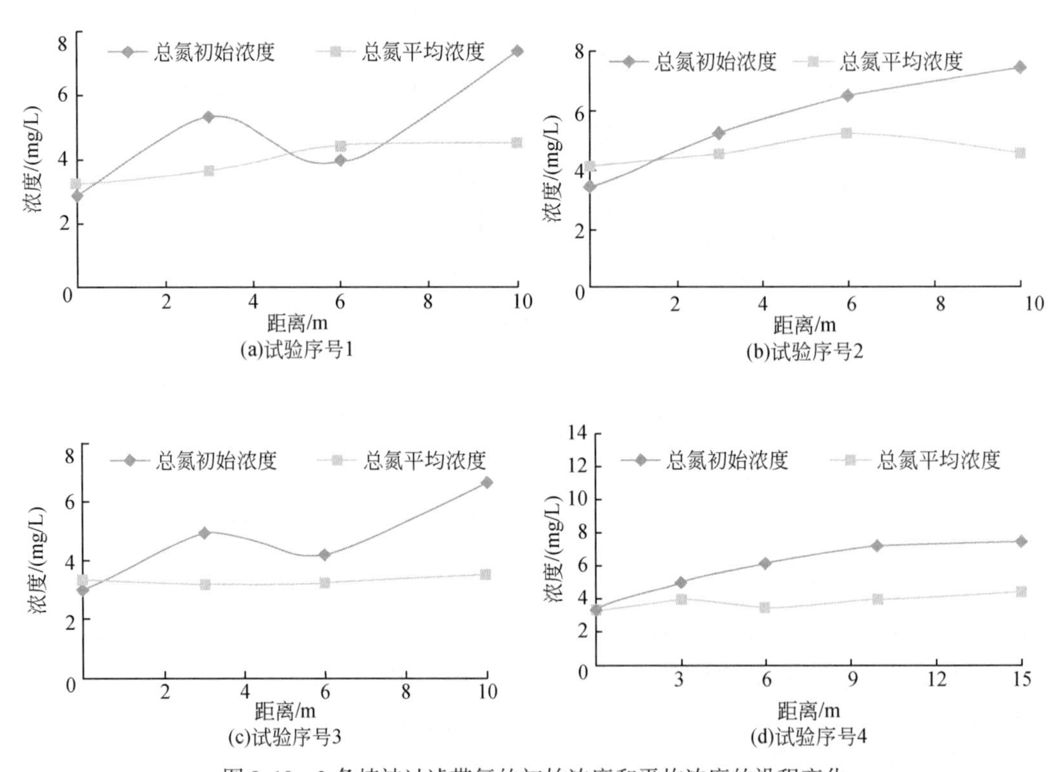

图 9-19　3 条植被过滤带氮的初始浓度和平均浓度的沿程变化

1 ~4 组放水试验中总氮的初始浓度上下波动起伏，总体趋势是增大的；在各个断面中，总氮的初始浓度均大于平均浓度；总氮的平均浓度沿程变化不大，植被过滤带的净化效果不明显，植被过滤带进口浓度和出口浓度大体平衡。初期径流流经植被带时，由于植被过滤带中表土疏松且累积有较多的污染物，容易携带一部分溶解态的污染物和一些地表的细小颗粒，植被过滤带产生了内源污染。当植被过滤带内坡面及表层土壤中初始污染物含量高于地表径流中的污染物浓度时，可以使出流总氮初始浓度升高。径流冲刷是个复杂的动态过程，植被过滤带内地表污染物分布不均匀，地表坡度不均匀，地表植被分布的差异性导致初始浓度上下波动。另外，对于在同一次放水试验，水流挟沙力、侵蚀力和坡面初始污染物的量是一定的，随着冲刷时间的延长，其后平均浓度沿程变化不大。

比较1#过滤带土壤干湿（即试验序号为1号和3号）时放水试验结果发现：两次放水中沿程初始浓度和平均浓度变化趋势基本是一致的；1号、3号放水试验中的总氮进口初始浓度为2.9mg/L和3mg/L，基本相近，但1号试验中10m出口总氮初始出流浓度达到7.4mg/L，3号试验中初始出流浓度为6.6mg/L，显然是在土壤湿润时初始出流浓度增幅较小；由总氮的进出口平均浓度比较知，3号试验平均出流浓度的增幅较小，约增加6%，而1号试验总氮平均出流浓度比进口增加42%。

总体看来，3号试验中的初始浓度和平均浓度沿程变化曲线比1号试验中的浓度曲线平缓，因进行1号放水试验时，植被过滤带内土壤初始含水量较低，较干燥的土壤黏结力小，且累积有较多的污染物，径流流经植被过滤带时产生非内点源污染物的量较大，从而出流浓度相对于进口浓度的变化幅度大。

由以上分析可知，植被过滤带产生内源污染和净化非点源污染是同时进行的，是一个复杂的动态系统；当植被过滤带内坡面及表层土壤中初始氮含量较高时，氮产生的量将大于植被过滤带净化的量，即植被过滤带内源污染的产生过程起主要作用。

2. 植被过滤带径流中固体悬浮物浓度变化分析

降雨产生径流后，坡面非点源污染物有两种形式进入径流：一种是吸附运移，径流在坡地上的运移会导致表土的流失，表土的颗粒较细且吸附着较多污染物，这种形式下产生的是颗粒态的污染物；另一种是产生溶解作用，地表径流在坡面上运移时，表层土壤容易发生溶解作用，一般这种形式下产生的是溶解态的污染物。径流中颗粒态氮性质较稳定，与径流中固体悬浮物的量有较大的相关性，因此在此通过10次放水试验，主要分析植被过滤带径流中固体悬浮物和溶解态氮素浓度的变化。

10次放水试验中进出口固体悬浮物浓度的变化结果见表9-29。

表9-29　各次放水SS的进出口浓度

试验序号	植被带	土壤初始体积含水量/%	最大入流量出现时刻/s	最大入流量/(L/s)	较稳定入流出现时刻/s	较稳定入流流量平均值/(L/s)	$C_{进}$/(mg/L)	$C_{出}$/(mg/L)	R_C/%
1	1#（干）	20.6	25	11	50	10	89	109	-22.47
2	2#（干）	20.6	28	16	144	12	81	132	-62.96
3	1#	41.0	24	12	75	9	230	232	-0.87
4	3#（干）	20.6	23	12	51	8	220	280	-27.27
5	3#（干）	20.3	8	119	146	15	50	563	-1026
6	3#	37.2	32	26	281	15	29	102	-251.72
7	3#	41.8	13	46	51	7	37	34	8.11

续表

试验序号	植被带	土壤初始体积含水量/%	最大入流量出现时刻/s	最大入流量/(L/s)	较稳定入流出现时刻/s	较稳定入流流量平均值/(L/s)	$C_{进}$/(mg/L)	$C_{出}$/(mg/L)	R_C/%
8	3#	43.0	25	43	66	14	115	89	22.61
9	3#	43.0	16	37	73	17	166	150	9.64
10	3#	43.0	20	30	109	16	202	147	27.23

注：表中4号试验3#植被过滤带的出口浓度为10m断面的出流浓度，以下各表同

由表9-29可知，在入流平均流量为8～15 L/s，土壤初始体积含水量为20.6%时，即1、2、4、5号试验中植被过滤带的出流SS浓度均增加，较干燥的土壤黏结力小，抗冲能力低，各过滤带中内源污染占主导作用，径流再次被污染。其中5号试验出口浓度相对于进口浓度增加幅度最大，出口浓度超出进口浓度10倍之多，究其主要原因是最大入流流量达到了0.119m^3/s，初期水流不稳定，从8s到146s后才趋于稳定，植被过滤带在这种不稳定大流量冲刷下，坡面侵蚀加重，大量的悬浮固体将被带出过滤带，出流浓度大幅度增加。此外，2#植被过滤带浓度增加幅度稍大，通过植被调查得知：1#有3排沙棘，2#有8排沙棘，3#为野生草本植物；其中1#和2#植被过滤带中平均每排有3～4棵沙棘，其基径平均为2.4～3.2cm，高度均在1.6 m以上，冠幅均在1.2m以上，植被过滤带沙棘段的郁闭度很高，达到了0.8以上，使得矮小植被仅有很少部分生存下来，径流通过植被过滤带沙棘段时植被拦截能力差，对悬浮固体的净化作用较差，以产生内源污染为主要方面。2#过滤带内高大沙棘较多，使整个植被过滤带郁闭度高，加上2号试验时最大入流流量稍大且持续时间较长，使2#植被过滤带SS出流浓度的增加幅度较大。

由植被过滤带土壤湿润时放水试验的结果可知，3号试验SS的浓度削减率为-0.87%，浓度并未明显增大；3#植被过滤带在第6号试验比5号试验的浓度增幅小，但6号试验最大入流流量为26 L/s，持续249s，其流量峰值与平均流量值相差不大，即一直保持较大流量的冲刷，造成251.72%的增幅。3#植被过滤带在7～10号试验中对SS的浓度削减率均为正，在入流平均流量7～17 L/s下有较低的削减效率，浓度降低8.11%～27.23%。经过较长时间冲刷后，径流带走了大部分的植被过滤带表层松动的细颗粒和浮尘，在后面试验时坡面污染物变少，非点源污染物的产生量减少，植被过滤带净化污染物的量大于污染物产生的量，则表现了其净化的功能；径流所能携带坡面的悬浮固体是有限的，随着连续试验冲刷次数的增加，相似水流条件下，净化效率逐渐增强，10号试验的净化效率是最高达到27.23%。9号试验的入流平均流量最大，浓度削减率稍低。入流流量条件对植被过滤带的影响较大。

从以上分析可知，植被过滤带产生悬浮固体以及颗粒态污染物污染的主要原因是径流对植被过滤带土壤的侵蚀冲刷作用，植被过滤带内土壤的初始含水量和入流流量条件对植被过滤带净化效果影响较大。查阅相关研究认为：植被过滤带的单宽流量一般为0.0004～0.004m^3/(s·m)，宽度为3m的流量范围为0.0012～0.012m^3/s。从表9-29也可知，在土壤初始体积含水量比41.0%大时，入流流量控制在12 L/s内，坡度为2%的植被过滤带对悬浮固体以净化作用为主；若土壤初始含水量较低，自然草地过滤带的入流流量在7 L/s以上时，径流水可能再次被污染。野外试验干扰影响因素较多，数据误差较大，所得仅是

大致情况。

3. 植被过滤带径流中氮素的浓度变化分析

颗粒态氮的性质较稳定，植被过滤带对颗粒态氮净化效果的影响因素与 SS 一致。然而有研究表明：8% ~80% 的氮以溶解态的形式随地表径流流失。因此有必要分析植被过滤带对溶解态氮的影响，其中溶解态的氮主要包括有氨氮、硝氮等。试验结果见表 9-30。

表 9-30　各次放水溶解态氮素进出口浓度

序号	VFS	总氮（TN）			氨氮			硝氮（NO_3-N）		
		$C_{进}$ /(mg/L)	$C_{出}$ /(mg/L)	R_C /%	$C_{进}$ /(mg/L)	$C_{出}$ /(mg/L)	R_C /%	$C_{进}$ /(mg/L)	$C_{出}$ /(mg/L)	R_C /%
1	1#（干）	2.8	3.8	-35.71	0.298	0.39	-30.87	0.051	0.072	-41.18
2	2#（干）	3.1	4.1	-32.26	0.27	0.303	-12.22	0.057	0.059	-3.51
3	1#	2.7	3.5	-29.63	0.295	0.326	-10.51	0.061	0.07	-14.75
4	3#（干）	3.3	4.3	-23.26	0.345	0.413	-19.71	0.05	0.053	-6
5	3#（干）	2.6	3.6	-38.46	1.093	0.685	37.33	0.23	0.255	-10.87
6	3#	2.2	2.3	-4.55	0.328	0.323	1.52	0.37	0.25	32.43
7	3#	2.2	3.8	-72.73	0.061	0.211	-245.90	0.415	0.33	20.48
8	3#	3.7	2.1	43.24	0.624	0.444	28.85	0.14	0.175	-25
9	3#	1.9	1.8	5.26	1.234	0.598	51.54	0.23	0.18	21.74
10	3#	1.3	1.3	0	0.46	0.408	11.30	0.2	0.205	-2.50

植被过滤带对溶解态氮的影响规律与 SS 不同，SS 的浓度变化主要是与水流冲刷和颗粒沉淀的物理作用相关，而氨氮、硝氮在植被过滤带中会发生一系列生物化学变化，包括植物吸收、吸附以及氮的转化等，因此表 9-30 中出流浓度波动较大。对比 1#和 3#过滤带的干湿放水试验，土壤较干燥时各种氮素浓度的增加幅度大于后面放水试验的结果，原因如前所述，首次放水对地表的冲刷作用大。

由表 9-30 可以看出，当入流浓度较大时，植被过滤带对溶解态氮有一定的净化作用，其原因可能是入流浓度比植被过滤带中土壤本底浓度大时，土壤中的氮不易向径流扩散迁移，而表层土壤的吸附使得溶解态氮浓度有一定程度的减少；当入流浓度较小时，表层土壤中的氮会释放到径流中，对其浓度有较大影响，出现表 9-30 所示的浓度增加幅度为 245.9% 的情况。表 9-30 中总氮的浓度变化是颗粒态氮和溶解态氮共同作用的结果，因此，植被过滤带内土壤的初始特性、入流流量条件以及入流污染物浓度对出流总氮浓度影响较大。各个植被过滤带首次放水试验结果表明：三条植被过滤带的总氮的增加幅度接近，2#和 3#植被过滤带的氨氮、硝氮浓度增加的幅度也较为接近，说明草本植被和灌木对地表径流中溶解性氮素的影响差异不大。

9.4.7 植被过滤带进出口水中的泥沙粒径分析

植被过滤带对非点源污染有较好的净化效果，特别是对悬浮固体或者泥沙。为了进一步研究植被过滤带对水中悬浮固体的净化机理，需对进出口水样中的泥沙的颗粒级配进行分析，以比较各个植被过滤中进出口各个粒径分布变化。

1. 植被过滤带中进、出口各个粒度分布以及变化情况

在2010年试验中采集了5条植被过滤带进出口的混合水样，用马尔文激光粒度分析仪分析了进、出口水中泥沙中各种粒径所占的体积分布。各次放水试验的入流流量和泥沙浓度见表9-31。进出口各个粒径分布变化见表9-32。

表 9-31 各植被过滤带的入流流量和泥沙浓度

植被过滤带	1#	2#	3#	4#	空白
流量/(m^3/s)	0.0039	0.0043	0.0039	0.0039	0.0039
泥沙浓度/(mg/L)	3748	2944	3374	2466	3260

表 9-32 各个植被过滤带进出口水样中泥沙粒径统计

VFS		各个粒径范围所占比例/%							
		0.01~0.5μm	0.5~1μm	1~10μm	10~30μm	30~50μm	50~80μm	80~100μm	100~250μm
进口	1#	0.8	4.06	30.39	35.5	18.98	9.1	1.17	0
	2#	0.65	3.49	26.45	34.65	20.83	10.96	2.1	0.87
	3#	0.71	3.99	34.28	38.04	16.35	6.52	0.1	0
	4#	0.72	4.3	37.61	40.48	13.05	3.51	0.28	0.04
	5#	0.69	3.62	28.26	35.55	19.62	9.81	1.78	0.66
出口	1#	0.71	4.88	55.88	33.13	4.58	0.82	0	0
	2#	0.73	4.8	53.13	35.94	5.24	0.16	0	0
	3#	0.81	5.39	61.6	29.85	2.35	0	0	0
	4#	1.01	6.21	65.15	25.32	1.99	0.32	0.01	0
	5#	0.58	3.81	41.92	40.51	10.99	2.19	0	0

从表9-32可以知，对于粒径为0.01~1μm的泥沙，在进出口水样中所占比例较小，在各植被过滤带出流水样中，该粒径下的泥沙体积比例相对于进口有小幅度增加；粒径为1~30μm的泥沙在进出口水样中所占的比例最多，占总体粒径分布的60%~90%，其中粒径为1~10μm的颗粒在5条过滤带出流水样中所占的比例相对于进口均有所增大，其增幅度分别为25.49%、26.68%、27.32%、27.54%和13.66%，即比进口该粒径下的泥沙体积比例扩大了近两倍，说明水流经过植被过滤带时也会携带表层土壤中的一些细小颗粒，使出流水样中的细颗粒增多。对于粒径为10~30μm的泥沙，1#和2#植被过滤带出流水样中泥沙粒径的体积比例与进口的该粒径泥沙体积比例相差不大，差值在±2.5%以内，

可认为不变；3#和4#过滤带在出口相对于进口分别减小8.19%和15.16%，3#草地过滤带和15m的4#灌草混合过滤带比10m的1#、2#灌草混合过滤带净化效果好；而5#空白带的出流相对于进口的泥沙体积比例增加4.96%。当泥沙的粒径大于30μm时，5条过滤带出口处的泥沙体积比均有所减小，粒径越大其体积比例削减幅度也越大；当进口泥沙粒径大于80μm时，出流几乎没有大于80μm颗粒。说明在当前的流量范围内，粒径大于30μm的泥沙颗粒就会发生沉积作用，植被过滤带对粗颗粒的净化效果较好。

2. 植被过滤带进、出口颗粒的特征粒径分析

水中的粒度分布可以比较完整、详尽地描述一个粉体样品的粒度大小。在大多数实际应用中确定样品的平均粒度和粒度分布范围等有一定的实际意义，同时也能从另一个侧面反映样品中颗粒的性质。本研究就D_{10}、D_{50}、D_{90}、比表面积、$D_{[3,2]}$和$D_{[4,3]}$这6个参数对5条植被过滤带进出口水中的颗粒进行分析，具体见表9-33。

表9-33　各个植被过滤带的特征粒径

VFS	D_{10}/μm	D_{50}/μm	D_{90}/μm	比表面积/(m^2/g)	$D_{[3,2]}$/μm	$D_{[4,3]}$/μm
1#进	1.991	17.443	50.466	1.17	5.115	22.278
1#出	1.562	7.476	23.639	1.6	3.752	10.553
2#进	2.376	20.675	56.758	1.03	5.84	25.76
2#出	1.603	8.02	24.238	1.55	3.866	10.838
3#进	1.893	14.617	43.838	1.21	4.962	19.224
3#出	1.432	6.564	19.116	1.74	3.443	8.749
4#进	1.818	12.709	37.283	1.3	4.6	16.719
4#出	1.261	5.706	17.689	1.94	3.091	8.088
空白进	2.26	19.003	54.007	1.07	5.586	24.24
空白出	1.998	11.124	33.481	1.27	4.721	14.888

注：D_{50}又称中值粒径，表示粒径分布中占50%所对应的粒径，大于和小于这一粒径的泥沙重量刚好相等；D_{10}、D_{90}分别表示粒径分布中占10%和90%所对应的粒径；$D_{[3,2]}$、$D_{[4,3]}$分别是表面积平均粒径和体积平均粒径

$$D_{[3,2]} = \sum_i^m n_i \overline{x_i^3} \Big/ \sum_i^m n_i \overline{x_i^2}$$

$$D_{[4,3]} = \sum_i^m n_i \overline{x_i^4} \Big/ \sum_i^m n_i \overline{x_i^3} \tag{9-8}$$

式中，n表示粒度的颗粒个数分布；$\overline{x_i}\sqrt{x_i - x_{i-1}}$表示第$i$区间上颗粒的平均粒径。

从表9-33可以知道：各条植被过滤带中进口中D_{10}、D_{50}和D_{90}值均大于出口对应的值。但是出口中的D_{10}值和进口的D_{10}值差别不是很大，因此植被过滤带对细小颗粒净化作用不明显；比较进、出口的D_{50}和D_{90}值发现，出口值明显低于进口值，再次证明了植被过滤带对粗颗粒的净化效果较好。

比较4条植被过滤带进、出口水样中颗粒的比表面积、表面积平均粒径和体积平均粒径发现，出口水样中的颗粒的比表面积比进口中的比表面积大；进口中的表面积平均粒径

和体积平均粒径均比出口小。再次也证明了水流经过植被过滤带后粗颗粒变少了，同时也携带了地表的一些中细小颗粒，因此出口的水样中颗粒的比表面积增大了。

同时比较 1# ~4#植被过滤带和裸土空白带后发现，在小流量的情况下，空白带出口中水中颗粒的变化规律和有植被情况下是一样的，只是变化幅度略小一些。这也进一步说明，空白带对粗颗粒有一定的过滤效果，对细小颗粒的过滤效果欠佳。

植被过滤带对粗颗粒污染物的净化效果较好，而对细小颗粒的净化作用不明显，植被过滤带的净化作用主要是靠植被自身的阻力，降低径流流速，造成粗颗粒的沉积来实现的。同时，水流流经植被过滤带时也会携带表层土壤中的一些细小颗粒，使水流中细小颗粒增多。可见，植被过滤带对地表径流中悬浮固体或者泥沙的作用过程包括两个方面：一方面是植被过滤带对地表径流中悬浮固体的净化过程，另一方面是植被过滤带坡面自身侵蚀的过程，一般情况下，这两个过程是同时存在的。

9.4.8 VFSMOD 模型对植被过滤带净化效果的模拟研究

VFSMOD 是由美国佛罗里达州大学农业和生物工程系的 Carpena 等提出的一个基于降雨的田间尺度机理模型，输入从相邻田块进入植被过滤带（VFS）的流量过程和泥沙过程，VFSMOD 能够计算植被过滤带的出流水量、下渗水量和泥沙截留效果。

该模型能够处理时变雨量、空间分布式过滤参数（植被糙率或密度、坡度、土壤入渗特性）以及不同粒径的入流泥沙，并且它还能够处理任何降雨组合和入流流量过程类型。

VFSMOD 由一系列模拟水流和泥沙在 VFS 内运移的模块组成，目前的可用模块如图 9-20 所示。①Green-Ampt 入渗模块：一个用于计算表层土壤水量平衡的模块；②地表径流运动波模块：一个计算渗透性土壤表面径流深和流量的一维模块；③泥沙过滤模块：一个模拟泥沙在 VFS 内输移和沉积的模块。

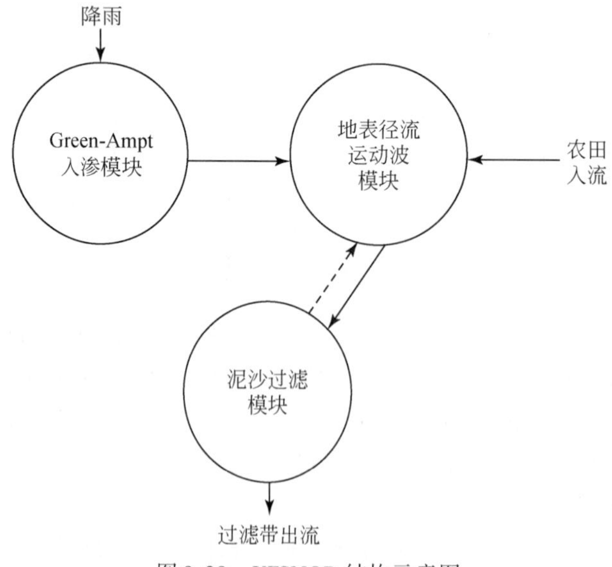

图 9-20　VFSMOD 结构示意图

VFSMOD 从本质上说是一个描述 VFS 中水流运动和泥沙沉积过程的一维模型。如果径流主要是以片流的形式流动，且 VFS 沿水流方向的平均条件（田地有效值）可用一维路径表现出来，那么该模型也能够用来描述农田尺度的水沙运移。

VFSMOD 使用变时间步长，以减少求解地表径流运动方程时产生的大量平衡误差。模拟采用的时间步长的选择是基于模型输入由运动波模型决定的，以满足收敛性和有限元法的计算标准。

模型输入以降雨为基础，每个事件后状态变量会都被综合起来以产生降雨输出。

VFSMOD 模型的开发者指出，该模型还处在研究和改进阶段，虽然模型中描述 VFS 中水流运动和泥沙输移的参数能够在较广的范围内变动，但土地的可变性仍然是一个产生误差的内在因素。而且到目前为止，国内还未见应用此模型对植被过滤带的净化效果进行定量计算和模型验证方面的报道，所以有必要采取小区试验的实测数据对模型在陕西关中地区的适用性进行验证。

1. 模型参数确定

1）地表径流模拟参数的确定

（1）过滤带宽度 FWIDTH（m）和过滤带长度 VL（m）：过滤带的宽度和长度采用实测值，在本研究中的 1#、2# 过滤带长度为 10m，3# 过滤带长度为 15m，过滤带宽度均为 3m。

（2）节点数 N：为满足二次有限元解法的需要，节点数必须是奇数。本研究中 $N=57$。

（3）Crank-Nicholson 解法的时间加权系数 THETAW：本研究使用模型开发者给出的推荐值 0.5。

（4）库朗数 CR：计算时间步长是基于库朗数计算出来的，CR 取值范围为 0.5～0.8。由于极大洪峰流量或者雨强的出现，模型模拟的结果可能出现不稳定的情况，这时可通过降低 CR 值增加运算时间的方法解决这一问题。本研究中 CR=0.8。

（5）Picard 循环的最大允许迭代次数 MAXITER：本研究中 MAXITER=350。

（6）各要素的节点数 NPOL：为多项式次数+1，本研究采用模型推荐值 3。

（7）输出要素标记 IELOUT：标记输入 1，不标记输入 0。本研究 IELOUT=1。

（8）算法选择标记 KPG：采用 Petrov-Galerkin 解法选 1，采用有限元分析选 0。本研究采用推荐值 1。

（9）过滤带各段末端至进口距离 SX（I）（m）、各段糙率 RNA（I）及各段坡度 SOA（I）：依过滤带表层性质不同，将过滤带分成若干段，模型中需要输入各段末端至过滤带进口的距离 SX（I），各段的糙率 RNA（I）及各段的坡度 SOA（I）。在本研究中，三个过滤带均以 1m 作为段长，坡度采用实测值，糙率采用以明渠流公式反推结合经验值的方法确定，模型作者给出的不同植被条件的曼宁糙率范围见表 9-34，本研究中各植被过滤带上述 SX、RNA、SOA 三参数的取值见表 9-35。

表 9-34　不同植被条件下曼宁系数 n 的范围

植被覆盖	n 值范围（括号内为推荐值）
裸露砂土	0. 01 ~0. 013（0. 011）
裸露黏壤土（受侵蚀的）	0. 012 ~0. 033（0. 02）
休耕地（无残留物）	0. 006 ~0. 16（0. 05）
草场（天然）	0. 01 ~0. 32（0. 13）
草场（刈割过）	0. 02 ~0. 24（0. 10）
草（莓系牧草）	0. 39 ~0. 63（0. 45）
矮草牧场	0. 10 ~0. 20（0. 15）
浓密草地	0. 17 ~0. 30（0. 24）
百慕大草	0. 30 ~0. 48（0. 41）

注：浓密草地的植被包括知风草、莓系牧草、野牛草、混生本土草本植物、紫苜蓿及胡枝子

表 9-35　植被过滤带地表参数

1#			2#			3#		
SX	RNA	SOA	SX	RNA	SOA	SX	RNA	SOA
1	0. 30	0. 0001	1	0. 30	0. 055	1	0. 366	0. 0001
2	0. 15	0. 0001	2	0. 30	0. 046	2	0. 366	0. 018
3	0. 15	0. 028	3	0. 15	0. 021	3	0. 366	0. 0225
4	0. 15	0. 013	4	0. 15	0. 039	4	0. 366	0. 0205
5	0. 15	0. 0001	5	0. 15	0. 0001	5	0. 366	0. 013
6	0. 30	0. 019	6	0. 15	0. 04	6	0. 366	0. 013
7	0. 30	0. 003	7	0. 15	0. 018	7	0. 366	0. 0001
8	0. 30	0. 02	8	0. 15	0. 021	8	0. 366	0. 0001
9	0. 30	0. 036	9	0. 15	0. 045	9	0. 366	0. 0014
10	0. 30	0. 05	10	0. 30	0. 02	10	0. 366	0. 002
						11	0. 366	0. 025
						12	0. 366	0. 045
						13	0. 366	0. 0035
						14	0. 366	0. 025
						15	0. 366	0. 025

注：由于模型输入要求坡度只能为正值，故坡度为 0 时以 0. 0001 作为坡度的输入值

2）雨量参数的确定

VFSMOD 模型的雨量参数包括分时段雨强 RAIN（I, J）和最大雨强 RPEAK，雨强单位采用 m/s。本研究采用蓄水池放水的方式模拟地表径流，试验过程中并没有降雨发生，故雨量参数均设定为 0。

3）入流参数的确定

（1）源区宽度 SWIDTH（m）及源区径流流程 SLENGTH（m）：源区指植被过滤带上

方的产流产沙区，由于本研究采用蓄水池方式的方式模拟地表径流，所以 SWIDTH 和 SLENGTH 均设定为 0。

（2）入流流量过程线 BCROFF（I，J）及流量峰值 BCROPEAK（m^3/s）：入流流量过程线采用蓄水池的泄流曲线，流量峰值即为泄流曲线峰值，8 次放水蓄水池的泄流曲线如图 9-21 所示。

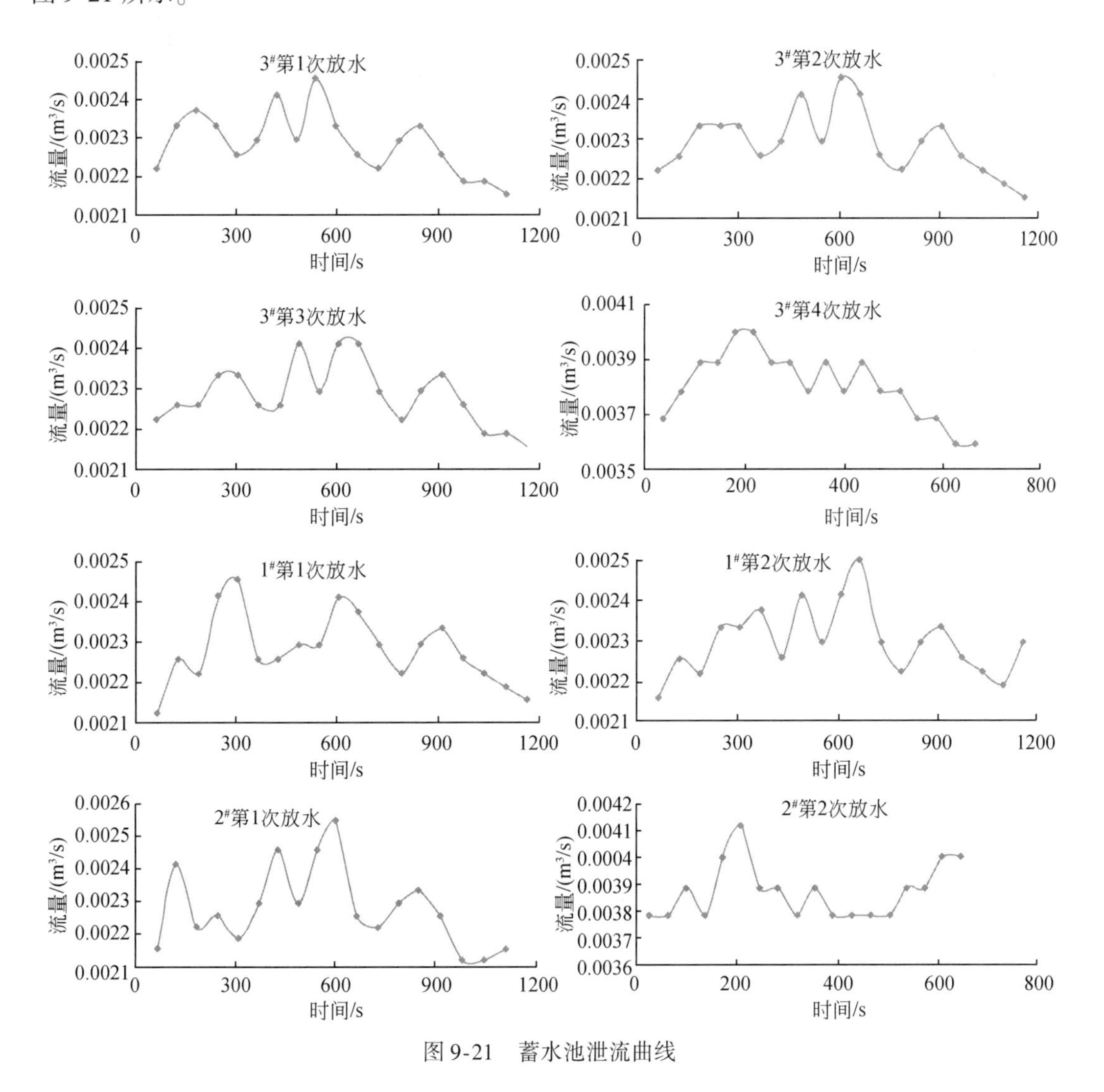

图 9-21　蓄水池泄流曲线

4）入渗模型土壤参数的确定

入渗模型土壤参数包括饱和导水率 K_s、湿润峰处的平均吸力 S_{av}、土壤初始含水率 θ_i、土壤饱和含水率 θ_s 和最大表面储水量，它们在模型中的参数名分别 VKS、SAV、OI、OS 和 SM。模型研究者建议通过测试现场采集的土样来获得所需的土壤参数，在没有条件进行土样分析的情况下，可以使用 Rawls 和 Brakensiek 给出的 Green-Ampt 模型参考参数（表 9-36）。

表 9-36 Green-Ampt 模型参数

土壤质地	K_s/(×10^{-6}m/s)	S_{av}/m	θ_s/(m^3/m^3)
黏土	0. 167	0. 0639–1. 565 (0. 3163)	0. 427–0. 523 (0. 475)
砂质黏土	0. 333	0. 0408–1. 402 (0. 2390)	0. 370–0. 490 (0. 430)
黏壤土	0. 556	0. 0479–0. 9110 (0. 2088)	0. 490–0. 519 (0. 464)
粉质黏土	0. 278	0. 0613–1. 394 (0. 2922)	0. 425–0. 533 (0. 479)
粉质黏壤土	0. 556	0. 0567–1. 315 (0. 2730)	0. 418–0. 524 (0. 471)
砂质黏壤土	0. 833	0. 0442–1. 080 (0. 2185)	0. 332–0. 464 (0. 398)
壤土	3. 67	0. 0133–0. 5938 (0. 0899)	0. 375–0. 551 (0. 463)
粉砂壤土	1. 89	0. 0292–0. 9539 (0. 1668)	0. 420–0. 582 (0. 501)
砂质壤土	6. 06	0. 0267–0. 4547 (0. 101)	0. 351–0. 555 (0. 453)
壤质砂土	16. 6	0. 0135–0. 2794 (0. 0613)	0. 363–0. 506 (0. 437)
砂土	65. 4	0. 0097–0. 2536 (0. 0495)	0. 374–0. 500 (0. 437)

注：括号内的为该土壤类型常用的平均值，土壤质地分类采用美国农业部标准

本研究的饱和导水率和土壤含水率均使用采集的过滤带土样实测平均值，湿润峰处的平均吸力依据 K_s 值查表 9-36 得到，假设填注水量为 0，各次模拟使用的入渗模型土壤参数见表 9-37。

表 9-37 入渗模型土壤参数值

序号	过滤带	VKS	SAV	OI	OS	SM
1	3#	0. 000 004 5	0. 095 5	0. 206	0. 499	0
2	3#	0. 000 004 5	0. 095 5	0. 418	0. 499	0
3	3#	0. 000 004 5	0. 095 5	0. 430	0. 499	0
4	3#	0. 000 004 5	0. 095 5	0. 430	0. 499	0
5	1#	0. 000 005 0	0. 100 8	0. 420	0. 490	0
6	1#	0. 000 005 0	0. 100 8	0. 430	0. 490	0
7	2#	0. 000 005 0	0. 1 00 8	0. 430	0. 490	0
8	2#	0. 000 005 0	0. 100 8	0. 430	0. 490	0

5) 泥沙过滤模型缓冲性能参数的确定

这部分参数包括：①SS，过滤介质（草）茎秆间距（cm）；②VN，过滤介质修正糙率 n_m；③H，过滤介质高度（cm）；④VN2，泥沙淤满过滤带后裸露表面的糙率；⑤ICO，沉积楔坡度及表面粗糙程度变化反馈标记，需要进行反馈 ICO=1，不需要反馈 ICO=0。

Haan 等给出了美国典型过滤带植被的有关参数（表 9-38）。

表 9-38　过滤带植被种类

植被	密度/(株/m^2)	草间距 SS/cm	最大高度 H/cm	修正糙率 n_m
推荐作为过滤带植被的典型植物				
白羊草	2700	1.9	—	—
高羊茅	3900	1.63	38	0.012
鹰嘴豆	3750	1.65	25	0.012
黑麦草	3900	1.63	18	0.012
知风草	3750	1.65	30	—
百慕大草	5400	1.35	25	0.016
百喜草	—	—	20	0.012
假俭草	5400	1.35	15	0.016
早熟禾	3750	1.65	20	0.012
混合草本①	2150	2.15	18	0.012
野牛草	4300	1.5	13	0.012
不适合作为过滤带植被的植物②				
紫苜蓿	1075	3.02	35	0.0084
鸡眼草	325	5.52	13	0.0084
苏丹草	110	9.52	—	0.0084

①取值因混合情况的不同而变化，如果有一种特定的物种占支配地位，则使用该物种的参数；②草间距大于2.5cm会产生冲刷，故不适宜用作过滤带植被

本次模拟输入的草间距和植株高度采用样方调查获得的数据，1#、2#植被过滤带 SS=2、H=5，3#植被过滤带 SS=1.6、H=15；VN 值均取 0.012；VN2 值均取裸露黏壤土的糙率 0.02；ICO=0。

6）泥沙过滤模型泥沙特性参数的确定

A. NPART

NPART 是按美国农业部（USDA）泥沙粒径分级标准对入流泥沙粒径进行分级的一个参数（表 9-39）。

表 9-39　NPART 取值表

NPARTA	粒径分类	粒径范围/cm	d_p/cm	V_f/(cm/s)	γ_s/(cm^3/s)
1	黏土	<0.0002	0.0002	0.0004	2.60
2	沙土（1）	0.0002 ~ 0.005	0.0010	0.0094	2.65
3	细颗粒聚合体	—	0.0030	0.0408	1.80
4	粗颗粒聚合体	—	0.0300	3.0625	1.60
5	沙	0.005 ~ 0.2	0.0200	3.7431	2.65
6	沙土（2）	0.0002 ~ 0.005	0.0029	0.0076	2.65
7	用户选择	—	DP	model	SG

由于在本次模拟中采用的泥沙特性为实测值，所以 NPART=7。

B. COARSE

COARSE 为入流泥沙中粒径大于 0.0037cm 的泥沙所占的比例（如果是 100% 则为 1），依据粒度仪对本次试验入流水样的分析结果，各次模拟的 COARSE 值均为 0。

C. CI

CI 为入流泥沙浓度（g/cm^3），各次模拟的 CI 值采用过滤带进口断面水样的 SS 浓度（表 9-40）。

表 9-40　各次模拟的 CI 值

序号	1	2	3	4	5	6	7	8
CI	0.001 630	0.001 645	0.002 845	0.001 675	0.001 735	0.002 700	0.001 670	0.001 580

D. POR

POR 为沉积泥沙的空隙率，模型作者认为这并不是一个非常敏感的参数，在模拟时一般均将其值设定为 0.437。按照模型作者的建议，本研究中 POR 值也取为 0.437。

E. DP

DP 为入流泥沙的中值粒径 D_{50}（cm），只有在 NPART=7 时程序才读入 DP 值。本研究中各次模拟的 DP 值采用粒度仪实测的过滤带进口水样泥沙中值粒径（表 9-41）。

表 9-41　各次模拟的 DP 值

序号	1	2	3	4	5	6	7	8
DP	0.001 39	0.001 40	0.001 53	0.001 55	0.001 46	0.001 38	0.001 50	0.001 42

F. SG

SG 为泥沙密度 γ_s（g/cm^3），只有在 NPART=7 时程序才读入 SG 值。粒度仪对过滤带进水口水样的颗粒级配分析结果显示各水样的泥沙粒径均为 0.0002～0.005cm，故依据表 9-39，将各次模拟的 SG 值均设为 2.65。

2. 模拟结果与分析

为评价模型计算的质量，本研究采用两个指标来表征模型模拟值与实测值的拟合度

1）模拟偏差（D_V），计算公式为

$$D_V \frac{V - V'}{V'} \times 100 \tag{9-9}$$

式中，V 为模型模拟值；V' 为实测值；D_V 值越趋向于零，则拟合越好。该指标符合评价指标应尽可能简化的原则。

2）绘制 1∶1 连线图和回归曲线，反映水量和泥沙的拟合度

在 1∶1 连线图上，数据点越接近 1∶1 连线，则拟合度越高。判定系数 R^2 越大，则表示模拟值与模拟值的相关关系越好。

A. 出流水量模拟结果分析

表 9-42　植被过滤带出流水量模拟值与实测值对照

模拟序号	样本	水量/m^3		模拟偏差/%
		模拟值	实测值	
1	3#第 1 次放水 10m 出流	0.519	0.493	5.27
	3#第 1 次放水 15m 出流	0.111	0.099	12.12
2	3#第 2 次放水 10m 出流	0.583	0.630	-7.46
	3#第 2 次放水 15m 出流	0.159	0.182	-12.64
3	3#第 3 次放水 10m 出流	0.593	0.610	-2.79
	3#第 3 次放水 15m 出流	0.165	0.167	-1.20
4	3#第 4 次放水 10m 出流	0.557	0.663	-15.99
	3#第 4 次放水 15m 出流	0.160	0.202	-20.79
5	1#第 1 次放水出流	1.224	1.218	0.49
6	1#第 2 次放水出流	1.230	1.223	0.57
7	2#第 1 次放水出流	1.620	1.580	2.53
8	2#第 2 次放水出流	1.663	1.717	-3.15

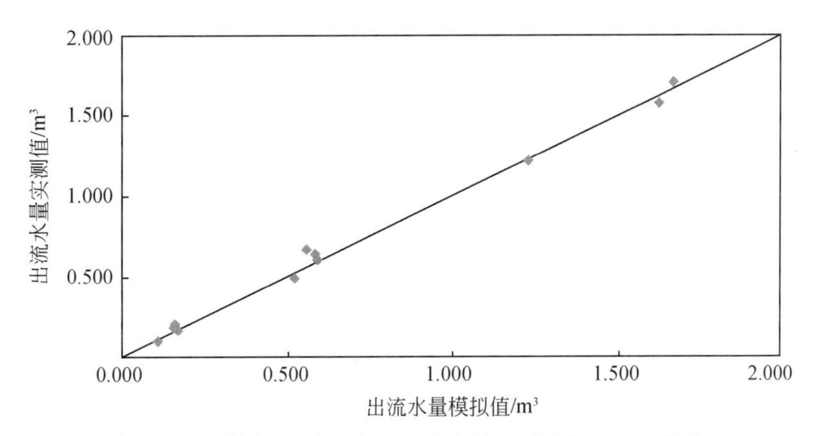

图 9-22　植被过滤带出流水量模拟值与实测值 1∶1 连线图

由表 9-42 和图 9-22 可见，出流水量模拟值与实测值的偏差多在±15%以内。最大偏差出现在 3#过滤带第 4 次放水试验时，10m 断面和 15m 断面出流量的模拟值偏差分别达到 -15.99%和-20.79%，过滤带对地表径流量的实际削减效果比模型模拟出的削减效果差。造成该结果的原因是由于 3#过滤带在连续过水后，过滤带内部分刚性较小的植被发生了倒伏，过滤带滞留水流的能力有所下降，但由于在模型模拟时这种变化没有表现出来，造成了模拟值的偏差。另外，在每次放水后，过滤带的地形都会有所变化，虽然每次放水后均对过滤带的坡度进行了测量，但由于表土过水后非常松软，在地形测量时塔尺易发生沉降，造成地形测量存在较大误差，所以在模拟时采用的过滤带地形均是该过滤带第 1 次放水前的地形，在进行第 4 次放水前过滤带地形与第 1 次放水前的过滤带地形的差异要较第

2、第3次放水前的差异大，这也是造成3#过滤带第4次放水模拟结果偏差最大的原因。虽然部分模拟结果与实测值存在一定的偏差，但出流水量的模拟值和实测值的数据均较好地分布在1：1连线上，模拟值与实测值的判定系数 R^2 达到0.9950，模型较好地模拟了植被过滤带对地表径流水量的削减情况。

B. 出流泥沙浓度模拟结果分析

由表9-43和图9-23可见，出流SS浓度模拟值与实测值的偏差多在±20%以内。最大偏差出现在2#过滤带第2次放水试验时，为-26.35%，对造成误差的原因进行分析，本研究认为是由于2#过滤带沙棘下的草本植被群落欠发达，植被对过滤带表层土壤的保护作用较差，而2#过滤带第2次放水试验时采用的流量为3.8L/s，属较大流量，有一部分表层松散土壤被冲刷进入水体中，造成模拟值的偏小。另外，SS浓度的模拟值除个别数据外，

表9-43　植被过滤带出流SS浓度模拟值与实测值对照

模拟序号	样本	SS浓度/(mg/L)		模拟偏差/%
		模拟值	实测值	
1	3#第1次放水10m出流	92	110	-16.36
	3#第1次放水15m出流	98	109	-10.09
2	3#第2次放水10m出流	93	97	-4.12
	3#第2次放水15m出流	78	96	-18.75
3	3#第3次放水10m出流	138	151	-8.61
	3#第3次放水15m出流	100	105	-4.76
4	3#第4次放水10m出流	159	140	13.57
	3#第4次放水15m出流	106	120	-11.67
5	1#第1次放水出流	107	120	-10.83
6	1#第2次放水出流	185	200	-7.50
7	2#第1次放水出流	105	118	-11.02
8	2#第2次放水出流	218	296	-26.35

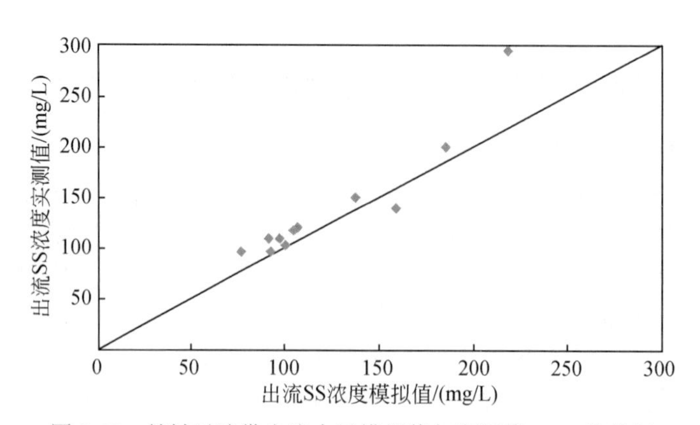

图9-23　植被过滤带出流水量模拟值与实测值1：1连线图

均小于实测值，其原因与2#过滤带第2次放水模拟值偏小的原因类似，均是由于VFSMOD模型在进行泥沙输移模拟时，只考虑了入流泥沙的运动，而没有考虑植被过滤带内的枯枝落叶和表层土壤也有可能进入过滤带地表径流中这一因素。总体而言，SS浓度的模拟偏差要大于水量的模拟偏差，这是由于模型对泥沙输移的模拟是与水流运动模拟结合的，水流模拟的偏差会导致泥沙输移模拟的偏差。虽然模拟结果与实测值存在一定的偏差，但大多数出流SS浓度的模拟值和实测值的数据还是较好地分布在1∶1连线上，模拟值与实测值的判定系数 R^2 为0.889，认为模型能够较好地模拟植被过滤带对地表径流中泥沙的削减情况。

9.5 本章小结

（1）在本研究试验条件下，1～3#植被过滤带对地表径流中的SS均表现出了很好地削减效果，其中对SS浓度和负荷的削减率分别达到81.27%和89.56%以上。说明在污染源区和受纳水体之间种植植被过滤带能够有效削减进入水环境的泥沙等悬浮固体。1#～3#植被过滤带对地表径流中PN和TN的削减效果都较好，浓度削减率分别达到82.02%和46.05%以上，负荷削减率达到89.98%和69.93%以上。植被条件、入流流量和入流污染物浓度是影响净化带内植被效果的重要因素。

（2）植被过滤带不能有效降低地表径流中的水溶性氮营养物的浓度，但通过对地表径流的下渗作用，过滤带在大多数时候仍能削减它们的污染负荷。

（3）4条植被过滤带中，草本群落发达的草地过滤带对地表径流的净化效果最佳，净化效果依次为：草地过滤带>灌草植被过滤带（灌木较少）>灌草植被过滤带（灌木较多）>空白带。植被的密度、高度和刚度对过滤带的净化效果影响显著。混合过滤带中的沙棘会影响草本群落的发育，但能改善土壤渗透性。

（4）入流流量对植被过滤带的净化效果影响显著，入流量越大，过滤效果越差，且流量的变化对草本群落欠发达的沙棘-草本植物过滤带的净化效果影响较大；同一植被过滤带在定入流条件下对非点源污染物的净化效果均优于变流量。

（5）模拟暴雨径流过程中4个时段入流流量下植被过滤带出流中悬浮固体、总氮和颗粒态氮素的浓度变化趋势是一致的，且浓度大小排序为：$C_{出1}>C_{出2}>C_{出3}>C_{出4}$，即暴雨初期净化效果较差，而随着入流流量的减小，植被过滤带的削减效果越来越好。在4个时段径流量下各条植被过滤带对溶解态氮素的浓度影响不大，其浓度有增有减，但变化幅度不大。

（6）入流悬浮固体浓度为1580～2845mg/L时，植被过滤带对SS浓度和负荷的削减率并没有显著变化，但入流SS浓度较大时，植被过滤带对SS负荷的绝对削减量也较大。入流污染物浓度对TN削减效果影响较大，在入流浓度较大时，植被过滤带对地表径流中氮素的削减率都有不同程度的增加。

（7）在1#～4#植被过滤带中，总氮浓度沿程减小，且出口处的浓度削减范围为5.44%～9.55%，颗粒态氮素出口处的浓度削减范围为13.9%～56.35%；对于溶解态的氮素，植被过滤带对其浓度削减并不是很明显，其净化作用主要体现在对污染负荷的削减。植被过滤带在3m断面处对SS浓度的削减的幅度最大，最高能达到66.3%；1#、3#、4#植被过滤带在10m处对SS的浓度削减率均达到了60%以上，且草地过滤带的净化效果最好，SS的入流浓度对植被过滤带削减SS浓度没有显著的影响，主要与水流条件和植被类型有关。随着带宽的增加，植被过滤带对SS浓度的削减幅度越来越小。在小流量的情况下，空白带对SS的延程削减除在3m处浓度有所增加外，在6m、10m、15m处均有所降低。

（8）土壤初始含水率对植被过滤带的削减效果影响不大，在土壤含水率较低时能削减较多的地表径流量。干燥的土壤有利于下渗，这是因为干燥的表层土壤黏结力小，土壤抗冲能力低，从而加大了出流中污染物的浓度。

（9）分析了植被过滤带内源污染及其对净化效果的影响。总氮在植被过滤带初始出流中呈现出较高的浓度；在大流量冲刷下，植被过滤带出流悬浮固体的浓度大多增加；当植被过滤带内土壤初始氮浓度较高时，径流会再次受到氮污染。植被过滤带内坡面和表层土壤的初始情况（污染物量和干湿度）以及入流流量是导致植被过滤带产生内源污染的主要因素；内源污染的产生是植被过滤带净化效果降低的主要原因。因此，对于坡度为2%的植被过滤带，入流单宽流量控制在0.004$m^3/(s \cdot m)$内是较为合理的；植被过滤带系统所能容纳的污染负荷是有限的，需要适当管理，以使植被过滤带坡面及土壤内的污染物移出该系统，从而保持其较好的净化效果。

（10）对于粒径为0.01～1μm的泥沙，在进出口水样中所占比例较小，在各植被过滤带出流水样中，该粒径下的泥沙体积比例相对于进口有小幅度增加；粒径为1～30μm的泥沙在进出口水样中所占的比例最多，占总体粒径分布的60%～90%；各条植被过滤带中进口中D_{10}、D_{50}和D_{90}值均大于出口对应的值。但是出口中的D_{10}值和进口的D_{10}值差别不是很大，因此植被过滤带对细小颗粒净化作用不明显；比较进、出口的D_{50}和D_{90}值发现，出口值明显低于进口值，再次证明了植被过滤带对粗颗粒的净化效果较好。植被过滤带的净化作用主要是靠植被自身的阻挡作用，降低径流流量，从而使相应的粗颗粒沉积来实现的。另外，水流流经植被过滤带时也会携带了表层土壤中的一些细小颗粒，使水流中细小颗粒增多。

（11）引入美国佛罗里达州大学农业和生物工程系的Carpena等VFSMOD模型进行植被过滤带效果模拟。通过试验数据对该模型进行参数率定和验证，结果表明，VFSMOD模型对植被过滤带出流水量的模拟偏差多在±15%以内，模拟值与实测值的判定系数R^2达到0.995，说明该模型对植被过滤带地表径流具有很强的模拟能力。VFSMOD模型对植被过滤带出流泥沙浓度的模拟精度比对出流水量的模拟精度稍低，但绝大多数仍在±20%以内，模拟值与实测值的判定系数R^2为0.889，模型精度能够满足植被过滤带规划设计的要求。因此，VFSMOD模型可用于国内植被过滤带的规划设计。

参考文献

邓娜，李怀恩，史冬庆，等.2011. 植被过滤带非点源污染及其对净化效果的影响. 西安理工大学学报，27（4）：400-406

邓娜，李怀恩，史冬庆，等.2012. 植被过滤带对悬浮固体净化效果的模拟. 生态学杂志，31（11）：

2976-2980
董凤丽 . 2004. 上海市农业面源污染控制的滨岸缓冲带体系初步研究 . 上海：上海师范大学硕士学位论文
范小华，谢德体，魏朝富，等 . 2006. 河岸带生态系统管理模型研究进展 . 中国农学通报，22（1）：277-282
顾笑迎，黄沈发，刘宝兴，等 . 2006. 东风港滨岸缓冲带对水生生物群落结构的影响 . 生态科学，25（6）：521-525
黄沈发，吴建强，唐浩，等，2008. 滨岸缓冲带对面源污染物的净化效果研究 . 水科学进展，19（5）：722-728
李怀恩，庞敏，杨寅群，等 . 2009. 植被过滤带对地表径流中悬浮固体净化效果的试验研究 . 水力发电学报，28（6）176-181
李怀恩，张亚平，蔡明，等 . 2006. 植被过滤带的定量计算方法 . 生态学杂志，25（1）：108-112
李怀恩 . 邓娜，杨寅群，等 . 2010. 植被过滤带对地表径流中污染物的净化效果 . 农业工程学报，26（7）：81-86
罗坤 . 2009. 崇明岛河岸植被缓冲带宽度规划研究 . 上海：华东师范大学硕士学位论文
潘成忠，马岚，上官周平，等 . 2008. 含沙量对草地坡面径流泥沙沉积和水力特性的影响 . 水科学进展，19（6）：857-862
许峰，蔡强国，吴淑安，等 . 1999. 坡地等高植物篱带间距对表土养分流失影响 . 土壤侵蚀与水土保持学报，5（2）：23-29
杨寅群，李怀恩，史冬庆，等 . 2010. VFSMOD 模型对植被过滤带净化效果的模拟与适应性分析 . 环境科学，31（11）：2613-2618
杨寅群，李怀恩，杨方社，等 . 2013 基于数学模型的陕西黑河水源区植被过滤带效果评估 . 水科学进展，24（1）：42-48
于晓燕 . 2008. 山西沁河水源地河岸植物缓冲带设计研究 . 北京：北京林业大学硕士学位论文
Abu-Zreig M，Rudra R P，Whiteley H. 2001. Validation of avegetated filterstrip model（VFSMOD）. Hydrology Process，15（5）：29-742
Barfield B J，Tollner E W，Hayes J C. 1979. Filtration of sediment by simulated vegetation I. Steady state flow with homogeneous sediment. Transactions of the ASAE，22（3）：540-545，548
Bingham S C，Overcash M R，Westerman P W. 1978. Effectiveness of grass buffer zones in eliminating pollutants in runoff from waste application sites. ASAE ，23（2）：78-2571
Blanco-Canqui H，Gantzer G J，Anderson S H，et al. 2004. Grass barrier and vegetative filter strip effectiveness in reducing runoff，sediment，nitrogen，and phosphorus loss. Soil Science Society of America Journal，68（5）：1670-1678
Chung S J，Ahn H K，Minoh J，et al. 2010. Comparative analysis on reduction of agricultural non-point pollution by riparian buffer strips in the Paldang Watershed，Korea. Desalination and Water Treatment，16（1-3）：411-426
Daniels R B，Gilliam J W. 1996. Sediment and chemical load reduction by grass and riparian filters. Soil Science Society of America Journal，60（1）：246-251
Dickey E C，Vanderholm D H. 1981. Vegetative filter treatment of livestock feedlot runoff. Journal of Environmental Quality，10（3）：279-284
Dillaha T A，Renean R B，Mostahimi S，et al. 1989. Vegetative filter strips for agricultural non- point source pollution control. Transactions of American Society of Agricultural Engineers，32：513-519
Doyle R C，Stanton G C，Wolf D C. 1977. Effectiveness of forest and grass buffer filters in improving the water

quality of manure polluted runoff. ASAE, 77-2501

Gharabaghi B , Rudra R P, Whiteley H R, et al. 2000. Improving removal efficiency of vegetative filter strips. ASAE, Paper, No. 00-2083

Hayes J C, Barfield B J, Barnhisel R I. 1979. Filtration of sediment by simulated vegetation II. Unsteady flow with non -homogeneous sediment. Transactions of the ASAE, 22 (5): 1063-1067

Hayes J C, Dillaha T A. 1992. Vegetative filter strips application of design procedure. American Society of Agricultural Engineers, Paper No. 92-2103

Hayes J C, Hairston J E. 1983. Modeling the Long-term Effectiveness of Vegetative Filters on On-site Sediment Controls. ASAE, Paper No. 83-2081

Kuo Y M, Muñoz-Carpen R. 2009. Simplified modeling of phosphorusre moval by vegetative filterstrips to control runoff pollution from phosphate mining areas. Journal of Hydrology, 378 (3-4): 343-354

Lee D, Dillaha T A, Sherrard J H. 1989. Modeling phosphate transport in grass buffer strips . Environment Engineer Div ASCE, 115 (2): 408-426

Lee K, Thomas M, Richard C, et al. 2000. Multispecies riparian buffers trap sediment and nutrients during rainfall simulations. Journal of Environmental Quality, 29 (4): 1200-1205

Lowrance R R. 1992. Groundwater nitrate and denitrification in a coastal riparian forest. Journal of Environmental Quality, 21 (3): 401-405

Muñoz-Carpena R, Parsons J E, Gilliam J W. 1999. Modeling hydrology and sediment transport invegetative filter strips. Journal of Hydrology, 214 (1-4): 111-129

Neibling W H, Alberts E E. 1979. Composition and Yield of Soil Particles Transported through Sod Strips. ASAE, St Joseph, MI ASAE: 79-2065

Nikolaidis N P, Shen H, Heng H Hu, et al. 1993. Movement of nitrogen through an agricultural riparian zone: distributed modeling . Water Science and Technology, 28 (3-5): 613-623

Patty L B, Real J J. 1997. The use of grassed buffer strips to remove pesticides, nitrate, and soluble phosphorous compounds from runoff water. Pesticide Science, 49 (3): 243-251

Phillips J D. 1989. An evaluation of the factors determining the effectiveness of water quality buffer zones. Journal of Hydrology, 107 (1-4): 133-145

Sabbagh G J, Fox G A, Kamanzi A , et al. 2009. Effectiveness of vegetative filterstrips inreducing pesticide loading: quantifying pesticide trapping efficiency . Environ Qual, 38 (2): 762 -771

Schmitt T J, Dosskey M G, Hoagland K D. 1999. Filter strip performance and processes for different vegetation, widths, and contaminants. Environment Quality, 28 (5): 1479-1489

Tate K W, Atwill E R, Bartolome J W, et al. 2006. Significant escherichia coliattenuation by vegetative buffers on annual grasslands. Journal of Environmental Quality, 35 (3): 795-805

Thompson D B, Loudon T L, Gerrish J B . 1978. Winter and spring runoff from manure application plots. ASAE Paper No. 78-2032

Tollner E W, Barfield B J, Haan C T , et al. 1976. Suspended sediment filtration capacity of simulated vegetation. Transactions of the ASAE, 20 (4): 940-944

White M J, Arnold J G. 2009. Development of a simplistic vegetative filterstrip model for sediment , nutrient retention at the field scale . Hydrology Process, 23 (11): 1602-1616

Williams R D, Nicks A D. 1988. Using CREAMS to simulate filter strip effectiveness in erosion control . Soil Water Conservation, 43 (1): 108-112

Wilson L G. 1967. Sediment removal from flood water by grass filtration. Canadian Journal of Agricultural

Economics/Revue canadienne d´agroeconomie, 10 (1): 35-37

Yang W H , Weersink A. 2004. Cost- effective targeting of riparian buffers . Canadian Journal of Agricultural Economics/ Revue canadienne d´agroeconomie , 52 (1): 17-34

Young R A, Huntrods T, Anderson W. 1980. Effectiveness of vegetative buffer strips in controlling pollution from feedlot runoff. Journal of Environmental Quality, 9 (3): 483-487

第 10 章　河流氮素污染控制模式和技术体系的研究

对河流氮素污染而言，其污染的来源一般包括三个方面：一是流域内通过管网直接排入水体的各种类型点源；二是没有固定排放位置且通过降雨径流携带的面源；三是沉积在底泥中并在适当的条件下二次进入水体并造成水体污染的内源（如营养盐等）。不同类型污染源的污染形成机制不同，需要有针对性地采取不同的控制模式和技术体系。本章对河流氮素污染控制模式和技术体系进行研究和总结，以沣河流域为例，提出其氮素污染控制技术体系。

10.1　流域氮素污染控制的一般模式及技术体系

10.1.1　流域点源污染控制

点源污染治理是个复杂的系统工程，只有通过不断地改善管理和技术进步，从源头削减污染，提高资源利用效率，减少污染物的产生和排放，加强污水治理，采取综合性对策措施，才能从根本上保护好环境，促进经济社会的可持续发展。源头削减，中间消化，末端治理，实行宏观性、技术性和管理性的综合控制措施（李树平和黄廷林，2002；杨新民等，1997），是治理点源污染应遵循的总原则。

1. 源头削减

1）调整产业结构

根据流域水污染防治规划以及沿沣河流域各城镇社会经济发展规划，合理规划工业布局，对产污量大、经济效益差的企业进行整顿和技术改造；对严重污染水环境的落后生产工艺和严重污染水环境的落后设备实行淘汰制度；坚决关闭流域内“十五小”和“新五小（小水泥、小火电、小玻璃、小炼油、小钢铁）”企业；加大执法力度，防止关闭的“十五小”企业（特别是小造纸）死灰复燃（陕西省渭河流域综合治理规划编制组，2002）。鼓励、引导现有污染企业通过资产重组、股份制合作、技术改造等方式，扩大生产规模。建立相应配套的污染治理设施，对排放的废水等污染物进行治理，确保废水等污染物排放稳定达标。

2）严格审批制度，禁止新建污染企业

对于国家禁止的无水污染防治措施的小型化学制纸浆、印染、染料、制革、电镀、炼油、农药以及其他严重污染水环境的企业，严格审批，政府把关，更应从法律法规和地、市政府文件上予以规定。对新建污染企业，一旦发现，坚决取缔。

3）加强监督管理，规范执法程序

除了大型企业每年落实治理计划并切实抓好实施的同时，对乡镇企业的污染问题，工商、乡企、环保、监察等部门要做好依法检查、分部落实，严格监督、严格执法，有关部门要搞好监测工作，严密监视该地区水环境质量的变化，加强舆论媒体的监督作用。

2. 中间消化

1）推广清洁生产工艺

大力推行清洁生产技术，从源头上控制污染，将污染消灭在生产过程之中。企业应当采取原材料利用效率高、污染物排放量少的清洁生产工艺，并加强管理，减少污染物的产生。每年有计划地进行一定数量企业的清洁生产审计，有计划地推行成熟的清洁生产技术。对有条件的企业进行 ISO14000 认证，对新企业实行污染物总量控制政策。企业要从产业结构调整和产品结构调整上下功夫。

2）加强资源循序利用

对造成水污染的企业进行整顿和技术改造，采取综合防治措施，提高水的重复利用率，合理利用资源，减少废水和污染物排放量。企业各用水部门之间合理布局，推行水资源的循序利用。

3. 末端治理

在污水最终排放之前，建立各种污水处理设施对其进行达标处理，然后排放；对产生的污泥和处理后的污水要实现资源化利用。城市污水处理方式的选择应遵循实事求是的原则，大中小微相结合，集中处理与分散处理相结合，因地制宜，该集中就集中，该分散就分散。

1）建立集中式污水处理厂

集中建设大型城市污水处理厂，具有基本建设投资少、运行维护费用低、易于加强管理等优点（韦鹤平，1993；朱继业和窦贻俭，1999）。凡在城市污水集中处理工程建设规划区内，排放污、废水的企事业单位和统建的居民生活小区，其排放污废水超过污水综合排放标准（GB8978—1996）的，均应按照要求进行预处理和集中统一处理。达标排放的工业废水应纳入城市污水收集系统，并与生活污水合并处理。

城市污水处理设施建设，应依据城市总体规划和水环境规划、水资源综合利用规划以及城市排水专业规划的要求，做到规划先行，合理确定污水处理设施的布局和设计规模，优先安排城市污水收集系统的建设。

2）建立分散式污水处理站

虽然集中建设大型污水处理厂有投资少、运行费用低等特点，但从实现污水资源化、将净化水作为城市一个稳定的水源，在农业、工业和生活设施中加以利用的需要来看，分散处理便于接近用水户，可节省大型管道的建设费用，也有利于排水系统和城市污水处理厂的分期实施。

对排入城市污水收集系统的工业废水应严格控制重金属、有毒有害物质，在厂内进行预处理，使其达到国家和行业规定的排放标准，并对重金属加以回收利用。对医院污水要严格控制细菌和病毒，必须在医院内进行消毒处理，达到排放标准后再排入城市排水管网。对不能纳入城市污水收集系统的居民区、旅游风景点、度假村、疗养院、机场、铁路车站、经济开发小区等分散的人群聚居地排放的污水和独立工矿区的工业废水，应进行就地处理达标排放。

3）再生水回用

污水处理行业是消除污染、为民造福的行业，也是耗资较大行业。在合理收取污水处理费、保障污水处理正常运行、消除污染的同时，污水处理厂还要转换经营思维，加强污水和污泥的资源化利用，拓宽资金来源，挖掘潜力，才能使污水处理行业沿着良性发展轨道可持续的生存，良好的水环境才能得到长期的保留。

（1）农业用水。污水经过二级处理后一般都能达到《农业灌溉用水水质标准》。流域内现有污水处理厂均在城镇边缘，靠近农田，污水处理厂的出水用于农田灌溉是最好的途径，既节约了输水工程，又可将再生就近得到利用，还可将二级污水处理厂出水的氮、磷去除标准放宽（只限农业灌溉期间）。

（2）工业用水。由于工厂、企业生产的产品不同，其用水的水质标准也不同。电子工业的用水水质标准较高，工厂循环冷却水的用水水质标准相对低些，工业用水应在二级污水处理厂的出水基础上根据工厂、企业用水水质的不同标准，由工厂、企业再进行进一步的处理，达到不同行业的用水水质标准，作为生产用水以达到节约优质淡水资源的目的。

（3）市政、园林用水。城市道路喷洒、园林绿地浇灌的用水量随着居民生活质量的提高而逐年加大，将优质的淡水用于道路喷洒、绿地浇灌是一种浪费，只要将再生水的水质达到杂用水标准就可以将再生水代替自来水作为市政、园林用水，节约优质淡水资源，这对地处干旱半干旱黄土高原的关中地区而言，意义尤为重大。

（4）生活杂用水。我国生活杂用水水质标准规定：二级污水处理厂的出水再进行进一步处理即可作为生活杂用水使用。特别是集中的居民小区内使用该水更为方便，可用于家庭卫生间冲洗马桶用水、擦地面用水以及小区内坑塘补充水、小区道路喷洒水、树木、草坪、鲜花浇灌水等。

（5）城市二级河道景观用水。城市河道由于水源紧张，河床呈少水或无水状态，甚至有的河道变为排放污水的臭沟，使城市景观不仅受到不良的影响，而且失去了河道在城市景观中的功能。

（6）利用现有坑塘储存再生水。污水处理厂是常年运行的，而再生水利用是有季节性或时差性的。因此会产生部分剩余的再生水，利用现有的坑塘或兴建简易水库，将这部分再生水储存起来作为备用水源，避免宝贵的淡水资源的流失和浪费。

（7）地下水回灌用水。由于地下水的开采量过大，西安市已经引起地面下沉。为了控制下沉，除限制开采量或禁止开采外，还要采取回灌措施。再生水经过进一步处理，达到地下水回灌的水质要求后，可以作为回灌水的水源之一加以利用。

10.1.2 流域面源污染控制对策

随着污染物总量控制制度的推行和对点源污染治理的深入，面源污染的危害越来越受到人们的重视。和点源污染的集中定点排放相比，面源污染的发生具有随机性，污染物排放及污染途径往往不确定，污染负荷时空差异大，对其进行监测、模拟、控制与管理都很困难（李怀恩和沈晋，1996），因此对其实施控制时，必须考虑到其大系统的特性，决不能采取“头痛医头，脚痛医脚”的办法（杨新民等，1997）。

面源污染由产生到向外界水体输出可划分为“源”和“汇”两个环节，所以面源污染控制与管理就应该结合“源”、“汇”环节的各自特点，采取不同的控制和管理措施，才能使各项措施更具针对性。在一般系统控制论中，本可以通过实施对输入量的控制而达到对输出量的控制，但在面源污染系统中，由于目前还不能对输入量中的降雨（降雨强度、降雨历时、降雨时间等）实施控制，所以只能从控制污染源的角度将面源污染程度控制在一定的范围内，就是说“源”环节的控制是面源污染防治的首选，也是面源污染控制的根本和关键；在“汇”环节的控制中，应加强对扩散机理和迁移路径的研究，要采取包括工程、非工程和生物措施，主要以拦截、削减污染物浓度以及减少污染负荷输出为目标。

1. 城市面源污染控制

城市是人类傍水集聚的产物，其集结庞大的人口、各类经济实业和硬化建设大量的不透水地面是造成城区污染的客观原因。而人类自身的各种功利化活动，则是影响城区环境污染的主观原因。

1）*源的控制和管理*

城区面源污染主要是通过降雨形成城区径流引起的。径流污染物组分及浓度随城市化程度、土地利用类型、交通量、人口密度和空气污染程度而变化（杨新民等，1997）。一般情况下降雨径流中的污染物来自三个方面：降水、土地表面和下水道系统（李养龙和金林，1996；李树平和黄廷林，2002）。

A. 降水污染源的控制与管理

降水污染源，即由降雨和降雪淋洗空气中的污染物而形成，对其主要控制措施如下。

（1）城区规划。人类社会发展证明，要保持社会经济发展与人口、资源、环境的协调，维护一个适宜于人类的环境，不能只靠消极的“治理”，而要采取积极的“预防”措施。城区布局的合理规划被认为是预防环境污染和破坏的有效方式。按照环境要求和条件，对城区实行功能分区，合理部署居民区、游览区、商业区、文教区、工业区和交通运输网络等。

（2）工业废气污染控制。工业废气排放是造成大气污染的主要原因。据统计：87%的二氧化硫、56%的颗粒物质、45%的氮氧化物、15%的碳氢化合物和11%的一氧化碳是由工业生产部门排放。因此，控制大气污染首先要控制工业废气污染。按照组织生产和保护环境的要求，划定发展不同工业的不同地区，并且按照环境容量，确定工业发展规模，推行有利于环境的新技术，规定某些环境指标，淘汰有害环境的产品（如禁止生产有机氯农药、含汞农药、含磷洗衣粉），加快技术改造和产品改革。

（3）推进结构调整，推广清洁生产。经济结构、产业结构、能源结构不合理，是发展循环经济、走新型工业化道路的重大障碍，也是污染问题的症结所在。重点抓好冶金、化工、轻工、建材等行业的结构调整工作，加快淘汰落后生产工艺的进程；推行无污染、少污染燃料，如在城区实施集中供热，加大燃煤锅炉拆改力度，实现“煤改气”，大力推进机动车辆“油改气”等计划以治污减霾。“清洁生产不仅是一种技术，也是一种战略，更是一种哲学。它追求人与自然的和谐共存，经济与环境的协调发展，精神与物质的需求平衡”（卢新宁，2003）。

B. 土地表面污染源的控制与管理

地表污染物是城区面源污染的另一个重要来源，包括街道行人抛弃的废物，从庭院和其他开阔地上冲刷到街道上的碎屑和污染物，建造和拆除房屋的废土、垃圾、粪便或随风抛洒的碎屑，汽车漏油与排放的尾气、轮胎磨损，从空中沉降的污染物等。它们以各种形式积蓄在街道、阴沟和其他与排水系统直接相连接的不透水表面上。其控制措施如下。

（1）实行垃圾分类。加强宣传教育，提高每个公民的环境意识，实现垃圾源头分类，使人们认识到自己既是污染的受害者，又是污染的制造者，也应是污染的治理者，提高公民的生态意识和环境道德。

（2）减少垃圾排放。减少现场污染物的排放是减轻城市污染负荷经济有效的办法。规范企业环境行为，减少各项生产经营活动造成的环境污染与生态破坏，最大限度地节约资源、改善环境质量。建立环境与经济协调发展、实施清洁生产、环境优美的模范企业，减少垃圾排放量。

（3）清扫街道，减少垃圾堆放。增加清扫街道的频率，垃圾清运企业化。垃圾的清运和处理向企业化运作方式转变；加强对违章建筑的拆除，清洁城市市场环境；加强对施工现场扬尘污染、市区道路和运输扬尘污染的控制。

（4）发展公共交通。发展公共交通，鼓励低碳出行，减少汽车尾气排放，以及使用无铅汽油，加强清洁能源的推广和利用。

C. 下水道系统污染源的控制与管理

下水道系统对雨洪径流水质的影响，主要有沉积池中沉积物和合流制排水系统漫溢出的污水。在合流制排水系统里，废水和雨洪掺混在一起输送到受纳水体或污水处理厂。当雨洪径流流速较大时，排水管网中无雨期自污水中沉积下来的污染物被冲起并带走，成为径流污染物的一个来源。对这类污染源的控制措施如下。

（1）改造现有合流制排水管网。由于财政方面的原因，流域内大部分城镇仍然实行的是雨污合流的排水体制，对这部分合流制排水系统要逐步实行雨、污分流改造，避免在管网中出现无雨期因污水流量、流速不足引起污染物在管道中沉积，又不会因雨期降水量过大而引起管道中沉积物的漫溢。

（2）对城镇排水管网的新、改、扩建工程，应优先考虑采用完全分流制；对于改造难度很大的旧城区合流制排水系统，可维持合流制排水系统，但要合理确定截留倍数（Marsalek et al.，1993；孙慧修，2000；周玉文和赵洪宾，2004）。

（3）对新建雨水管网，结合各城镇的降雨公式，合理确定降雨重现期和汇流历时，既要避免出现雨水管网管径过大造成浪费，又要避免因雨量过大形成雨水漫溢；在排水管网中合理设计雨水调节池。

（4）在经济发达的城市或受纳水体环境要求较高时，可考虑将初期雨水纳入城市污水收集系统，和城市污水一并送入污水处理厂进行处理。

D. 推行源头径流污染的分散控制技术

对已经进入降雨径流的污染物在其产污环节，应采取一系列分散的、小型的、多样的、低成本的 LID 技术措施，以达到对降雨所产生的径流总量和径流污染水平进行控制，从而使区域开发区后的水文循环尽可能接近于开发前的自然状态。常用的源头控制技术包括下凹式绿地、透水铺装、绿色屋顶、雨水花园、生态滤沟等措施。

（1）下凹式绿地。下凹式绿地即绿地高程平均低于周围地面 10cm 左右，以便周围硬化地表的雨水径流能顺利流入，起到蓄集并下渗雨水的功能的一种绿地雨水调蓄技术，在城市的住宅小区及道路两侧都可使用，是一种不需增加建设投入而一举多得的措施。绿地表面一般种植草皮和绿化树种，具有一定的景观效果，下层的天然土壤可改造成渗透系数大的透水材料，由表层到底层可依次选用表层土、砂层、碎石、可渗透的底层土，增大土壤的存储空间。在绿地的低洼处适当建设渗透管沟、入渗槽、入渗井等设施，以增加土壤入渗能力，以便更好地消纳降水。渗透管沟可采用人工砾石等透水材料，汇集的雨水通过渗透管沟进入碎石层，然后再进一步向四周土壤中渗透（倪艳芳，2008）。有研究证明，小型自然下凹式绿地对 COD、NH_3-N 和 TP 的平均削减率可分别达到 52.21%、48.98% 和 47.35%（程江等，2009）。此外，大雨时下凹式绿地对各污染物的去除均不及中雨和小雨效果好，降雨后期的去污能力比前期均低（黄民生等，2010）。可见，下凹式绿地表现出了对雨水的净化作用，尤其是可用于控制初期雨水污染。

（2）透水铺装。透水铺装是指将透水良好、孔隙率较高的材料用于面层与基层，使雨水通过人工铺筑的多孔性路面下渗，从而具有使降水还原地下或二次利用功能的路面铺装方式。透水铺装系统由透水面层、透水垫层及基层土壤组成。透水面层可以是透水材料或有透水孔隙的不透水材料；透水垫层包括透水混凝土垫层、粗砂垫层或碎石垫层等形式。降落在透水面层的雨水，经过透水材料的孔隙或不透水材料边缘间预留的缝隙、沟槽下渗到透水垫层，还可以进一步入渗至基层土壤，与此同时，面层及边缘沟槽缝隙、垫层还能够存储大量的入渗雨水，延长其下渗时间，使其达到滞蓄雨水、缓慢入渗的效果。下渗雨水通过面层、垫层的多重过滤净化，能够有效去除大量的污染物，净化水质。透水路面最适合在交通流量较低的场所（如停车场、便道、承担荷载较小的人行步道和滨河路路面等区域）使用，可以采取透水砖铺设、嵌草铺装、卵石或碎石等松散粒料铺装、多孔沥青或多孔混凝土铺装的方法进行渗透铺装（许志兰等，2005）。赵飞等（2011）通过人工降雨试验，对透水铺装雨水下渗能力进行了研究，结果表明，若采取收集措施，透水铺装径流削减能力可达到 40%~90%。可见透水铺装能够较好地消纳径流量。

（3）绿色屋顶。绿色屋顶简单说就是在主体建筑物的屋顶、平台、阳台、窗台等处种植绿色植物以滞留雨水，同时实现增加城市绿化、减轻热岛效应等功能。根据不同植物和介质层，绿色屋顶在夏天一般可滞留 70% ~90% 的降雨，冬季可滞留 25% ~40% 的降水量，降雨强度和绿色屋顶的结构对雨水滞留率有显著影响，且滞留率随降雨强度的增加而减少。屋顶作为不透水面可以达到城市不透水面总面积的 40% ~50%，因此，如果在土地紧张的城市中利用好这些屋顶，则会对雨水资源管理与利用产生非常显著的效果，而减少的雨水径流将极大减轻合流制污水溢流的负担，这样产生的效益可以弥补建设绿色屋顶的成本（刘保莉和曹文志，2009）。以成都某绿色屋顶（高度约15m，屋面面积10m×27m）为例，监测时间为2009年3～5月，监测污染物EMC值，其中TSS、COD、NH_3-N、TN、TP的污染负荷减少量分别为72.1kg、172.8kg、4.2 kg、21.8 kg、0.3 kg，可见其去污能力可观（罗鸿兵等，2012）。

（4）雨水花园。雨水花园是指在地势较低区域的种有各种灌木、花草以及树木等植物的专门工程设施，主要通过天然土壤或更换人工土和植物的过滤作用净化雨水减小径流污染，同时消纳小面积汇流的初期雨水，将雨水暂时蓄留其中，之后慢慢入渗土壤来减少径流量。雨水花园形态上类似于一个随机出现的雨水渗透盆地，它建造费用低，面积大小不一，运行管理简单，具有较好的生态效益和景观作用，其净化消纳雨水的作用已被国际公认是LID中的一项技术，近年来在欧、美、澳、日等许多发达国家被推崇采用。例如，美国马里兰州乔治王子郡的Somerse地区几乎每一栋临街住宅都配建有约30～40m^2的雨水花园，数年的监测结果显示雨水花园平均减少75%～80%的地面雨水径流量，高效而又节约（陈晓彤和倪兵华，2009）。一般来说，雨水花园的适用范围很广，包括城市公共建筑、住宅区、商业区以及工业区的建筑、停车场、道路等的周边，有时还被利用于处理和利用别墅区、旅游生态村等分散建筑和新建村镇的雨洪径流。

（5）生态滤沟。生态滤沟是一种新型植被景观性地表带状沟槽集水排水净化系统，其沟形狭长，两端设置有通气井，并在底部设置通气集水槽，二者构成生态滤沟的“U”形通气廊道，另外，在沟槽填料中穿插通气管，从而有效改善沟槽填料内部的氧气分布状态，提高大气复氧强度。生态滤沟可建于道路中间或两侧，路面径流相应地从其双侧或单侧自然汇入，雨水经植被阻留、填料过滤和吸附、生物净化后，可回用于城市市政或景观用水等。生态滤沟是典型的城市面源污染的“源”处理措施，可应用于居民区、商业区和工业区，在实现城市道路绿化、完成地表径流输送功能的同时满足雨水的收集及净化处理的要求。利用生态滤沟净化城市路面径流的研究结果表明，生态滤沟对磷的去除率可达60%～90%，对有机物和氮污染物的去除率为30%～60%（李家科等，2012）。

2）汇的控制和管理

A. 城区降水径流污染管理

城区降水径流污染管理主要包括制定相关政策法规，对公众进行宣传教育，实行分流制区域水处理，增大绿化面积，街道定时和按时清扫，垃圾及时清运，污水管道混接的清理，对施工现场、机修厂废弃物加强管理，对城市绿地肥料、农药、除冰剂、杀虫剂等的使用进行控制，雨水的再利用等一些污染物预防措施。

居民屋面、庭院、街道、停车场、广场等上的污染物都是随降雨径流一起流入就近水体，对该部分污染的控制主要应集中在：大力开展城市绿化美化，改善城市生态环境；加强城市环境绿化和绿化隔离带建设，大力推进城郊绿化。通过庭院绿化、楼顶绿化、道路绿化、广场绿化、园林绿化等多层次、立体化、全方位绿化，提高城市绿化率（王华东，1984；沈晋等，1992）。

建立生态建筑和生态小区，进而建立生态型城市，就地控制楼顶、屋面产生的径流。生态建筑是自身良性循环的绿色建筑，具有下述特点（余谋昌，1996；刘沛林，2000）：屋面和墙体全部绿化，有雨水收集和处理系统、雨水利用系统。雨水的循环利用包括小区绿化用水、景观用水、浇洒路面和卫生间冲洗厕所等。

B. 过程和末端治理技术

（1）植被过滤带。根据其做法和功能的差异，植被过滤带包括许多种，如草滤带、缓冲带、水滨植被缓冲带和人工过滤带等（向璐璐，2009）。植被过滤带主要控制以薄层水流形式存在的地表径流，它既可输送径流，也可对径流中的污染物进行处理。可用于处理屋面、道路和停车场等不透水面产生的小流量径流，雨水流经植被过滤带时，经植被过滤、土壤吸附、颗粒物沉积、可溶物入渗后，不仅流量得到大幅削减，而且径流中的污染物也得到部分去除。植被过滤带治理暴雨径流简单、有效，但其去除机理却很复杂。对颗粒物及吸附于其表面的污染物（如 P、重金属）的去除，主要是通过渗透、过滤和沉积等物理过程实现；N 的去除主要依靠反硝化、生物累积和土壤交换等作用。污染物在过滤带中的去除过程涉及水力学、物理、化学、生物等作用，并与场地条件（如土壤、填料、入渗率等）密切相关。目前已经建立了一些模型，这为预测植被过滤带的效率和评价其功能提供了良好的依据（赵建伟等，2007）。

（2）植被浅沟。植被浅沟是一种在地表沟渠中种有植被的雨水处理措施，通过重力流收集并处理径流雨水。当雨水流经时，在沉淀、过滤、渗透、吸收及生物降解等共同作用下，径流中 SS、COD、TN、TP、金属离子以及油类等污染物被去除，同时在植被的截流作用以及土壤的渗透作用下，雨水径流流速降低，径流峰流量得到削减，地下水也间接得到补充，即在完成径流输送排放功能的同时也进行了雨水的收集及净化处理。植被浅沟与植被过滤带类似，主要区别在于植被浅沟接收集中径流，适宜较长距离传输，在坡度、土质、景观等满足要求的区域可以替代雨水管，适宜建造在居住区、商业区、工业区、道路周边和停车场等，也可以并入场地排水系统和街道排水系统。而植被过滤带主要接收上游大面积分散式片流，适宜建造在池塘边、露天停车场、园区内不透水面积周边。用植被渗透浅沟对城市暴雨径流进行调蓄的研究结果表明，植被渗透浅沟能起到延缓和削减洪峰、加强城市排水安全保障的重要作用，并可减小下游管渠的设计断面，降低城市雨水管网系统的工程造价（汪艳宁等，2012）。另有研究表明，植被浅沟可滞留雨水径流中 93% 以上的 SS，同时减少有机污染物，去除 Pb、Zn、Cu、Al 等部分金属离子和油类物质（Naresh et al.，2008）。

（3）人工湿地系统。近十几年来，人工湿地系统在城市面源污染治理中应用也较多，尤其是被广泛用于暴雨径流的处理。在城市地表径流处理中，人工湿地技术可以和其他技术灵活地组合使用，如在径流进入湿地前可以修建过滤带加强对水中颗粒物的截留，在湿地后可以增加渗透措施对出水进行强化处理。人工湿地的影响因素众多，如植被、水力负荷、湿地面积、湿地的长宽比等都会影响污染物的去除。植被在污染物的去除中起到了关键的作用，它的去除机理主要包括过滤颗粒物、减少紊流、稳定沉积物和增加生物膜表面积。植物对湿地的水力状况也会产生影响，一般情况下长宽比是湿地水力状况的决定因素，但不合理的湿地植物设计也会降低水力效率。当水生植物生长茂密时，水流发生短路，此时湿地的水力状况不再受长宽比的影响。有学者运用一种定量化方法对湿地处理城市暴雨径流进行了研究，对流域（面积>1000 hm^2）、子流域（面积为 100 ~ 1000 hm^2）和领域（面积为 10 ~ 100 hm^2）三类汇水面进行的对比研究表明，领域需要的湿地面积最大为总汇水面积的2.3%～10.8%，子流域的湿地面积为总汇水面积的0.2%～4.5%，流域的湿地仅需总汇水面积的0.1%～2.5%（赵建伟等，2007）。季兵和陈季华（2010）采用由氧化塘和潜流式湿地复合而成的人工湿地系统净化高浊度富营养化水体，氧化塘和人工湿地对TN的去除率平均值可达35.12%和45.65%。郭如美等（2006）测定了潜流式人工湿地芦苇根面及填料表面上氨化细菌、亚硝化细菌和反硝化细菌的数量分布情况，并初步探讨了人工湿地脱氮效果，结果显示湿地中细菌数量丰富，其中氨氮、凯氏氮、总氮的去除率分别为55.15%、60.11%和53.16%，总体来看N的去除效果较好。

（4）生态护岸。目前生态护岸技术主要有植草护坡技术、三维植被网护岸技术、防护林护岸技术、植被型生态混凝土护坡技术等四种（许志兰等，2005）。植草护坡技术常用于河道岸坡的保护，在国内使用较多。例如，吉林省西部嫩江流域治理工程中以当地的牛毛草、早熟禾、剪股颖等8种草本植物为护坡植物，河柳等灌木为迎水坡脚防浪林的植物护坡技术。三维植被网护岸技术最初用于山坡公路路坡的保护，现在也被用于河道岸坡的防护，这种三维植被网按一定的组合与间距种植多种植物，在坡面形成茂密的植被覆盖，在表土层形成盘根错节的根系，有效抑制暴雨径流对边坡的侵蚀，增加土体的抗剪强度，大幅度提高岸坡的稳定性和抗冲刷能力。防护林护岸技术主要是基于林木对暴雨径流的阻滞作用，径流流速大为减小，缓解了水流对表层土壤的冲刷，减少了水土流失。植被型生态混凝土是日本首先提出的，其由多孔混凝土、保水材料、难溶性肥料和表层土组成，多孔混凝土是植被型生态混凝土的骨架，保水材料为植物提供必需的水分，表层土多铺设在多孔混凝土表面，提供植被发芽初期的养分，并防止植被生长初期混凝土表面过热，经验表明，很多植被草都在植被型生态混凝土上生长良好，同时提高了堤防边坡的稳定性。

生态护岸技术融入了水利、土木、生态、环境等多学科知识，已获得了越来越广泛的认同和应用。其建设要因地制宜，按照“林水有机结合”的自然规律，坚持与水利工程建设结合，才能发挥最大的综合效益，主航道、行洪道一定要在修筑块石护岸和标准圩堤的前提下进行生物修复；原生自然河岸必须加以保护，不宜过多地去进行改建；只有通过调查，合理规划，适合该地区河道生态环境和工程建设特点的才是理想的生态方案（于永根等，2012）。

（5）暴雨塘。暴雨塘一般建造于低洼地带，主要通过物理沉淀和生物降解去除径流中的污染物，是一种集削峰减量、滞留净化于一体的既经济又美观的径流处置措施。根据塘的功能和使用目的，可分为调蓄塘和滞留塘，调蓄塘又包括干塘和延时干塘，滞留塘主要包括湿塘、延时湿塘、微型延时湿塘和多单元湿塘；调蓄塘可以减少径流体积，削减洪峰，控制排放速率，减小下游河道冲刷与侵蚀，缓解洪涝灾害，保护人们生命财产安全；滞留塘能有效控制径流污染物，减少下游水体污染，为水生动植物提供一个舒适的栖息场所，进而起到美化环境的作用；非雨季调蓄塘还可以作为一个多功能活动场供人们娱乐，有一定的实用性。

现行的雨水管道设计，在确定设计流量时很少考虑对雨水径流的利用，因此，所建造的庞大雨水排放系统一方面在旱天造成设施的闲置；另一方面却在雨洪过大时形成雨水漫溢引起环境污染。在雨水管道系统上设置较大容积的雨水调蓄塘（池）是个不错的选择，调蓄塘可把雨水径流的洪峰流量暂存其内，待洪峰径流量下降至设计排泄流量后，再将塘内的水慢慢排出。合肥经济技术开发区塘西河区域雨水管涵建设较早且规划标准较低，致使其因无法满足汛期排水需要，其改造方案选择在内涝点上游设置开放式的雨水调蓄塘，该雨水系统内涝点上游有较大面积的高速公路保护绿地，建造调蓄塘不需改变其用地性质，调蓄塘上游区域雨污分流彻底，雨水管网内的水质较好，为调蓄塘打造良好的景观提供了条件，雨水主排（箱涵）紧邻雨水调蓄塘用地，无需大范围改造雨水管网，调蓄塘四周及塘底种植大量耐水性植物，塘顶搭配种植易生长蔓延的草花类灌木，各进出水口构筑物周围以太湖石遮挡、造景，使调蓄塘在满足水土保持要求的同时，营造良好的景观效果（杜建康等，2012）。

2. 农业面源污染控制

在农业生产过程中农药和化肥的不合理使用、畜禽养殖业粪便的流失、工农业生产废弃物和农村生活垃圾随意堆放和处置、不合理的灌溉及不科学的田间操作管理、流域环境地表侵蚀引起的水土流失等现象，都是造成农业面源污染问题日益突出的重要原因，也是影响水体环境质量的重要污染源（王少平等，2002；Line，1998；Ebbert and Kim，1998；郭鸿鹏等，2008）。

农业面源污染的防治应从流域角度探讨流域开发与水环境质量的关系，追踪污染物来源，实施“最佳管理（BMPs）措施”，建立流域土地、水域最优开发和管理模式。在加强对环境影响面大的源头防治，减少污染物的排放和养分的流失的同时，又要注重积极的生态农业战略措施的实施，在污染治理技术上充分利用生态工程措施，建立流域面源污染防治的科学体系。

1）源的控制和管理

将清洁生产的理念引入农业生产领域不仅是国际上的一种潮流，也是《清洁生产促进法》的具体要求，更是我国农业生产实现可持续发展、治理农业污染的根本出路。《清洁生产促进法》规定，农业生产者应当科学地使用化肥、农药、农用薄膜和饲料添加剂，改进种植和养殖技术，实现农产品的优质、无害和农业生产废物的资源化，防止农业环境污染。所以从面源氮素产生源头入手，加大对农田地表径流的源头控制，实施农田合理施肥，推进节水灌溉，减少农田排水污染；控制农村畜禽养殖污染，提高畜禽养殖集约化程度，加强养殖小区的环境管理；完善农村环境管理，加强农村生活污染物的集中处理与处置。这些都是农业清洁生产的基本要求，也是减少氮素源头产出的主要措施（杨勇等，2009）。

A. 农田径流污染源头控制措施

农田径流污染源头控制措施指控制化肥、农药施用强度，增加有机肥施用量；加强节水工程建设力度，逐步提高喷灌、微灌等先进节水灌溉技术的比例，控制农田径流源头污染。

（1）实施农业化肥减量及高效利用。在我国农业面源污染防治中，农田养分平衡是目前急需解决的问题。就全国来看，普遍存在N、P肥料过量施用问题，尤其是N肥，大部分盈余的N、P并未在生产上起作用，却随径流进入了河道、湖泊等水体环境，而K素大多处于亏缺状态。这主要是由于农田养分管理不当、土壤保肥能力较差造成的。因此，推广化肥减量化及高效利用技术势在必行，目前主要采用的措施有以下几种（杨勇等，

2009；陶春等，2010）：①实施测土配方工程。测土配方是指取土样测定土壤养分含量，经过对土壤的养分诊断，按照庄稼需要的营养“开出药方、按方配药”，通过分析作物需肥规律，掌握土壤供肥和肥料释放等相关变化特点，从而确定施用肥料的种类、配比和施用量，实现科学施用肥料。测土配方施肥包括测土、配方、配肥、供肥和施肥指导五个环节，通过测土配方施肥，农作物增产幅度一般为8%～15%；化肥利用率可提高5百分点以上，每亩耕地平均可节肥10kg左右。测土配方施肥可减少化肥施用量，进而减少农田径流中营养物N、P等。测土配方施肥同时可改善土壤理化性状，增强保水保肥能力，是现阶段符合我国国情的科学施肥方法。②多种施肥方式相结合，主要包括叶面施肥、分次施肥、湿润施肥、控释/缓释肥技术、化肥深施等技术，这些施肥方式可以有效地提高化肥利用率，减少化肥施用量，降低养分流失的风险性。③平衡施肥技术。即有机肥与无机肥平衡施用，N、P、K素平衡施用。④生物固氮技术。如种植豆科作物及施用含固氮菌的菌肥。⑤开发新型肥料。主要有控制释放型、高氮型和高磷型等，如膜控制释放技术（MCR）可以通过膜扩散速度控制化肥有效成分逐渐释放，实际上也是一种控制面源污染的方法。以上技术措施的目的均在于减少化肥的流失，进而减轻由此导致的面源排放。

（2）发展有机农业种植。有机农业种植技术是20世纪70年代发展起来的一种符合现代健康理念要求的生产模式，其以生态友好和环境友好技术为主要特征，在农业生产过程中完全不使用合成化学肥料、合成化学农药、化学除草剂、激素、添加剂以及转基因品种等生产资料，转而提倡循环利用动植物的有机腐殖质、施用堆肥、种植豆科植物等。据统计，全世界几乎所有国家都不同程度地开展了有机农业活动，其中美国、德国、日本在有机农业方面走在世界的前列。它们有健全的农产品法律法规体系、配套的农产品标准体系、完善的农产品检验检测体系、积极的政府补贴、透明的农产品质量信息和适用的销售方式。王敦球等（2009）在开展桃花江流域农业面源污染控制中进行了有机种植试验，通过施用有机肥、田间管理按照有机食品生产和加工规范进行，结果表明，以有机农业生产代替传统农业生产模式是可行的，农产品在品质和产量上都有所提高，同时也减少了进入桃花江的农田污染负荷。

（3）开展农业综合节水灌溉。农业节水灌溉包括工程节水、农艺节水和管理节水，通过综合节水灌溉实现减少输水损失，降低作物蒸腾蒸发量，减少农田排水、氮、磷等营养物的流失，减少农业非点源污染。常用的节水技术有（杨勇等，2009）：①调亏灌溉。通过控制土壤的水分，根据作物对水分的亏缺反应，进行灌溉；实现减少作物蒸腾蒸发量以及棵间蒸发量；调亏灌溉不需要任何工程投入，农民易于掌握和操作。②秸秆覆盖保水技术。秸秆覆盖可降低棵间土壤含水量的无效蒸发损失，增大叶面有效蒸腾，起到保水保墒，有利于降水等水分的渗入，减少地面径流及土壤流失。③低压管道-地面闸管-小畦灌溉及其他节水灌溉技术。低压管道输水代替明渠闸管灌溉系统，将灌溉水经配水口直接送入田间，配水口的出流量根据沟（畦）规模和土壤特性，通过闸板进行调节，可提高灌水均匀度，大大提高输水效率。采用水平畦灌、隔沟灌溉和间隙灌溉等灌水方法，也可以起到田间灌溉节水效果。研究表明，间隙灌溉比传统地面灌溉可节水10%～30%，减少尾水57%，减少深层渗漏64%。④选择节水灌溉品种。不同品种的作物水分利用率差异较大，如冬小麦和夏玉米品种中的节水品种可比普通品种节水10%以上。通过生物技术培育并选择应用节水品种也是有效节水的途径。⑤综合高效节水模式。集成以低压输水、小畦灌溉、非充分灌溉制度和秸秆覆盖等经济实用性技术为主体的粮田综合节水技术模式；调整农业产业结构、压缩冬春耗水型大的作物、建立区域适水型节水农业结构；以灌溉和职能控制为主的大棚蔬菜高效节水模式和以微灌为主体的苗木果园综合高效节水模式；最大限度地利用降水、合理高效地利用地下水、科学实时地调控土壤水，从而实现提高降水利用率和农田水分利用率及产出效率。

科学施肥、农业综合节水等措施有助于减少氮、磷等营养物的流失和农田排水，从而减少农村面源对环境的污染。

B. 畜禽粪污资源化及综合利用

畜禽养殖方式分为散养和集中养殖。散养产生的粪便污染不易控制，通过建设清洁畜牧养殖小区或规模化养殖场，对农户散养畜禽进行集中养殖，将畜禽产生的粪便污染物集中处理。以沼气为纽带的畜禽粪便综合利用是畜禽场处理粪便的主要途径。建设畜禽粪便利用工程及户用沼气工程，将禽畜粪便进行处理，制取沼气作为生活、生产用能；制取优质沼肥用于农田土壤改良，可使作物增收。通过开展畜禽粪污资源化利用，使饲养小区或养殖场产生的粪便污物变废为宝，减少畜禽养殖污染对环境的影响。

江西省吉安市、贵州省瓮安县等地都已开展“猪-沼-粮（菜/果）”生态农业技术集成研究，并进行了产业化示范工程建设（蒋太明等，2010；刘小真等，2012），一方面，推进生猪养殖粪污无害化处理消除了养殖粪便对环境的污染；另一方面，发展了沼液农用或林用可增加作物的产量，以及沼气资源综合利用的目的。

C. 农村生活污染控制措施

随着城镇化的迅速发展和人口的增长，农村生活污水的排放量不断增加。据估算，2010 年我国村镇污水排放量约 270 亿 t。农村生活垃圾和生活污水基本不进行处理，造成蚊蝇满天飞，病毒四处传播，使空气环境变劣。广大农村地区垃圾随意倒放现象尤其严重，特别是河道两旁，垃圾入河污染现象十分严重（牛瑞芹和何荣，2007）。农村生活污染控制措施有（杨勇等，2009）：①推广建立农村文明生态村。搞好城镇化布局规划，因地制宜地建设生态示范小城镇和文明生态村。国家对小城镇和文明生态村有统一的标准，具体体现在环保上的措施有整体净化，有专职保洁人员，垃圾日产日清，无柴草乱垛、粪土乱堆、垃圾乱倒、污水乱泼、禽畜乱跑现象。文明生态村的建立，可从源头预防、污染治理等各方面减少农村生活污染。②建设农村环保设施。加快农村环境基础设施建设，在各区县建设污水处理厂和垃圾处理场，对村镇生活污水、垃圾（含建筑垃圾）实行集中处理。提高农村地区污水处理率和农村垃圾无害化（或资源化）处理率，从而有效减少农村生活面源污染的产生。③开展农业废物综合利用。普及推广生物质能和太阳能等可再生能源的利用，鼓励和扶持农村开发利用清洁能源，搞好作物秸秆等的资源化利用。利用作物秸秆转化生物质能；开展作物秸秆还田，鼓励利用农作物秸秆及壳皮生产建材、饲料等产品；大力开展对废农膜、地膜的回收和再生利用。

2）汇的控制和管理

不仅流域的自然地理特征（地形、地质、土壤特性、植被覆盖度等）对降雨径流污染有影响，污染物自身的特性及泥沙特性对降雨径流污染的影响也很大，主要是污染物极易吸附在泥沙颗粒上或溶于水中，被水流和泥沙携带进入水体，造成污染。污染物根据其吸附性能可分为强吸附性、中吸附性和溶解性三种。强吸附性污染物几乎全部吸附在泥沙颗粒上；中吸附性污染物既能吸附在泥沙颗粒上，又能溶解在水中，这取决于环境的改变；溶解性污染物只有当径流被控制后，才能得到有效控制（杨新民等，1997）。地表径流中往往携带着大量的泥沙颗粒，这些颗粒对污染物具有强烈的吸附性能，故在地表径流中，吸附态污染物占主要部分，溶解态较少。所以对地表降雨径流的控制就成为控制农业面源污染的关键。

A. 农田生态系统措施

农田生态系统是一类半自然半人工的生态系统，是由农田、环境及人工控制组成的复合生态系统，其既能提供粮食、蔬菜、水果等农副产品，也承担着生态屏障和社会保障的功能，同时还可能产生环境污染、物种丧失等负面影响（叶延琼等，2012）。长期以来，人们过分注重农田生态系统的产品提供效益，却忽略了因不断追求产量而带来的水资源消耗、化肥流失、农药污染等负生态效益。长此以往，农田生态系统的产品提供也将面临威胁。因此，建立合理的农田生态系统是摆在我们面前的一个重要研究课题。常见的、可用于农业面源“汇”项控制的农业生态系统措施有（蒋膺，1986；姚槐应等，1999）：①大力植树种草，扩大绿色植物覆盖率。大力植树种草，增加绿色植物覆盖率，这是建立合理生态农业的基础，也是改善和提高农业生态平衡态的关键措施。从长远看，要规划和建设好整个农村地区的防护林体系。只有这样，才能改变小气候，改善作物生态环境，增强抗御自然灾害的能力。营造农田防护林可先采取建立草、灌为主的林网、林带，逐步形成草、灌、乔结合的混交林。多年实践证明，增加绿色植物覆盖率，可明显减轻降雨对地表的冲蚀，减少 N、P 等养分流失以及有机质的流失，缓解径流污染。②调整作物布局，建立合理轮作制度，改善农田物质转移和循环的关系，用养结合，达到农作物的增产增收。农田生态系统中能量和物质的转化是在其系统内部不断循环着的，而作物是这种完整链条中的一个非常重要的环节。由于各种作物都具有它自己的生理特性，因此在循环中对养分的吸收和消耗量很不一致，所以只有建立合理的作物布局才能充分发挥作物和环境的优势，从根本上改善作物和农田的物质循环的关系，提高农作物对土壤养分的吸收，起到用地、养地持续增产的效果，并可减少农药和养分的流失危险。

B. 农田径流控制的生态工程措施

由于水生高等植物对农业面源污染物的净化能力很强，结合农田林网建设，建造一些人工处理农田径流的生态工程，是防治农田径流污染湖泊、河流的重要方法。处理农田径流的生态工程的主要方法有在严重污染的地段下游建造截留污染物和使污染物循环利用的各类设施。针对面源污染突发性、大流量、低浓度的特点，结合沣河流域的自然地理条件特点，可用的生态工程措施有以下几个方面。

（1）人工湿地。人工湿地是 20 世纪 70 年代发展起来的一种污水处理和水环境修复技术，常由土壤、人工填料和水生植物所组成的独特的土壤–植物–微生物–动物生态系统。按水流方式的不同，人工湿地可分为地表流湿地、潜流湿地、垂直流湿地和潮汐流湿地等四种类型。人工湿地具有 N、P 去除能力强，投资低，处理效果好，操作简单，维护和运行费用低等优点，作为污水处理技术已被广泛应用。Sunny 等（2008）利用人工湿地对生活污水进行处理，各类面源污染物均取得了较好地去除效果。埃及学者 Dorate 等（2006）在用人工湿地对农村生活污水进行了处理，研究结果表明，TN 去除率可达 65%。国内的尹澄清和毛战坡（2002）研究发现人工湿地系统、滞留池系统能够截留来自村庄及农田的 P、N 污染负荷 94% 以上，可有效地应对农业面源污染，还可循环利用水和营养物质，然后将底泥还田，加强氮、磷等物质在陆地生态系统的循环。

（2）前置库。前置库主要应用于台地及一些入湖支流自然汇水区，其利用水质浓度从上游到下游呈现梯度变化特点，结合水库的形态，将水库分为一个或多个子库与主库相连，延长水力停留时间，促进水中泥沙及营养盐的沉降，同时利用子库中大型水生植物、微生物、藻类等对营养物质的吸收、吸附和拦截作用削减氮、磷和农药等污染物，从而减缓主库中富营养化程度，实现面源污染防治的一种生态处理技术。20 世纪 50 年代后期，前置库就开始被作为流域面源污染控制的有效技术进行开发研究。丹麦的 Nyholm 等（1978）与前捷克的 Fiala 和 Vassata（1982）也先后开展了利用前置库治理水体富营养化的工作。目前，我国对于前置库技术的研究和利用还不多，边金钟等（1994）在于桥水库富营养化的研究中，曾在入库河流入口段设置前置库，并采取一定工程措施，调节来水在前置库区的滞留时间，使泥沙和吸附在泥沙上的污染物质在前置库沉降，取得了较好的效果。

（3）滨岸缓冲区（带）和水陆交错带。滨岸缓冲区（带）指邻近受纳水体、有一定宽度、具有植被、在管理上与农田分割的地带。通过缓冲带的植物对径流中携带的污染物质吸收、沉淀等作用，形成一个阻碍污染物质进入水体的生物和物理障碍，从而达到改善水质的目的。缓冲带可分为缓冲湿地、缓冲林带和缓冲草地带。缓冲带的防污治污效果取决于其规模、位置、植被、水文条件和土壤类型等因素。Lowrance 等（1988）对滨岸植被缓冲带的研究表明，农田地表径流在经过缓冲带之后，N、P 的剩余量仅为原始值的 1/7。张刚等（2007）在苏南太湖地区研究表明，缓冲带可拦截 31.7% ~50.9% 的 N 和 50% 以上的 P，拦截效果明显。李怀恩等（2010）研究结果表明，植被过滤带对地表径流中的颗粒态氮、总氮、颗粒态磷、总磷和化学需氧量浓度削减率分别达到 82.02%、46.05%、77.13%、73.28% 和 60.48% 以上，并能有效地削减溶解态氮和溶解态磷的负荷量。水陆交错带是指内陆水生态系统和陆地生态系统之间的界面区。其对经过水陆交错带的物质流和能量流有拦截和过滤作用，作用类似于半透膜对物质的选择性过滤。尹澄清（1995）发现作为陆地和源头水交错带的人工多塘系统具有很强的截留来自农田面源污染物的生态功能，其在白洋淀进行的野外实验结果还表明，水陆交错带中的芦苇群落和群落间的小沟都能有效截留来自上游流域的营养物质。因此，充分利用这一资源，对于防治我国的水体污染问题具有十分重要的意义。

（4）生态沟渠。生态沟渠是近年来用于治理农业面源污染、生态修复系统环境的一个有效措施。生态沟渠是对原有的农灌排水沟渠进行生态化改造，使其兼顾灌溉排水和污水净化功能。我国农村的大部农田沟渠都采用普通混凝土作护坡，阻断了水体和土壤之间的联系，不具有生长植物、繁衍生物的功能。国外生态沟渠相关的研究和应用较多，据报道，美国和加拿大有约 65% 的农田利用生态沟渠网排水，我国在此方面的研究尚处于起步阶段，相关研究表明，生态沟渠对农业面源污染氮、磷削减率可达 40% 以上（杨林章等，

2005)。据滇池北岸居民农田混合区面源污水治理的相关研究成果显示，生态沟渠对 TN、TP 和 COD 的平均浓度削减率分别达到 48.3%、60.6% 和 58%，净化效果要比传统渠道好得多（殷小锋等，2008）。农田生态沟渠不仅污水净化效果显著，而且不另占用土地，具有应用推广价值。

（5）暴雨塘。暴雨塘实质上就是一个生态调蓄池，对降雨径流尤其是初期径流进行收集，径流所携带的颗粒物在池中进行沉淀，其对悬浮颗粒物去处率可达 85% 以上，这样就可以去除相当一部分污染物质。但是，暴雨蓄积池不能永久性地去除径流污染物，只是为暴雨径流污染物提供一定限度容量的临时储存地，所以降雨径流中携带的颗粒状或可沉积性污染物质，在沉淀以后还需要进一步的处理与处置（唐浩，2010）。

（6）稳定塘。稳定塘又称生物稳定塘或氧化塘。稳定塘可利用天然池塘、洼地来治理污染，在塘内形成藻类、好氧性微生物和原生动物组成共生系统，使污水得到净化。故可以通过建设稳定塘型的径流水治理设施，对农田径流水进行预处理，出水再通过滨岸缓冲带后排入河道（唐浩，2010）。

（7）入渗沟。入渗沟主要是利用地表下的空间储存地表径流，可有效削减暴雨径流的洪峰流量。若开发地区的土壤入渗率较高且地下水位与地表间有足够深度，则入渗沟或下渗沟可被考虑作为减少地表径流及改善水质的面源污染控制措施。入渗沟对于溶解性与颗粒性的污染物均有良好的去除率，一般适用于集水面积不超过 $2hm^2$ 的地区。为防止入渗沟被阻塞，应在入渗沟上游地表设置植被缓冲带，以阻滞淤积物（章茹，2008）。

（8）沙栏和草栏。沙栏和草栏的建造目的主要是通过降低径流的流速来拦截和阻止降雨径流对一些开发地和裸露地面的泥沙冲蚀，以及降低一些中低流速的渠道流流速，在拦截可滞留泥沙的同时吸附净化 N、P 等污染物。弗吉尼亚交通研究所实验研究表明，虽然含有沉淀颗粒物的水流通过沙栏时的速度较通过草栏时慢，但沙栏比草栏能够更有效地拦截沉淀物，沙栏和草栏的拦沙效率分别为 97% 和 67%。同时，沙栏具有耐久性和经济性，因此它在很多情况下都优于草栏（Yu and Kaighn，1992）。

3. 水土流失控制

在人类活动影响下，特别是人类严重地破坏了坡地植被后，由自然因素引起的地表土壤破坏和土地物质的移动，流失过程加速，即发生水土流失。易于发生水土流失的地质地貌条件（地质疏松、地面破碎、地势起伏）和气候条件（季风气候、降雨集中）是造成沣河流域发生水土流失的自然原因，而人类活动加剧了自然侵蚀的过程。水土流失不仅造成表层土壤丧失，土壤肥力下降，而且使得河道淤积，河床抬高，水灾频发，环境污染，生态恶化（孙璞，1998；贺缠生等，1998）。所以治理水土流失是解决流域水体污染的重要方向之一。

水土保持技术一方面使表土稳定化或以植被覆盖来减少降雨对表土的冲击；另一方面则降低坡度，以渠道化手段分散径流或降低流速，以减弱径流的侵蚀力，并减少雨水在地面溢流的数量。水土保持技术所包含的工程措施、农业管理措施和生物措施，不但对植物吸收、土壤胶体吸附与微生物降解途径有促进作用，而且对径流淋失与挥发等途径有抑制作用（陶春等，2010）。

前文提及的生态沟渠、人工湿地系统、滨岸缓冲区（带）和水陆交错带、沙栏及草栏等一系列径流污染控制工程措施，实际上也是水土保持的主要工程措施，在此不再赘述。此外梯田工程也是水土保持的有效工程措施之一，但鉴于沣河流域地处平原地带，梯田显然不适合。

推广节水灌溉模式，少耕、免耕、等高耕作等水土保持耕作方法，可以有效地防止沣河流域农业面源污染的形成。沣河流域大部分耕地是旱田，对灌溉的要求较高。但目前大多采用漫灌的方式，既浪费大量水资源，又带走了大量的农田氮素，同时还造成水土流失。对此类缺水地区，积极采用喷灌、滴管等节水灌溉措施，可有效防止水土流失以及水体污染。有研究表明，少耕、免耕可以减少土壤流失量和颗粒形态的养分流失，但是不能减少可溶性养分的流失；残渣覆盖物在增加土壤有机物、改善土壤结构的同时，残渣腐烂分解部分也增加了径流中的养分浓度。沿等高线种植同顺坡种植相比，可以减少约30%的土壤流失量，一定程度上降低了农田土壤养分的流失，能够实现对农田面源污染的控制（Poudel et al.，2000）。

生物措施通过提高植物覆盖率、改善土壤质地、增加土壤团粒结构、提高土壤有机质含量、增加土壤微生物种类和数量、改善土壤水分条件等功能，减少污染源系统的污染物通量。研究表明，植被覆盖率达93.8%的小流域的水质明显优于植被覆盖率为35.7%的对比小流域（陈丽华等，2004）。在桑基植物篱模式下三峡库区土壤抗蚀性有较大程度的提高，与传统种植模式相比，径流量和径流系数降低10.34%～20.00%，侵蚀量减少55.23%～67.84%，径流含沙量减小48.60%～59.80%；大雨强时桑基植物篱对减少养分的流失总量和富集比效果也相当显著（史东梅等，2005）。

治理沣河流域的水土流失是一项较为庞大、艰巨的工程，首先，沣河流域面积大，水蚀、风蚀强度十分严重。由于长期的水土流失，区域内生态环境和气候恶劣，治理的难度相当大。其次，区域内经济发展与生态环境严重失调的局面由来已久，且随着人口的增加，经济的发展，水土流失的形势将更加严峻。要扭转这种局面，达到经济、社会与生态环境的同步协调发展，更需要加倍投入、艰苦努力和长期奋斗。

10.1.3 河道内源氮素污染控制对策

富营养化水体功能恢复的研究表明，在削减外源负荷后，内源负荷会成为水体的主要污染源。由于内源负荷影响面积大，作用时间长，因此控制内源负荷是河道内治理的关键。内源负荷的控制可从加大内源的输出量、抑制内源的释放和营养物质的吸收转化等方面综合考虑。

1. 加大内源的输出量

通过底泥疏浚、引水冲污等方法增加氮素污染的输出量，从总量上减少内源氮素负荷。这些方法对底泥的扰动较大，易使底泥泛起，从而造成内源氮的释放。

1）底泥疏浚

底泥中的有机物在细菌作用下易发生好氧和厌氧性分解，不仅使水中溶解氧水平降低，而且产生二氧化碳、甲烷、硫化氢等气体，使水体变黑发臭。例如，苏州河综合整治时一期污水截流工程建成后，河流水质并未出现预期的改善，原因就是底泥中的污染物质二次释放导致污染。底泥疏浚是一种被认为整治河道最常用、快速、有效的方法，在滇池、巢湖、太湖、西安护城河等水域环境综合整治中，已被广泛应用（莫孝翠等，2003）。瑞典将 Trummen 湖底表层 1m 左右富含营养物的底泥清除后，总磷浓度迅速下降，这种状态维持了 18 年（李纯洁和王丽芳，2009）。可见，合理的底泥疏浚对污染物去除、生态系统修复和重建具有十分重要的作用。

2）引水冲污

引水冲污就是通过工程引流改善水域水动力条件，增加对污染物的稀释容量，提高局部水域净化能力。例如，日本东京从利根川和荒川引清洁水进入隅田川冲污，改变了隅田川的黑臭现象，其水质改善明显；上海市通过引黄浦江上游清水、淀浦河沿线和张家塘水入黄浦江进行引水冲污，其青松片河流的水质改善了 20% 左右，淀北片河流的水质改善 6% ~11%；另外，通过“引江济太”工程，2000 ~2004 年年底，通过望虞河引调长江水入太湖流域 65 亿 m^3，太湖水体的置换周期由原来的 300 天缩短至 250 天，对改善太湖水质起到一定作用（汤建中等，1998；黄伟来等，2006）。

引水冲污虽可降低治理水体中污染物的量，但将增加接纳污水水体的污染负荷，所以在实施调水或引水冲污前应进行理论计算预测，确保冲污效果和承纳污染的流域下游水体有足够大的环境容量。

2. 抑制内源的释放

1）化学絮凝沉淀

通过向水体投加铝盐、铁盐、钙盐等药剂，使之与河水中溶解态氮、磷形成不溶性固体转移到底泥中，以达抑制富营养化的目的，投加絮凝剂还可以快速去除水体中的 SS，快速提高水体的透明度。常用的药剂有 $CaCO_3$、$Ca(OH)_2$、$Al_2(SO_4)_3$、$FeCl_3$、明矾等。主要的治理措施有加入絮凝剂脱磷（化学强化一级处理）和投入石灰除氮。王曙光等（2001）利用化学强化一级处理技术对深圳市受污染的龙岗河、观兰河、燕川河、大茅河河水进行处理试验研究，结果表明，该工艺对浊度、COD、SS、TP 去除效果较好，对 TN、重金属等也有一定的去除效果；许春华等（2006）利用絮凝剂对淄博市猪龙河和白家河进行污水治理，发现 APAM、CPAM 对水体中营养性物质的去除效果良好。

2）深水曝气

深水曝气技术利用向底层水体直接充氧和通过混合上下水层间接充氧的功能，提高下层水体溶解氧浓度，抑制沉积污染物内源释放；同时借助其垂向混合功能，破坏水体分层，迫使富光区藻类向下层无光区迁移，抑制其生长繁殖，进而达到控制内源污染、抑制藻类生长、改善水源水质的目的。深水曝气在向底泥上覆水充氧同时，氨氮和硫化氢也能被氧化而降低。深水曝气作为水质原位修复技术，在国内水源水质改善与应急处理领域已有过成功应用的案例（马越等，2012；许宽等，2012）。

3）原位覆盖

原位覆盖是在污染底泥上均匀放置一层或多层覆盖物，如粗沙、土壤甚至未污染底泥等，将污染沉积物与上覆水体用物理性的方法分开并固定沉积物，以达到有效限制污染底泥再悬浮或迁移，降低污染物向水中的扩散通量的目的。国外已有这方面应用的相关报道（Palermo，1998），但用作原位覆盖的清洁泥沙等覆盖物的工程用量巨大，且来源困难，这在应用时必须加以考虑。

3. 营养物质的净化

通过工程或非工程措施，优化大型水生植被群落结构和调整生物群落结构可达到稳定沉积物、削减内源磷负荷的目的。这种技术可以避免絮凝沉淀等方法中化学药剂所产生的副作用，也可避免底泥疏浚、引水冲污等物理方法的高成本的弊端，有利于生态系统的可持续发展。

1）微生物强化（投菌技术）

微生物强化技术是向污染水体中投放大量微生物菌剂来强化分解、转化或吸收水中污染物，将有毒的有机污染物转化为无毒的无机物。由于当前受污河流中普遍存在人工合成的难生物降解化合物，河水中原有的“土著”微生物难以将其分解代谢，因此可通过高效菌株的筛选、菌群的优化构建、扩大化培养及投放等过程实现河流水质净化。目前，广泛应用的微生物制剂主要有日本的有效微生物菌群（EM）、美国的Clear-Flo系列菌剂及中国的光合细菌、硝化细菌等。近年来由于高效菌群制剂实现了工业化生产，加速了投菌工艺在河流净化中的推广应用。我国西坝河、饮马河、新渔浦的治理中均采用了投菌工艺（董慧峪等，2010）。由于投菌技术是直接向河流中投入菌种，易受水流条件影响，所以菌群的固定化技术是今后的研究方向之一。

2）植物强化

植物强化修复技术通过向污染水体中移植水生植物（包括沉水植物、挺水植物）或将陆生植物种植到水面上，利用植物的生长来净化污染物。该技术具有明显的水质改善效果，但是需要定期进行植物收割，以防植物死亡后腐烂而引起二次污染。常用于水体修复的植物有浮萍、芦苇、凤眼莲（即水葫芦）、香蒲、睡莲、水芹、菱、菖蒲等。宋祥甫等（1998）利用浮床水稻处理富营养化水体的实验结果表明，在其试验条件下，当浮床水稻的覆盖率为60%时，对水体中凯式氮（KN）和TP的净去除率分别达58.7%和49.1%；马立珊和骆永明（2000）利用浮床香根草做的水质净化试验表明，香根草对试验水体中TN和TP有很好的去除效果，在60天的生长期内，水体中TN降低4.6～5.3mg/L，TP降低0.23～0.30mg/L；王超和王沛芳（2003）现场观测试验研究分析证明，河道沿岸的芦苇等对氨氮具有很强的削减作用，氨氮的削减量为无芦苇生长河段的两倍左右。

3）生物膜法

河流中水生植物、沙石和沉积物表面生长有一层对有机污染物有降解净化作用的生物膜，其主要由藻类、细菌、原生动物等组成。生物膜法即是利用这一原理，以天然材料（如卵石、砾石、天然河床等）或人工合成接触材料（如塑料、纤维等）为载体，供细菌生长，形成生物膜净化床。由于载体比表面积大，可附着大量微生物，对污染物的降解能力很强，因此，非常适合于城市中小河流的直接净化。其降解过程可分为接触沉淀、吸附、生物降解三个阶段。可采用的方法主要有人工合成填料接触氧化法、薄层流法、伏流净化法、砾间接触氧化法、生物活性炭净化法、生物廊道等（马迪克和孔斯特，1991）。日本、韩国及一些欧美国家都有使用生物膜技术处理河道的工程实例，日本野川净化场是采用砾间接触氧化法净化河水的典型工程，经约6年的运行观测，进入净化槽的BOD和SS的平均值为12.7mg/L和9.0mg/L，经净化槽净化后出水BOD和SS的平均值为5.2mg/L和3.3mg/L，其去除率分别为72.3%和84.9%，经净化槽的河水水质明显改善（宫兆国，2007）；邢海和曹蓉（2008）利用自行设计的生物接触氧化装置对城市河道污染水体进行处理，发现装置正常运行后对COD、BOD的去除率达70.45%、85.57%。徐乐中和李大鹏（2008）发现原位生物膜对藻类去除效果良好，去除率稳定在80%左右。

4）人工浮岛

人工浮岛是指在污染水体中设置漂浮基质，并在浮体上栽培的水生植物，通过植物、根系上的微生物等的作用，直接从水体中吸收氮、隣等营养物质及其他污染物，达到净水目的的人工装置。人工浮岛的结构分为浮岛框架、植物浮床、水下固定装置以及水生植被几个部分。框架可采用亲自然的材料，如竹、木条等，植物生长的浮体一般是由高分子轻质材料制成，质轻耐用，浮岛上植物一般选择各类适宜的陆生植物和湿生植物，利用表面积很大的植物根系在水中形成浓密的网，吸附水体中大量的悬浮物，并逐渐在植物根系表面形成生物膜，膜中微生物吞噬和代谢水中的污染物成为无机物，使其成为植物的营养物质，通过光合作用转化为植物细胞的成分，促进其生长，最后通过收割浮岛植物和捕获鱼虾减少水中营养盐。通过遮挡阳光抑制藻类的光合作用，减少浮游植物生长量，通过接触沉淀作用促使浮游植物沉降，有效防止夏季“水华”发生，提高水体透明度。人工浮岛上的植物能够为鸟类栖息提供场所，其下部植物根系也可形成鱼类和水生昆虫生息环境，是一个有效的生态净水方法。1999年在杭州市南应加河治理中运用人工浮岛技术经5个月左右的治理，水体透明度从原来的4.9 cm提高到较长时间内维持在1 m以上，DO从施工前的几近于零，增加到植物移植一个月后的4 mg/L以上，氨氮和总磷含量也有较大削减（陈荷生等，2005）。王耘等（2006）运用人工浮岛对上海城区中小河道黑臭水体进行治理，发现其去污效果良好，去污率达到总去污率的70%。

5）人工湿地系统

人工湿地系统已广泛运用于污染河流、富营养化湖泊的治理及面源污染的控制。人工湿地处理系统运用于污染河流治理时，其布置形式主要有两种：体外处理与体内处理。体外处理是指在河流周边建立人工湿地，通过地形或者利用水泵将污水引入人工湿地，处理后排入河流中，在暴雨时可将暴雨径流引入人工湿地中加以处理，以削减面源污染；体内处理是指在河漫滩上构筑人工湿地系统，在暴雨时可削减面源污染，在无雨天气可用水泵将污染河水抽到人工湿地中加以处理并排入河流中。人工湿地系统是一个综合性的生态系统，具有缓冲容量能力强、处理效果好的优点，在此系统中，物理、化学及生物的协同作用使废水中的污染物质能得到较彻底的处理。陈源高等（2004）利用表面流湿地治理技术对抚仙湖入湖河道窑泥沟污水中氮的去除效果进行实验研究，结果表明，人工湿地对污水中硝酸盐及亚硝酸盐、氨氮、总氮的去除率年平均分别为62.7%、53.8%、62.4%、

57.5%，效果显著。和丽萍等（2005）对马料河复合人工湿地的除磷效果进行分析，结果表明整个系统的 TP 和 PO_4^{3-} 去除率约为 40%，湿地系统的最佳水力负荷为 0.1 ~ 0.4 $m^3/(m^2 \cdot d)$，TP 最佳污染负荷为 0.1 ~ 0.3mg/L。

6）稳定塘

稳定塘是一种利用细菌和藻类等微生物的共同作用处理污水的自然生物处理技术，也可用于污染河水的处理。用于污染河水处理的稳定塘可以利用河边的洼地改建而成，对于中小河流，还可以直接在河道上筑坝拦水，这时的稳定塘称可为河道滞留塘或景观塘。河道滞留塘在国外已有应用实例（Van Buren et al.，1996）。一条河流可以构建一级或者多级滞留塘（唐亮和左玉辉，2003）。稳定塘对水质起净化作用的生物包括细菌、藻类、微型动物、水生植物和其他动物，其中细菌和藻类起主要作用。目前国内外已在传统稳定塘的基础上开发了处理效果更好的变形稳定塘工艺，如美国的高级综合稳定塘、我国的串联结构的综合生物塘等（吴振斌等，1994；Green et al.，1996）。

7）多自然型河道构建

20 世纪 80 年代，德国、瑞士等国提出“亲近自然河流”概念和“自然型护岸”技术，20 世纪 90 年代初，日本展开了“创造多自然型河川计划”，这些构建多自然型河流思路的共同特点是通过河流物理结构的修复，改善水生物的栖息地环境，恢复提高河流的自净能力（刘晓涛，2001）。

多自然型河流的物理结构包括多自然型河道物理结构和生态护岸物理结构。多自然型河道物理结构建设的思路是还河流以空间，构造复杂多变的河床、河滩结构，以利于形成复杂的河流动植物群落，保持河流生物多样性。杨芸（1999）提出河床要有弯曲变化的自然流路，要有浅滩、深潭，且要多孔质化，以便水流形成不同的流速带。河流物理形态多样性的构建方法之一是采用植石法和浮石带法，即将石块或钢筋混凝土框架经排列埋入河床，构造出深沟及浅滩。生态护岸常采用蛇笼护岸、土工材料固土种植基、植被型生态混凝土等几种结构（季永兴和刘水芹，2001）。其共同的特点是采用有较强结构强度的材料包覆部分或者全部裸露的河堤或者河岸，这些材料通常做成网状或者格栅状，其间填充有可供植物生长的介质，介质上种植植物，利用材料和植物根系的共同作用固化河堤或者河岸的泥土。生态护岸在达到一定强度河岸防护的基础上，有利于实现河水与河岸的物质交换，有助于实现完整的河流生态系统。

综上所述，流域氮素污染控制可通过如图 10-1 和表 10-1 所示的模式和技术体系来实现。

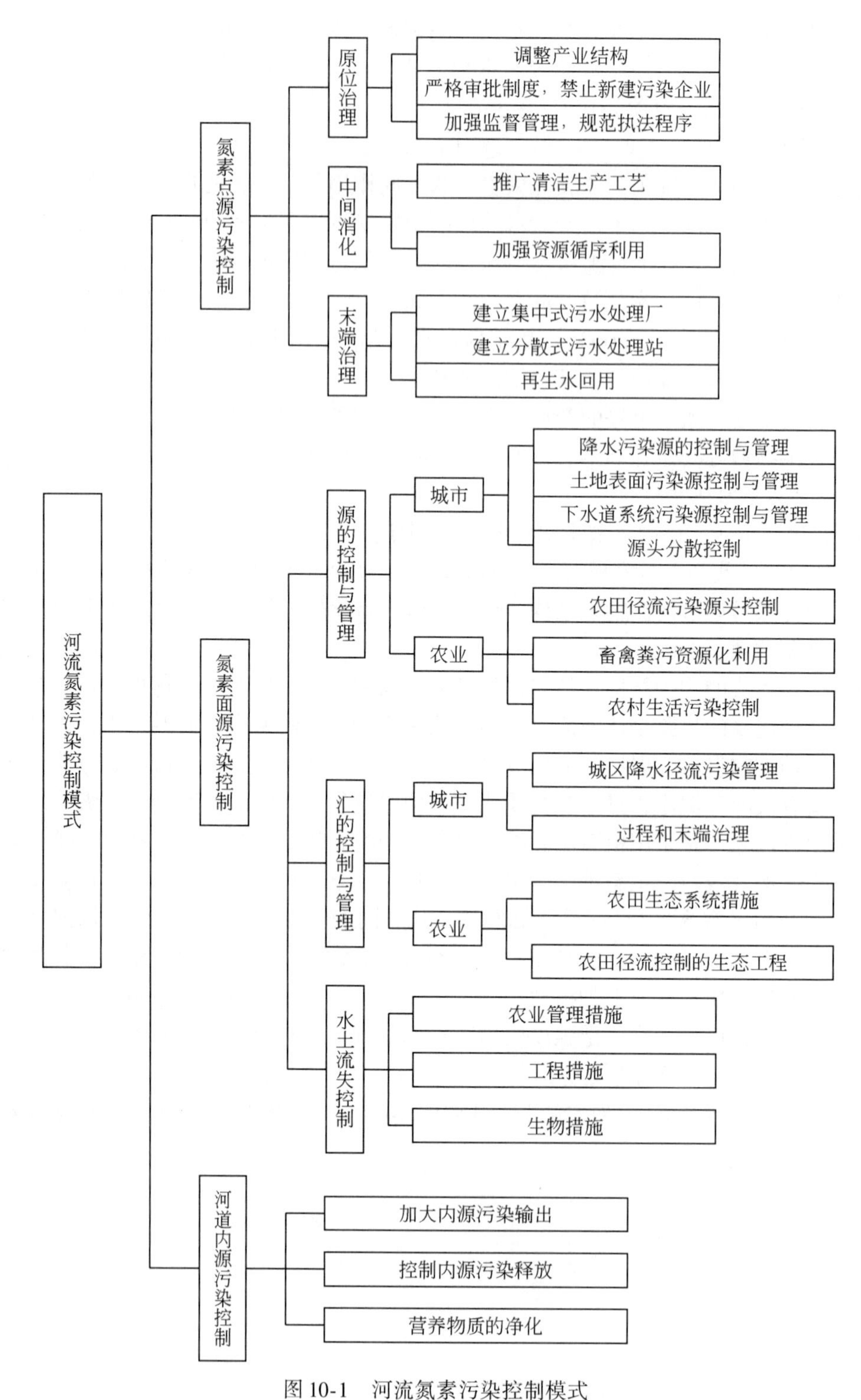

图 10-1　河流氮素污染控制模式

表 10-1　河流氮素污染控制技术体系

控制方式		控制途径	具体控制技术
点源污染控制		生产环节控制	清洁生产技术、水的循环利用技术
		末端治理	污水集中处理或分散式处理、污水深度处理及回用技术
面源污染控制	城市	源头分散控制	雨水花园、生态滤沟、下凹式绿地、绿色屋顶等促渗和控污技术，透水铺装等路面低影响开发（LID）技术
		降水径流污染控制	植被过滤带技术、人工湿地技术、植被浅沟技术、生态护岸技术、暴雨塘等
	农业	化肥减量及高效利用	控释/缓释肥技术、测土配方技术、化肥深施技术、平衡施肥技术、生物固氮技术、开发新型肥料技术；节水灌溉术、有机种植技术代替传统种植技术
		废弃物资源化与循环利用	粪肥的堆肥、厌氧发酵技术、污水集中处理等
		农田降水径流污染控制	湿地系统、前置库、滨岸缓冲区（带）和水陆交错带、生态沟渠、暴雨塘、入渗沟、氧化塘、沙栏和草栏等技术
	水土流失	农田生产管理	少耕、免耕、等高耕作、节水灌溉技术
		水土保持工程	生态沟渠、人工湿地系统、滨岸缓冲区（带）和水陆交错带、沙栏及草栏、植草护坡、坡改梯工程
河道内源控制		加大内源的输出量	综合调水、引水冲污、底泥疏浚
		抑制内源的释放	絮凝沉淀、深水曝气
		营养物质的净化	微生物强化（投菌技术）、植物强化、人工浮岛、生物膜技术、人工湿地、稳定塘、多自然型河道构建

10.2　沣河流域氮素污染控制技术体系

通过对沣河流域实地勘查发现，总体上沣河流域污染源包括农业面源，以及城镇生活污水、校园及度假村生活污水、少量工业废水等分散点源，同时沣河河道内常年累积的各种沉积污染物也是氮素的重要来源。

依据沣河流域的污染特征，在制定控制模式和选择控制措施上就有较好的针对性，在控制措施方面就主要考虑农业面源、生活点源以及河道内源，同时兼顾工业污染。

10.2.1　农业面源污染控制

沣河流域农业生产较为发达，由此引发的农业面源污染便不可小觑。针对流域内的农业生产现状，特提出以下控制措施。

（1）化肥减量及高效利用：就流域内农业生产中化肥的使用来看，普遍存在依赖化学肥料的现象，且 N、P 等肥料施用往往过量。因此，推广测土配方工程、平衡施肥技术、多种施肥方式相结合化肥减量化及高效利用技术势在必行。

（2）发展有机农业种植：有机农业种植技术以生态友好和环境友好技术为主要特征，在农业生产过程中提倡循环利用动植物的有机腐殖质、施用堆肥，以及种植豆科植物等，不使用或少使用合成化学肥料、农药、除草剂、等生产资料。

（3）开展农业综合节水灌溉：常用的节水技术有：调亏灌溉、秸秆覆盖保水技术、低压管道-地面闸管-小畦灌溉及其他节水灌溉技术，合理高效地利用地下水，从而实现提高降水利用率和农田水分利用率及产出效率。

（4）畜禽粪污资源化及综合利用：对流域内农户散养畜禽粪便进行集中处理，可以有效防止粪便污染对沣河水质的污染。建设畜禽粪便利用工程及户用沼气工程，则是畜禽场处理粪便的主要途径。所制取沼气可用作生活、生产用能；沼肥用于农田土壤，使作物增收。

（5）人工湿地：在沣河沿岸建设人工湿地系统能够截留村庄及农田的营养物质污染，湿地系统的出水还可循环利用，营养物质和底泥还可还田。人工湿地可有效地应对农业面源污染，作为污水处理技术已被广泛应用。

（6）植被过滤带：在农田邻近沣河水体处，可以建设有一定数量的植被过滤林带或草带，通过过滤带的植物对径流中携带的污染物质吸收、截留等作用，可有效阻碍污染物质进入河道，从而达到改善水质的目的。

（7）生态沟渠：对沣河流域内的大部分普通混凝土农田沟渠进行生态改造，可为岸边植物提供相应的生存空间，同时为微生物提供栖息附着场所，绿化堤岸护坡，重建陆生、湿生、水生植物群落，进而恢复水体的生物多样性，达到水质净化效应、生态效应和景观效应并举的效果，而且不另占用土地，具有应用推广价值。

（8）调蓄塘（池）：沿沣河流域的各个城镇有较多水面（天然洼地、池塘、公园水池等），可将其设置为雨水调蓄塘（池），会使雨水径流得到很好的控制。利用天然池塘、洼地来治理污染，在塘内形成藻类、好氧性微生物和原生动物组成共生系统，使污水得到净化。故可以通过建设稳定塘型的径流水治理设施，对农田径流水进行预处理，出水再通过植被过滤带后排入河道。

（9）沙栏和草栏：在沣河流域的适当位置设置沙栏或草栏，可降低径流的流速以拦截和阻止降雨径流对一些开发地和裸露地面的泥沙冲蚀，防止水土流失，以及降低一些中低流速的渠道流流速，在拦截可滞留泥沙的同时吸附净化 N、P 等污染物。

10.2.2 生活点源污染控制

鉴于沣河流域内城镇的规划及布局现状，对生活点源的控制宜采用集中处理与分散处理相结合，因地制宜，该集中就集中，该分散就分散。

（1）建立集中式污水处理厂：对流域内建制城镇、规划中的工业园区、高校园区，应集中建设大、中型城市污水处理厂，且污水处理设施建设应依据城镇总体规划和水环境规划、水资源综合利用规划以及排水专业规划的要求，做到规划先行，合理确定污水处理设施的布局和设计规模。

（2）建立分散式污水处理站：对沣河流域内的村落、旅游风景点、度假村生活污水、少量独立的工业废水等分散点源，应因地制宜，建设一些分散式的小型的污水处理厂站，便于接近用水户，进行就地处理达标排放，可节省大型管道的建设费用，也有利于排水系统和城市污水处理厂的分期实施。

（3）垃圾染控制与管理：对流域内生产及生活过程中产生的固体垃圾、建筑垃圾等也必须采取一定控制措施，主要包括推广建立农村文明生态村、实行垃圾分类、建设农村环保设施、开展农业废物综合利用等。上述措施可以有效减少农村地区面源污染的产生，改善城乡用水卫生，改进农村能源结构，提升农村环境质量。

10.2.3 沣河河道内源污染控制

考虑到沣河流域的经济发展水平以及流域的自然地理环境，对于沣河河道的内源污染控制可采取以下的工程与非工程措施相结合的措施，优化河道内水生植被群落结构和调整生物群落结构，以达到削减内源污染负荷的目的，同时也有利于生态系统的可持续发展。

（1）植物强化：在沣河河道适当位置移植水生植物或将陆生植物，利用植物的生长从污染水体中吸收氮、磷、重金属等污染物，后期只需定期收割植物，便可将污染物即被移出污染水体，该技术具有明显的水质改善效果。

（2）人工浮岛：在沣河水质污染河段中设置漂浮基质，并在浮体上栽培水生植物，通过植物、根系上的微生物等的作用，直接从水体中吸收氮、隣等营养物质及其他污染物，达到净水的目的。

（3）人工湿地系统：在河漫滩上构筑人工湿地系统，在暴雨时可削减面源污染，在无雨天气可用泵将污染河水抽到人工湿地中加以处理并排入河流中。人工湿地系统是一个综合性的生态系统，具有缓冲容量能力强、处理效果好的优点，在此系统中，物理、化学及生物的协同作用使废水中的污染物质能得到较彻底的处理。

（4）底泥疏浚：对沣河入渭河口的淤积地段及其上游水域，可采取环保疏浚底泥的措施。首先采用绞式清淤船挖泥，经排泥管道输送至生态底泥堆场，经沉淀后余水排放，污染底泥经初步处理后堆置或再利用。

（5）半自然或多自然型河道构建：沣河部分河岸带状况处于不健康或亚健康状况，需对河岸结构进行改造，结合沣河处于部分自然、部分人工改造的实际，在以改造地区宜构建半自然河道，在未受改造地区应构建多自然型河道。半自然河道是采用石材、木材等天然材料在护岸水下方进行加固，斜坡种植植被，乔灌结合，固堤护岸，木桩、石块分别为水草等提供了生长空间，为鱼虾等水生生物提供栖息场所。多自然型河道采用混凝土、钢筋混凝土等材料，或以柔性护坡材料代替混凝土，加强堤岸抗冲刷能力，构造复杂多变的河床、河滩结构，以利于形成复杂的河流动植物群落，保持河流生物多样性，进而修复水、土壤、生物三者之间的生态循环，恢复河道功能。

10.3 本章小结

河流污染控制的总体模式就是分清污染的来源与类型，有针对性地选取污染控制管理办法与治理技术。对点源污染而言，可采取原位治理、中间消化和末端治理的控制模式；对于面源污染，应该结合“源”“汇”环节的各自特点，采取不同的管理措施和控制技术，且应首先侧重“源”项的控制与管理；对于河道内源污染，应从内源污染物的净化、扩大输出及控制释放等角度加以考虑。

就控制技术而言，常用的有点源的生产环节控制技术、末端治理技术，城市面源源头分散控制技术、降水径流的过程及末端治理技术，农业面源方面的化肥减量及高效利用技术、畜禽粪便及生活垃圾资源化技术、农田生产环节的少耕/免耕及节水灌溉技术，水土保持技术，河道内源污染物净化技术、扩大内源输出技术、抑制内源释放技术等。

在众多管理与技术措施中，“预防为先，生态为主，因地制宜，综合整治”应该成为沣河流域氮素污染防治的指导原则和关键所在。“预防为先”的思想应该贯穿河流污染问题的全盘及始终，要制订和落实各项水法律法规、保护条例，强化行政管理，严格日常监控，防止和减少外源性污染物进入沣河河道；“生态为主”就是以沣河水体生态控制和修复为主要技术手段，促使水生生态系统能够长期自我维护，保持其河道生态系统的不断循环、演化，最终达到稳定、自然、和谐的状态，这样的治理才能持续；“因地制宜”是说应遵循沣河河道的地理特点、地形地势、水环境功能定位、产业布局等因素，有区别、有针对地采取方法；“综合整治”就是在因地制宜的基础上，综合利用多种管理措施及工程技术措施，整治沣河流域水体污染。

参考文献

边金钟，王建华，王洪起．1994. 于桥水库富营养化防治前置库对策可行性研究．城市环境与城市生态，7（2）：5-10

陈荷生，宋祥甫，邹国燕．2005. 利用生态浮床技术治理污染水体．中国水利，（5）：50-53

陈丽华，余新晓，王礼先，等．2004. 森林生态水文．北京：中国林业出版社

陈晓彤，倪兵华．2009. 街道景观的“绿色革命”．中国园林，25（6）：50-53

陈源高，李文朝，李荫玺，等．2004. 云南抚仙湖窑泥沟复合湿地的除氮效果．湖泊科学，16（4）：331-335

程江，杨凯，黄民生，等．2009. 下凹式绿地对城市降雨径流污染的削减效应．中国环境科学，29（6）：611-616

董慧峪，强志民，李庭刚，等．2010. 污染河流原位生物修复技术进展．环境科学学报，30（8）：1577-1582

杜建康，李卫群，陈波，等．2012. 雨水调蓄塘在防治城市内涝中的应用．给水排水，38（10）：39-43

宫兆国．2007. 玉绣河点源污染分散处理模式研究．青岛：中国海洋大学博士学位论文

郭鸿鹏，朱静雅，杨印生．2008. 农业非点源污染防治技术的研究现状及进展．农业工程学报，24（4）：290-295

郭如美，刘汉湖，周立刚，等．2006. 潜流式人工湿地微生物群落结构及脱氮效果的研究．江苏环境科技，19（5）：14-16

和丽萍，陈静，田军．2005. 抚仙湖马料河负荷人工湿地的除磷效果分析．环境工程，27（S1）：566-569

贺缠生，傅伯杰，陈利顶．1998. 面源污染的管理及控制．环境科学，19（5）：87-91

黄民生，朱勇，谢冰，等．2010. 下凹式绿地调蓄净化城市径流．建设科技，（1）：65-67

黄伟来，李瑞霞，杨再福，等．2006. 城市河流水污染综合治理研究．环境科学与技术，29（10）：

109-111
季兵，陈季华.2010. 人工湿地系统处理上海崇明高浊度富营养化水体的研究. 北京大学学报（自然科学版），46（3）：407-412
季永兴，刘水芹.2001. 城市河道整治中生态型护坡结构探讨. 水土保持研究，8（4）：24-27
蒋太明，陶宇航，李渝.2010. 贵州生猪产业发展中的循环模式探索与示范. 贵州农业科学，38（7）：142-144
蒋膺.1986. 关于建立呼盟农田生态系统的战略措施. 内蒙古农业科技，1：1-3
李纯洁，王丽芳.2009. 城市河流水污染防治技术综合应用. 河南水利与南水北调，（8）：62-63
李怀恩，沈晋.1996. 非点源污染数学模型. 西安：西北工业大学出版社
李怀恩，邓娜，杨寅群，等.2010. 植被过滤带对地表径流中污染物的净化效果. 农业工程学报，26（7）：81-86
李家科，杜光斐，李怀恩，等.2012. 生态滤沟对城市路面径流的净化效果. 水土保持学报，26（4）：1-6，11
李树平，黄廷林.2002. 城市化对城市降雨径流的影响及城市雨洪控制. 中国市政工程，（3）：35-38
李养龙，金林.1996. 城市降雨径流水质污染分析. 城市环境与城市生态，9（1）：55-58
刘保莉，曹文志.2009. 可持续雨洪管理新策略——低影响开发雨洪管理. 太原师范学院学报，8（2）：111-115
刘沛林.2000. 理想家园——风水环境观的启迪. 上海：上海三联书店
刘小真，梁越，肖远东，等.2012. 规模化养猪废弃物农用资源化关键技术与效果评价. 湖北农业科学，51（2）：247-250
刘晓涛.2001. 城市河流治理若干问题的探讨. 规划师，17（6）：66-69
卢新宁.2003-12-19. 清洁生产：鱼和熊掌可以得兼. 人民日报，第十四版
罗鸿兵，刘瑞芬，邓云，等.2012. 绿色屋顶径流水质监测研究进展. 环境监测管理与技术，24（3）：12-17，55
马迪克，孔斯特 S. 1991. 污水生物处理和水污染控制. 北京：中国环境科学出版社
马立珊，骆永明.2000. 浮床香根草对富营养化水体氮磷去除动态及效率的初步研究. 土壤，（2）：99-101
马越，黄廷林，丛海兵，等.2012. 扬水曝气技术在河道型深水水库水质原位修复中的应用. 给水排水，38（4）：7-13
莫孝翠，杨开，袁德玉.2003. 湖泊内源污染治理中的环保疏浚浅析. 人民长江，34（12）：47-49
倪艳芳.2008. 城市面源污染的特征及其控制的研究进展. 环境科学与管理，33（2）：53-57
牛瑞芹，何荣.2007. 浅谈农村面源污染的现状及其治理措施. 安徽农业科学，35（33）：10814-10815，10817
陕西省渭河流域综合治理规划编制组.2002. 陕西省渭河流域综合治理规划报告
沈晋，沈冰，李怀恩，等.1992. 环境水文学. 合肥：安徽科学技术出版社
史东梅，卢喜平，刘立志.2005. 三峡库区紫色土坡地桑基植物篱水土保持作用研究. 水土保持学报，19（3）：75-79
宋祥甫，邹国燕，吴伟明，等.1998. 浮床水稻对富营养化水体中氮、磷的去除效果及规律研究. 环境科学学报，18（5）：489-494
孙慧修.2000. 排水工程（上册）. 北京：中国建筑工业出版社
孙璞.1998. 农村水塘对地块氮磷流失的截留作用研究. 水资源保护，1：1-6
汤建中，宋韬，江心英，等.1998. 城市河流污染治理的国际经验. 世界地理研究，7（2）：114-119

唐浩 . 2010. 农业面源污染控制最佳管理措施体系研究 . 人民长江，41（17）：54-57
唐亮，左玉辉 . 2003. 新沂河河道稳定塘工程研究 . 环境工程，21（2）：75-77
陶春，高明，徐畅，等 . 2010 农业面源污染影响因子及控制技术的研究现状与展望 . 土壤，42（3）：336-343
汪艳宁，张杏娟，程方，等 . 2012. 植被渗透浅沟对城市暴雨径流的调蓄效应研究 . 中国给水排水，289（5）：61-63
王超，王沛芳 . 2003. 河道沿岸芦苇带对氨氮削减特性研究 . 水科学进展，14（3）：311-317
王敦球，张学洪，黄明，等 . 2009. 城市小流域水污染控制——桃花江上游来水污染控制技术与示范 . 北京：冶金工业出版社
王华东 . 1984. 水环境污染概论 . 北京：北京师范大学出版社
王少平，俞立中，许世远，等 . 2002. 基于 GIS 的苏州河面源污染的总量控制 . 中国环境科学，22（6）：520-524
王曙光，栾兆坤，宫小燕，等 . 2001. CEPT 技术处理污染河水的研究 . 中国给水排水，17（4）：16-18
王耘，程江，黄民生 . 2006. 上海城区中小河道黑臭水体修复关键技术初探 . 净水技术，25（2）：6-10
韦鹤平 . 1993. 环境系统工程 . 上海：同济大学出版社
吴振斌，詹发萃，刘家齐 . 1994. 综合生物塘处理城镇污水研究 . 环境科学学报，14（2）：223-228
向璐璐 . 2009. 雨水生物滞留技术设计方法与应用研究 . 北京：北京建筑工程学院硕士学位论文
邢海，曹蓉 . 2008. 强化生物膜技术处理城市河道污染水体研究 . 河北工程大学学报，25（1）：54-57
徐乐中，李大鹏 . 2008. 原位生物膜技术去除水源藻类研究 . 工业用水与废水，39（3）：30-32
许春华，高宝玉，卢磊，等 . 2006. 城市纳污河道废水化学强化一级处理的研究 . 山东大学学报，41（2）：116-120
许宽，刘波，王国祥，等 . 2012. 底泥曝气对城市污染河道内源氮变化过程的影响 . 环境科学学报，32（12）：2935-2942
许志兰，廖日红，楼春华，等 . 2005. 城市河流面源污染控制技术 . 北京水利，（5）：26-28
杨林章，周小平，王建国，等 . 2005. 用于农田非点源污染控制的生态拦截型沟渠系统及其效果 . 生态学杂志，24（11）：1371-1374
杨新民，沈冰，王文焰 . 1997. 降雨径流污染及其控制述评 . 土壤侵蚀与水土保持学报，3（3）：58-62
杨勇，宋兵魁，王文美，等 . 2009. 天津市农村非点源污染控制对策 . 中国环保产业，1：56-60
杨芸 . 1999. 论多自然型河流治理法对河流生态环境的影响 . 四川环境，18（1）：19-24
姚槐应，何振立，黄昌勇 . 1999. 提高氮肥利用效率的微生物量机制探讨 . 农业环境保护，18（2）：54-56
叶延琼，章家恩，秦钟，等 . 2012. 佛山市农田生态系统的生态损益 . 生态学报，32（14）：4593-4604
殷小锋，胡正义，周立祥 . 2008. 滇池北岸城郊农田生态沟渠构建及净化效果研究 . 安徽农业科学，36（22）：9676- 9679，9689
尹澄清 . 1995. 内陆水–陆地交错带的生态功能及其保护与开发前景 . 生态学报，15（3）：331-335
尹澄清，毛战坡 . 2002. 用生态工程技术控制农村非点源水污染 . 应用生态学报，13（2）：229-232
于永根，朱海昌，朱小楼，等 . 2012. 桐乡市生态护岸建设研究 . 宁夏农林科技，53（3）：30-32
余谋昌 . 1996. 文化新世纪：生态文化的理论阐释 . 哈尔滨：东北林业大学出版社
张刚，王德建，陈效民 . 2007. 太湖地区稻田缓冲带在减少养分流失中的作用 . 土壤学报，44（5）：873-877
章茹 . 2008. 流域综合管理之面源污染控制措施（BMPs）研究 . 南昌：南昌大学博士学位论文
赵飞，张书函，陈建刚，等 . 2011. 透水铺装雨水入渗收集与径流削减技术研究 . 给水排水，（S1）：

254-258
赵建伟，单保庆，尹澄清 . 2007. 城市面源污染控制工程技术的应用及进展 . 中国给水排水，23（12）：1-5
周玉文，赵洪宾 . 2004. 排水管网理论与计算 . 北京：中国建筑工业出版社
朱继业，窦贻俭 . 1999. 城市水环境面源污染总量控制研究与应用 . 环境科学学报，19（4）：415-420
Dorate T，Bananer C，Tonney J，et al. 2006. Sustainable treatment of wastewater in rural areas of Egypt. Water Science Technology，48（6）：2225-2232.
Ebbert J C ，Kim M H. 1998. Soil processes and chemical transport. J Environ Qual，27：372-380
Fiala L，Vassata P. 1982. Phosphorus reduction in a man- made lake by means of a small reservoir in the inflow. Arch Hydrobiology，（4）：24-37
Green F B，Bernstone L S，Lundquist T J，et al. 1996. Advanced integrated wastewater pond systems for nitrogen removal. Water Science Technology，33（7）：207-217
Line D E . 1998. Nonpoint sources pollution. Wat Environ Res，70（4）：895-911
Lowrance R，Mclntyre S，Lance C. 1988. Erosion and deposition in a field/forest system estimated using cesium-137 activity. Journal of Soil and Water Conservation，（43）：195-199
Marsalek J，Barnwell T O，Geiger W F，et al. 1993. Urban drainage systems：design and operation. Water Sci Technol，27（12）：31-70
Naresh S，Takis E，Navin W，et al. 2008. Sediment retention by alternative filtration media configurations in stormwater treatment. Water Air Soil Pollution，18（7）：173-180
Nyholm N，Sorensen P E，Olrik K，et a1. 1978. Restoration of lake nakskov indrefjord denmark，using algal ponds to remove nutrients from inflowing river water. Prog War Technol，（10）：881-892
Palermo M R. 1998. Design consideration for in suit capping of contaminated sediments. Wat Sci Tech，37（6）：315-321
Poudel D D，Midmore D J，West T. 2000. Farmer participatory research to minimize soil erosion on steepland vegetable systems in the Philippines. Agriculture Ecosystems & Environment，79（3）：113-127
Sunny A，Joyce A，Peter B，et al. 2008. Removal of Carbon and nutrients from domestic wastewater using a low investment，integrated treatment concept. Water Research，（38）：3031-3042
Van Buren M A，Watt W E，Marsalek J. 1996. Enhancing the removal of pollutants by an on-stream pond. Water Science Technology，33（4-5）：4-5
Yu S L，Kaighn R. 1992. Stormwater management manual for virginia department of transportation. Virginia：Virginia Transportation Research Council

图　　版

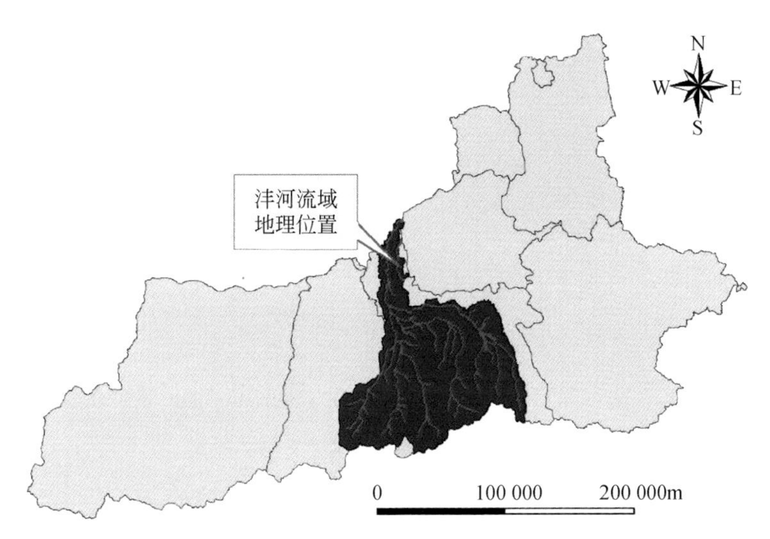

图 1-9　沣河流域地理位置示意图

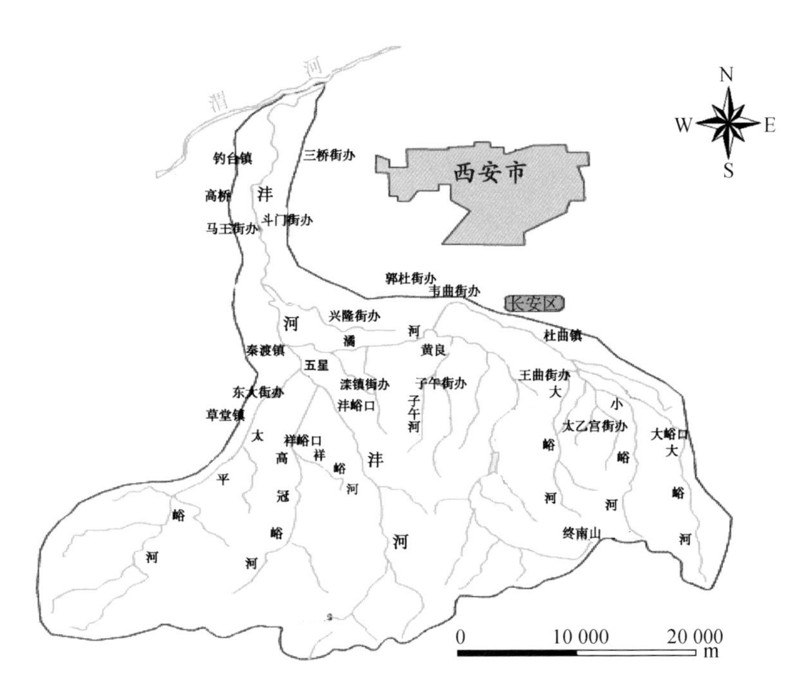

图 1-10　沣河流域水系图

图 2-10 沣峪河、高冠峪河汇合处

图 2-11　太平河

图 2-12　潏河入沣

图 2-13　潏河汇沣

图 2-14　沣河河堤加固（沣河入渭河段）

图 2-15　渭河大桥

图 2-18　秦渡镇生活污水排放口

图 2-19　客省庄村生活污水排放口

图 2-20　某啤酒厂排污口

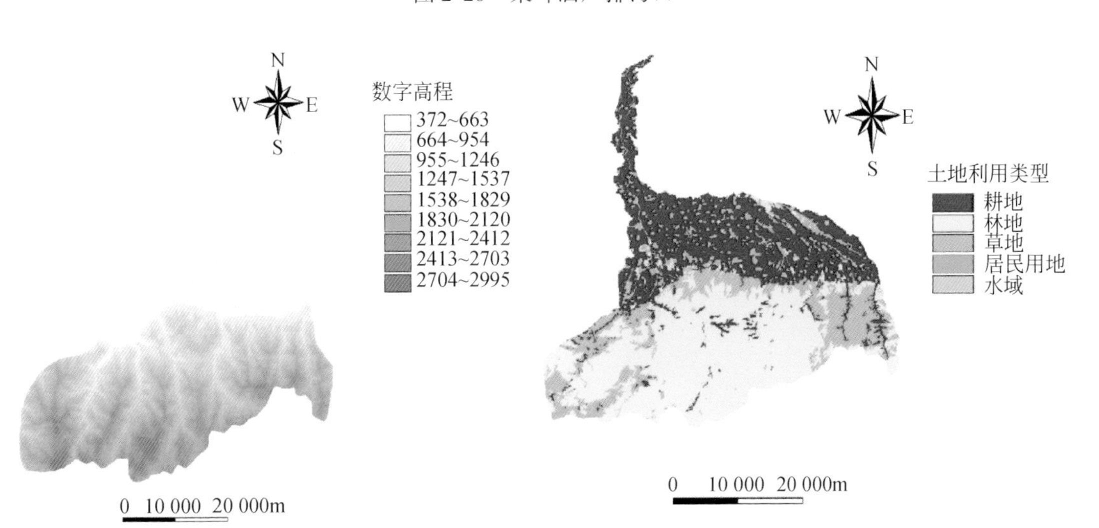

图 3-4　沣河流域 DEM 图

图 3-5　沣河流域土地利用图

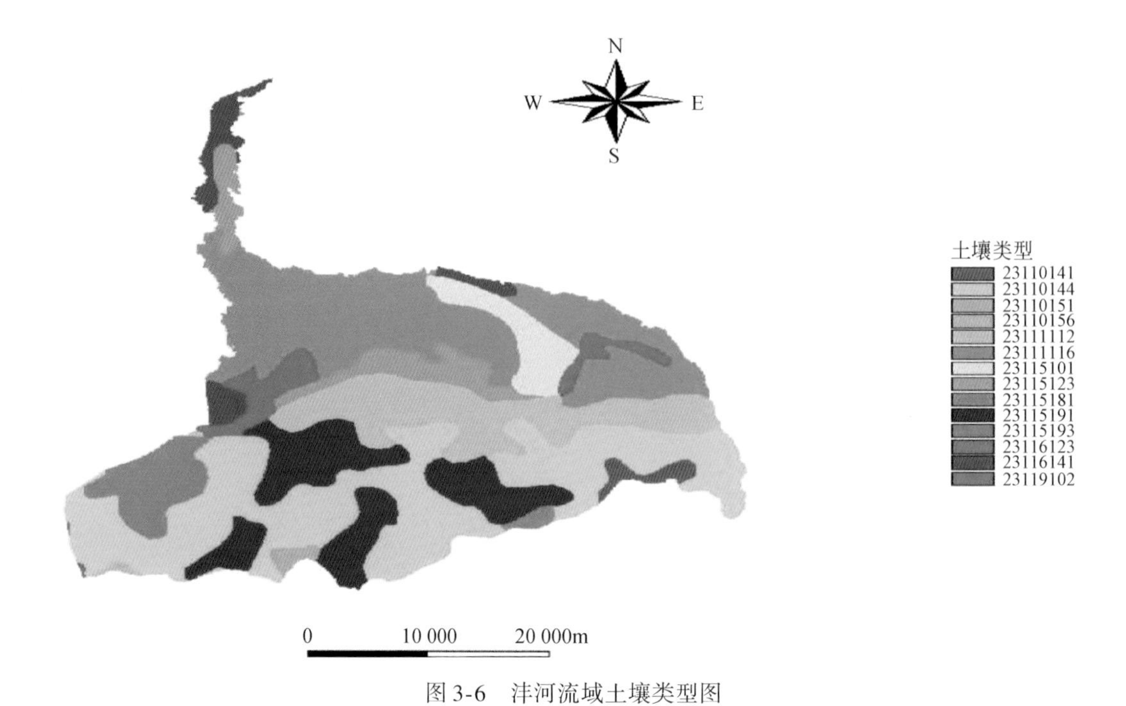

图 3-6　沣河流域土壤类型图

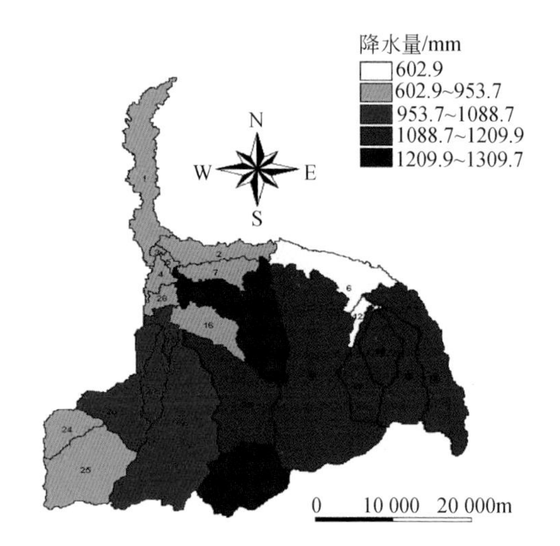

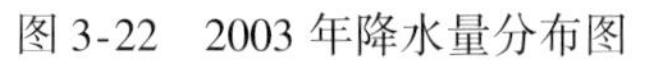

图 3-22　2003 年降水量分布图

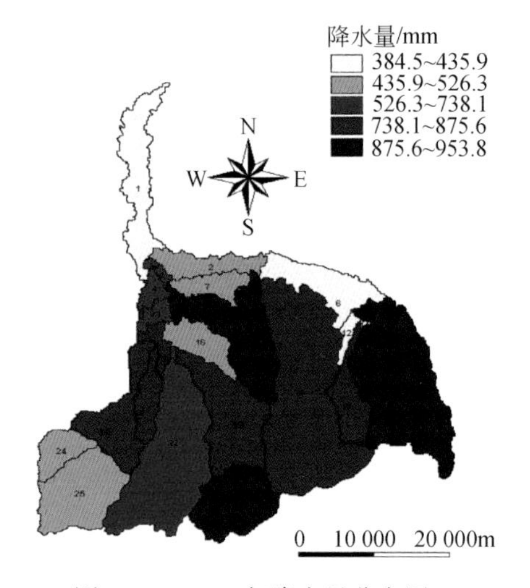

图 3-23　2004 年降水量分布图

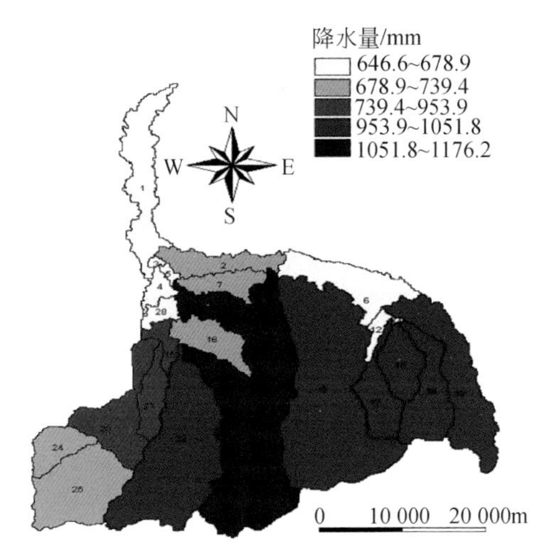

图 3-24　2005 年降水量分布图

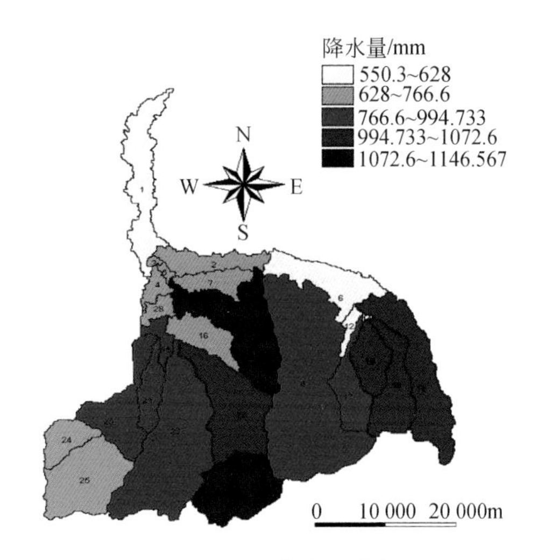

图 3-25　年平均降水量分布图

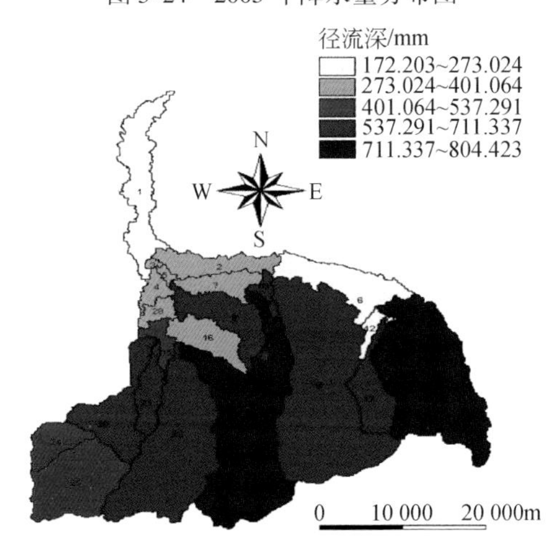

图 3-26　2003 年径流深分布图

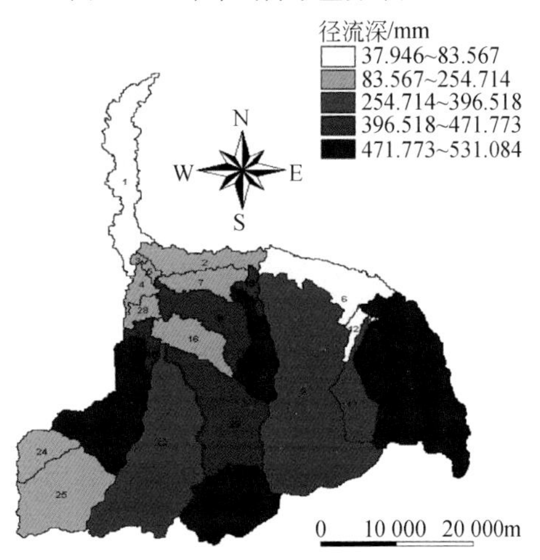

图 3-27　2004 年径流深分布图

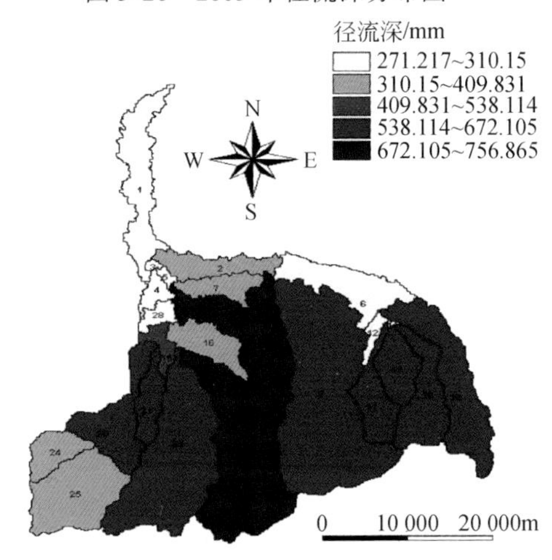

图 3-28　2005 年径流深分布图

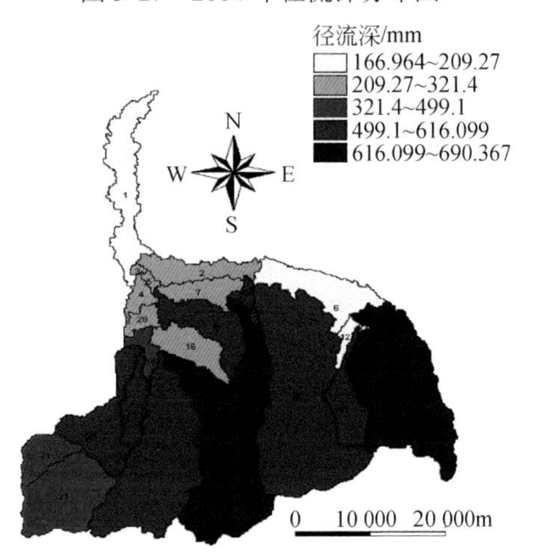

图 3-29　年平均径流深分布图

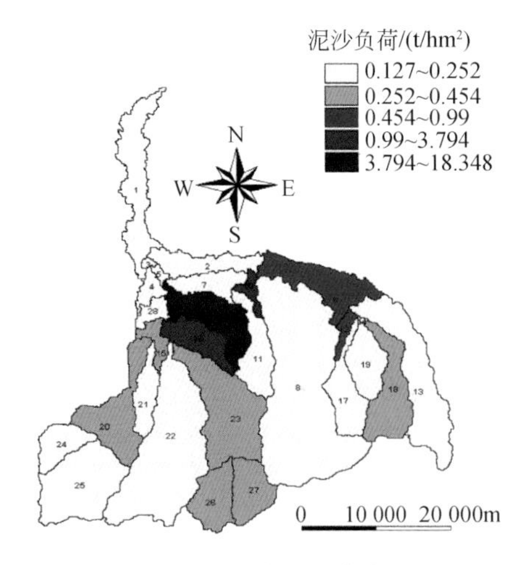

图 3-30 2003 年泥沙负荷分布图

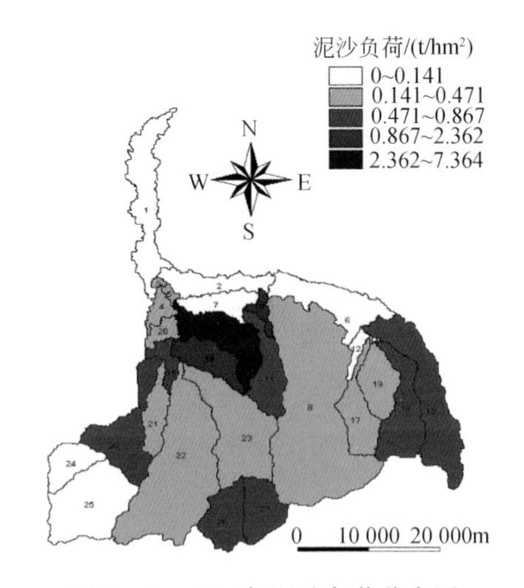

图 3-31 2004 年泥沙负荷分布图

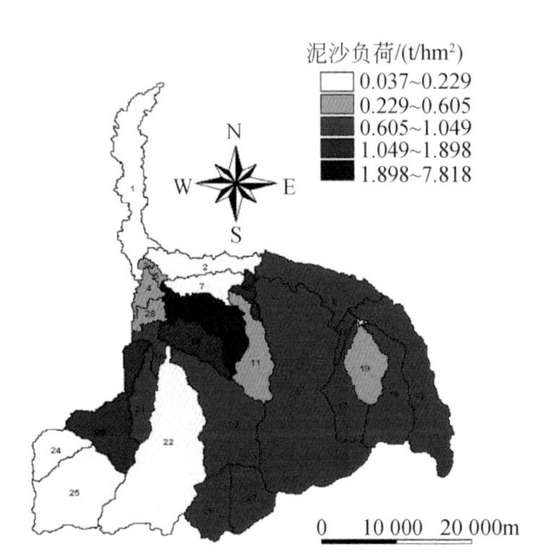

图 3-32 2005 年泥沙负荷分布图

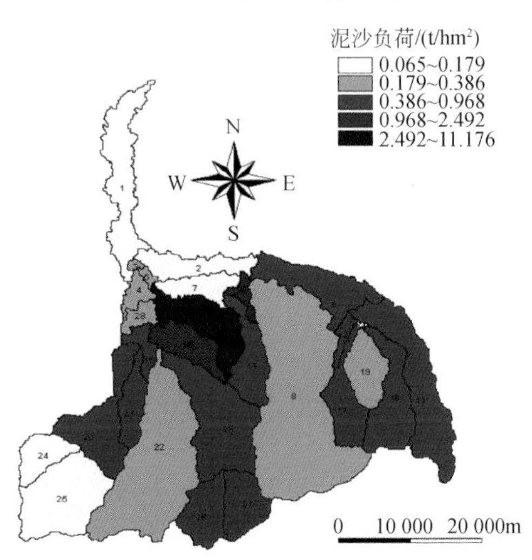

图 3-33 年平均泥沙负荷分布图

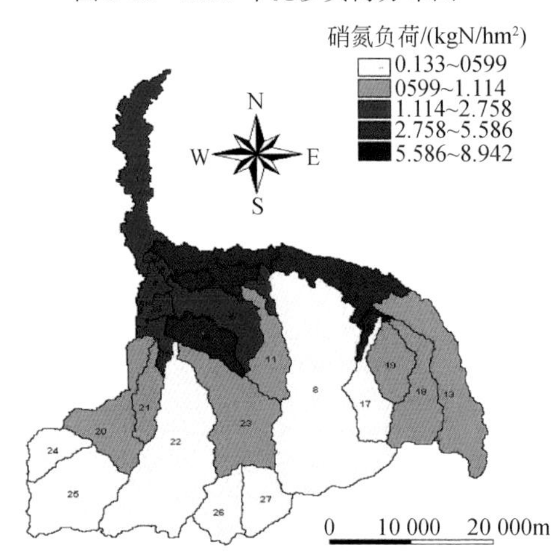

图 3-34 2003 年硝氮负荷分布图

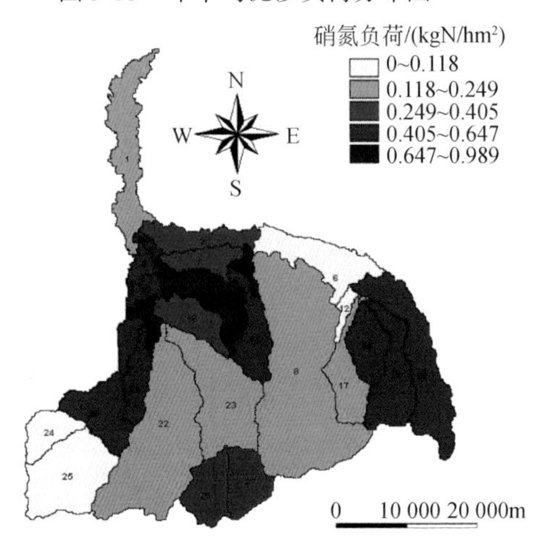

图 3-35 2004 年硝氮负荷分布图

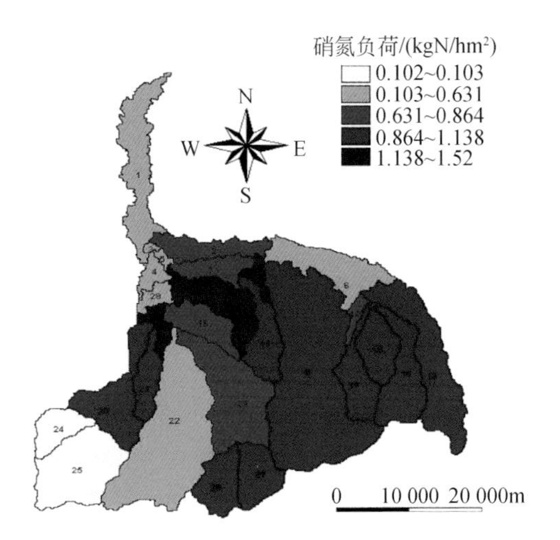

图 3-36 2005 年硝氮负荷分布图

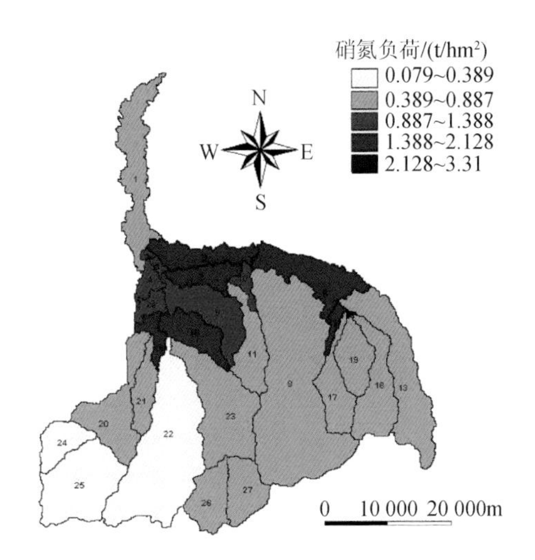

图 3-37 年平均硝氮负荷分布图

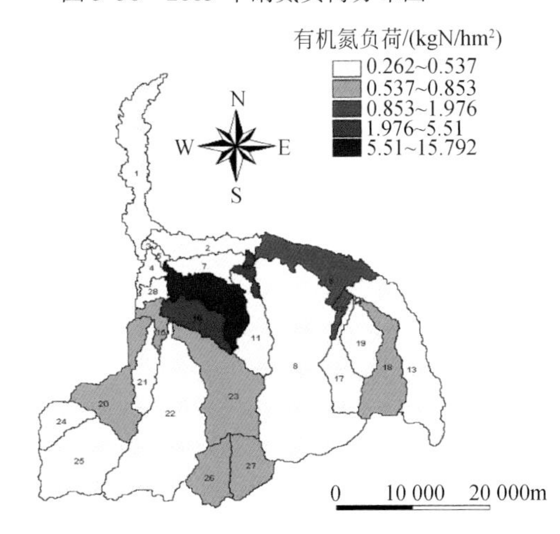

图 3-38 2003 年有机氮负荷分布

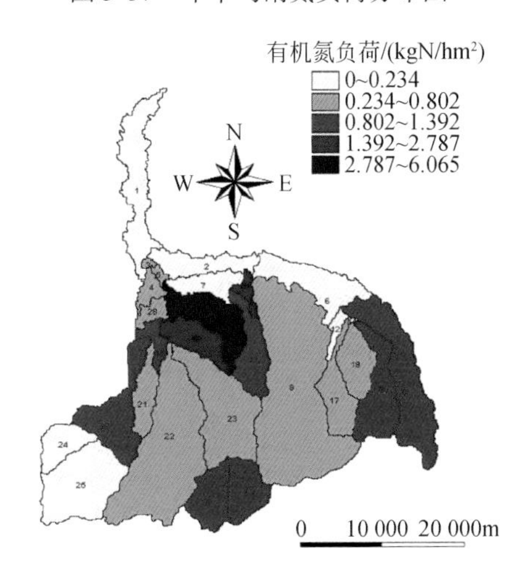

图 3-39 2004 年有机氮负荷分布

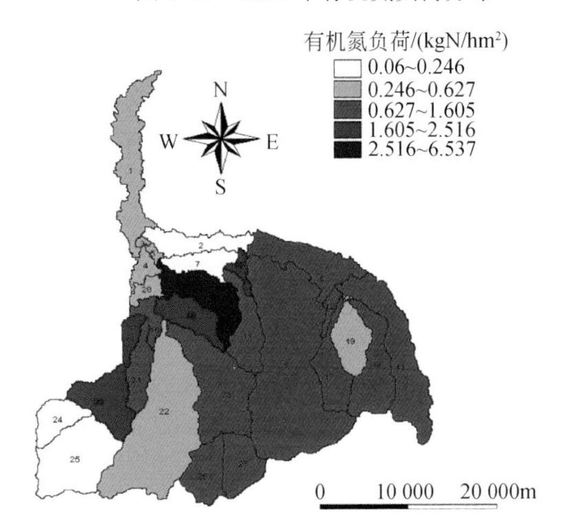

图 3-40 2005 年有机氮负荷分布

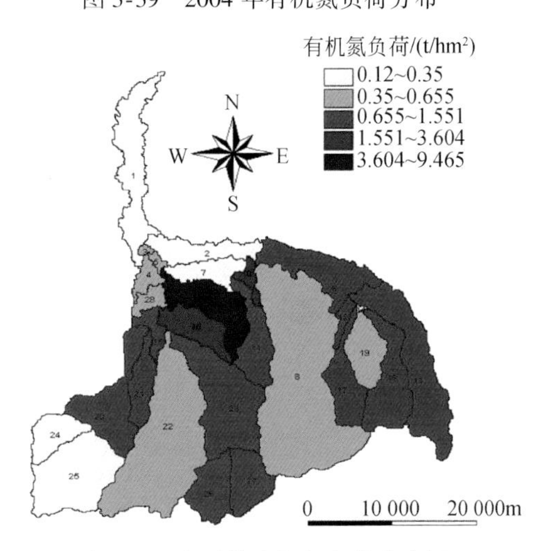

图 3-41 年平均有机氮负荷分布图

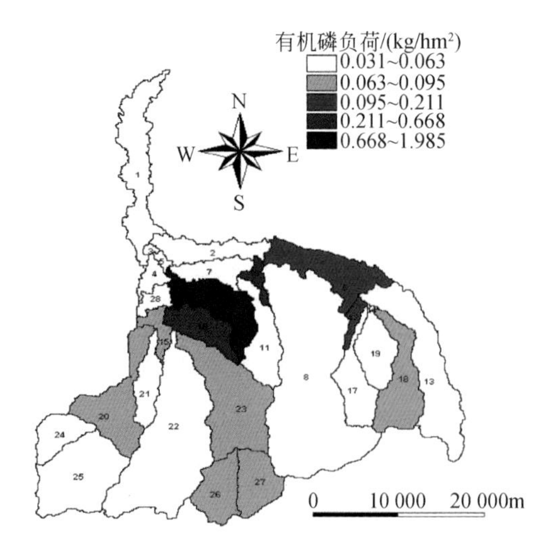

图 3-42　2003 年有机磷负荷分布

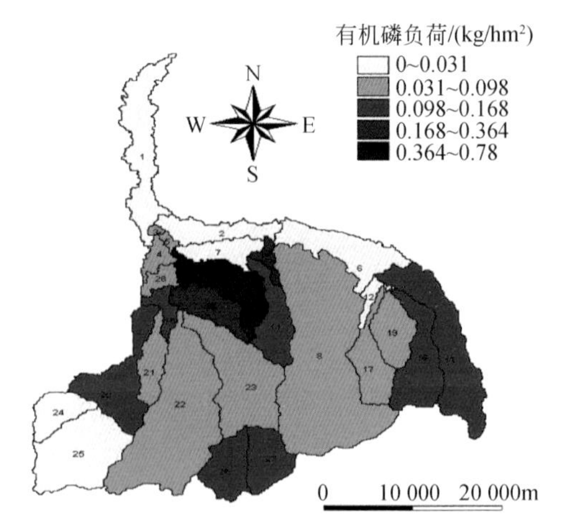

图 3-43　2004 年有机磷负荷分布

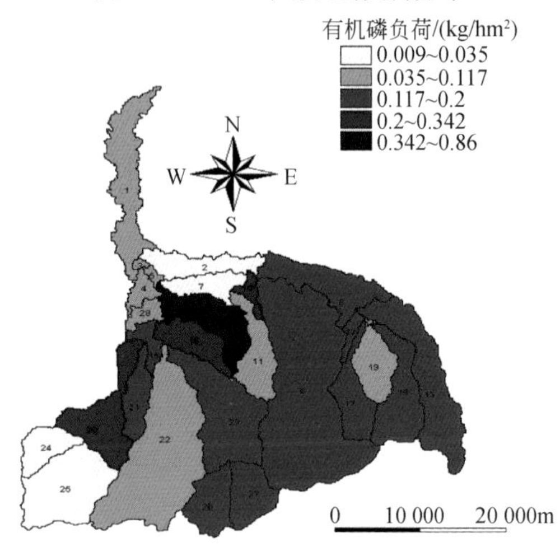

图 3-44　2005 年有机磷负荷分布

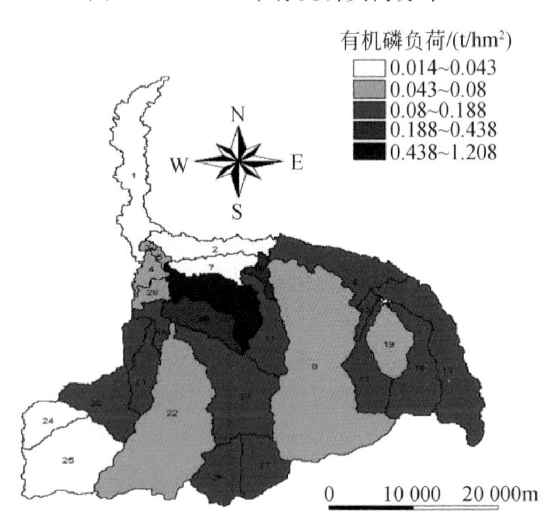

图 3-45　年平均有机磷负荷分布图

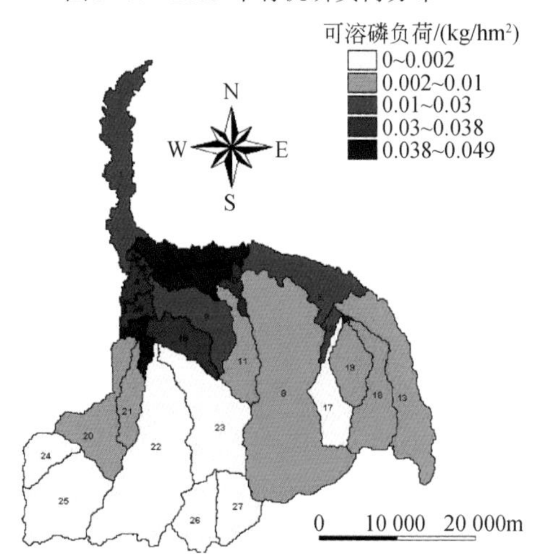

图 3-46　2003 年可溶磷负荷分布

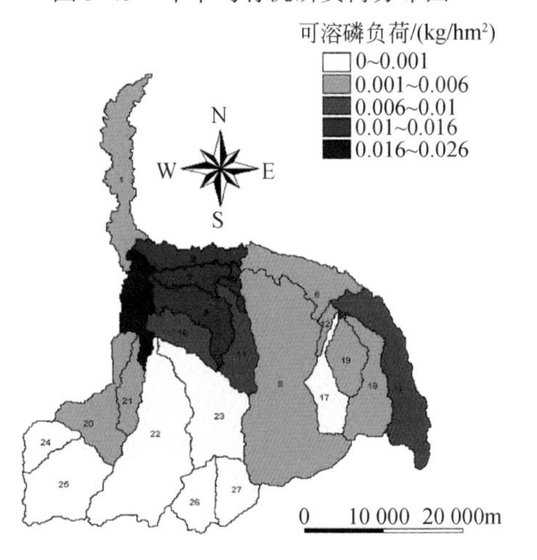

图 3-47　2004 年可溶磷负荷分布

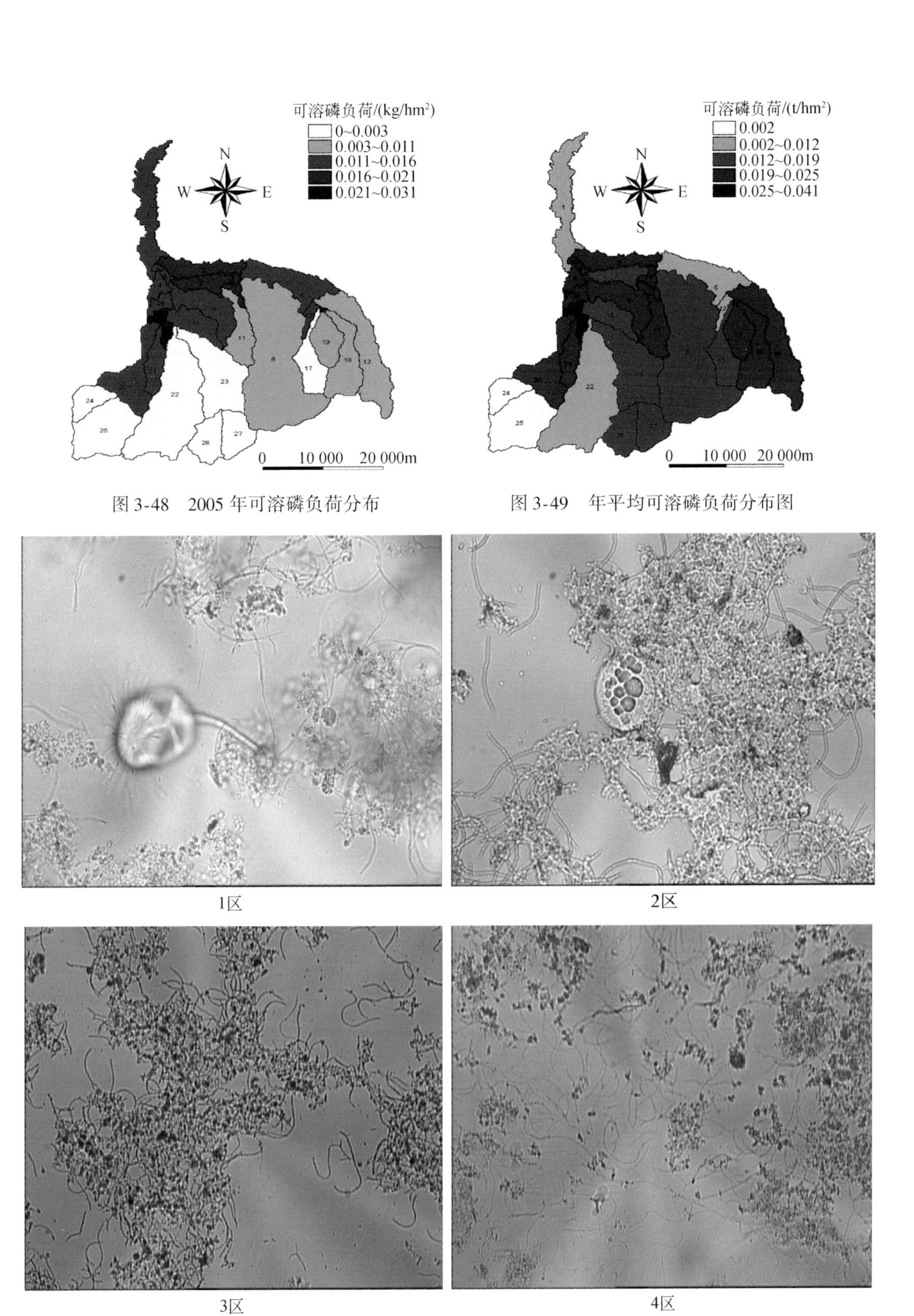

图 3-48　2005 年可溶磷负荷分布

图 3-49　年平均可溶磷负荷分布图

图 6-18　各区微生物照片（200 倍）

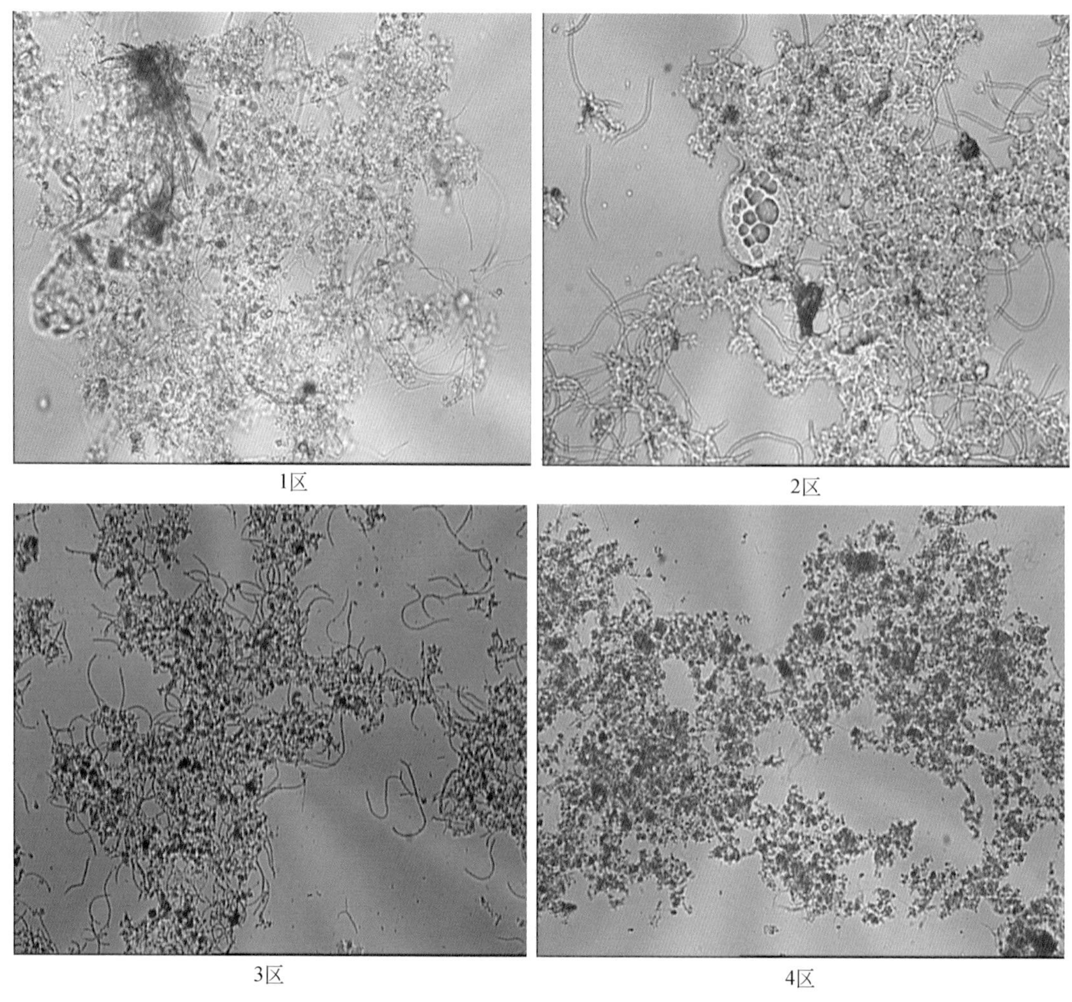

图 6-41　各区微生物照片（200 倍）

图 6-58　湿地系统植物生长情况照片

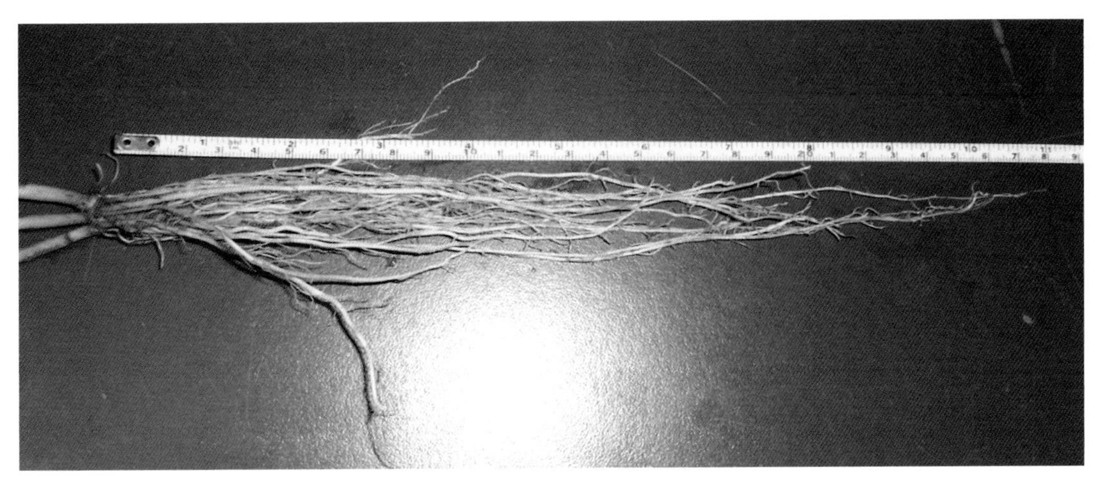

图 6-59　诱导生长后的空心菜根系照片

图 7-5　湿地系统实物照片

图 7-6　湿地系统实物照片

图 7-7　湿地系统实物照片

图 9-4　试验场总体布置图

图 9-5　试验设施照片